Herbert Bernstein

D1997829

Grundlagen der Mechatronik

mit 2 CD-ROM

2. Auflage

VDE VERLAG GMBH • Berlin • Offenbach

Umschlagbild wiedergegeben mit freundlicher Genehmigung
der Firma Proleit, 91074 Herzogenaurach

Hochschule Ruhr West
HRW
Hochschulbibliothek
Ausgeschieden
00/12FN3(2)

Bibliografische Information Der Deutschen Bibliothek
Die Deutsche Bibliothek verzeichnet diese Publikation in der Deutschen Nationalbibliografie; detaillierte bibliografische Daten sind im Internet über http://dnb.ddb.de abrufbar

ISBN 3-8007-2754-4

© 2004 VDE VERLAG GMBH, Berlin und Offenbach
Bismarckstraße 33, D-10625 Berlin

Alle Rechte vorbehalten

Satz und Lektorat: Klaus Schlenzig
Druck und Bindung: „Thomas Müntzer" GmbH, Bad Langensalza 2004-01

Für Ausbildung, Studium und Praxis

Wer mehr weiß, kann mehr bewegen!

Bernstein, H.

Praktische Anwendungen der Mechatronik

2000, 368 S., DIN A5, kart.
ISBN 3-8007-2453-7
37,80 € (D) /
38,70 € (A) / 65,10 sFr*

mit 2 CD-ROM

Die Mechatronik – neudeutsch für Mechanik und Elektronik – stellt die technische Verbindung zwischen Fachbereichen wie Elektrotechnik, Elektronik, Informatik, Maschinenbau und Antriebstechnik bis hin zur Verfahrenstechnik her. In der Praxis bedeutet das die Kopplung verschiedenster Sensoren, elektronischer Messverstärkertypen, speicherprogrammierbarer Steuerungen, analoger bzw. digitaler Regelungstechnik unter Berücksichtigung der Richtlinien von Arbeitsschutz, EMV-Vorschriften und Umweltbelastung. Die auf den beiden CD-ROMs enthaltenen Programme simulieren diese Theorie direkt am PC unter Windows.

Bestellungen über den Buchhandel bzw. direkt beim Verlag. Preisänderungen und Irrtümer vorbehalten.
**= Persönliche VDE-Mitglieder erhalten bei Bestellung unter Angabe der Mitgliedsnummer 10 % Rabatt.*

VDE VERLAG

VDE VERLAG GMBH · Berlin · Offenbach
Postfach 12 01 43 · 10591 Berlin
Telefon: (030) 34 80 01-0 · Fax: (030) 341 70 93
E-Mail: vertrieb@vde-verlag.de · **www.vde-verlag.de**

Werb-Nr. 040108

Herbert Bernstein

Grundlagen der Mechatronik

Vorwort

Die Mechatronik ist eine systemübergreifende Zusammenfassung der Mechanik, Elektronik, Informatik, Hydraulik und Pneumatik. Durch die Weiterentwicklung moderner Entwicklungswerkzeuge in allen technischen Bereichen und die Fortschritte in der Elektronik wurde damit eine strukturbedingte Verknüpfung möglich. Die Zielstellungen in der Praxis verändern sich mit den technischen Entscheidungen zur Optimierung einer praxisgerechten Gesamtlösung. Die Qualität eines Produkts wird davon bestimmt, ob im Vordergrund die exakte Einhaltung der einzelnen Kriterien steht oder die Minimierung für den Gesamtaufwand. Ein gutes Ergebnis ist nur durch determiniertes Vorgehen, ausgehend von der Analyse eines technischen Problems, durch die darauf aufbauende Festlegung der Struktur für ein Gesamtsystem und durch die fundierte Auswahl der einzelnen Bauglieder mit ihrer exakten Dimensionierung zu erzielen. Diesem projektierungsgemäßen Ablauf folgt die Gliederung des Buchs.

Das Fachgebiet der Mechatronik hat seine Wurzeln in den verschiedenen technischen Disziplinen. Es ist das Anliegen dieses Buchs, trotz des sich ständig erweiternden Wissenstoffs, den Gesamtkomplex in überschaubaren Grenzen zu halten. Das ist für den Einsatz als Lehrbuch im Ausbildungsprogramm unerlässlich. Deshalb werden die Darstellungen auf die wesentlichen Zusammenhänge begrenzt, jedoch so weit geführt, dass sie sich mit der weiterführenden Literatur vertiefen lassen. Die vielfältigen Strukturen und Bauglieder in der Mechatronik eröffnen die Möglichkeit, meist mehrere Lösungsvarianten anzubieten. Die Entscheidung darüber, ob man mehr Elektronik, Mechanik, Pneumatik oder Hydraulik einsetzen soll, fällt selbst dem erfahrenen Anwender nicht leicht. Das zu verdeutlichen und das Vorgehen zu demonstrieren, ist spezielles Anliegen der praxisorientierten Beispiele.

Das Buch entstand durch Zusammenfassung meiner Manuskripte aus dem Unterricht an der GBS-Technikerschule in München, aus den Meisterkursen bei der IHK München und aus meiner Tätigkeit als Schulungsreferent bei Siemens, der Deutschen Telekom, dem Verband Deutscher Eisenbahnerfachschulen und ELOP. Das Ziel dieses Buchs liegt in der beruflichen Aus- bzw. Weiterbildung und als Ergänzung für das Studium, damit man später in der Praxis seine Aufgaben schneller und effektiver lösen kann. Gleichzeitig soll das Buch dem Praktiker auch als Nachschlagewerk bei Problemlösungen helfen.

München, 2004 Herbert Bernstein

Vorwort

Inhalt

1 Grundlagen der Mechatronik

In der industriellen Elektrotechnik/Elektronik gibt es folgende Elektroberufe:

- Elektromaschinenmonteur/in der Fachrichtung Anlagentechnik
- Energieelektroniker/in der Fachrichtung Betriebstechnik oder Produktionstechnik
- Industrieelektroniker/in der Fachrichtung Geräte- oder Informationstechnik
- Kommunikationselektroniker/in der Fachrichtung Telekommunikation und Funktechnik

Durch Weiterbildung lassen sich Handwerksmeister/in, Industriemeister/in, Techniker/in und Fachwirt/in bis hin zum/zur Betriebswirt/in des Handwerks bzw. zum/zur technischen Betriebswirt/in erreichen.

Zu diesen klassischen Elektroberufen und den Studienzweigen an den Technikerschulen, Fachhochschulen und Universitäten bzw. technischen Hochschulen wird seit 1996 ein erweitertes Berufsbild bzw. Studienfach angeboten, das die Lücke zwischen dem gesamten Bereich der Elektrotechnik/Elektronik und Informatik und der Mechanik ausfüllt: der/die Mechatroniker/in bzw. das Studienfach der Mechatronik. Zu den Aufgaben und Anforderungen gehören der gesamte Bereich der Elektrotechnik/Elektronik, die elektronische Messtechnik mit den Wandlersystemen, die Mechanik mit den Fertigungsverfahren sowie die Steuerungs-, Regelungs- und Informationstechnik. Mechatroniker sind insbesondere im Maschinen- und Anlagenbau, in der chemischen Industrie und in der Automobilindustrie tätig. Sie entwickeln, konstruieren, installieren, montieren und programmieren mechanische Maschinen, Anlagen und Systeme mit der gesamten Elektrik und Elektronik, PC- und SPS-Geräte, Hydraulik, Pneumatik usw. und stellen ein funktionsfähiges System je nach Kundenwunsch zusammen. Beispiele dafür sind programmierbare Werkzeug- und Sondermaschinen (teilweise mit Transporteinrichtungen wie etwa Förderbändern) oder automatische Fertigungseinrichtungen, z. B. Dosiereinrichtungen für die Kunststoffherstellung und -verarbeitung. Sie planen den Arbeitsablauf, legen das benötigte Material und die Werkzeuge bzw. Mess- und Prüfgeräte fest. In der Fertigung bauen Mechatroniker unterschiedliche Baugruppen und Geräte zu komplexen Maschinen zusammen. Sie stellen dabei mechanische und elektrische Verbindungen her, z. B. für Ver- und Entsorgungseinrichtungen wie Aggregate oder für Kühlmittel. Sie wählen elektrische Leitungen aus und verdrahten diese intern in Schaltschränken und bauen Sensoren, Aktoren und Antriebsmaschinen zu einem mechatronischen System zusammen. Sie verbinden elektrische, mechanische, pneumatische sowie hydraulische Komponenten und installieren bzw. schließen sie in kompletten Anlagen an. Sie nehmen Geräte, Maschinen und Anlagen in Betrieb, warten diese und halten sie instand. Sie prüfen die Anlagen und hergestellten Verbindungen auf ihre Funktionsfähigkeit und führen eine Qualitätskontrolle durch.

1.1 Vom Problem zur Lösung

Im Zeitalter der Automatisierung kommt der automatischen Steuerung und Regelung eine steigende Bedeutung zu. Sie sorgt im Ablauf der Fertigungsprozesse dafür, dass bestimmte Größen wie Temperatur, Druck, Drehzahl, Abstand, Dicke usw. konstante Werte annehmen oder in bestimmten Abhängigkeiten von anderen Größen gehalten werden. Die Aufgabe der Steuerungs- und Regelungstechnik ist es, die genannten Größen auf vorgeschriebene Werte (Sollwert) zu bringen und diese entgegen allen internen und/oder externen Störeinwirkungen konstant zu halten. Die so einfach betrachtete Aufgabe enthält aber in der Praxis immer eine Fülle von Problemen, die der Mechatroniker erkennen und beheben muss.

Die heutige Steuerungs- und Regelungstechnik hat Verknüpfungspunkte mit fast jedem technischen Gebiet. Das Anwendungsspektrum reicht von der Elektrotechnik/Elektronik über die Antriebstechnik und den Maschinenbau bis hin zur Verfahrenstechnik. Will man nun die Steuerungs- und Regelungstechnik anhand von fachlichen Regeln dieser einzelnen Gebiete erklären, so müsste der Mechatroniker ein Spezialist in jedem Fachgebiet sein. Das gilt neben der Steuerungs- und Regelungstechnik mit elektronischen, mechanischen, pneumatischen und hydraulischen Systemen auch für den gesamten Komplex der Messtechnik einschließlich der Sensorik. Es zeigt sich jedoch, dass hinter den fachlichen Aufgaben viele gemeinsame und ähnliche Grundgedanken liegen.

Man erkennt bald, dass bei der Regelung einer Antriebsaufgabe bzw. einer Druck- oder Temperaturregelung zahlreiche Gemeinsamkeiten vorhanden sind, die man mit einer einheitlichen Vorgehensweise beschreiben kann. Die Grundgesetze der Steuerungs-, Mess- und Regelungstechnik gelten in gleicher Weise für alle Anwendungen, ganz unabhängig davon, wie verschieden sie im Einzelnen und auch apparativ aufgebaut sein mögen.

Der Praktiker, der etwas gründlicher in die Mechatronik eindringen möchte, gewinnt beim Durchblättern von Büchern über dieses Thema der Steuerungs-, Mess- und Regelungstechnik leicht den Eindruck, dass ein Eindringen in die Thematik ohne umfangreiche technische Kenntnisse ausgeschlossen ist. Der Eindruck ist aber dank Simulation mit PC falsch, denn bevor man mit der Projektierung einer Anlage beginnt, lassen sich größere Probleme bereits durch passende PC-Programme weitgehend eliminieren. Worauf es bei der Lösung von Regelungsaufgaben eigentlich ankommt, ist nicht die Kenntnis vieler Formeln und Rechenverfahren, sondern das Erfassen der wirkungsmäßigen Zusammenhänge in einem Steuerungs- oder Regelungskreis.

Für kleinere Anlagen der Steuerungs- und Regelungstechnik verwendet man heute Klein-SPS-Systeme (SPS: speicherprogrammierbare Steuerung) als Automatisierungsgeräte (AG). Steuerungen werden allgemein nach Art ihrer Informationsdarstellung eingeteilt, wobei man zwischen analogen und digitalen Ein- und Ausgängen unterscheiden muss. Da die SPS nur digitale Signale verarbeiten kann, müssen die analogen Eingangssignale durch Analog-Digital-Wandler in digitale Signale umgesetzt werden. Nach der Verarbeitung durch die SPS setzt ein Digital-Analog-Wandler die digitalen Signale in analoge Ausgangswerte um. Die Steuerung in der SPS basiert auf den logischen Verknüpfungen mit UND, ODER und NICHT. Dadurch lassen sich in jedem Zeitpunkt den Ein- und Ausgängen definierte Signalzustände (Pegel) zuordnen. Diese logischen Grundfunktionen werden noch durch Speicher-, Zeit- und arithmetische Funktionen erweitert.

Jede SPS arbeitet nach einem Programm, das der Mechatroniker erstellen muss. Unter einem solchen Programm versteht man bei einer Steuerung die Gesamtheit aller Anweisungen und Vereinbarungen für die Signalverarbeitung, durch die sich die SPS beeinflussen lässt. So ist beispielsweise das Programm einer binären, konventionellen Relais- und Schützsteuerung festgelegt durch die Art der Schaltglieder und die Verdrahtung zwischen diesen Funktionseinheiten.

Bild 1.1 zeigt als praktisches Beispiel eine Temperatur- und Belüftungssteuerung in einem Gewächshaus. Die Dachfenster sollen zur Belüftung und Regelung der Temperatur automatisch auf- und zugefahren werden. Bei Unterschreiten einer bestimmten Temperatur wird Warmluft über die Heizungsanlage eingeblasen. Die Antriebsmotoren für Lüfter und Dachfenster sind auf Störungen zu überwachen, und jede Störung soll über eine Blinkmeldung ausgegeben werden.

Aus dieser Aufgabenstellung lässt sich zu Bild 1.1 ein Funktionsschema erstellen. Daraus kann man eine Funktionsbeschreibung ableiten. Das Gewächshaus ist gleichzeitig Ausstellungs- und Verkaufsraum. Temperaturabhängig werden die Dachfenster zur Lüftung geöffnet und geschlossen. Über eine Klein-SPS wird jeweils ein Schaltpunkt für „Fenster öffnen“ und für „Fenster schließen“ programmiert. Der Temperatursensor B1 (siehe Bild 1.2) mit einem Spannungsausgang liefert hierzu den notwendigen Vergleichswert (Istwert), der in der SPS mit dem Sollwert verglichen wird.

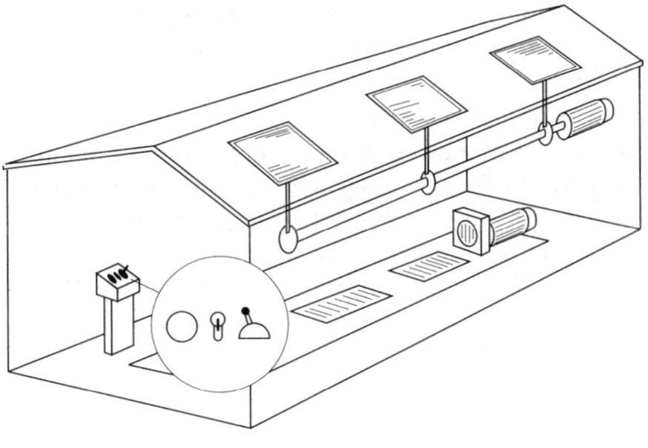

Bild 1.1 Funktionsschema für eine automatische Temperatur- und Belüftungssteuerung in einem Gewächshaus mit Klein-SPS

Die Schaltpunkte innerhalb der SPS werden nach folgenden Kriterien bestimmt bzw. berechnet:

- Belüftungssteuerung: Alle Dachfenster lassen sich durch einen Drehstrommotor M1 mit Wendeschützschaltung betätigen (M1 siehe in Bild 1.3). Die Endlagen werden über die Endschalter S2 (offen) und S3 (geschlossen) erfasst (S2 und S3 siehe Bild 1.2). Bei Erreichen der Endschalter wird der Motor direkt abgeschaltet.
- Warmluftzufuhr: Unterschreitet die Temperatur im Gewächshaus einen bestimmten Wert, so wird automatisch der Lüftermotor M2 zum Einblasen von Warmluft aktiviert. Bei Erreichen der gewünschten Temperatur schaltet er sich wieder ab.
- Ausfall eines Motors: Fällt M1 oder M2 aus, öffnet sich der Kontakt des zugehörigen Auslösemelders A1 oder A2. Die Störung wird für beide Motoren über die Blinkleuchte H1 gemeldet.
- Dauerlüftung: Durch den Schlüsselschalter S1 soll die automatische Temperaturregelung außer Kraft gesetzt und eine „Dauerlüftung" angewählt werden können. Dazu werden die Dachfenster zuerst – wenn nötig – geschlossen und anschließend wieder aufgefahren. Die Laufzeit *T*2 des Motors, die den Öffnungsgrad des Dachfensters bestimmt, wird direkt an der Klein-SPS eingegeben. Das Dachfenster lässt sich maximal bis zur Endlage öffnen. Die Voreinstellung für *T*2 beträgt 4 s.
- Manueller Betrieb: Bei Wartungs- und Reparaturarbeiten müssen die Fenster über die Taste P2 („Auf") auf- und über P4 („Ab") zugefahren werden können.

Für die Realisierung der Anlage verwendet man eine preisgünstige Klein-SPS. An den oberen Anschlussklemmen befinden sich die Eingänge und an den unteren die Ausgänge. Über das Netzgerät G1 wird eine Gleichspannung von +24 V erzeugt. Sie liegt an der SPS, den Schaltern und dem Temperatursensor. Die Eingänge I1 bis I5 sind für die digitalen Funktionen vorgesehen, d. h., die SPS kann direkt diese +24-V-Signale übernehmen. Der Temperatursensor B1 erzeugt dagegen ein analoges Ausgangssignal. Daher muss der Eingang I8 mit einem Analog-Digital-Wandler versehen sein. Damit erhält die SPS ein digitales Signal für die Weiterverarbeitung. An den unteren Klemmen befinden sich die Ausgänge mit den Schützen für die Ansteuerung der Motoren und der Meldeleuchte.

Gerätetechnischer Ausgangspunkt für den praktischen Einsatz ist ein Klein-SPS-Standardgerät, das serienmäßig lieferbar ist und durch den Mechatroniker entsprechend den Vorgaben programmiert wird. Softwaremäßig wird statt eines Stromlaufplans, der jetzt im Konstruktionsbüro für einen Schaltschrank gezeichnet werden müsste, ein Programm in einer leicht erlernbaren Programmiersprache – S5 oder S7 (STEP von Siemens) – geschrieben. Für die Darstellung des Programms auf Papier gibt es verschiedene Möglichkeiten:

- Anweisungsliste AWL
- Kontaktplan KOP
- Logik- bzw. Funktionsplan FUP

Die Eingabe des Programms in den Speicher der SPS erfolgt mit einem Handprogrammiergerät, einem PC oder direkt über die Schalter P1 bis P4, wie dies bei

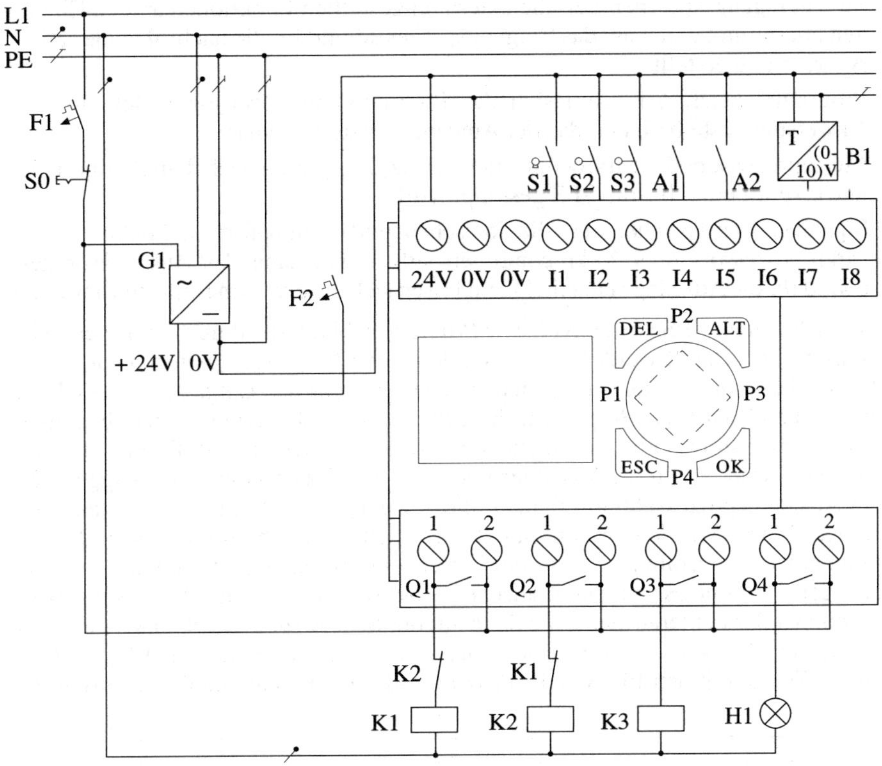

Bild 1.2 Steuerstromkreis für eine Temperatur- und Belüftungssteuerung mit

A1	Auslösemelder für Antriebsmotor der Fenster	K3	Schütz für Lüftermotor
A2	Auslösemelder für Lüftermotor	P1	Programmierschalter
B1	Temperatursensor	P2	Programmierschalter
F1	Leitungsschutzschalter 16 A	P3	Programmierschalter
F2	Leitungsschutzschalter (optional)	P4	Programmierschalter
G1	Netzteil 230 V AC/24 V DC	S0	Not-Aus
H1	Meldeleuchte für Störung des Motors	S1	Schlüsselschalter
K1	Schütz für Antriebsmotor zum Fensteröffnen	S2	Endschalter offen
K2	Schütz für Antriebsmotor zum Fensterschließen	S3	Endschalter geschlossen

Bild 1.2 der Fall ist. In der Praxis arbeitet man meistens mit einem PC, der das gesamte Programm simuliert, das nach der Testphase über eine serielle Schnittstelle nach RS 232 bzw. RS 485 in die SPS übertragen wird. Ist eine Änderung oder Modifikation erforderlich, lässt sich diese immer einfach durchführen, da die Verdrahtung kaum geändert werden muss.

Die Wirkungsweise einer SPS erkennt man an folgenden wesentlichen Baugruppen:

- Signaleingangsspeicher, der alle extern eingestellten Funktionen an den Eingängen übernimmt und dann das Eingangsprozessabbild für die nachfolgende serielle Abarbeitung erstellt
- Programmspeicher, in dem sich das Programm in Form einer Befehls- oder Anweisungsliste befindet, das der Anwender erstellen muss
- Mikroprozessor oder Mikrocontroller, der das Programm nach dem Startbefehl so lange verarbeitet, bis die SPS gestoppt wird
- Signalausgangsspeicher, der die logischen und arithmetischen Funktionen des Mikroprozessors oder Mikrocontrollers erhält und dann das Ausgangsprozessabbild für die Ausgänge erstellt. Damit lassen sich die externen Einheiten ansteuern

Wichtig bei einer SPS ist der zyklische Programmablauf, der durch den Befehl RUN gestartet wird. Damit werden zunächst alle an den Eingängen anliegenden Signale (Pegel) übernommen, und im Signalspeicher entsteht das Eingangsprozessabbild. Anschließend wird das Programm der SPS zyklisch abgearbeitet, d.h. beginnend mit der Anweisung 0 bis zur letzten Anweisung. Danach erstellt die SPS das Ausgangsprozessabbild für die Ausgänge und muss den Watch-Dog-Timer triggern. Mit dem Ausgangsprozessabbild erhalten alle Ausgänge ihre Signale in digitaler oder analoger Form. Mit dem Watch-Dog-Timer (Zeitüberwachung) lässt sich der Programmablauf kontrollieren. Wird der Timer nicht in einer bestimmten Zeitspanne getriggert, kommt es zur automatischen Rückstellung auf die Anweisung 0 mit anschließender Fehlerausgabe, die dann auf der SPS-Anzeigeneinheit abzulesen ist. Es folgt ein Rücksprung zur Anweisung 0, und der Arbeitsvorgang beginnt von neuem. Erst durch den PE-Befehl (Programm-Ende) am Anfang des nächsten Pro-

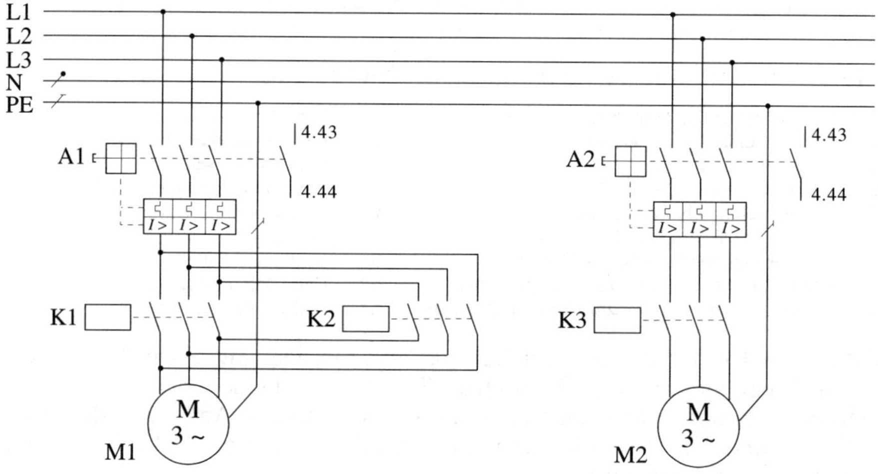

Bild 1.3 Laststromkreis für eine Temperatur- und Belüftungssteuerung

grammdurchlaufs lässt sich die SPS stoppen. Ein Programmablauf einer SPS vom Anfang bis zum Ende wird als Zyklus bezeichnet. Die Zeit, die die SPS für diesen Programmdurchlauf benötigt, definiert man als Zykluszeit.
Bild 1.3 zeigt den Laststromkreis für eine Temperatur- und Belüftungssteuerung. Bei Verwendung einer Wendeschützkombination mit mechanischer Verriegelung kann eine elektrische Verriegelung entfallen.
Stromlaufpläne bilden die Basis aller elektrotechnischen Anwendungen. In der praktischen Umsetzung werden Schaltgeräte miteinander verdrahtet. Setzt man Klein-SPS-Anlagen ein, verknüpft man die einzelnen Schalter, Tasten und Sensoren an den Eingängen miteinander und spart sich eine aufwendige Verdrahtung einschließlich der Montagekosten. Auch Änderungen lassen sich erheblich schneller durchführen.

1.2 Analysieren von Funktionszusammenhängen in mechatronischen Systemen

Unter Analysieren von Funktionszusammenhängen in mechatronischen Systemen versteht man die folgenden technischen Auflagen:
- Anforderungsprofile
- Systemparameter
- Blockschaltbilder
- Signalfluss
- Energiefluss

Wegen dieser Vorgaben benötigt man entsprechende PC-Kenntnisse, denn es müssen Simulationen für die Anlage erstellt werden. Auch das Arbeiten mit einem Textsystem für die Dokumentation ist wichtig. Mit einem CAD-System lassen sich mechatronische Anlagen auf einer Rechnerhardware und mit entsprechenden Programmen entwickeln.
Am Beispiel der Fertigung und Montage einer mechatronischen Anlage soll der Ablauf einer Fertigung behandelt werden. Zunächst sind die technischen Fragen der Planung durch Ermitteln der elektrischen und mechanischen Daten für das Anforderungsprofil zu klären. Die Planungsaufgaben lassen sich in vier Teilaufgabenbereiche gliedern. Man spricht vom „Grundregelwerk“ für Montageverfahren und Fertigungsanweisungen:
- Konstruktion von speziellen Anlagenteilen unter dem Aspekt der Fertigstellung einer kompletten Anlage
- Planung und Projektierung einer kompletten Anlage
- Zusammenbau von Anlagenteilen und Geräten
- Montage und Inbetriebnahme einer abnahmefähigen Anlage

Hieraus ergeben sich vier Planungskomponenten, mit denen man den Versuch unternehmen kann, den Ablauf einer Planung aus verschiedenen Blickwinkeln zu erfassen. Die einzelnen Phasen muss man zeitlich und nicht verknüpfbar betrachten. In der Praxis sind sie jedoch immer voneinander abhängig:

- Systemplanung: Sie gibt Auskunft über die zur Verwirklichung des Projekts heranzuziehenden Systeme. Dabei müssen die technischen und finanziellen Auswirkungen sowie deren Alternativen aufgegriffen, analysiert und ausgewertet werden.
- Objektplanung: Sie bezieht sich im Wesentlichen auf die einzelnen Objekte innerhalb der Systemplanung.
- Durchführungsplanung: In ihr wird die Durchführung des Projekts festgehalten. Dabei stützen sie sich natürlich auf die erhaltenen Vorgaben aus der System- und Objektplanung.
- Bereitstellungsplanung: Mit ihrer Hilfe lässt sich eine Reihenfolge der zu beschaffenden Einsatzgrößen, die aus der Durchführungsplanung hervorgegangen sind, vorgeben.

Danach sind die folgenden Planungsunterlagen anzufertigen. Für die elektrischen Anlagen innerhalb dieses Projekts ergeben sich folgende Arbeitsschritte:

- Stromlaufpläne
- Klemmenpläne
- Kabelpläne
- Anordnungs- und Aufbauzeichnungen
- Gerätelisten
- Montageanweisungen
- Terminplanung
- Gerätedisposition von Fremdanbietern
- Anlagenbeschreibung

Anschließend ist die Schaltgerätekombination in nachstehender Reihenfolge zusammenzubauen:

- Anfertigen und Lackieren der Schaltschränke und Geräteträger nach kundenspezifischen Ausführungszeichnungen
- mechanischer Aufbau der elektrischen Geräte, der Verdrahtungskanäle und Klemmvorrichtungen in den Schaltkästen
- Verdrahten der Geräte unter Berücksichtigung von Querschnitten und Farbkennzeichnung für die elektrischen Leitungen nach Stromlaufplan
- Verdrahten der Geräte unter Berücksichtigung der Verbindungen oder Schläuche für die Leitungen bzw. die pneumatische Steuerung einschließlich der Verdichteranlage, der Druckluft-Aufbereitung und der eigentlichen pneumatischen Steuerung
- Prüfung der elektrischen, hydraulischen und pneumatischen Schaltgerätekombinationen (Sichtprüfung, Schutzmaßnahmen, Isolation, Einhaltung der VDE-Vorschriften usw.)

Die Anlagemontage auf den Baustellen umfasst sämtliche Arbeiten von der Einzelgeräteanlieferung bis zur Übernahme durch den Betreiber der Anlage. Im Einzelnen sind folgende Montageschritte durchzuführen:

- Überprüfen der gelieferten Teile und Geräte auf Richtigkeit der Anzahl und der technischen Daten
- mechanische Montage der Geräte nach Anordnungszeichnungen unter Berücksichtigung der zur Verfügung stehenden Kabelwege und Kabelführungen
- Aufbau der Kabelwege
- Verkabelung und Kabeleinführung an den Geräten
- Erstellen der Anschlüsse an Geräten und Schaltgerätekombinationen
- Adressieren, Einstellen, Justieren und Programmieren der Sensoren und Aktoren mit anschließender Übertragung der Steuerungsprogramme in die SPS-Anlagen, Sensoren und Aktoren
- Anbringen von Schutzabdeckungen
- Anbringen der erforderlichen Sicherheitsschilder und Schutzvorrichtungen
- Entfernen von Montagehilfsmitteln, Werkzeugen und Verpackungsmaterial
- Reinigen der Anlagen von Staub und Montageabfällen

Damit ist die eigentliche Anlagenmontage abgeschlossen.

Bei der Sichtprüfung wird zunächst die elektrische Anlage im spannungslosen Zustand auf Vollständigkeit überprüft. Dabei muss den Klemmstellen besonderes Augenmerk im Hinblick auf fehlerhafte Verbindungen gelten. Die Einstellwerte der Geräte (z. B. Überstromauslöseorgane, Schutzrelais usw.) werden überprüft und gegebenenfalls neu eingestellt. Vor dem Einschalten einer Anlage müssen folgende Maßnahmen durch Fachpersonal ausgeführt werden:

- Verständigen des zuständigen und verantwortlichen Bedienungspersonals von der Fertigstellung der Anlage und deren Prüfung und ob die Anlage unter Spannung gesetzt werden darf
- Anbringen entsprechender Hinweisschilder, dass die Anlage unter Spannung steht
- Aufheben der Sicherheitsmaßnahmen an der Arbeitsstelle (Entfernen von Erdungs- und Kurzschlussvorrichtungen)
- Einsetzen der richtigen Schmelzeinsätze bzw. Betätigen der Schalter an den Sicherungsautomaten
- Ausschalten aller Schaltgeräte an den Verbraucherabzweigungen, damit sie nicht unkontrolliert bei Anlegen der Spannung in Betrieb gehen und undefinierte Zustände erzeugen
- Einschalten der Spannung durch eine schaltberechtigte Person

Bei der Inbetriebnahme neuerrichteter, geänderter und reparierter Geräte und Anlagen müssen die einwandfreie Funktion und die Einhaltung der Regeln der Technik (VDE- und DIN-Vorschriften) überprüft werden. Besondere Sorgfalt muss der einwandfreien Beschaffenheit und Wirksamkeit der Schutzmaßnahmen gelten. Die bei der Inbetriebsetzung durchzuführenden Maßnahmen sind im Einzelnen:

- Erdungsmessung
- Justieren von Mess-, Schutz- und Prüfeinrichtungen
- Einstellen der Nullpunkte der Messinstrumente

- Überprüfen der Schutzmaßnahmen und Schutzschalter auf richtige Auslösung (Schutzmaßnahmen gegen direktes und indirektes Berühren)
- Überprüfen, ob Überstromschutzeinrichtungen (Schmelzeinsätze und Auslöser von Schaltern) den Querschnitten richtig zugeordnet sind
- Überprüfen der Gerätebeschriftung auf Richtigkeit
- Spannungsmessung und gegebenenfalls Einstellung mit dem vorgeschriebenen Messgerät (Innenwiderstand und Effektivwert beim Messgerät oder Spitzenwert beim Oszilloskop sind unbedingt zu beachten)
- Drehfeldüberprüfung bei Motoren und Generatoren in Drehstromnetzen
- Überprüfen der digitalen bzw. analogen Steuerteile mit und ohne SPS (bei ausgeschalteten Leistungskreisen) auf Funktion, Programmierung, richtige Verriegelung, Notabschaltung usw.
- Einstellen der Endlagenschalter
- Inbetriebnahme der Leistungskreise, wobei die Verbraucher auf richtige Funktion zu überprüfen sind
- Ablesen der jeweiligen Mess- und Anzeigewerte
- Erstellen der Bestandsunterlagen (Berichtigung und Ergänzung der Planungsunterlagen, Fertigungs- und Montagerevision)

Sämtliche Maßnahmen sind so umzusetzen, dass dabei keine Gefahren für nichtbeteiligte Personen und für das Prüfungspersonal auftreten. Über die ausgeführten Inbetriebnahmearbeiten ist ein Protokoll anzufertigen.

Die Abnahme folgt nach Fertigstellung und voller Funktionsfähigkeit der Anlagen und Geräte. Mit der Abnahme geht die Verantwortung für die Sicherheit und den Betrieb vom Errichter auf den Betreiber über.

Abgenommen wird immer gemeinsam von Errichter und Betreiber. Hierbei stellt man zunächst die Vollständigkeit der ausgeführten Leistung (Maßnahmenüberprüfung) fest. Danach sind die einzelnen Funktionen nochmals vollständig zu überprüfen. Im Wesentlichen sind sämtliche Maßnahmen, die bei der Inbetriebsetzung durchzuführen sind, zu wiederholen. Das Bedienungspersonal wird durch das Fachpersonal eingewiesen. Bedienungs- und Wartungsvorschriften sind nach Abschluss aller Arbeiten an den Betreiber zu übergeben. Das Abnahmeprotokoll soll folgende Angaben enthalten:

- Abnahmetag und -zeit
- Teilnehmer
- durchgeführte Maßnahmen und Messergebnisse
- zu übergebende Unterlagen
- Hinweis auf Einweisung des Bedienungspersonals
- bei Mängelanzeigen Termine für deren Beseitigung festlegen
- Festlegen der Gewährleistungszeit
- Festlegen des Gefahrenübergangs

1.3 Herstellung mechatronischer Teilsysteme

Zur Herstellung mechatronischer Teilsysteme benötigt man das notwendige Fachwissen zum Anfertigen von mechanischen Verbindungen (z. B. durch Kraft-, Form- und Materialschluss) sowie zu Spanen und Umformen in manueller bzw. maschineller Fertigungstechnik. Als Hilfsmittel stehen Werkzeuge, Prüfmittel und Messmittel zur Verfügung. Für das Herstellen der einzelnen Teilsysteme braucht man die entsprechenden PC-Kenntnisse. Für die Konstruktion der mechanischen Komponenten werden CAD-Programme benutzt. Für die Fertigung von elektronischen Geräten setzt man CAD-Programme ein, die speziell für die Elektroinstallation entwickelt worden sind. Auch die Platinenentwürfe lassen sich mit CAD-Programmen aus der Schaltungssimulation optimal erzeugen. Zum Erstellen der Dokumentation ist wieder das Arbeiten mit einem Textsystem erforderlich, um Einzelzeichnungen, Baugruppenzeichnungen, Stücklisten und Montagepläne anzufertigen.

Die alte Strategie für den Entwicklungsprozess der mechanischen und elektrischen Komponenten besteht im Sammeln möglichst vieler Informationen für das neue Produkt. Diese Sammlung umfasst Größe, Gewicht, Funktionalität und Kosten. Der Entwickler verarbeitet die Vorgaben zu einem Prototyp. Dabei handelt es sich ebenfalls wieder um eine Informationssammlung für die zu verwendenden Komponenten bzw. Spezifikationen. Nach Fertigstellen des Prototyps folgen die Untersuchungen zu den ungünstigsten Bedingungen (Worst Case), oder man legt die Monte-Carlo-Analyse zugrunde.

Sind diese Tests abgeschlossen, erhält man die Freigabe für die Vorfertigung und für die sich wiederholenden Testzyklen. Hieraus ergeben sich Kenntnisse für Designänderungen an Mechanik, Elektronik, Steuerungs- und Regelungsprogrammen, Abgleichmöglichkeiten, Sensoren und Aktoren, bis alle Korrekturen für die nachfolgende Serienfertigung ausgeführt sind.

Werden bei einer Entwicklung nicht nur alle sachdienlichen, sondern auch relativ ungenaue Informationen herangezogen, muss der Entwickler viel Zeit für Einstellungen, Anpassungen und Kompensation jener Größen aufwenden, die er am Anfang nicht in Betracht gezogen hat. Damit erhält die Vorfertigung mit der Arbeitsvorbereitung das Produkt verspätet und muss nun erklären, warum sich das Projekt verzögert hat bzw. wann es voraussichtlich abgeschlossen sein wird. Der Produktmanager muss begründen, warum das Produkt nicht zum vorgesehenen Zeitpunkt in Produktion gehen kann und hofft, dass das endgültige Design, so es überhaupt kommt, technisch nicht bereits überholt ist. Der Herstellungsleiter muss erläutern, warum sich das Produkt nicht fertigen lässt bzw. warum die Ausbeute so gering ist und wann die Massenfertigung endgültig erfolgt. Diese Vorgänge kosten in jeder Firma Zeit und Geld. Die Firma muss ihrerseits dem Kunden erklären, warum es zu Lieferverzögerungen kommt und die Mengen nicht den vom Kunden erwarteten Umfang erreichen. Für den Endkunden heißt das eine Verschiebung der Marktchancen und einen späteren Zeitpunkt für den Verkauf. Am Schluss stehen diverse Ertragsverluste für alle Beteiligten.

Die einzelnen Fertigungseinrichtungen für die entsprechenden Montageverfahren gestalten sich in der Praxis immer sehr unterschiedlich. Für die fabrikmäßige Serienfertigung stehen je nach Produktart und Montageablauf entweder

- automatische Fertigungsstraßen oder
- Fließbänder oder
- automatisierte Einzelarbeitungsplätze

zur Verfügung. Für die Werkstattfertigung von Einzelstücken oder Kleinserien benutzt man Werkzeugmaschinen und Montagevorrichtungen mit geringem Automatisierungsgrad, wobei bereits ein größerer Messgerätepark benötigt wird. Die Baustellenmontage lässt sich meist mit einfachen Werkzeugen und Montagehilfsmitteln in handwerklicher Arbeit durchführen.

Montagearbeiten gliedern sich in Neuanfertigung und Instandsetzungsarbeiten. Diese Montagearten unterscheiden sich im Wesentlichen durch den Arbeitsablauf. Während bei Neuanfertigungen ein genau geplanter Arbeitsablauf möglich ist, bei dem sich auch angelernte Arbeitskräfte einsetzen lassen, müssen bei Reparaturen und Wartungsaufgaben zunächst die Fehler erfasst werden. Erst dann lassen sich die erforderlichen Abläufe individuell festlegen, d. h., es ergibt sich ein kostenintensiver Ablauf, und für die Ausführung dieser Arbeiten sind qualifizierte Fachkräfte erforderlich.

Die Kosten für das Instandsetzen von Kleingeräten liegen deshalb zum Teil bereits über den Herstellungskosten von Neugeräten. Man ist darum auch hier von der Einzelreparatur zu einer zentralen teilautomatisierten Reparatur in Fabriken übergegangen, wobei sich an den einzelnen Arbeitsplätzen nur bestimmte Reparaturen durchführen lassen. Damit kann man voll- bzw. teilautomatisierte Prüfeinrichtungen einsetzen und eine ausreichende bzw. kostengünstige Lagerhaltung für Ersatzteile erreichen.

Das Montieren von Anlageteilen und Geräten zu kompletten Anlagen besteht aus mehreren Teilfunktionen. Die Montage (M) bildet mit den Abteilungen Konstruktion (K), Arbeitsvorbereitung (AV) und eigentlicher Fertigung (F) den Bereich für die Produktion innerhalb eines Industrie- oder Handwerksbetriebs:

Produktion			
K	AV	F	M

In der Endfertigung (Montage) steht das Fügen von Einzelteilen zu Baugruppen oder Endprodukten im Vordergrund. Hierfür werden entsprechende Pläne benötigt, in denen alle Gebrauchs- sowie Verbrauchsmittel und die erforderlichen Handgriffe aufgeführt werden. Man bezeichnet diese Unterlagen als „Montagepläne", „Montagefließpläne" oder „Fließpläne". In ihnen sind alle Bewegungsabläufe (Handgriffe), die jeder Montagearbeiter bis zur Fertigstellung der Baugruppe oder des Endprodukts zu vollziehen hat, einschließlich aller Prüfvorgänge und Verpacken des Produkts in ihrer zeitlichen Reihenfolge und Dauer festgelegt.

Fließpläne sind immer auf eine bestimmte Fertigungsstückzahl je Zeiteinheit und Arbeitnehmerzahl ausgelegt. Montagefließpläne lassen sich vorteilhaft mit PC-Systemen und den entsprechenden Programmen aufstellen. Dabei sind alle bei der Montage benötigten Tätigkeiten (Handgriffe) sowie der mit ihnen verbundene Zeitaufwand und gewisse Prioritäten bei ihrer Anwendung im PC gespeichert. Im Einzelnen sind in der Endfertigung folgende Tätigkeiten auszuführen:

- Bereitstellen und Speichern aller für den Zusammenbau eines Produkts erforderlichen Einheiten. Hierzu gehören auch Fremdteile, bei denen es sich um Einzelteile, Baugruppen oder komplette Systeme handeln kann; sie werden meist montagegerecht angeliefert und lassen sich ohne vorherige eigene Bearbeitung fügen
- Erkennen der Einheiten, d. h. Identifizieren anhand von Sachnummern aus der Stückliste und Überprüfung auf Vollständigkeit; fehlende Einheiten sind unverzüglich anzumahnen
- Transportieren der Einheiten vom Bereitstellungsraum zum eigentlichen Montageort, z. B. automatisch mit Fördereinrichtungen oder manuell in Gebinden bzw. auf Paletten
- Greifen der Einheiten (meist manuell, wie es für den Montagevorgang erforderlich ist, wobei bereits in gewissem Maß auf die spätere Einbaulage vor- und ausgerichtet werden kann)
- Positionieren und Ausrichten der Einheiten hinsichtlich ihrer räumlichen Position auf eine einbaugerechte Lage
- mechanisches Zusammenfügen der einzelnen Einheiten
- Einstellen der Einheiten zum Toleranzausgleich, damit sich die gewünschten Funktionen erreichen lassen
- Sichern der Einheiten gegen jede Art von unerwünschten Veränderungen
- Prüfen der Einheiten und des gesamten Produkts nach Prüfanweisungen auf vorgegebene Qualitätsmerkmale
- Verpacken der Produkte nach Verpackungsvorschrift
- Transportieren der verpackten Produkte in das Fertiglager

Für diese Vorgänge sind je nach Anzahl der je Tag zu montierenden Erzeugnisse sowie der Größe der zu fertigenden Produktpalette unterschiedlich große Abteilungen der Endfertigung vorgesehen.

Die hauptsächlich zu leistende Arbeit besteht im Zusammenfügen aller zu einem Produkt gehörenden Einheiten. Da der hierfür erforderliche Arbeitsumfang auch bei einfachen Erzeugnissen bereits relativ hoch ausfällt und sich damit Arbeitsteilung anbietet, findet man in der Praxis unterschiedliche Fertigungssysteme und Fließbandfertigung. Das Anordnen aller zu einem Produkt gehörenden Einheiten wäre an nur einem Arbeitsplatz aus räumlichen Gründen kaum möglich und würde auf jeden Fall gegen die Gebote der Bewegungsverdichtung oder -vereinfachung bei der Arbeitsplatzgestaltung verstoßen.

Wichtig für diesen Fertigungsabschnitt ist noch die ordnungsgemäße Dokumentation. Jeder Produzent von technischen Produkten steht immer mehr unter Druck,

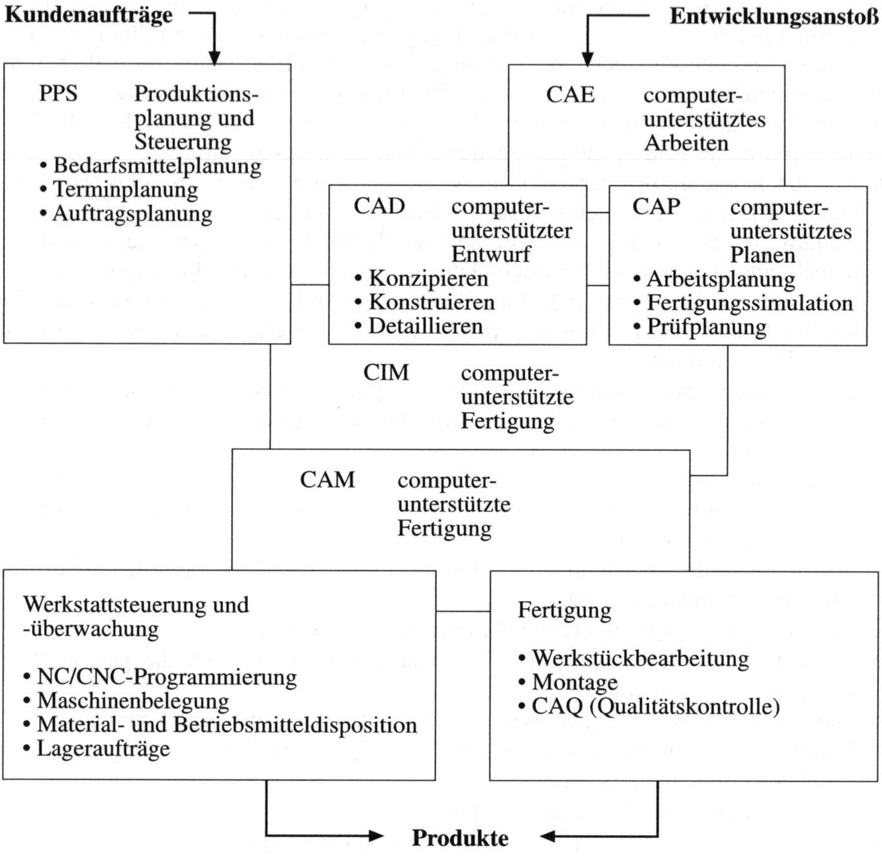

Tabelle 1.1 Aufbau des CIM-Integrationsmodells

qualitativ hochwertige Geräte, Systeme und Anlagen schnell und kostengünstig herzustellen. Um diesen Anforderungen genügen zu können, müssen Flexibilität, Qualität, Produktivität und Attraktivität verbessert werden. Hilfreich sind heute leistungsfähige PC, die die Bereiche der mechanischen bzw. elektrischen Konstruktion, der Arbeitsplanung und Arbeitsvorbereitung, der Fertigung und Qualitätssicherung sowie von Vertrieb und Service verbessern helfen. Grundlage ist das CIM-Modell (CIM: Computer Integrated Manufacturing) von **Tabelle 1.1**.
Unterschiede findet man im Aufbau der Programme nach

CAD: Computer Aided Design
CAM: Computer Aided Manufacturing
CAP: Computer Aided Planning

CAI: Computer Aided Industry
CAL: Computer Assisted Learning
CAE: Computer Aided Engineering
CAO: Computer Aided Organization
CAQ: Computer Aided Quality Control
CAS: Computer Aided Sales

Grundausstattung ist ein schneller PC, den man über eine alphanumerische Tastatur und eine Maus anspricht. Ausgegeben wird über einen 20-Zoll-Monitor, und zum Ausdrucken der Zeichnungen bzw. Stücklisten setzt man einen Laser- oder Tintenstrahldrucker ein. Speziell für große Zeichnungen ist ein Plotter günstiger. Zur Informationsübertragung empfiehlt sich ein lokales Netzwerk (LAN: Local Area Network), das alle Rechner miteinander verbindet.

Beim Benennen von technischen Zeichnungen unterscheidet man

- nach Art der Darstellung:
  - Skizze: nicht unbedingt an Formen und Regeln gebundene, vorwiegend freihändig gefertigte Darstellung
  - Zeichnung: maßstäbliche Darstellung mit den jeweils erforderlichen Ansichten in der Mechanik, Schnitten und anderen Angaben zur Ergänzung; durch einen Zusatz wird das Merkmal einer Zeichnung zum Ausdruck gebracht
  - Plan: Darstellung, aus der hervorgeht, wie Gegenstände in ihrer Lage zueinander oder bezüglich ihrer Funktion zusammengehören; hierzu zählen die elektrischen Schaltungsunterlagen (Stromlaufpläne)
  - grafische Darstellung: Darstellung veränderlicher Größen, Werte usw. durch Linien und Flächen, z. B. Nomogramme, Kräftepläne, Kennlinienfelder, Kurven und Zeitablaufdiagramme
- nach Art der Anfertigung:
  - Original
  - Zeichnung mit Bleistift
  - Zeichnung mit Tusche
  - Verbundgruppenzeichnung
  - Teilzeichnung
  - Gruppenteilzeichnung
  - Modellzeichnung
  - Schemazeichnung
- nach dem Zweck:
  - Formgebungszeichnung
  - Fertigungszeichnung
  - Bearbeitungszeichnung
  - Zusammenbauzeichnung
  - Entwurfszeichnung
  - Lieferzeichnung

Wichtig bei den Zeichnungen ist immer das Einhalten der entsprechenden Normen. Sie haben zum Ziel, durch Vereinheitlichen eine zweckdienliche Gestaltung von Erzeugnissen und Verfahren herzustellen. Durch Festlegen von Form, Größe und Ausführung gleichartiger Erzeugnisse ist eine Austauschbarkeit von genormten Teilen gegeben.

Die Zeichnungsformate, also die Papier-Endformate, sind nach DIN 476 in der A-Reihe festgelegt. Sie entsteht durch abwechselndes Halbieren der beiden Seitenlängen des Ausgangsformats A0. **Tabelle 1.2** zeigt die Zeichnungsformate.

Blattgrößen nach DIN 476 Reihe A	**beschnittene Zeichnung und Lichtpause (Fertigblatt)**	**Zeichenfläche**
A0	841 × 1189	831 × 1179
A1	594 × 841	584 × 831
A2	420 × 594	410 × 584
A3	297 × 420	287 × 410
A4	210 × 297	200 × 287

Tabelle 1.2 Zeichnungsformate

Für technische Zeichnungen sind die Maßstäbe genormt. **Tabelle 1.3** zeigt die empfohlenen Maßstäbe nach DIN ISO 5455.

Kategorie	**empfohlene Maßstäbe**		
Vergrößerungsmaßstäbe	50:1	20:1	10:1
	5:1	2:1	
natürliche Maßstäbe			1:1
Verkleinerungsmaßstäbe	1:2	1:5	1:10
	1:20	1:50	1:100
	1:200	1:500	1:1 000
	1:2 000	1:5 000	1:10 000

Tabelle 1.3 Empfohlene Maßstäbe nach DIN ISO 5455

Elektrotechnische Schaltungsunterlagen erläutern die Funktion von Schaltungen oder Leitungsverbindungen. Sie vermitteln Angaben für die Fertigung und zum Errichten und Erhalten elektrischer Einrichtungen. Schaltungsunterlagen im Sinn von DIN 400719 sind Schaltpläne aller Art, Tabellen, Diagramme und Beschreibungen. Man unterscheidet zwischen folgenden Funktionen:

- Schaltpläne sind zeichnerische Darstellungen elektrischer Betriebsmittel durch Schaltzeichen, ggf. auch durch Abbildungen oder vereinfachte Konstruktionszeichnungen. Sie zeigen die Art, in der die verschiedenen elektrischen Betriebsmittel zueinander in Beziehung stehen und miteinander verbunden sind.

- Diagramme sind grafische Darstellungen errechneter, beobachteter oder analysierter Werte.
- Tabellen sind systematisch angeordnete Übersichten; sie sollen ohne erläuternden Text verständlich sein. Sie ersetzen oder ergänzen Schaltpläne und/oder Diagramme.
- Beschreibungen sind sprachliche Fassungen von Sachverhalten. Sie geben Auskunft über die Eigenschaften elektrischer Betriebsmittel oder über Beziehungen zwischen elektrischen Betriebsmitteln.

Elektrische Schaltungsunterlagen lassen sich noch nach Zweck und Art der Darstellung folgendermaßen einteilen:

- Einteilung nach dem Zweck:
  - Schaltungsunterlagen zur Erläuterung der Arbeitsweise
  - Schaltungsunterlagen zur Erläuterung der Verbindung und der räumlichen Lage
    - erläuternder Schaltplan
      - Übersichtsschaltplan
      - Stromlaufplan
      - Ersatzstromlaufplan
    - erläuternde Tabelle
      - Ablaufdiagramm bzw. -tabelle
      - Zeitablaufdiagramm bzw. -tabelle
    - Verdrahtungsplan
      - Geräteverdrahtungsplan
      - Verbindungsplan
      - Anschlussplan
    - Anordnungsplan

In der Praxis lassen sich mehrere Schaltplanarten in einem Schaltplan systematisch zu einem sogenannten gemischten Schaltplan zusammenfassen. Man unterscheidet dann zwischen

- Einteilung nach Art der Darstellung:
  - einpolige Darstellung
  - mehrpolige Darstellung
- Anordnung der Schaltzeichen
  - zusammenhängende Darstellung
  - halb zusammenhängende Darstellung
- lagerichtige Darstellung

Stromlauf-, Installations-, Verdrahtungs-, Funktions- und Übersichtsplan werden noch beschrieben. Für grafische Darstellungen kennt man folgende Möglichkeiten:

- Diagramm: Als Diagramm bezeichnet man ein Schaubild, das in Abhängigkeit von jeweils zwei Größen in ein Koordinatensystem gezeichnet wird. Das kartesische Koordinatensystem stellt zwei Größen in positiver und negativer Richtung dar. Es ergibt sich eine Darstellung in vier Quadranten. Die Achsenbeschriftung kann, je nach geforderter Übersichtlichkeit, linear oder logarithmisch (dekadisch) gewählt werden.

- Kurvenschar: Eine Kurvenschar stellt in einem Koordinatensystem drei Größen dar. Am Beispiel eines Transistors ergibt sich im Koordinatensystem eine große Anzahl ähnlich verlaufender Kurven, wenn man diese in Abhängigkeit vom Basisstrom betrachtet.
- Netztafeln: Netztafeln ermöglichen das Ablesen von mehreren Größen. Man kann beispielsweise in einem Koordinatensystem, das mit Spannung U an der Abszisse (waagerechte Größe) und mit Strom I an der Ordinate (vertikale Größe) bezeichnet ist, Kennlinien des Widerstands R und der Leistung P einzeichnen. Die Kennlinie des Widerstands verläuft von links unten nach rechts oben, während die Leistungskennlinien von rechts unten nach links oben verlaufen. Jede gesuchte Größe lässt sich daraus einfach ablesen.

Die Schaltungsunterlagen sind je nach Verwendungszweck unterschiedlich angeordnet. Man unterscheidet dabei zwischen Hard- und Software-Projektierung.

Bei der Hardware-Projektierung arbeitet der Praktiker nach folgenden Vorgaben:

- Verfahrenstechnik mit elektrischen, mechanischen, fluidtechnischen, pneumatischen, hydraulischen und bautechnischen Symbolen; aus der verfahrenstechnischen Darstellung erkennt man nicht nur die Anordnung der einzelnen elektrischen und mechanischen Komponenten, sondern auch die Grundfunktionen der Anlage
- Basisplanung mit Blockbezeichnungen für eine elektrische, mechanische, fluidtechnische, pneumatische, hydraulische und bautechnische Beschreibung
- Ausführungsplanung mit fertigen Symbolen und deren technischen Beschreibungen aus den elektrischen, mechanischen, fluidtechnischen, pneumatischen, hydraulischen und bautechnischen Funktionseinheiten; aus der Basisplanung lassen sich einzelne Funktionseinheiten für eine Geräteliste innerhalb der Ausführungsplanung zusammenstellen
- Montageplanung für direktes Einfügen und entsprechendes Verdrahten der elektrischen, mechanischen, fluidtechnischen, pneumatischen, hydraulischen und bautechnischen Systeme zu einer gesamten Funktionseinheit

Damit lässt sich das Ablaufdiagramm von **Tabelle 1.4** für den gesamten Bereich der Fertigungstechnik erstellen, das im Wesentlichen auch für alle elektrischen, mechanischen, fluidtechnischen, pneumatischen, hydraulischen und bautechnischen Anlagen zutrifft.

Für Elektrotechnik und Elektronik gilt noch die Einteilung der Darstellungsmöglichkeiten nach **Tabelle 1.5**, wobei sich mehrere Schaltplanarten in einem gemeinsamen Schaltplan zusammenfassen lassen. Dadurch entsteht ein gemischter Schaltplan.

Bei der Software-Projektierung arbeitet man mit objektorientierter Programmierung mit allen zugehörigen Tools, auf die später noch eingegangen wird. Im Wesentlichen basieren diese Tools auf den Tabellen 1.4 und 1.5.

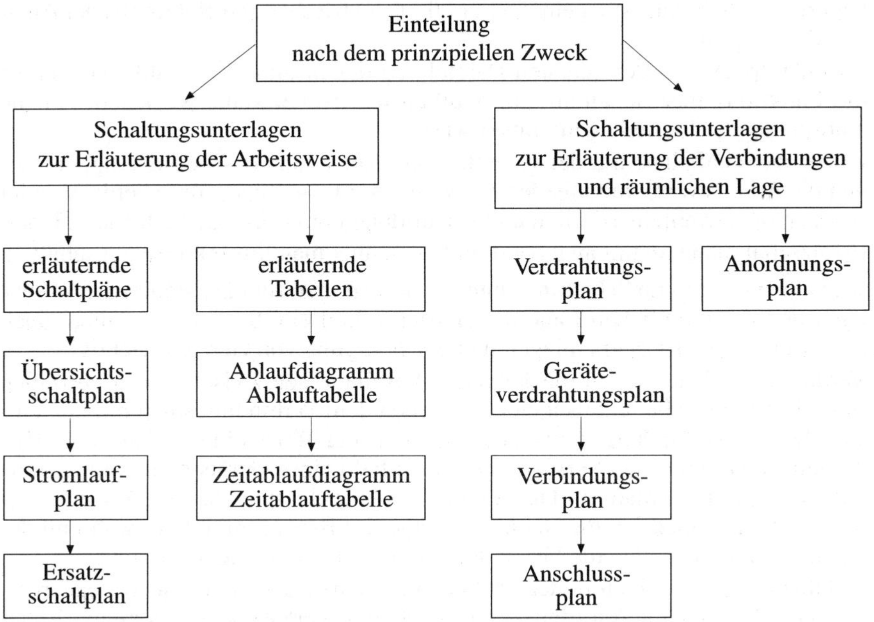

Tabelle 1.4 Prinzipielles Ablaufdiagramm für die Fertigungstechnik, das sinngemäß für alle elektrischen, mechanischen, fluidtechnischen, pneumatischen, hydraulischen und bautechnischen Anlagen gilt

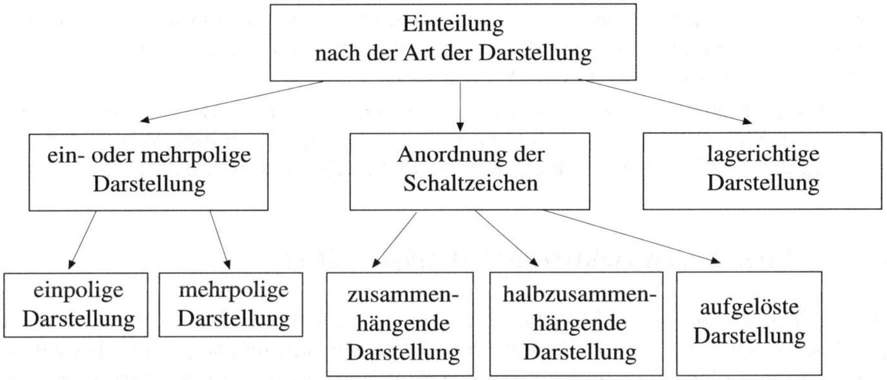

Tabelle 1.5 Darstellungsmöglichkeiten nach Art der Einstellung für Elektrotechnik und Elektronik, wobei man diese auch sinngemäß für mechanische, fluidtechnische, pneumatische, hydraulische und bautechnische Anlagen verwenden kann

Erläuternde Schaltpläne spiegeln die Funktion elektrischer und elektronischer Anlagen wider. Es gibt:

- Stromlaufpläne mit der genauen Darstellung des Stromkreisverlaufs; sie zeigen die Funktion einer Schaltung am deutlichsten, wobei keine Rücksicht auf die Anordnung der Bauteile genommen wird
- Übersichtsschaltpläne mit der vereinfachten Darstellung einer Schaltung; sie zeigen die Arbeitsweise und Gliederung, wobei nur wesentliche Teile berücksichtigt werden; oft vermitteln Tabellen und Ablaufdiagramme zusätzliche Informationen
- Ersatzschaltpläne; damit analysiert und berechnet man Stromkreiseigenschaften

Eine zweite Gruppe von Schaltungsunterlagen setzt man zum Darstellen der Verbindungen und der räumlichen Lage der Betriebsmittel ein. Sie sind vor allem auch beim Errichten elektrischer Anlagen und der Fertigung von Geräten wichtig:

- Verdrahtungspläne zeigen die leitenden Verbindungen zwischen den einzelnen Betriebsmitteln. Man unterscheidet zwischen dem Verbindungsplan mit den entsprechenden Verbindungen zwischen Geräten oder Teilen einer Anlage, dem Verdrahtungsplan mit allen Verbindungen innerhalb eines Geräts oder Anlagenteils und dem Anschlussplan mit Darstellung der Anschlusspunkte. Der Anordnungsplan gibt ausschließlich die räumliche Lage der Betriebsmittel an, während der Geräteverdrahtungsplan die Verbindung innerhalb von Geräten darstellt.
- Installationspläne zeigen in der baulichen Grundrisszeichnung die Verlegearbeiten der Leitungen, die Anordnung der Installationsgeräte und anderer elektrischer Betriebsmittel. Sie sind das wichtigste Informationsmittel beim Errichten elektrischer Installationen.
- Kabel- und Leitungspläne geben den Verlauf von Kabeln und Freileitungen in einem bestimmten Gebiet wieder. Meist sind hier auch Transformatorstationen, Schaltanlagen und sonstige Verbindungs- und Abzweigpunkte eingetragen. Diese Pläne werden in der Praxis vom EVU erstellt.
- Wirkschaltpläne sind heute nur noch selten zu finden. Sie geben Auskunft sowohl über den Stromverlauf als auch über die Lage der Betriebsmittel. Wegen der vielen unterschiedlichen Eintragungen werden sie schnell unübersichtlich.

1.4 Installieren elektrischer Betriebsmittel

Für die Installation von elektrischen Betriebsmitteln benötigt man Kenntnisse über die elektrischen Größen von Gleich- und Wechselstrom, mechanische, elektromechanische und elektronische Bauteile sowie analoge bzw. digitale Messverfahren. Für die Prüfung sind die Schutzmaßnahmen nach VDE zu beachten und einzuhalten. Auch die richtige Anwendung von Leitungen für die Energie- und Informationsübertragung ist zwingend erforderlich. Eine Besonderheit stellen die Bussysteme in mechatronischen Anlagen dar, denn damit lässt sich ein hoher Verkabelungsaufwand auf ein Minimum reduzieren. Zu den Sicherheitsmaßnahmen gehört der

Schutz gegen Überlast, Kurzschluss, Überspannung und Störspannung. Gerade durch den Einsatz von PC-Systemen und steuerprogrammierbaren Geräten (SPS) im heutigen Anlagenbau muss man auch die EMV-Problematik exakt kennen, damit keine Fehlfunktionen auftreten können.

Elektrische Leiter sind Werkstoffe, die den elektrischen Strom bei einer definierten Spannung gut leiten. Damit sich diese Stromwege einhalten lassen, muss das leitende Material, aus dem sie hergestellt sind, mit nicht leitendem Material umgeben sein. Das leitende Material bildet den Leiter, das nicht leitende Material die Isolierung.

Ein Maß dafür, wie gut ein Werkstoff den elektrischen Strom leiten kann, ist die elektrische Leitfähigkeit. Sie beträgt für einen sehr guten Leiter über 58 $m/\Omega \cdot mm^2$. Für einen Isolator ist die elektrische Leitfähigkeit unter 10^{-10} $m/\Omega \cdot mm^2$ und für die häufig verwendeten Isolierstoffe in der Größenordnung um 10^{-15} $m/\Omega \cdot mm^2$ vorgeschrieben.

Das Grundprinzip elektrischer Leitfähigkeit bildet den Ausgangspunkt für Entwicklung und Herstellung von Kabeln, Leitungen und Wickeldrähten, wie sie in der Elektroindustrie verwendet werden. Im allgemeinen Sprachgebrauch versteht man unter Kabeln festverlegte bzw. im Erdreich verlegte isolierte Leiter mit größerem Leiterquerschnitt; sie bestehen aus mehreren miteinander verseilten Einzeldrähten, die mit einem entsprechenden Mantel umgeben sind.

Leitungen sind für feste oder lose Verlegung bestimmte isolierte Leiter, die bevorzugt in Innenräumen eingesetzt werden. Sie bestehen aus einem oder mehreren Leitern mit verhältnismäßig kleinem Querschnitt und sind flexibel verlegbar. Die Grenze zwischen Kabeln und Leitungen ist nicht eindeutig und lässt sich nur vom jeweiligen Anwendungsfall bestimmen.

Mit Wickeldrähten stellt man Wicklungen und Spulen für elektrische Maschinen und Geräte her. Ihr konstruktiver Aufbau ist von allen Leiterausführungen der einfachste, da sie sich nur aus dem Leiter und der Isolierhülle zusammensetzen.

Die wichtigsten Aufbauelemente für Kabel, Leitungen und Wickeldrähte sind:

- Leiter
- Isolierhülle
- Schirm
- Mantel
- Schutzhülle und Bewehrung

Entsprechend ihrem jeweiligen Anwendungsfall können sie sowohl in ihrer Anordnung als auch in der Wahl des Materials in unterschiedlichster Form bei der Fertigung der Endprodukte zusammengestellt werden. **Bild 1.4** zeigt die Aufbauelemente für Kabel, Leitungen und Wickeldrähte.

Kupfer wird als Leiterwerkstoff für Kabel, Leitungen und Wickeldrähte aufgrund seiner großen elektrischen Leitfähigkeit, der guten Wärmeleitfähigkeit, hohen mechanischen Festigkeit, guten Verformbarkeit und besseren Möglichkeit zur Herstellung zuverlässiger elektrisch leitender Verbindungen dem Aluminium vorgezogen.

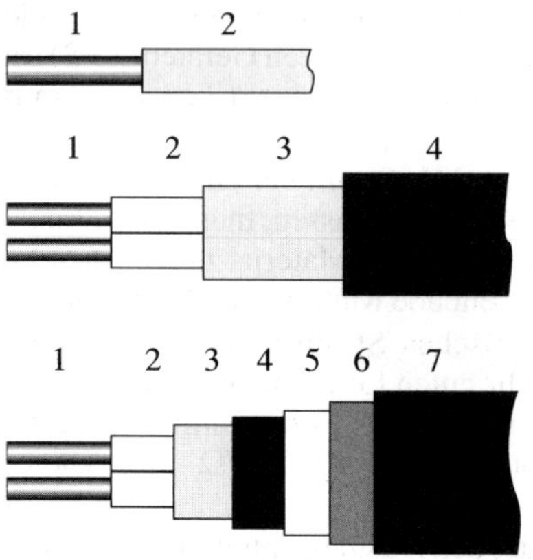

Bild 1.4 Aufbauelemente für
- Wickeldraht oder einadrige Leitung
- Starkstromleitung oder Kunststoffkabel
- Starkstrom- oder Fernmeldeleitung:
  1 Leiter
  2 Isolierhülle
  3 gemeinsame Aderumhüllung, Gürtel oder Innenmantel
  4 Mantel bzw. äußere Umhüllung
  5 innere Schutzhülle
  6 Bewehrung
  7 äußere Schutzhülle bzw. Außenmantel

Zur technischen und kommerziellen Verständigung zwischen den Herstellern und Anwendern von Kabeln, Leitungen und Drähten werden bestimmte Angaben über die Leiterabmessungen verwendet, die in genormten Größen festgelegt sind. Bei Starkstromkabeln und -leitungen sowie bei feindrähtigen Leitern von Fernmeldeleitungen wird der Nennquerschnitt angegeben. Er ist die gerundete Angabe der Querschnittsfläche des Leiters im mm^2 und bestimmt die maximale Strombelastung und damit die Erwärmung der Kabel und Leitungen. Bei Fernmeldekabeln und eindrähtigen Fernmeldeleitungen sowie für Wickeldrähte wird statt des Querschnitts der Leiterdurchmesser angegeben.

Der geometrische Leiterquerschnitt wird bei mehrdrähtigen Leitern in der Fertigungskontrolle aus Masse und Dichte des Leiterwerkstoffs und aus der Länge eines Probestücks ermittelt. Damit lässt sich die Einhaltung der Abmessungen der Einzeldrähte und der Technologie in der Leiterfertigung überwachen. Es gilt

$$S_g = \frac{m}{l \cdot \rho} 10^3$$

mit

S_g Fläche des geometrischen Leiterquerschnitts in mm^2
m Masse des Leiters in kg
ρ Dichte des Leiterwerkstoffs
(8,9 $g \cdot mm^3$ für Kupfer, 2,7 $g \cdot mm^3$ für Aluminium)
l Länge des Leiters in m

Der elektrisch wirksame Querschnitt ist nicht mit dem Nennquerschnitt identisch. Er hängt vom Leiteraufbau (Schlaglänge, Leiterverdichtung) und vom spezifischen Widerstand des Leiterwerkstoffs ab. Durch die in den Normen getroffene Festlegung maximaler Leiterwiderstände für jeden Nennquerschnitt ist die Bestimmung des elektrischen Querschnitts über eine Gleichstromwiderstandsmessung nicht mehr erforderlich.

Isolierte Leitungen und Kabel sind im Gegensatz zu Freileitungen vollständig mit Isoliermaterial umhüllt. Man unterscheidet zwischen Energie-, Steuerungs- und Messleitungen, wobei sich auch entsprechende Kabel im Erdboden verlegen lassen. Deshalb müssen diese Kabel auch mechanisch fester und gegen Umwelteinflüsse stabiler aufgebaut sein.

Isolierte Leitungen verwendet man zur festen Verlegung in Innenräumen, zum Teil auch im Freien (jedoch nicht im Erdboden), zur Installation von elektrischen Maschinen oder Apparaten oder aber als bewegliche Leitungen zum Anschluss ortsveränderlicher Verbraucher. Für Leitungsnetze in elektrischen Anlagen dürfen nur Leitungsbauarten eingesetzt werden, die den einschlägigen technischen Bestimmungen (VDE-Vorschriften) entsprechen. Diese Bestimmungen enthalten Angaben über Aufbau, Eigenschaften und Prüfungen sowie die vorschriftsmäßige Verwendung. Es sind dies vor allem:

VDE 0250: Bestimmungen für isolierte Starkstromleitungen
VDE 0281: PVC-isolierte Leitungen
VDE 0282: Gummi-isolierte Leitungen

VDE 0281 und VDE 0282 entsprechen den harmonisierten Normen der europäischen (CENELEC) und internationalen (JED) Bestimmungen. Ergänzt werden diese Normen durch

VDE 0207: Isolier- und Mantelwerkstoffe
VDE 0293: Aderkennzeichnungen
VDE 0295: Leiter für isolierte Starkstromleitungen
VDE 0298: Verwendung von Kabeln und isolierten Leitungen bis 30 kV
VDE 0472: Prüfungen an Kabeln und isolierten Leitungen

Zum Nachweis, dass die Leitungen den VDE-Bestimmungen entsprechen, wird von der VDE-Prüfstelle die Berechtigung erteilt, den VDE-Kennfaden einzulegen oder auf der Außenhülle das VDE-Buchstaben-Kennzeichen aufzubringen. Bauarten, die harmonisierten Normen entsprechen, unterscheiden sich im Kennfaden (Farbfolge: schwarz–rot–gelb) und im zusätzlichen Aufdruck „HAR“. Nationale Bauarten weisen als Farbfolge im Kennfaden schwarz–rot auf. Außerdem müssen Leitungen einen Firmenkennfaden oder ein Buchstabenkennzeichen erhalten.

Beispiel: SIEMENS VDE HAR

Kabel und Leitungen werden durch Buchstabenkurzzeichen benannt. Diesen Kurzzeichen sind weitere Angaben, z. B. über die Anzahl der Leiter, Adern oder Aderpaare, über die Form und den Aufbau der Leiter, über den Nennquerschnitt oder Nenndurchmesser, über die Nennspannung u. a. hinzugefügt. Kabel werden entsprechend VDE 0298 durch folgende Angaben bezeichnet:

- Bauartkurzzeichen, z. B. NKBA
- Aderzahl/Nennquerschnitt in mm^2, z. B. 4×35
- Kurzzeichen für Leiterform und Leiterart, z. B. SM
- gegebenenfalls Nennquerschnitt des Schirms oder des konzentrischen Leiters

- Nennspannung U_0/U in kV, z. B. 0,6/1 kV, wobei die Spannungsangaben bedeuten:
  - U_0: Effektivwert der Spannung zwischen Außenleiter und Erde
  - U: Effektivwert der Spannung zwischen zwei Außenleitern

Daraus folgt: NKBA 4 x 36 SM 0,6/1 kV

A	Leiter aus Aluminium
H	Schirm bei Höchstädter-Kabel
K	Bleimantel
KL	glatter Aluminiummantel
G	Isolierung bzw. Mantel aus Gummi
Y	Isolierung bzw. Mantel aus Kunststoff PVC
2Y	Isolierung bzw. Mantel aus Kunststoff PE
2X	Isolierung bzw. Mantel aus Kunststoff VPE
C	konzentrischer Leiter – CW wellenförmig
B	Stahldrahtbewehrung
F	Stahlflachdrahtbewehrung
R	Stahlrunddrahtbewehrung
A	Schutzhülle aus Faserstoff
Nach der Querschnittsangabe folgen die Kurzzeichen für den Leiteraufbau:	
RE	eindrähtiger Rundleiter
RM	mehrdrähtiger Rundleiter
SE	eindrähtiger Sektorleiter
SM	mehrdrähtiger Sektorleiter
RF	feindrähtiger Rundleiter
Kabel für Niederspannung U_0/U in kV werden zusätzlich gekennzeichnet mit:	
-J	Kabel mit grün–gelb gekennzeichneter Ader
-O	Kabel ohne grün–gelb gekennzeichnete Ader
Das gilt nicht für Kabel mit konzentrischem Leiter	

Tabelle 1.6 Kurzzeichen für Kabel (VDE 0298)

Das Bauartenkurzzeichen ergibt sich durch Anfügen weiterer Buchstaben an den Anfangsbuchstaben „N“, und zwar in der Reihenfolge des Kabelaufbaus von innen, also ausgehend vom Leiter. Der Anfangsbuchstabe „N“ in der Bezeichnung bedeutet, dass das Kabel genormt und nach entsprechenden VDE-Bestimmungen gebaut ist.

Die wichtigsten Bezeichnungen sind in **Tabelle 1.6** dargestellt.

Die Kenn- und Kurzzeichen für Leitungen sind im Umbruch, bedingt durch die Harmonisierung verschiedener Leitungstypen. Wichtige Kenn- und Kurzzeichen für Leitungen nach nationalen Normen (entsprechend VDE 0250) sind in **Tabelle 1.7** zusammengefasst.

A	Aderleitung	S	schwere Leitung
M	Mantelleitung	T	Leitungstrosse
Al	Leiter aus Aluminium	W	wetterfest
B	Bleimantel	Y	Kunststoff PVC
C	Abschirmung	2X	Kunststoff VPE
F	Flachleitung	7Y	Kunststoff-Ethylen-Tetrafluorethylen
G	Gummiisolierung	Z	Ziffernaufdruck
2G	Silikon-Kautschuk	e	eindrähtige Leitung
3G	Butyl-Kautschuk	fl(FL)	flache Leitung
4G	Ethylen-Vinylacetat-Kautschuk	k	kältebeständig
I	Imputz-Leitung	m	mehrdrähtige Leiter
H	Handgeräteleitung	ö(Ö)	ölbeständig
L	leichte Leitung	rd	runder Leiter
M	mittlere Leitung	u(U)	unbrennbar
P	Pendelschnüre	vers	verseilte Leitung
R	Rohrdraht	w(W)	wärmebeständig
Leitungen für Niederspannung U_0/U = 0,6 kV werden zusätzlich gekennzeichnet mit:			
-J	Kabel mit grün–gelb gekennzeichneter Ader	-O	Kabel ohne grün–gelb gekennzeichnete Ader

Tabelle 1.7 Kurzzeichen für Leitungen nach nationalen Normen (VDE 0250)

Farbkennzeichnung von mehradrigen Leitungen für ortsveränderliche Stromverbraucher:		
Anzahl der Adern	bewegliche Leitungen	
	mit Schutzleiter	ohne Schutzleiter
2		schwarz–hellblau
3	grün–gelb/braun/hellblau	schwarz–hellblau/braun
4	grün–gelb/schwarz/hellblau/braun	schwarz/hellblau/braun/schwarz
5	grün–gelb/schwarz/hellblau/ braun/schwarz	schwarz/hellblau/ braun/schwarz/schwarz
Farbkennzeichnung von mehradrigen Leitungen für feste Verlegung und mehradrige Kabel:		
Anzahl der Adern	Leitungen und Kabel	
	mit Schutzleiter	ohne Schutzleiter
2	grün–gelb/schwarz	schwarz–hellblau
3	grün–gelb/braun/hellblau	schwarz–hellblau/braun
4	grün–gelb/schwarz/hellblau/braun	schwarz/hellblau/braun/schwarz
5	grün–gelb/schwarz/hellblau/ braun/schwarz	schwarz/hellblau/ braun/schwarz/schwarz
Anzahl der Adern	Kabel mit konzentrischem Leiter	
2	schwarz/hellblau	
3	schwarz/hellblau/braun	
4	schwarz/hellblau/braun/schwarz	

Tabelle 1.8 Farbige Kennzeichnung für Kabel und Leitungen (VDE 0293)

In der Vergangenheit gab es für Kabel und Leitungen in Deutschland verschiedene farbige Aderkennzeichnungen. Inzwischen gelten die in **Tabelle 1.8** genannten Farben für die Aderkennzeichnung von Kabeln und Leitungen gemeinsam nach VDE 0293.

Aufgabe der Harmonisierung ist es, die teilweise historisch bedingten Handelshemmnisse zu beseitigen. Das ist aber nur dann erfolgreich, wenn bei Gewährleistung des erforderlichen Sicherheitsniveaus sowie einer ausreichenden Lebensdauer der Erzeugnisse in allen Ländern die gleichen Produkte verwendet werden. Zur Gewährleistung der Funktionstüchtigkeit, Betriebssicherheit und Lebensdauer genügt es, für die meisten Geräte in den einschlägigen Bestimmungen Kurzzeitprüfungen festzulegen.

Bei Kabeln und Leitungen dagegen ist es nicht möglich, durch Kurzzeitprüfungen allein am fertigen Erzeugnis alle erforderlichen Eigenschaften zu kontrollieren. Hier sind daher nicht nur aus Gründen der Austauschbarkeit, sondern auch mit Rücksicht auf Betriebssicherheit und Gebrauchsfähigkeit außer Prüfbestimmungen noch harmonisierte Aufbauvorschriften und Angaben für die zulässigen Werkstoffe erforderlich.

Nachdem mit Wirkung vom 1. 4. 1976 die von CENELEC (Europäisches Komitee für elektrotechnische Normen) erarbeiteten Harmonisierungsdokumente 21 und 22 in Kraft getreten sind, gelten für die gebräuchlichsten Leitungstypen mit Kunststoff- bzw. Gummiisolierung seit diesem Zeitpunkt neue Bezeichnungen. Der Inhalt der Harmonisierungsdokumente 21 und 22 wurde der Öffentlichkeit bekannt gegeben als

- VDE 0281: Bestimmungen für Starkstromleitungen mit einer Isolierung aus thermoplastischem Kunststoff auf der Basis von PVC
- VDE 0282: Bestimmungen für Starkstromleitungen mit einer Isolierung aus Gummi

Für verschiedene Leitungen konnte volle Harmonisierung, für andere nur eine teilweise landesbegrenzte Harmonisierung erreicht werden, weshalb für eine längere Zeit drei grundsätzlich genormte Leitungstypen nebeneinander bestehen. Die Art des Leitungstyps lässt sich am ersten Buchstaben der Bezeichnung erkennen. Dabei bedeuten:

H harmonisierter Leitungstyp
A nationaler Leitungstyp
N nicht harmonisierter, aber genormter Leitungstyp

In diesem Zusammenhang ergeben sich z. B. folgende Änderungen für die harmonisierten Leitungsbauarten gegenüber den zu ersetzenden nationalen Typen:

- Die Grundbauarten NYA, NYAF, NYFA und NYFAF der bisherigen PVC-Aderleitungen bleiben im Wesentlichen bestehen, und zwar als PVC-Verdrahtungsleitungen mit einer Nennspannung von 300/500 V und dem Querschnittsbereich 0,5 mm^2 bis 1 mm^2 und als PVC-Aderleitung mit einer Nennspannung von 450/750 V mit dem Querschnittsbereich 1,5 mm^2 bis 400 mm^2.

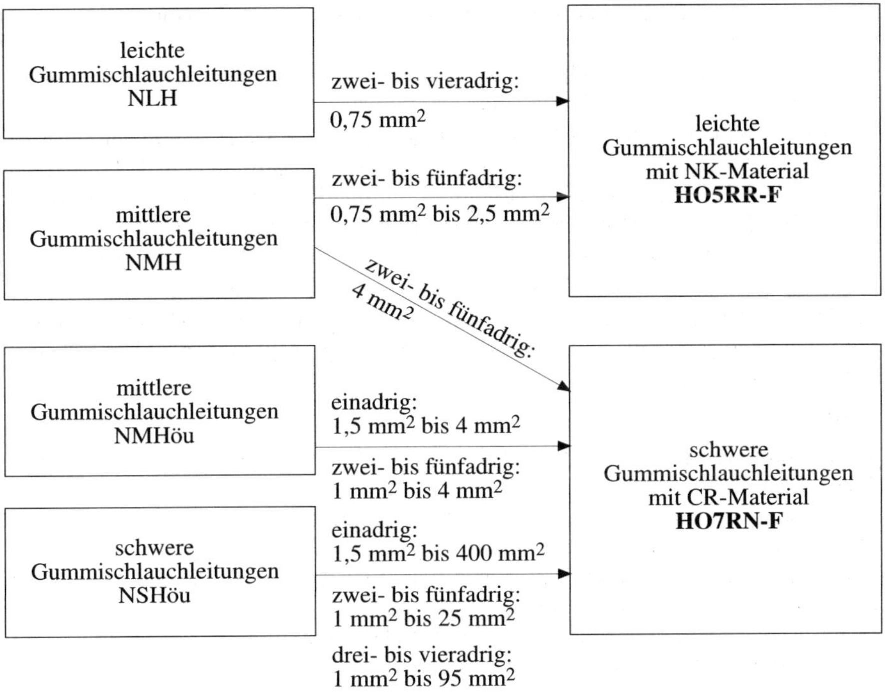

Bild 1.5 Typenbereinigung bei den Gummischlauchleitungen (alle einadrigen Ausführungen und die mehradrigen Ausführungen bis einschließlich 10 mm^2 nur als Einmantelleitung)

- Bei der Aderkennzeichnung werden die zweiadrigen Geräteanschlussleitungen von der bisherigen Farbfolge hellblau/schwarz in hellblau/braun geändert. Die Farbfolge der drei- bis fünfadrigen Leitungen mit grün–gelbem Schutzleiter bleibt unverändert.
- Die Verminderung der Nennspannung für Bauarten von bisher 100 V auf nun 450/750 V wird sich in der Praxis nicht nachteilig auswirken, weil diese Leitungen nach wie vor in bestimmten Fällen für einen Betrieb mit 1000 V Nennspannung zulässig sind.
- Der Bereich der Gummischlauchleitungen ist neu gegliedert worden. Die bisherigen drei Bauarten NLH, NMH/NMHöu und NSHöu wurden in zwei Bauarten (einer leichteren und einer schwereren) zusammengefasst, wie **Bild 1.5** zeigt.

Neben den harmonisierten Leitungen bleiben zur Zeit noch nationale Bauarten bestehen, und zwar

- die „anerkannten nationalen Typen“, die sich in zwei Gruppen gliedern:

  a) Die erste Gruppe umfasst anerkannte nationale Typen, die eine Ergänzung der harmonisierten Leitungstypen darstellen, z. B. hinsichtlich Aderzahl und

Leiterquerschnitt; sie entsprechen im Übrigen voll den Harmonisierungsbestimmungen.

b) Die zweite Gruppe besteht aus anerkannten nationalen Typen, die von den harmonisierten Bauarten abweichen.

- Weiterhin bleiben nationale Typen bestehen, die von der Harmonisierung noch nicht betroffen sind, z. B. Leitungen mit einer Nennspannung über 1000 V sowie mehradrige Leitungen für feste Verlegung, für die die Harmonisierung noch nicht zum Abschluss geführt werden konnte. Diese Leitungen werden nach wie vor in den VDE-Bestimmungen geführt und sind nur in Deutschland zugelassen.

Für die harmonisierten Leitungen wurde als besonderes Kennzeichen die Buchstabenfolge HAR oder ein Kennfaden mit der Farbfolge schwarz/rot/gelb vereinbart. Es wird gemeinsam mit den Prüfstellen- und Ursprungszeichen auf mindestens einer Ader aufgebracht, z. B.

<VDE><HAR>Hersteller.

Bei Verwendung von Kennfäden ist die Nationalität der Prüfstelle aus der unterschiedlichen Länge der Farben zu erkennen.
Das Typenkurzzeichen ist aus drei Abschnitten zusammengesetzt. Es enthält im ersten Teil Harmonisierungsart und Spannung, im zweiten Teil Angaben über Leiterisolierung, Mantel-Leiterart und Besonderheiten im Aufbau. Im dritten Teil werden Leiterzahl und Querschnitt hinzugefügt.
Die Zusammensetzung des gesamten Kennzeichens und die erforderlichen Erläuterungen sind aus **Tabelle 1.9** ersichtlich.

Beispiele für Typenkurzzeichen:

- H07V-U1,5 sw: PVC-Aderleitung 1,5 mm^2, schwarz mit eindrähtigem Leiter
- H03VV-F2X0,75: PVC-Schlauchleitung 03VV für leichte mechanische Beanspruchungen, zweiadrig 0,75 mm^2, ohne Schutzleiter

Der Anfangsbuchstabe H bedeutet, dass die Leitung den harmonisierten Bestimmungen entspricht, Anfangsbuchstabe A gilt für Leitungen, die nur in einzelnen Ländern zugelassen sind (ergänzende Bauarten).

Mit dem Anfangsbuchstaben N werden weiterhin alle Bauarten nach VDE 0250 gekennzeichnet, die nicht harmonisiert sind.

Bei mehradrigen Leitungen mit grün–gelbem Schutzleiter folgt (nach Bauartkurzzeichen und Bindestrich) eine Kennzeichnung mit J, z. B. NYM-J.

Leitungen ohne grün–gelben Schutzleiter (nach Bauartkurzzeichen und Bindestrich) erhalten eine Kennzeichnung mit O, z. B. NYM-O.
Allgemein gilt **Tabelle 1.10** für die Aderkennzeichnung von Leitungen. Leiter mit Schutzfunktion (Schutz- oder PEN-Leiter) dürfen nur mit grün–gelb gekennzeichneter Ader eingesetzt und nicht für andere Zwecke benutzt werden. Für Mittel- und Sternpunktleiter (Neutralleiter) ist die hellblaue Aderkennzeichnung anzuwenden, die beliebig, jedoch nicht als Schutz- oder PEN-Leiter eingesetzt werden darf.

Kennzeichnung der Bestimmung	
H:	harmonisierte Bestimmung
A:	anerkannter nationaler Typ
Nennspannung U	
01:	100/100 V
03:	300/300 V
05:	300/500 V
07:	450/750 V
Isolierwerkstoff	
V:	PVC
V2:	PVC, wärmebeständig (90 °C)
V3:	PVC, kältefest (–25 °C)
R:	Natur und/oder Styrol-Butadienkautschuk
G:	Kautschuk, wärmebeständig (110 °C)
	Silikon-Kautschuk
Mantelwerkstoff	
V:	PVC
R:	Natur- und/oder Styrol-Butadienkautschuk
N:	Polychloroprenkautschuk
N2:	chlorierter Kautschuk
J:	Glasfasergeflecht
T:	Textilgeflecht
T2:	Textilgeflecht mit flammwidriger Masse
T6:	mit Textilgeflecht auf jeder Ader
Q4:	Polyamidumhüllung auf jeder Ader
Besonderheiten im Aufbau	
H:	flache, aufteilbare Leitung
H2:	flache, nicht aufteilbare Leitung
H6:	flache PVC-Leitung mit drei oder mehr Adern
D3:	mit Zugentlastungselement/Tragorgan
D5:	Kerneinlauf (kein Tragelement)
Leiterart	
-U:	eindrähtig
-R:	mehrdrähtig
-K:	feindrähtig bei Leitungen für feste Verlegung
-F:	feindrähtig bei flexiblen Leitungen
-H:	feinstdrähtig bei flexiblen Leitungen
-Y:	Lahnlitze
-D:	Kupferleitung für Schweißleitungen (normale Flexibilität)
-E:	Kupferleitung für Schweißleitungen (besonders hohe Flexibilität)
Aderzahl	
Schutzleiter	
X:	ohne Schutzleiter
G:	mit Schutzleiter
Nennquerschnitt des Leiters	

Tabelle 1.9 Typenkurzbezeichnungen für harmonisierte Leitungen

Anzahl der Adern	Leitungen mit grün–gelb gekennzeichneter Ader (mit Kurzzeichen „J“ nach VDE 0250 bzw. „G“ nach VDE 0281/0282)	Leitungen ohne grün–gelb gekennzeichnete Ader (mit Kurzzeichen „O“ nach VDE 0250 bzw. „X“ nach VDE 0281/0282)
Für feste Verlegung		
1	grün–gelb	schwarz (andere Farben[1])
2	grün–gelb, schwarz[2]	schwarz, blau
3	grün–gelb, schwarz, blau	schwarz, blau, braun
4	grün–gelb, schwarz, blau, braun	schwarz, blau[4], braun, schwarz
5	grün–gelb, schwarz, blau, braun, schwarz	schwarz, blau[4], braun, schwarz, schwarz
6 und mehr	grün–gelb, weitere Adern schwarz mit Zahlenaufdruck	schwarz mit Zahlenaufdruck
Für flexible Leitungen		
1	–	schwarz[3]
2	–	braun, blau
3	grün–gelb, braun, blau	schwarz, blau, braun,
4	grün–gelb[4], braun, blau, braun	schwarz, blau[4], braun, schwarz
5	grün–gelb[4], braun, blau, braun, schwarz	schwarz, blau[4], braun, schwarz, schwarz
6 und mehr	grün–gelb, weitere Adern schwarz mit Zahlenaufdruck	schwarz mit Zahlenaufdruck

1) Die Einzelfarben Grün und Gelb sowie jede andere Mehrfarbigkeit sind nicht zugelassen
2) Die zweiadrige Ausführung ist nach VDE 0100 Teil 540 nur zulässig bei Leiterquerschnitten ab 10 mm² Kupfer
3) Die Aderfarbe bei Illuminations- und Lichtkettenleitungen ist Braun
4) Verwenden Leitungen eine Ader mit geringerem Leiterquerschnitt nach VDE 0100 Teil 540 Tabelle 2, so ist bei Ausführungen nach Spalte 2 diese Ader grün–gelb und bei Ausführungen nach Spalte 3 blau zu kennzeichnen

Tabelle 1.10 Aderkennzeichnung

Tabelle 1.11 zeigt die Aderkennzeichnung von Leitungen und Kurzzeichen mit der entsprechenden Aderfarbe.

Für die Auswahl der Leiter sind neben den VDE-Bestimmungen die Vorschriften über die Einrichtung von Anlagen (ggf. Sonderbestimmungen) der Energieversorgungsunternehmen oder Überwachungsbehörden zu beachten.

Die folgende Zusammenstellung zeigt Beispiele für isolierte Leitungen:

PVC-Verdrahtungsleitung:	H05V-U	300/500 V (oder H05V-K)
PVC-Aderleitung:	H07V-U	450/750 V (oder H07V-R, H07V-K)
Stegleitung:	NYIF	230/400 V
Mantelleitung:	NYM	300/500 V
umhüllte Rohrdrähte:	NYRUZY	300/500 V
PVC-Schlauchleitung:	H03VV-F	300/300 V
Gummi-Aderschnüre:	H03RT-F	300/300 V
Gummi-Schlauchleitungen:	H07RN-F	450/750 V

Farbe	Kurzzeichen bisher nach DIN 47002	Kurzzeichen neu nach VDE 0293 und IEC 757
Schwarz	sw	BK
Braun	br	BN
Rot	rt	RD
Orange	or	OG
Gelb	ge	YE
Grün	gn	GN
Blau	bl	BU
Violett	vi	VT
Grau	gr	GY
Weiß	ws	WH
Rosa	rs	PK
Türkis	tk	TQ

Tabelle 1.11 Aderkennzeichnung von Leitungen und Kurzzeichen für Aderfarbe (elektrische Installationstechnik)

Die Bemessungsspannung (Spannung, auf die Aufbau und Prüfung bezogen sind) wird durch zwei Wechselspannungswerte angegeben:

U/U_0

mit

U_0 Effektivwert zwischen Außenleiter und Erde

U Effektivwert zwischen zwei Außenleitern

Die Betriebsspannung ist der Wert der anstehenden Spannung zwischen Leiter und Erde bzw. zwischen den Leitern während des ungestörten Betriebszustands.

Die Haupterzeugnisse der Kabelindustrie sind Kabel, Leitungen und Wickeldrähte, deren gemeinsames Merkmal der Aufbau aus einem oder mehreren isolierten Leitern ist, zu deren Erfordernissen noch weitere Aufbauelemente hinzugefügt werden. Diese Haupterzeugnisse lassen sich den verschiedenen Anwendungsbereichen zuordnen, wie **Tabelle 1.12** zeigt.

Erzeugnisgruppe	Anwendungsbereich
Starkstromkabel	Energieübertragung und -verteilung sowie Steuerungs- und Regelungstechnik
Starkstromleitungen	Energieübertragung und -verteilung sowie Steuerungs- und Regelungstechnik
Fernmeldekabel	leitungsgebundene Übermittlung von Informationen im Orts- und Fernverkehr
Fernmeldeleitungen	Installation, Anschluss oder Verbindung von Informationsanlagen sowie für Regelungs- und Messzwecke
Hochfrequenzkabel und -leitungen	leitungsgebundene Übertragung von hohen Frequenzsignalen in der Rundfunk- und Fernsehsende- und -empfangstechnik und mit zugehöriger Messtechnik
Wickeldrähte	Spulen und Wicklungen, vorwiegend zum Einsatz in elektrischen Maschinen (Transformatoren, Motoren, Generatoren), sowie in Relais und in mess- und nachrichtentechnischen Geräten

Tabelle 1.12 Erzeugnisgruppen und deren Anwendungen in der Praxis

Starkstromleitungen sind in der Regel nicht geeignet zur Verlegung in der Erde oder im Wasser. Man unterscheidet daher in der Praxis im Wesentlichen zwischen vier Gruppen von Starkstromleitungen:

- Starkstromleitungen für feste Verlegung
- Starkstromleitungen für ortsveränderliche Betriebsmittel
- Starkstromleitungen für besondere Zwecke
- konfektionierte Starkstromleitungen

Neben diesen Hauptgruppen gibt es noch ein Sortiment von Spezialleitungen, die nach besonderen Werkstandards gefertigt werden und begrenzten Einsatzfällen zugeordnet sind (z. B. **Bild 1.6**).

Starkstromleitungen für feste Verlegungen sind so aufgebaut, dass sie bei ihrem Einsatz fest montiert oder so angeordnet werden müssen, dass sie sich nur unwesentlich bewegen können.

Je nach den Anforderungen an die Beweglichkeit der Leitungen werden gleiche Leitungstypen mit unterschiedlichem Leiteraufbau hergestellt.

Bei Leitungen z. B. für Hausinstallationen (auf, in und unter Putz verlegt) verwendet man massive Leiter. Leitungen, die gelegentlich gebogen werden, z. B. an Türen oder Klappen, erhalten vieldrähtige Leitungen. Häufig oder dauernd bewegte Leitungen müssen immer mit feindrähtigen Leitern ausgeführt sein (siehe **Bild 1.7**).

Werden Leitungen unter erhöhten mechanischen oder sicherheitstechnischen Anforderungen eingesetzt, z. B. in feuchten oder nassen Räumen, im Freien (jedoch nicht im Erdboden) sowie in feuer- oder explosionsgefährdeten Betriebsstätten, verwendet man verstärkte und/oder ausgewählte Materialien für den Aufbau der Isolierhüllen, wie **Bild 1.8** und **Bild 1.9** zeigen.

Während in mehradrigen Leitungen die Adern im Prinzip verseilt und mit einem Mantel umgeben sind, werden bei Stegleitungen (**Bild 1.10**) die Adern unverseilt und parallel angeordnet. Bei Leitungen für Nennspannungen ab 6 kV wird, wie bei

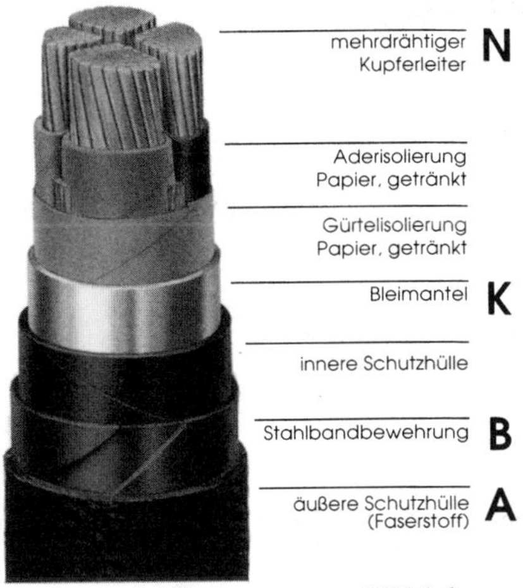

Bild 1.6a

Bild 1.6b

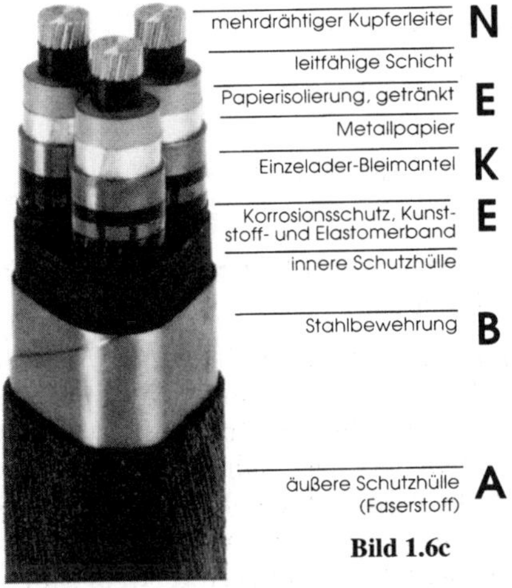

Bild 1.6c

Bild 1.6 Aufbau von Massekabeln (a: Gürtelkabel, b: H-Kabel, c: Mehrmantelkabel)

Bild 1.7 PVC-Aderleitung HO7V3:
1 Leiter (Kupfer, blank, massiv), 2 Isolierhülle (thermoplastischer Kunststoff)

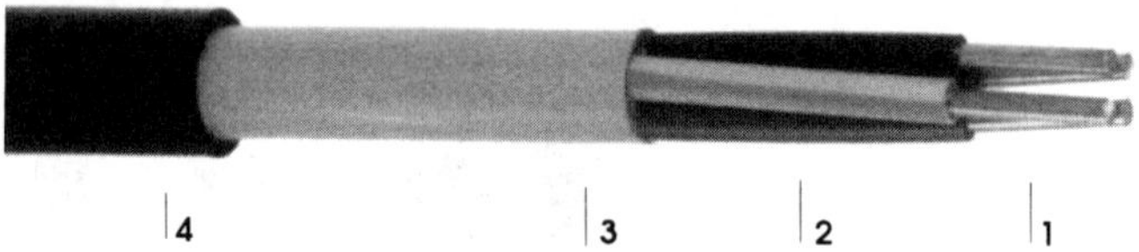

Bild 1.8 Mantelleitung NYM: 1 Leiter (Kupfer, massiv), 2 Isolierhülle (PVC), 3 Füllmischung, 4 Mantel (thermoplastischer Kunststoff)

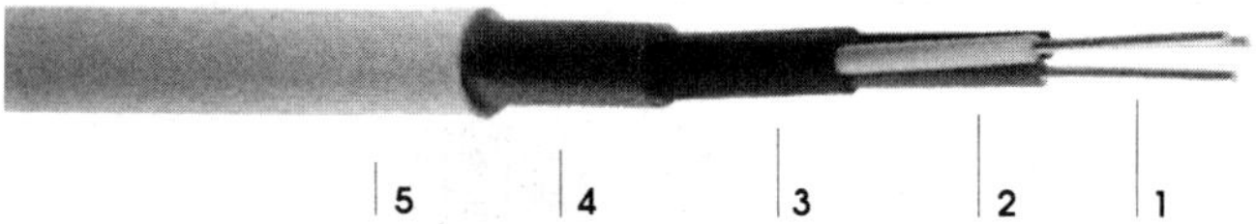

Bild 1.9 Bleimantelleitung NYBUY: 1 Leiter (Kupfer, massiv), 2 Isolierhülle (thermoplastischer Kunststoff), 3 Füllmischung, 4 Bleimantel (nahtlos), 5 Umhüllung (PVC)

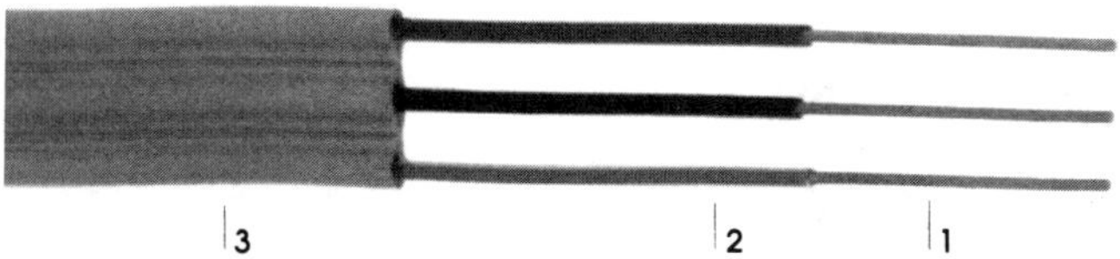

Bild 1.10 Stegleitung NYIF: 1 Leiter (Kupfer, massiv), 2 Isolierhülle (PVC), 3 Umhüllung (vulkanisiertes Gummi)

Kabeln, um die Aderisolierung eine leitfähige Schicht zur Verbesserung der elektrischen Feldeigenschaften (Leiterglättung) aufgebracht.

Starkstromleitungen für ortsveränderliche Betriebsmittel sind für den Anschluss von beweglichen elektrischen Geräten (z. B. in Haushalt und Handwerk) oder Maschinen (z. B. im Tagebau) vorgesehen. Sie werden im Betrieb ständig bewegt und deshalb ausschließlich mit Kupferleitern in fein- oder feinstdrähtiger Ausführung hergestellt. Die sich aus dem breiten Anwendungsbereich ergebenden unterschiedlichsten Anforderungen an die Übertragungsleistung und an die mechanische Festigkeit (z. B. der Mäntel beim Einsatz im Freien oder im Bergbau) erfordern in der praktischen Anwendung immer ein umfangreiches Sortiment.

Bild 1.11 Zwillingsleitung: 1 Leiter (Kupfer, blank, feinstdrähtig), 2 Isolierhülle (thermoplastischer Kunststoff)

Bild 1.12 Leichte Kunststoffschlauchleitung: 1 Leiter (Kupfer, blank, feindrähtig), 2 Isolierhülle (thermoplastischer Kunststoff), 3 Mantel (thermoplastischer Kunststoff)

Bild 1.13 Gummischlauchleitung: 1 Leiter (Kupfer, verzinnt, feindrähtig), 2 Isolierhülle (Gummimischung), 3 Mantel (Gummimischung)

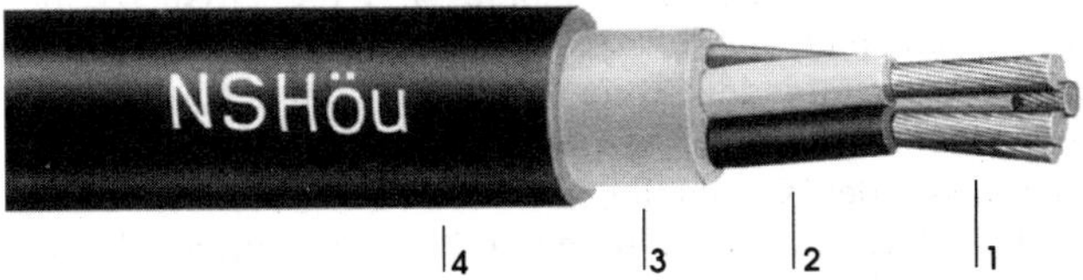

Bild 1.14 Schwere Gummischlauchleitung: 1 Leiter (Kupfer, verzinnt, feindrähtig), 2 Isolierhülle (vulkanisierte Gummimischung), 3 Füllmischung, 4 Mantel (vulkanisierte Gummimischung, schwer brennbar)

Beim Anschluss von Haushaltsgeräten in vorwiegend trockenen Räumen und bei geringen mechanischen Beanspruchungen reichen die leicht aufgebauten, kunststoffisolierten Leitungen, wie Zwillings- und Drillingsleitungen (**Bild 1.11**) oder Schlauchleitungen (**Bild 1.12** und **Bild 1.13**), völlig aus.
Beim Anschluss von Elektrowärmegeräten müssen Kunststoffisolierungen verwendet werden, die eine höhere thermische Belastung zulassen. Bei erhöhter mechanischer und elektrischer Beanspruchung verstärkt man, wie bei Leitungen für feste Verlegung auch, die Dicken der Isolierhüllen und Mäntel, wie dies bei der schweren Gummischlauchleitung (**Bild 1.14**) der Fall ist.
Fernmeldekabel übertragen Telefongespräche, Fernkopien (Telefax), ISDN-Daten sowie Rundfunk- und Fernsehprogramme über beliebige Entfernungen und werden zunehmend auch für die Datenfernübertragungen von PC-LAN (Local Area Network), PC-MAN (Metropolitan Area Network) bis PC-WAN (Wide Area Network) genutzt. Im Verkehrswesen sind Fernmeldekabel z. B. in Signal- und Sicherungsanlagen zu finden. Bei den zu übertragenden elektrischen Signalen handelt es sich im Allgemeinen um Wechselströme, die aus Frequenzgemischen innerhalb eines bestimmten Frequenzbereichs bestehen.

Die Übertragungseigenschaften von Fernmeldekabeln werden durch Dämpfungskonstante, Phasenkonstante und Wellenwiderstand beschrieben, die von den Leitungskonstanten wie Wirkwiderstand, Induktivität, Ableitung, Kapazität und von der Frequenz der zu übertragenden Wechselströme abhängen. Daraus ergeben sich praktische Folgerungen für den Aufbau dieser Kabel:

- Verwendung verlustarmer Materialien für die Isolierhüllen, um eine kleine Ableitung über einen möglichst weiten Frequenzbereich zu erhalten
- Verwendung hohlraumhaltiger Isolierhüllen mit einem hohen Luftanteil am Gesamtvolumen zur Erzielung einer kleinen Dielektrizitätskonstante und damit kleiner Kapazität bei gegebenem Leiterabstand

Fernmeldekabel lassen sich aufgrund der unterschiedlichen Übertragungsanwendungen einteilen in:

- Niederfrequenzkabel
- Trägerfrequenzkabel
- Kabel für besondere Zwecke

Ein Hauptanwendungsgebiet von Niederfrequenzkabeln sind die Ortsnetze der Telekom. Sie verbinden die Teilnehmer mit der nächstgelegenen Endvermittlungsstelle. Da von der Vermittlungsstelle zu jedem Teilnehmer eine symmetrische Doppelader zu schalten ist, benötigt man Kabel mit sehr vielen Adern (bis zu 1000 Leiter und mehr). Die Zuverlässigkeit der Kabelanlagen erhöht sich durch Verwenden längswasserdichter Kabel (**Bild 1.15**) mit Schichtmantel. Für die freitragende Verlegung in Luft werden sogenannte Luftkabel (**Bild 1.16**) gefertigt, in die als Tragorgan ein verzinkter Stahldraht eingefügt ist.

Bei Trägerfrequenzkabeln unterscheidet man nach der Anordnung der zu einem Stromkreis gehörenden Leiter koaxiale und symmetrische Bauart (**Bild 1.17** und **Bild 1.18**). Die Trägerfrequenzübertragung auf symmetrischem Kabel erfordert das Verlegen eines gesonderten Kabels für jede Übertragungsrichtung. Trägerfrequenz-

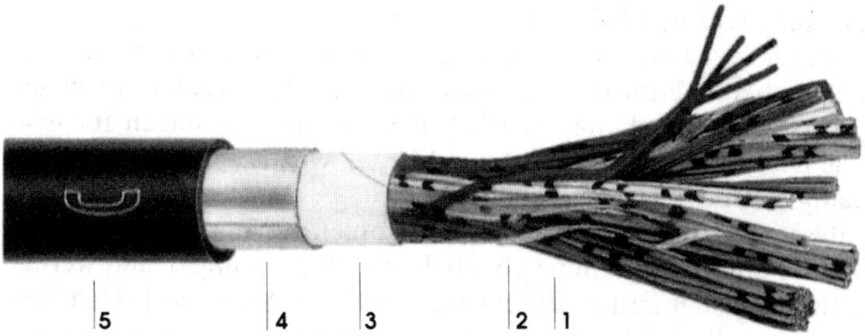

Bild 1.15 Fernmeldekabel: 1 Kupferleitung, eindrähtig, Isolierung PE, Sternvierer in Bündelverseilung, 2 Füllung der Seelenhohlräume, 3 Seelenbewicklung, 4 Schichtmantel aus beschichtetem Aluminium, 5 äußere Hülle (PE)

Bild 1.16 Fernmelde-Luftkabel: 1 Kupferleitung, eindrähtig, Isolierung PE, Sternvierer in Bündelverseilung, 2 Seelenbewicklung, 3 Tragseil aus verzinktem Stahldraht, 4 gemeinsame Umhüllung von Seele und Tragorgan mit PE als Mantel in Form einer 8

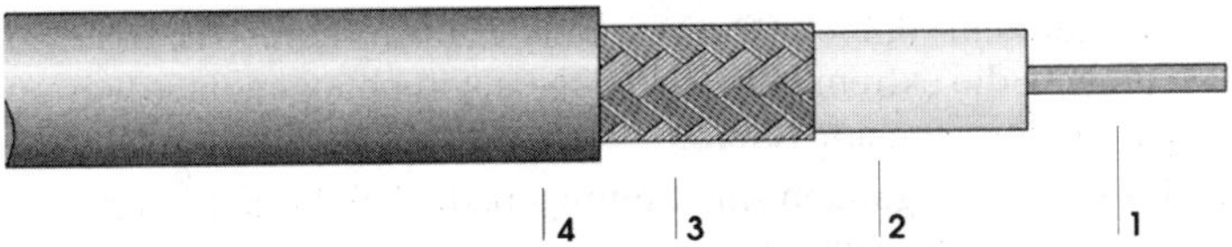

Bild 1.17 Koaxiale HF-Leitung als Trägerfrequenzkabel: 1 Leiter (Kupfer, massiv bzw. mehrdrähtig), 2 Aderisolierung (Polyethylen), 3 Abschirmungsgeflecht, 4 Mantel (Polyethylen)

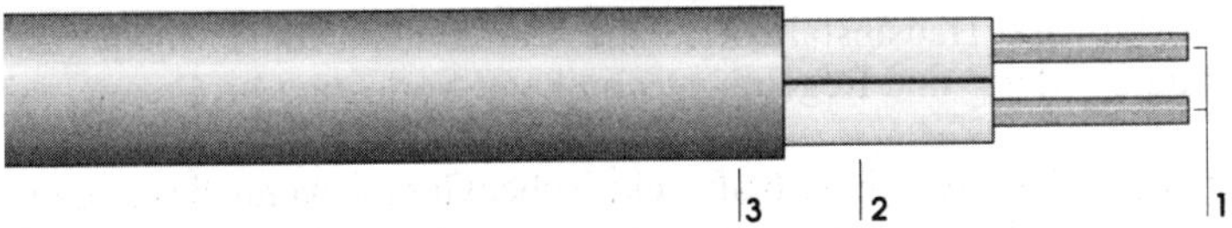

Bild 1.18 Symmetrische HF-Leitung als Trägerfrequenzkabel: 1 Leiter (Kupfer, massiv bzw. mehrdrähtig), 2 Aderisolierung (Polyethylen), 3 Mantel (Polyethylen)

kabel koaxialer Bauart werden als Fernnetzkabel in nationalen und internationalen Fernmeldenetzen eingesetzt. Die niedrige Dämpfungskonstante ermöglicht die Übertragung breiter Frequenzbänder.

Sehr entscheidenden Einfluss auf die Erhöhung der Übertragungsraten von bestehenden Fernmeldenetzen kann man mit neu entwickelten Übertragungstechniken wie PCM (Pulscodemodulation) und ISDN (Integrated Services Digital Network) erreichen. So können mit Trägerfrequenzkabeln in Verbindung mit der PCM-Technik bereits Bitraten bis zu 565 Mbit/s und mit der ISDN-Technik über eine Kupferdoppelader 2 × 64 kbit/s in Verbindung mit einem separaten Zeichenkabel übertragen werden.

Fernmeldeleitungen übertragen Informationen in bzw. zu elektronischen Geräten. Man braucht sie daher in allen Bereichen der Technik. Dazu gehören z. B. Fernmeldezentralen und die Hausinstallation des Telefonnetzes, Datenverarbeitungsanlagen, Anlagen der Rundfunk-, Fernseh- und Phonoindustrie sowie elektromedizinische und wissenschaftliche Geräte. Auch in der gesamten Elektronik, der SPS-Technik und der analogen bzw. digitalen Steuerungs-, Mess- und Regelungstechnik setzt man diesen Kabeltyp ein. Das Erzeugnissortiment ist sehr umfangreich und lässt sich nach den Einsatzbestimmungen aufteilen in:

- Fernmeldeleitungen für feste Verlegung
- Fernmeldeleitungen für ortsveränderliche Betriebsmittel
- Fernmeldeleitungen für besondere Zwecke

Entsprechend dem Aufbau unterscheidet man

- eindrähtige Leiter für Leitungen, die fest verlegt werden
- Litzenleiter für Leitungen, die einer Biegebeanspruchung beim Gebrauch unterworfen sind
- Lahnlitzenleiter (Kupferband 0,3 × 0,02 mm, wendelförmig um Trägerfaden gesponnen) für Leitungen, die extrem hohen Biegebeanspruchungen unterworfen sind, wie etwa Apparateleitungen am Telefon

Fernmeldeleitungen für feste Verlegungen sind Leitungen, die bei ihrem Einsatz fest montiert bzw. unwesentlich bewegt werden, z. B.

- Schaltdrähte für Verdrahtungen in Geräten der Nachrichten-, Steuerungs-, Mess- und Regelungstechnik
- Schaltleitungen für die Installation von Fernmeldeanlagen und den Einsatz in der gesamten Steuerungs-, Mess- und Regelungstechnik
- Mantelleitungen für die Hausinstallation, die Fernmeldetechnik sowie die gesamte Steuerungs-, Mess- und Regelungstechnik zur Verlegung im Freien und in Räumen
- Schaltlitzen für bewegliche Teile innerhalb elektrischer Geräte, wenn diese relativ selten bewegt werden, z. B. an Türen von Schaltschränken; Schaltlitzen, Fernmeldeschaltleitungen und -mantelleitungen enthalten zum einfacheren Auftrennen des Mantels bei der Montage einen Reißfaden

Fernmeldeleitungen für ortsveränderliche Betriebsmittel setzt man dort ein, wo die Leitungen ständigen Biegebeanspruchungen ausgesetzt sind. Sie bestehen deshalb aus fein- oder feinstdrähtigen Kupferleitern. In der praktischen Anwendung unterscheidet man zwischen

- Schlauchleitungen, die für flexible Verbindungsleitungen in Informations- und Datenverarbeitungsanlagen, in der Messtechnik sowie in Rundfunk- und Phonogeräten verwendet werden
- Anschlussleitungen für den Anschluss ortsveränderlicher Fernsprechapparate
- Apparateleitungen, die in und an Fernmeldeapparaten sowie an Phonogeräten installiert sind, bei denen eine hohe Biegebeanspruchung der Leitungen besteht

Fernmeldeleitungen für besondere Zwecke sind in ihrer Konstruktion dem speziellen Anwendungszweck direkt angepasst. Hierzu gehören Trägerfrequenz- und PCM-Schaltleitungen, die man hauptsächlich im Bereich der Nachrichtenübertragung einsetzt. Damit lassen sich, je nach Aufbau und Anwendung, bis zu 120 Trägerfrequenzkanäle oder bis zu 480 PCM-Kanäle gleichzeitig übertragen. Auch

Fernmeldeleitungen eignen sich für die Signalübertragung in der Tontechnik für Rundfunk und Fernsehen. Tragarmleitungen, die in Phonogeräten installiert sind, werden mit besonders kleinen Abmessungen ausgeführt. Thermometer-Anschlussleitungen sind für die Verbindung zwischen elektronischen Geräten und Temperatureinrichtungen vorgesehen. Bandleitungen können bis zu 40 Adern enthalten, die, parallel nebeneinander liegend, miteinander durch Verschweißen der Isolierhülle aus PVC verbunden sind. Sie werden für feste Verlegung in Einrichtungen der Mess-, Regelungs- und Datenverarbeitungstechnik angewendet. Ihre Konstruktion ermöglicht ein Abtrennen beliebig vieler Einzeladern vom Leitungsverband, ohne dass die Isolierhülle beschädigt wird.

HF-Kabel und -Leitungen werden zur leitungsgebundenen Übertragung von Hochfrequenzsignalen in der Sende- und Empfangstechnik des Hörfunk- und Fernsehbereichs und in der zugehörigen Messtechnik eingesetzt. Die Qualität von HF-Kabeln ist vorwiegend durch eine dämpfungs-, reflexions- und störungsarme Übertragung der Signale gekennzeichnet. Das erfordert

- vorteilhafte Konstruktionsformen und qualitativ hochwertige Werkstoffe für Leiter (Seele), Dielektrikum und Schirm (verzinnte bzw. versilberte Geflechte oder feste Ummantelung)
- größte Sauberkeit, Sorgfalt und Genauigkeit während des gesamten Fertigungsablaufs

Als Leiterwerkstoff für die Innenleiter setzt man vorwiegend E-CuF20 ein. Bei größeren HF-Kabeln wird der Innenleiter als dünnwandiger Wellenrohrleiter aus SE-CuF20 hergestellt. Im Frequenzbereich des UKW-Rundfunks und des Fernsehens fließt der Strom nur in einer äußerst dünnen Schicht an der Leiteroberfläche, deren Dicke bei 50 MHz etwa 0,01 mm und bei 800 MHz etwa 0,002 mm beträgt. **Bild 1.19** zeigt den Aufbau einer abstrahlenden HF-Leitung.

Spezifische und Flächenwiderstände gelten nur für Gleichstrom. Überträgt man dagegen einen Wechselstrom durch einen Leiter, lässt sich messtechnisch feststellen, dass eine Widerstandserhöhung mit zunehmender Frequenz auftritt. Die Widerstandserhöhung ist nicht nur von der Frequenz, sondern auch von der Form des Leiterquerschnitts abhängig. Die Zunahme des Widerstands von Runddrähten ist bei größeren Durchmessern stärker als bei sehr kleinen. Bandförmige Leiter weisen um

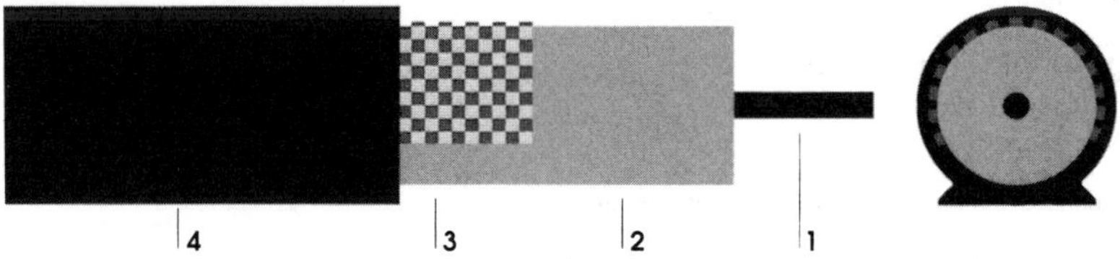

Bild 1.19 Abstrahlende HF-Leitung: 1 Innenleiter (Kupfer, blank), 2 Isolierung, 3 Außenleiter (Kupfer, geprägtes Band), 4 Mantel

so geringere Widerstandswerte auf, je größer das Verhältnis von Breite zu Durchmesser ist. Die Widerstandszunahme hat ihre Ursache in der mit wachsender Frequenz zunehmenden Verdrängung des Stroms vom Innern des Leiters nach außen zu seiner Oberfläche. Deshalb spricht man vom „Hauteffekt" oder „Skineffekt".

1.5 Energie- und Informationsfluss in elektrischen, pneumatischen und hydraulischen Baugruppen

Für den Energie- und Informationsfluss in elektrischen, pneumatischen und hydraulischen Baugruppen benötigt man die physikalischen Zusammenhänge zwischen Elektrotechnik/Elektronik, Pneumatik und Hydraulik. Hierzu gehören die Darstellungsmöglichkeiten und die Berechnung. Für diese Baugruppen sind außerdem Versorgungseinheiten erforderlich, insbesondere, wenn mit einer elektrischen bzw. elektronischen Ansteuerung gearbeitet wird. Auch die Sensortechnik spielt hier eine große Rolle.
Bild 1.20 zeigt die Füllstandsüberwachung einer Behälteranlage, die sich elektrisch, mechanisch, pneumatisch oder hydraulisch steuern bzw. regeln lässt. Der Füllstand von drei Behältern wird überwacht, und das Erreichen des maximalen Füllstands soll optisch und akustisch ausgegeben werden. Ist ein Behälter voll, blinkt im Leitstand der zugehörige Leuchtmelder H1, H2 oder H3, der das Bilden eines „Neuwerts" signalisiert. Nach Ablauf einer einstellbaren Zeit (Voreinstellung: 3 s) ertönt zusätzlich eine Hupe. Den Quittiertaster S4 für die Rückstellung verwendet man für alle drei Behälter. Er quittiert die akustische Meldung der Hupe und sorgt dafür, dass die Blinkmeldung in Dauerlicht übergeht.

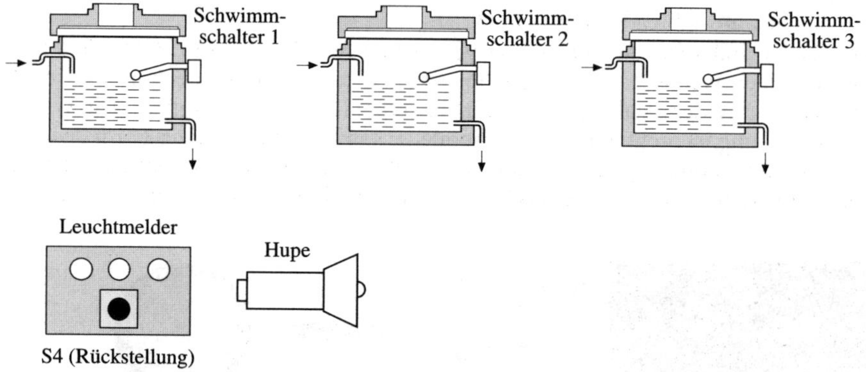

Bild 1.20 Füllstandsüberwachung einer Behälteranlage

Bild 1.21 zeigt den Steuerstromkreis für eine Füllstandsüberwachung für drei Behälter, wenn mit einer Klein-SPS gearbeitet wird. Es ergibt sich folgende Stückliste, die man im Wesentlichen für die Programmierung der Ein- und Ausgänge benötigt:

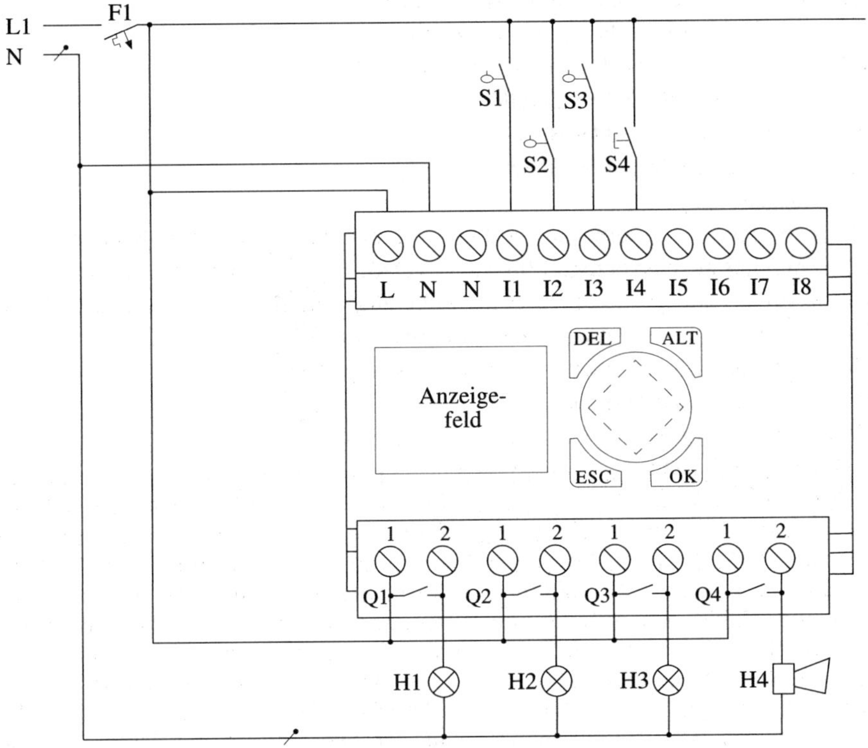

Bild 1.21 Steuerstromkreis für eine Füllstandsüberwachung mit Klein-SPS, wobei die Funktionen für die Merker und Zeitrelais per Software gelöst werden

F1 Leitungsschutzschalter 16 A Char. B
H1 Leuchtmelder in Behälter 1
H2 Leuchtmelder in Behälter 2
H3 Leuchtmelder in Behälter 3
H4 Hupe
S1 Füllstandsmelder in Behälter 1
S2 Füllstandsmelder in Behälter 2
S3 Füllstandsmelder in Behälter 3
S4 Quittiertaster

Für die Programmierung der Operanden der Klein-SPS ergibt sich folgende Liste:

I1 Eingang Schwimmerschalter in Behälter 1
I2 Eingang Schwimmerschalter in Behälter 2
I3 Eingang Schwimmerschalter in Behälter 3
I4 Eingang Quittiertaster

M1 Merker quittiert Vollmeldung für Behälter 1
M2 Merker quittiert Vollmeldung für Behälter 2
M3 Merker quittiert Vollmeldung für Behälter 3
Q1 Ausgang Leuchtmelder Behälter 1
Q2 Ausgang Leuchtmelder Behälter 2
Q3 Ausgang Leuchtmelder Behälter 3
Q4 Ausgang Hupe
T1 Zeitrelais anzugsverzögert für 3 s → Verzögerung für Meldung Behälter 1 voll
T2 Zeitrelais anzugsverzögert für 3 s → Verzögerung für Meldung Behälter 2 voll
T3 Zeitrelais anzugsverzögert für 3 s → Verzögerung für Meldung Behälter 3 voll
T4 Zeitrelais impulsformend → Setzimpuls Hupe Ein
T5 Zeitrelais impulsformend → Setzimpuls Hupe Ein
T6 Zeitrelais impulsformend → Setzimpuls Hupe Ein
T7 Zeitrelais blinkend 0,5 s → Neuwertmeldung

Bild 1.22 zeigt ein Beispiel einer Druckluftleitung mit geregelter und ungeregelter Zuführung für die einzelnen Verbraucher in einem pneumatischen System. Für die Realisierung einer Pneumatikanlage benötigt man eine Verdichteranlage, eine Druckluftaufbereitung und die eigentliche pneumatische Steuerung. Der Verdichter saugt Luft durch ein Ansaugfilter an, verdichtet diese auf 10 bar und drückt sie über einen Kühler in den Druckluftbehälter und weiter in die Druckluftleitung. Vor den einzelnen Zylindern und Ventilen muss eine Aufbereitungseinheit vorhanden sein. Sie besteht aus Filter, Druckregelventil und Öler. Das Filter reinigt die Luft von Verunreinigungen und Abrieb. Das Druckregelventil hält den Druck in der nachfolgenden Steuerung konstant, und der Öler mischt der Druckluft fein zerstäubtes Öl bei, um Korrosion und Abrieb in den pneumatischen Elementen zu verhindern.

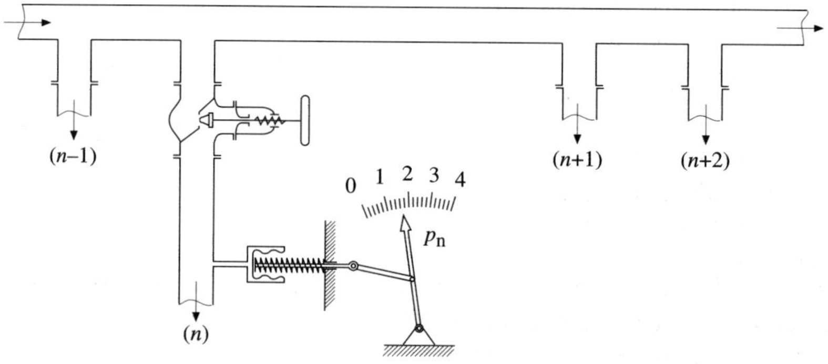

Bild 1.22 Druckluftleitung mit geregelter und ungeregelter Zuführung für die einzelnen Verbraucher in einem pneumatischen System

Bei Anlagen, die mit ölfreier Druckluft arbeiten müssen, wie das in der Lebensmittelindustrie der Fall ist, dürfen die Verdichter, Arbeits- und Steuerelemente keine Schmierung erhalten.
Zwischen dem Verbraucher *n* und der Zuleitung ist ein Wegeventil eingeschaltet. In diesem Fall lässt sich das Ventil durch Hand absperren. Es kann auch mechanisch, elektrisch, durch Druck oder durch Kombination von zwei Betätigungsarten beeinflusst werden. **Bild 1.23** zeigt die Betätigungsarten von Ventilen.
Druckbetätigungen können direkt oder über ein Vorsteuerventil indirekt auf ein Wegeventil wirken. Indirekte und kombinierte Betätigungen werden eingesetzt, wenn man die auslösende Kraft gegenüber der eigentlichen Betätigungskraft klein halten muss.
Wichtig in der Pneumatik sind Druckbegrenzungs- und Druckregelventil. Ein Druckbegrenzungsventil sichert Druckbehälter, Leitungen und Bauelemente gegen unzulässig hohen Druck. Das Sperrelement öffnet die Entlüftung, wenn die von der Druckluft auf das Sperrelement ausgeübte Kraft größer wird als die eingestellte

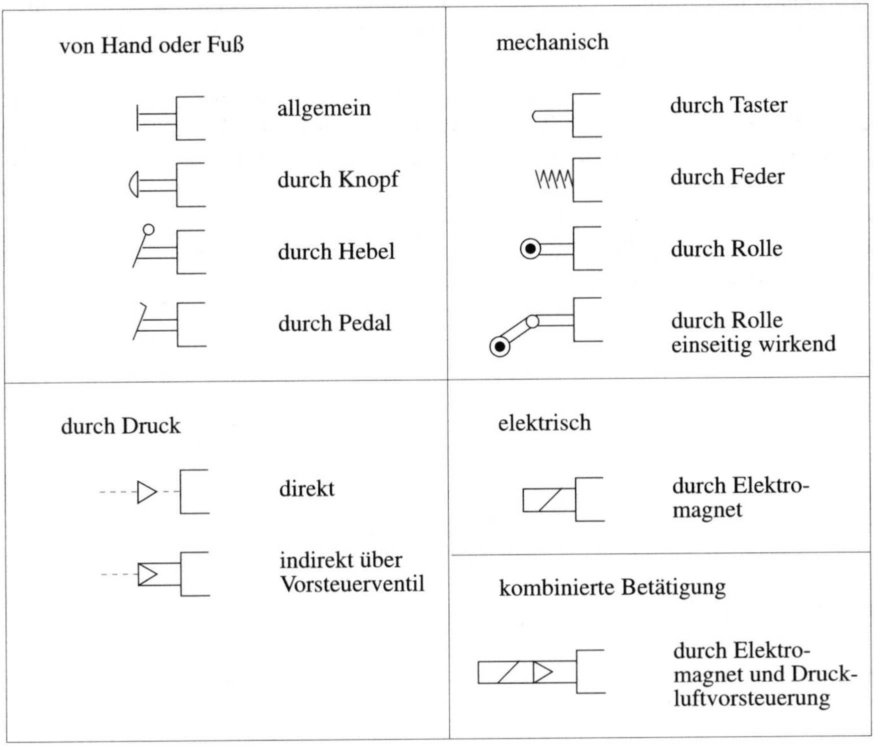

Bild 1.23 Betätigungsarten von Ventilen

Federkraft. Da die überschüssige Druckluft beim Austritt starke Geräusche verursacht, muss man sie durch Schalldämpfer umlenken, fein verteilen oder abbremsen, damit sie leise entweichen kann.

Druckregelventile halten den Druck in der Arbeitsleitung weitgehend konstant und sind daher in der Ruhestellung offen. Die Regelung des Drucks übernimmt eine Membrane, auf die der Arbeitsdruck und die Kraft der Einstellfeder wirkt. Sinkt der Arbeitsdruck, weil Luft zu den Zylindern strömt, drückt die Feder über die Membrane und einen Stift auf den Ventilteller. Dadurch kann Druckluft durch den Ringspalt so lange in die Arbeitsleitung strömen, bis der steigende Arbeitsdruck wieder die Membrane in die Ausgangslage gedrückt hat. Steigt der Druck in der Arbeitsleitung, hebt die Membrane vom Stift ab, und die Luft kann von der Arbeitsleitung über die Entlüftung in die Umgebung entweichen. Auch hier setzt man einen Schalldämpfer ein.

Bild 1.24 zeigt eine hydraulische Anlage mit Behälter. Die Zahnradpumpe saugt die Hydraulikflüssigkeit an. Die Pumpe gibt die Antriebsenergie über das Steuergerät an die Zylinder und Hydromotoren weiter. Größe und Bauart der Pumpe werden durch den erforderlichen Volumenstrom, den notwendigen Druck der Anlage und durch die zulässige Drehzahl bestimmt.

Als Volumenstrom bezeichnet man das je Zeiteinheit geförderte Flüssigkeitsvolumen der Pumpe. Arbeitet eine Pumpe mit gleichbleibendem Verdrängungsvolumen je Umdrehung der Pumpenwelle, spricht man von Konstantpumpe. Ist dagegen das Verdrängungsvolumen einstellbar, handelt es sich um eine Verstellpumpe. Ein Hydrozylinder führt geradlinige Bewegungen aus.

Wegen der hohen Drücke werden Wanddicken, Kolbenstangen und Befestigungen stabiler als bei pneumatischen Zylindern ausgeführt.

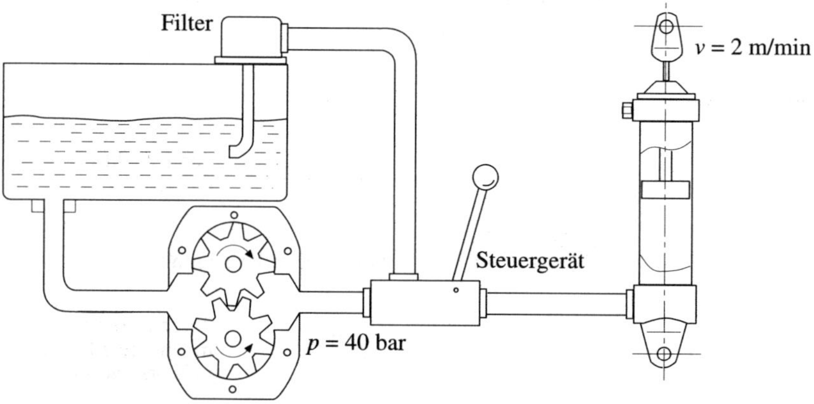

Bild 1.24 Hydraulische Anlage mit Zahnradpumpe, Steuergerät, Hydrozylinder und Behälter für die Flüssigkeit

1.6 Datenverarbeitungssysteme

In der Mechatronik stellt der PC ein wichtiges Arbeitsgerät dar, aber meist setzt man für die Steuerungs- und Regelungsaufgaben eine SPS ein.

Vor über 100 Jahren verbesserte sich die Antriebstechnik von einfachen Produktionsmaschinen wesentlich durch den Einsatz von Elektromotoren. Damit stand ein universell einsetzbares Antriebsinstrument zur Verfügung, das die natürlichen Antriebskräfte wie Muskel-, Wind- und Wasserkraft sowie die Dampfkraft rasch substituierte. Mit den etwa gleichzeitig entstandenen Relais und der dadurch möglichen elektrischen Steuerungstechnik wurde eine zweite industrielle Revolution ausgelöst.

Bei klassischen Schütz- und Relaissteuerungen, die man auch als „verbindungsprogrammierte" Steuerungen (VPS) definiert, ist das Programm durch die Art der Funktionsglieder und deren Verbindung vorgegeben. VPS-Systeme lassen sich elektrisch, elektronisch, pneumatisch oder hydraulisch realisieren. Bei fest programmierbaren Steuerungen sind Programmänderungen nicht vorgesehen, denn das Programm ist durch Draht-, Leiterplatten- oder Schlauchverbindungen vorgegeben. Programmierbare Steuerungen ermöglichen dagegen Programmänderungen in einfacher Weise, beispielsweise durch Umstecken von Leitungen oder Schläuchen, bzw. durch Auswechseln von Lochkarten bzw. -streifen oder Änderungen innerhalb einer Diodenmatrix.

Bild 1.25 zeigt den Aufbau einer verbindungsprogrammierten Steuerung. Sie gliedert sich in drei Ebenen:

- Eingangsebene: Auf ihr werden die aus der zu steuernden Maschine oder Anlage kommenden Signale erfasst, aufbereitet und an die Verarbeitungsebene angepasst. Signalgeber sind mechanische Schalter bzw. Taster, elektronische Schalter bzw. Fühler (NTC- und PTC-Wärmefühler, PT100/PT1000, Dehnungsmessstrei-

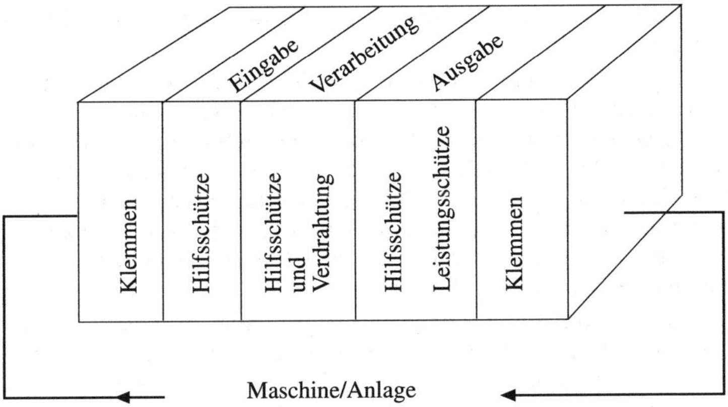

Bild 1.25 Aufbau einer verbindungsprogrammierten Steuerung

fen, Piezokristalle, induktive bzw. kapazitive Näherungsschalter, elektronische bzw. mechanische Drehzahlgeber, Strömungsschalter, Lichtschranken, Lochstreifenleser usw.) mit nachfolgendem Schmitt-Trigger zum Erfassen elektrischer, physikalischer und mechanischer Größen.

- Verarbeitungsebene: Nach einem in der Verdrahtung festgelegten programmtechnischen Ablauf werden in dieser Ebene die von der Eingabeebene kommenden Signale verknüpft. Zu den reinen Steuerfunktionen des Relais, nämlich den logischen Verknüpfungen und den Auslösefunktionen, benötigt man noch Zeit- und Zählfunktionen, die mit elektromagnetischen Bauelementen realisiert wurden.
- Ausgabeebene: Die Verknüpfungsergebnisse werden in dieser Ebene über Hilfs- und Leistungsschütze an die zu steuernden Komponenten wie Motoren, Kupplungen, Ventile usw. angepasst. Man spricht von Stellgliedern oder Stellorganen, die auf die Steuerstrecke direkt einwirken. Hierzu gehören auch Leistungstransistoren, Thyristoren, TRIAC, hydraulische und pneumatische Zylinder sowie elektromechanische Ventile.

In den vom Programmierer festzulegenden Zeitabständen werden periodisch die Eingangssignale (die Führungsgröße w und die Regelgröße x) abgefragt; das Ausgangssignal (Stellgröße y) wird in der digitalen Signalverarbeitung verknüpft und als analoges oder digitales Steuersignal ausgegeben. Die Abtastzeit T liegt bei den Anwendermodulen der VPS-Geräte zwischen 10 s und 100 ms, während die Messzeiterfassung erheblich kürzer sein muss. Das gilt auch für die Zykluszeit, die man irrtümlich bei diesen Anlagen als „Rechenzeit" definiert. Die Zykluszeit ist von der verwendeten Signalverarbeitung abhängig. Verwendet man Relais und Schütze, liegt die Zykluszeit im Sekundenbereich, während sich die Vorgänge in der digitalen Signalverarbeitung in Verbindung mit TTL- oder CMOS-Bausteinen im Mikrosekundenbereich bewegen. Um ein gutes quasi-kontinuierliches Steuerungsverhalten zu erzielen, muss die dominierende Streckenkonstante, d. h. die zeitliche Reaktion der Steuer- bzw. Regelstrecke auf die Änderung der Stellgröße, mindestens zehnmal so groß wie die Abtastzeit sein.

In einer leistungsfähigen Signalverarbeitung werden die Regelfunktionen gemeinsam mit den Steuerungsfunktionen abgearbeitet. Die Steuerungsfunktionen werden vorwiegend im zyklischen Bereich bearbeitet, wobei die Regelfunktionen in diesem Fall aber immer, bedingt durch die Abtastzeit T, zeitgesteuert behandelt werden. Durch die gerätebedingten Möglichkeiten (Analogwertverarbeitung, Byte-, Wort- und Doppelwort-Arithmetik, Systembausteine usw.) lassen sich die Regelalgorithmen, die zur Lösung der Regelfunktionen in den Regel-Anwendermodulen vorhanden sind, mit sehr genauen Näherungen berechnen.

Ende der sechziger Jahre wurden die ersten speicherprogrammierbaren Steuerungen in den USA entwickelt. Ausgelöst wurde dies durch Forderungen der Automobilindustrie nach einem flexiblen Ersatz für traditionelle elektromechanische Steuerungen, mit denen der rasch steigende Automatisierungsgrad nicht mehr erfüllt werden konnte. Um eine niedrige Einstiegsschwelle für das vorhandene

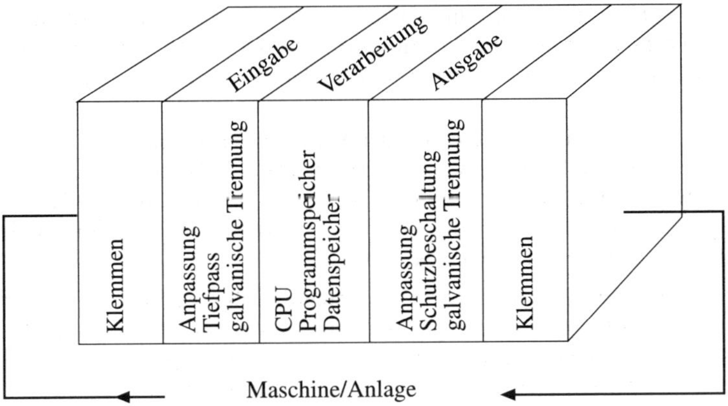

Bild 1.26 Aufbau einer speicherprogrammierbaren Steuerung

Fachpersonal zu ermöglichen, wurden spezielle Programmiersprachen mit einer grafischen Darstellung von Kontaktsymbolen entwickelt. Diese anwenderorientierte Programmierung in Verbindung mit einem modularen Geräteaufbau erlaubt den Einsatz einer SPS als universelles Automatisierungsinstrument in allen industriellen Anwendungen.

Analog zur elektromechanischen Steuerung lässt sich der Aufbau von speicherprogrammierbaren Steuerungen wieder in drei Ebenen gliedern, wie **Bild 1.26** zeigt:

- Eingabeebene: Über diese Ebene werden die Eingangssignale entstört und an die Elektronik der Verarbeitungsebene angepasst. Im Eingang befinden sich Messumformer (Spannungs-, Strom-, Widerstands- und Leistungswandler) für den Anschluss von indirekten Fühlern, Messelektronik mit entsprechenden Analog-Digital-Wandlern für den direkten Anschluss von Fühlern, digitale Eingänge für den Anschluss von Schaltern und digitale Eingabesysteme sowie parallele und serielle Schnittstellen für Fremdsysteme.
- Verarbeitungsebene: In dieser Ebene werden die Eingangssignale nach den im Programmspeicher abgelegten Befehlen verknüpft; das Ergebnis wird an die Ausgabeebene weitergereicht. In sehr einfachen Steuerungssystemen befinden sich hier digitale Verknüpfungsglieder. Verwendet man Regler-Anwendermodule mit 16- oder 32-Bit-Mikroprozessoren, erhält man die Arbeitsweise eines programmierbaren Softwarereglers.

  Nach Freigabe des Softwarereglers werden Regelgröße x und Führungsgröße w über zwei Analogeingänge der Eingabeebene eingelesen, und intern wird die Regeldifferenz x_d errechnet. Danach wird mit der gewählten Übertragungsfunktion die des entsprechenden Reglers (PD-, PI-, PID-, PIDT1- oder Zweipunktregler) berechnet. Damit ergibt sich am Ausgang der Verarbeitungsebene die Stellgröße y. Die Reglerkenngrößen, wie Übertragungsbeiwert K_P, Nachstellzeit T_n, Vorhaltezeit T_v, Schalthysterese X_u, Unempfindlichkeitsbereich X_T und Abtastzeit T, sind in weiten

Grenzen durch Festlegen von Konstantenbytes (8-Bit-Format) oder Konstantenwörtern (16-Bit-Format) veränderbar. Damit lassen sich speicherprogrammierbare Steuerungen auch als Reglersysteme an die verschiedenen Regelstrecken anpassen und einstellen.

- Ausgabeebene: Diese Ebene passt die von der Verarbeitungsebene kommenden digitalen Signale an die Stellglieder wie Motoren, Ventile, Relais usw. an. Befindet sich in der Verarbeitungsebene ein Softwareregler, gibt man die Stellgröße über einen Digital-Analog-Wandler bei einem stetigen Regler bzw. einen Digital-Digital-Wandler bei einem unstetigen Regler aus.

Bei Eingabe- und Ausgabeebene treten bei der Signalübertragung im Bereich der Analogtechnik häufig Probleme auf, die zu lösen sind, um einen sicheren und störungsfreien Anlagenaufbau zu erreichen. Beim Erfassen von Prozessparametern auf der Eingabeebene wie Druck, Widerstand, Feuchte, Temperatur usw. und deren Umsetzung auf genormte Strom- oder Spannungspegel nach DIN IEC 381 muss für die weitere Signalübertragung sichergestellt sein, dass diese Normsignale störungsfrei und unverfälscht an die Mess-, Steuerungs-, Regelungs- und Protokolliergeräte übertragen werden.

Hauptursache für Messverfälschungen bei der analogen Signalübertragung sind die Potentialunterschiede zwischen den Bezugsmassen von Signalquelle und -senke. Diese unterschiedlichen Bezugspotentiale zwischen den verschiedenen Messstellen bewirken, dass Erdausgleichsströme fließen und das Messsignal verändern. Ferner führen Masseschleifen in verketteten Messkreisen zu Potentialanhebungen aufgrund unterschiedlicher Bezugspunkte auf der Feldseite. Kapazitive und induktive Einkopplungen auf den Messleitungen sind weitere Ursachen für verfälschte Messsignale und eventuelle Beschädigungen nachgeschalteter Komponenten und Steuerungen. Bei größeren Übertragungsstrecken besteht zudem die Notwendigkeit, die meist leistungsschwachen Messsignale zu verstärken. Mit einem Dreiwege-Trennverstärker lassen sich diese Probleme jedoch lösen. Dessen Hauptaufgaben sind:

- Signaltrennung
- Signalverstärkung
- Signalfilterung
- Anpassung an unterschiedliche Ein- und Ausgangssignale

Bei der Dreiwege-Trennung sind Ein- und Ausgang sowie die Hilfsenergie galvanisch voneinander getrennt. Aufgabe der galvanischen Trennung ist es, den Stromkreis zwischen den unterschiedlichen Bezugspotentialen zu unterbrechen, beispielsweise für Erdausgleichsströme. Somit werden mögliche Störungen ausgekoppelt, und die Zerstörung der Steuerungselektronik wird verhindert.

Die wesentlichen Funktionsgruppen einer SPS-Anlage sind die E/A-Baugruppen, der Programmspeicher, der Datenspeicher und die Zentraleinheit. **Bild 1.27** zeigt den prinzipiellen Aufbau einer SPS-Anlage.

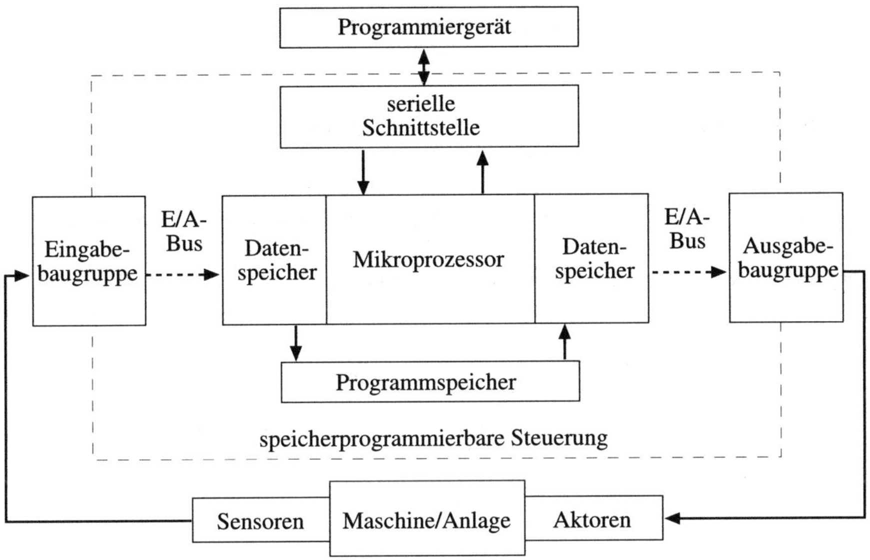

Bild 1.27 Prinzipieller Aufbau einer SPS-Anlage

Im Programmspeicher werden die gesamten Anweisungen, die die SPS ausführen soll, gespeichert. Wegen der Vielzahl der zum Steuern einer Maschine erforderlichen Anweisungen umfasst dieser Speicher mehrere tausend Speicherplätze. Die Gesamtheit aller Anweisungen im Programmspeicher wird als eigentliches Anwenderprogramm bezeichnet.

Vor der Eingabebaugruppe wird die dort gebildete Zustandsinformation der Signalglieder über den E/A-Bus in den Datenspeicher der Steuerung eingeschrieben und dort zwischengespeichert. Auch der jeweilige Signalzustand wird hier für die Dauer der Bearbeitung durch die Zentraleinheit zwischengespeichert. Das Abbild der Zustandsinformation der Eingabebaugruppen im Datenspeicher nennt man Prozessabbild der Eingabeebene.

Die Zentraleinheit arbeitet die im Programmspeicher abgelegten Anweisungen seriell ab. Die Anweisungen geben der Zentraleinheit an:

- welche Eingangssignale sie abzufragen hat
- wie die jeweiligen Signale zu verknüpfen sind
- wohin die ermittelten Signale ausgegeben werden

Im Gegensatz zur verbindungsprogrammierten Steuerung VPS, bei der die Steuerfunktionen parallel in verdrahteter Form vorliegen, arbeiten SPS-Anlagen im Prinzip immer seriell. Durch Abarbeiten mit sehr hoher Geschwindigkeit (1 µs bis 3 µs pro Anweisung) lässt sich aber eine „Quasi-Parallelverarbeitung“ erzielen. Die Pro-

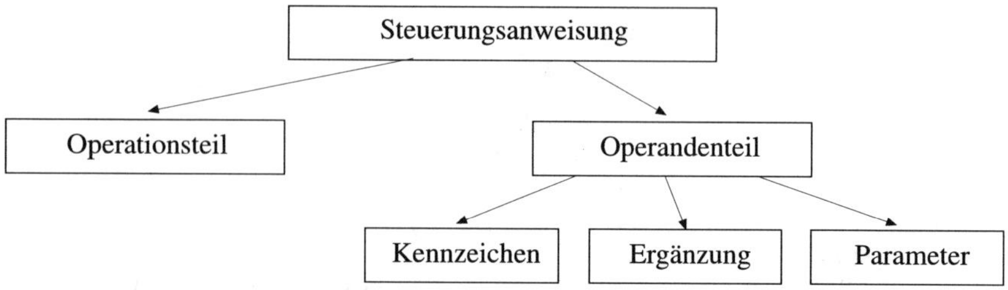

Tabelle 1.13 Operandenkennzeichnung in einem SPS-Programm

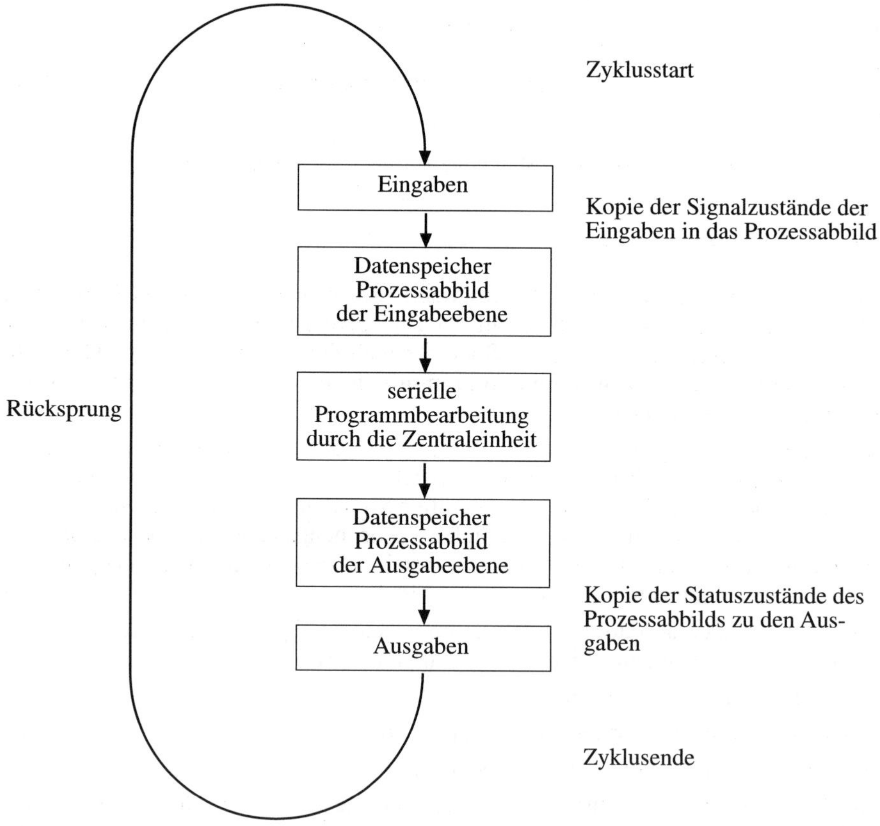

Bild 1.28 Zyklischer Programmablauf innerhalb einer SPS

grammdurchlaufzeiten moderner SPS-Anlagen liegen im Bereich der Schaltzeiten von Relais oder Schützen mit 20 ms bis 50 ms.

Das Programm einer SPS besteht aus einer Folge von Steuerungsanweisungen. Eine Steuerungsanweisung enthält den Operations- und den Operandenteil. Der Operandenteil kann auch entfallen oder durch eine Adresse ersetzt werden. Operandenkennzeichen lassen sich durch Ergänzungen erweitern. Es ergibt sich der Aufbau von **Tabelle 1.13**

Der Operationsteil kann bis zu vier Zeichen, das Operandenkennzeichen mit Ergänzungen bis zu drei Zeichen und der Parameterteil beliebig viele Zeichen enthalten. Teile der Steuerungsanweisung trennt man durch Leerzeichen (blanks). Die Norm legt weder den Mindest- noch den Höchstumfang der in der SPS verwendeten Operationen und Operanden fest. Eine SPS kann deshalb Teilmengen der Norm beherrschen oder auch den aufgeführten Umfang überschreiten.

Die Verknüpfungsergebnisse der Zentraleinheit werden im Datenspeicher abgelegt. Ausgangsvariable können Merker und Ausgaben sein. Merker sind interne Speicher für binäre Informationen. Nach Ende des Programmdurchlaufs werden die Verknüpfungsergebnisse aus dem Datenspeicher über den E/A-Bus an die Ausgabegruppen gegeben. Das Abbild der Verknüpfungsinformation der Ausgaben im Datenspeicher ist das Prozessabbild der Ausgabeebene. Die Ausgangsbaugruppen setzen die internen Zustandsinformationen in entsprechende Pegel zur Ansteuerung der Stellglieder um.

Bild 1.28 zeigt den zyklischen Programmablauf innerhalb einer SPS. Der Zyklusstart beginnt mit der Übernahme der Eingaben. Grundsätzlich lässt sich hier aus dem Funktionsplan bereits erkennen, ob es sich um eine zeit- oder eine prozessabhängige Steuerung handelt. **Bild 1.29** zeigt den Funktionsplan für eine zeitabhängige und **Bild 1.30** für eine prozessabhängige Stern-/Dreieck-Anlassschaltung.

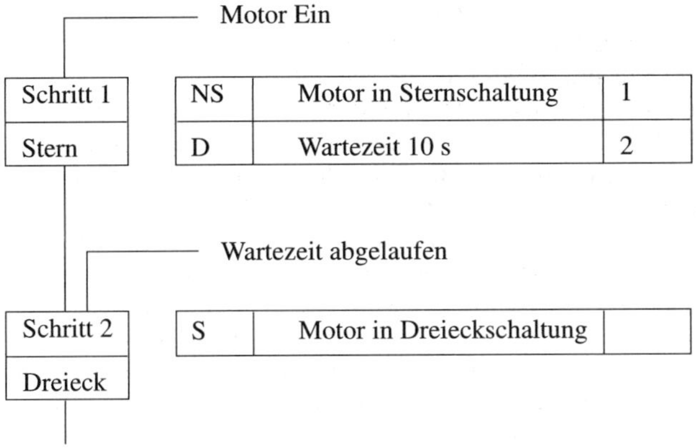

Bild 1.29 Funktionsplan für eine zeitabhängige Stern-/Dreieck-Anlassschaltung mit den Funktionen S (speichernd), NS (nicht speichernd), D (delayed, verzögert)

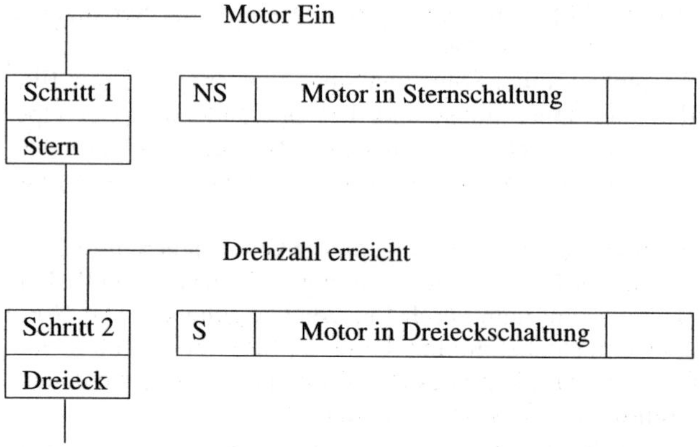

Bild 1.30 Funktionsplan für eine prozessabhängige Stern-/Dreieck-Anlassschaltung

Grundsätzlich lässt sich hier bereits feststellen, dass prozessabhängige Steuerungen sicherer arbeiten als zeitabhängige, da die Reaktionssignale des Prozesses in die Steuerungen einwirken und den Gesamtvorgang näher in den Bereich der Regelung, also einer Vollautomatisierung, bringen.
Der Mittelpunkt einer SPS ist die Zentraleinheit oder CPU (Central Processing Unit). Die CPU steuert den kompletten Datenverkehr über das interne Bussystem und führt die zyklische Bearbeitung der im Programmspeicher abgelegten Anweisungen aus.
Beherrscht die Zentraleinheit nur binäre Operationen – das sind Verknüpfungen von Bitinformationen, die sich beispielsweise durch boolesche Gleichungen beschreiben lassen –, spricht man von Bitverarbeitung. Zentraleinheiten für reine Bitverarbeitung sind meist mit einem diskret aufgebauten 1-Bit-Prozessor realisiert worden, was gegenüber Mikroprozessoren erheblich kürzere Verarbeitungszeiten ermöglicht. Die Zeit liegt zwischen 1 μs und 3 μs pro Binär- oder Bitoperation.
Das Bilden von Zählern und Zeitgebern und das Ausführen von arithmetischen Operationen erfordert eine Mehrbit- oder eine Wortverarbeitung. Die Mehrbitverarbeitung verwendet Mikroprozessoren oder 4-Bit-Slice-Prozessoren. Ein Standard-Mikroprozessor arbeitet je nach Typ im 4-, 8-, 16-, 32- oder 64-Bit-Format, während man die 4-Bit-Slice-Prozessoren entsprechend den geforderten Rechenleistungen anpassen kann. Früher verwendete man hierzu 4-Bit-Slice-Prozessoren, die sich durch das Slice-Verfahren auf 8-, 12-, 16- oder 20-Bit-Format erweitern lassen. Seit 1985 verwendet man jedoch nicht mehr das Slice-Verfahren, denn diese Technik ist sehr aufwendig und entsprechend teuer. Die Bearbeitungszeit von Wortverarbeitungsoperationen im 16-Bit-Format liegt beim Einsatz von Standard-Mikroprozessoren in Bereichen zwischen 10 μs und 50 μs. Moderne SPS-Anlagen enthalten Bit- und Wortprozessoren. Diese Kombination bietet eine schnelle Bit- und eine leistungsfähige Wortverarbeitung.

Periphere Prozessoren (meist Mikrocontroller) für spezielle Steuerungs-, Regelungs- und Kommunikationsaufgaben, die an den SPS-Bus angekoppelt werden, entlasten die Zentraleinheit und eröffnen der SPS neue Anwendungsgebiete im Bereich der Prozessautomatisierung. Diese peripheren Prozessoren, die über den Bus auf Variable und Parameter der Steuerung zugreifen können, lösen ihre Aufgaben weitgehend unabhängig vom Zentralprozessor der Steuerungsanlage.

In der Einschalt- oder Initialisierungsphase sowie zwischen den einzelnen Steuerungszyklen führen moderne Zentraleinheiten eine Eigendiagnose durch. Dazu gehören Überwachung

- der internen Software (Monitor)
- des Anwenderprogramms (Checksum)
- der Ein/Ausgabebaugruppen und
- des Bussystems

Bei Auftreten von Fehlern schaltet die Zentraleinheit sicher ab, sodass der Bediener erkennen kann, ob es sich um einen Hard- oder einen Softwarefehler handelt.

Die Programmbearbeitung der Zentraleinheit wird durch zeitliche Überwachung (Watch-Dog-Timer) kontrolliert. Bei Überschreiten einer festgelegten oder programmierbaren maximalen Zykluszeit wird die Steuerung abgeschaltet. Der Sinn dieser Einrichtung ist es, den Prozessor bei Störungen interner oder externer Art zu überwachen und bei Fehlfunktion eine automatische Rückstellung auszulösen. Man benutzt dazu einen programmierbaren Zähler, der mit einem bestimmten Wert geladen wird. Durch ein Taktsignal wird der Zähler auf null heruntergezählt, und ein Komparator erkennt den Nulldurchgang. Damit wird ein interner Rest erzeugt, der den Mikroprozessor in seine Hardwarerückstellung versetzt. Im normalen Betrieb muss die Software periodisch den Zähler im Watch-Dog-Timer nachladen oder das interne Rücksetzsignal sperren. Tritt eine Fehlfunktion durch extrem starkes Rauschen, kurzzeitigen Spannungsabfall oder eine unkontrollierbare Endlosschleife in einem Programm auf, werden im Allgemeinen diese periodischen Maßnahmen nicht mehr ausgeführt, und der Prozessor setzt sich durch den Watch-Dog-Timer selbst zurück. Die Folge ist eine größere Zuverlässigkeit für das gesamte Steuersystem.

Im Programmspeicher werden alle Anweisungen abgelegt, die die SPS ausführen soll. Die Gesamtheit aller Anweisungen im Programmspeicher wird als „Anwenderprogramm“ definiert. Programmspeicher sind als Halbleiterspeicher ausgeführt. Sie lassen sich je nach Art ihres Speicherverhaltens in zwei Gruppen gliedern:

- Flüchtige Speicher: Sie verlieren bei Spannungsausfall unweigerlich die gespeicherte Information. Da das auch bei sehr kurzen Netzstörungen der Fall sein kann, sollte eine SPS immer mit einer unterbrechungsfreien Stromversorgung ausgestattet sein, die alle Arten von Netzstörungen bis zu mehreren Minuten ausgleichen kann.
- Nichtflüchtige Speicher: Bei diesen Speichereinheiten bleibt die Information auch bei Spannungsausfall sicher erhalten. Die gespeicherten Informationen können nur

HRW

durch UV-Licht oder durch elektrische Impulse gelöscht werden. Setzt man diese Speichertypen ein, muss man die Vor- und Nachteile der verschiedenen Technologien kennen, damit es in der praktischen Anwendung keine Probleme gibt.

RAM-Bausteine (Random Access Memory) zählen zu den flüchtigen Speichern. Wie der Name sagt, handelt es sich hierbei um Speicher mit wahlfreiem Zugriff, d. h., zu jedem Zeitpunkt lassen sich Signale einschreiben, und der gespeicherte Inhalt wird zerstörungsfrei ausgelesen. Um einen Programmverlust beim Abschalten der Steuerung, bei Spannungsausfall oder bei Netzstörungen zu verhindern, werden RAM-Programmspeicher während dieser Phasen mit Pufferbatterien versorgt. Man unterscheidet noch zwischen statischen (SRAM) und dynamischen (DRAM) Bausteinen. SRAM sind sehr schnell und lassen sich einfach handhaben, benötigen aber einen hohen Betriebsstrom. Sie sind teuer, und die Speicherkapazität liegt derzeit bei maximal 256 KByte. DRAM bieten sehr hohe Speicherkapazität (bis zu 16 MByte). Sie sind preisgünstig, aber durch die interne Speicherstruktur erheblich aufwendiger in der Ansteuerung, und sie benötigen einen kontinuierlichen Auffrischzyklus.

ROM-Bausteine (Read Only Memory) und PROM-Bausteine (Programmable Read Only Memory) sind Speicher, die sich nur einmal programmieren lassen. Beim ROM geschieht das bereits während der Produktion. In PROM-Bausteine kann man die gewünschten Informationen während der Programmierung durch spezielle PROM-Programmer „einbrennen". Die Speicherinhalte sind über zehn Jahre in den Bausteinen sicher gespeichert.

Das EPROM (Erasable Programmable Read Only Memory) ist ebenfalls ein Nur-Lesespeicher. Bei ihm wird der gesamte Speicherinhalt durch UV-Bestrahlung gelöscht. Die zu speichernden Daten gelangen durch elektrische Programmierimpulse in den Speicher. Beim Einsatz von EPROM-Bausteinen ist für die erforderliche Programm-Modifikation während der Inbetriebnahmephase der Steuerung eine RAM-Einheit erforderlich, die die Arbeitsweise des späteren EPROM simuliert. Erst nach abgeschlossener Inbetriebnahme wird das EPROM programmiert. Damit ist eine Kopie des SPS-Programms im Baustein gespeichert. EPROM bieten eine hohe Datensicherheit für das Anwendungsprogramm. Es ist keine Pufferbatterie wie bei RAM-Bausteinen erforderlich.

Das EEPROM (Electrically Erasable PROM) lässt sich elektrisch löschen und ebenfalls wieder mit elektrischen Impulsen neu beschreiben. Je nach Technologie dieser Speicherbausteine ergeben sich im praktischen Einsatz erhebliche Unterschiede in der Programmierung. Den SPS-Programmierer interessiert das nicht, da die SPS-Hersteller dieses Hard- und Softwareproblem lösen müssen.

Die Mehrzahl der SPS-Anlagen arbeitet mit einer Programmspeichertiefe von 16 Bit. Deshalb wird die Speicherkapazität des Programmspeichers in K-Worten angegeben (Wort = 16-Bit-Format).

Ein wichtiges Kriterium zur Berechnung der für eine Anwendung erforderlichen Befehlsspeichergröße ist der Speicherbelegungsfaktor. Dieser gibt an, wieviel Speicherplätze für Logik-, Speicher-, Zeit- und Arithmetikfunktionen benötigt werden.

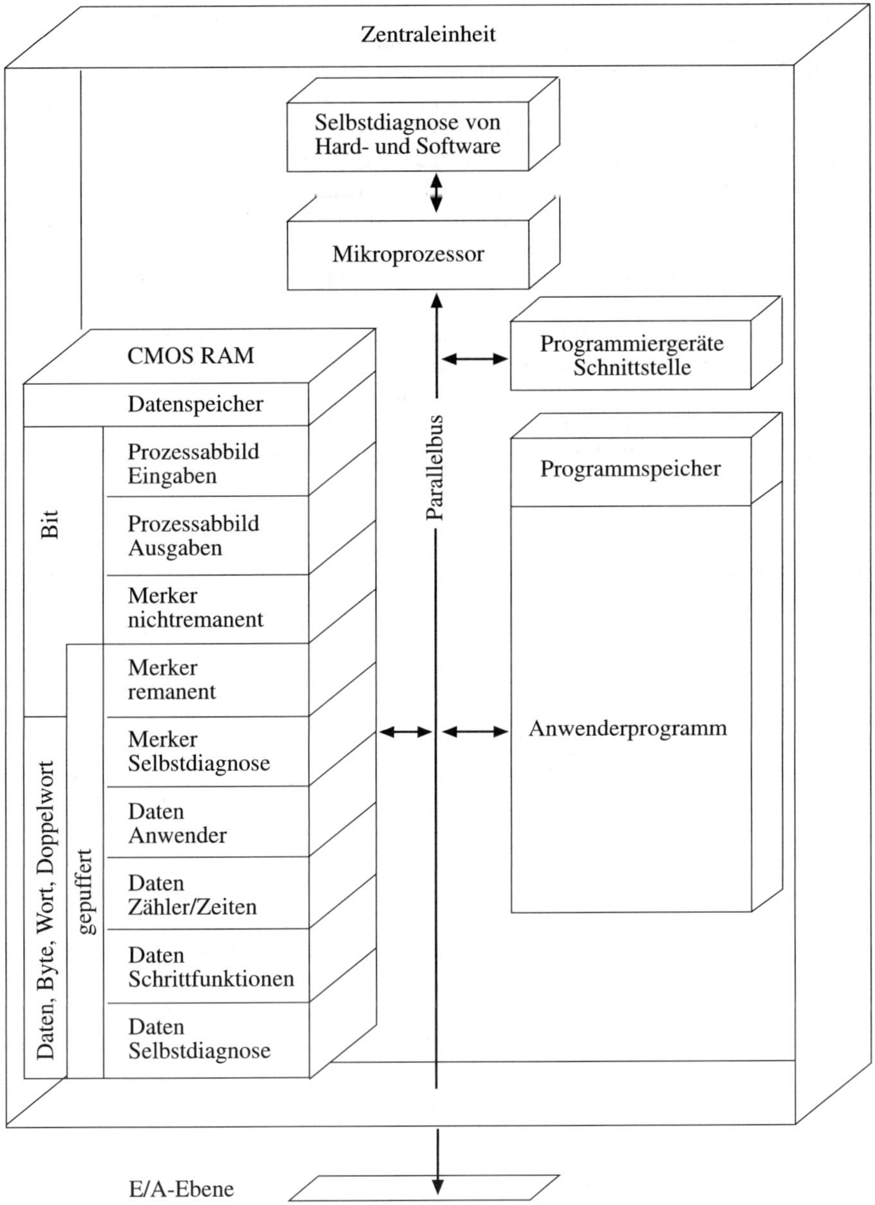

Bild 1.31 Aufbau des Datenspeichers in der Zentraleinheit einer SPS-Anlage

Bild 1.31 zeigt den Aufbau des Datenspeichers in der Zentraleinheit einer SPS-Anlage mit seinen Funktionseinheiten. Im Datenspeicher werden das Prozessabbild der Ein-/Ausgabe, der Status für die Merker und die Parameter für Zähler, Zeitgeber und Funktionsbaugruppen hinterlegt. Arbeitet die SPS mit Prozessabbild, beschränkt sich der Datenverkehr während des Bearbeitungszyklus auf den Verkehr zwischen Zentraleinheit und Datenspeicher. Dort liegen alle abzufragenden Eingangsinformationen vor, und dorthin werden auch alle Ausgangsinformationen geschrieben. Datenspeicher sind stets in RAM-Technologie aufgebaut, d. h., man kann die Informationen ungehindert einschreiben und zerstörungsfrei auslesen.
Nicht alle Verknüpfungsergebnisse werden an die physikalischen Ausgaben weitergegeben. Ein Teil, der nur zur internen Weiterverarbeitung benötigt wird, lässt sich auf dem Merker speichern. Merker „merken" sich die Verknüpfungsergebnisse und können an anderer Stelle durch das Programm wieder abgefragt werden. Sie sind in ihrer Struktur remanent, denn ihr Statuszustand wird auch bei Spannungsausfall beibehalten. Gespeichert wird in einem RAM mit Pufferbatterie. Das erleichtert bei entsprechender Programmkonstruktion das sichere Wiederanlaufen der Maschine oder der Anlage aus der Ausfallposition.
Bei wortverarbeitenden SPS-Anlagen werden im Datenspeicher auch Daten in Form von Worten abgelegt. Das sind Ist- und Sollwerte für Zähler und Zeitgeber, Daten der Schrittfunktionen sowie Prozessdaten, die von der Steuerung erfasst, gebildet oder weiterverarbeitet werden. Der Datenspeicher lässt sich bei größeren SPS-Systemen modular erweitern. In diesem Fall spricht man von einem Parameterspeicher.
Bild 1.32 zeigt, wie man aus einer Bibliothek von standardisierten Softwarebausteinen die Projektierungseffizienz bei SPS-Anlagen erhöhen kann. Dieser Vorgang gilt auch für den gesamten Bereich der Programmiersprachen und der Anwendersoftware. Programmiersysteme nach IEC61131-3 bilden eine gute technische Grundlage für die Abwicklung komplexer Projekte, da sie den Entwurf von wiederverwendbaren Softwarebausteinen fördern. Jedoch liegt in der Definition und Benutzung von firmeninternen Standards bzw. der Verwendung vorgefertigter Softwarebausteine ein erhebliches Potential zur Steuerung der Produktivität. Die Benutzung von Bibliotheken, die entsprechend den vorhandenen Herstellerbibliotheken vorgefertigte Bausteine enthalten, bietet hier die notwendige Unterstützung. Voraussetzung dafür ist zum einen, dass die in den Bibliotheken enthaltenen Bausteine nicht von Unbefugten verändert werden dürfen, zum anderen müssen weitere Informationen enthalten sein, die die sinnvolle Benutzung solcher Bausteine zulassen.
Das nach PLC-Open zertifizierte Programmiersystem unterstützt alle Steuerungen nach diesem Standard. Damit steht dem Programmierer ein Bibliothekmanager zur Verfügung, mit dem Funktionsbausteine sinnvoll in Bibliotheken zusammenfasst sind. Außerdem ist noch eine Verwaltungseinheit vorhanden. In der Bibliothek wird nicht der Quellcode, sondern nur der ablauffähige Teil eines Bausteins abgelegt. Zusätzlich lassen sich zu diesen selbsterstellten Bausteinen auch Hilfstexte hinzufügen und in einer entsprechenden Windows-Hilfedatei ablegen. Durch einen Verweis in der Bibliothek stehen die Hilfetexte dann während der Programmierung zur Verfügung und erläutern

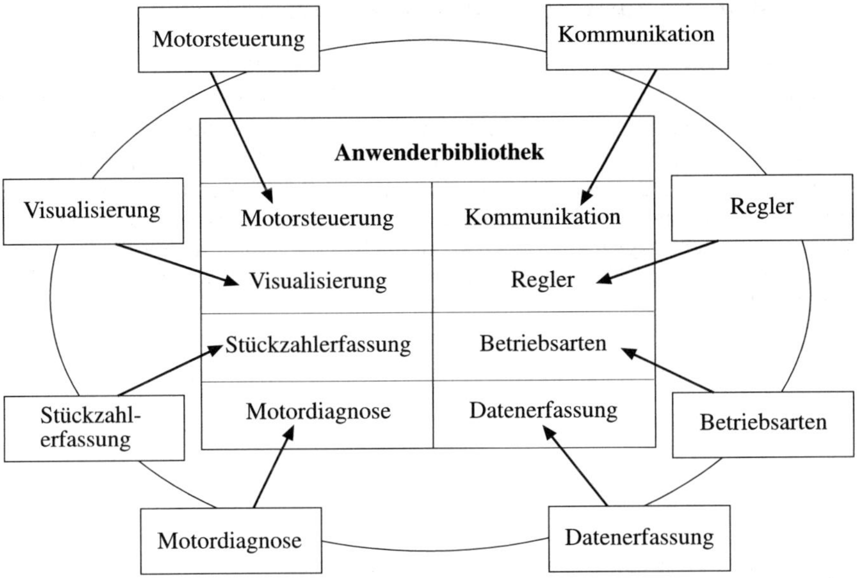

Bild 1.32 Durch standardisierte Softwarebausteine erhöht sich bei SPS-Anlagen die Projektierungseffizienz

dem Benutzer die Funktionsweise der Bausteine. Ein Info-Fenster liefert unter anderem Informationen über Version, Datum und/oder Ersteller jedes einzelnen Bausteins. Eine Strukturierung der Bibliothek, vergleichbar dem Anlegen von Unterverzeichnissen auf dem PC, erleichtert dabei zusätzlich Ablage und Benutzung.

Für welchen Anwender ist die Bibliothekserstellung nun interessant? Hier sind natürlich zunächst die Ersteller von Automatisierungsanlagen angesprochen, die bei der Programmerstellung auf Bausteine zurückgreifen möchten, die bereits in früheren Projekten erfolgreich eingesetzt wurden. Bei konsequenter Anwendung der Bibliothekserstellung können Anlagenprogrammierer dabei im Lauf der Zeit auf eine ständig wachsende Anzahl von Einzelfunktionen bis hin zu fertigen Teillösungen einer Anlage zurückgreifen. Eine Veränderung dieser Bausteine ist für den Benutzer der Bibliothek aus Gründen der Sicherheit nicht möglich. Das unterstützt den Gedanken von IEC61131-3 nach Wiederverwendung, denn der Einsatz erprobter Bausteine spart Entwicklungszeit, vermeidet Fehler und beschleunigt die Inbetriebnahme.

Ein weiterer Anwendungsfall besteht im Verkauf von Lizenzen. Das ist vor allem für Softwarehäuser oder Ingenieurbüros interessant, die spezifische Lösungen im Bereich der Automatisierung entwickeln. Zusammengefasst in Bibliotheken, lassen sich diese nun einem größeren Kundenstamm anbieten. Wichtig hierbei ist der garantierte Schutz des eigenen Know-how, da die Programmquellen in der Bibliothek nicht enthalten sind.

1.7 Planung und Organisation von Arbeitsabläufen

Im Folgenden werden die Analyse der Arbeitsabläufe, die Dokumentation, die Materialdisposition, das Qualitätsmanagement und die Kalkulation erklärt. Diese Abläufe fasst man unter „CIM“ oder „CA-Technologien“ zusammen (**Tabelle 1.14**).

Alle Definitionen dazu unterliegen einem stetigen Wandel. Heute versteht man unter den CA-Technologien eine PC-Unterstützung in der Konstruktion, Gestaltung, Berechnung, Erstellen von Stücklisten, Beschreibung der Werkzeuggeometrien und die gesamte Zeichnungserstellung einschließlich der Verwaltung. Für die Mechatronik verwendete man früher den Arbeitsablauf von **Tabelle 1.15** und heute den von **Tabelle 1.16**.

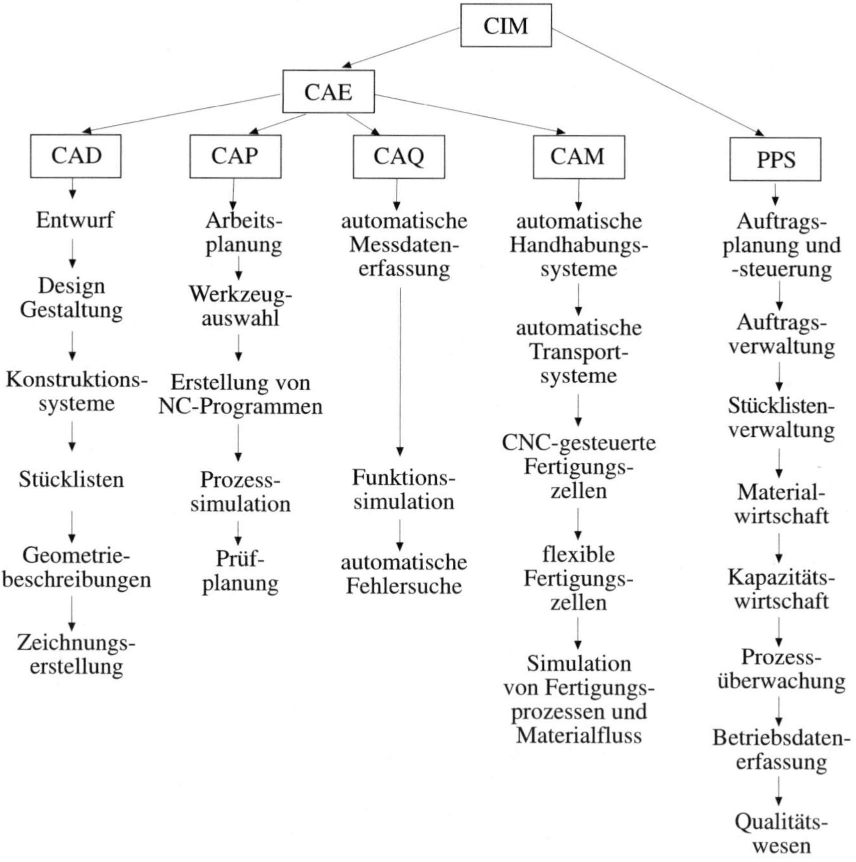

Tabelle 1.14 Arbeitsabläufe unter „CIM“ (CA-Technologien)

Entwurf über den Daumen
Hoffentlich funktioniert der Entwurf!
Prototyp bauen
Testphase des Prototyps
Weiterentwicklung des Prototyps zum Fertiggerät
Auslieferung des fertigen Geräts
Fehlerbeseitigung beim Kunden

Tabelle 1.15 Klassische Entwurfsregeln ohne CA-Technologien

Design
Platzieren und Auflösen
Modellieren und Simulieren
Messen und Prüfen
Erfassen durch Leistungsanalyse
Prototyp bauen
Testen des Prototyps
Weiterentwicklung des Prototyps zum Fertiggerät
Auslieferung des fertigen Geräts

Tabelle 1.16 Klassische Entwurfsregeln unter zu Hilfenahme der CA-Technologien

Arbeitet man mit einem CAD-System, ergibt sich eine Rechnerunterstützung in der Konstruktion für den gesamten Bereich der Elektrotechnik/Elektronik und Mechanik. Das System umfasst sowohl die technischen Berechnungen und die technischen Informationssysteme als auch das Anfertigen der Zeichnungen und die Auswertung von Stücklisten und Diagrammen. Bei der mechanischen Konstruktion unterscheidet man zwei Modellstrukturen: die zweidimensionale, bei der nur die Koordinaten von Ebenenpunkten der Körper (z. B. x und y) in das Modell übernommen werden, und die dreidimensionale, die sich auf die Raumkoordinaten des Körpers (z. B. x, y und z) bezieht. Hieraus ergeben sich die beiden Modellstrukturen nach **Tabelle 1.17**.

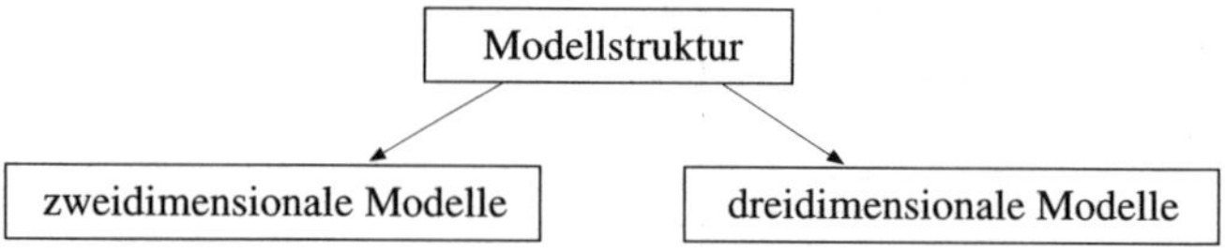

Tabelle 1.17 Verwendete Modellstrukturen für CAD-Systeme in der mechanischen Darstellung

Neben der Unterscheidung der Modellstruktur gibt es noch eine Differenzierung bei den Körpermerkmalen, die in das Modell übernommen werden (Kanten, Flächen, Punkte usw.). Man unterscheidet dabei zwischen Kanten-, Flächen- und Volumenmodellen (**Tabelle 1.18**).

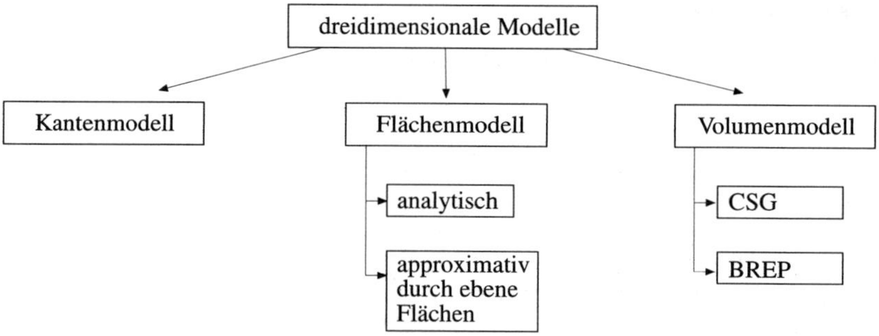

Tabelle 1.18 Differenzierung eines dreidimensionalen Modells nach den in das Modell übernommenen Körperelementen für CAD-Systeme

Bild 1.33 zeigt eine Gegenüberstellung zwischen Kanten- (links), Flächen- (Mitte) und Volumenmodell. Beim Kantenmodell werden nur die Kanten und Eckpunkte übernommen. Daher fehlen an den Würfelflächen die eingravierten Augen, denn zwischen den Würfelkanten ist im Modell keine Information enthalten. Bestimmt wird der Würfel in der Wirklichkeit von seinem Werkstoff, den sechs Würfelflächen, den zwölf Würfelkanten und den acht Würfelecken. Die am wirklichen Würfel eingearbeiteten Augen sind als Kreislinien dargestellt. Die restliche Information der Würfelflächen ist auf dem Weg vom realen Würfel zum Modell bewusst verloren gegangen.

Beim Flächenmodell werden lediglich Begrenzungsflächen ins Modell übernommen. Die Flächen lassen sich mathematisch beschreiben, entweder analytisch (Flächen

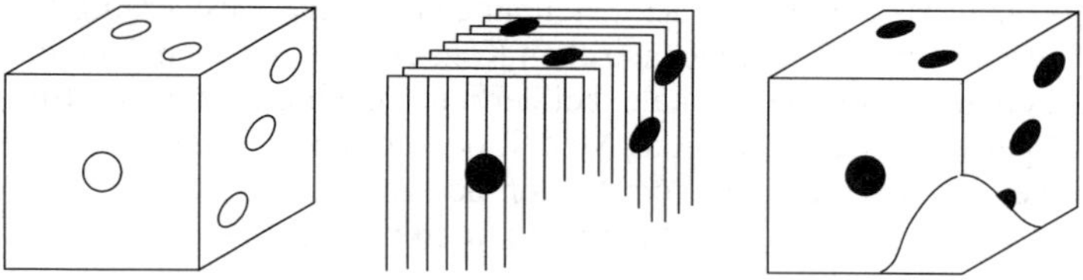

Bild 1.33 Gegenüberstellung zwischen Kanten-, Flächen- und Volumenmodell

2. Ordnung) oder als Aneinanderreihung von Polyedern (ebene Flächenelemente). Bei dieser Darstellung werden von einem Würfel die sechs Begrenzungsflächen mit den Kreisflächen der Augen in das Modell übernommen. Die Kanten und Ecken stehen direkt durch die Durchdringung der Begrenzungsflächen als Information im Modell zur Verfügung. Alle Punkte der Begrenzungsflächen werden in das Modell übernommen, d. h., das Würfelmodell wird zu einem Flächenmodell und ist nicht mehr durchsichtig.

Beim Volumenmodell wird der Körper im Modell durch die Übernahme aller Punkte des realen Körpers repräsentiert. Das lässt sich direkt durchführen oder durch die Übernahme seiner Flächen, Kanten, Ecken plus Definition der Lage der restlichen Punkte, bezogen auf diese Begrenzungselemente. Dabei gehen keine Geometrie- oder Topologieinformationen verloren. CSG (Constructive Solid Geometry) bedeutet, dass ein Körpermodell durch die booleschen Kombinationen aus vordefinierten Grundelementen (Quader, Kugel, Zylinder, Prisma, Kegel oder beliebig definierte Elemente) erzeugt wird. BREP (Boundary Representation) heißt, dass ein Körper in einem Volumenmodell durch Begrenzungspunkte, Begrenzungskanten und Begrenzungsflächen repräsentiert wird. Sind die Begrenzungsflächenelemente ausschließlich Ebenenstücke, spricht man von Facettenmodellen.

Die Konstruktion gehört zur Produktvorbereitung. In dieser Phase wird die Realisierung des Produkts im Hinblick auf Funktion und Kosten definiert und dokumentiert. **Tabelle 1.19** zeigt die Einflüsse auf Funktion und Wirtschaftlichkeit einer mechatronischen Konstruktion.

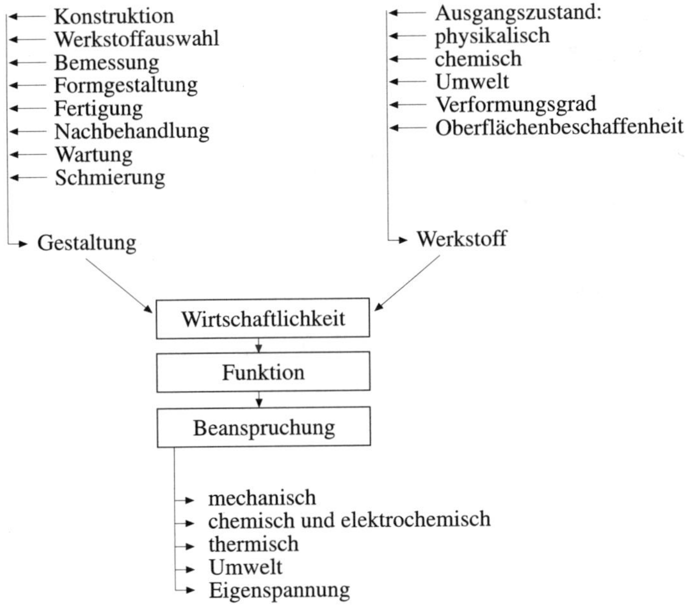

Tabelle 1.19
Einflüsse auf die Funktion und die Wirtschaftlichkeit einer mechatronischen Konstruktion

Mechanische und elektrische Konstruktion umfassen das gedankliche und darstellende Gestalten, die Wahl der Werkstoffe und Fertigungsverfahren. Ziel ist immer eine technisch und wirtschaftlich vertretbare stoffliche Verwirklichung. In Entwicklung und Konstruktion werden Informationen erzeugt, die für alle Bereiche des Unternehmens von Bedeutung sind und dort Verarbeitungsvorgänge auslösen. Diese der Konstruktion vor- und nachgelagerten Bereiche werden mit den Ergebnisdaten der Konstruktionstätigkeiten versorgt. Früher verwendete man Kopien für die Arbeitsergebnisse von den relevanten Ableitungen und führte einen Vergleich durch. Heute arbeitet man je nach Firmenstruktur mit einem geometrie- oder administrationsorientierten Datenfluss (**Bild 1.34**).

Zur Erzeugung von Produkten arbeitet man entweder mit geometrischen oder mit administrativ orientierten Informationsströmen. Sie enthalten im Wesentlichen Produktdaten, wobei die geometrischen (Topologie, Dimension) und administrativen Daten (Nummerierung, Klassifizierung) durch technologische (Bearbeitung) und kommerzielle Daten (Kosten, Zulieferer) ergänzt werden.

Bild 1.35 zeigt die einzelnen Ebenen innerhalb eines Automatisierungskonzepts in einer Fertigungssteuerung. Die Automatisierung hinsichtlich der optimalen Ressourcen- und Rohstoffausnutzung stellt hohe Anforderungen an die Betriebs- und Pro-

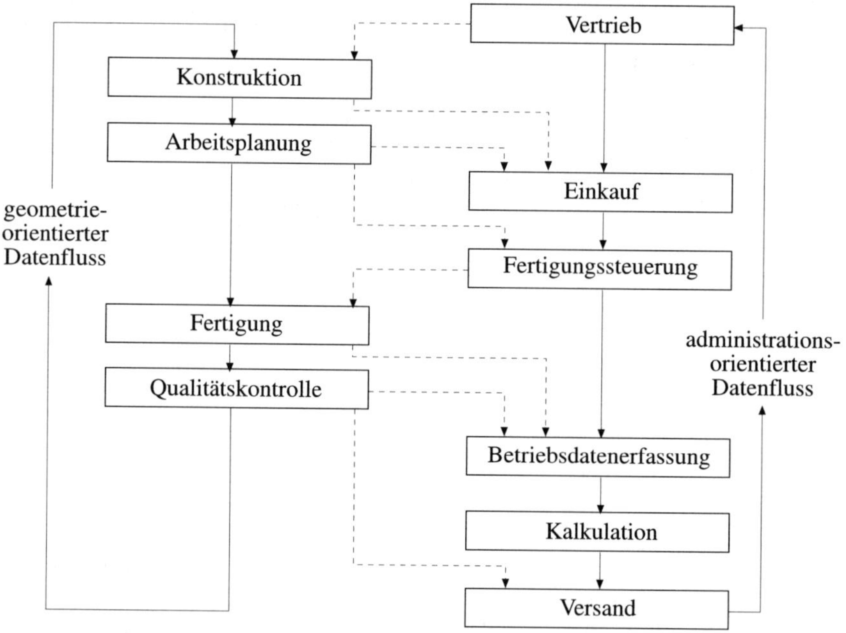

Bild 1.34 Möglichkeiten für den geometrie- oder administrationsorientierten Datenfluss, der je nach Firmenstruktur verwendet wird

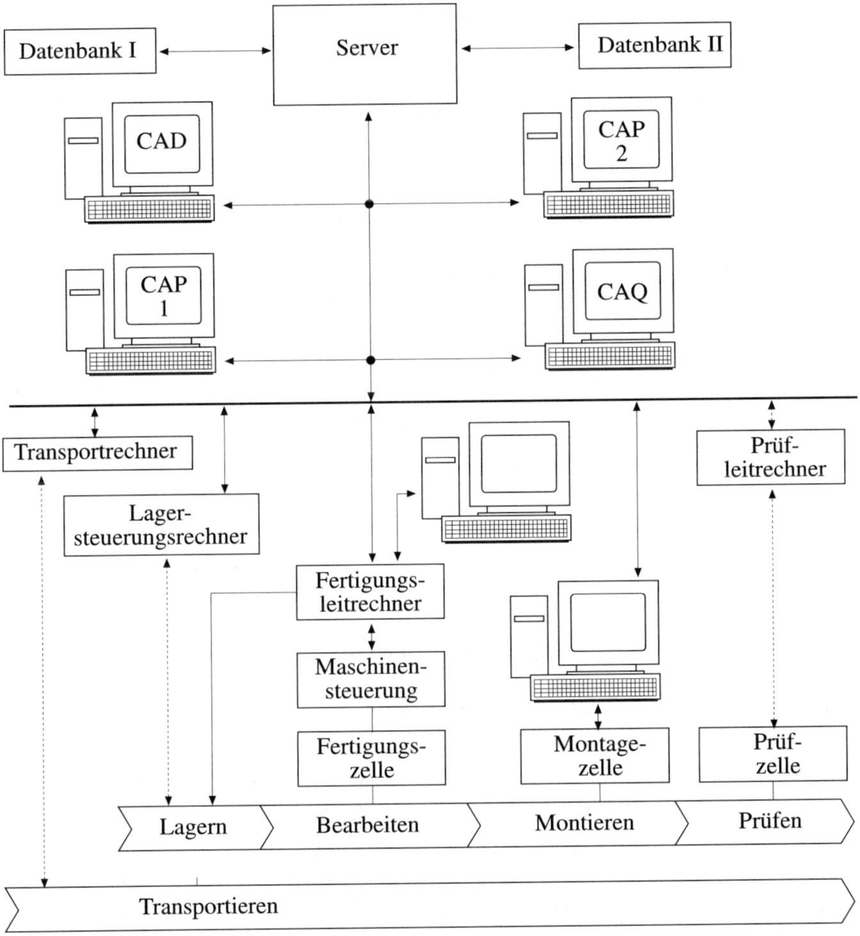

Bild 1.35 Automatisierungskonzept einer Fertigungssteuerung mit einem Server (Hochleistungsrechner) in der Unternehmensleitebene mit CAD-, CAP- und CAQ-Rechnern. Über ein Netzwerk erreicht man die Betriebs- und Produktionsleitebene, die Prozessleitebene mit den Maschinensteuerungen, Fertigungs-, Montage- und Prüfzellen. Den untersten Bereich bildet die Feldebene mit den Sensoren und Aktoren.

zessdaten, denn es sollen alle Prozess-, Maschinen- und Betriebsdaten in Echtzeit erfasst und archiviert werden. Darüber hinaus stehen alle archivierten und erfassten Daten über alle Unternehmensbereiche und -ebenen hinweg zur individuellen Auswertung zur Verfügung. Die horizontale und vertikale Integration der Betriebsdaten in die betrieblichen Strukturen wird zusätzlich durch das Ablegen der Daten mit Auftrags-, Chargen-, Schichtbezug unterstützt. Diese Zuordnungsmöglichkeit der Daten

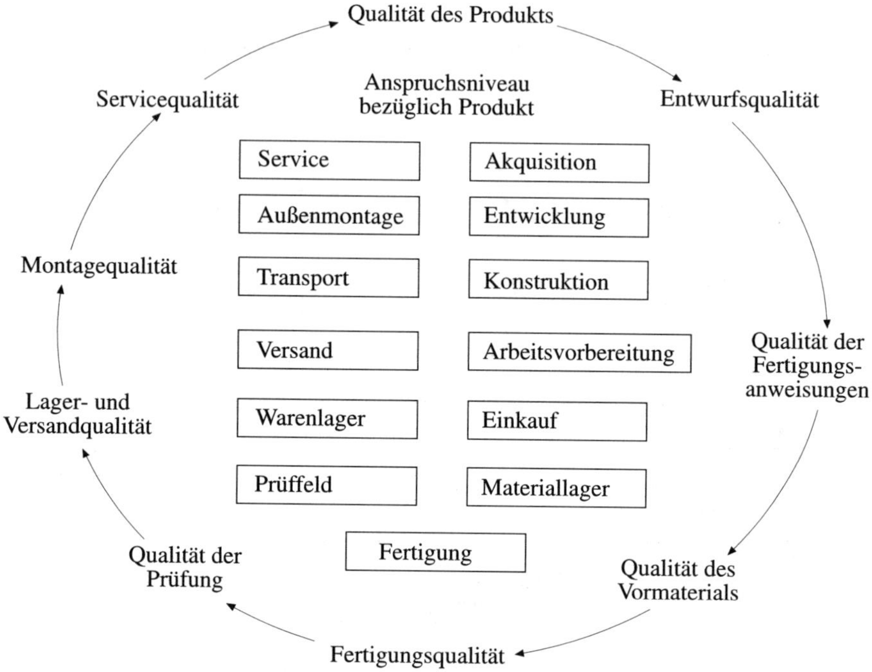

Bild 1.36 Qualitätskreis für Qualitätssicherung und Kontrolle

ermöglicht eine schnellere, effektivere Auswertung z.B. nach qualitätsrelevanten Merkmalen und dient als Basis für die Produkt- und Chargenrückverfolgung.

Bild 1.36 zeigt den Qualitätskreis für Qualitätssicherung und Kontrolle. Der Begriff „Qualität" wird meist im Zusammenhang mit Produkten verwendet, deren Eigenschaften die durchschnittlichen Erwartungen des Anwenders deutlich überschreiten. Das gilt sowohl für den Zeitpunkt des Erwerbs als auch im Hinblick auf die Veränderungen ihrer Eigenschaften im Lauf der Zeit. Mit anderen Worten: Erfüllt ein Produkt mit seinen Eigenschaften gerade eben die Mindestanforderungen, so wird es noch nicht als Qualitätserzeugnis bezeichnet.

Jedes Erzeugnis wird wegen des Nutzens gekauft, den es dem Benutzer während der Anwendung bringen soll. Dieser Nutzen hängt wesentlich davon ab, in welcher Zeit eine Eigenschaft unter den Erwartungswert sinkt. Der Begriff „Qualität" (vom lateinischen qualis: wie beschaffen) wird also sehr stark von der Anwendung des Produkts her gesehen und sollte entsprechend in allen Phasen der Konstruktion und in der Herstellung berücksichtigt werden. Er umfasst im weiteren Sinn nicht nur Ausführung und Funktionstüchtigkeit, sondern dazu gehören auch

- Austauschbarkeit, Einhaltung der Abmessungen, Erfüllung der zahlreichen Sicherheitsbestimmungen, optimale Bedienbarkeit, einfache, schnelle und kostengünstige Reparaturfähigkeit, lange Zeiträume für Bereitstellung von Ersatzteilen
- allgemeiner Service, klare und genaue Beschreibung (Bedienungsanleitung, Anwendungsvorschläge) und Symbole
- rein subjektive Wertschätzung wie geschmackvoll, modisch oder ansprechend
- Wiederverkaufswert

Trotz seiner Geläufigkeit und Attraktivität lässt sich der Begriff Qualität nicht klar definieren und führt zu Missbrauch und Missverständnissen, etwa wenn Passungen in verschiedenen „Qualitäten" eingestellt werden oder wenn von Stoffqualitäten, Papierqualitäten usw. die Rede ist. Ungenaue Definitionen dieser Art führen in technischen Bereichen zu erheblichen Missverständnissen. Daher soll der Begriff der Qualität mit seinen Unterbegriffen Konformität und Zuverlässigkeit, die bei der Qualitätssicherung häufig erforderlich sind, definiert werden.

Über die Qualität eines Geräts muss eine eindeutige quantitative Aussage möglich sein. Es gibt deshalb eine Reihe von Versuchen, dem Begriff eine genau definierte technische Bedeutung zu geben. Zwar ist er definiert, aber in der Praxis ergeben sich zwei unterschiedliche Möglichkeiten.

- Am bekanntesten ist in Deutschland die Definition des Bundesamtes für Wehrtechnik und Beschaffung: Die Qualität eines Erzeugnisses ist der Grad seiner Eignung, den Ansprüchen des Anwenders zu genügen.
- Diese rein verbraucherbezogene Definition ist von der Deutschen Gesellschaft für die Qualität im Hinblick auf den Zweck abgewandelt worden: Die Qualität eines Erzeugnisses ist diejenige Beschaffenheit, die es für seinen Verwendungszweck geeignet macht.

In der Technik und speziell in der Qualitätskontrolle versteht man unter Qualität häufig und sehr eingeengt ganz bestimmte technische Eigenschaften (Qualitätsmerkmale), deren Vorhandensein oder Nichtvorhandensein (attributive Merkmale) einen bestimmten Qualitätswert definieren. Vielfach wird der Begriff „Güte" im Sinn von „Qualität" verwendet. So hat sich bei Bauelementen für besondere Anwendungszwecke die Bezeichnung „gütegeprüft" oder „gütebestätigt" eingebürgert. Im DIN-Begriffslexikon steht:

- Gütemuster sind dazu bestimmt, die Güte (Qualität) einer Ware zu veranschaulichen. Der Begriff der Güte ist hier im Sinn von stofflicher Beschaffenheit zu verstehen.
- Gütenormen sind einheitliche Angaben über Anforderungen an Qualität von Erzeugnissen und Naturprodukten.

Eine Qualitätsbeschreibung von Bauelementen nach Muster ist jedoch unzweckmäßig, denn ein Muster hat mehr Eigenschaften, als durch Spezifikationen und darauf beruhende Qualitätsmaßnahmen abgesichert werden können.

In vielen technischen Bereichen wird mit Güte eine bestimmte physikalische Größe (Eigenschaft) beschrieben, wie beispielsweise Güte eines Filters oder Schwingkreises, Gütefaktor eines Transistors oder einer integrierten Schaltung, Gütezahl eines Dauermagneten usw. Deshalb soll dieser Begriff möglichst vermieden werden.

Vom Standpunkt des Herstellers für aktive und passive Bauelemente zielen die genannten Qualitätsdefinitionen auf Ergebnisse, die für ihn in Bezug auf sein Ergebnis stets in der Zukunft liegen. Der Hersteller steht jedoch immer vor der Notwendigkeit, die Qualität seiner Erzeugnisse zum Zeitpunkt der Auslieferung zu bestimmen. Die Verwendung eines Bauelements ist in der Regel nur sinnvoll, wenn vorher geklärt wurde,

- welche Eignung das Bauelement für einen bestimmten Verwendungszweck hat und
- mit welcher Wahrscheinlichkeit es die gestellte Aufgabe erfüllen kann.

Die Antwort auf die erste Frage ist den für das betreffende Bauelement geltenden Spezifikationen oder Datenblättern zu entnehmen. Die Frage nach dem späteren tatsächlichen Verhalten eines bestimmten Bauelements lässt sich dagegen im Allgemeinen nicht direkt beantworten, da zum Zeitpunkt der Lieferung seine Funktionssicherheit während des zukünftigen Einsatzes nicht bekannt ist. Natürlich kann man ein elektronisches Bauelement (z.B. eine integrierte Schaltung) während seines Einsatzes beobachten und so eine Aussage über sein Verhalten gewinnen. Das ist aber nur im beschränkten Maß möglich, z.B. durch den automatischen Überwachungsdienst, den man in Computeranlagen, Steuerungs- und Regelungssystemen findet. Schaltet man diese Geräte ein, folgt immer vor der Aufnahme der eigentlichen Arbeit ein größerer Check, der wesentliche Funktionseinheiten automatisch testet. Auftretende Fehler lassen sich daher sofort erkennen. Tritt später ein Fehler auf, so kann man davon ausgehen, dass es sich mit 99%iger Wahrscheinlichkeit um keinen Anlauffehler handelt.

Im Allgemeinen jedoch muss die Antwort auf indirektem Weg gewonnen werden, etwa durch Prüfung des Lebensdauerverhaltens gleichartiger Bauelemente unter vorgegebenen Bedingungen. Die so gewonnenen Ergebnisse ermöglichen eine Aussage über die Zuverlässigkeit des betreffenden Bauelements. Sie stellen in jedem Fall diverse Aussagen über die Wahrscheinlichkeit eines Ausfalls dar, wobei bei hinreichender Gleichförmigkeit der Bauelemente bereits eine geringfügige Anzahl von Stichproben repräsentativ für die Gesamtmenge ist.

Eine vollständige Aussage über das Verhalten eines Bauelements schließt also eine Aussage über die Konformität gleichartiger Bauelemente und die Kenntnis ihrer Vorgeschichte mit ein. Aus praktischen Gründen wird der Qualitätsbegriff aufgegliedert in

- die „Ausführungsqualität“ oder das Ausmaß der Übereinstimmung (Konformität) zwischen Ausführungsplanung, festgelegt in Spezifikationen, und der tatsächlichen Ausführung zu einem bestimmten Zeitpunkt oder allgemein der „Konformität“ eines Erzeugnisses

- die „Zuverlässigkeitsqualität“ oder kurz „Zuverlässigkeit“, d. h. die Fähigkeit eines Erzeugnisses, gegebene Anforderungen innerhalb gegebener Grenzen während einer bestimmten Zeitdauer einzuhalten und den Vorgaben zu genügen

Die Zuverlässigkeit eines Erzeugnisses ist also eine Aussage über die Fähigkeit, seine Qualität über eine bestimmte Zeitdauer zu erhalten, während mit der Konformität seine Qualität zum Zeitpunkt der Auslieferung (Null-Stunden-Qualität) beschrieben wird. Alle Maßnahmen, die zur Herstellung eines Produkts zu treffen sind, werden bei den Firmen von vornherein durch die zu fordernde Qualität mitbestimmt.

Zunächst sind alle qualitativen Mindestanforderungen, die von einem neuen Bauelement zu einem bestimmten Zeitpunkt (z. B. Null-Stunden-Zeitpunkt) und im späteren praktischen Einsatz verlangt werden, von Anfang an im Entwurfskonzept festzulegen. Anhand von Fehler- und Ausfallratenanalysen an vergleichbaren Produkten lässt sich dann abschätzen, in welchem Maß die im Entwurf festgelegten Eigenschaften dem Zweck entsprechen, für den das Bauelement verwendet werden soll (Entwurfsqualität). Während des Entwurfs muss also der Verwendungszweck stets mit beachtet werden. Das gilt im eingeschränkten Maß für die gesamte Entwicklung und Herstellung von Geräten, Anlagen und anderen Erzeugnissen.

Für Planung und Sicherung der Qualität steht nach dem Entwurfskonzept die Typenfreigabe mit ihren Besonderheiten. Bereits während der Entwicklung wird der neue Entwurf durch das Qualitätslabor auf die Erfüllung der technischen Spezifikationen überprüft. Die gewonnenen Ergebnisse werden anlässlich der Typenfreigabe vom Qualitätslabor unter Mitwirkung der Entwicklung, der Fertigung, des Applikationslabors und des Vertriebs kritisch betrachtet und mit der Zielsetzung verglichen. Gegebenenfalls werden Produzierbarkeit und Marktfähigkeit des Produkts erklärt. Von diesem Zeitpunkt an ist es unter seiner eigenen Typenbezeichnung für den Markt freigegeben.

Neuentwicklungen durchlaufen vor der Aufnahme der Massenproduktion ein Freigabeverfahren. Das Qualitätswesen stellt hierfür die vollständigen Messergebnisse der sogenannten Freigabemuster bereit. Sie sollen die erfolgreiche Beendigung einer Neuentwicklung belegen. In der vom Qualitätswesen einberufenen Freigabebesprechung werden die folgenden Punkte einer Checkliste behandelt:

- Zielspezifikation
- Publikationsdaten
- Prüfvorschriften
- Ergebnisse der elektrischen bzw. elektronischen Messungen
- Ergebnisse der mechanischen, physikalischen bzw. klimatischen Prüfungen und der Lebensdauerprüfungen
- Mechanische und elektrische Spezifikationen für das Gehäuse
- Unterlagen über Fertigungs- und Endmesseinrichtungen
- Fabrikationsvorschriften mit folgenden Besonderheiten:
  - Teilelisten
  - Zeichnungen für Unterteile und Montage sowie Qualitätsbeschreibungsblätter

  - Ablauf- und Kontrollplan
  - Angaben über Oberflächenbehandlung, Stempelung, Verpackung
- Angaben über Liefersituation und Qualität der benötigten Materialien und Zubehörteile
- Ergebnisse der Lagerungsprüfung und der Anwendungsuntersuchungen
- Freigabe nach besonderen Kundenvorschriften
- Angaben über spezielle Behandlungen
- Typenaufteilung, Selektionsmöglichkeiten
- Konkurrenzsituation
- Planung des Fertigungsablaufs
- detaillierter Bericht über die Ausbeute und die anfallenden Nacharbeiten
- Lieferprogramm
- Kostensituation

Zu jedem Punkt dieser Checkliste verwenden die jeweils zuständigen Bereiche das erforderliche Datenmaterial für den Freigabebericht. Die Großserienfertigung darf erst nach schriftlicher Zustimmung der Entwicklung, der Fertigung, des Vertriebs und des Qualitätswesens beginnen.

Aber nicht nur die in Bild 1.36 benannten, unmittelbar am Qualitätsgeschehen beteiligten Abteilungen üben einen direkten Einfluss auf die Produktqualität aus, sondern auch Abteilungen der Aus- und Weiterbildung können einen indirekten Einfluss auf die Qualität bewirken. Durch besonders auf qualitätsbewusstes Handeln ausgelegte Weiterbildungsprogramme für die Mitarbeiter, auch aus dem kaufmännischen und verwaltungstechnischen Bereich, erhält man eine indirekte Steigerung der Produktqualität.

Die im Entwurfsstadium erlangte Qualität wird für die Fertigung mit Hilfe detaillierter Material- und Prozessvorschriften festgelegt, wobei eine leistungsfähige Organisation zur Fertigungsführung eine der wichtigsten Voraussetzungen ist. Eine im Detail beherrschte Fertigung vermeidet von vornherein die Herstellung schlechter Erzeugnisse. Das ist natürlich nur möglich, wenn Schwachstellen erkannt und beseitigt werden, was voraussetzt, dass die Kontrolle alle denkbaren Fehlerquellen erfassen, speichern und auswerten kann. Hierzu sind Fertigungsprozesse mit empfindlichen und schnell wirkenden Regelkreisen mit entsprechender Qualitätsüberwachung vom Ausgangsmaterial bis zur Fertigstellung erforderlich, wobei auch Ergebnisse aus dem praktischen Betrieb in diesen geschlossenen Regelkreis einfließen müssen.

Jede Fertigung schließt den Produktionsablauf mit einer Endkontrolle ab. Diese in den Fertigungsbereichen durchgeführte Prüfung liefert Qualitätsinformationen in Form von Ausschlussangaben für die verschiedenen Parameter. Die Prüfbedingungen sind in der Regel nach den zugelassenen Grenzwerten für das betreffende Bauelement ausgelegt. Die Prüfverfahren können auch Sichtprüfungen enthalten. Nach bestandener Prüfung kommen die Gutstücke in das Verkaufslager. Die erzielten Messergebnisse dienen der Überwachung, Steuerung und Regelung des gesamten Fertigungsprozesses.

Zur Sicherung der Qualität werden an den ins Lager gegebenen Bauelementen eine Reihe attributiver Stichprobenkontrollen vorgenommen, d. h., man führt eine statistische Kontrolle durch. Diese Prüfungen werden vom Qualitätswesen aufgenommen und korrigiert und wirken unmittelbar auf die Herstellung ein. Die Vorschriften sind, den wesentlichen Prüfeinrichtungen und Zuständigkeiten entsprechend, in Konformitäts- und Zuverlässigkeitsprüfungen aufgeteilt.
Die Konformitätsprüfungen (Null-Stunden-Prüfungen) vergleichen nochmals die Eigenschaften des Bauelements, also seinen Ist-Zustand, mit den vorgegebenen Spezifikationen. Die Ergebnisse der Endkontrolle werden also im Hinblick auf Sortierfehler, extreme Grenzlagen oder Fehler in der Messstraße nachkontrolliert. Da die Auslieferung der Ware vom Ergebnis der Konformitätsprüfungen abhängt, betrachtet man die Lebensdauer des Bauelements als noch nicht begonnen und spricht deshalb auch von „Null-Stunden-Prüfungen".
Auf die Zuverlässigkeit eines Bauelements lässt sich nur durch Prüfen gleichartiger Bauelemente unter vorgegebenen Bedingungen schließen. Dazu gehört immer ein zeitlicher Verlauf oder eine bestimmte Zeitdauer der Prüfungen. Um der Vielzahl der möglichen Einsatzsituationen gerecht zu werden, unterteilt man die Zuverlässigkeitsprüfungen in Prüfungen bei Umweltbelastung (kurz: Umweltprüfungen) und Dauerprüfungen mit elektrischer, mechanischer, pneumatischer und hydraulischer Belastung. Traditionell wird dieses Verfahren als Lebensdauerprüfung bezeichnet.
Umweltprüfungen sollen die Widerstandsfähigkeit der Bauelemente gegen Umwelteinflüsse nachweisen. Diese Einflüsse können elektrischer, mechanischer oder klimatischer Natur sein; weder die Art noch der Zeitpunkt ihres Auftretens ist vorhersehbar. Man spricht daher auch von Stress-Situationen. Deshalb werden die Prüfungen unter Maximalbedingungen – auch bis zur Zerstörung – durchgeführt (Stressprüfungen). Die einzelnen Prüfvorschriften zielen auf das Erkennen bestimmter Fehlermechanismen ab. Außerdem sollen direkte Fertigungsfehler und möglichst auch indirekte Fertigungsmängel aufgedeckt werden. Die Zeit oder der Zyklus ist als feste Prüfgröße vorgegeben. Die Bauelemente sind elektrisch nicht beansprucht.
Lebensdauerprüfungen ergeben Aussagen über das Langzeitverhalten der Bauelemente unter diversen Betriebsbedingungen. Die Prüfbedingungen sind entweder auf einen allgemeinen Anwendungsfall oder auf die zugelassenen Grenzwerte abgestellt. Die Hersteller von elektrischen und elektronischen Bauelementen bevorzugen die letztgenannten Prüfbedingungen, da nur deren Ergebnisse vergleichbar sind. Anwender setzen dagegen sehr unterschiedliche Betriebsfälle mit ihren verschiedenen Umgebungsbedingungen und elektrischen Werten ein.
Der Kunde will das von ihm zu übernehmende Risiko natürlich genau kennen, um das mögliche Auftreten von Fehlern in seinen Geräten abschätzen zu können. Deshalb ist er an den Bestimmungen von Fehlerraten der von ihm eingesetzten Bauelemente interessiert. Darüber hinaus wünscht er das Risiko möglichst klein zu halten, was im Rahmen der Statistik durch Verkleinerung der zu vereinbarenden AQL-

Grenzwerte (AQL: Acceptable Quality Level bzw. annehmbare Qualitätsgrenzlage) erreichbar erscheint. Dabei gerät das AQL-System jedoch schnell an die Grenze seiner Aussagefähigkeit, denn mit fallenden AQL-Werten steigen die erforderlichen Stückzahlen in den Stichproben. Für AQL-Werte unter 0,1 sind praktisch 100-%-Prüfungen erforderlich. Aber gerade das sind die Qualitäten, die heute benötigt und von den Kunden gefordert werden. Wesentliche elektrische Kennwerte werden in modernen Fertigungsanlagen bereits automatisch zu 100 % geprüft. Aber mechanische und klimatische Prüfungen, insbesondere die zahlreichen Lebensdauerprüfungen, lassen sich nur stichprobenweise und in größeren Zeitabständen vornehmen, denn sie sind aufwendig und wirken teilweise zerstörend auf das Bauelement oder auf das System.
Prüfkosten müssen aber so gering wie möglich gehalten werden, was eine geringe Anzahl von Stichproben und damit große AQL-Zahlen bedeutet. Durch solche Zahlen wird die tatsächlich gelieferte Qualität also nicht repräsentiert. Dennoch behält die attributive Stichprobenprüfung – überwiegend aus Kostengründen – für Annahme- und Ablehnungsentscheidung bestimmter Lose im Warenverkehr ihre Bedeutung.
Um Unsicherheiten in der Beurteilung der Qualität von Losen und damit Meinungsverschiedenheiten zwischen Hersteller und Anwender zu vermeiden, werden üblicherweise Vereinbarungen getroffen, in denen außer Grenzwerten auch Prüfmethoden und Prüfbedingungen (z. B. DIN 40046) sowie Stichprobensysteme (z. B. DIN 40080) verbindlich festgelegt sind. Diese Methoden stellen ein vereinfachtes Verfahren zur Sicherung der Konformität einer Lieferung anhand gegebener Spezifikationen dar, und deshalb ist die Vereinbarung von Grenzwerten (z. B. von AQL-Werten) von großer Wichtigkeit. Die Methoden beschreiben jedoch noch nicht die Qualität einer Fertigung.
Produkte können nur dann wirklich fehlerfrei sein, wenn während der Fertigung keine weiteren Fehler entstanden sind. Das ist jedoch nur denkbar, wenn die Schwankungsbreite eines Fertigungsschritts erheblich kleiner als zugelassene Toleranzgrenzen ist. Darum interessiert man sich bei der Beurteilung der Fertigungsqualität nicht so sehr für Grenzwerte, sondern für die Mittelwerte, wobei die Schwankungsbreite möglichst gering sein sollte. Zudem lehrt die Praxis, dass eine erfolgreiche Verbesserung eines Produkts leichter aus seinem mittleren Verhalten als aus seinen Grenzwerten abzuleiten ist.
Auch aus einer intensiven Zusammenarbeit zwischen Anwender und Hersteller kommen Impulse zur Verbesserung der Qualität, wenn nämlich der Anwender seine Erfahrung an den Hersteller zurückmeldet. Dieser Austausch ist dann besonders intensiv, wenn auch der Anwender sich detailliert mit Physik, Chemie, Verfahrenstechnik und Technologie der verwendeten Bauelemente befasst. Sein Beitrag zur Erhöhung der Zuverlässigkeit kann bereits darin bestehen, dass er schon beim Geräteentwurf genügend Sicherheitsabstand zu den Grenzwerten der Bauelemente einplant.
Die Herstellung eines Produkts hoher Qualität ist stets mit besonderen Anstrengungen, d. h. letztlich mit Kosten, verbunden. Aber auch das Nichterreichen eines bestimmten Qualitätsniveaus verursacht erhebliche Kosten, sei es beim Hersteller,

beim Service (Garantiezeit) oder beim Anwender. Daher ist es sinnvoll und auch richtig, die Zusatzkosten mit in die Betrachtungen aufzunehmen und der Sicherung der Qualität immer den absoluten Vorrang zu geben.

In vielen technischen Bereichen gilt die theoretische Vorstellung, dass es für die Realisierung der Qualität ein Optimum gibt; weitere Verbesserungen würden die Kosten unverhältnismäßig ansteigen lassen. Aber diese Meinung, die auch durch zahlreiche Untersuchungen erhärtet wurde, beruht offensichtlich auf einem feststehenden Technologiekonzept sowie auf einer bestimmten Organisationsstruktur mit zu starrer Verteilung von Aufgaben und Verantwortlichkeiten. Qualität kann im Prinzip nie ausreichend sein. Aber ihre Verbesserung wird nicht allein durch Aufstellen technischer Forderungen erreicht, denn dies ist auch eine Führungsaufgabe für das technische Management. Nur durch Motivation und Training aller Beteiligten – und zwar über sämtliche Führungsebenen hinweg bis zum Mann an der Maschine – kann das Bewusstsein entstehen, dass Konformität und Zuverlässigkeit als wichtige strategische Größen anzusehen sind und dass der Gewinn eine natürliche Folge eines Qualitätsprodukts ist.

Bei dem heute geforderten hohen Qualitätsniveau können Festlegungen einer annehmbaren Qualitätsgrenzlage (AQL) keine verlässlichen Angaben über die tatsächliche Qualität untersuchter Lose liefern. 100-%-Prüfungen kommen meist aus Kostengründen nicht in Betracht, insbesondere für Zuverlässigkeitsprüfungen müssen sie wegen ihres zerstörenden Charakters ausgeschlossen werden. Die meisten Hersteller versuchen dennoch, den berechtigten Wunsch der Kunden nach zusätzlichen Informationen über die Qualität der von ihnen eingesetzten Bauelemente zu erfüllen, und nutzen dazu die Möglichkeit, auf der Basis der erreichten Qualität neuen Erfordernissen entsprechende Zielsetzungen für eine anwendungsbezogene Qualitätsbeschreibung zu entwickeln.

Oberstes Ziel aller Bemühungen um Qualität kann nur sein, die Fehlerrate auf null zu reduzieren. Fast alle Hersteller betreiben im Rahmen ihrer aktiven Qualitätspolitik eine schrittweise Annäherung an dieses Ziel. Als Grundlage dient das „ppm-Konzept“, das folgende Qualitätskategorien unterscheidet:

- die mittlere Herstellungsqualität in ppm (parts per million, eine Verhältniszahl ähnlich wie die Prozentangaben) bei der Bauelementefertigung (process average)
- den Brutto-Bauelementeausfall in ppm bei der Geräteherstellung (fall-off)
- den Netto-Bauelementeausfall in ppm – das ist der Bruttoausfall, bereinigt um die Ausfälle, die durch falsche Behandlung, falschen Einsatz und Fehlbeurteilungen beim Gerätehersteller entstanden sind

Dieses Konzept berücksichtigt also, dass in der Praxis zwei Quellen für die Gewinnung von Qualitätsinformationen zur Verfügung stehen: Einerseits ermittelt man als Hersteller durch Prüfungen die Konformitätsdaten, die die erreichte Herstellqualität beschreiben, wobei Fehler strukturell ähnlicher Bauelemente und Geräte aus bestimmten Zeiträumen summiert werden, um auf die erforderlichen sehr hohen Stückzahlen zu kommen. Andererseits stellt auch der Anwender während der

Systemfertigung diverse Ausfälle fest, die aber im Allgemeinen höher sein werden als die von den Herstellern der einzelnen Komponenten gesicherten Konformitätsdaten. Aus den bereits genannten Gründen können daher beim Zusammenbau und bei der Betriebsprüfung von Systemen zunächst nicht erwartete Bauelementeausfälle auftreten.

Ein Managementkonzept dieser Art lässt sich nicht ohne Kundenhilfe durchführen. Voraussetzung ist eine vertrauensvolle, partnerschaftliche Zusammenarbeit, in deren Verlauf die beim Anwender entstandenen Ausfälle den Herstellern zur Kenntnis gelangen, sodass man durch Analyse die herstellerbedingten Fehler erkennt und deren Ursache sofort beseitigen kann. Aber auch der Geräte- und Systemhersteller profitiert von dieser Zusammenarbeit, denn sie bietet ihm die Möglichkeit, eigene Konzeptions- und Herstellungsmängel zu erkennen und zu beseitigen. Damit lässt sich die Qualität seiner Geräte erheblich verbessern, denn man befindet sich im geschlossenen Qualitätskreis.

Die meisten Bauelemente- und Komponentenhersteller setzen sich gemeinsam mit dem Gerätehersteller das Ziel, die Qualität von aktiven und passiven Bauelementen und Schaltungen sowie der mechanischen bzw. elektrischen/elektronischen Fertigungen so zu optimieren, dass für einen bestimmten Bereich der Geräteherstellung und Erprobung die Gesamtzahl f aller auf Bauelemente zurückgehenden Fehler und Störungen insgesamt den Zielwert x nicht übersteigt. Die Zielwertangaben werden auf 1 Million Bauelemente bezogen, sodass

$$f \leq x \cdot 10^{-6} \text{ oder } f \leq x \text{ ppm}$$

mit x als vereinbartem Zielwert gilt. Obwohl IEC (International Electrotechnical Commission) bei der Angabe von Fehlerraten die Verwendung der Potenz 10^{-6} vorschreibt, hat sich doch die in der Physik und Technik geläufige Abkürzung „ppm“ sogar als Kurzbezeichnung für dieses partnerschaftliche Konzept der Qualitätssicherung eingebürgert. Die mit dem Konzept verbundenen Aktivitäten fasst man unter dem Begriff „ppm-Management“ zusammen.

Ein Ende in der Entwicklung zu größerer Komplexität elektrischer und elektronischer Systeme ist auch heute noch nicht in Sicht. Um so wichtiger werden die zahlreichen Forderungen an die Qualität – insbesondere an die Zuverlässigkeit – der verwendeten Bauelemente und Komponenten. Deshalb nehmen in Diskussionen zwischen Hersteller und Anwender die Fragen der Qualität einen immer breiteren Raum ein, wobei Fertigungs-Mittelwerte (process average) und Ausfallraten wichtige Qualitätsdaten darstellen.

Der Grundsatz der „eingebauten“ Qualität veranlasst den Hersteller von aktiven bzw. passiven Bauelementen und Komponenten einerseits in zunehmendem Maß, dem Anwender klar und in Einzelheiten die Mittel zu zeigen, wie er dies dann zur Sicherung der Qualität in seinen Erzeugnissen einsetzen kann. Andererseits sollte der Anwender ein Interesse an der Kenntnis der Herstellungsmethoden der Bauelemente zeigen, um die Festlegung der Spezifikationen sowie Auswahl und Qualifikationsmaßnahmen zu verstehen. Für die Verständigung zwischen Hersteller und

Anwender sind eindeutige Interpretation und Benutzung festgelegter Qualitätsbegriffe zwingend notwendig. In besonderen Situationen, z. B. bei der Entwicklung kundenspezifischer Schaltungen, kann sogar eine gemeinsame Erarbeitung der Spezifikationen einschließlich der zugehörigen Verfahren für Messung und Prüfung erforderlich sein.

Die Fertigung hochqualifizierter Bauelemente, wie sie z. B. bei der Nachrichtenübertragung über Seekabel oder Satelliten, für ABS in Kraftfahrzeugen, im gesamten Flugzeugbau, bei medizinischen Geräten usw. erforderlich sind, unterliegt einem erweiterten Gütebestätigungsverfahren. Mehraufwendungen werden in diesen Fällen von den zu erfüllenden außergewöhnlichen technischen Ansprüchen bestimmt. Derartige Gütebestätigungsverfahren bedienen sich sowohl der dokumentierten Überwachung der Qualität aller Produktionsprozesse als auch ausgeprägter Siebfunktionen, Ausleseprozesse nach Zwischenbelastungen – etwa nach Art einer mehrmals aufeinander folgenden Bestauswahl – sind hierbei die eingesetzten Methoden zum Erreichen des gesteckten Ziels. Bei einer solchen Produktionsaufgabe hat die Qualitätskontrolle die Aktivitäten zur Herstellung dieser Bauelemente zu koordinieren und das Erreichen der erforderlichen Qualität in den einzelnen Prozess-Stufen zu erfassen und zu belegen.

Aus Erfahrung und Überlegungen heraus setzt sich immer mehr die Erkenntnis durch, dass die in fast allen Großserienfertigungen von elektronischen Bauelementen eingeführte „klassische" Qualitätskontrolle zur Sicherung eines wirklich hohen Qualitätsniveaus nicht ausreicht. Deshalb gehen die Hersteller seit längerer Zeit einen neuen Weg. Zwar waren Einführung und Anerkennung der statistischen Qualitätskontrolle einschließlich der Beschreibung der Qualität durch AQL-Werte für Hersteller und Anwender von großer Bedeutung, denn sie ermöglichten die Verständigung bei der Beurteilung der Qualität und erleichterten den nationalen und internationalen Austausch elektronischer Bauelemente. Bei sehr kleinen AQL-Werten ist die Anwendung von Stichprobensystemen jedoch nicht mehr ökonomisch.

Heute wird die Übersetzung des Begriffs „quality control" in „Qualitätskontrolle" als nicht mehr sinngemäß empfunden, da man diesen Begriff missverständlich synonym zur „Qualitätsprüfung" einschränkt. „Qualität kann nicht hineingeprüft, sie muss von vornherein eingebaut werden". Nicht die „Kontrolle" der Qualität, das Verhüten von Fehlern ist das Maximum in der Praxis. Damit wird Qualität zu einer dynamischen Aufgabe und zu einer echten Managementfunktion. Das Qualitätsmanagement stimmt alle Aktivitäten so aufeinander ab, dass Fehler gar nicht erst auftreten. Man bestimmt die einzelnen Qualitätsmerkmale und plant die Prüfaufgaben, wobei auch Messungen aus dem regulären Fertigungsgang mit herangezogen werden müssen. Immer wieder stellen sich deshalb folgende Fragen: Wie lassen sich Toleranzen möglichst klein halten, welche Prozesse kann man noch verbessern (z. B. durch Automation mit direkter Qualitätsüberwachung), oder welche neuen Verfahren bringen bessere Qualität? Dabei sollen die Kosten möglichst klein gehalten werden. Dass diese Forderung nicht „unvernünftig" ist, lehrt die Erfahrung, denn manche Verbesserung geht nicht unmittelbar „ins Geld".

Sind Prozesse bereits optimiert, so wird geprüft, ob nicht durch Wahl einer anderen Technologie oder auch durch Umorganisation des Produktionsablaufs ein Weg zur Verbesserung der Qualität zu finden ist. Produktionsbezogene Qualitätsdaten lassen sich auf zwei Arten gewinnen. Zum einen prüfen verschiedene Fertigungsbereiche ihre Produkte selbst und benutzen die Soll/Ist-Vergleiche unmittelbar zur Prozesssteuerung. Dementsprechend sind sie auch verantwortlich für die Qualität ihrer Erzeugnisse. Zum anderen prüft der Qualitätsmann statistisch alle wichtigen Prozess-Schritte sowie auch das Endprodukt und stellt die Messergebnisse den Fertigungsbereichen direkt zur Verfügung. Alle Qualitätsdaten werden zentral erfasst, ausgewertet und über verschiedene Zeiträume verdichtet (täglich, wöchentlich, monatlich usw.). Hieraus sind dann die Qualitätslage (angegeben in ppm) und die fertigungstechnischen Trends zu erkennen. Statistische Prüfungen der Lagerware sichern zusätzlich die Auslieferungsqualität. Lebensdauer- und Umweltprüfungen geben Aufschluss über das Zuverlässigkeitsverhalten der Bauelemente und der fertigen Systeme.
Eine wichtige Aufgabe des Qualitätsmanagements ist das Motivieren aller Mitarbeiter in allen Ebenen. Qualität ist das oberste Ziel, und alles dreht sich um das Produkt. Eine Überwachungssoftware in allen Fertigungsbereichen gibt täglich Auskunft über den gegenwärtigen Qualitätsstand. Fehlerhinweisaktionen spornen die Innovationsfreude der Mitarbeiter an. Herausragende Hinweise werden prämiert. Entsprechende Schulungen fördern die Einsicht in die qualitätsbestimmenden Mechanismen und Tätigkeiten.
Alle Qualitätsaktivitäten werden bei Firmen unter dem Begriff „Qualitätswesen" zusammengefasst. Damit lässt sich ausdrücken, dass nicht nur eine Stelle für Qualität verantwortlich ist, sondern dass viele, wenn nicht alle Stellen der einzelnen Fertigungsebenen die gleichen Qualitätsziele verfolgen, was eine sachbezogene und vorurteilsfreie Zusammenarbeit erfordert. Qualität ist immer Teamarbeit, oder – mit den Worten von Theodor Heuss – „Qualität ... ist ganz einfach das Anständige".

1.8 Realisierung von mechatronischen Teilsystemen

Unter der Realisierung von mechatronischen Teilsystemen versteht man die Schaltungen der Steuerungs- und Regelungstechnik. Hierzu gehören das Messen von Signalen, der Schaltungsentwurf, die Programmierung, das Erfassen von Kenngrößen und die technologischen Blockschaltbilder. Aus den Sensoren und den nachgeschalteten Wandlern lassen sich Wirkungsweise und Signalverhalten ableiten. Am Ende dieser Funktionskette befinden sich die entsprechenden Antriebe, wobei man auch hier die Grundschaltungen und die Wirkungsweise kennen muss.
Die Industrie benötigt durch den immer höheren Grad der Automation mehr Automatik und ständig höhere Produktionsgeschwindigkeiten. Laufend werden bessere Methoden für noch effektivere Produktionsanlagen entwickelt. Elektromotoren sind ein wichtiges Standardelement in diesen Anlagen. Konstruktiv sind sie für eine

feste Drehzahl ausgelegt, und seit vielen Jahren wird an der optimalen Steuerung der Motordrehzahl gearbeitet. Es gibt verschiedene Methoden für eine stufenlose Änderung der festen Drehzahl von Drehstrommotoren, wobei teilweise mit Leistungsverlusten gerechnet werden muss. Erst mit dem statischen Frequenzumrichter, der nach verschiedenen Prinzipien konstruiert sein kann, lassen sich Drehstrommotoren mit variabler, stufenloser Geschwindigkeit sehr effizient einsetzen. Die heute überwiegend in der Industrie eingesetzten statischen Frequenzrichter zur Steuerung oder Regelung der Drehzahl von Drehstrommotoren sind hauptsächlich nach zwei verschiedenen Prinzipien konstruiert, wie **Tabelle 1.20** zeigt.

Man unterscheidet

- Frequenzumrichter ohne Zwischenkreis (Direktumrichter)
- Frequenzumrichter mit variablem oder konstantem Zwischenkreis

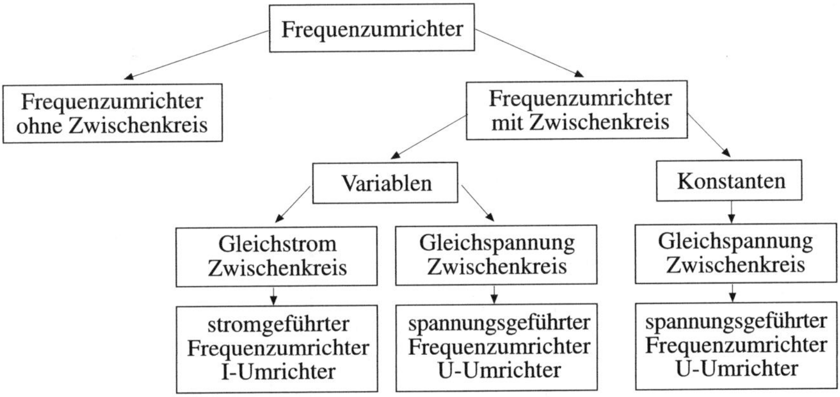

Tabelle 1.20 Umrichterverfahren zur Steuerung oder Regelung der Drehzahl von Drehstrommotoren

Ein Frequenzumrichter mit Zwischenkreis enthält entweder einen Gleichstrom- oder einen Gleichspannungszwischenkreis. Daher spricht man vom strom- oder vom spannungsgeführten Frequenzumrichter. Der Zwischenkreisumrichter hat folgende Vorteile gegenüber dem Direktumrichter:

- besseres Blindleistungsverhalten
- Entkopplung der Oberschwingungen
- großer Aussteuerungsbereich in der Ausgangsfrequenz, die nur durch die Steuerung und die Eigenschaften der Bauelemente begrenzt wird; Frequenzumrichter für hohe Ausgangsfrequenzen arbeiten daher immer stets als Zwischenkreisumrichter

Beim Verfahren nach **Bild 1.37** wird die volle Zwischenkreisspannung über die Bauelemente der Leistungselektronik ein- und ausgeschaltet. Das Tastverhältnis zwischen Ein- und Ausschaltzeit ist variabel und bewirkt die Spannungsverstellung des Drehstrommotors. Es gibt in der Praxis verschiedene Möglichkeiten, die Ein- und Ausschaltzeiten für diesen Wechselrichter zu bestimmen.

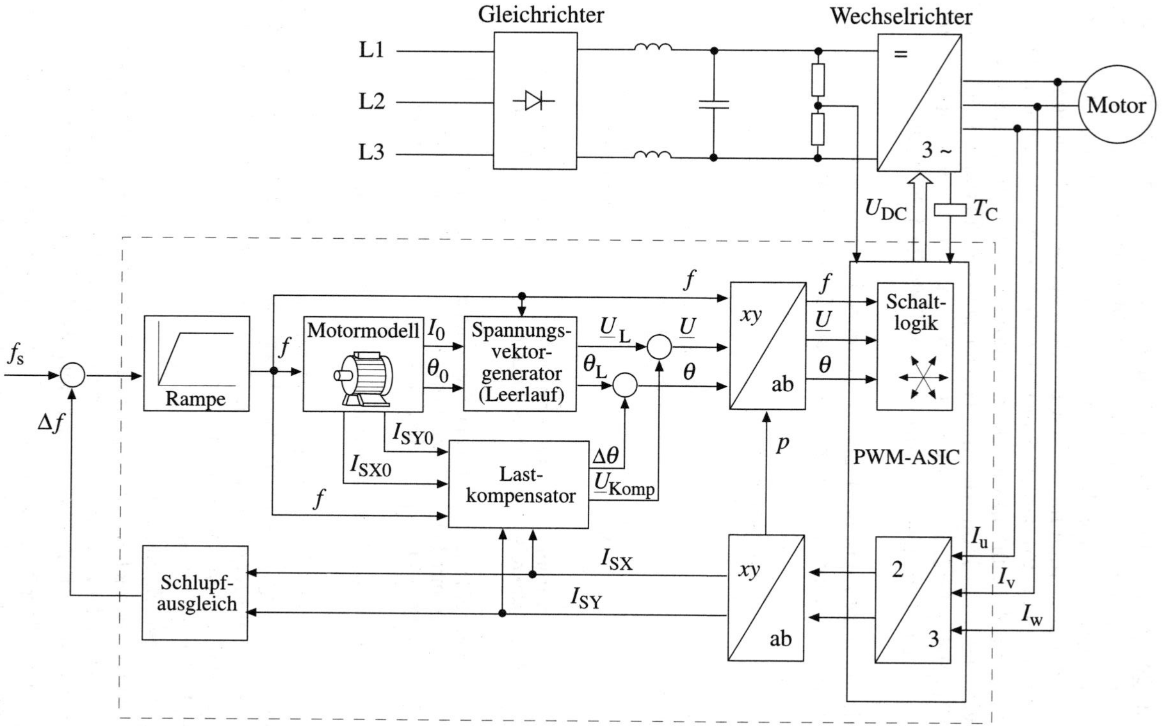

Bild 1.37 Aufbau eines Frequenzumrichters, der nach der Puls-Weiten-Modulation (PWM) arbeitet. Es gelten die im Text aufgeführten Erläuterungen.

Erläuterungen zu Bild 1.37:

f	interne Frequenz
f_s	eingestellte Sollfrequenz
Δf	berechnete Schlupffrequenz
I_{SX}	berechnete Blindstromkomponente
I_{SY}	berechnete Wirkstromkomponente
I_{SX0}, I_{SY0}	berechneter Leerlaufstrom der x- und y-Achse
I_u, I_v, I_w	gemessener Strom der einzelnen Phasen
R_S	Ständerwiderstand
R_r	Läuferwiderstand
Θ	Winkel der Spannungsvektoren
Θ_0	Winkel des Leerlaufwerts
$\Delta\Theta$	Winkel des lastabhängigen Teils (Kompensation)
ϑ_C	Temperatur der Wärmeableitung/Kühlkörper
U_{DC}	Spannung des Gleichstromzwischenkreises
$\underline{U}_L$	Leerlaufspannungsvektor
$\underline{U}_S$	Ständervektor
$\underline{U}_{Komp}$	lastabhängige Spannungskompensation
U	Motor-Versorgungsspannung
X_h	Reaktanz
X_1	Ständerstreureaktanz
X_2	Läuferstreureaktanz
ω_S	Ständerfrequenz
L_S	Ständerinduktanz
L_{Ss}	Ständerstreuinduktanz
L_{Rs}	Läuferstreuinduktanz
i_S	Motorphasenstrom (Scheinstrom)
i_W	Wirkstrom im Läufer

Bei der sinusgesteuerten Puls-Weiten-Modulation arbeitet die Steuerung mit einer sinusförmigen Referenzspannung für jeden Frequenzumrichterausgang. Die Periodenlänge der Sinusspannung entspricht der gewünschten Grundfrequenz der Ausgangsspannung. Die drei Referenzspannungen sind von einer Dreieckspannung überlagert. In den Schnittpunkten der Dreieck- und der Sinusreferenzspannung werden die Leistungshalbleiter ein- oder ausgeschaltet. Die Elektronik auf der Steuerkarte vergleicht die Schnittpunkte. Ist die Dreieckspannung größer als die Sinusspannung, wird der Ausgangsimpuls negativ bzw. positiv bei einer kleineren Dreieckspannung. Die maximale Ausgangsspannung des Frequenzumrichters hängt somit von der Zwischenkreisspannung ab. Die Ausgangsfrequenz verändert sich, indem der Motor kürzere oder längere Zeit an die halbe Zwischenkreisspannung angeschaltet wird. Die Ausgangsspannung verändert sich, indem die Spannungsimpulse der Ausgangsklemmen des Frequenzumrichters in eine Folge schmalerer Einzelimpulse mit dazwischenliegenden Pausen aufgelöst werden. Dieses Verhältnis von Impuls zu Pause lässt sich je nach gewünschter Spannung verändern. Die Amplitude der negativen und positiven Spannungsimpulse entspricht damit immer der halben Zwischenkreisspannung.

Bei niedrigen Statorfrequenzen steigt die Periodenzeit. Sie kann so groß gewählt werden, dass es nicht möglich ist, die Frequenz der Dreieckspannung zu halten. Hierbei werden aber die spannungsfreien Perioden zu groß, und der Motor läuft ungleichmäßig. Um das zu vermeiden, lässt sich die Frequenz der Dreieckspannung bei niedrigen Frequenzen verdoppeln. Durch die niedrige Schaltfrequenz nehmen die akustischen Motorgeräusche zu. Um sie zu begrenzen, erhöht man die Schaltfrequenz. Das wurde durch die Weiterentwicklung der elektronischen Leistungshalbleiter möglich. Damit kann man eine annähernd sinusförmige Ausgangsspannung modulieren und einen etwa sinusförmigen Strom erzeugen. Ein PWM-Frequenzumrichter, der ausschließlich mit einer sinusförmigen Referenzmodulation arbeitet, kann bis zu 86,6 % der Nennspannung liefern.

Bei den sinusbewerteten PWM-Verfahren ist es notwendig, die Spannungsausnutzung zu optimieren und das Oberschwingungsspektrum zu minimieren. Wird die Taktfrequenz, d. h. die Frequenz der Dreieckspannung, sehr groß gegenüber der Frequenz des Referenzsignals, verlaufen beide Signale asynchron zueinander. Spätestens bei Frequenzverhältnissen von 10 und kleiner entstehen jedoch störende Unterschwingungen. Darum ist es notwendig, die beiden Signale zu synchronisieren.

Durch die günstige Entwicklung der Preis-Leistungs-Verhältnisse der Mikrocontrollertechnik, der IC-Technik sowie der Bauelemente in der Leistungselektronik (bipolare Transistoren und IGBT) wurde die Bestimmung der Schaltzeitpunkte für den Wechselrichter vereinfacht. Bei Einsatz eines preisgünstigen Mikrocontrollers lassen sich diese Anforderungen auch in einfachen Geräten erfüllen. Bei höheren Anforderungen an den Drehzahlstellbereich und die Rundlaufeigenschaften des Antriebs bestimmt den Schaltzeitpunkt der Puls-Weiten-Modulation nicht mehr der Mikrocontroller selbst, sondern ein zusätzlicher digitaler Schaltkreis, z. B. ein ASIC (Application Specific Integrated Circuit).

Ein grundsätzliches Problem beim PWM-Verfahren ist die Bestimmung der optimalen Schaltzeitpunkte und Winkel für die Spannung über eine Periode hinaus. Diese Schaltzeitpunkte müssen so festgelegt werden, dass nur minimale Oberschwingungen auftreten. Ein so erhaltenes Schaltmuster gilt nur für einen bestimmten (begrenzten) Frequenzbereich. Der Betrieb außerhalb dieses Bereichs erfordert immer ein neues Schaltmuster. Solche Modulationstechniken (synchron) eignen sich gut für Drehstromantriebe mit geringen dynamischen Eigenschaften, bei denen sich Spannung und Frequenz (normale *U/f*-Steuerung) langsam verändern lassen.

Die Anforderung einer schnellen Systemreaktion bei Drehmoment- bzw. Drehzahl-Steuerung von Drehstromantrieben (außer Servoantrieben) mit feldorientierter Steuerung macht es notwendig, die Amplitude und den Winkel der Spannung des Wechselrichters stufenweise zu ändern. Mit dem synchronen (normalen) PWM-Schaltmuster ist es nicht möglich, Amplitude und Winkel der Spannung des Wechselrichters stufenweise zu ändern. Eine Möglichkeit, dieser Forderung gerecht zu werden, bietet das asynchrone PWM-Verfahren, bei dem es keine Synchronisierung der Taktfrequenz für die eingestellte Motorfrequenz gibt.

Das SFAVM-Verfahren (Ständerflussorientierte asynchrone Vektor-Modulation) ist ein Raum-Vektormodulationsverfahren, das es erlaubt, die Spannung des Wechselrichters willkürlich, aber stufenweise innerhalb der Schaltzeit zu ändern (asynchron). Das Hauptziel dieser Modulation besteht darin, den Statorfluss optimal (geringe Drehmomentstörwelligkeit) über die Statorspannung zu halten. Verglichen mit der Netzspannung ergibt sich bei der „normalen“ PWM-Versorgung eine Abweichung bei Statorflussvektor-Amplitude und Flusswinkel. Diese Abweichungen beeinflussen das Drehfeld (Drehmoment) im Luftspalt des Motors und verursachen eine Restwelligkeit im Drehmoment. Der Effekt der Abweichung der Amplitude ist vernachlässigbar gering und lässt sich durch Erhöhen der Schaltfrequenz reduzieren. Die Abweichung des Winkels hängt von der Schaltfolge ab und kann zu einer höheren Drehmomentwelligkeit führen. Daher muss die Schaltfolge vom Mikrocontroller so berechnet werden, dass die Abweichung der Vektorwinkel minimal gehalten wird.

Der Steuerkreis hat vier Hauptaufgaben:

- Steuern der Leistungshalbleiter im Frequenzumrichter
- Datenaustausch zwischen Frequenzumrichter und Peripherie (PC, SPS oder anderes Ansteuerungselement)
- Erfassen und Anzeigen von Störmeldungen
- Ausführen von Schutzfunktionen für Frequenzumrichter und für den angeschlossenen Motor

Durch den Einsatz der Mikrocontroller konnte die Geschwindigkeit im Steuerkreis wesentlich verbessert werden, indem man fertige und im Speicher bereitstehende Pulsmuster verwendet. Damit lässt sich die Zahl der notwendigen Rechenoperationen erheblich reduzieren. Mit dieser Art der Steuerung kann der Mikrocontroller für jeden Betriebszustand das optimale Pulsmuster für den Motor ermitteln.

Das Motormodell berechnet die Leerlauf-Sollwerte (Ströme und Winkel) für die Lastkompensatoren I_{SX0}, I_{SY0} und den Spannungsvektorgenerator I_0, Θ_0. Der Spannungsvektorgenerator berechnet die Leerlaufspannung U_L und den Winkel Θ_L des Spannungsvektors, ausgehend von Leerlaufstrom, Ständerwiderstand und Ständerinduktivität. Aus den gemessenen Motorströmem I_u, I_v und I_w werden dann die Blindstromkomponente I_{SX} und die Wirkstromkomponente I_{SY} berechnet. Der Lastkompensator schätzt, ausgehend von den berechneten Strömen I_{SX0}, I_{SY0}, I_{SX}, I_{SY} und den Spannungsvektor-Istwerten, das Luftspaltdrehmoment und berechnet, wieviel zusätzliche Spannung $\underline{U}_{Komp}$ erforderlich ist, um die magnetische Feldstärke auf dem Sollwert zu halten. Er korrigiert die Winkelabweichung $\Delta\Theta$, die durch die Belastung der Motorwelle zu erwarten ist. Der Ausgangsspannungsvektor wird in Polarform p dargestellt. Das ermöglicht eine direkte Übermodulation und erleichtert die Ankopplung an den PWM-ASIC.

Wichtig bei mechatronischen Systemen ist immer die Integration von unterschiedlichen Schutzfunktionen, d. h., die Anlagen müssen einen robusten und intelligenten Leistungskreis aufweisen und gleichzeitig die Kosten gering halten. Erreichen lässt sich das durch eine digitale Schutzstrategie, basierend auf der Wiederverwendung der vom Steuersystem benötigten Signale und dem Einsatz eines ASIC-Bausteins anstelle passiver Leistungskomponenten (z. B. Wechselstromspulen).

Der Wechselrichter in Bild 1.37 ist gegen alle Störungen mit Ausnahme der Zweigdurchzündung geschützt. In diesem Fall kann auf eine angemessene Pausenzeitsteuerung und einen richtig ausgelegten Gate-Antrieb zurückgegriffen werden. Jeder IGBT ist durch einen Zündtransformator sowohl von der Versorgungsspannung als auch vom Ansteuersignal galvanisch getrennt.

Die Fehlerüberwachungsfunktionseinheit bearbeitet die registrierten Störungen, wie Überstrom und zu hohe Temperaturen. Strom und Temperatur werden entweder durch einen Analog-Digital-Wandler oder einen Komparator zum ASIC übertragen. Die Fehlerüberwachung im ASIC verarbeitet die Signale dann entsprechend, um die gewünschte Schutzfunktion zu aktivieren. Um die Größe des ASIC zu begrenzen, findet im Mikrocontroller eine Fehlerüberwachung auf zweiter Ebene statt.

1.9 Entwickeln und Herstellen mechatronischer Systeme

In diesen Abschnitt gehören Antriebstechnik, Positionsbestimmung, Kopplungstechnik und Unterbringung im entsprechenden Gehäuse. Beim Konzipieren, Realisieren und Anwenden elektrisch/elektronisch basierter Systeme im Sinn ganzheitlicher funktions-, sicherheits-, kosten- und umweltoptimierter Produktentwicklung müssen eine Vielzahl von Problemfeldern mit zum Teil strengen, gesetzlich hinterlegten Zwängen berücksichtigt werden. Ein bekanntermaßen sehr wichtiges Problemfeld dabei ist die EMV-Technik. Damit Produkte den heutigen Anforderungen (insbesondere den europäischen Bedingungen aus der EMV-Richtlinie, aber auch internationalen Anforderungen) entsprechen, kann längst nicht mehr mit Mitteln und Methoden aus den EMV-Anfängen gearbeitet werden. Die Sicherstellung der EMV erfordert heute und künftig wissenschaftsbasierte Instrumentarien. Allerdings nützen auch beste Forschungsergebnisse nur wenig, wenn es nicht gelingt, diese Ergebnisse quasi „just in time" in die industriellen Bereiche zu transferieren. Der Erfolg hängt dabei von vielen Faktoren ab. **Bild 1.38** zeigt die erforderlichen EMV-Aktivitäten im Lebenszyklus technischer Systeme.

Um EMV-gerechte Anlagen und Geräte anbieten zu können, müssen viele ausschlaggebende EMV-Faktoren in das Schirmungskonzept einbezogen werden. In der Praxis steckt jedoch die Tücke im Detail. Sie zu umgehen, erfordert Berücksichtigen einiger Konstruktionsregeln. Für die Herstellung von Gehäusematerial kennt man unterschiedliche Werkstoffe, die mit entsprechenden Vor- und Nachteilen behaftet sind:

- Gehäuse aus Vollmetall, sie werden aus Zink- oder Aluminiumdruckguss gefertigt oder aus dem vollen Aluminiumblock gefräst
- tiefgezogene Blechgehäuse
- Kunststoffgehäuse, die mit einer leitenden Oberfläche galvanisiert sind, oder Kunststoffe mit metallischer Füllung

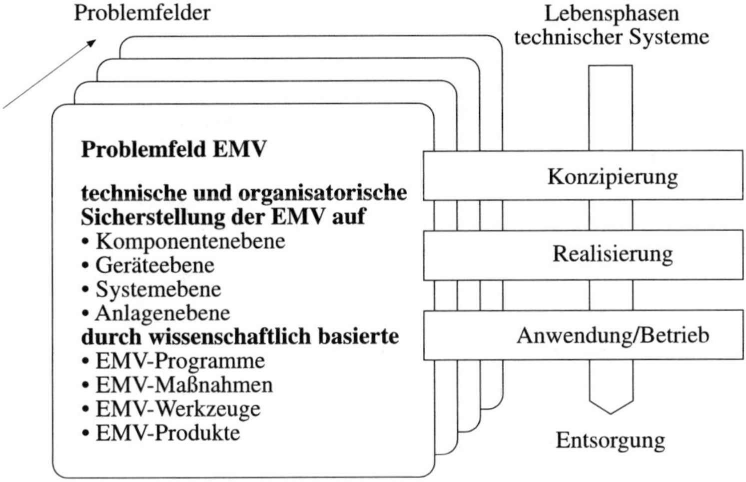

Bild 1.38 Erforderliche EMV-Aktivitäten im Lebenszyklus technischer Systeme

Für die Gehäuse aus Vollmetall sprechen die hohe mechanische Stabilität und die hohe Schirmdämpfung gegenüber elektromagnetischen Feldern im Frequenzbereich bis 1 MHz. Nachteilig sind der relativ hohe Fertigungs- und Kostenaufwand und das Gewicht.

Tiefgezogene Blechgehäuse sind aufgrund der Fertigungsmöglichkeiten oft in ihrer Geometrie eingeschränkt und zudem im Bereich der Montage aufwendig zu handhaben.

Die Vorteile der beiden erstgenannten Ausführungen vereint die metallisierte Kunststoffhaube. Sie ist sehr leicht und stabil durch Einsatz von glasfaserverstärktem Kunststoff und lässt sich aufgrund der Spritzgusstechnik mechanisch sehr passgenau fertigen. Der geometrischen Vielfalt sind konstruktionsseitig fast keine Grenzen gesetzt, sodass man auch bei schwierigen Einbauverhältnissen eine entsprechende Form gestalten kann.

Metallisierte Gehäuse werden aus glasfaserverstärktem Kunststoff gefertigt. Er hat die Eigenschaft, sich galvanisch aktivieren zu lassen, d. h., es können metallische Schichten mit extremer Haftfestigkeit aufgebracht werden. Der Schichtaufbau besteht aus einer 5 µm bis 10 µm starken Kupferschicht, die das Gehäuse innen und außen ganzflächig umschließt. Über dieser Kupferschicht wird noch eine äußerst widerstandsfähige Nickelschicht aufgebracht. Die Nickelschicht dient zudem als Oxidationsschutz für das darunterliegende Kupfer. Bei hochfrequenten Wechselfeldern tritt bei steigender Frequenz der Skineffekt auf. Dabei fließt der Strom fast nur in der dünnen Außenschicht des Leiters, also in diesem Fall in der hochleitfähigen Kupferschicht. Über eine geeignete Masseeinbindung lassen sich die Felder sicher ableiten. Im Gegensatz dazu ist die Leitfähigkeit von Zinkdruckguss- oder Alumi-

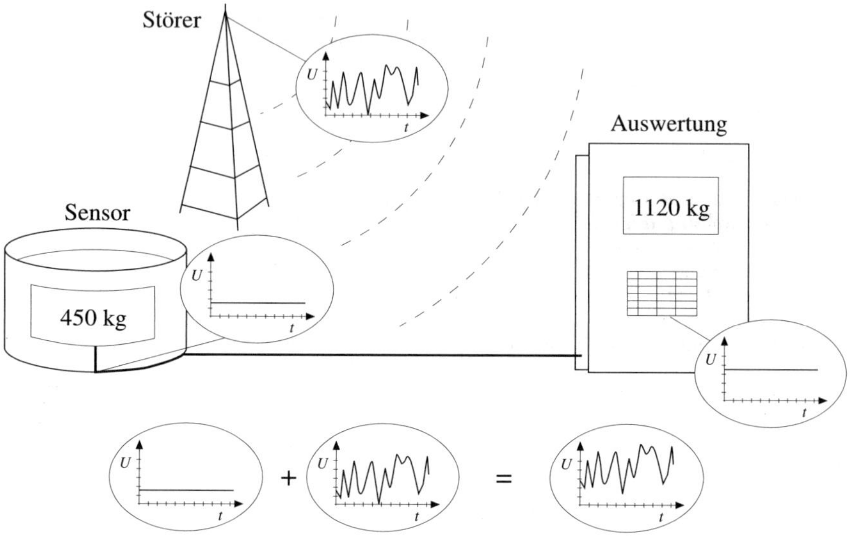

Bild 1.39 Beeinflussung einer Messleitung über Füllstandssensor, Messleitung und Auswertung

niumdruckgussgehäusen wesentlich geringer. Einzig im Bereich von niederfrequenten magnetischen Feldern bis 700 kHz hat die dickere Schirmhülle von Ganzmetallhauben noch einen Vorteil.

Die elektromagnetische Verträglichkeit gewinnt in mechatronischen Systemen immer mehr an Bedeutung, besonders, wenn eine elektronisch gesteuerte bzw. geregelte Antriebseinheit verwendet wird. **Bild 1.39** zeigt die Beeinflussung einer Messleitung über Füllstandssensor, Messleitung und Auswertung. Das Entstehen einer Störung ist an drei Voraussetzungen gebunden:

- eine Störquelle
- eine Störsenke
- eine Kopplungsmöglichkeit zwischen Störquelle und Störsenke

Auch wenn die genannten Bedingungen erfüllt sind, kommt es erst dann zu einer Störung, wenn die Beeinflussung das zulässige Maß überschritten hat. EMV-Probleme gibt es bei mechatronischen Systemen größtenteils erst bei höheren Frequenzen. Das bedeutet, dass eine sachgemäße Funktion einer Anlage nur dann zu erreichen ist, wenn die Installation neben den betriebstechnischen Anforderungen auch die der Hochfrequenz (z. B. Erden, Schirmen, Filtern) erfüllt. Die eingesetzten Komponenten müssen für den störungsfreien Betrieb folgende Voraussetzungen aufweisen:

- eine angemessene Mindest-Störfestigkeit
- eine eingeschränkte Störaussendung

Einen ganz wesentlichen Anteil an der EMV-Problematik hat immer die Art der Installation. Am einfachsten lässt sich eine Unterdrückung der Störungen erreichen, wenn sie bereits in der Planung berücksichtigt werden. Nachträgliche Maßnahmen sind im Allgemeinen wesentlich umfangreicher. Sie sind dann oft aus Platzgründen überdurchschnittlich teuer und ziehen zusätzliche Montage- und Stillstandskosten nach sich.

Um die auftretenden Störungen zu verstehen, ist es wichtig, das Verhalten einiger Komponenten zu untersuchen. Sie können im nieder- und im hochfrequenten Bereich unterschiedlich reagieren:

NF-Bereich → Gleichspannung und Netzwechselspannung;

HF-Bereich → Frequenzbereich ab 1 MHz, jedoch ist die Grenze fließend und kann in Abhängigkeit von den mechanischen Abmessungen bereits wesentlich tiefer beginnen.

Das Verhalten einer elektrischen Leitung wird durch Folgendes gekennzeichnet:

- NF-Bereich:
  - der Querschnitt der Leitung ist für die Impedanz entscheidend
  - die Impedanz der Leitung ist nur für den thermischen Gesichtspunkt (Stromtragfähigkeit) wichtig
- HF-Bereich:
  - die Länge der Leitung ist entscheidend
  - der Querschnitt der Leitung hat nahezu keinen Einfluss auf die Impedanz
  - die Impedanz der Leitung ist ganz wesentlich für das Betriebsverhalten wichtig

Bild 1.40 zeigt das Verhalten eines stromdurchflossenen Leiters. Um den Leiter baut sich ein Magnetfeld B auf, das einer Änderung des Stroms I entgegenwirkt. Der Leiter wirkt wie eine Induktivität L_S. Die Induktivität für einen geraden, langgestreckten Leiter liegt bei ca. 1 µH/m (Länge $l >> $ Durchmesser d).

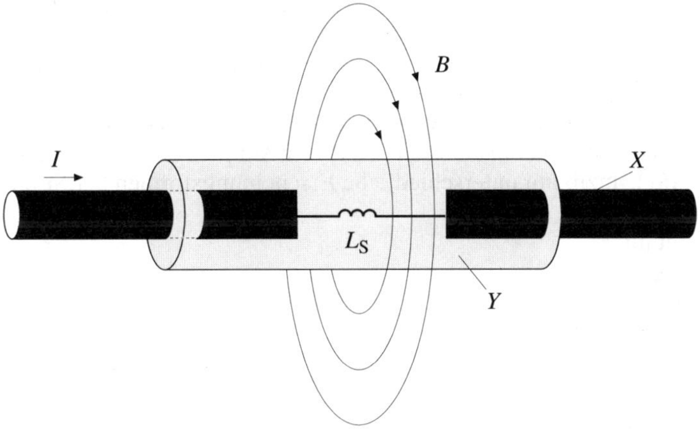

Bild 1.40 Verhalten eines stromdurchflossenen Leiters

Tabelle 1.21 zeigt eine Auswahl und einen Vergleich zwischen natürlichen und technischen Störquellen. Es gibt in der Praxis eine weitere Unterteilung nach Frequenzbandbreite (schmal- oder breitbandig) und dem eigentlichen Störverhalten.

Natürliche Störquellen	Technische Störquellen	
	beabsichtigte Aussendung	unbeabsichtigte Aussendung
atmosphärisches Rauschen	Funkdienste	Schalter
galaktisches Rauschen	Radar	Leuchtstofflampen
Blitz	Induktionskochplatte	Motoren
elektrostatische Entladung	Mikrowellenherde	Lichtbogenschweißanlagen
	HF-Trocknungsanlage	Leistungselektronik
		Netzgleichrichter
		Digitalgeräte

Tabelle 1.21 Vergleich zwischen natürlichen und technischen Störquellen

Bild 1.39 zeigt, wie eine Störung durch Strahlung über eine Leitung auf eine Störsenke koppeln kann. Die Messleitung wirkt in diesem Fall als Empfangsantenne. Wesentlich für die Stärke der Kopplung sind dabei die Wellenlänge λ der Strahlung und die Länge der Leitung. Es gilt folgender Zusammenhang:

$$\lambda = c/f$$

mit

λ Wellenlänge der Strahlung in Luft in m, z. B. 30 m bei 100 MHz

c Lichtgeschwindigkeit (ca. 300 000 km/s)

f Frequenz der Strahlung in Hz

In der Praxis geht man davon aus, dass die Leitungen wesentliche Strahlungskomponenten empfangen, sobald ihre Länge 1/10 der Wellenlänge erreicht. Die Leitung wirkt als Empfangsantenne. Umgekehrt gilt, dass eine Leitung, die ein hochfrequentes Signal überträgt, ab einer Länge von 1/10 der Wellenlänge merklich mit dem Abstrahlen des Signals beginnt. Sie wirkt dann als Sendeantenne.

Für den Mechatroniker sind die Koppelmechanismen wichtig, um optimale Entstörungsmaßnahmen vornehmen zu können. Man kennt vier Kopplungsarten, wobei es sich bei den letzten im Prinzip um unterschiedliche Erscheinungsformen der Strahlungskopplung handelt:

- galvanische Kopplung
- induktive Kopplung
- kapazitive Kopplung
- elektromagnetische Strahlung

Je nach Ausbreitungsweg der Störung unterscheidet man zwischen zwei unterschiedlichen Störungsarten:

- Gegentaktstörung (**Bild 1.41**)
- Gleichtaktstörung (**Bild 1.42**)

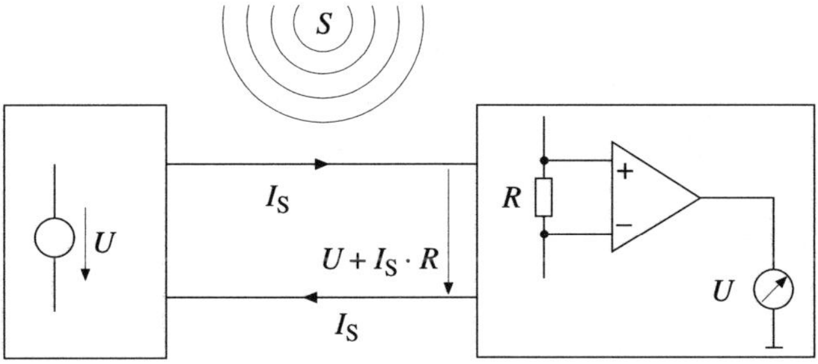

Bild 1.41 Wirkungsweise der Gegentaktstörung mit der Störung S und dem Störstrom I_S

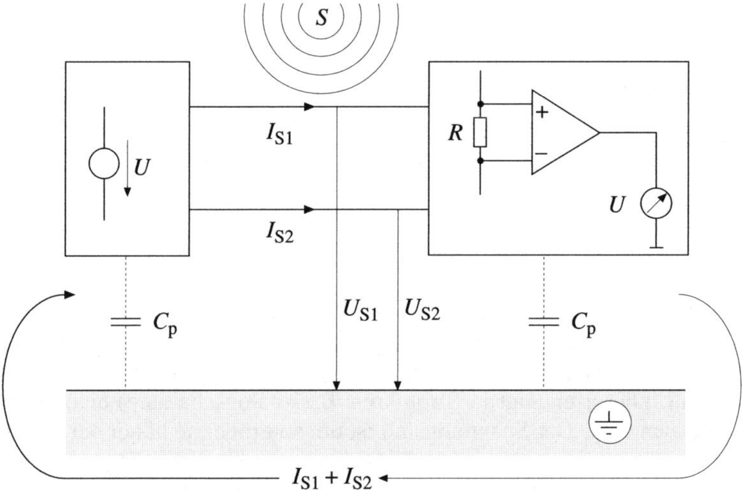

Bild 1.42 Wirkungsweise der Gleichtaktstörung mit der Störung S, den beiden Störströmen I_{S1} bzw. I_{S2} und der parasitären Kapazität C_P

Bei der Gegentaktstörung (symmetrische Störung) dominieren die niedrigen Frequenzen. Der Störkreis wird durch die vorhandenen Leitungen geschlossen. Der Störstrom I_S verursacht direkt einen Störspannungsfall am Messwiderstand R.
Der Störstromkreis wird durch die parasitären Kapazitäten C_P geschlossen. Da diese bei niedrigen Frequenzen eine hohe Impedanz aufweisen, können Gleichtaktstörungen im NF-Bereich vernachlässigt werden. Nennenswerte Störströme I_{S1}, I_{S2} fließen erst bei höheren Frequenzen. Am Messwiderstand R wirkt sich der unterschiedliche Spannungsfall an Hin- und Rückleiter mit $U_{S1} - U_{S2}$ aus. Im HF-Bereich stellen Gleichtaktstörungen das Hauptproblem dar. Sie sind oft sehr schwierig zu ermitteln, da nicht immer ersichtlich ist, wo der Störstromkreis durch parasitäre Kapazitäten geschlossen wird.

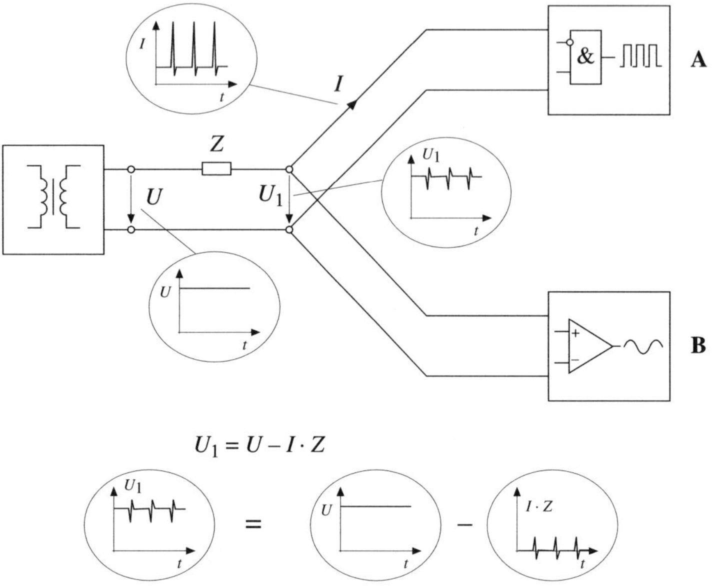

Bild 1.43 Wirkungsweise einer galvanischen Kopplung, die sowohl im NF- wie im HF-Bereich auftritt

Bild 1.43 zeigt die Wirkungsweise einer galvanischen Kopplung. Sie tritt auf, wenn mehrere Stromkreise sich Spannungsquellen, Leiterzüge, Leitungen usw. teilen. Der Strom in Stromkreis A (Digitalschaltung) verursacht an der gemeinsamen Impedanz Z einen Spannungsfall. Dieser erzeugt in Stromkreis B (Analogschaltung) einen Einbruch der Betriebsspannung. Der Spannungsfall ist um so größer, je höher der Strom und die gemeinsame Koppelimpedanz Z sind. Die galvanische Kopplung zwischen zwei Stromkreisen lässt sich mit folgenden Maßnahmen verringern:

- getrennte Versorgung von Leistungsstromkreisen und Kleinsignalstromkreisen
- Verringern der Koppelimpedanz Z durch sternförmige Verdrahtung. Der Sternpunkt sollte so nah wie möglich an der Versorgungsquelle liegen, da für höhere Frequenzen die Impedanz der Zuleitung in erster Linie durch deren Länge bestimmt wird.

Bild 1.44 zeigt die Wirkungsweise einer induktiven Kopplung zwischen Motorzuleitung und einem Steuerstromkreis, der sich auf einer Leiterplatte befindet. Durch den Stromfluss I_L entsteht das Magnetfeld B. Durchdringt dieses Magnetfeld eine senkrecht dazu liegende Leiterschleife, wird dort eine Spannung induziert, wenn das Magnetfeld seine Stärke (Transformator-Prinzip) ändert. Die Spannung ist proportional der Fläche der Leiterschleifen und der Größe der Magnetfeldänderung. Dies bedeutet, dass eine Störspannung nur dann induziert wird, wenn sich die Stromstärke im Lastkreis ändert (Wechselstrom oder geschalteter Gleichstrom). Fließt

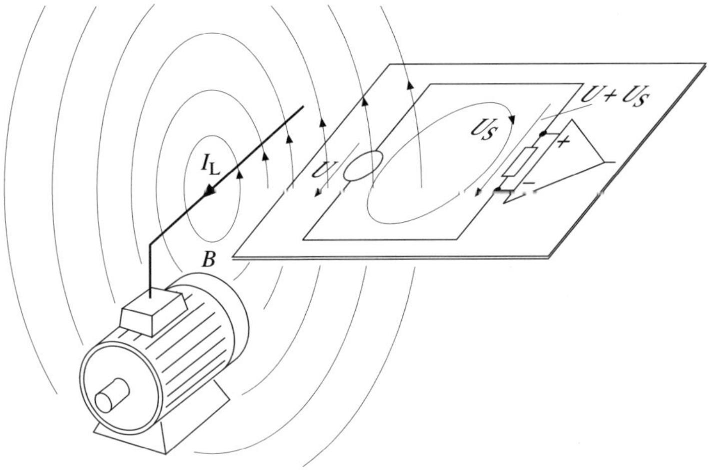

Bild 1.44 Wirkungsweise einer induktiven Kopplung, die sowohl im NF- wie im HF-Bereich auftritt, mit Strom I_L in der Motorzuleitung, Magnetfeld B und Störspannung U_S

dagegen ein konstanter Gleichstrom, tritt keine Störspannung auf. Folgende Faktoren beeinflussen die Störspannung:

- Abstand: Die Störspannung sinkt mit wachsendem Abstand zwischen Lastkreis und gestörtem Kreis.
- Orientierung: Liegt die Leiterschleife parallel zu den Magnetlinien, so wird keine Störspannung induziert. Bei einem rechten Winkel zwischen Leiterschleife und Magnetlinien tritt dagegen die maximale Störspannung auf.
- Frequenz: Mit steigender Frequenz des Laststroms erhöht sich die Störspannung.
- Fläche der Leiterschleife: Die Störspannung ist proportional der Leiterschleifenfläche.

Störspannungen bilden sich auch aus, wenn die Leiterschleife im Magnetfeld (Dynamo-Prinzip) bewegt wird, z. B. durch Vibration an der Platine.

Durch Strahlung können Störungen auf einer Signalleitung in den Stromkreis übertragen werden. Die Leitungen und Stromkreise wirken dabei wie Sende- und Empfangsantennen. Bei höheren Frequenzen werden Signale in zunehmendem Maße abgestrahlt und bewegen sich in Form einer Welle fort, was wiederum von der Leitungslänge abhängt.

Beispiel: Frequenz $f = 30$ MHz
Wellenlänge $\lambda = 10$ m

Eine Leitung der Länge $\lambda/10 = 1$ m strahlt bereits merklich ab und empfängt erhebliche Signalanteile, die zu Störungen führen können.

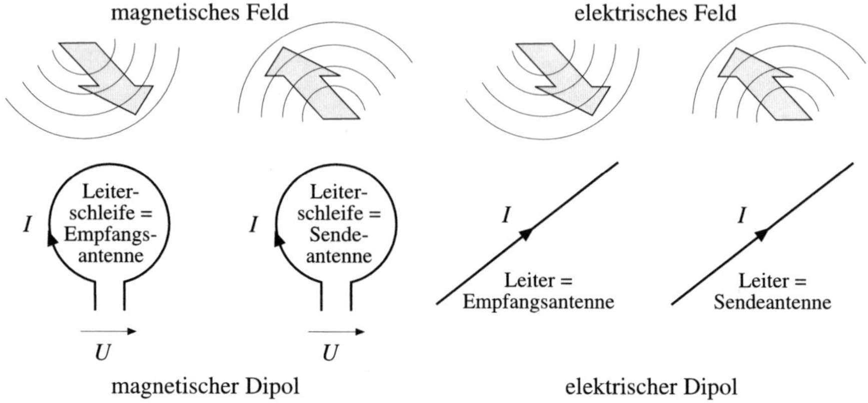

Bild 1.45 Wirkungsweise eines magnetischen und eines elektrischen Dipols

Im Wesentlichen gibt es zwei Grundformen von Antennen, wie **Bild 1.45** zeigt. Beim magnetischen Dipol kann jede Leiterschleife sowohl als Sende- wie auch als Empfangsantenne wirken. Sie wirkt dabei als magnetischer Dipol, der ein magnetisches Feld abstrahlt oder empfängt. Ursache für die Abstrahlung ist der Strom, der in der Leiterschleife fließt. Beim Empfang wird ein Strom in der Schleife induziert. Die untere Grenzfrequenz liegt um so tiefer, je größer die Fläche der Schleife ist. Nahe am magnetischen Dipol ist das Magnetfeld die dominierende Komponente der Welle. Entstörungsmaßnahmen wirken daher nahe am magnetischen Dipol nur dann effektiv, wenn sie das Magnetfeld beeinflussen.

Bei einem elektrischen Dipol kann jeder Leiter sowohl als Sende- wie auch als Empfangsantenne wirken, d. h., er kann ein elektrisches Feld abstrahlen oder empfangen. Ursache für die Abstrahlung ist der Spannungsfall, der längs der Leitung auftritt. Beim Empfang wird eine Spannung im Leiter induziert. Die untere Grenzfrequenz liegt um so tiefer, je länger der Leiter ist. In der Nähe des elektrischen Dipols ist das elektrische Feld die dominierende Komponente der Welle. Entstörungsmaßnahmen wirken daher in diesem Bereich nur dann effektiv, wenn sie das elektrische Feld beeinflussen.

Ein wirksames Mittel gegen elektromagnetische Strahlung ist die Schirmung. Der Schirm wirkt im Wesentlichen dadurch, dass er eine Komponente der elektromagnetischen Welle kurzschließt. Da beide Komponenten miteinander verknüpft sind, lässt sich dadurch die andere Komponente mit bedämpfen. Mit einem elektrisch leitfähigen Schirm (meist aus Kupfer) wird die elektrische Feldkomponente kurzgeschlossen und mit einem magnetisch leitfähigen Schirm (meist hochpermeable Werkstoffe) die magnetische Komponente. Der elektrisch leitfähige Schirm ist überall dort effektiv, wo die Welle eine wesentliche elektrische Komponente hat. In der Nähe eines magnetischen Dipols wirkt er nur sehr wenig. Seine Wirkung lässt sich allerdings durch Vergrößern der Schirmdicke verbessern. Das Magnetfeld wird durch Wirbelströme, die sich im Material ausbilden, kompensiert. Dünne Folien mit aufgebrachten Metallschichten sind aus diesem Grund für eine effektive Schirmung nicht unbedingt als ideal zu betrachten. Der elektrisch leitfähige Schirm ist vor allem für den höherfrequenten Bereich geeignet.

Die wesentliche Eigenschaft des magnetisch leitfähigen Schirms ist die Permeabilität des Materials. Da sie bei hohen Frequenzen stark nachlässt, wird der magnetische Schirm vor allem bei tiefen Frequenzen in der Nähe von magnetischen Dipolen eingesetzt. Die Wirkung bei höheren Frequenzen beruht hauptsächlich auf Magnetisierungsverlusten im Schirmmaterial, der magnetische Schirm wirkt wie ein Bedämpfungswiderstand für die Wellen. Da der magnetische gegenüber dem elektrischen Schirm relativ teuer ist, findet er nur in wenigen Fällen Anwendung.

Bild 1.46 zeigt ein Beispiel für eine optimale Leitungsführung in einem Schaltschrank mit Berücksichtigung der EMV-Planung. Die Leitungen entsprechen der Art der verarbeitenden Signale nachfolgender Gruppen:

- Gruppe I (sehr empfindlich)
  - Analogsensoren (mit Auflösung im mV- oder μA-Bereich)
  - Messleitungen
  - kapazitive Näherungsschalter
- Gruppe II (empfindlich)
  - Kleinsignalleitungen (Feldbusse usw.)
  - Kleinsignalschaltleitungen (binäre Eingänge bei SPS usw.)
  - Kleinsignalversorgungen (<24 V)
- Gruppe III (Störer)
  - Steuerleitungen für induktive Last (Relais, Schütz, Bremse)
  - entstörte Leistungsleitungen (gefilterte Umrichterausgangsleitung usw.)
  - Netzleitungen (nicht geschaltet)
- Gruppe IV (starke Störer)
  - Zuleitungen zu Schweißanlagen
  - Leistungskreise
  - geschaltete Leistungsleitungen (Umrichter, elektronische Drehzahlsteller usw.)

Der Stahlblech-Schaltschrank ist aus EMV-Sicht immer eine gute Lösung, weil er gegenüber anderen gebräuchlichen Werkstoffen (Edelstahl, Aluminium, Kunststoff) auch magnetisch schirmt. Kunststoff-Schaltschränke sind aus EMV-Sicht ungünstig, außerdem führen sie die im Innern erzeugte Verlustleistung über ihre Oberfläche kaum ab. Der Schaltschrank-Montageplatte ist besondere Aufmerksamkeit zu widmen. Auf ihr werden nicht nur die Einbauten befestigt, sie wirkt auch als flächiger Erder von Einbaugeräten mit Metallgehäusen. Verzinkte Stahlplatten sind dafür bestens geeignet. Ungünstig sind

- lackierte Montageplatten, denn der Lack unter den Einbaustellen muss sorgfältig entfernt werden, aber danach ist der Korrosionsschutz nicht mehr gewährleistet

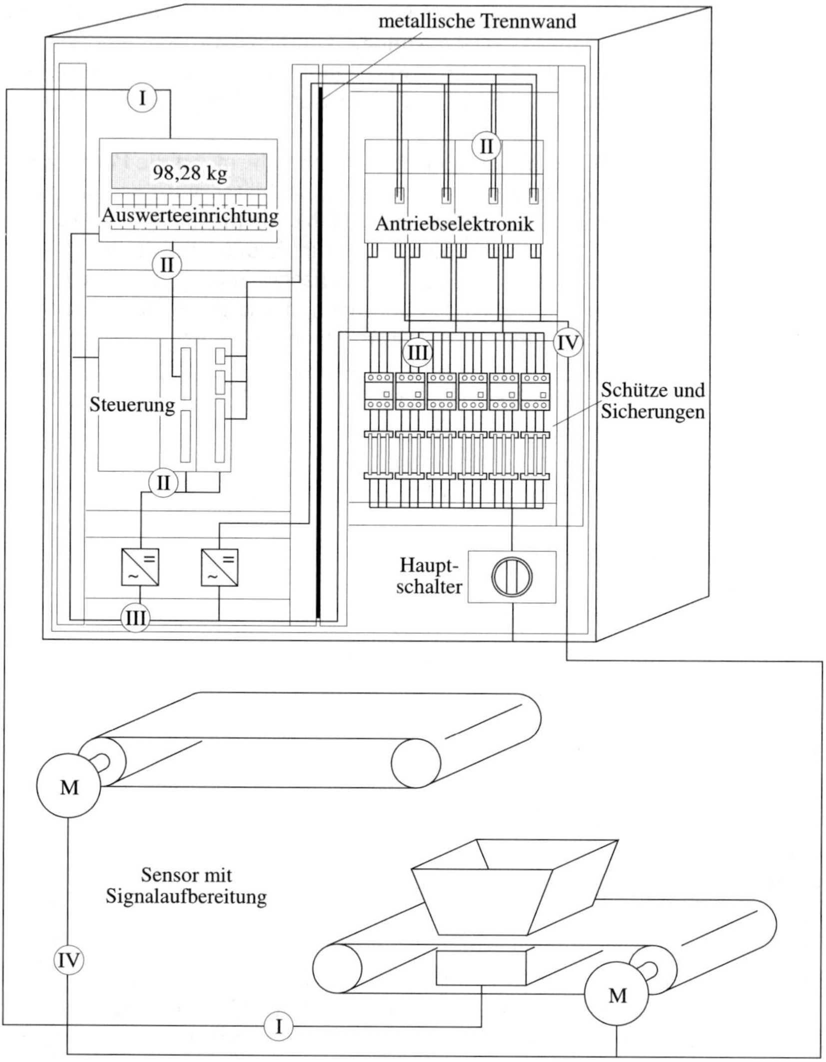

Bild 1.46 Beispiel für eine optimale Leitungsführung in einem Schaltschrank mit Berücksichtigung der EMV-Planung

- blanke Aluminium-Montageplatten, sie überziehen sich mit einer Oxidschicht, deren Übergangswiderstand hoch ist
- eloxierte Aluminium-Montageplatten, sie weisen ebenfalls einen hohen Übergangswiderstand auf, und die Schicht lässt sich schwer entfernen

Die Montageplatte muss mit dem Schaltschrank in flächigem Kontakt stehen und außerdem gut leitenden Kontakt mit der Maschinen-/Hallenkonstruktion garantieren.

Die PE-Schiene ist der zentrale Anschlusspunkt für die PE-Leiter jedes einzelnen Geräts im Schaltschrank. Damit ergibt sich eine sternförmige Erdung. Der PE-Anschluss ersetzt keine HF-Erdung und keine Schirmung, er ist aus sicherheitstechnischen Gründen für die Schutzerdung vorgeschrieben.

Für eine Anordnung der Geräte im Schaltschrank sind folgende Maßnahmen unbedingt zu berücksichtigen:

- EMV-Komponenten (Netzfilter, Ausgangsfilter, EMV-Filter für Ein- und Ausgänge) müssen so dicht wie möglich am zugehörigen Gerät platziert sein, damit die Leitungen zwischen EMV-Komponente und Gerät kurz bleiben (maximaler Abstand: 50 cm). Notwendige Lüftungsfreiräume der Geräte sind zu beachten.
- Geräte mit umfangreichem Signalaustausch sind nahe beieinander anzuordnen, damit lange Leitungswege vermieden werden: Je kürzer die Verbindungen, desto weniger können die Signale gestört werden.
- Koppelrelais sind in der Nähe des Signaleingangs anzubringen. Der Eingang hat eine hohe Impedanz, ist also störempfindlicher als der Signalausgang.
- Leitungen mit hohem Störpotential sind von Kleinspannungssignalleitungen durch Verlegung in getrennten Kabelkanälen zu trennen. Ein Abstand von 20 cm ist in den meisten Fällen ausreichend. Leitungen mit hohem Störpotential sind z. B. ungeschirmte Leitungen am Umrichterausgang und Bremschopperausgang, Steuerleitungen für Relais, Schütze, Magnetventile und elektromagnetische Bremsen.
- Geschirmte Leitungen nicht über Schaltschrankklemmen, sondern direkt zum Gerät führen. Das Schirmgeflecht dieser Leitungen ist direkt am Gerätegehäuse oder unterhalb des Gehäuses an der Schaltschrank-Montageplatte mit einer Metallkabelschelle zu erden. Eine Verlängerung des Schirms durch angelötete Drähte ist unzulässig.
- Ergänzender Hinweis: Wärmeempfindliche Geräte nicht im obersten Bereich des Schaltschrankraums anordnen. In einem hohen Schaltschrank von etwa 2 m Höhe kann sich bei ungünstigen Lüftungsbedingungen ein Temperaturgefälle von mehr als 30 K zwischen oben und unten ergeben.

Geräte verschiedener Gruppen müssen immer in verschiedenen Schaltschrankfeldern installiert werden. Geräte der Gruppen I bzw. II und der Gruppen III bzw. IV sollten in getrennten Schaltschränken untergebracht sein. Ist dies nicht möglich, muss man die Felder durch eine rundum kontaktierte Blechwand trennen.

Die Verkabelung trägt einen wesentlichen Teil zur EMV einer Anlage bei. **Tabelle 1.22** zeigt die Einteilung der Leitungen in Gruppen, **Tabelle 1.23** die Zuordnung der definierten Leitungsgruppen zu Leitungstypen und **Tabelle 1.24** die Eignung der Leitungstypen nach EMV-Gesichtspunkten.

Leitungsgruppe	**Störer**	**Empfindlichkeit**	**Beispiel**
I (sehr empfindlich)	–	++	Leitungen für analoge Kleinsignale Messleitungen (Sensoren, Empfänger usw.)
II (empfindlich)	o	+	Leitungen für digitale Kleinsignale (z. B. Busleitungen) Schaltleitungen für Kleinsignale (24-V-Binärschalter usw.) Versorgung von Kleinsignalen (<10 V)
III (Störer)	+	o	Steuerleitung für induktive Last (entstört) entstörte Leistungsleitungen (Schütze, Relais, Bremsen, magnetische Ventile usw.) Netzleitungen (nicht geschaltet)
IV (starke Störer)	++	–	Zuleitungen von Schweißanlagen Leistungskreise elektronische Drehzahlsteller Ausgangsleitungen von Umrichtern

Tabelle 1.22 Einteilung der Leitungen in Gruppen mit ++ (zutreffend) bis – (nicht zutreffend)

Leitungsgruppe	**Eigenschaft**	**Einzelader**	**verdrillte Aderpaare**	**verdrillte Aderpaare armiert**	**Schirm (Geflecht)**	**Schirm (Geflecht und Folie)**
I	sehr empfindlich	–	o	+	++	++
II	empfindlich	o	+	+	++[1)]	++[1)]
III	Störer	o	+	+	++[1)]	++[1)]
IV	starker Störer	– –	–	o	+	++

Tabelle 1.23 Zuordnung der definierten Leitungsgruppen zu Leitungstypen mit ++ (zutreffend) bis – – (nicht zutreffend) und [1)] teuer und meist nicht notwendig

Die Störbeeinflussung von Leitungen verschiedener Leitungsgruppen kann durch eine gut geplante Verlegung stark vermindert werden. In vielen Fällen ist so der Betrieb mit ungeschirmten Leitungen möglich. Auch durch Verdrillen lässt sich die Störkopplung stark vermindern. Die Verdrillung ist umso effizienter, mit je mehr Schlägen pro Längeneinheit die Leitungen verdrillt werden.

Leitung	0 bis 50 Hz	HF < 5 MHz	HF > 5 MHz	Gleichtakt-unter-drückung	Gegentakt-unter-drückung	geeignet für	Anwendungsgebiet
Einzelader	o	–	– –	– –	– –		nur bis 60 Hz
paralleles Aderpaar	o	–	– –				nur bis 60 Hz
verdrilltes Aderpaar	+	+ bis 100 kHz	o	– –	+	schwache Störer	wenig gestörte Industrieumgebung
verdrilltes Aderpaar, armiert	+	+	o	+	++	schwache Störer	wenig gestörte Industrieumgebung
Folien-schirm	–	o	+			schwache Störer	gestörte Industrie-umgebung, Signale unter 10 MHz
Schirm (Geflecht)	++	++	+			industrielle Störer	Industrieumgebung, Messen, Steuern und Regeln
Schirm (Geflecht und Folie)	++	++	++			starke Störer	sensible Leitungen in stark gestörter Umgebung

Tabelle 1.24 Eignung der Leitungstypen nach EMV-Gesichtspunkten mit ++ (zutreffend) bis – – (nicht zutreffend)

1.10 Informationsfluss in mechatronischen Systemen

Zweck der Datenübertragung ist es, Informationen zwischen zwei oder mehreren Datenendgeräten zu übertragen. Dabei handelt es sich in der Praxis um Zeichen (Text und Ziffern), grafische Informationen wie Zeichnungen bzw. Abbildungen und/oder Befehle.

Die einfachste Ebene der PC-Technik ist die binäre Zeichensprache, wobei jedes Zeichen aus sieben oder acht 0- oder 1-Signalen (Pegeln) aufgebaut ist. Auf dieser Ebene arbeiten die meisten Rechnersysteme. Um die binäre Zeichensprache herum wurden verschiedene Programmiersprachen entwickelt und schließlich auch verschiedene Benutzeroberflächen wie etwa Windows.

Ein Rechner arbeitet mit dem binären Zahlensystem, dessen kleinste Darstellungseinheit als Bit bezeichnet wird. Der Wert eines Bits kann 0 oder 1 sein. Beliebige Informationen lassen sich darstellen, indem man mehrere Bits aneinander reiht.

Bit:	0 oder 1
Nibble bzw. Tetrade:	0000 bis 1111
Byte:	0000 0000 bis 1111 1111
Word:	Parallelschaltung von zwei Bytes
Double Word:	Parallelschaltung von zwei Words
Quad Word:	Parallelschaltung von acht Bytes bzw. vier Words

So umfasst der ASCII-Code (American Standard Code for Information Interchange) 128 Zeichen, wobei jedes Zeichen aus sieben Bits besteht. Jedes dieser Zeichen

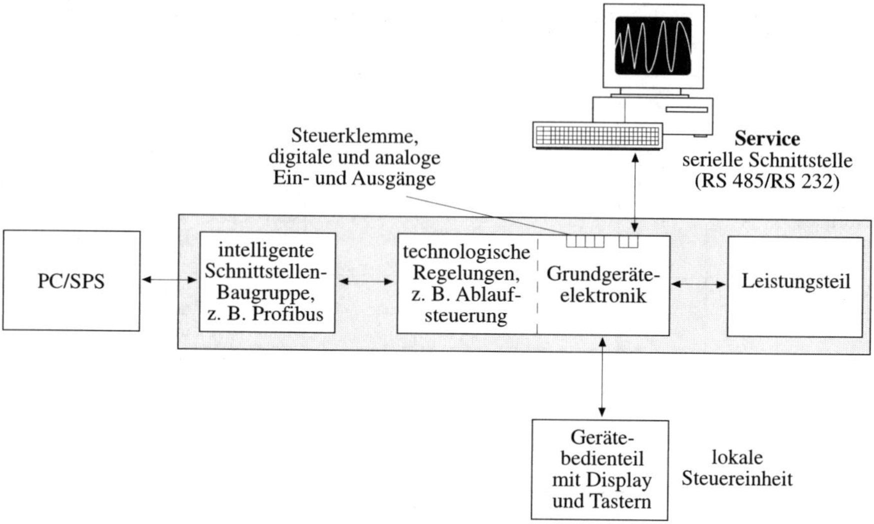

Bild 1.47 Grundkonzept für eine industrielle Kommunikation in der Leistungselektronik

(oder Bitmuster) wird wiederum als ein Byte bezeichnet. Ein Kilobyte (KB) entspricht also 1 024 ASCII-Zeichen. Den ASCII-Code gibt es in unterschiedlichen Varianten für unterschiedliche Sprachen und auch in einer Extended (einer erweiterten) ASCII-Version, für die ein achtes Datenbit zur Anwendung kommt.

Die Datenkommunikation zwischen den Geräten läuft immer auf dieser Ebene mit 0- und 1-Signalen ab, intern in den Datenendgeräten und extern im Verkehr mit anderen Geräten.

Bild 1.47 zeigt das Grundkonzept für eine industrielle Kommunikation in der Leistungselektronik. Die interne Kommunikation im PC-System ist denkbar einfach. Sobald aber eine Kommunikation mit externen Geräten erforderlich ist, muss eine Reihe von Faktoren synchronisiert und so gesteuert werden, dass eine fehlerfreie Datenübertragung möglich wird. In der Praxis kennt man zwei Arten von Datenübertragung:

- Parallele Datenübertragung: Sie ist schnell und einfach, weil sich ein ganzes Zeichen im 8-Bit-Format gleichzeitig durch die parallelen Leitungen übertragen lässt, wobei jeweils eine Leitung pro Bit zur Verfügung steht. Auf diese Art schließt man z. B. einen Drucker an einen PC an. Rechnerintern verläuft die gesamte Kommunikation über parallele Leitungen (8-, 16-, 32- und 64-Bit-Format) auf dem internen Datenbus, sodass ein oder mehrere Informationen gleichzeitig übertragen werden können. Diese Übertragung ist jedoch aus technischen und wirtschaftlichen Gründen nur über kurze Strecken sinnvoll.

- Serielle Datenübertragung: Die externe Datenkommunikation läuft normalerweise seriell ab, d. h., es wird jeweils ein Bit nach dem anderen auf einer einzelnen Leitung gesendet und entsprechend empfangen. Die serielle Übertragung stellt höhere Anforderungen an Empfänger und Sender, die „wissen“ müssen, wann eine Zeichenfolge beginnt bzw. endet und in welcher Reihenfolge die Bits und die erforderlichen Steuerzeichen angeordnet sind. Sender und Empfänger müssen mit der gleichen Geschwindigkeit senden und empfangen können. Man spricht von der Übertragungsrate, die allgemein in bit/s angegeben wird. Um dem Datenendgerät auf der Empfangsseite mitzuteilen, wo ein Zeichen beginnt und endet, sind weitere Bits erforderlich und zwar ein sogenanntes Startbit und ein bzw. mehrere Stoppbits.

In der Praxis gibt es zwei Arten der seriellen Übertragung, die asynchrone und die synchrone. Bei asynchroner Übertragung wird jedes Zeichen jeweils für sich mit den notwendigen Start- und Stoppbits übertragen. Der Empfänger erkennt dann, dass nach jedem Startbit eine Zeichenfolge vorhanden ist, die ordnungsgemäß zwischengespeichert und umgesetzt werden muss. Das Stoppbit am Ende teilt mit, dass ein Zeichen vollständig übertragen wurde. Etwa 95 % der seriellen Datenkommunikation laufen asynchron ab. Bei synchroner Übertragung wird die gesamte Mitteilung als Block in Verbindung mit einer gemeinsamen Taktleitung gesendet, damit Sender und Empfänger gleichzeitig arbeiten. Der Takt stammt aus einem Taktgenerator und wird auf einer separaten Leitung übertragen.

Die asynchrone Übertragung stellt eine einfache und preisgünstige Form der Datenkommunikation dar. Nachteilig ist dabei im Vergleich zur synchronen Übertragung der geringe Wirkungsgrad, da der asynchrone Betrieb außer dem eigentlichen Dateninhalt rund 20 % sogenannter Steuerbits umfasst, im Gegensatz zur synchronen Übertragung, die keine Steuerbits benötigt.

Im Kommunikationsbereich werden Datenendgeräte als Sender bzw. Empfänger bezeichnet. Dabei können zwei Geräte, z. B. ein PC und ein Roboter, Sender und Empfänger zugleich – allerdings selten gleichzeitig – sein. Soll nur in einer Richtung übertragen werden, z. B. bei einem Rechner, der eine Ein/Aus-Anweisung zu einem Stellmotor sendet, spricht man von Simplex-Übertragung. Falls der Motor außerdem eine Rückmeldung abgeben soll, handelt es sich um eine Duplex-Übertragung, da in beiden Richtungen gearbeitet wird. Halbduplex bedeutet, dass die kommunizierenden Geräte abwechselnd senden können, jedoch nicht gleichzeitig. Vollduplex heißt, dass eine gleichzeitige Kommunikation in beiden Richtungen möglich ist. **Bild 1.48** zeigt die drei Möglichkeiten in der Kommunikationstechnik.

Abkürzungen, die in diesem Zusammenhang von den Herstellern definiert wurden, sind DEE (Datenendeinrichtung) oder DTE (Data Terminal Equipment) sowie DÜE (Datenübertragungseinrichtung) oder DCE (Data Communication Equipment). Datenendgeräte (DEG) können als DEE (DTE) oder DÜE (DCE) konfiguriert sein. Der RS 232 C-Standard schreibt eine 25-polige Steckverbindung vor, während man

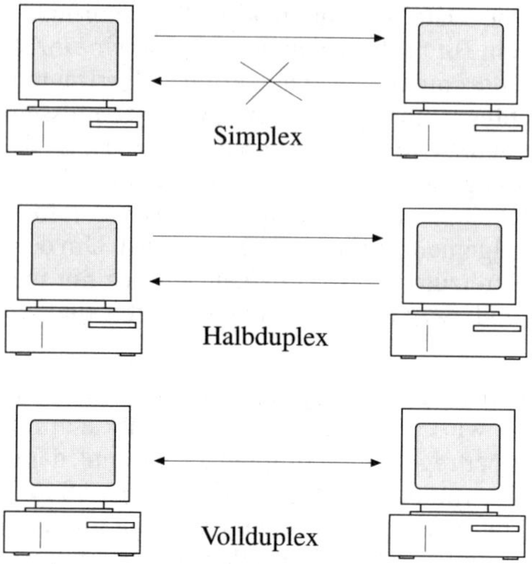

Bild 1.48 Mögliche Übertragungsmethoden in der Kommunikationstechnik

in der PC-Technik heute nur noch die 9-polige Steckverbindung findet. Für die Anpassung zwischen beiden gibt es Adapter.

Bild 1.49 zeigt die Arbeitsweise und die Anschlüsse für die einzelnen Geräte in der Datenkommunikation.

Für Datenendeinrichtungen verwendet man oft DEE (DTE), bei Modems und anderen Kommunikationsgeräten dagegen auch DÜE (DCE), während andere Geräte wie Multiplexer und Drucker sowohl Datenendeinrichtungen als auch Datenübertragungseinrichtungen sein können. Eine Datenendeinrichtung unterscheidet sich insofern von einer Datenübertragungseinrichtung, als für Datensendung und -empfang unterschiedliche Stifte der jeweiligen Schnittstelle vorgesehen sind. Um Fehl-

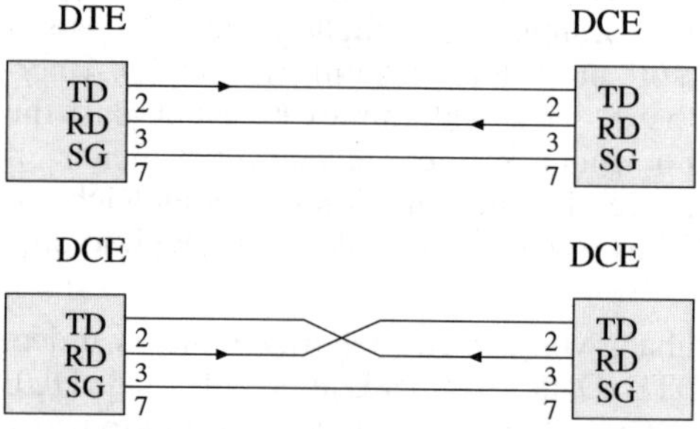

Bild 1.49 Richtiger Verbindungsaufbau zwischen den Kommunikationssystemen mit TD (Transmit Data), RD (Received Data) und SG (Signal Ground)

schaltungen zu vermeiden, ist es daher außerordentlich wichtig, die Definitionen der Peripherie zu kennen. Wird eine Datenendeinrichtung mit einer Datenübertragungseinrichtung verbunden, sendet das DEE-Gerät die Daten auf Stift 2, während das DÜE-Gerät die Daten auf Stift 2 empfängt, obwohl das Signal in beiden Fällen mit TD (Transmit Data) bezeichnet wird. Werden zwei Datenübertragungseinrichtungen zusammengeschaltet, müssen zum Verbindungsaufbau die Stifte 2 und 3 über Kreuz verbunden sein.

Die höchste Geschwindigkeit in der Datenkommunikation ist nicht unbedingt die optimale Übertragungsgeschwindigkeit. Mit zunehmender Übertragungsrate nimmt nämlich auch die Gefahr von Übertragungsfehlern zu. Kabeltyp und Übertragungsdistanz setzen die Grenzen dafür, was man als optimal betrachten kann. Dabei strebt man immer nach größter Zuverlässigkeit und einem Höchstmaß an Störsicherheit. Um digitale Datensignale entsprechend auf einer üblichen Kupferdrahtleitung senden zu können, müssen die Signale umgewandelt werden. Die Kabellänge wirkt dämpfend und kann eine Änderung der Signale bewirken. Bei hohen Übertragungsraten nehmen solche Einwirkungen kritische Ausmaße an.

Zur Beschreibung von Übertragungsgeschwindigkeiten verwendet man bit/s (bps bzw. Datenbits pro Sekunde). Da, einfach ausgedrückt, ca. 10 Bits pro Zeichen erforderlich sind, lässt sich leicht ausrechnen, wieviel Zeichen pro Sekunde übertragen werden. Bei 9 600 bit/s lassen sich etwa 960 Zeichen pro Sekunde übertragen.

Zur Umwandlung des digitalen Signals in ein Signal, das sich auf dem Datennetz weitergeben lässt, werden Modems benutzt. Ein Modem sorgt für die Umwandlung (Modulation) von Signalen im Sender. Jeder Umwandlungsvorgang stellt ein Paket dar, das auf der Leitung zum Modem des Empfängers übertragen wird, der dann dieses Paket wieder zurückwandelt (Demodulation). Kurzstreckenmodems sind in ihrer Funktion immer transparent, und man überträgt ohne Modulation, d. h., die Daten werden genau so empfangen, wie sie gesendet werden. Telemodems können wie Kurzstreckenmodems arbeiten oder mit einem integrierten Pufferspeicher für eine Anzahl von Bits, der vor der Sendung aufgefüllt wird. Zu jedem Sendezeitpunkt wird ein vollständiger Pufferinhalt gesendet. Dadurch erhöhen sich die Werte für die Übertragungsgeschwindigkeit, denn es lässt sich eine Datenkompression einsetzen. Durch einen Rechenalgorithmus werden vier Bits zusammengefasst. Damit erreicht man statt 9,6 kbit/s bereits 38,4 kbit/s. Inzwischen lassen sich noch wesentlich höhere Raten erreichen.

Bild 1.50 zeigt die drei wichtigsten Methoden für Modulation und Demodulation. Der Begriff „Modem" ist eine Kombination von Modulation (Umwandlung eines Signals) und Demodulation (Rückführung auf das Ursprungssignal). Zur Weiterleitung auf unterschiedliche Kabelsorten müssen Datensignale umgewandelt und entsprechend angepasst werden. Dabei müssen die 0- und 1-Signale in erfassbare Spannungsänderungen auf einer Gleichstrom- oder Wechselstromleitung umgesetzt werden. Es gibt drei Modulationsarten:

- Amplitudenmodulation: Die Signalstärke oder besser die Amplitude eines Signals wird zur Darstellung der Bitzustände 0 oder 1 genutzt.

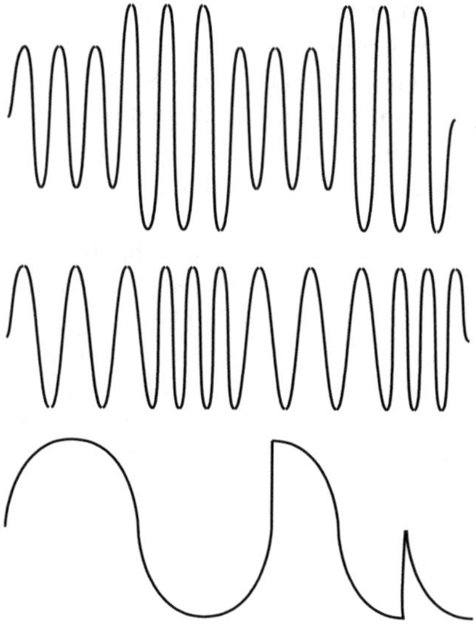

Bild 1.50 Modulation und Demodulation

- Frequenzmodulation: Der Zustand eines Bits wird durch unterschiedliche Frequenzen dargestellt.
- Phasenmodulation: Der Phasensprung eines Signals wird zur Darstellung der Bits eingesetzt.

Durch die Kombination von Phasen- und Amplitudenmodulation gelingt es in der praktischen Datenkommunikation, mehr Bits pro Sekunde zu übertragen.

Auch wenn man nun die geeigneten Übertragungsverfahren gewählt und die richtige Schnittstelle gefunden hat, kann man immer noch nicht sicher sein, dass die gesamte Übertragung zur Zufriedenheit abläuft. Den größten Feind einer sicheren Datenkommunikation hat man damit vielleicht immer noch nicht im Griff – nämlich die von außen kommenden Störungen. Sie verursachen Datenverluste, Übertragungsfehler und im schlimmsten Fall auch Hardwareschäden (Zerstörung des Modems, der Ein- bzw. Ausgänge auf den PC-Karten).

Die Weiterentwicklung der Computertechnik hat zu immer kleineren Schaltungen und Bauteilen geführt, die zu ihrem Betrieb nur noch geringe Leistung aufnehmen. Im Hinblick auf den Energiebedarf und die Wärmeentwicklung ist das natürlich von Vorteil, führt jedoch auch dazu, dass die Geräte empfindlicher gegenüber Überspannungen geworden sind. Untersuchungen zeigten, dass bis zu 70 % aller Störungen der Datenverarbeitung auf Mängel bei der Installation oder Störungen aus der näheren Umgebung zurückzuführen sind, z. B. durch benachbarte Maschinen, Leistungselektronik, ungünstig verlegte Kabel, fehlende Entstörmaßnahmen und nachlässig

ausgeführte Kabeleinführungen. Nur 20 % der Fehler werden durch die eigentliche Hard- und Software verursacht.
Zur größten Gruppe von Störeinflüssen gehören die sogenannten Transienten. Das sind kurzzeitig auftretende Stoßspannungen, die sehr hohe Werte erreichen können und sich blitzschnell ausbreiten. Elektronische Geräte, die solchen Transienten (von etwa 1 kV bis zu 10 kV) ausgesetzt werden, erreichen keine lange Lebensdaucr.
Ebenso häufig treten Fehler aufgrund vagabundierender Erdströme auf, falls Geräte im Netz an unterschiedliche Fundamenterder angeschlossen sind. Die Rückleitung ist dann auf zwei verschiedenen Pfaden möglich, und zwar entweder zum Fundamenterder, an den das Gerät angeschlossen ist, oder zu einem anderen Fundamenterder.
Ein Kommunikationsnetz besteht aus langen Leitungen. Diese werden oft zusammen mit anderen Leitungen z. B. für Stromversorgungen und Fernmeldezwecke verlegt. Alle stromführenden Kabel erzeugen jedoch elektromagnetische Felder, die benachbarte oder kreuzende Kabel beeinflussen können. Dabei können durch Antennenwirkung vagabundierende Erdströme aufgefangen, verstärkt und weitergeleitet werden. Deshalb sind Empfehlungen zur Verlegung verschiedener Kabeltypen entwickelt worden, wodurch sich die elektromagnetische Störeinwirkung minimieren lässt. Außerdem sind die Kabel getrennt zu verlegen, wie es die Vorschriften definieren.
Wichtig in der Mechatronik sind die industriellen Feldbusse und deren serielle Verbindungen. **Bild 1.51** zeigt die Normen für serielle Verbindungen. RS 232 ist die bekannteste Norm. Sie wird hauptsächlich zur Punkt-zu-Punkt-Verbindung genutzt, wenn ein PC beispielsweise an ein Modem angeschlossen ist. Die Anwendung beschränkt sich auf einen kurzen Übertragungsabstand bis 15 m und auf eine geringe Übertragungsgeschwindigkeit bis 100 kbit/s. RS 232 setzt man immer dort ein, wo nur gelegentlich Signale gesendet werden.
RS 422 und RS 423 lösen das Problem mit einem größeren Übertragungsabstand und einer höheren Übertragungsgeschwindigkeit, denn es wird mit speziellen Leitungstreibern im Sender, störunempfindlichen Signalen und einem verbesserten Empfänger gearbeitet. Mit diesen beiden Verbindungen lassen sich Netze mit mehreren Punkt-zu-Punkt-Verbindungen realisieren, die man als Sternnetze bezeichnet. Dabei kommuniziert jedes Endgerät auf einer eigenen Leitung mit einer Zentraleinheit. Der Vorteil eines Sternnetzes ist seine Sicherheit. Fällt eine Leitung aus, werden die anderen Verbindungen nicht in Mitleidenschaft gezogen. Der Nachteil liegt darin, dass ein erheblicher Kabelaufwand entsteht und auch, dass die gesamte Kommunikation über eine Zentraleinheit abgewickelt werden muss.
In einem Ringnetz mit RS 422- und RS 423-Schnittstellen werden alle Geräte zu einer Ringstruktur verknüpft, d. h., dass eine Übertragung alle Einheiten innerhalb eines Rings durchlaufen muss, bevor sie beim vorgesehenen Empfänger eintrifft. Um Kollisionen des Datenverkehrs zu vermeiden, wird dabei eine Kontrollinformation, ein Token, im Ring weitergereicht. Der Sender kontrolliert, dass der Token leer

Prinzip	Standard (Anwendung)	Anzahl Geräte je Leitungssatz	minimaler Abstand	Anzahl Leiter	Signal-niveau
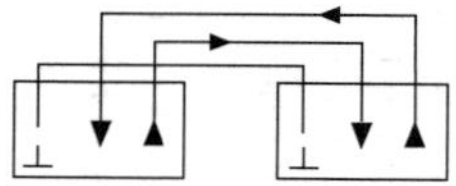	RS 232 (Punkt zu Punkt)	1 Sender 1 Empfänger	15 m	Duplex: mindestens 3 + diverse Statussignale	± 5 V minimal ± 15 V maximal
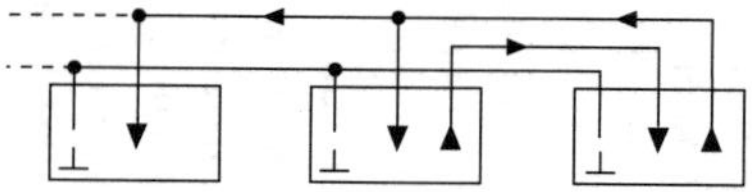	RS 423 (Punkt zu Punkt)	1 Sender 10 Empfänger	1200 m	Duplex: mindestens 3 + diverse Statussignale	± 3,6 V minimal ± 6 V maximal
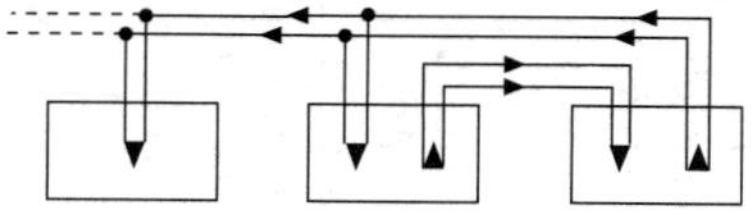	RS 422 (Punkt zu Punkt)	1 Sender 10 Empfänger	1200 m	Duplex: 4	± 2 V minimal
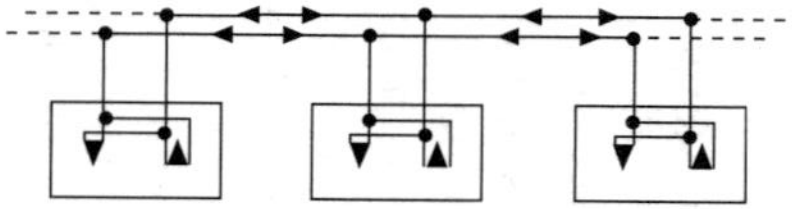	RS 485 (Bus)	32 Sender 32 Empfänger	1200 m	Semiduplex: 2	± 1,5 V minimal

▲ : Sender ▼ : Empfänger

Bild 1.51 Normen für serielle Verbindungen

ist, adressiert seine Daten, speichert sie im Token und leitet diesen weiter. Das nächste Gerät im Ring kontrolliert den Token darauf, ob es als Empfänger der Daten vorgesehen ist. Ist das nicht der Fall, wird der Token weitergegeben. Trifft der Token dann beim vorgesehenen Empfänger ein, wird dieser Inhalt übernommen. In den Token wird eine Empfangsbestätigung eingeschrieben, und er wird weitergeschickt. Der Sender kontrolliert, dass die Mitteilung empfangen und bestätigt wurde. Danach wird der Token an das nächste Gerät weitergegeben.
RS 485 ist die einzige Norm, die das Zusammenschalten und Bedienen einer größeren Gerätezahl bzw. die Kommunikation zwischen mehreren Geräten erlaubt. Hier setzt man das Busnetz ein. Es besteht im Prinzip aus einer Stammleitung, an die alle Geräte (Knoten) angeschlossen sind. Der gesamte Datenverkehr verläuft über den Bus.

1.11 Montage und Demontage

Bei den mechanischen Verbindungen für Montage und Demontage unterscheidet man je nach Kraftübertragung die folgenden Arten.

- Formschlussverbindungen: Beim Formschluss werden Kräfte (Drehmomente) durch Abscherung (Abscherkräfte) übertragen. In diesem Fall arbeitet man mit Stiften, Federn oder Kaltnietverbindungen.
- Vorgespannte Formschlussverbindungen: Diese Art liegt vor, wenn Kräfte (Drehmomente) durch Form- und durch Kraftschluss auftreten.
- Kraftschlussverbindungen: Ein Kraftschluss bedeutet, dass Kräfte durch Reibung (Reibungskräfte) übertragen werden. Das ist der Fall bei Verschrauben, Warmnieten, Verkleben, Verklemmen und Schrumpfen.
- Stoffschlussverbindungen: Bei Stoffschluss werden Kräfte durch Kohäsion und Adhäsion übertragen, wie es beim Schweißen, Löten oder Kleben der Fall ist.

Nach DIN 8505 Teil 1 ist Löten ein thermisches Verfahren zum stoffschlüssigen Fügen und Beschichten von Werkstoffen, wobei eine flüssige Phase durch Schmelzen eines Lots (Schmelzlöten) oder durch Diffusion an den Grenzflächen (Diffusionslöten) entsteht. Die Solidustemperatur (Grenztemperatur, unterhalb derer keine Schmelze vorliegt) des Grundwerkstoffs wird in diesem Fall nicht erreicht. Die beim Löten anzuwendende Temperatur richtet sich nach der Schmelztemperatur des benutzten Lots. Nach der Liquidustemperatur der Lote (Grenztemperatur, oberhalb derer nur Schmelze vorliegt) teilt man die Lötverfahren ein in

- Weichlöten (Liquidustemperatur unterhalb 450 °C)
- Hartlöten (Liquidustemperatur oberhalb 450 °C)
- Hochtemperaturlöten (flussmittelfreies Löten unter Luftabschluss – Vakuum, Schutzgas – mit Loten, deren Liquidustemperatur oberhalb 900 °C liegt)

Soll die Löttemperatur an der Lötstelle möglichst niedrig sein und steht die elektrische Funktion der Verbindung im Vordergrund, was bei Lötstellen an isolierten Leitern oder empfindlichen elektronischen Bauelementen meistens der Fall ist, so wird das Lot mit der niedrigeren Arbeitstemperatur gewählt. Weichlöten ist ein einfaches und preiswertes Verfahren zum Verbinden von Kupfer. Von allen Metallen lässt sich Kupfer am besten weichlöten, wozu die gute Lösung der Oxide des Kupfers durch die Flussmittel und die gute Legierbarkeit mit dem Lotwerkstoff beitragen. Die überwiegende Anzahl der Weichlote ist auf Zinn- und/oder Bleibasis aufgebaut (DIN 1707).

Legierungs-gruppe	Legie-rungs-nummer	Legierungs-Kurzzeichen DIN EN 29453	früheres Kurzzeichen nach DIN 1707	Löt-temperatur in °C	Verwendung
Zinn–Blei	1a	S-Sn63Pb37E	L-Sn63Pb	185 bis 325	gedruckte Schaltungen und Kontaktlötungen
	3	S-Pb50Sn50	L-Sn50Pb	185 bis 325	Elektro-Kontaktlötungen
Zinn–Blei mit Antimon	14	S-Pb58Sn40Sb2	L-PbSn40Sb	185 bis 325	Kupferrohr-Installation, Karosseriebau
Zinn–Blei–Kupfer	25	S-Sn60Pb38Cu2	L-Sn60Cu	185 bis 350	Elektro- und Elektronikgerätebau
Zinn–Blei–Silber	31	S-Sn60Pb36Ag4	L-Sn60PbAg	185 bis 350	Elektrogerätebau gedruckte Schaltungen

Tabelle 1.25 Weichlote nach DIN EN 29453 (Ersatz für DIN 1707), Auswahl für die Elektrotechnik/ Elektronik

Im Elektromotorenbau werden aufgrund der hohen Warmfestigkeitsforderungen verschiedene Sonderweichlote eingesetzt, deren Liquidustemperatur etwas höher liegt (bis 400 °C). **Tabelle 1.25** zeigt alle gebräuchlichen Weichlote nach DIN 1707, sowohl in ihrer Zusammensetzung, dem Schmelzbereich, der Dichte und dem bevorzugten Lötverfahren als auch in ihrer Verwendung. Beim Weichlöten muss immer ein Flussmittel verwendet werden, das die auf der metallischen Oberfläche vorhandenen, die Benetzung durch das flüssige Lot herabsetzenden Oberflächenfilme beseitigt und durch Abdeckung der Lötstelle während des Erwärmungsvorgangs eine Neubildung verhindert.

Nach DIN EN 29544-1 teilt man die Weichlötflussmittel in drei Gruppen ein:

- Flussmittel, deren Rückstände Korrosion hervorrufen
- Flussmittel, deren Rückstände korrodierend wirken können
- Flussmittel, deren Rückstände nicht korrodierend wirken

Werden dagegen hohe Anforderungen an Festigkeit bzw. Warmfestigkeit und Temperaturbeständigkeit gestellt, ist das Hartlöten vorzuziehen. Kupfer lässt sich durch Hartlöten sehr gut verbinden. Dabei ist Voraussetzung, dass das Weichglühen von kaltverfestigten Werkstücken in Kauf genommen werden kann, weil die Rekristallisationstemperatur des Kupfers unter der Arbeitstemperatur des am niedrigsten schmelzenden Hartlots (610 °C) liegt. Die Hartlote nach DIN 8513 Teil 1 bis 3 (ISO 3677) für Schwermetalle sind überwiegend kupferhaltige, oft auch edelmetallhaltige Nichteisen-Legierungen.

Neben den Standard-Hartloten gibt es für eine breit gefächerte Verwendung verschiedene Gruppen von Spezial-Hartloten mit speziellen Eigenschaften für gezielt

vorgegebene Einsatzgebiete. Hartlöten wird üblicherweise unter Verwendung von Flussmitteln (DIN 8511 Teil 1 und 3) vorgenommen, wobei die technisch gebräuchlichen Schwermetalle mit sich selbst und in nahezu beliebiger Kombination untereinander verbunden werden können. Das flussmittelfreie Hartlöten an der Luft ist auf Kupfer als Grundwerkstoff mit phosphorhaltigen Hartloten beschränkt.
Zum Hartlöten von Kupfer werden vor allem Lote mit niedrigstmöglichen Arbeitstemperaturen zwischen 610 °C und 700 °C angewandt, z. B. die sogenannten Silberlote. Diese Lote lassen hohe Lötgeschwindigkeiten und schonendes Erwärmen des Werkstücks zu. Da sie Cadmium enthalten, müssen die während des Lötens entstehenden Dämpfe abgesaugt werden.
Die Festigkeit der Hartlötverbindungen überschreitet die Scher- und Zugfestigkeit der Kupfersorten im weichgeglühten Zustand, sofern sachgemäße Vorbereitung und Ausführung der Lötung gewährleistet sind. Druck- und Scherfestigkeit ermittelt man so:

Druckfestigkeit $\sigma_{db} = \frac{F_m}{S_0}$ Scherfestigkeit $\tau_{aB} = \frac{F_m}{2 \cdot S_0}$

mit
F_m höchster Druck bzw. Scherkraft
S_0 Ausgangs-Probenquerschnittsfläche

Zur Beurteilung der Lötbarkeit von Werkstoffen wird deren Benetzungsverhalten geprüft. Dieses Verhalten wird im Wesentlichen bestimmt durch die
- stofflichen und geometrischen Eigenschaften der Probe
- Eigenschaften des Lots
- Hilfsmittel zur Benetzungsförderung
- Wärmeführung während der Prüfung

Lötbarkeitsprüfverfahren für das Weichlöten werden in DIN 32506 Teil 1 bis 4 eingehend beschrieben. Die Beeinträchtigung der Benetzbarkeit hängt von der Einwirkung der Umgebungsbedingungen auf die Oberfläche, beispielsweise während der Lagerung, ab. Eine Präventivmaßnahme besteht in der Anwendung vorverzinnter Oberflächen.
Schweißen ist nach DIN 1910 „das Vereinigen von Werkstoffen in der Schweißzone unter Anwendung von Wärme und/oder Kraft mit oder ohne Schweißzusatz“. In der Einteilung nach dem Ablauf des Schweißens kann man zwischen zwei Hauptgruppen unterscheiden:
- Schmelzschweißen: Schweißen bei örtlich begrenztem Schmelzfluss ohne Anwendung von Kraft mit oder ohne Schweißzusatz
- Pressschweißen: Schweißen unter Anwendung von Kraft mit oder ohne Schweißzusatz

In der praktischen Anwendung ist auch eine Kombination beider Verfahren möglich. Beim schweißtechnischen Verbinden von Kupferwerkstoffen sind einige Werkstoffeigenschaften in besonderem Maß zu berücksichtigen. Neben dem Sauerstoffgehalt

sind das die große Wärmeleitfähigkeit, die relativ hohe Wärmeausdehnung und die Gasaufnahme.
Während des Schweißens von Kupfer bewirkt die hohe Wärmeleitfähigkeit ein rasches Abwandern der eingebrachten Wärme in den benachbarten Grundwerkstoff. Die Aufrechterhaltung des Schmelzflusses erfordert daher eine größere Wärmezuführung und/oder eine Vorwärmung des Grundwerkstoffs. Die Wärmeausdehnung des Kupfers verursacht thermische Ausdehnungsbewegungen, die z. B. ein Fixieren des Schweißspalts durch Heftstellen erschweren oder bei der Stumpfnahtschweißung eine Schweißspaltverengung verursachen. Bei der Gasaufnahme während des Schweißens spielen zwei Vorgänge eine Rolle: Im flüssigen Zustand nimmt Kupfer beachtliche Mengen Sauerstoff auf, der sich aber beim Erstarren in Form von Kupfer(I)oxid ausscheidet und dadurch die Zähigkeit der Schweißnaht deutlich herabsetzt. Das Eindringen von Wasserstoff in das hocherhitzte, sauerstoffhaltige Kupfer führt zur Reduktion des an Sauerstoff gebundenen Kupfers unter Bildung von Wasserdampf, der aufgrund der Größe seiner Moleküle nicht wieder herausdiffundieren kann. Die Moleküle verschaffen sich nun gewaltsam einen Ausweg aus dem Gefügeverbund, wobei das Gefüge an den Korngrenzen aufgesprengt wird, was zur Rissbildung bzw. Gefügelockerung führt. Man spricht von der „Sauerstoffkrankheit".
Aus der Vielzahl gebräuchlicher Schweißverfahren, die sich für das Verbinden von Kupfer und Kupferlegierungen untereinander und mit anderen Werkstoffen eignen, sollen noch einige Verfahren besprochen werden, die aufgrund weiterentwickelter Technologien neuerdings in der Praxis Bedeutung erlangt haben:

- Schutzgasschweißen: Ein spezielles Verfahren ist das Wolfram-Inertgas-Schweißen (WIG); es wird z. B. als Automaten-Schweißverfahren bei der Herstellung längsnahtgeschweißter Kabelmäntel aus Kupferwalzband eingesetzt.
- Widerstandsschweißen: Dieses Verfahren in Verbindung mit Kupfer hat in der Elektrotechnik eine besondere Bedeutung gewinnen können. Die zum Schweißen erforderliche Wärme wird durch Stromfluss über den elektrischen Widerstand der Schweißzone erzeugt. Geschweißt wird mit oder ohne Kraftbeaufschlagung und mit oder ohne Schweißzusatz.
- Pressstumpfschweißen: Mit diesem Zweiphasen-Stauchverfahren werden Kupferlitzen und Kupferseile bis zu Seilquerschnitten von 630 mm^2 verschweißt. Die Qualität von Pressstumpfschweißungen ist für die Weiterverarbeitung durch Kaltziehen, für das Richten, Walzen und auch für die Verarbeitung in Kabelwerken geeignet. Die elektrische Leitfähigkeit der Verbindungsstelle entspricht der des Grundwerkstoffs.
- Abbrennstumpfschweißen: Damit werden Stromschienen und Walzdraht aus Kupfer mit Querschnitten ab 50 mm^2 bis 500 mm^2 und mehr verbunden.
- Impulsstromschweißen: Das Verfahren erlaubt das Verbinden von Kupfer auch mit anderen Metallen hoher Leitfähigkeit. Meist handelt es sich um Widerstandspressschweißen von Klein- und Kleinstteilen. Die Schweißerhitzung wird von einem Stromimpuls beträchtlicher Spitzenhöhe (1 500 A bis 3 500 A) und extrem

kurzer Fließdauer (3 ms bis 6 ms) verursacht, der normalerweise aus einer Kondensatorentladung stammt. Dieses Verfahren ist für den Mikroapparatebau und in der Elektronik von großer Bedeutung.

- Kaltpressschweißen: Dabei handelt es sich um ein Verfahren, bei dem begrenzte Oberflächenbereiche im kalten Zustand mit hoher Kraft in so innige Berührung gebracht werden, dass die Kohäsion beider Oberflächen eine Bindung bewirkt. Das Verfahren findet Anwendung bei elektrischen Leitungen (z. B. bei Fahrleitungsdrähten oder Kabelschuhen), vor allem beim Verbinden von nicht oder schwer schweißbaren Werkstoffpaaren, z. B. Kupfer–Aluminium.
- Ultraschallschweißen: Damit stellt man Punkt- und Nahtverbindungen an Überlappungen dünner Blech- und Bandstöße her, z. B. zum Aufbringen von Kontaktwerkstoffen (Silber, Silberlegierungen) auf Kontaktträgerwerkstoffen (Zinnbronze, Neusilber) in der Relais- (Kontaktfedern) und in der Halbleitertechnik.
- Mikroplasmaschweißen: Die Anwendung des Mikroplasmaschweißens ist vorteilhaft im Bearbeitungsbereich dünner Bänder, Folien, Drähte, Siebe und Membranen aus Kupferlegierungen bei Werkstoffstärken von 0,01 mm bis 0,1 mm. Mit diesem Verfahren werden z. B. Mikrorelaisgehäuse aus dünnen Kupfer-Nickel-Blechen oder auch dünne Drähte mit einem Durchmesser von 0,05 mm an Lötfahnen größerer Querschnitte angeschweißt.

Ganz gleich, wie eine mechanische Verbindung zwischen Strom führenden Bauteilen technisch ausgeführt wird, hat diese (bei gleichem Leiterquerschnitt) immer einen Bereich mit einem elektrischen Widerstand, der höher ist als der der Bauteilwerkstoffe selbst. Den zwischen den metallischen Berührungsstellen entstehenden Widerstand bezeichnet man als „Engewiderstand“, da sich die Teile nicht auf der gesamten makroskopischen Fläche berühren, sondern nur durch die vielen mikroskopischen Unebenheiten (Engstellen), die jeder Oberfläche eigen sind.

Diese Erscheinung bleibt auch bestehen, wenn die mechanische Verbindung über eine sehr große Kraft (Kontaktkraft) hergestellt wird. Die wahre Berührungsfläche an den einzelnen erhabenen Flächen ist also immer kleiner, als die äußere Fläche erscheinen lässt. In den so genannten Engestellen können Stromdichten von 10^7 A cm^2 auftreten. Außerhalb der wahren Berührungsflächen verbleiben naturgemäß „Luftspalte“, in die die mechanische Verbindung umgebende Atmosphäre (auch Schadstoffe) eindringt und Korrosionen bewirkt. Es werden Fremdschichten gebildet, die sich, abhängig von der Reaktionsfähigkeit zwischen Grundwerkstoff und Atmosphäre, ausbreiten und somit die Stromtragfähigkeit der Verbindung reduzieren. Es entsteht der so genannte Fremdschichtwiderstand. Die Summe aus Engewiderstand R_E und Fremdschichtwiderstand R_F bezeichnet man als Kontaktwiderstand R_K:

$$R_\mathrm{K} = R_\mathrm{E} + R_\mathrm{F}$$

Die Aufgabe für die Konstruktion von dauerhaften Verbindungen liegt deshalb darin, die Stromwärme an der Kontaktstelle unter der Entfestigungstemperatur der betreffenden Leiterwerkstoffe zu halten, was nur durch eine definierte Kontaktkraft gesichert werden kann.

Eine mechanische Verbindung steht meistens nicht unter dauernder Strombelastung, und ein Abbau örtlicher, mechanischer Spannungen durch plastisches Verformen des Materials im warmen Zustand würde, sofern nicht sehr große Federkräfte zur Verfügung stehen, beim zwischenzeitlichen Erkalten den Kontaktspalt vergrößern und damit den Kontakt lockern. Voraussetzungen für eine elektrisch hochwertige mechanische Verbindung sind:

- Die Berührungsflächen müssen metallisch blank sein.
- Die Kontaktteile müssen so dimensioniert sein, dass ein örtlich entstehender Wärmestau ohne unzulässige Überhitzung durch Wärmeleitung wieder abgeführt wird.
- Der Kontaktwerkstoff muss eine ausreichende Kriechfestigkeit aufweisen, damit die der Kontaktstelle ursprünglich gegebene mechanische Vorspannung über lange Zeit erhalten bleibt.
- Die Kontaktkraft muss bei allen thermischen Belastungen gewährleistet sein (Federelemente verwenden).

In der praktischen Anwendung unterscheidet man zwischen lösbaren und nichtlösbaren mechanischen Verbindungen. Schraubverbindungen für elektrische Leiter an Geräten, Maschinen und Anlagen sind solche, die direkt über Schrauben oder indirekt über Klemmvorrichtungen hergestellt werden. In der Praxis unterscheidet man im Wesentlichen zwischen zwei Gruppen nach dem Konstruktionsprinzip:

- Flachklemmen: Sie werden mit oder ohne Druckstück für direkten Leiteranschluss oder für Kabelschuhanschluss verwendet.
- Buchsenklemmen: Sie sind ebenfalls mit oder ohne Druckstücke für direkten Leiteranschluss oder Adernendhülsen verwendbar und werden in Druck- oder Zugbügelausführung eingesetzt. **Bild 1.52** zeigt die unterschiedlichen Möglichkeiten für die Ausführung von Klemm- und Schraubverbindungen.

Bei Klemm- und Schraubverbindungen wird der elektrische Leiter mit einer Scheibe, einer Platte oder einem Bügel gegen den Klemmkörper gepresst. Dadurch ergibt sich ein hoher Kontaktdruck. Diese Verbindungsart zählt zu den „lösbaren Verbindungen“ und wird in der Praxis in sehr vielen Varianten angefertigt und eingesetzt. Schraub- und Klemmverbindungen lassen sich mit einfachen Hilfsmitteln und Werkzeugen schnell herstellen und wieder lösen. Besonders vorteilhaft sind platzsparende, isolierte und farbig gekennzeichnete Aufreihklemmen.

Bei der Ausführung von Klemmverbindungen ist darauf zu achten, dass im Bereich der Klemmstelle die Leiter keine Isolation tragen. Die PVC-Isolation lässt sich am einfachsten durch einen Abisolierer trennen und entfernen. Dabei darf der Leiter nicht beschädigt werden.

Mehrdrähtige Leiter müssen am Leitungsende mit Adernhülsen geschützt sein, um zu vermeiden, dass man unbeabsichtigt durch den hohen Anpressdruck der Klemme einzelne Drähte abtrennt. Verzinnen der Leitungsenden ist nicht empfehlenswert, da das Ende bei mechanischen Beanspruchungen leicht bricht.

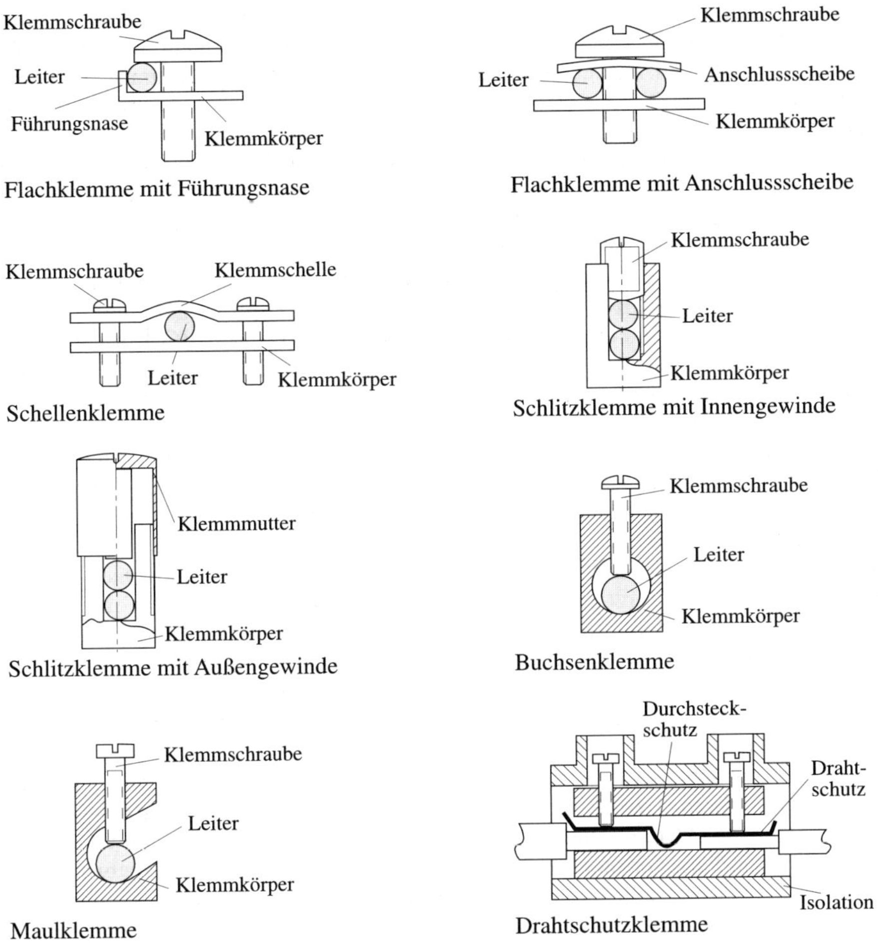

Bild 1.52 Ausführungsmöglichkeiten von Klemm- und Schraubverbindungen

Gut ausgeführte Schraubverbindungen weisen gegenüber allen anderen Anschlussarten folgende Vorteile auf:

- hohe, querschnittsunabhängige Kontaktkraft
- Selbstlockerungsschutz
- großer Klemmbereich
- Spezialwerkzeug ist nicht erforderlich
- für alle ein-, mehr- und feindrähtigen Leiterarten einsetzbar

Zu den schraublosen Anschlüssen gehören die federbelasteten Steckkontakt-Verbindungen, bei denen der blanke Kupferleiter durch schraublose Klemmen elektrisch verbunden wird. Zur Aufrechterhaltung der Kontaktkraft sind Klemmkörper und Federn erforderlich. Da das Öffnen und Schließen der Klemmstellen insbesondere bei kleinen Anschlussquerschnitten schneller möglich ist als bei einem Schraubvorgang, lassen sich dadurch Zeit und Montagekosten erheblich einsparen. Die vom Anschlusssystem aufgebrachten Haltekräfte sind bei allen schraublosen Klemmen funktionsbedingt geringer als bei Schraubklemmen (Verhältnis 1:30).

Auch bei den nichtlösbaren mechanischen Verbindungen kennt man mehrere Arten. Genietet wird vorwiegend bei der Herstellung von Relaiskontakten, bei denen sich die Werkstoffkombination zwischen Kontakt und Träger nicht oder nur sehr schlecht miteinander verschweißen lässt, z. B. AgCdO-Kontakte auf sämtlichen Trägerwerkstoffen oder Silber auf Kupfer. Die Kontaktkräfte werden hierbei durch den Nietvorgang vorgegeben. Die Aufrechterhaltung der dabei erzeugten Vorspannung hängt von den Eigenschaften des Nietwerkstoffs ab (hohe Zeitstandfestigkeit). Durch die Verformung auf dem Träger entsteht eine innige Verbindung ohne Spalt. Der Vorteil des Einnietens eines Kontakts liegt hauptsächlich in der werkzeuggebundenen kurzfristigen Ausführung und in einer problemlosen Fertigung.

Mit den Quetschverbindern lassen sich zwei Leiterenden mit einer Quetschhülse verbinden. **Bild 1.53** zeigt die entsprechenden Ausführungsformen. Um eine sichere Verbindung zu erhalten, müssen die Leitungsenden entsprechend vorbereitet sein, sodass keine Isolation zwischen Leiter und Quetschhülse vorhanden ist. Für den Quetschvorgang benutzt man zweckmäßigerweise ein zum jeweiligen Querschnitt passendes Werkzeug, um Beschädigungen des Leiters zu verhindern. Für größere Querschnitte (ab etwa 16 mm^2) setzt man hydraulische Werkzeuge ein.

Für den Quetschanschluss an einen Flachsteckkabelschuh benutzt man das „Splice“-Verfahren. Damit werden schnell, rationell und zuverlässig Quetschverbindungen für elektrische und elektronische Systeme hergestellt. Löten und Handquetschen von vorgeformten Verbindern werden damit unnötig. In einem Arbeitsgang wird vom preisgünstigen Bandmaterial das nötige Stück abgeschnitten, der Verbinder wird geformt und eine dauerhafte und zuverlässige Crimpverbindung hergestellt. Durch die Verarbeitung des Bandmaterials mit schnell wechselbaren Werkzeugen ist das einfach zu bedienende System vielseitig und flexibel einsetzbar. Bei einmal eingestelltem Werkzeug hat jede Verbindung über einen großen Zeitraum die gleichen Werte und Eigenschaften.

„Splicing“ bedeutet niedrige Anschaffungskosten, Zuverlässigkeit, hohe Verfügbarkeit in der Produktion, ein Minimum an Ausschuss während der Fertigung und einfache Bedienbarkeit. So ist Splicing die wirtschaftlichste Lösung für Verbindungsaufgaben. Die mit einem Splice-System erstellten Verbindungen weisen viele Vorteile gegenüber Lötverbindungen auf. Durch vollständige mechanische Bearbeitung kann auf das Löten verzichtet werden. Dadurch lassen sich Kosten einsparen, Abfall und giftige Dämpfe werden vermieden. Die gleichbleibend hohe Qualität der

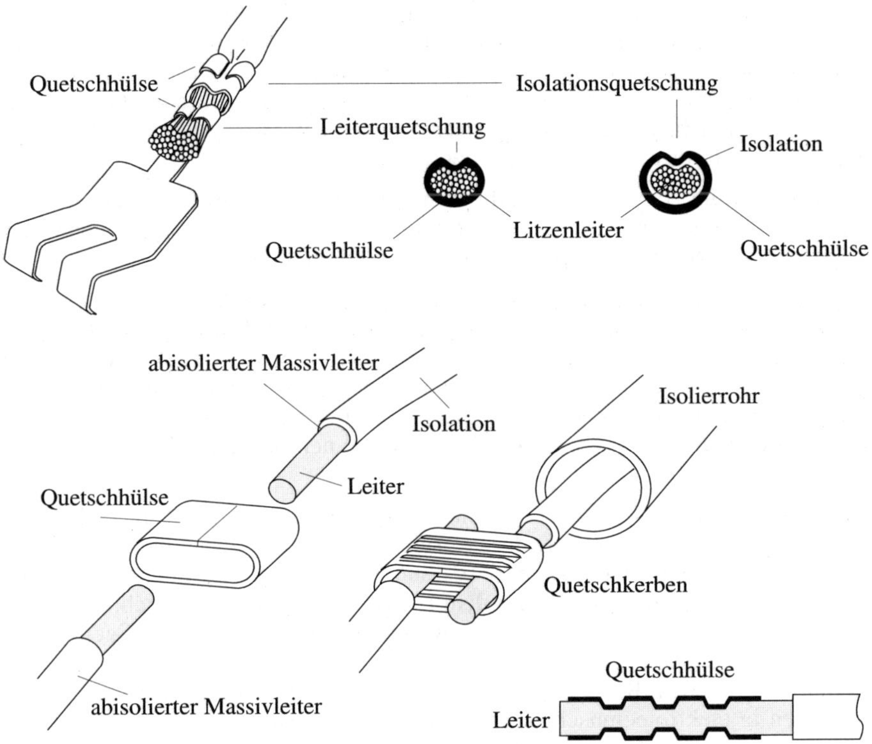

Bild 1.53 Ausführungsformen von Quetschverbindungen

Verbindungen ist gesichert, da im Fertigungsprozess mit dem Splice-System keine Schwankungen wie beim Löten auftreten können. So spielen beim Splicen die Zusammensetzung des Flussmittels, die Verarbeitungstemperatur oder die Zusammensetzung des Lötzinns naturgemäß keine Rolle. Mit den M-Bändern lassen sich Lackdrähte sicher verbinden, ohne dass, wie beim Löten, der Lack vorher entfernt werden muss. Eine Splice-Verbindung kann mechanisch stärker belastet werden als Lötverbindungen.

Unter dem Begriff „Quetschverbindungen“ (Crimp) werden alle Anschlussarten zusammengefasst, bei denen der Leiter mit einem Verbindungsteil durch Kaltverformung mit geeigneten Werkzeugen verbunden wird. Die Crimptechnik hat den Vorteil, dass es praktisch keine Querschnittsbegrenzung gibt und die sehr zuverlässige Verbindung von mehrdrähtigen Leitern (Litze) z. B. mit Kabelschuhen, Steckverbindern und Adernendhülsen möglich ist. Dieses Verfahren hat aber den Nachteil, dass es sich im Allgemeinen nicht für eindrähtige Leiter eignet.

Der Einsatzbereich von Steckverbindungen liegt besonders im Schwachstrom- und im Steuerungsbereich. Bei Steckverbindungen wird der Kontakt durch eine elastische Klemmfeder hergestellt. Man unterscheidet zwischen Flachsteck- und Direktsteckverbindungen. Der Leiter (ein- oder mehrdrähtig) wird mit einer Quetschverbindung am Flachstecker befestigt. Der Stecker hat zwei eingerollte federnde Kontakte, die auf den Flachanschluss geschoben werden.

Während man die vorgenannten Verbindungstechniken vorwiegend im Bereich der Starkstromtechnik anwendet, setzen sich im Bereich der Schwachstromtechnik verschiedene spezielle nichtlösbare Verbindungsverfahren durch.

Bild 1.54 zeigt die Wicklungsverbindung (Wire Wrap). Es handelt sich um eine lötfreie elektrische Verbindung (DIN 41611 Teil 2). Dabei liefert ein blanker Kupferdraht, der unter hohem Zug um einen Vierkantstab z. B. aus CuSn6, CuNi18Zn20 oder Messing gewickelt wird, aufgrund der Kantenpressung (Kaltschweißung) den eigentlichen Kontakt. Der Wickelvorgang wird mit einer elektrisch getriebenen Pistole vorgenommen. Der verwendbare Leiterquerschnitt reicht bis maximal 0,5 mm^2.

Die Klammerverbindung (Thermi Point) von **Bild 1.55** ist eine lötfreie elektrische Verbindung (DIN 41611 Teil 4). Der Anschluss wird mit einer druckluftbetriebenen Pistole hergestellt. Die Klammer (CuSn6F65, federhart, galvanisch vernickelt oder verzinnt) wird gleichzeitig mit dem Leiter über einem Stift geschlossen. Die Stifte sind z. B. aus CuSn6, CuNi18Zn20 oder Messing mit rechteckigem Querschnitt. Es lassen sich sowohl ein- als auch mehrdrähtige Leiter bis maximal 0,5 mm^2 anschließen. Kupfer und Kupferlegierungen bieten für mechanische Verbindungen in elektrotechnischen Anwendungen die günstigsten Voraussetzungen aufgrund ihrer besonderen physikalischen (elektrische und Wärmeleitfähigkeit), mechanischen (Zeitstandfestigkeit) und chemischen (Korrosionsbeständigkeit) Eigenschaften.

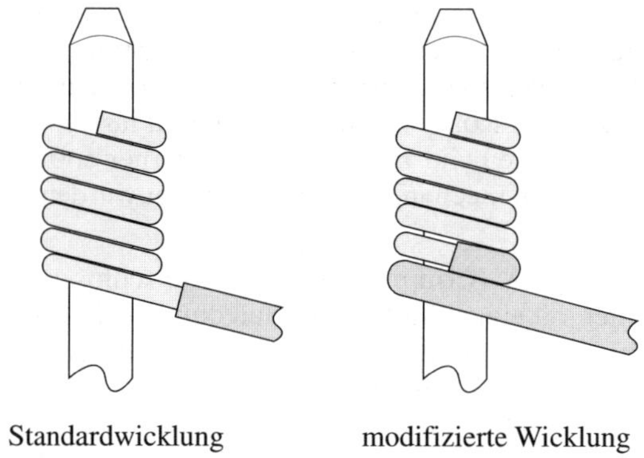

Bild 1.54 Wicklungsverbindung (Wire Wrap)

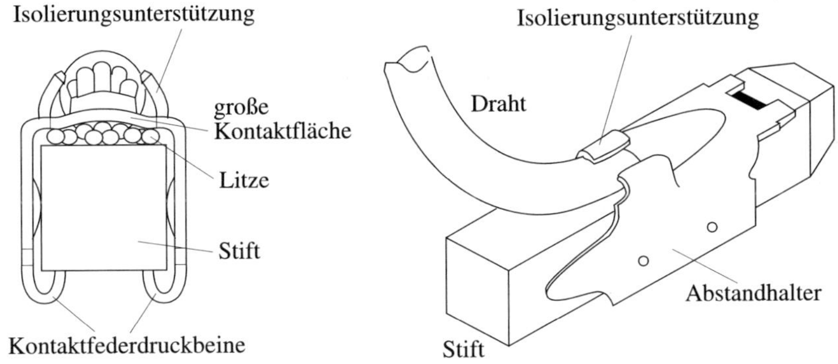

Bild 1.55 Klammerverbindung (Thermi Point)

Sowohl mit dem Klammer- als auch mit dem Wickelverfahren ergeben sich einige Vorteile, sodass man eine Vielzahl von Anschlüssen auf engstem Raum herstellen kann. Die Stiftlänge wird in der Regel für drei Anschlüsse übereinander bemessen, sodass trotz des engen Raums auch Querverbindungs- und Rangiermöglichkeiten bestehen.

Die Schneidklemmtechnik ist durch die Miniaturisierung in den Vordergrund getreten, insbesondere bei der Verwendung von Flachbandleitungen in Verbindung mit Stecksystemen. Mit den entsprechenden Werkzeugen sind viele Verbindungen in einem einzigen Arbeitsgang schnell hergestellt. Das Schneidsystem muss exakt auf die verwendeten Leitungen abgestimmt sein.

1.12 Inbetriebnahme und Fehlersuche

In der täglichen Praxis sind Kenntnisse der elektrotechnischen Normen unbedingt nötig, um fachgerecht elektrische Anlagen erstellen zu können bzw. eine ordnungsgemäße Inbetriebnahme und eine schnelle Fehlersuche durchzuführen. Ein wichtiger Bestandteil der Normen sind die VDE-Bestimmungen. Sie müssen im Fachbetrieb in der „Auswahl für das Elektrikerhandwerk“ zur Verfügung stehen. Eine Vorauswahl gestattet die Gruppeneinteilung der VDE-Bestimmungen, wobei aber leider die bisherige klare Gliederung wegen der Harmonisierung und der damit verwendeten internationalen Bezeichnungen (EN..., IEC..., HD... usw.) immer mehr verlassen wird. Die Gruppeneinteilung des VDE-Vorschriftenwerks zeigt **Tabelle 1.26**.

Für den Elektriker haben die Gruppen 1 und 8 besondere Bedeutung. Hier sind die Errichtungsbestimmungen für Anlagen und Geräte zu finden, und zwar unter der Gruppe 1 die Energieanlagen und unter der Gruppe 8 die Anlagen und Geräte der Informationstechnik (Fernmeldetechnik). Für den Elektroinstallateur sind die wichtigsten Bestimmungen in DIN VDE 0100 „Elektrische Anlagen von Gebäuden“ mit zahlreichen Teilen vorhanden. Die Teile 1xx, 2xx und 3xx enthalten Aus-

Allgemeine Grundsätze	Gruppe 0
Energieanlagen	Gruppe 1
Energieleiter	Gruppe 2
Isolierstoffe	Gruppe 3
Messen, Steuern, Prüfen	Gruppe 4
Maschinen, Umformer	Gruppe 5
Installationsmaterial, Schaltgeräte	Gruppe 6
Gebrauchsgeräte, Arbeitsgeräte	Gruppe 7
Informationstechnik	Gruppe 8

Tabelle 1.26 Gruppeneinteilung der VDE-Bestimmungen

sagen über allgemeine Anforderungen und Merkmale. In Teil 4xx sind die Schutzmaßnahmen behandelt. In Teil 5xx geht es um Auswahl und Einrichtung elektrischer Betriebsmittel. Teil 6xx behandelt die Prüfungen und Teil 7xx die Bestimmungen für Betriebsstätten, Räume und Anlagen besonderer Art, wie Baderäume, Schwimmbäder, Baustellen, landwirtschaftliche Anwesen, Anlagen für Marinas, Anlagen in Ausstellungen und auf Jahrmärkten, Möbel, feuergefährdete Betriebsstätten, Caravans, Boote, Jachten, fliegende Bauten, Wohnwagen, Unterrichtsräume, Ersatzstromversorgungen, Schaltanlagen, elektrische Betriebsstätten usw.

Weitere wichtige Bestimmungen der Gruppe 1 behandeln u. a. Starkstromanlagen mit Nennwechselspannungen über 1 kV (VDE 0101), Berechnung von Kurzschlussströmen (VDE 0102 und 0103), den Betrieb von Starkstromanlagen (VDE 0105), den Schutz gegen elektrischen Schlag (VDE 0106), Starkstromanlagen in Krankenhäusern und medizinisch genutzten Räumen (VDE 0107), bauliche Anlagen (VDE 0108), elektrische Ausrüstungen von Maschinen (VDE 0113), Windenergieanlagen (VDE 0127), Leuchtröhrenanlagen (VDE 0128), Ausrüstung mit elektronischen Betriebsmitteln (VDE 0160), explosionsgefährdete Bereiche (VDE 0165, 0166, 0170, 0171) und Blitzschutzanlagen (VDE 0185).

In Gruppe 8 sind die Festlegungen zu Fernmeldeanlagen (VDE 0800) mit zahlreichen Erweiterungen, elektrische Systemtechnik für Heim und Gebäude (VDE 0829), Alarmanlagen (VDE 0830), Einbruch- und Überfallmeldeanlagen (VDE 0833), EMV (VDE 0838, 0839, 0843, 0847, 0848 usw.) und Antennenanlagen (VDE 0855) noch zu erwähnen.

Die Gruppen 2 bis 7 sind in erster Linie für die Hersteller von Betriebsmitteln wichtig. Einige Bestimmungen haben auch für Elektropraktiker Bedeutung:

- Gruppe 2: Sie enthält Aussagen zu Kabeln und Leitungen. Neben den technischen Merkmalen der einzelnen Kabel- und Leitungstypen sind auch Hinweise zur Verlegung (Kabelhäufung) und Strombelastbarkeit zu finden.
- Gruppe 3: Hier werden die Eigenschaften und Merkmale von Isolierstoffen behandelt.

- Gruppe 4: Darin findet man alle Vorschriften für Mess- und Prüfgeräte aller Art, Messwandler, Zähler, speicherprogrammierbare Steuerungen, Relais, Isolatoren, Schutzarten durch Gehäuse (IP), Brandgefahr und Kernkraftwerke.
- Gruppe 5: Hier sind alle Festlegungen zu Maschinen und Umformern enthalten. Dazu gehören Aussagen über Akkumulatoren und Batterien, drehende bzw. schwingende elektrische Maschinen aller Art, Transformatoren, Drosselspulen, Schweißgeräte, Stromrichter, Stromversorgungen, USV (unterbrechungsfreie Stromversorgung) und Kondensatoren.
- Gruppe 6: Sie behandelt Installationsmaterial und Schaltgeräte wie Installationsrohre und -kanäle, Verbindungsmaterial, Gehäuse, Schalter aller Art, Lampenfassungen, Steckvorrichtungen aller Art, Regel- und Steuergeräte, Schutzeinrichtungen und Schutzgeräte, Sicherungen aller Art, Schaltgerätekombinationen, Schaltanlagen, Verteiler, Elektrozaungeräte, Handwerkszeuge zum Arbeiten unter Spannungen, einfache Spannungsprüfer sowie Material zum Erden und Kurzschließen.
- Gruppe 7: Sie befasst sich hauptsächlich mit der Sicherheit elektrischer Geräte für den Hausgebrauch und ähnliche Zwecke, mit Leuchten und deren Zubehör aller Art, mit Lampen, Elektrowärmegeräten, mit Geräten, die einen elektromotorischen Antrieb enthalten, elektrostatische Sprüheinrichtungen und medizinische elektrische Geräte aller Art, Klimaanlagen in Räumen und Baueinheiten für Unterrichtsräume und Labors. Für den Elektropraktiker ist VDE 0701 für Instandsetzungsarbeiten, Änderung und Prüfung elektrischer Geräte wichtig.
- Gruppe 0: Hier befinden sich die Satzungen für das VDE-Vorschriftenwerk, die VDE-Bestimmungen, die Satzung für das Prüf- und Zertifizierungswesen des VDE, Leitsätze für das sicherheitsgerechte Gestalten technischer Erzeugnisse und Anforderungen an die im Bereich der Elektrotechnik tätigen Personen.

Während im Mittel-, Hoch- und Höchstspannungsnetz wegen der im Normalbetrieb vorauszusetzenden symmetrischen Belastung grundsätzlich drei Leiter für die drei Stränge eines Drehstromsystems ausreichen, lässt sich dies auf das Niederspannungsnetz ebenfalls nur für symmetrische Verbraucher (Motoren, Drehstromheizungen usw.) übertragen.

Werden an das Drehstromnetz einphasige Belastungen (Geräte und Licht) angeschlossen, ist ein Vierleiternetz (Leiter L1, Leiter L2, Leiter L3 und Neutralleiter N) notwendig. Bestimmte Erdverbindungen erfordern darüber hinaus noch einen fünften, getrennt zu führenden Leiter, den PE-Leiter (Protection Earth oder Schutzerde).

Zur einheitlichen Beschreibung von elektrischen Anlagen im Hinblick auf ihre sicherheitstechnische Konzeption gilt die Bestimmung VDE 0100 Teil 300. Die Norm enthält auch Angaben zur Planung elektrischer Anlagen.

Alle Körper in **Bild 1.56** sind mit dem geerdeten Punkt des speisenden Netzes, meist dem Sternpunkt, durch einen Schutzleiter leitend verbunden, der in der Nähe des Transformators oder Generators geerdet sein muss.

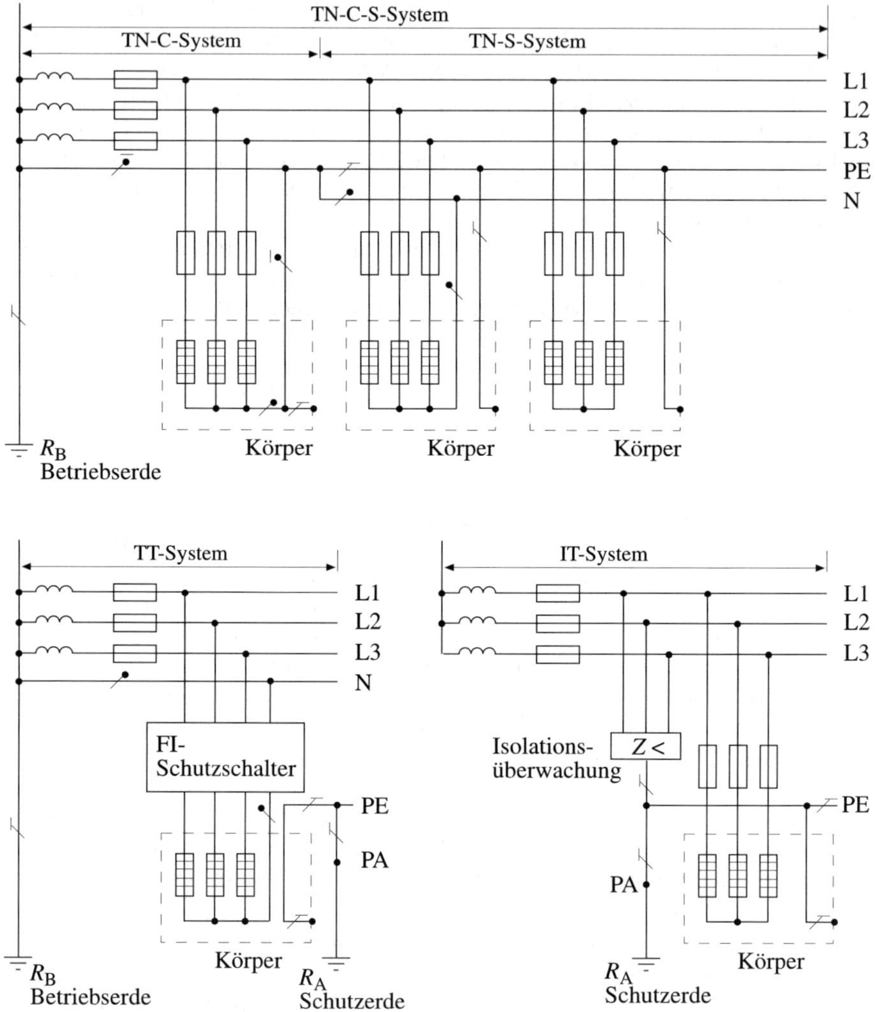

Bild 1.56 Aufbau von Netzsystemen

Diese Betriebserdung sollte innerhalb des Netzes möglichst mehrmals wiederholbar sein, denn im Fehlerfall muss die nächste vorgeschaltete Sicherung innerhalb der vorgeschriebenen Zeit abschalten.

Netzsysteme werden durch folgende Buchstabenkombinationen gekennzeichnet:

- Der erste Buchstabe gibt Auskunft über die Erdungsverhältnisse der Stromquelle mit
  T (terre, Erde): direkte Erdung eines aktiven Teils der Stromquelle über eine Betriebserde
  I (isolé, isoliert): Isolierung aller aktiven Teile gegenüber der Erde (Erdverbindung über eine Impedanz ist zulässig)
- Der zweite Buchstabe gibt Auskunft über die Erdungsverhältnisse der Körper in der elektrischen Verbraucheranlage:
  T: Körper direkt geerdet, und die Erdverbindung ist unabhängig von der Betriebserde der Spannungsquelle
  N (neutre, neutral): Körper über einen Schutzleiter direkt mit dem Betriebserder der Spannungsquelle verbunden

Beim TN-System wird ein Punkt der Spannungsquelle direkt geerdet. Die Körper der elektrischen Betriebsmittel sind mit diesem Erdungspunkt über einen PEN-Leiter und/oder PE-Leiter zu verbinden. Beim TN-System kann man noch zwischen TN-C-, TN-S- und TN-C-S-Systemen unterscheiden.

Beim TT-System ist ebenfalls ein Punkt der Spannungsquelle direkt geerdet (Betriebserde). Die Körper der elektrischen Betriebsmittel sind dagegen an einen von der Betriebserde unabhängigen Erder (Schutzerder) angeschlossen. Dieses System ist mit den entsprechenden Schutzeinrichtungen für folgende Schutzmaßnahmen vorgesehen:

- Fehlerstromschutzschaltungen mit FI-Schutzschaltern als Schutzeinrichtung
- Fehlerspannungsschutzschaltung mit FU-Schutzschalter (nur in Sonderfällen)
- Schutzerdung mit Schmelzsicherungen oder Leitungsschutzschaltern als Schutzeinrichtung (heute ohne praktische Bedeutung)

Beim IT-System ist kein Punkt der Spannungsquelle und des gesamten Stromkreisverlaufs geerdet, denn das System ist gegen Erde isoliert. Der Sternpunkt des Netzes lässt sich jedoch über eine Impedanz mit Erde verbinden. Die Körper der elektrischen Betriebsmittel sind an Erde angeschlossen. Es müssen entsprechende Maßnahmen getroffen werden, um die Gefahren beim gleichzeitigen Auftreten zweier Erdschlüsse zu vermeiden. Dafür kann man eine Isolationsüberwachungseinrichtung vorsehen. In diesem Fall handelt es sich dann um die frühere Schaltmaßnahme für das Schutzleitungssystem.

Wie Bild 1.56 oben zeigt, lässt sich ein TN-System unterschiedlich aufbauen:

- über einen gesonderten Schutzleiter, dem PE — TN-S-System
- über den Neutralleiter mit gleichzeitiger Schutzfunktion, dem PEN — TN-C-System
- über eine Kombination beider Möglichkeiten — TN-C-S-System

Die weiteren Buchstaben im TN-System bedeuten:

S (séparé, getrennt): Neutral- und Schutzleiterfunktion werden von separaten Leitungen mit PE (Protection Earth) und N (Neutral) verlegt.

C (combiné, kombiniert): Neutral- und Schutzleiterfunktion sind zum PEN-Leiter zusammengefasst worden.

Ein TN-C-System stellt eine Maßnahme mit kombiniertem Schutz-/Neutralleiter dar. Sie darf nur bei Leiterquerschnitten von mindestens 10 mm^2 für Kupfer oder 16 mm^2 für Aluminium gewählt werden. Bei Querschnitten unter 10 mm^2 bei Kupfer bzw. 16 mm^2 bei Aluminium wählt man am häufigsten das TN-C-S-System mit Auftrennen des PEN-Leiters in Schutzleiter PE und Neutralleiter N innerhalb der Elektroanlage. Es gibt auch das TN-S-System mit einer Auftrennung in PE und N ab Sternpunkt der Spannungsquelle, das jedoch kaum praktische Bedeutung hat.

Der Schutz bei indirektem Berühren im TN-System basiert auf folgendem Prinzip: Ein Fehlerstrom wird in erster Linie über eine Leitung und kaum über das Erdreich zur Spannungsquelle zurückgeführt. Ein Körperschluss führt somit zum Kurzschluss mit entsprechend hohem Fehlerstrom. Dadurch können meist die aus Leitungsschutzgründen ohnehin erforderlichen Schutzeinrichtungen wie Leitungsschutzschalter oder Sicherungen das fehlerhafte Gerät abschalten. Durch entsprechende Maßnahmen im Verteilungsnetz kann man sicherstellen, dass von dort aus keine gefährlichen Fehlerspannungen in die Verbraucheranlage übertragen werden.

Schutzmaßnahmen im TN-C-S-System mit Leitungsschutzschaltern und Sicherungen entsprechen der früheren Schutzmaßnahme für eine Nullung. Die Anwendung von FI-Schutzschaltern im TN-C-S-System war früher nicht durch die Norm geregelt und die Elektropraktiker bezeichneten dieses Schutzkonzept als „schnelle Nullung“. **Bild 1.57** zeigt den Weg des Fehlerstroms.

Für den Schutz gegen indirektes Berühren im TN-System sind primär von Bedeutung:

- Erdung längs des Schutz- bzw. PEN-Leiters
- Abschaltzeit im Fall eines Körperschlusses

Die Anforderungen an die Erdung beziehen sich nur auf das Verteilungsnetz und sind daher in diesem Buch nur kurz behandelt. Im Unterschied dazu betreffen die Abschaltzeiten sowohl das Verteilungsnetz als auch die Kunden bzw. Verbraucheranlagen. Deshalb werden sie im Folgenden näher betrachtet. Mit Ausnahme der Hauptstromversorgungssysteme und Verteilernetze sind folgende Abschaltzeiten einzuhalten:

- 0,2 s für Stromkreise bis zu 25 A Nennstrom in Verbindung mit Steckdosen
- 0,2 s für Stromkreise, die ortsveränderliche Betriebsmittel der Schutzklasse I enthalten, die während des Betriebs üblicherweise dauernd in der Hand gehalten bzw. mit den Fingern umfasst werden; derartige Betriebsmittel lassen sich innerhalb der Hausinstallationen kaum einsetzen
- 5 s für alle anderen Stromkreise (Elektroherd, Warmwasserspeicher usw.)

Der Schutz bei indirektem Berühren im TT-System basiert auf folgendem Prinzip: Über den Schutzleiter kann man Elektrogeräte der Schutzklasse I an ihrem Standort erden. Damit nehmen Standort und Körper über den Hauptpotentialausgleich auch im Fall des Körperschlusses näherungsweise gleiches Potential an. Die Berührungsspannung wird dann $U_B \approx 0$ V, wie **Bild 1.58** zeigt.

Der Schutz kommt durch das Zusammenwirken folgender Einzelelemente zustande:

- Erder
- Hauptpotentialausgleich

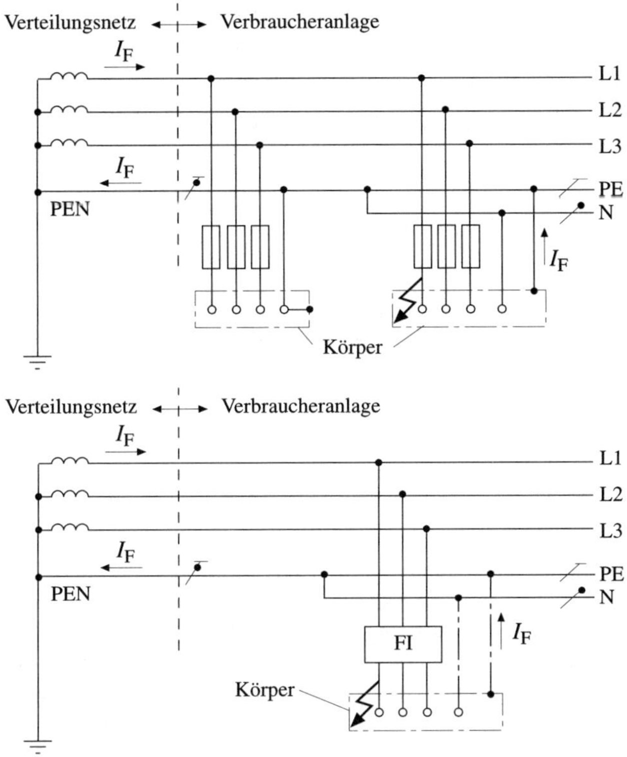

Bild 1.57 Weg des Fehlerstroms in einem TN-C-S-System mit Sicherung (obere Schaltung) als Schutzeinrichtung und mit Fehlerstrom-Schutzschalter (untere Schaltung)

- Schutzleiter
- metallener Körper der Elektrogeräte
- Schutzeinrichtung, z. B. Leitungsschutzschalter, Sicherung oder Fehlerstrom-Schutzeinrichtung

Hauptpotentialausgleich und Schutzleiter bewirken im Fehlerfall einen deutlichen Unterschied zwischen Fehler- und Berührungsspannung. Während die Fehlerspannung zwischen den verschiedenen Körpern bzw. zwischen einem Körper und der Bezugserde (ideales Erdpotential: 0 V) auftritt, ist die Berührungsspannung ein Teil der Fehlerspannung, die der Mensch überbrücken kann. Durch den Hauptpotentialausgleich lässt sich verhindern, dass im Fall eines Körperschlusses das ideale Erdpotential innerhalb der Verbraucheranlage berührt werden kann. Alle metallischen Rohrleitungen und damit auch die leitfähigen Standflächen nehmen näherungsweise das Potential des Schutzleiters über die Verknüpfungsstelle mit dem Hauptpotentialausgleich an.

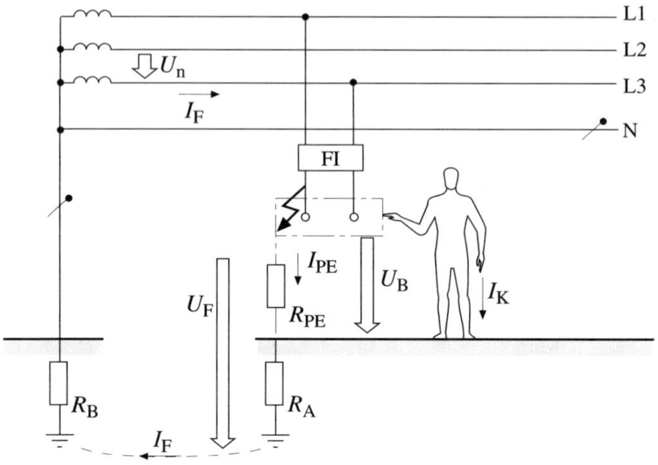

Bild 1.58 Fehlerspannung U_F, Berührungsspannung U_B und Fehlerstrom I_F bei einem Körperschluss im TT-System

Die Bedeutung des Hauptpotentialausgleichs und der niederohmigen Schutzleiterverbindung zeigt sich bei Berechnung von Fehler- und Berührungsspannung. Dazu wird der Körperschluss als widerstandslos angenommen. Außerdem werden die Widerstände von Außen- und Schutzleiter vernachlässigt, da sie gegenüber den Erdungswiderständen R_A sehr gering sind. Die Fehlerspannung errechnet sich aus

$U_F = I_F \cdot R_A$; $I_F = U_0/(R_A + R_B)$; $U_0 = U_n/\sqrt{3}$; $U_F = U_0 \cdot R_A/(R_A + R_B)$

Muss zwischen Fehlerspannung und Berührungsspannung unterschieden werden, ist der Widerstand des Schutzleiters R_{PE} zu berücksichtigen. Ferner darf man den Fehlerstrom näherungsweise mit dem Strom I_{PE} über den Schutzleiter gleichsetzen. Somit gilt für die Berührungsspannung:

$U_B = U_F \cdot R_{PE}/(R_{PE} + R_A)$

Für ein praxisgerechtes Rechenbeispiel kann man folgende Werte annehmen: $R_B = 1\ \Omega$; $R_A = 10\ \Omega$, $R_{PE} = 0{,}1\ \Omega$ und $U_n = 400$ V. Hieraus ergibt sich eine Fehlerspannung von $U_F = 210$ V, aber nur eine Berührungsspannung von $U_B = 2{,}08$ V.

Die Berührungsspannung wird um so größer,

- je größer der Schutzleiterwiderstand gegebenenfalls durch mangelhafte Klemmverbindungen wird und
- je mehr sich der Standort des gefährdeten Menschen aus dem Wirkungsbereich des Hauptpotentialausgleichs entfernt.

Der Schutzleiter soll aber nicht nur die Berührungsspannung reduzieren, sondern auch noch eine zweite Aufgabe erfüllen, d. h., er soll einen ausreichend hohen Fehlerstrom ermöglichen, sodass die vorgesehene Schutzeinrichtung das fehlerhafte

Gerät sofort abschalten kann. Der Fehlerstrom errechnet sich unter Vernachlässigung der Widerstände von Außen- und Schutzleiter:

$I_F = U_0/(R_A + R_B)$

Mit den bereits verwendeten Zahlenwerten ergibt sich für I_F ein Wert von 21 A. Dieser Fehlerstrom kann natürlich einen FI-Schutzschalter mit $I_{\Delta n} \leq 300$ mA problemlos auslösen. Ohne Schutzleiter ist das aber nicht möglich, denn in diesem Fall würde der Fehlerstrom nur über den menschlichen Körper fließen. Nimmt man als Widerstandswert 1 kΩ an, ergibt sich ein Fehlerstrom von etwa 230 mA. Damit löst der FI-Schutzschalter nicht mit Sicherheit rechtzeitig aus, d. h., der Schutz gegen gefährliche Körperströme ist ungewiss.

Ein Körperschluss wird zu einem Erdschluss und nicht zum Kurzschluss wie im TN-System. Deshalb ist der Fehlerstrom im Vergleich zum TN-System niedrig. Eine sichere Abschaltung mit Schutzeinrichtungen wie Leitungsschutzschalter oder Sicherungen wird in der Regel nicht möglich sein. In der Praxis setzt man daher Fehlerstrom-Schutzeinrichtungen ein (**Bild 1.59**).

Ebenso unzweckmäßig ist die Fehlerspannungs-Schutzeinrichtung, denn normalerweise ist die Errichtung des dafür notwendigen unbeeinflussten Anlagenerders recht aufwendig. Daher ist die zweckmäßigste Abschalteinrichtung im TT-System die Fehlerstrom-Schutzeinrichtung. Bei ihrer Anwendung muss der Erder in der Verbraucher- oder Kundenanlage folgende Bedingung erfüllen:

$R_A \leq U_L/I_{\Delta n}$

R_A ist der Erdungswiderstand der Verbraucheranlage, U_L die dauernd zulässige Berührungsspannung – üblicherweise also 50 V – und $I_{\Delta n}$ der Nennfehlerstrom der Fehlerstrom-Schutzeinrichtung.

Bei einem IT-System können zwar auch die Abschalteinrichtungen eingesetzt werden, die im TT-System Anwendung finden, jedoch setzt man üblicherweise eine Isolationsüberwachungseinrichtung ein, wie **Bild 1.60** zeigt. Nur so lässt sich der besondere Vorteil des IT-Systems ausnutzen.

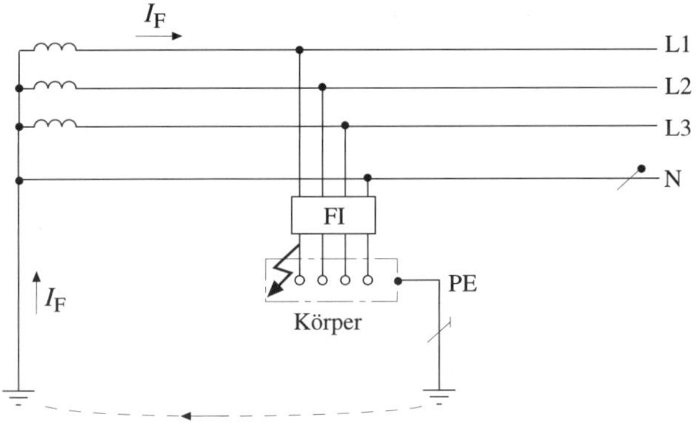

Bild 1.59 Weg des Fehlerstroms I_F in einem TT-System mit einer Fehlerstrom-Schutzeinrichtung

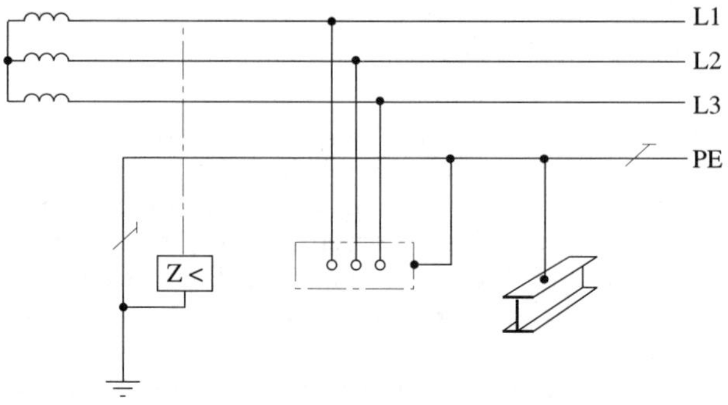

Bild 1.60
Isolationsüberwachungseinrichtung (Z<) mit zusätzlichem Potentialausgleich im IT-System

Da der Außenleiter und – sofern vorhanden – auch der Neutralleiter eines IT-Systems im ungestörten Betriebsfall gegen Erde isoliert sind, besteht im Fall des ersten Körperschlusses noch keine Gefahr. Deshalb signalisiert die Isolationsüberwachungseinrichtung den Fehlerzustand, sodass sich der fehlerhafte Teil der Anlage kontrolliert abschalten lässt. Hierdurch werden negative Folgewirkungen, z. B. bei einer kontinuierlich laufenden Produktion, auf ein Minimum begrenzt. Der erste Fehler kann meist beseitigt werden, bevor durch Auftreten eines zweiten Fehlers in einem anderen Außenleiter eine Abschaltung erfolgt. Diesen Vorteil kann man natürlich nur nutzen, wenn Fachpersonal für eine derartige Fehlersuche vorhanden ist. Daher setzt man das IT-System nicht in der Hausinstallation ein.

Schutzmaßnahmen bringen Sicherheit gegen gefährliche Wirkungen des elektrischen Stroms:

- Schutz gegen gefährliche Körperströme
- Überstromschutz von Leitungen und Kabeln
- Schutz gegen Über- und Unterspannung
- Brandschutz und Blitzschutz

Mit den Schutzklassen bezeichnet man die Art des Schutzes elektrischer Betriebsmittel gegen Körperschluss und damit indirekt gegen gefährliche Körperströme. **Bild 1.61** zeigt die Symbole für die drei Schutzklassen.

Die Symbole haben folgende Bedeutung:

- Betriebsmittel der Schutzklasse I: Der Schutz gegen gefährliche Körperströme besteht zweifach. Hierzu sind eine Basisisolierung der aktiven Teile und eine Umhüllung der Basisisolierung mit einem Körper erforderlich, an die der Schutzleiter angeschlossen werden muss.
- Betriebsmittel der Schutzklasse II: Der Schutz gegen gefährliche Körperströme ist ebenfalls zweifach ausgeführt und zwar mit einer Basisisolierung der aktiven Teile und einer kompletten Umhüllung der Basisisolierung mit einer zusätzlichen oder ergänzenden Isolierung.
- Betriebsmittel der Schutzklasse III: Der Schutz gegen gefährliche Körperströme wird durch Schutzkleinspannung gewährleistet. Es handelt sich um eine Span-

Schutzklasse I: Kennzeichnung der Anschlussstelle des Schutzleiters

Schutzklasse II: Symbol für zweifache Isolierung

Schutzklasse III:

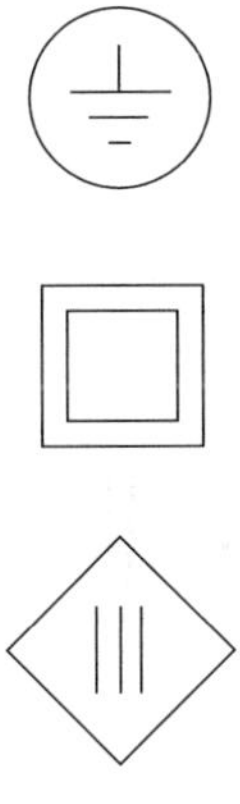

Bild 1.61 Symbole für die drei Schutzklassen

nung, deren Effektivwert bei Wechselspannung unter 50 V und bei Gleichspannung unter 120 V zwischen Leitern oder zwischen einem Leiter und Erde nicht übersteigen darf. Die Spannung lässt sich durch einen Sicherheitstransformator mit getrennten Wicklungen erzeugen.

Bei der Schutzmaßnahme für die Schutzisolierung nach **Bild 1.62** wird der Schutz gegen direktes Berühren um eine zusätzliche Isolierung ergänzt bzw. wird die Basisisolierung derart verstärkt, dass kein Isolationsfehler auftritt. Damit wird verhindert, dass eine gefährliche Berührungsspannung entstehen kann. Dadurch gewährleistet die Schutzisolierung sowohl den Schutz gegen direktes Berühren als auch den Schutz bei indirektem Berühren. Die Schutzisolierung wird bei einer Vielzahl von Elektrogeräten und Betriebsmitteln im Installationsbereich eingesetzt. Der Vorteil liegt darin, dass Fehler in der Schutzisolierung, die in der überwiegenden Zahl aller Fälle auftreten, auch der Laie sofort erkennen kann, da sie in der Regel durch erhebliche mechanische Beschädigung verursacht werden.

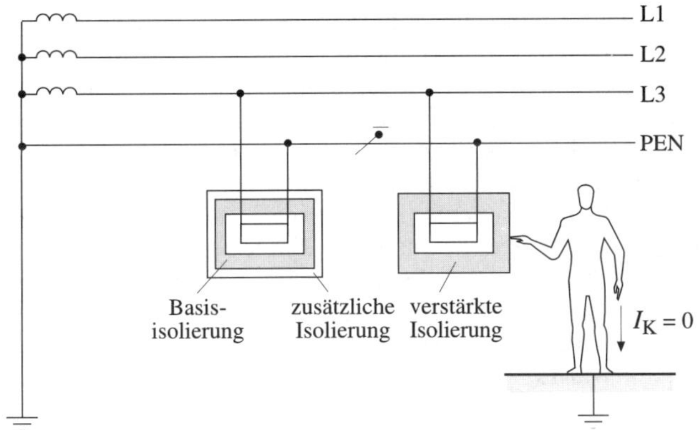

Bild 1.62 Schutzisolierung nach Schutzklasse II

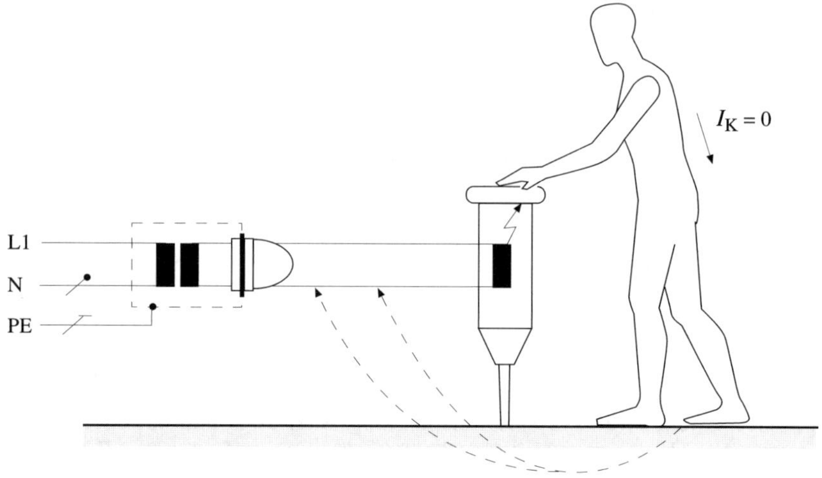

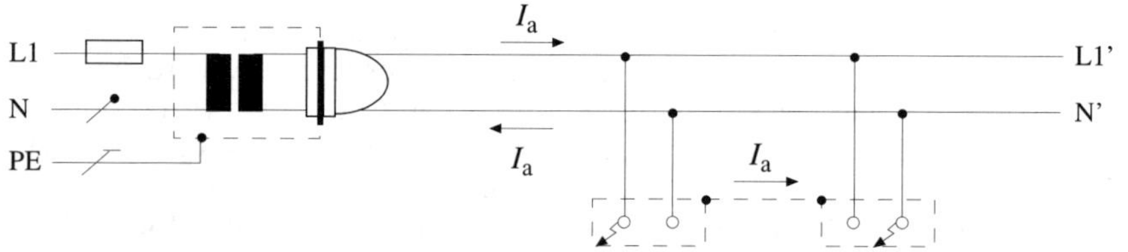

Bild 1.63 Möglichkeiten der Schutztrennung mit erhöhtem Schutzwert (oben) bei einem Verbrauchsmittel je Stromquelle und als unabhängige Schutzmaßnahme (unten) bei mehreren Verbrauchsmitteln je Stromquelle

Die Schutztrennung basiert auf folgendem Prinzip: Ein einzelnes Elektrogerät bzw. eine räumlich eng begrenzte elektrische Anlage wird auf besonders sichere Weise von anderen aktiven Teilen galvanisch getrennt und potentialfrei gehalten, z. B. durch einen Trenntransformator. Dadurch kann im Fehlerfall keine gefährliche Berührungsspannung entstehen. Je nach Anzahl der Betriebsmittel bzw. Elektrogeräte, die von einer Stromquelle versorgt werden, ist die Schutztrennung für unterschiedliche Zwecke gedacht. Sofern nur ein einziges Verbrauchsmittel (Elektrogerät) versorgt wird, ist das Auftreten von zwei Körperschlüssen so gut wie ausgeschlossen, wie **Bild 1.63** oben zeigt. Deshalb wird die Schutztrennung mit einem Verbrauchsmittel bzw. Elektrogerät je Stromquelle als besonders hochwertige Schutzmaßnahme eingestuft. Das ist der Grund dafür, dass man bei außergewöhnlich gefahrenträchtigen Umgebungsbedingungen die Schutztrennung vorschreibt. Der erhöhte Schutzwert geht verloren, wenn man mehr als ein Verbrauchsmittel von einer gemeinsamen Stromquelle versorgt. Unter diesen Bedingungen liegt die Bedeutung der Schutztrennung in ihrer Unabhängigkeit von Erdern, wie Bild 1.63 unten zeigt. Das ist beispielsweise beim Einsatz von ortsveränderlichen Notstromaggregaten von Vorteil.

Bei einem einzigen Körper- bzw. Erdschluss wird der mögliche Körperstrom in erster Linie durch den Ableitstrom der Leitungen bestimmt. Der Ableitstrom nimmt mit wachsender Leitungslänge und Nennspannung zu, d. h., das Produkt aus Leitungslänge und Nennspannung ist ein Maß für den Ableitstrom. Wenn 100 000 Vm nicht überschritten werden, liegen der Ableit- und somit auch der mögliche Körperstrom bei ungefährlichen Werten. Bei einer Nennspannung von 400 V ist danach für drei- oder vieradrige Drehstromleitungen die Länge von 250 m und für Wechselstromleitungen von 434 m zulässig.
Neben der Höhe des Ableitstroms ist die Übersichtlichkeit der Anlage von Bedeutung, damit ein Körper- bzw. Erdschluss vor Auftreten eines weiteren Fehlers bemerkt wird. Deshalb ist die Leitungslänge auf 500 m begrenzt. Sinnvollerweise bezieht man diese Anforderung nur auf die Schutzmaßnahmen der Schutztrennung mit einem einzigen Verbrauchsmittel pro Stromquelle. Für diese Variante der Schutztrennung besteht kein Schutz im Fall von zwei Erd- bzw. Körperschlüssen in verschiedenen Leitern.

1.13 Instandsetzung von mechatronischen Anlagen

Durch eine sinnvoll geplante Instandsetzung kann der optimale Betrieb einer mechatronischen Anlage über den betrieblich zu erwartenden Nutzungszeitraum gewährleistet werden. In der Praxis kennt man hierzu folgende drei Begriffe:

- Inspektion: Überwachen, Kontrollieren, Prüfen und Messen, Besichtigen und Erproben der mechatronischen Anlage bzw. des Betriebsmittels
- Warten: Reinigen und Pflegen, Justieren, Ein- und Nachstellen sowie Schmieren der Anlage
- Instandsetzung: Beseitigen aufgetretener Mängel, Sollzustand wird wieder hergestellt

Durch diese Maßnahmen lassen sich Einsatzbereitschaft und Betriebssicherheit einer mechatronischen Anlage erhöhen. Ziel ist es immer, den Sollzustand der Anlage durch verschiedene Methoden der Instandhaltung zu bewahren. Gefährdungssituationen, die durch den alltäglichen Betrieb mechatronischer Anlagen entstehen können, müssen von Hersteller und Betreiber verantwortet werden.
Die Instandhaltung umfasst verschiedene Methoden der praktischen Durchführung. Neben Antrieben, elektrischen, elektronischen, pneumatischen und hydraulischen Steuerungen, Schaltanlagen, Messeinrichtungen, Überwachungsanlagen und anderen sind ebenso Transformatorstationen, Leitungs- und Kabelnetze, Blindstrom-Kompensationsanlagen, Verteilungen, Beleuchtungsanlagen, Betriebsmittel aller Art, Notstromanlagen usw. sowie persönliche Schutzausrüstungen und isolierte Werkzeuge in die Instandhaltungsplanung einzubeziehen.
Wichtig ist eine zeitabhängige Instandsetzung – mit Arbeitskarten und Terminplan in festgelegten Intervallen.Die Häufigkeit der Instandhaltungsmaßnahmen bestimmen

- Beanspruchung der Anlage
- Betriebszeit einzelner Bauelemente, die meist von der Verschleißgrenze abhängig sind

- gesetzlich vorgeschriebene Prüfungen
- Anweisungen des Herstellers

Lässt sich an mechatronischen Anlagen oder Betriebsmitteln der Abnutzungsgrad direkt bestimmen, setzt man die zustandsabhängige Instandhaltung ein. Treten z. B. beim Erzeugnis einer Fabrikationsmaschine durch Schwachstellen an elektronischen Bausteinen, Steuerungsteilen, Geräten, Mess- und Regelungseinrichtungen usw. hohe Toleranzen auf, die die Produktqualität mindern, ist durch eine zeitliche Instandhaltungsmaßnahme der Sollzustand wieder herzustellen. Deshalb sind Prüfungen und Messungen an der Elektroanlage, den Mess-, Steuerungs- und Regelungssystemen und der Produktionsmaschine notwendig. Ständige Messungen ermöglichen den direkten Vergleich der über einen bestimmten Zeitraum erfassten Werte mit den bereits erhaltenen Messwerten. Bei den Messungen für eine zustandsabhängige Instandhaltung ist darauf zu achten, dass

- stets die gleiche Messstelle verwendet wird
- immer das gleiche Messverfahren mit dem gleichen Messgerät zur Anwendung kommt
- identische Belastungs-, Arbeits-, Raum- und Umweltbedingungen vorliegen

Außerdem sollte sich an den Produktionsbedingungen nichts ändern. Die erhaltenen Messwerte werden in dafür vorgesehene Blätter eingetragen und in bestimmten Abständen, die auch durch einen Betriebsstundenzähler vorgegeben werden können, nachgetragen. Ideal ist die Verwendung eines PC mit der entsprechenden Software.

Arbeitet man in der Praxis mit mechatronischen Systemen, ist eine Zustandsüberwachung eine vorbeugende Maßnahme für den Maschinenzustand während des Betriebs. Reparaturen und Wartungsarbeiten werden nur noch bei Anzeichen für eine eingetretene Verschlechterung vorgenommen. Ziel der einzusetzenden Mess- und Überwachungstechnik ist es, die aktuelle Abweichung des Istzustands vom Sollzustand fortlaufend zu bestimmen. Unterschiedliche Betriebssignale werden hierzu erfasst und zur Bewertung herangezogen. Die Komplexität des zu überwachenden Prozesses ist in der Regel groß, sodass wenige und unabhängige Parameter nicht geeignet sind, die gewünschten Aussagen zu gewinnen. Man versucht dann, ein analytisches oder auch statistisches Modell aller zusammenwirkenden Anlagenteile und Prozessparameter zu entwerfen, um auf dieser Basis und mit Hilfe aktueller Messdaten zwischen zulässigen und unzulässigen Zuständen zu unterscheiden.

Das grundlegende Problem der Messtechnik besteht im Erfassen, Darstellen und Auswerten von Zustandsgrößen einer Anlage oder einer Systemkomponente, die meist nicht direkt beobachtet werden können. Der Mechatroniker bedient sich daher verschiedener Werkzeuge und Hilfsmittel, um dieses Ziel indirekt zu erreichen.

Bei der klassischen Vorgehensweise werden Sensorsignale von Körperschallaufnehmern für Schwingungssignale, von Mikrofonen für Luftschall, von Dehnungsmessstreifen oder anderen Aufnehmern ausgewertet. Für komplexe Messaufgaben werden Transientenspeicher, FFT-Analysatoren und teilweise PC-gestützte Messdatenverarbeitungssysteme eingesetzt. Einige Aufgabenstellungen innerhalb der Messtechnik erfordern das mehrkanalige und gleichzeitige Erfassen von Signalen. Bandbreite und Dynamik der Signalschnittstellen entsprechen häufig den Anforderungen einer hochwertigen Audiosignalverarbeitung. Auswerten und Klassifizieren der so gewonnenen Messdaten liefern schließlich die eigentlich gewünschten Ergebnisse:

- Handlungsanweisungen und Maßnahmen zum Aufrechterhalten eines Betriebszustands
- Anweisungen zum Abschalten einer Anlage, um einen Wartungsvorgang einzuleiten
- Verbesserung eines Entwicklungsergebnisses zur Weiterentwicklung einer Anlage

Bei der Gewinnung von Messdaten und insbesondere auch bei der Zustandsüberwachung von Maschinen und Anlagen kann der Ort der Messdatenerfassung und Signalverarbeitung vom Ort der Ergebnisauswertung räumlich weit entfernt sein. Für derartige Aufgabenstellungen werden besondere Anforderungen an die zur Messdatenerfassung und zur Verarbeitung eingesetzten Messsysteme gestellt. In der Praxis sollen diese Vor-Ort-Systeme folgende Eigenschaften aufweisen:

- Fähigkeit zur Realisierung der klassischen Mess- und Analysefunktionen
- Fähigkeit zur automatischen Klassifikation von Messdaten im selbstständigen Messbetrieb
- Fähigkeit zur Aktion (schalten, steuern, regeln) in Abhängigkeit vom Messergebnis
- Unterstützung der Kommunikation, wenn der Leitrechner weiter entfernt arbeitet.

Tabelle 1.27 zeigt die Elemente an der Sensorschnittstelle eines geeigneten Signalverarbeitungssystems, das aus getrennten Modulen zur Signalverarbeitung und zur Systemsteuerung besteht. Die notwendige Signalkonditionierung ist für die gängigen Schnittstellen im Signalprozessormodul enthalten. Die Steuerung des Messablaufs, die Erfassung langsamer veränderlicher Betriebsdaten und die Verwaltung der Daten an übergeordnete Leitrechner erfolgen mit einem separaten Modul.

	Messgröße	**Sensor-Aktor-Schnittstelle**	**Signalverarbeitung**	**Datenübertragung**	**Auswertung Überwachung**
Funktions-beschreibung	physikalische Messgrößen werden in elektrische Signale umgewandelt	Betriebsdaten Spannungseingang Ladungseingang Schalteinheiten Anregungssignale	Signalspeicherung Daten-Logging Zeitsignalauswertung Spektralanalyse Spezial-Algorithmen Klassifikation	Alarme komprimierte Daten Zustandsdaten Messwerte Zeitsignalfolgen DSP-Firmware	Archivierung der Zustandsdaten Trendanalysen Daten für F&E
Datenraten	–	$2 \cdot 10^6$ bit/s	$2 \cdot 10^4$ bit/s	$2 \cdot 10^3$ bit/s	$2 \cdot 10^3$ bit/s
Rechenleistung	–	–	10 MOp/s	–	1 MOp/s
Programmierung	–	–	Firmware Assembler HLL, C	–	Standardsoftware HLL + Tools
Prozessoren	–	ASIC, DSP-IC	Vektorenrechner	–	PC, Workstation
Flexibilität Datenrate Algorithmen	gering hoch einfach	◄────	────	────►	hoch gering komplex

Tabelle 1.27 Signalfluss in vernetzten Systemen für die zustandsorientierte Wartung (MOp/s heißt MOperationen/s)

Wesentliche Aufgabe der Überwachungseinrichtung ist die Datenreduktion im laufenden Betrieb. Diese Datenreduktion erfolgt in unmittelbarer Nähe des Sensors.

Der vollständige Gesamtprozess besteht aus Signalverarbeitungs-, Signalanalyse- und Klassifikationsprozessen. Standardverfahren der Signalverarbeitung sind in der Regel Elemente des Verarbeitungsprozesses. Beispiele für mögliche und gewünschte Funktionen sind:

- Datenreduktion am Zeitsignal durch Berechnung charakteristischer Größen (Leistung, Streuung, Amplitudenhistogramme, Einhüllende usw.)
- Verarbeitungsfunktionen am Zeitsignal, wie digitale Filterung o. ä.
- Datenreduktion durch Transformation innerhalb des Frequenzbereichs und eine weitere anschließende Nachverarbeitung im Frequenzbereich (Spektren, Kreuzspektrum, Kohärenz usw.)

Die dargestellten Funktionen sind erste Operationen zur Datenreduktion. Die Ergebnisse bilden Merkmale im Sinn einer nachfolgenden Bewertung und Auswertung der Messdaten. Diese weitere Auswertung ist im Sinn der Mustererkennung immer eine Klassifikationsaufgabe, deren Aufgabenstellung man häufig im Merkmalraum darstellt.

Der Mechatroniker ordnet z. B. im Fall der Zustandsüberwachung von Anlagen oder Maschinen das Messergebnis einer von drei Klassen zu, wie „Betrieb o. k.", „Wartung nötig" oder „Alarm". Dabei sind noch automatisch ablaufende Klassifikationsverfahren möglich. Der Einsatz automatischer, trainierbarer Systeme kann in vielen Fällen entscheidende Vorteile und Vereinfachungen bieten. Die Realisierung automatischer Klassifikatoren ist eine Aufgabenstellung aus der Mustererkennung. In der Praxis stehen unterschiedliche Lösungsansätze zur Verfügung.

Der Sinn einer Schwachstellen-Analyse liegt darin, die Fehlerhäufigkeit von Anlagen und Betriebsmitteln zu reduzieren. Fehler treten fast immer nur an Schwachstellen auf, die meist nach Erstinbetriebnahme oder nach längerer Betriebsphase (nach Ablauf der Garantie) bemerkt werden. Sie können auftreten bzw. entstehen, wenn

- die Anlage bzw. das Betriebsmittel der Beanspruchung nicht standhält
- man während des Betriebs in Überlast fährt
- die Anlage unzureichend dimensioniert wurde
- unzureichende Instandhaltungsmethoden angewendet werden
- erkennbare Schäden nicht früh genug behoben werden

Die Planung der Instandhaltung ist bei Anlagen mit einer Laufzeit rund um die Uhr (24-Stunden-Betrieb) sorgfältig vorzunehmen. Vor der Planung sollte man die Anlage bereits auf Schwachstellen untersucht haben. Treten während des Betriebs Fehler auf, so sind die fehlerhaften Teile entsprechend vorzumerken. Ist das betreffende Teil häufiger defekt, kann es notwendig sein, die Analyse dieser Schwachstelle mit dem Anlagen- bzw. Betriebsmittelhersteller zu besprechen.

2 Grundlagen der Elektrotechnik

In diesem Buch werden die Grundlagen der Elektrotechnik erklärt. Mit Hilfe von Simulationen lassen sich alle Rechenergebnisse überprüfen. Damit ergibt sich ein direkter Bezug zwischen Theorie und praktischer Anwendung. Nach der Installation des Programms erscheint im Bildschirm des PC-Systems die Benutzeroberfläche von MultiSIM, wie **Bild 2.1** zeigt. Das Schaltungsfenster wird standardmäßig mit schwarzem Hintergrund dargestellt. Bei diesem Buch wird jedoch ein weißer Hintergrund verwendet.

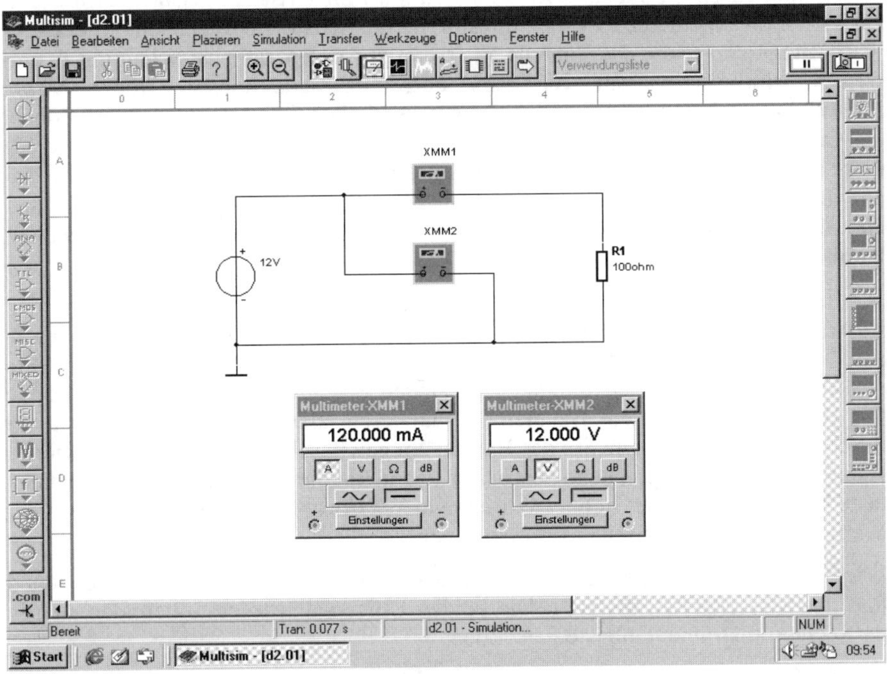

Bild 2.1 Schaltungsfenster und Messschaltung zur Simulation der Grundlagen der Elektrotechnik

Das Schaltungsfenster des Simulators ist in mehrere Menüs (oberster Balken) unterteilt, wie das in allen Windows-Anwendungen der Fall ist. Die System-Symbolleiste (zweite Zeile) enthält Schaltflächen für die allgemeinen Funktionen wie Öffnen oder Speichern, Drucken, Zoom für Vergrößern (+) und Verkleinern (–) der Schaltfläche usw. Auf der linken vertikalen Symbolleiste sind 14 Schaltflächen für die

Symbole dargestellt, den zentralen Elementen für diesen Simulator. Dadurch ist ein einfacher und schneller Zugriff auf alle wichtigen Bauelemente möglich. Auf der rechten vertikalen Symbolleiste befinden sich die Schaltflächen der einzelnen Messgeräte, wobei elf leistungsfähige Instrumente zur Verfügung stehen. Oben rechts hat man den Schalter zum Starten und Beenden der Simulation.

In der Mitte befindet sich das Schaltungsfenster, in dem bereits eine Schaltung aufgebaut ist. Um eine neue Schaltung zu beginnen, starten Sie MultiSIM. Es öffnet sich automatisch ein leeres Schaltungsfenster (ein Schaltplan), in dem Sie arbeiten können. Das Erscheinungsfenster (Farbe, Größe, usw.) basiert auf den Standard-Einstellungen. Sie lassen sich jederzeit nach Ihren Vorstellungen und Wünschen ändern.

Standardmäßig ist die Bauteil-Symbolleiste auf der linken Seite des Bildschirms sichtbar. Sollte dies nicht der Fall sein, klicken Sie die Schaltfläche „Bauteil" in der Entwurfs-Symbolleiste an. Die Bauteile, die benötigt werden, um eine Schaltung zu entwerfen, sind in logische Gruppen eingeteilt. Jede dieser Gruppen bzw. Bauteilbibliotheken wird durch eine entsprechende Schaltfläche repräsentiert. Sobald der Cursor durch die Maus über eine dieser Schaltflächen positioniert wird und Sie diese anklicken, erscheint die übereinstimmende Bauteilbibliothek, die eine Schaltfläche für jede Komponenten-Familie enthält. Wenn Sie den Cursor auf einer Schaltfläche platzieren und die linke Maustaste anklicken, öffnet sich diese Komponenten-Familie.

Ist die Komponenten-Familie (Bauteilbibliothek) geöffnet, positionieren Sie den Cursor auf dem gewünschten Bauteil und klicken dieses an. Das Bauteil ist selektiert und „hängt" damit am Cursor. Dieser verändert sofort sein Aussehen. Wenn Sie das Bauelement in das Schaltungsfenster ziehen, erscheint ein Schattenbild, das den Ort zeigt, an dem sich das Bauelement platzieren lässt. Bewegen Sie den Cursor durch die Maus und setzen Sie das Bauteil am gewünschten Ort ab. Ein selektiertes Bauteil lässt sich entsprechend bearbeiten, wenn Sie die linke oder die rechte Maustaste betätigen. Es öffnet sich jeweils ein anderes Einstellfenster für die Eingabe der Werte bzw. für die grafischen Informationen.

Wie Sie aus Bild 2.1 erkennen, wurden eine Gleichspannungsquelle, ein Widerstand und das Massesymbol platziert. Die beiden Universalmessgeräte befinden sich in der rechten Instrumentenleiste ganz oben.

Um die Gleichspannungsquelle, die beiden Messgeräte und den Widerstand zu verdrahten, müssen die einzelnen Bauteile häufig gedreht werden. Um z. B. einen Widerstand zu drehen, sind folgende Schritte auszuführen:

- Den Widerstand mit der rechten Maustaste anklicken, und ein Pop-Up-Menü erscheint.
- Aus dem Menü „90° nach links drehen" wählen, und der Widerstand wird um 90° nach links gedreht.

Dieser Vorgang ist bei allen Bauteilen möglich. MultiSIM fügt jedem Bauteil einen Wert und einen Bezeichner zu. Für jedes Symbol lässt sich eine bestimmte Farbe für die Darstellung wählen, und Sie können jederzeit die Farbe eines Symbols ändern. Um den Bezeichner eines einzelnen Bauteils zu ändern, gehen Sie folgendermaßen vor:

- Selektieren Sie das Bauteilsymbol mit einem Doppel-Klick und es erscheint das Einstellfenster für die Eigenschaften des Bauteils
- Klicken Sie auf das Register „Bezeichner" und geben Sie den gewünschten Text ein bzw. ändern diesen ab. Der Bezeichner kann nur aus Buchstaben und Zahlen bestehen, d.h., es dürfen keine speziellen Zeichen oder Leerzeichen verwendet werden.

Um die Farbe eines einzelnen Bauteils (Symbol) oder eine Verbindungslinie zu ändern, führen Sie einen Klick mit der rechten Maustaste auf dessen Symbol aus und wählen Sie aus dem Pop-Up-Menü „Farbe" und anschließend die gewünschte Farbe aus dem Dialog. Farbänderungen einer individuellen Komponente sind anders als das Ändern des Farbschemas des gesamten Schaltkreises oder von Standardeinstellungen unter Optionen/Eigenschaften.

Nachdem die drei Bauelemente (Gleichspannungsquelle, Widerstand und Massesymbol) und die beiden Messinstrumente platziert worden sind, beginnt man mit der Verdrahtung. Jedes Bauteil hat entsprechende Anschlusspins, die sich untereinander verbinden lassen. In MultiSIM lässt sich die Verdrahtung automatisch oder manuell ausführen. Die automatische Verdrahtung verbindet zwei Anschlüsse miteinander. Hierbei wird die kürzeste Verbindung ermittelt. Die automatische Verdrahtung vermeidet die Leitungsführung durch Bauteilsymbole oder überlappende Leitungen. Bei der manuellen Verdrahtung verfügen Sie über die komplette Kontrolle der Leitungsführung innerhalb der Schaltung. Sie können auch beide Methoden kombinieren. Die automatische Verdrahtung erfüllt die meisten Anforderungen, die bei der Verdrahtung benötigt werden.

2.1 Arbeiten mit Messinstrumenten

Elektrische und elektronische Bauelemente und Schaltungen können nur durch Messungen auf Funktionalität und Eigenschaften geprüft werden. Kenntnisse über den grundsätzlichen Aufbau und die Funktion von Zeigerinstrumenten (analoge Messgeräte) wie Spannungs-, Strom- und Widerstandsmesser sind daher immer von größter Wichtigkeit. Beim Simulationsprogramm sind keine analogen Zeigerinstrumente mit einer Skala vorhanden, sondern digitale Messgeräte.

2.1.1 Virtuelle Standard-Messgeräte

Zur Analyse der aufgebauten Schaltungen stellt MultiSIM eine Reihe von Instrumenten zur Verfügung, die in Aussehen und Funktionalität mit den realen Instrumenten in einem herkömmlichen Labor vergleichbar sind. Durch die virtuellen Messgeräte ergibt sich eine Art von Mensch–Maschine–Schnittstelle. Dem Anwender von MultiSIM stehen Messgeräte zur Verfügung, die normalerweise nur im technisch-wissenschaftlichen Labor zu finden sind. Wenn Sie ein Messgeräte-Symbol in der horizontalen Leiste anklicken, können Sie das Messinstrument in die Schaltfläche ziehen. Insgesamt stehen elf Messgeräte zur Verfügung. Damit ergeben sich optimale Messmöglichkeiten für die Analyse eines schaltungstechnischen Problems.

Das Multimeter ermöglicht die Messung von Strom (in A), Spannung (in V), Widerstand (in Ω) und Dämpfung (in dB) von Gleichstrom- (DC) und Wechselstromsignalen (AC). Alle internen Eigenschaften wie etwa die Innenwiderstände lassen sich verändern. Mit dem Multimeter (Vielfach-Messgerät) können Sie Gleich- oder Wechselstrom, Gleich- oder Wechselspannung, Widerstand und Dämpfungsfaktor zwischen zwei Punkten innerhalb einer Schaltung messen. Da das Multimeter eine automatische Messbereichsumschaltung (Autorange) enthält, ist es nicht erforderlich, einen Messbereich anzugeben. Innenwiderstand und Messstrom sind auf annähernd ideale Werte voreingestellt und lassen sich durch Klicken auf „Einstellungen" jederzeit ändern.

Mit der Strommessung lässt sich der Strom durch die Schaltung an einem Knoten messen. Klicken Sie auf „A" und dann auf Wechsel- oder Gleichstrom. Das Multimeter muss hierzu wie ein reales Amperemeter in Reihe mit der Last geschaltet werden. Um den Strom an einem anderen Punkt in der Schaltung zu messen, müssen Sie das Multimeter neu in Serie anschließen und die Schaltung erneut aktivieren. Beim Einsatz des Multimeters als Amperemeter ist dessen Innenwiderstand sehr klein. Mit der Schaltfläche „Einstellungen" können Sie diesen Widerstandswert entsprechend ändern.

Mit der Spannungsmessung können Sie die Spannung zwischen zwei Punkten messen. Klicken Sie auf „V" und schließen Sie das Voltmeter parallel zur Last an. Nachdem die Schaltung aktiviert wurde, können Sie die Voltmeteranschlüsse beliebig verschieben, um die Spannung zwischen weiteren Punkten zu messen. Beim Einsatz des Multimeters als Voltmeter ist dessen Innenwiderstand sehr hoch (1 MΩ). Klicken Sie auf die Schaltfläche „Einstellungen", lässt sich dieser Widerstandswert entsprechend ändern.

Durch die Widerstandsmessung kann man einen Widerstand zwischen zwei Punkten messen. Die Messpunkte und alles, was zwischen den Messpunkten liegt, wird als Netzwerk bezeichnet. Um ein genaues Messergebnis zu erzielen, stellen Sie sicher, dass

- sich keine Quelle im Netzwerk befindet
- ein Bauteil oder Netzwerk mit Masse verbunden ist
- ein Multimeter auf DC eingestellt ist
- kein anderes Bauteil parallel mit dem zu messenden Bauteil oder Netzwerk geschaltet ist.

Das Ohmmeter erzeugt für die angeschlossenen Bauteile einen Messstrom von 1 mA. Sie können ihn über die Schaltfläche „Einstellungen“ ändern. Nachdem Sie das Ohmmeter an andere Messpunkte angeschlossen haben, müssen Sie die Schaltung erneut aktivieren, um eine Anzeige zu erhalten.

Mit der Dezibelmessung können Sie den Dämpfungsfaktor zwischen zwei Punkten in einer Schaltung messen. Die Standardbasis für die Dezibelmessung ist auf 1 V voreingestellt. Dieser Wert lässt sich über die Schaltfläche „Einstellungen“ ändern. Der Dämpfungsfaktor wird wie folgt berechnet:

$$a_{dB} = 20 \cdot \log \frac{U_1}{U_2}$$

Wichtig bei der Messung von Strom und Spannung ist die Einstellung der Stromart. Mit der AC-Schaltfläche kann man die Effektivspannung oder den Effektivstrom eines Wechselspannungssignals messen. Die eventuell im Signal vorhandenen DC-Anteile werden unterdrückt, sodass nur der AC-Signalanteil gemessen wird. Mit der DC-Schaltfläche wird der Strom- oder Spannungswert eines DC-Signals gemessen.

Um die Effektivspannung U in einer Schaltung mit AC- und DC-Anteilen zu messen, schließen Sie ein AC-Voltmeter und zusätzlich ein DC-Voltmeter zwischen den zu messenden Knoten an. Berechnen Sie die Effektivspannung mit

$$U = \sqrt{U_{DC}^2 + U_{AC}^2}$$

Dies ist keine allgemein gültige Gleichung, sie wird aber im Simulator verwendet.

Ein Multimeter innerhalb einer Schaltung, das sich nicht auf den gesamten Schaltungsbereich auswirkt, bezeichnet man als ideal. Im Voltbereich ist ein unendlich hoher Innenwiderstand vorhanden, damit kein Strom durch das Messgerät hindurchfließt. Der Innenwiderstand eines Amperemeters hat einen Wert von $R_i = 0\ \Omega$, und es fällt daher auch keine Spannung ab. Da diese Eigenschaften in der Praxis nicht erreichbar sind, weichen alle Messergebnisse immer von den theoretischen bzw. rechnerischen Werten einer Schaltung ab.

Das Multimeter des Simulators ist ein reales Messgerät. Die voreingestellten Werte sind so weit an die Idealwerte angenähert, dass die Software fast ideale Messergebnisse erzielt. Bei Sonderfällen können Sie das Messgeräteverhalten jederzeit ändern, indem Sie die zur Modellierung des Multimeters verwendeten Werte nach Ihren Vorstellungen einstellen. Die Werte müssen jedoch immer größer als 0 sein!

Um die Multimeter-Einstellungen anzuzeigen, klicken Sie auf die Schaltfläche „Einstellungen“. Damit ergeben sich die Einstellungen in **Tabelle 2.1**.

Wichtig! **Ein sehr niedriger Amperemeter-Shunt-Widerstand in einer hochohmigen Schaltung kann zu mathematischen Rundungsfehlern führen.**

Formelzeichen	Multimeter-Einstellungen	Standard	Wertebereich
R	Amperemeter-Shunt-Widerstand	1 Ω	pΩ bis Ω
R	Voltmeter-Innenwiderstand	1 GΩ	Ω bis TΩ
I	Ohmmeter-Messstrom	10 µA	µA bis kA
U	Dezibel-Standard	1 V	µV bis kV

Tabelle 2.1 Einstellbereiche des Multimeters

Der Funktionsgenerator ist ein wichtiges Gerät zur Erzeugung von Sinus-, Dreieck- und Rechtecksignalen mit Frequenzen zwischen 0,1 Hz und 999 MHz. Die Amplitude lässt sich von 0,01 µV bis 999 kV einstellen. Mit Hilfe des Tastverhältnisses kann man die unterschiedlichen Anstiegs- und Abfallzeiten der Sägezahnsignale und die Impulsdauer bzw. die Impulspause für Rechtecksequenzen erzeugen. Die Offset-Vorgabe ermöglicht das Anheben bzw. Absenken der Nulllinie des Signals. Für das Rechtecksignal können außerdem die Flankenzeiten exakt spezifiziert werden.

Mit dem Funktionsgenerator werden die Schaltungen einfach und praxisgerecht mit Signalspannung bzw. -frequenz versorgt. Die Signalform lässt sich ändern, und Frequenz, Amplitude und Tastverhältnis kann man entsprechend einstellen. Der Frequenzbereich des Funktionsgenerators ist so groß, dass nicht nur normale Signalwerte der analogen und digitalen Schaltungstechnik, sondern auch Audio- und Radiofrequenzen erzeugt werden können.

Der Funktionsgenerator hat drei Anschlüsse, über die die Signale in die Schaltung eingespeist werden. Der Anschluss „Masse“ stellt den Bezugspegel für das Signal bereit. Wenn die Masse den Bezug für ein Signal bilden soll, verbinden Sie den Anschluss „Masse“ mit dem Bauteil „Masse“. Der positive Anschluss speist eine hinsichtlich des Bezugsanschlusses in positiver Richtung verlaufende Kurvenform ein. Der negative Anschluss liefert eine entsprechend in negativer Richtung verlaufende Kurvenform.

Um eine Kurvenform zu wählen, klicken Sie auf die entsprechende Sinus-, Dreieck- oder Rechteckschaltfläche. Das Tastverhältnis von Dreieck- und Rechtecksignal können Sie zwischen 1 % und 99 % ändern. Mit dieser Option stellen Sie das Verhältnis aus ansteigendem zum abfallenden Kurventeil (Dreiecksignal) bzw. vom positiven zum negativen Impulsanteil (Rechtecksignal) ein. Die Tastverhältniseinstellung wirkt sich jedoch nicht auf ein Sinussignal aus. Über das Schaltfeld „Frequenz“ verändern Sie die Periodenanzahl je Sekunde des vom Funktionsgenerator erzeugten Signals zwischen 0,1 Hz und 999 MHz.

Über das Schaltfeld „Amplitude“ bestimmen Sie den Betrag der Signalspannung vom Nulldurchgang bis zum Spitzenwert. Wenn die Einspeisungspunkte der Schaltung mit dem Anschluss „Masse“ und dem positiven oder negativen Anschluss des Funktionsgenerators verbunden sind, beträgt der Spitze-Spitze-Wert das Zweifache der Amplitude. Wenn das Ausgangssignal dagegen über negativen und positiven Anschluss eingespeist wird, beträgt der Spitze-Spitze-Wert das Vierfache der Amplitude.

Über das Schaltfeld „Offset" lässt sich der Gleichspannungspegel, der den Nulldurchgang für das Signal bildet, verschieben. Bei einem Offset von 0 alterniert die Signalkurve um die x-Achse des Oszilloskops (vorausgesetzt, dessen y-Position ist auf 0 eingestellt). Ein positiver Offsetwert verschiebt die Kurve nach oben, ein negativer nach unten. Der Offsetwert hat die Einheit, die für die Amplitude eingestellt wurde.

Um eine elektrische Leistung zu messen, werden die zu messenden Spannungspunkte und der Stromzweig an den Leistungsmesser (Wattmeter) angeschlossen. Bei Wechselstromgrößen werden Wirkleistung P und Leistungsfaktor cos φ direkt angezeigt. Mit diesen Werten lassen sich Schein- und Blindleistung berechnen.

2.1.2 Virtuelle Labormessgeräte

Unter einem Labormessgerät versteht man beispielsweise ein Oszilloskop. In MultiSIM ist ein analoges Oszilloskop vorhanden, wie man es in der Praxis kennt. Der fundamentale Unterschied zwischen einem digitalen Speicheroszilloskop und einem analogen Oszilloskop besteht in der Art der Speicherung. Bei einem digitalen Speicheroszilloskop werden die Daten der beiden Signalkurven durch einen Analog-Digital-Wandler in digitale Informationen umgesetzt, zwischengespeichert und dann über einen Digital-Analog-Wandler erst wieder im Bildschirm sichtbar. Durch diese Zwischenspeicherung lassen sich die gemessenen Werte jederzeit betrachten, auch wenn das Signal nicht mehr vorhanden ist. Mit dem Oszilloskop des Simulators sind beide Oszilloskoptypen möglich, wie noch gezeigt wird.

Das Oszilloskop hat zwei Kanäle mit einem Zeitbereich von 0,1 ns/DIV bis 1 s/DIV und einer Eingangsempfindlichkeit von 10 µV/DIV bis 5 kV/DIV. Alle Einstellungen entsprechen einem „realen" Oszilloskop: Zeitbasis, Eingangsempfindlichkeit, Triggerfunktionen usw. Zwei Messcursor und eine direkte Messwertanzeige vereinfachen die Auswertung der Messergebnisse, wie das auch bei einem digitalen Speicheroszilloskop der Fall ist.

Nachdem die Schaltung aktiviert wurde und das Schaltungsverhalten simuliert ist, zeigt das Oszilloskop die Signale an den Messpunkten automatisch an. Sie können sowohl während als auch nach der Simulation eine Feinabstimmung der Oszilloskopeinstellungen vornehmen. Auch in diesem Fall stellt das Oszilloskop die Signale automatisch neu dar.

Wenn Sie die Oszilloskopeinstellungen oder Analyseoptionen so ändern, dass mehrere Details angezeigt werden, erscheinen die Kurven möglicherweise unregelmäßig oder zerhackt. Aktivieren Sie in einem solchen Fall die Schaltung erneut. Sie können die Signalgenauigkeit auch deutlich verbessern, indem Sie die Simulationszeitschritte erhöhen. Wählen Sie hierzu das Register „Instrumente" aus dem Dialogfeld „Analyse/Analyse-Optionen".

Die Zeitbasis lässt sich von 0,10 ns/DIV bis 1 s/DIV einstellen. Mit den Zeitbasiswerten wird die Skalierung der horizontalen x-Achse des Oszilloskops bei der Darstellung des Betrags über der Zeit (*Y/T*) eingestellt. Um eine sinnvolle Darstellung zu erhalten, stellen Sie die Zeitbasis umgekehrt proportional zur Frequenz des Funktionsgenerators oder der AC-Quelle in der Schaltung ein, d. h., je höher die Frequenz, desto kleiner ist die Zeitbasis einzustellen – wie beim realen Oszilloskop. Wenn Sie beispielsweise eine Periode eines 1-kHz-Signals darstellen wollen, sollte die Zeitbasis 0,1 ms betragen. Für die Darstellung einer 10-kHz-Periode müssen Sie für die Zeitbasis 0,01 ms einstellen.

Die *X*-Position lässt sich zwischen –5,00 bis +5,00 einstellen. Dieser Wert legt den Signalstartpunkt auf der *x*-Achse fest. Bei der *X*-Position 0 beginnt die Signaldarstellung am linken Bildschirmrand. Ein positiver Wert verschiebt den Startpunkt nach rechts, während ein negativer Wert den Startpunkt nach links verschiebt.

Beim Darstellungsmodus sind drei Möglichkeiten vorhanden: *Y/T*, *A/B* und *B/A*. Mit der Betriebsart *Y/T* wird der Betrag über der Zeit und ein Kanal über dem anderen Kanal (*A/B* oder *B/A*) dargestellt. Mit Modus *A/B* oder *B/A* lassen sich Frequenz- und Phasenlagen (Lissajous-Figuren) oder Hystereseschleifen darstellen. Wenn Sie das Eingangssignal von Kanal *A* mit dem von Kanal *B* vergleichen (*A/B*), bestimmt die Einstellung von „Volt pro Teilstrich" für Kanal *B* die Skalierung der *x*-Achse. Bei *B/A* ist es umgekehrt.

Wollen Sie eine Signalkurve genauer untersuchen, klicken Sie im Register „Instrumente" des Dialogfelds „Schaltung/Analyse-Optionen" auf „Pause nach jedem Bildschirm" oder wählen Sie „Analyse/Pause". In beiden Fällen können Sie die Simulation fortsetzen, indem Sie „Analyse/Fortsetzen" wählen oder die Funktionstaste F9 drücken.

Der Anschluss des Oszilloskops an Masse ist nicht erforderlich, wenn die Schaltung, in der simuliert und gemessen wird, bereits mit Masse verbunden ist.

Um Messen zu können, benötigt man die Einstellung der beiden *Y*-Kanäle. Sie ist zwischen 0,01 mV/DIV und 5 kV/DIV möglich. Mit dieser Einstellung wird die Skalierung der *y*-Achse festgelegt. In den Darstellungsmodi *A/B* und *B/A* bestimmt dieser Wert auch die Skalierung der *x*-Achse. Passen Sie die Skalierung an die angenommene Eingangsspannung des Kanals an, um sinnvolle Anzeigen zu erhalten. Beispielsweise füllt ein AC-Signal mit einer Spannung von 3 V den Oszilloskop-Bildschirm vertikal aus, wenn die *y*-Achse auf 1 V/DIV eingestellt ist. Wenn Sie den Wert für V/DIV erhöhen, wird die Kurve kleiner dargestellt. Wenn Sie den Wert verringern, erscheint die Kurve oben bzw. unten abgeschnitten.

Mit der Einstellung der *Y*-Position wird der Startpunkt des Signals nach der Triggerung auf der *y*-Achse festgelegt. Die *Y*-Position lässt sich zwischen –3,00 und +3,00 einstellen. Bei der *Y*-Position von 0,00 beginnt die Signalkurve im Schnittpunkt mit der *x*-Achse. Wenn die *Y*-Position auf 1,00 erhöht wird, verschiebt sich der Nullpunkt (Startpunkt) auf den ersten Teilstrich oberhalb der *x*-Achse. Eine Verringerung der *Y*-Position auf –1,00 verschiebt den Nullpunkt zum ersten Teilstrich unterhalb der *x*-Achse.

Der Vergleich der beiden Signale für die Kanäle *A* und *B* lässt sich erleichtern, indem der Wert für die *Y*-Position geändert wird. Messen Sie zwei identische Kurvenformen mit gleichen *Y*-Positionswerten für die Kanäle *A* und *B*, entsteht der Eindruck am Bildschirm, dass nur ein Signal vorhanden ist. Nach Erhöhung des *Y*-Positionswerts für Kanal *A* und Verringerung für Kanal *B* sind die beiden Kurven nun deutlich voneinander getrennt.

Das Eingangssignal wird über die Anschlussbuchse dem Oszilloskop zugeführt. Wichtig ist hier die wählbare Eingangskopplung über die Schalterstellungen für „AC", „0" und „DC". In Stellung „AC" wird nur der AC-Anteil des Signals dargestellt. Diese Einstellung erzielt die gleiche Wirkung wie ein mit der Messeingangsleitung in Reihe geschalteter Kondensator. Wie bei einem realen Oszilloskop mit AC-Eingangskopplung ist die Anzeige der ersten Periode nicht korrekt. Während der ersten Periode wird der DC-Anteil des Signals berechnet und erst dann automatisch unterdrückt, sodass die nachfolgenden Perioden korrekt angezeigt werden.

In Stellung „DC" der Eingangskopplung wird das vollständige Signal (Summe aus AC- und DC-Anteil) angezeigt. Die Einstellung „0" führt zu einer geraden Bezugslinie durch den Startpunkt, der durch den *Y*-Positionswert vorgegeben ist.

Mit den Triggereinstellungen legen Sie fest, wie und wann die Kurvendarstellung auf dem Bildschirm des Oszilloskops ausgelöst wird. Damit durch die Triggerung die Anzeige mit der positiven Flanke bzw. dem ansteigenden Signal beginnt, klicken Sie auf das Symbol „Steigende Flanke". Soll die Anzeige mit der negativen Flanke bzw. dem abfallenden Signal beginnen, klicken Sie auf das Symbol „Fallende Flanke".

Der Triggerpegel ist der Punkt auf der *y*-Achse des Oszilloskops, den das Signal durchlaufen muss, damit die Aufzeichnung für die Anzeige ausgelöst wird. Der Triggerpegel lässt sich zwischen –3,00 (unterer Bildschirmrand) und +3,00 (oberer Bildschirmrand) einstellen. Bei einer steigungslosen bzw. flankenlosen Signalform wird der Triggerpegel nicht durchlaufen. Zur Anzeige eines solchen Signals muss für das Triggersignal „AUTO" eingestellt werden.

Triggern lässt sich intern über das Signal an Kanal *A* oder Kanal *B* oder extern über ein Signal am externen Triggeranschluss. Diesen Anschluss finden Sie auf dem Symbol des Oszilloskops unter dem Masseanschluss. Wenn Sie ein lineares/flankenloses Signal messen wollen oder wenn Signale schnellstmöglich dargestellt werden sollen, stellen Sie immer „AUTO" ein.

Ein Bode-Plotter ermöglicht die Darstellung des Frequenzgangs als Phasendiagramm oder Betragsdiagramm mit logarithmischer oder linearer Achsenskalierung. Zur Analyse stehen ein Cursor und eine direkte Messdatenanzeige zur Verfügung. Der Bode-Plotter erzeugt ein Diagramm des Frequenzverhaltens einer Schaltung und ist nützlich für die Analyse von aktiven und passiven Filterschaltungen. Es können Spannungsverstärkung und Phasenlage eines Signals gemessen werden. Damit lässt sich ein Frequenzspektrum analysieren.

Der Bode-Plotter erzeugt Frequenzen, die einen vorgegebenen Frequenzbereich abdecken. Die Frequenz von AC-Quellen in der Schaltung wirkt sich in keiner Weise auf den Bode-Plotter aus, es muss jedoch mindestens eine AC-Quelle in der Schaltung vorhanden sein. Diese AC-Quelle hat aber keinen Einfluss auf Simulation und Messung, d. h., die AC-Quelle dient nur als Stimulus für den Simulator.

Anfangswert *I* (Initial) und Endwert *F* (Final) sind für horizontale und vertikale Skala auf den Minimal- bzw. Maximalwert voreingestellt. Diese Werte lassen sich ändern, um das Diagramm mit einer anderen Skala anzeigen zu können. Wenn Sie nach Abschluss einer Simulation die Skala oder die Skalierungsbasis ändern, kann es erforderlich sein, die Schaltung erneut zu aktivieren, um das Diagramm mit höherer Detailtreue neu zeichnen zu lassen. Wenn Sie den Bode-Plotter an andere Messpunkte anschließen (umklemmen), sollten Sie die Schaltung stets erneut aktivieren, damit korrekte Ergebnisse angezeigt werden.

Wollen Sie Betrag und Phase messen, müssen Sie eines der beiden Felder anklicken. Wählen Sie „Betrag", um die Spannungsverstärkung (in Dezibel) zwischen den beiden Anschlusspunkten *U*+ und *U*– zu messen. Wählen Sie „Phase", wird die Phasenverschiebung (in Grad) zwischen zwei Punkten gemessen. Sowohl Spannungsverstärkung als auch Phasenverschiebung werden über die Frequenz (in Hz) im Fenster dargestellt.

Sind *U*+ und *U*– einzelne Punkte in einer Schaltung, gilt:

- Verbinden Sie den positiven Anschluss „Ein" und den positiven Anschluss „Aus" mit den Verbindungspunkten *U*+ und *U*–
- Verbinden Sie die negativen Anschlüsse „Ein" und „Aus" mit Masse

Wenn *U*+ oder *U*– den Betrag oder die Phase über einem Bauteil darstellen, schließen Sie die beiden Ein-Anschlüsse oder beide Aus-Anschlüsse parallel zum Bauteil an.

Die logarithmische Skalierung wird verwendet, wenn sich die zu vergleichenden Werte in einem sehr großen Wertebereich befinden. Das ist bei der Analyse des Frequenzverhaltens der Regelfall. Der Dezibelwert für die Dämpfung eines Signals wird beispielsweise wie folgt berechnet:

$$a_{\mathrm{dB}} = 20 \cdot \log \frac{U_1}{U_2}$$

Sie können von der logarithmischen (LOG) zur linearen (LIN) Basis umschalten, ohne die Schaltung erneut zu aktivieren. Definitionsgemäß gilt jedoch nur ein logarithmisches Diagramm als Bode-Diagramm.

Die horizontale bzw. *x*-Achse gibt stets die Frequenz wieder. Der Frequenzbereich lässt sich zwischen 1,0 mHz und 10,0 GHz einstellen. Die Skala wird von den vorgegebenen Werten für *I* (Anfangswert) und *F* (Endwert) festgelegt. Aufgrund des großen Frequenzbereichs, der für Analysen des Frequenzverhaltens charakteristisch ist, wird in der Regel eine logarithmische Skaleneinteilung verwendet.

Einheit und Skalierung für die vertikale Achse hängen von der gemessenen Größe und der gewählten Basis ab. Die Parameter sind in **Tabelle 2.2** zusammengestellt.

Gemessene Größe	**Basis**	**Minimaler Anfangswert**	**Maximaler Endwert**
Betrag (Spannungsverstärkung)	logarithmisch	–200 dB	200 dB
Betrag (Spannungsverstärkung)	linear	0	$1 \cdot 10^{9}$ *
Phase	logarithmisch	–720°	720°
Phase	linear	–720°	720°

Tabelle 2.2 Einheiten und Wertebereiche für die vertikale Achse des Bode-Plotters (* im Programm erscheint 10 e +9)

Bei Messung der Spannungsverstärkung gibt die vertikale Achse das Verhältnis der Ausgangs- zur Eingangsspannung der Schaltung an. Bei logarithmischer Skala wird der Betrag in der Einheit „Dezibel" angegeben. Bei linearer Skala gibt die vertikale Achse das Verhältnis der Ausgangs- zur Eingangsspannung wieder. Bei Messung der Phase findet man auf der vertikalen Achse den Phasenwinkel in Grad. Anfangswert I und Endwert F können Sie ungeachtet der Einheit mit den Steuerelementen des Bode-Plotters einstellen.

Sie können für einen beliebigen Diagrammpunkt den Wert der Frequenz, des Betrags oder der Phasenlage anzeigen lassen, indem Sie den vertikalen Cursor an den gewünschten Punkt verschieben. Der vertikale Cursor befindet sich anfangs am linken Rand des Bode-Plotter-Bildschirms. Um ihn zu verschieben,

- klicken Sie auf die Pfeile unten im Bode-Plotter
- ziehen Sie den vertikalen Cursor vom linken Rand des Bode-Plotter-Bildschirms zu dem zu messenden Punkt der Kennlinie.

Betrag oder Phase und Frequenz im Schnittpunkt des vertikalen Cursors mit der Kennlinie werden in den Feldern neben den Pfeilen angezeigt.

Der Klirrfaktor ist ein Maß für die Verzerrungen einer Sinusschwingung durch Oberwellen. Das Klirrfaktor-Messgerät ermöglicht die direkte Messung des Gesamtklirrfaktors THD (Total Harmonic Distortion) nach IEEE oder ANSI/CSA/IEC/DIN 45500 in Prozent oder Dezibel. Um den Störabstand SINAD (Signal Noise and Distortion) in Dezibel zu messen, steht ein zweiter Betriebsmodus zur Verfügung. Der Frequenzbereich erstreckt sich von 20 Hz bis 20 kHz.

Der Klirrfaktor wird bei elektroakustischen Verstärkern anstelle des Linearitätsfehlers angegeben. Gemessen wird bei Nennleistung und verschiedenen Frequenzen. Dazu bildet man die geometrische Summe aller auftretenden und herausgefilterten Oberwellen U_{12}, U_{13}, U_{14} usw. und setzt sie zur Gesamtausgangsspannung $U_{\mathrm{a\,ges}}$ ins Verhältnis

$$k = \frac{\sqrt{U_{12}^2 + U_{13}^2 + U_{14}^2 + \ldots}}{U_{\mathrm{a\,ges}}} \cdot 100\ \%$$

2.1.3 Virtuelle Labormessgeräte für die Digitaltechnik

Analoge Oszilloskope bzw. digitale Speicheroszilloskope müssen Wechsel- und Signalspannungen jeder Art messen können. Im Gegensatz hierzu muss ein Logik-Analysator nur 0- und 1-Signale erfassen. Während ein Oszilloskop nur zwei Eingänge hat, verfügt der simulierte Logik-Analysator über 16 separate Eingänge, die an die entsprechenden Signalleitungen einer digitalen Schaltung angeschlossen werden.

Der Logik-Analysator stellt 16 Signale in ihrem zeitlichen Verlauf (Impulsdiagramm) dar. Gleichzeitig werden die an den Eingängen anstehenden Wörter direkt als Binär- und Hexadezimalzahlen angezeigt. Der Logik-Analysator lässt sich extern oder intern auf bestimmte Bitmuster oder automatisch triggern. Zwei Messcursor ermöglichen eine einfache Analyse der aufgezeichneten Signale.

Die 16 Anschlüsse an der linken Seite des Symbols entsprechen den Anschlüssen und Zeilen im Instrumentenfenster. Nach der Aktivierung zeichnet der Logik-Analysator nur die digitalen Werte der Eingangssignale an den Anschlüssen auf. Wird das Triggersignal erkannt, zeigt der Logik-Analysator die Pre- und Post-Triggerdaten an. Daten werden als Rechteckkurven über der Zeit dargestellt. In der obersten Zeile werden die Werte für Kanal 0 (in der Messpraxis das erste Bit in einem Digitalwort) angezeigt, in der nächsten Zeile die Werte für Kanal 1 usw. Der binäre Wert jedes Bits im aktuellen Wort wird in den Anschlüssen am linken Rand des Instrumentenfensters angezeigt.

Um die Anzahl der Samples vor und nach der Triggerung anzugeben, wählen Sie das Register „Instrumente“ des Dialogfelds „Analyse/Analyse-Optionen“. Der Logik-Analysator speichert so lange Daten, bis die Pre-Triggeranzahl von Samples erreicht ist. Dann werden die neu erscheinenden Samples abgelegt, bis das Triggersignal erkannt wird. Nach dem Triggersignal werden Samples bis zum Wert der Post-Trigger-Samples gespeichert.

Um die Schwellenspannung für die Triggerung zu ändern, wählen Sie aus dem Register „Instrumente“ das Dialogfeld „Analyse/Analyse-Optionen“ für die Einstellungen aus.

Um bei nicht getriggertem Logik-Analysator gespeicherte Daten auszugeben, klicken Sie auf „Stop“. Ist der Logik-Analysator bereits getriggert und zeigt Daten an, wirkt die „Stop“-Funktion nicht. Um die Anzeige des Logik-Analysators zu löschen, klicken Sie auf „Reset“.

Der Takt gibt vor, wann der Logik-Analysator ein Eingangs-Sample zu lesen hat. Er kann intern erzeugt werden oder liegt extern an und lässt sich folgendermaßen einstellen:

- Klicken Sie auf „Einstellen“ im Bereich „Takt“ des Logik-Analysators; es erscheint das Dialogfeld „Takt-Setup“
- Wählen Sie Taktflanke „Positiv“ oder „Negativ“
- Wählen Sie Taktmodus „Extern“ oder „Intern“
- Klicken Sie auf „Akzeptieren“.

Der „Taktkennzeichner“ ist ein Eingangssignal, das das Taktsignal filtert. Ein auf *x* eingestellter Taktkennzeichner ist deaktiviert, und das Taktsignal bestimmt, wann Samples gelesen werden. Bei Einstellung 1 oder 0 werden die Samples nur gelesen, wenn das Taktsignal mit dem gewählten Kennzeichnersignal übereinstimmt.

Für die Triggerung können Sie Wörter oder Wortkombinationen eingeben, nach deren Lesen der Logik-Analysator ausgelöst wird. So geben Sie bis zu drei Wörter oder Wortkombinationen ein:

- Klicken Sie auf „Einstellungen“ im Feld „Trigger“ des Logik-Analysators
- Klicken Sie in das Feld A, B oder C und geben Sie ein binäres Wort ein. Ein *x* bedeutet entweder 1 oder 0
- Klicken Sie in das Feld „Trigger-Kombinationen“ und wählen Sie aus den acht Kombinationen
- Klicken Sie auf „Akzeptieren“.

Die folgenden acht Trigger-Kombinationen stehen zur Verfügung:

A

A OR B

A OR B OR C

A THEN B

(A OR B) THEN C

A THEN (B OR C)

A THEN B THEN C

A THEN (B WITHOUT C)

Der Trigger-Kennzeichner ist ein Eingangssignal, der das Triggersignal filtert. Ein auf *x* eingestellter Kennzeichner ist deaktiviert, und das Triggersignal bestimmt, wann der Logik-Analysator getriggert wird. Bei den Einstellungen 1 oder 0 wird der Logik-Analysator nur getriggert, wenn das Triggersignal mit dem gewählten Trigger-Kennzeichner übereinstimmt.

Der Bitmuster-Generator kann vom Anwender frei mit bis zu 65 536 32-Bit-Wörtern innerhalb einer Tabelle programmiert werden. Die Tabelle wird schrittweise, kontinuierlich oder einmalig ausgegeben, wobei sich auch Unterbrechungspunkte (Breakpoints) definieren lassen. Die gesamte Tabelle kann in einer Datei gespeichert und später wieder geladen werden. Zusätzlich können Sie vordefinierte Funktionen, wie Zähler (Vor- bzw. Rückwärtsbetrieb) und Schieberegister (Links- oder Rechtsbetrieb) erzeugen. Die einzelnen Wörter können binär, hexadezimal oder über ASCII-Zeichen definiert werden.

Links vom Dialogfeld des Bitmuster-Generators werden Zeilen im 8-stelligen Format für hexadezimale Werte angezeigt. Die Werte liegen im Bereich von 0000 0000 bis FFFF FFFF. Jede Zeile repräsentiert ein binäres 32-Bit-Wort. Nach der Aktivierung des Generators wird eine Bitzelle parallel an den entsprechenden Ausgang am unteren Generatorrand mit den Kanälen 0 (rechter Anschluss) bis 31 (linker Anschluss) ausgegeben.

Um einen Bit-Wert im Bitmuster-Generator zu ändern, sind folgende Möglichkeiten vorhanden:

- Geben Sie die 32-Bit-Zahl in das Feld „Binär" ein; hierdurch wird die hexadezimale Zahl geändert
- Ändern Sie die 8-Zeichen-Hexadezimalzahl im Hex-Feld. Hierzu verwenden Sie die Bildlaufleiste, die Pfeiltasten oder die Taste „Bild nach unten" bzw. „Bild nach oben"
- Geben Sie die äquivalenten ASCII-Zeichen in das Feld „ASCII" ein.

Bei der Übertragung jedes Bitmusters erscheint der jeweilige Bitwert in den Kreisen, die den Ausgangsanschluss am unteren Generatorrand repräsentieren.

Wenn Sie auf das Schaltfeld „Muster" klicken", erscheint ein Dialogfeld für den Bitmuster-Generator. Sie können zwischen folgenden Betriebsarten wählen:

- Setzt alle Bitmuster auf 0000 0000 zurück
- Öffnet gespeicherte Bitmuster-Dateien
- Speichert das aktuelle Bitmuster als Datei
- Erstellt fortlaufende Muster, die sich um 1 erhöhen (Aufwärtszähler) oder um 1 verringern (Abwärtszähler)
- Erstellt fortlaufende Muster, bei denen die resultierenden binären Wörter um eine Stelle nach links (Schieberegister links) oder nach rechts (Schieberegister rechts) geschoben werden.

Der Bitmuster-Generator wird wie folgt gesteuert:

- zyklisch, d. h., der Generator gibt einen kontinuierlichen Bitmusterstrom aus
- als Tabelle, d. h., er gibt alle Wörter von der Anfangs- bis zur Endadresse in einem Strom aus
- Schritt, d. h., er gibt ein Wort nur einmal aus
- Haltepunkt (Breakpoint), d. h., er unterbricht den Ausgangsstrom bei ausgewählten Wörtern.

Die Realisierung mehrerer Unterbrechungen ist möglich. Sie wirken sich sowohl auf die zyklische als auch auf die tabellarische Steuerung aus.

Adressiert wird über vier Felder:

- Bearbeiten: Anzeigefeld für die Adresse des im Hex-Feld markierten Werts
- Aktuell: Anzeigefeld für die Adresse des aktuell vom Bitmuster-Generator ausgegebenen Werts
- Start: Eingabefeld für die Adresse des anzugebenden Anfangswerts
- Ende: Eingabefeld für die Adresse des anzugebenden Endwerts

Der Bitmuster-Generator lässt sich über einen externen Eingang triggern oder führt die Triggerung automatisch durch, wenn die Schaltfläche „Intern" aktiviert ist. Für das Triggern kann man zwischen der steigenden und der fallenden Signalflanke wählen.

Über die Schaltfläche „Daten bereit" wird der Schaltung signalisiert, dass die Daten des Bitmuster-Generators für die externe Logik bereitstehen. An diesem Ausgang wird die externe Logik angesteuert und freigegeben.

Über die Schaltfläche „Frequenz" stellen Sie die Taktfrequenz des Bitmuster-Generators in Hz, kHz oder MHz ein. Jedes Bitmuster steht an den Ausgangsanschlüssen für die Dauer eines Taktzyklus bereit.

Mit dem Logik-Konverter können die einzelnen Darstellungsformen einer digitalen Schaltung untereinander konvertiert werden. Der Logik-Konverter ist ein virtuelles, also kein reales Messinstrument. Mit ihm kann man eine Wahrheitstabelle oder einen booleschen Ausdruck aus einem Schaltplan ableiten. Umgekehrt ist der Logik-Konverter in der Lage, eine Wahrheitstabelle oder einen booleschen Ausdruck in eine digitale Schaltung umzusetzen.

Mit einem Logik-Konverter können Sie eine Schaltung in eine Wahrheitstabelle umsetzen:

- Verbinden Sie die Eingangsanschlüsse des Logik-Konverters mit bis zu acht Eingangspunkten in der Schaltung
- Verbinden Sie den einzigen Ausgang der Schaltung mit dem Ausgangsanschluss des Logik-Konverter-Symbols
- Klicken Sie auf die Schaltfläche „Schaltung in Wahrheitstabelle" (oberes Symbol in der Konvertierung)

Die Wahrheitstabelle für die Schaltung erscheint in der Anzeige des Logik-Konverters.

Beim Erstellen einer Wahrheitstabelle müssen Sie folgendermaßen vorgehen:

- Klicken Sie auf die gewünschte Eingangskanalanzahl (von A bis H) oben im Logik-Konverter-Fenster. Der Anzeigebereich unterhalb der Anschlüsse wird mit den erforderlichen Kombinationen von 1- und 0-Signal aufgefüllt, um die Eingangsbedingungen zu erfüllen. Die Werte in der Ausgangsspalte auf der rechten Seite sind anfangs auf 0 eingestellt.
- Bearbeiten Sie die Ausgangsspalte, um den gewünschten Ausgangswert für alle Eingangsbedingungen anzugeben.

Um einen Ausgangswert zu ändern, markieren Sie diesen und geben einen neuen Wert ein: 1, 0 oder *x*. Mit *x* wird angezeigt, dass sowohl 1 als auch 0 zulässig ist. In diesem Fall tritt eine „don't-care"-Bedingung auf.

Um eine Wahrheitstabelle in einen booleschen Ausdruck umzuwandeln, klicken Sie auf die Schaltfläche „Wahrheitstabelle mit Booleschem Ausdruck" (2.Schaltfläche). Der boolesche Ausdruck wird unten im Logik-Konverter angezeigt.

Um eine Wahrheitstabelle in einen vereinfachten booleschen Ausdruck umzuwandeln oder einen vorhandenen booleschen Ausdruck zu vereinfachen, klicken Sie auf die Schaltfläche „Vereinfachen“ (3.Schaltfläche). Die Ausdrücke werden mit der Quine-McCluskey-Methode vereinfacht und nicht mit der bekannten Karnaugh-Methode. Ein Karnaugh-Diagramm eignet sich nur für wenige Variable und erfordert eine Entscheidung über den sinnvollsten Ansatz für die Zusammenfassung. Das Quine-McCluskey-Verfahren ist dagegen für beliebig viele Variable anwendbar, jedoch ungeeignet für die Berechnung von Hand bzw. durch das grafische Verfahren nach dem Karnaugh-Diagramm.

Ein boolescher Ausdruck kann in das Feld unten im Logik-Konverter-Fenster eingegeben werden. Dazu muss man die Summenproduktionsnotation oder die Produktsummennotation verwenden. Um einen booleschen Ausdruck in eine Wahrheitstabelle zu konvertieren, klickt man zuerst auf die Schaltfläche „Boolescher Ausdruck in Wahrheitstabelle“ (4.Schaltfläche). Um einen booleschen Ausdruck in eine Schaltung zu konvertieren, klicken Sie auf die Schaltfläche „Boolescher Ausdruck in Schaltung“ (5.Schaltfläche).

Die Logik-Gatter, die den booleschen Ausdruck ergeben, erscheinen daraufhin im Schaltungsfenster. Die Gatter sind bereits markiert, sodass Sie diese an einen anderen Ort im Schaltungsfenster verschieben oder in einem Makro ablegen können. Sie können die Markierung aufheben, indem Sie an eine freie Stelle im Schaltungsfenster klicken.

Um den booleschen Ausdruck in eine Schaltung umzuwandeln, die ausschließlich aus NAND-Gattern aufgebaut ist, klicken Sie auf die Schaltfläche „Boolescher Ausdruck in NAND“ (6.Schaltfläche).

2.1.4 Virtuelle Analysemessgeräte

Eine der wichtigsten Messaufgaben in der Nachrichtentechnik ist die Betrachtung von Signalen im entsprechenden Frequenzbereich. Die hierzu benötigten Spektrum-Analysatoren gehören darum zu den vielseitigsten und meistverbreiteten Messgeräten in der HF-Technik. Mit Frequenzbereichen bis zu 40 GHz und darüber werden sie in nahezu allen Anwendungen der drahtlosen sowie drahtgebundenen Nachrichtenübertragung in Entwicklung, Fertigung, Installation und Wartung eingesetzt. Neben Parametern wie Eigenrauschanzeige, Dynamik und Frequenzbereich lassen sich auch Messungen im Zeitbereich durchführen.

Der Netzwerk-Analysator simuliert die realen Instrumente HP8751A bzw. HP8753E von Hewlett Packard. Für Konstruktion bzw. Analyse von höherfrequenten Schaltungen ist ein derartiges Instrument unentbehrlich. Diverse Zusatzfunktionen wie Netzwerkanpassung und RF-Charakterisierer (RF: Radio Frequency) erweitern die Einsatzmöglichkeiten des Netzwerk-Analysators.

Im Standard-Betriebsmodus (Messung) können die Vierpolparameter einer Schaltung in Hybridform (H), Leitwertform (Y), Widerstandsform (Z) und als S-Parameter (Reflektions- und Transmissions-Koeffizienten) dargestellt werden. Zusätzlich lässt sich der Stabilitätsfaktor der Schaltung analysieren. Zur Darstellung der Messergebnisse stehen das Smith-Kreisdiagramm, die Ortskurven-Darstellung und Standard-Diagramme zur Verfügung. Alle Daten lassen sich über eine Export-Funktion in ASCII-Dateien speichern.

Der RF-Charakterisierer-Modus ermöglicht die Untersuchung von RF-Schaltungen bezüglich Leistungsverstärkung, Spannungsverstärkung sowie Ein- und Ausgangsimpedanzen.

Zu Netzwerkanpassung und -analyse steht ein weiterer Modus zur Verfügung. Er verfügt über eine grafische Vierpol-Konfiguration der Ein- und Ausgangsbeschaltung (Impedanzanpassung) sowie über die Spezifikation und Analyse der Stabilitätskreise und nichtreziproken Verstärkerkreise.

Neben dem Oszilloskop ist der Spektrum-Analysator zum wichtigsten Messgerät in der Elektronik geworden. Er stellt ein zeitlich veränderliches Signal als Funktion der Frequenz (Spektrum) dar. Anhand dieser Signaldarstellung kann das gemessene Signal sowohl qualitativ als auch quantitativ untersucht werden. Bis zu einer Bandbreite von 4 GHz deckt der Spektrum-Analysator den gesamten Bereich von der NF- bis zur HF-Technik ab. Verschiedene Skalierungs- und Darstellungsmöglichkeiten sowie Triggerfunktionen runden die Funktionalität dieses Messgeräts ab.

2.2 Strom, Spannung und Widerstand

In der Elektrotechnik und Elektronik wird mit den unterschiedlichsten Strom- und Spannungsarten gearbeitet; die Wichtigsten sollen daher zunächst erläutert werden. Dazu sei erwähnt, dass unter Stromart allgemein der zeitliche Verlauf sowohl des Stroms als auch der Spannung zu verstehen ist.

2.2.1 Gleichspannung

Unter Gleichstrom (DC, *direct current*) versteht man eine Stromart, bei der die Augenblickswerte für Strom und Spannung zeitlich konstant sind, d. h. gleich bleibende Stromrichtung. Man spricht auch dann von Gleichstrom oder Gleichspannung, wenn kleine, aber unwesentliche Schwankungen überlagert sind oder wenn infolge von Belastungsschwankungen Änderungen der an sich konstanten Größe auftreten.

Durch Anklicken der ersten Schaltfläche in der Bauteilsymbolleiste öffnet sich ein Fenster mit 30 verschiedenen Spannungs-, Strom-, Funktions- und Spezialquellen für die Simulation.

In **Bild 2.2** sind die Schaltsymbole für Gleichspannungsquellen und Gleichstromquellen gezeigt, die Sie in der Quellen-Bauteilbibliothek finden. Der Gleichspannungsquelle können Sie Werte im Bereich von µV (Mikrovolt) bis kV (Kilovolt)

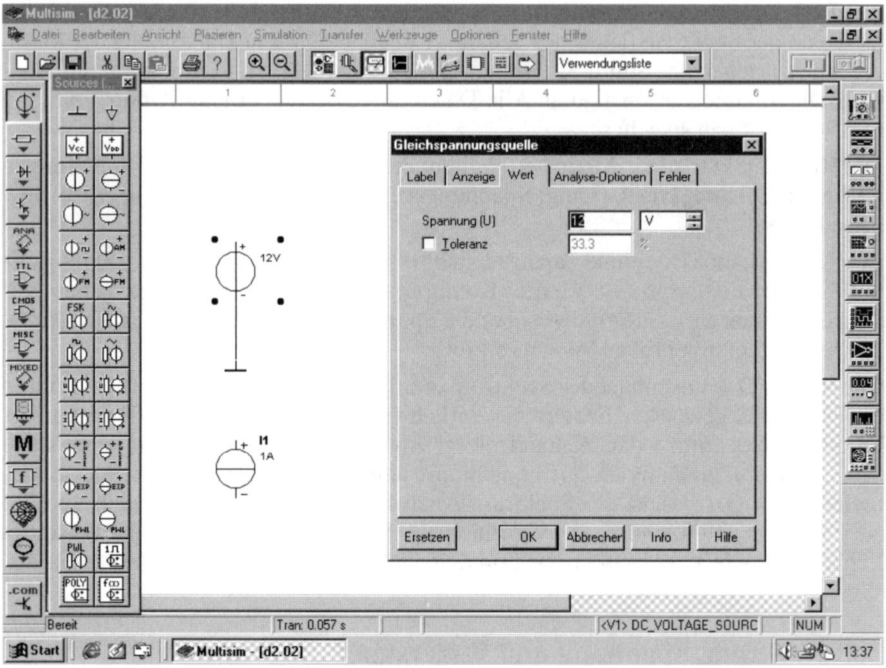

Bild 2.2 Schaltsymbole für Gleichspannungsquellen (auf 12 V eingestellt) und Gleichstromquellen (auf 1 A eingestellt). Durch einen Doppelklick auf das Schaltsymbol erhalten Sie das Einstellfenster für die Eigenschaften der Gleichspannungsquelle

zuweisen. Der Wert muss nur größer null sein. Der von der Gleichstromquelle erzeugte Strom kann im Bereich von µA (Mikroampere) bis kA (Kiloampere) eingestellt werden.

Klicken Sie das Symbol für die Gleichspannungsquelle an, erhalten Sie ein Fenster für folgende Einstellungen:

- Label: Klicken Sie dieses Feld an, kommen Sie zur internen Datenbank des Simulators, wenn Sie dann noch das Feld Ersetzen anklicken. Außerdem lassen sich die Referenz-ID-Bezeichnung und der Bezeichner entsprechend ändern, ähnlich der Einstellung der Anzeige in der nächsten Schaltfläche.
- Anzeige: In diesem Register geben Sie die Bauteilbezeichner und die Bauteilbezugsnummer ein oder ändern diese. Objekte wie Verbindungspunkte, Massesystem und Instrumente haben keine Bezugsnummern und lassen sich daher nicht ändern. Sie können festlegen, ob die Bezeichner und Bezugsnummern der Schaltungen im Schaltungsfenster angezeigt werden sollen oder nicht. Verwenden Sie hierzu im Dialogfeld „Schaltung/Schaltplanoptionen" das Register „Ein-/Ausblenden". Bezugsnummern werden vom System zugewiesen, um ein Bauteil ein-

deutig zu identifizieren. Falls erforderlich, können Sie diese Nummern ändern, sie müssen jedoch immer eindeutig sein. Bezugsnummern lassen sich nicht löschen.

- Wert: Dieses Register enthält bauteilspezifische Felder. Hier legen Sie den Wert des Bauteils fest, d. h. in unserem Fall eine Gleichspannung von 12 V. Wenn Sie die Pfeile (sie zeigen nach oben bzw. unten) neben der Größeneinheit V anklicken, erhöhen Sie die Größeneinheit auf kV (Kilovolt), oder verringern Sie diesen wieder auf V und weiter auf mV (Millivolt) bzw. μV (Mikrovolt). Sie können fest legen, ob die Werte im Schaltungsfenster angezeigt werden sollen. Verwenden Sie hierzu im Dialogfeld „Schaltung/Schaltplanoptionen" das Register „Ein-/Ausblenden".
- Analyse-Optionen: Hier stellt man die Werte für drei Analyse-Operationen ein, die dann über Simulation und Analyse abgerufen werden. Hierbei lässt sich sehr schnell erkennen, welche Möglichkeiten diese Simulation bietet.
- Fehler: Mit diesem Register können Sie einem Bauteil einen Fehler an dessen Anschlüssen zuweisen wie
  - Streuverluste: Schaltet einen Widerstand parallel zu dem Bauteil, dessen Anschlüsse markiert sind. Den Widerstandswert geben Sie im entsprechenden Feld ein. Durch den Leckstrom, der durch den Widerstand fließt, wird der Streuverlust eines Bauteils simuliert.
  - Kurzschluss: Definiert einen sehr geringen Widerstand zwischen zwei Anschlüssen, sodass das Bauteil keinen messbaren Einfluss auf die Schaltung hat.
  - Offen: Weist einem Anschluss einen sehr hohen Widerstand zu, so, als ob die Leitung, die zu diesem Anschluss führt, unterbrochen wäre.
  - Keine: Bauteil hat keinen Fehler und arbeitet ordnungsgemäß.
- Anzeige: Wenn Sie dieses Register aktivieren, werden die Anzeigeoptionen des Registers „Ein-/Ausblenden" im Dialogfeld „Schaltung/Schaltplanoptionen" verwendet. Wenn Sie die erste Option „Bezeichner einblenden" aktivieren, sind die hier festgelegten Anzeigeoptionen gültig.
- Analyse-Optionen: Aktivieren Sie dieses Register, wird die unter „Analyse/Analyse-Optionen" eingestellte Temperatur verwendet. Falls dieses Register deaktiviert ist, wird die hier angegebene Temperatur verwendet.

Die zeitabhängigen Größen von Gleichspannung und Gleichstrom werden durch die Formelzeichen U_{-} bzw. I_{-} gekennzeichnet. Ist keine Verwechslung möglich, schreibt man U bzw. I.

Das Bauteil „Masse" (erste Zeile, linkes Symbol) bildet den Massebezugspunkt in einer Schaltung (elektrisch und mathematisch null). Sie können beliebig viele Massesymbole innerhalb einer Schaltung verwenden. Alle Anschlüsse, die mit Masse verbunden werden, bilden einen gemeinsamen Punkt und verhalten sich so, als wären sie miteinander verbunden. Nicht alle Schaltungen müssen für die Simulation an Masse angeschlossen sein. Schaltungen, die einen Operationsverstärker, einen Transformator, eine gesteuerte Spannungs- bzw. Stromquelle oder ein Oszilloskop enthalten, müssen jedoch an Masse angeschlossen werden. Wird eine solche Schaltung nicht oder nicht richtig (auch dann, wenn eigentlich kein Masseanschluss erforderlich ist) an Masse angeschlossen, kann der Simulator die Schaltung möglicherweise nicht richtig berechnen. Falls die Schaltung dennoch simuliert wird, erhält man fehlerhafte Ergebnisse.

2.2.2 Wechselspannung

Der Wechselstrom (AC, *alternating current*) verläuft periodisch, d. h., es ist ein in regelmäßigen Zeitabständen im gleichen Verlauf wiederkehrender Strom (bzw. eine Spannung) wechselnder Richtung, aber beliebiger Kurvenform. Der lineare Mittelwert ist null, d. h., die Summe aller positiven und negativen Augenblickswerte einer Periode ergibt den Wert null. Sonderfall: Sinuswechselstrom bzw. Sinuswechselspannung.

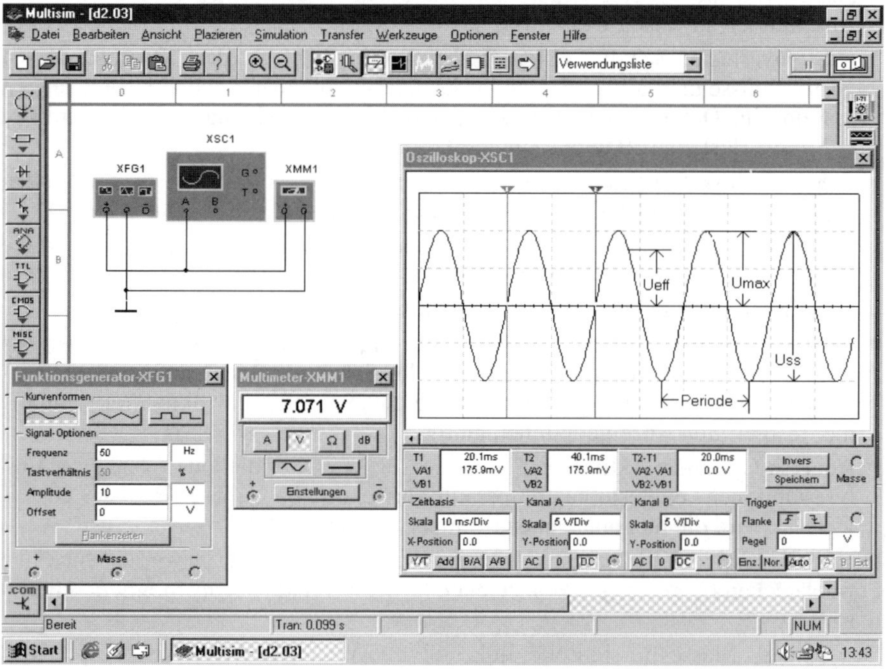

Bild 2.3 Aufbau und Einstellmöglichkeiten für Funktionsgenerator, Multimeter und Oszilloskop

Der Funktionsgenerator in **Bild 2.3** ist eine Spannungsquelle, die Sinus-, Dreieck- und Rechtecksignale erzeugen kann. Mit diesem Generator werden die Schaltungen einfach und praxisgerecht mit Spannung versorgt. Die Signalform kann geändert werden; Frequenz, Amplitude und Tastverhältnis lassen sich einstellen. Die Frequenzbereiche des Funktionsgenerators sind so groß, dass sich nicht nur normale Spannungssignale, sondern auch Audio-, Radio- und TV-Frequenzen erzeugen lassen.

Der Funktionsgenerator hat drei Anschlüsse, über die die Signale in die angeschlossene Schaltung eingespeist werden. Der Anschluss „Common" wirkt als Bezugspotential für das entsprechende Signal. Der positive Anschluss (+) speist eine, bezogen auf den Bezugsanschluss (Masse), in positiver Richtung verlaufende Kurvenform ein. Der negative Anschluss (–) erzeugt eine entsprechend in negativer Richtung verlaufende Kurvenform, bezogen immer auf Masse.

Um eine Kurvenform zu wählen, klicken Sie auf die dafür vorgesehene Sinus-, Dreieck- oder Rechteckschaltfläche. Das Tastverhältnis können Sie entsprechend für die Dreieck- oder Rechtecksignale zwischen 1 % und 99 % ändern.

Mit der Schaltfläche „Frequency" bestimmen Sie die Anzahl der Perioden je Sekunde der vom Funktionsgenerator erzeugten Frequenz in einem Bereich von 1 Hz bis 999 MHz. Das Tastverhältnis lässt sich über die Schaltfläche „Duty cycle" zwischen 1 % und 99 % einstellen. Mit dieser Option stellen Sie das Verhältnis vom steigenden zum fallenden Kurvenanteil (Dreiecksignal) bzw. vom positiven zum negativen Kurvenanteil (Rechtecksignal) ein. Die Einstellung des Tastverhältnisses wirkt sich aber nicht auf das Sinussignal aus.

Über die Schaltfläche „Amplitude" wird der Betrag der Signalspannung vom Nulldurchgang bis zum Spitzenwert eingestellt. Sind die Einspeisungspunkte der Schaltung mit dem Anschluss „Common" und mit dem positiven bzw. negativen Anschluss des Funktionsgenerators verbunden, beträgt der Spitze-Spitze-Wert das Zweifache der Amplitude. Wird das Ausgangssignal dagegen über negativen und positiven Anschluss eingespeist, beträgt der Spitze-Spitze-Wert das Vierfache der Amplitude.

Mit der Schaltfläche „Offset" verschiebt man den Gleichspannungspegel, der den Nulldurchgang für die Signalspannung bildet. Der einstellbare Bereich liegt zwischen –999 kV und +999 kV. Bei einem Offset (Abgleich) von 0 alterniert (wechselt) die Signalkurve um die x-Achse des Oszilloskops (vorausgesetzt, dessen Y-Position ist auf 0 eingestellt). Ein positiver Offsetwert verschiebt die Signalspannung nach oben, ein negativer nach unten. Der Offsetwert hat die Einheit, die für die Amplitude eingestellt wurde.

Das Zweikanal-Oszilloskop zeigt die Betrags- und Frequenzverläufe elektrischer Spannungssignale an. Man kann die Amplitude eines oder zweier Spannungssignale zeitabhängig darstellen, und der Vergleich der beiden Spannungssignale miteinander ist möglich.

Nachdem die Schaltung über den Schalter (oben rechts) aktiviert und das Schaltungsverhalten simuliert wurde, können Sie die Anschlüsse des Oszilloskops an andere Messpunkte innerhalb der Schaltung anschließen. Das Oszilloskop zeigt die Spannungssignale an den neuen Messpunkten automatisch an. Sie können sowohl während als auch nach der Simulation eine Feinabstimmung der Einstellungen am Oszilloskop vornehmen. Auch in diesem Fall stellt das Oszilloskop die Signale automatisch neu dar. Wenn Sie sich mit der Messung nicht sicher sind, starten Sie bitte nochmals die Simulation.

Falls Sie die Oszilloskopeinstellungen oder Analyseoptionen so ändern, dass mehr Details angezeigt werden, erscheinen die Spannungskurven möglicherweise unregelmäßig oder zerhackt. Aktivieren Sie in einem solchen Fall die Simulation der Schaltung erneut.

Im Oszilloskopfenster sehen Sie die sinusförmigen Wechselspannungen mit den vier wichtigsten Werten:

- $U_{eff} = U$: Bei einem Zeigermessinstrument wird immer der effektive Spannungswert angezeigt. In der gesamten Elektrotechnik und Elektronik rechnet man mit diesem Wert, und steht in einer Formel „U", so handelt es sich stets um den Effektivwert der Spannung. Der Funktionsgenerator gibt eine Spannung von $U_{max} = 10$ V aus. Daher zeigt das Multimeter einen Effektivwert von $U = 7{,}071$ V an, denn $10\ \text{V} \cdot 1/\sqrt{2} = 7{,}071$ V.
- U_{max}: Multipliziert man den Effektivwert mit $\sqrt{2} = 1{,}41$, erhält man die maximale Spannung. Der Maximalwert hat zwei Divisionen oder zwei Teilstriche in vertikaler Richtung. Damit ergibt sich $U_{max} = 2\ \text{Div} \cdot 5\ \text{V/Div} = 10$ V. Wenn man den Maximalwert durch $\sqrt{2}$ dividiert, erhält man den Effektivwert von $U = 7{,}07$ V.
- U_{ss}: Mit dem Oszilloskop misst man immer die Spitze-Spitze-Spannung. Am Bildschirm lassen sich vier Divisionen oder vier Teilstriche in vertikaler Richtung ablesen. Das ergibt für $U_{ss} = 4\ \text{Div} \cdot 5\ \text{V/Div} = 20$ V. Wenn man U_{ss} durch 2 dividiert, ergibt sich $U_{max} = 10$ V. Dividiert man U_{max} durch $\sqrt{2}$, erhält man den Effektivwert von $U = 7{,}07$ V. Bei sinusförmiger Wechselspannung arbeitet man mit diesen drei Werten. Damit lässt sich folgender Zusammenhang feststellen:

  $$U_{eff} = U = 0{,}707 \cdot U_{max}$$

  $$U_{max} = \frac{U_{ss}}{2}$$

  $$U_{eff} = U = \frac{0{,}707}{2} \cdot U_{ss}$$

  $$U_{eff} = U = 0{,}3535 \cdot U_{ss}$$

- Periode: Zur Beurteilung von Wechselspannungsvorgängen ist es oft vorteilhaft, nur einen bestimmten Teil einer Periode oder auch mehrere Perioden nebeneinander auf dem Bildschirm zu betrachten. Mit Hilfe des Zeitbasisschalters an der Frontseite des Oszilloskops sind diese Möglichkeiten gegeben. Der Einfluss unterschiedlicher Zeitbasiseinstellungen auf dem Bildschirm eines periodischen Vorgangs wird für die Messung der Periode verwendet. Eine Periode hat die Zeitdauer „T". Damit berechnet sich die Frequenz zu

  $$f = \frac{1}{T}$$

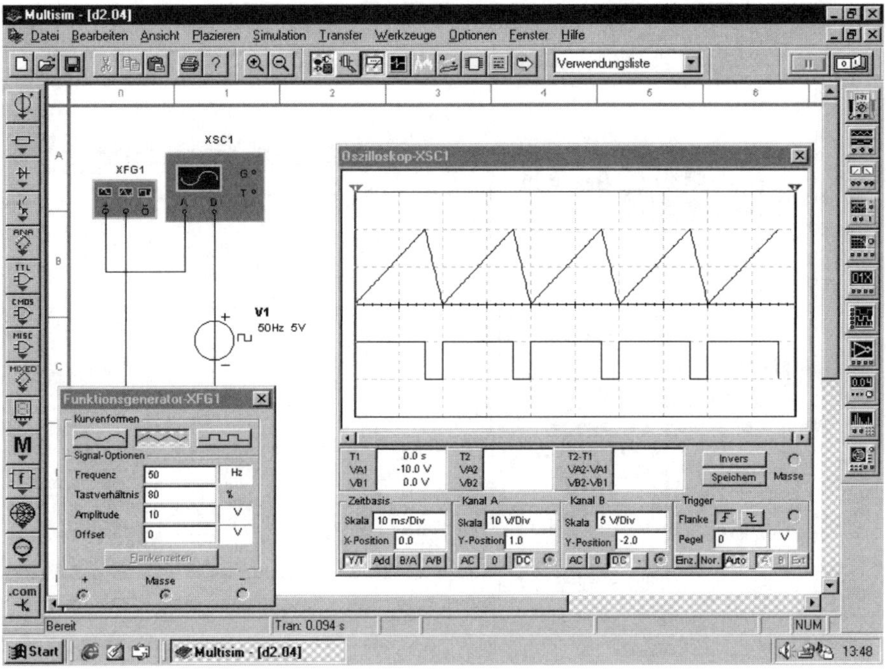

Bild 2.4 Messen einer unsymmetrischen Dreieckspannung und einer unsymmetrischen Rechteckspannung

Der Bildschirm des Oszilloskops ist in mehrere Fenster aufgeteilt. Im linken Fenster werden die Werte für den vertikalen Cursor 1 angezeigt. Im mittleren Fenster stellt man dagegen den Wert für den vertikalen Cursor 2 ein. Die Differenz zwischen Wert des vertikalen Cursors 2 und Wert des Cursors 1 wird im rechten Fenster angezeigt. Zwischen den beiden Messpunkten ergibt sich eine Differenz von $t = 20$ ms, was einer Frequenz von 50 Hz entspricht. Klicken Sie die Schaltfläche „Save“ an, lassen sich die Ergebnisse in einer ASCII-Datei speichern.

Bild 2.4 zeigt einen Funktionsgenerator, der eine unsymmetrische Dreieckspannung erzeugt, denn das Tastverhältnis wurde auf 80 % eingestellt. Für die Simulation wurde aus der Quellen-Bauteilbibliothek ein spezieller Taktgenerator aufgerufen. Er erzeugt ein Rechtecksignal, wobei Frequenz und Tastverhältnis ebenfalls einstellbar sind. Arbeitet man mit einem Tastverhältnis über oder unter 50 %, ist eine unsymmetrische Rechteckspannung mit einer Ausgangsspannung von +5 V vorhanden. Eine Offset-Verschiebung ist weder in den positiven noch in den negativen Bereich möglich.

Durch die unterschiedliche Verschiebung der *Y*-Position beim Zweikanal-Oszilloskop wird die unsymmetrische Dreieckspannung um 1.00 in positiver Richtung angehoben und bei der unsymmetrischen Rechteckspannung um –2.00 abgesenkt.

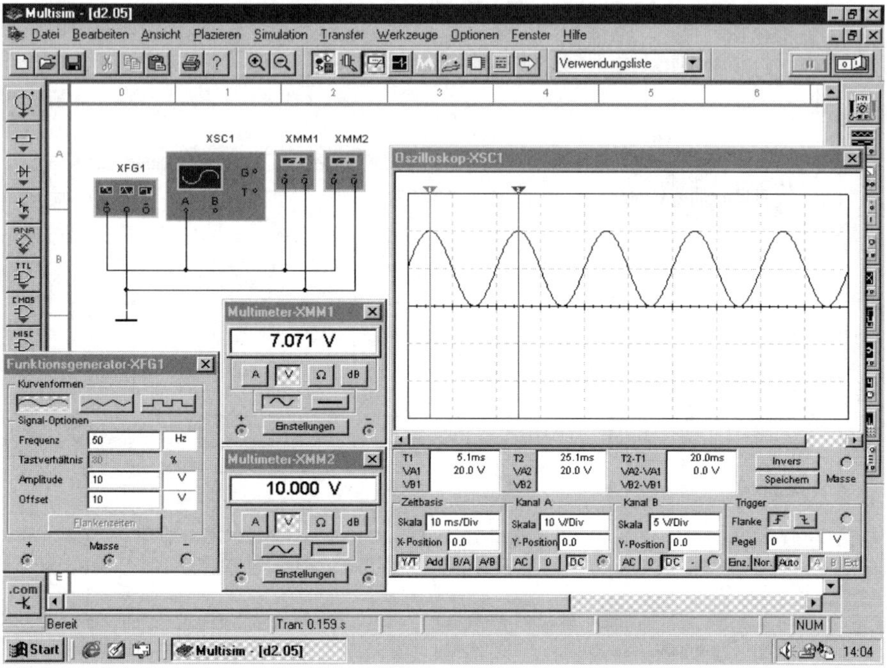

Bild 2.5 Erzeugen und Messen einer überlagerten Wechselspannung. Das Messgerät für die Wechselspannung zeigt einen Effektivwert von 7,071 V an, das Messgerät für die Gleichspannung zeigt $U = 10$ V

Verändert man beim Funktionsgenerator die Schaltfläche „Offset", lässt sich der Gleichspannungsteil für die Signalspannung in positiver Richtung anheben oder in negativer Richtung absenken. In **Bild 2.5** wurde die Wechselspannung mit einer Amplitude von 10 V mit einer Gleichspannung von 10 V angehoben. Damit ergibt sich eine überlagerte Wechselspannung, d. h., die Wechselspannung ist einer Gleichspannung überlagert.

2.2.3 Messungen mit dem Voltmeter

Für Messungen in Elektrotechnik und Elektronik verwendet man entweder Zeigermessgeräte mit eingebautem Drehspulmesswerk, oder man setzt digitale Messgeräte ein. Bei der Simulation sind keine Zeigermessgeräte vorhanden, sondern digitale Messgeräte. Die Messschaltung wird in mehreren Schritten aufgebaut.

Für die Messung mit dem Voltmeter werden zuerst eine Gleichspannungsquelle und ein Widerstand benötigt, wie die Schaltung von **Bild 2.6** zeigt. Gleichspannungsquelle und Masse werden aus der Quellen-Bauteilbibliothek in die Schaltplanfläche gezogen. Den Widerstand finden Sie in der Basis-Bauteilbibliothek (Widerstands-

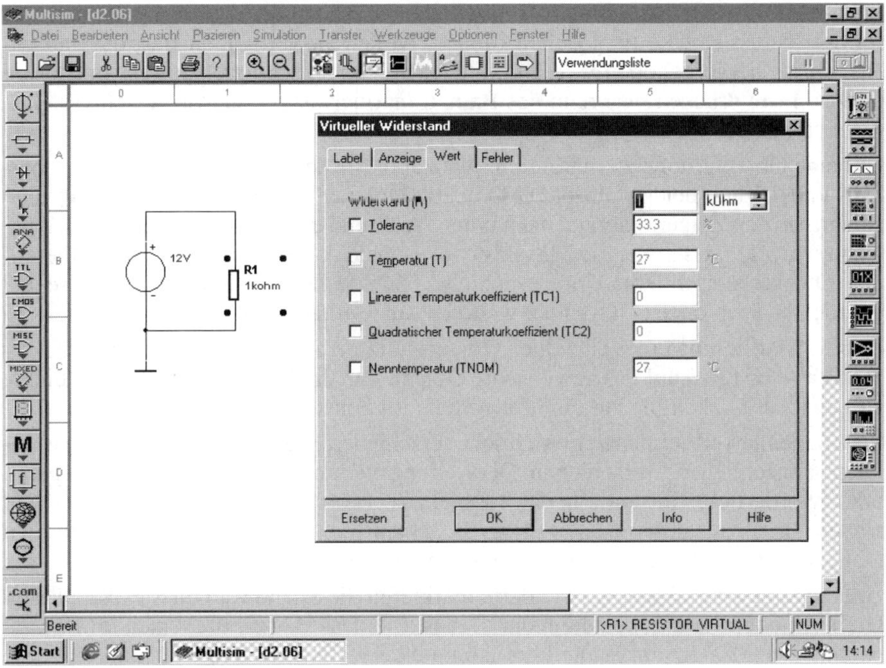

Bild 2.6 Aufbau einer Messschaltung mit dem Einstellfenster für den Widerstand

symbol). Klicken Sie den Widerstand zweimal mit der Maus an, öffnet sich das Fenster für die Eigenschaften des Widerstands.

Widerstände werden in einer Vielzahl von Größen hergestellt, die von der Leistungsaufnahme und daher von der Wärmeabgabe abhängig sind. Der Widerstandswert *R* lässt sich im Fenster zwischen 1 mΩ und 100 MΩ einstellen. Die beiden anderen Fenster für den Temperatur-Koeffizienten werden für die Analysefunktionen benötigt. Stehen die Werte auf 0, gibt es keinen Temperaturkoeffizienten, man hat also ideale Bauelemente. Über das Fenster „Widerstands-Toleranz" können Sie ebenfalls für die Analysefunktionen den Toleranzwert festlegen.

Bevor Sie ein Bauteil, eine Spannungsquelle oder ein Instrument verschieben können, müssen Sie es markieren. Hierzu stehen mehrere Möglichkeiten zur Verfügung.

Ein markiertes Objekt wird nach der Selektion durch Anklicken mit der Maus automatisch hervorgehoben, sodass Sie es einfach erkennen können. Bauteile erscheinen im Bildschirm rot und Leitungen breiter.

Um ein einzelnes Objekt auszuwählen, klicken Sie darauf. Um weitere Objekte zu markieren, klicken Sie bei gedrückter Strg-Taste (CTRL) auf jedes zu markierende Objekt. Beim Klicken auf einen Bauteilanschluss wird das Bauteil nicht markiert.

Stattdessen wird der Anschluss hervorgehoben und zeigt damit an, dass Sie von diesem Anschluss eine Leitung ziehen können. Wollen Sie vermeiden, dass die Bauteilanschlüsse hervorgehoben werden, können Sie die Anschlüsse sperren, indem Sie die Alt-Taste drücken, während das Bauteil markiert ist. Gesperrte Anschlüsse lassen sich nicht markieren.

Um eine Objektgruppe zu markieren, platzieren Sie den Mauszeiger (Cursor) oberhalb und seitlich der gewünschten Objekte. Drücken Sie dann die Maustaste, und ziehen Sie den Zeiger diagonal nach unten. Während des Ziehens erscheint ein Auswahlrechteck. Lassen Sie die Maustaste los, sobald das Rechteck alle zu markierenden Objekte einschließt. Um zusätzliche Objekte zu markieren, ziehen Sie bei gedrückter Strg-Taste (CTRL) ein weiteres Auswahlrechteck auf.

Um die Markierung eines einzelnen Objekts aufzuheben, klicken Sie bei gedrückter Strg-Taste (CTRL) auf das gewünschte Objekt. Um die Markierungen aller Objekte aufzuheben, klicken Sie auf eine freie Stelle im Fenster.

Sie können jeweils ein einzelnes Objekt verschieben oder mehrere Objekte markieren und anschließend verschieben. Der Leitungsverlauf wird automatisch angepasst, falls erforderlich. Um ein einzelnes Objekt zu verschieben, markieren Sie es und ziehen Sie es auf eine neue Position. Beachten Sie bitte, dass Sie die markierten Objekte erst verschieben können, wenn der Mauszeiger als Hand dargestellt wird.

Um die Lage eines Bauteils zu ändern, markieren Sie es und wählen Sie „Schaltung/Drehen“, oder Sie drücken die rechte Maustaste. Das Bauteil dreht sich im Uhrzeigersinn um 90°. Um ein Bauteil horizontal oder vertikal zu spiegeln, markieren Sie es und wählen „Schaltung/Horizontal spiegeln“ bzw. „Schaltung/Vertikal spiegeln“. Die Schaltung wird entsprechend gespiegelt. Alle Leitungen, die an das gedrehte Bauteil angeschlossen sind, werden neu geführt, soweit erforderlich. Mit dem Bauteil verbundener Text wie Bezeichnungen, Werte und Modellinformationen werden nicht gedreht. Der Text lässt sich jedoch neu positionieren, um Platz innerhalb der Schaltung zu schaffen. Man kann die Bauteile folgendermaßen verdrahten:

- Bewegen Sie den Cursor auf einen Bauteilanschluss (das ist eine kurze Linie, die aus dem Bauteil herausführt), sodass dieser hervorgehoben wird. Drücken Sie dann die Maustaste, und ziehen Sie bei gedrückter Maustaste eine Leitung.
- Ziehen Sie die Leitung zu einem Anschluss eines anderen Bauteils oder Instruments.
- Lassen Sie die Maustaste los, wenn der Anschluss des zweiten Bauteils oder Instruments hervorgehoben wird. Die Leitung verläuft im rechten Winkel, ohne dass andere Bauteil- oder Instrumentsymbole überlappt werden.

Tipp: Immer genügend Abstand zwischen den Bauteilen halten –
das erleichtert die Verdrahtung erheblich!

Das Voltmeter in **Bild 2.7** liegt parallel zum Widerstand *R*. Da die Gleichspannungsquelle auf 12 V eingestellt wurde, zeigt es einen Wert von 12 V an, wenn die Simulation gestartet wird. Über das Fenster lassen sich die einzelnen Werte für das Multimeter einstellen. Das gilt auch für den Messbereich, der sich ebenfalls ändern lässt.

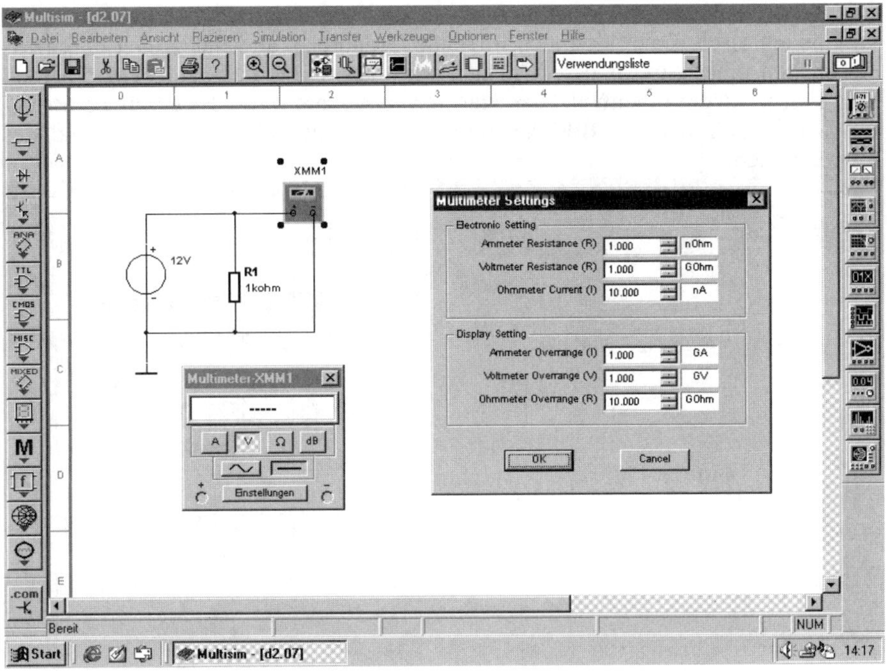

Bild 2.7 Messen der Spannung und das Einstellfenster für das Multimeter

Schließen Sie das Voltmeter parallel zur Last an, indem Sie die Anschlüsse an die Verbindungspunkte an beiden Seiten der zu messenden Last legen. Nachdem die Schaltung aktiviert wurde, wird deren Verhalten simuliert, und das Voltmeter zeigt die Spannung über den Messpunkten an. Nach dem Einschalten der Simulation liefert das Voltmeter immer einige Zwischenwerte, die bis zum Erreichen der konstanten Betriebsspannung, also eines konstanten Messwerts, auftreten. Die Ausgabe der Zwischenwerte ist von Grafikkarte zu Grafikkarte jedoch unterschiedlich.

2.2.4 Messungen mit dem Amperemeter

Ein Strommesser oder Amperemeter ist immer in Reihe zum Messobjekt zu schalten. Der Innenwiderstand des Strommessers erhöht somit den Stromkreiswiderstand. Durch das Einschalten eines Strommessers ergeben sich also auch Fehler. Nach dem ohmschen Gesetz verringert sich in einem geschlossenen Stromkreis die Stromstärke, wenn der Stromkreiswiderstand vergrößert wird. Der Strommesser zeigt einen zu kleinen Wert an. Daraus folgt: Eine Strommessung wird umso genauer, je kleiner der Innenwiderstand des Strommessers ist. Für einen Strommesser wäre ein Innenwiderstand von 0 Ω ideal. Da das nicht zu verwirklichen ist, muss man die Anforderungen hinsichtlich des Innenwiderstands der zu lösenden Messaufgabe anpassen. Dazu lässt sich folgende Grundregel anwenden: Der durch das Einschalten eines Strommessers in den Messstromkreis bedingte Fehler beträgt etwa 1 %, wenn der Innenwiderstand des Strommessers 1/100 des gesamten Stromkreiswiderstands beträgt. **Bild 2.8** zeigt die Reihenschaltung der Last und des Amperemeters.

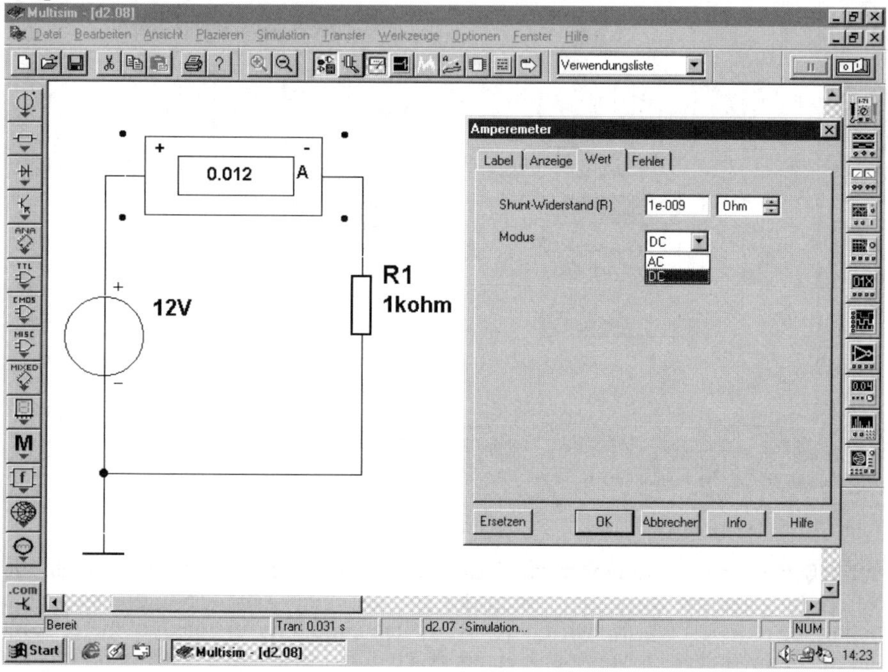

Bild 2.8 Messen des Stromflusses durch ein Amperemeter und das Einstellfenster für das Amperemeter

Das hier verwendete Amperemeter finden Sie in der Anzeige-Bauteilbibliothek (Symbol mit „8"). Das Voltmeter bietet gegenüber dem Multimeter Vorteile beim Messen der Spannung in einer Schaltung: Sie können beliebig viele Voltmeter in einer Schaltung verwenden und deren Anschlüsse drehen, um das Schaltungslayout anzupassen. Der negative Anschluss ist als stärkere Linie gekennzeichnet. Wenn Sie das Voltmeter verkehrt anschließen, zeigt die digitale Anzeige einen negativen Wert an, d. h., es wird ein Minuszeichen ausgegeben.

Der Strom berechnet sich aus

$$I = \frac{U}{R} = \frac{12\ \text{V}}{1\ \text{k}\Omega} = 12\ \text{mA}$$

Der Innenwiderstand des Amperemeters ist auf einen nicht gerade praxisgerechten Wert von 1 nΩ voreingestellt, denn in der Praxis hat man Werte von 1 mΩ bei hochwertigen Amperemetern in Zeigerausführung. Bei Messungen in Schaltungen mit sehr kleinen Widerstandswerten können Sie die Messgenauigkeit erhöhen, indem Sie den Amperemeter-Shunt-Widerstand (Innenwiderstand) noch weiter verringern. Der Einsatz eines Amperemeters mit sehr kleinem Innenwiderstand in einer Schaltung mit hohem Widerstand kann jedoch zu einem Rundungsfehler bei der Messwertberechnung führen. Der Innenwiderstand lässt sich zwischen 1 pΩ und 999,99 Ω einstellen.

Das Amperemeter kann Gleich- oder Wechselstrom messen. Bei der Einstellung auf „DC“ werden eventuell vorhandene Wechselstromanteile unterdrückt, sodass nur der DC-Anteil gemessen wird. Im Modus „AC“ werden eventuell vorhandene Gleichstromanteile unterdrückt, sodass nur der AC-Anteil gemessen wird. Ist das Amperemeter auf „AC“ eingestellt, zeigt es immer den Effektivwert an.

Betreiben Sie das Amperemeter stets in Reihe zur Last, indem Sie die Anschlüsse mit den Verbindungspunkten an beiden Seiten der zu messenden Last anschließen. Nachdem die Schaltung aktiviert wurde, wird deren Verhalten simuliert, und das Amperemeter zeigt den Stromfluss an. Nach dem Einschalten der Simulation gibt das Amperemeter immer Zwischenwerte aus, die bis zum Erreichen der konstanten Betriebsspannung auftreten, d. h., bis der maximale Strom fließt.

2.2.5 Messungen mit dem Ohmmeter

Der Wert eines ohmschen Widerstands lässt sich durch zwei Messmethoden feststellen, wie **Bild 2.9** zeigt:

- Messen mit dem Ohmmeter
- Messen von Spannung und Strom

Ein Ohmmeter bietet die Möglichkeit, einfach und schnell die grundsätzlichen Eigenschaften und die Funktionsfähigkeit von Widerständen und Halbleiter-Bauelementen zu prüfen oder zu beurteilen.

Das Ohmmeter besteht im Prinzip aus der Reihenschaltung einer Batterie, früher bei den Zeigermessgeräten meistens aus einer Einzelzelle mit 1,5 V, heute bei den digitalen Messgeräten aus einer Blockbatterie mit 9 V, und einem in Ohm geeichten Strommesser. Gegebenenfalls können außerdem noch ein veränderbarer Widerstand zur Justierung der Messanzeige und Vorwiderstände zur Einstellung verschiedener Messbereiche in dieser Reihenschaltung liegen. Häufig benutzt man jedoch zur Justierung („Eichung“) eine veränderbare Nebenschlussschaltung. Da eine Stromquelle eingebaut ist, stellt das Ohmmeter eine „aktive“ Prüfeinrichtung dar. Zur Bestimmung von Polaritäten ist wichtig: Für die Widerstandsmessbereiche eines Vielfachinstruments liegt das Pluspotential der eingebauten Stromquelle an der mit „–“ gekennzeichneten Anschlussklemme und sinngemäß das Minuspotential an der „+“-Klemme. Bei einem einfachen Ohmmeter entsprechen die Klemmbezeichnungen „+“ und „–“ der Batteriepolarität.

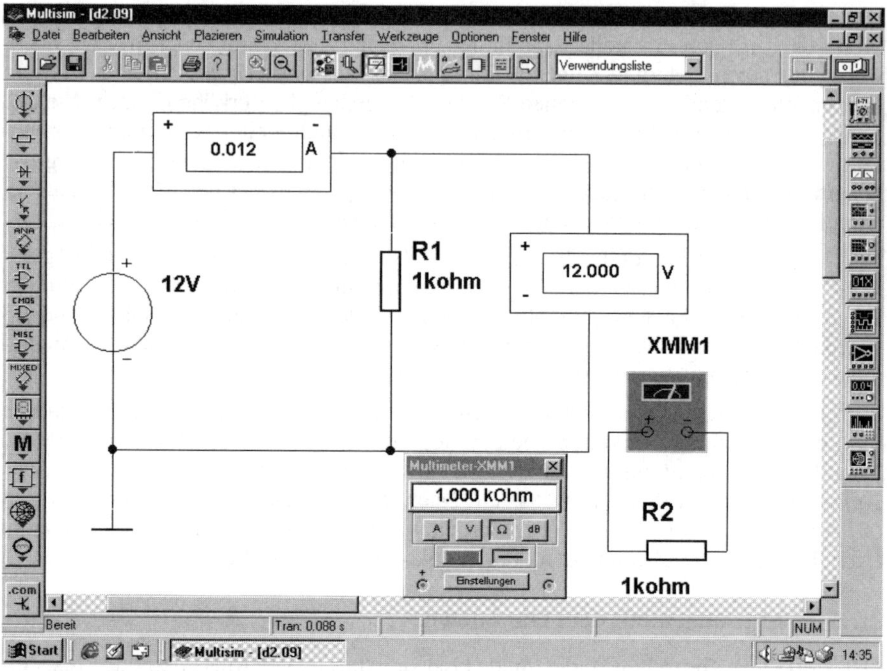

Bild 2.9 Messungen an einem ohmschen Widerstand durch eine Spannungs- und Strommessung (links) und durch den Einsatz eines Ohmmeters

Für die Elektronik sind solche Ohmmeter am besten geeignet, die die Messung sowohl kleiner Widerstände, z. B. Durchlasswiderstände von PN-Übergängen an Dioden bzw. Transistoren, als auch sehr großer Widerstände erlauben. In diesem Fall kann man die Sperrwiderstände von PN-Übergängen an Dioden bzw. Transistoren messen.

Bei Messungen mit einem realen Ohmmeter sollte man jedoch nie vergessen, dass die Spannung der eingebauten Stromquelle nur kurzzeitig konstant vorhanden ist. Für Widerstandsmessungen mit dem „klassischen" Ohmmeter ist daher die Beachtung folgender Regeln von großer Bedeutung:

- Vor jeder Messung ist das Ohmmeter an den Klemmen kurzzuschließen und der Zeigerausschlag auf 0 Ω zu justieren.
- Widerstandsmessungen sind so kurzzeitig wie möglich vorzunehmen, da sich sonst während der Messung die Spannung der eingebauten Stromquelle erheblich ändern kann.
- Die Anzeige eines Ohmmeters ist in der Skalenmitte am genauesten. Daher ist der Messbereich entsprechend zu wählen.

Datenblätter über Ohmmeter enthalten sehr häufig Messbereichsangaben, die sich auf den Skalenendwert beziehen. Diese Angaben sind an sich nichtssagend, da die Skalenteilung im jeweiligen Endbereich keine genaue Ablesung eines Widerstandswerts zulässt. Brauchbar sind dagegen Angaben über den in der Skalenmitte angezeigten Widerstandswert. Zur Messung sehr großer Widerstände (über 10 MΩ) sind in Ohmmetern vielfach besondere Batterien mit höherer Spannung (18 V, zwei 9-V-Blöcke in Reihe geschaltet) eingebaut. Es kann sein, dass diese Spannung höher ist als die für ein Halbleiter-Bauelement zulässige Höchstspannung. Vor Messungen im Hochohmbereich eines realen Ohmmeters sollte man sich daher immer davon überzeugen, ob die Spannung der eingebauten Batterie noch unterhalb der zulässigen Höchstgrenze für das zu messende Bauelement liegt. Ein Transistor würde z. B. durch eine zu hohe Spannung des Ohmmeters sofort zerstört werden.

Steht kein Ohmmeter zur Verfügung, muss man den Widerstandswert durch gleichzeitige Spannungs- und Strommessung ermitteln. Durch die idealen Messgeräte bei der Simulation lässt sich der Widerstand berechnen mit

$$R = \frac{U}{I} = \frac{12\ \text{V}}{12\ \text{mA}} = 1\ \text{k}\Omega$$

Das Amperemeter zeigt einen Strom von 12,01 mA an, d. h., durch das Voltmeter fließt ein Strom von 10 µA. Auf die Problematik der gleichzeitigen Spannungs- und Strommessung wird noch eingegangen.

2.3 Der einfache Stromkreis

Die in den folgenden Abschnitten dargestellten Zusammenhänge und Gesetzmäßigkeiten gelten grundsätzlich (unabhängig von der Art der Spannungsquelle und der Form des Stroms) gleichermaßen für Gleich- und Wechselstrom. Auf die speziellen Effekte bei Gleich- und Wechselstrom wird in den entsprechenden Abschnitten noch eingegangen.

2.3.1 Das ohmsche Gesetz

Betrachtet man in einem geschlossenen Stromkreis den Strom I in Abhängigkeit von Spannung U und Widerstand R, lassen sich folgende Zusammenhänge feststellen:

- Bei gleichem Widerstand R verursacht eine höhere Spannung einen größeren Strom, d. h., der Strom I ist proportional der Spannung U:

  $$I \sim U$$

- Bei gleicher Spannung U fließt durch den größeren Widerstand ein kleinerer Strom, d. h., der Strom ist umgekehrt proportional dem Widerstand R:

  $$I \sim \frac{1}{R}$$

Das ohmsche Gesetz fasst diese Abhängigkeiten zusammen durch

$$I = \frac{U}{R}$$

Mit Hilfe des ohmschen Gesetzes lässt sich eine der drei Größen Strom, Spannung und Widerstand aus den beiden anderen berechnen:

$$I = \frac{U}{R} \qquad U = I \cdot R \qquad R = \frac{U}{I}$$

Beispiel: Ein Widerstand mit $R = 6\ \Omega$ liegt an einer Spannung von $U = 12$ V. Wie groß ist der Strom durch den Widerstand?

$$I = \frac{U}{R} = \frac{12\ \text{V}}{6\ \Omega} = 2\ \text{A}$$

Beispiel: Durch einen Widerstand mit $R = 4\ \Omega$ fließt ein Strom von $I = 3$ A. Wie groß ist die Spannung?

$$U = I \cdot R = 3\ \text{A} \cdot 4\ \Omega = 12\ \text{V}$$

Beispiel: In einem Stromkreis fließt bei einer Spannung von $U = 12$ V ein Strom von $I = 4$ A. Welchen Wert hat der Widerstand R?

$$R = \frac{U}{I} = \frac{12\ \text{V}}{4\ \text{A}} = 3\ \Omega$$

Mit den bereits gezeigten Schaltungen können Sie die Simulation durchführen.

Die im ohmschen Gesetz beschriebene Abhängigkeit des Stroms I von Spannung U und Widerstand R stellt für einen konstant angenommenen Widerstand (konstante Temperatur vorausgesetzt) eine Funktion der abhängigen Größe I von der unabhängigen Größe U dar. In der Form

$$I = \frac{1}{R} \cdot U$$

erhält man eine lineare Funktion (Geradengleichung mit der Steigung $1/R$). Der Zusammenhang zwischen Strom und Spannung lässt sich somit für einen bestimmten Widerstand in einem Strom-Spannungs-Diagramm als Gerade mit der Steigung $1/R$ darstellen. Verschiedene Widerstandswerte ergeben Geraden mit unterschiedlicher Steigung. Man bezeichnet diese Geraden auch als Widerstands-Kennlinen. Je größer der Widerstandswert, desto flacher ist seine Kennlinie.

2.3.2 Ohmsche Widerstände

In einem geschlossenen Stromkreis gibt es einen Kreislauf der Elektronen: Stoffe, die frei bewegliche Valenzelektronen enthalten (im Wesentlichen Metalle), lassen diesen Ladungsfluss zu, d.h., es handelt sich um elektrische Leiter. Verschiedene

Leitermaterialien setzen dabei dem Stromfluss einen unterschiedlichen Widerstand entgegen. Der Strom ist deshalb – bei gleicher Spannung – bei verschiedenen Stoffen auch unterschiedlich hoch.

Leiterwerkstoffe: Kupfer, Silber oder Aluminium

Im Leiter bewegen sich die Elektronen des elektrischen Stroms mit relativ geringer Geschwindigkeit von nur wenigen mm/s. Die Fortpflanzung der Wirkung (Geschwindigkeit des elektrischen Stroms), die Signalgeschwindigkeit, ist dagegen sehr schnell und erreicht etwa Lichtgeschwindigkeit (300 000 km/s).

Einige Stoffe (im Wesentlichen solche, deren Struktur mit Ionen- oder Atombindung aufgebaut ist), weisen jedoch einen sehr hohen Widerstand auf. Sie haben praktisch keine freien Elektronen. Unter normalen Umständen leiten diese Stoffe nicht. Es fließt kein Strom, und daher bezeichnet man sie als Nichtleiter oder Isolatoren.

Isolatoren: Gummi, Kunststoffe, Luft

Außerdem gibt es noch Stoffe, die bei normalen Betriebstemperaturen (z. B. bei Zimmertemperatur) wenige freie Elektronen enthalten. Man nennt sie darum Halbleiter.

Halbleiter: Germanium, Silizium

Die Leitfähigkeit eines elektrischen Leiters wird von der Anzahl der freien Elektronen und von deren Beweglichkeit bestimmt. Man hat daher den spezifischen Widerstand ρ, die Leitfähigkeit κ und den Temperaturbeiwert α. Der spezifische Widerstand gibt an, wie groß der Widerstand eines Leiters der Länge 1 m beim Querschnitt von 1 mm^2 und einer Umgebungstemperatur von 20 °C ist. **Tabelle 2.3** zeigt die Werte der einzelnen Werkstoffe.

Der Widerstand eines Leiters berechnet sich aus

$$R_1 = \frac{\rho \cdot l}{A} \quad \text{oder} \quad R_1 = \frac{l}{\kappa \cdot A}$$

Mit dem Temperaturbeiwert α kann man die Widerstandsänderung ΔR und den Warmwiderstand R_w für einen Leiter oder für einen Widerstand berechnen:

$$\Delta R = \alpha \cdot R_k \cdot \Delta\vartheta$$

$$R_w = R_k \, (1 + \alpha \cdot \Delta\vartheta)$$

Die Widerstandsänderung ΔR ist eine Multiplikation des Temperaturbeiwerts α mit dem Kaltwiderstand R_k und der Temperaturänderung $\Delta\vartheta$ (Delta Theta). Der Warmwiderstand R_w ergibt sich ebenfalls aus einer Multiplikation.

Die meisten Festwiderstände in der Praxis sind Schichtwiderstände. Sie bestehen aus einem Keramikröhrchen, auf das eine dünne Kohleschicht (Kohleschichtwiderstände), Metallschicht (Metallschichtwiderstände) oder Metalloxidschicht (Metalloxidschichtwiderstände) aufgebracht ist. Der erforderliche Widerstandswert wird

Stoff	ρ **Ω mm²/m**	**k** **m/Ω mm²**	**a** **1/K**
a) Metalle			
Aluminium	0,0278	36	0,00403
Blei	0,2066	4,84	0,0039
Eisen	0,15…0,1	6,7…10	0,0065
Gold	0,023	43,5	0,0037
Kupfer	0,01724	58	0,00393
Nickel	0,069	14,5	0,006
Platin	0,107	9,35	0,0031
Quecksilber	0,962	1,04	0,009
Tantal	0,135	7,4	0,0033
Wolfram	0,055	18,2	0,044
Zink	0,061	16,5	0,0039
Zinn	0,12	8,3	0,0045
b) Legierungen			
Konstantan (WM 50)	0,5	2	±0,00001
Manganin	0,43	2,32	0,00001
Messing	0,063	15,9	0,0016
Neusilber (WM 30)	0,3	3,33	0,00035
Nickelin (WM 43)	0,43	2,32	0,00023
Stahldraht (WM 13)	0,13	7,7	0,0048
Wood-Metall	0,54	1,85	0,0024
c) Sonstige Leiter			
Graphit	22	0,046	–0,0013
Homogene Kohle	65	0,015	–0,0003
Retortengraphit	70	0,014	–0,0004
d) Schichtwiderstände			
Kohleschicht bis 10 kΩ			–0,0003
Kohleschicht bis 10 MΩ			–0,002
Metallschicht			±0,00005
Metalloxidschicht			±0,0003

Tabelle 2.3 Spezifischer Widerstand ρ, Leitfähigkeit κ und Temperaturbeiwert α bei 20 °C. Die Angabe „WM“ definiert ein Widerstandsmaterial. Neusilber hat die Bezeichnung „WM 30“, d. h., der spezifische Widerstand beträgt 0,30 Ω mm²/m

durch entsprechende Wahl der Schichtdicke und durch Einschleifen von Wendeln bzw. Mäandern erreicht. Die Anschlussdrähte sind entweder eingepresst oder mit Kappen aufgesetzt.

Damit die Eigenschaften möglichst unabhängig von äußeren Einflüssen bleiben, lackiert man die Widerstände. Auf der Lackschicht befindet sich die Wertangabe zum Widerstand. Sie besteht aus dem Widerstandswert mit vier oder fünf farbigen Ringen; der letzte Ring stellt die Toleranz dar. Den Farbcode für die Widerstände zeigt **Tabelle 2.4**.

Farbe	1. Ring 1. Ziffer	2. Ring 2. Ziffer	3. Ring Multiplikator	4. Ring 4. Ziffer
schwarz	–	0	$10^0 = 1$	–
braun	1	1	10^1	±1 %
rot	2	2	10^2	±2 %
orange	3	3	10^3	–
gelb	4	4	10^4	
grün	5	5	10^5	–
blau	6	6	10^6	–
violett	7	7	10^7	–
grau	8	8	10^8	–
weiß	9	9	10^9	–
gold	–	–	10^{-1}	±5 %
silber	–	–	10^{-2}	±10 %
keine	–	–	–	±20 %

Tabelle 2.4 Internationaler Standardfarbcode für Widerstände. Der erste Ring liegt näher an dem einen Ende des Widerstandswerts als der letzte Ring am anderen Ende

Bei den Widerständen spielt die Toleranz eine große Rolle. Zu jeder E-Reihe gehört ein bestimmter Toleranzwert. Man kann zwischen E6 mit ±20 %, E12 mit ±10 %, E24 mit ±5 %, E48 mit ±2 % und E96 mit ±1 % auswählen. In der Praxis setzt man meist die E24-Reihe ein, d. h., eine Widerstandsdekade hat 24 verschiedene Werte. **Tabelle 2.5** zeigt die Normreihen.

E6 ±20 %	E12 ±10 %	E24 ±5 %
1,0	1,0	1,0
		1,1
	1,2	1,2
		1,3
1,5	1,5	1,5
		1,6
	1,8	1,8
		2,0
2,2	2,2	2,2
		2,4
	2,7	2,7
		3,0

E6 ±20 %	E12 ±10 %	E24 ±5 %
3,3	3,3	3,3
		3,6
	3,9	3,9
		4,3
4,7	4,7	4,7
		5,1
	5,6	5,6
		6,2
6,8	6,8	6,8
		7,5
	8,2	8,2
		9,1

Tabelle 2.5 Normreihen nach E6, E12 und E24

Die Normreihe E48 unterteilt die Reihe E24 weiter, sodass man einen Toleranzwert von ±2 % erreicht. In diesem Fall weisen die Widerstände bereits fünf Farbringe auf. Die Normreihe E96 unterteilt die Reihe E48, und es ergibt sich ein Toleranzwert von ±1 %.

Am verbreitetsten sind stabförmige Kohleschichtwiderstände. Bei ihrer Herstellung befindet sich die Widerstandsschicht auf einem Keramikkörper. Bei richtiger Steuerung des Prozesses erhält man eine Schichtdicke, die einen Widerstandswert in der Größenordnung des gewünschten Nennwerts ergibt. Durch Aussuchen mit Hilfe automatischer Messeinrichtungen findet man Widerstände, die ohne besonderen Abgleich – allerdings bei größerer Toleranz – mit einem Normwert der IEC-Reihe zusammenfallen. Für engere Toleranzen wird der Widerstand nachträglich abgeglichen, meist durch Einschleifen von Wendeln. Dadurch nimmt die zunächst rohrförmige Widerstandsschicht die Form eines aufgewickelten Bandes an, wodurch sich der Widerstandswert erhöht. Dieses Verfahren ist auch für die Herstellung sehr hochohmiger Widerstände unerlässlich, da man keine stabilen Schichten mit der hierfür erforderlichen geringen Dicke herstellen kann. In der Herstellung erhalten die Wendelungen eine Steigung von 0,2 mm und eine Rillenbreite von 100 µm, wodurch sehr lange Widerstandsbahnen entstehen.

Wendelförmig eingeschliffene Rillen weisen bei niederohmigen Werten den Nachteil einer nennenswerten Induktivität auf. Für HF-Anwendungen schleift man dann entweder Längsrillen ein oder verzahnte Querrillen, wodurch sich eine sehr geringe Induktivität erreichen lässt. Bei hochohmigen Werten ist die durch Wendelung verursachte induktive Blindkomponente vernachlässigbar. Dagegen tritt jetzt durch die nebeneinander liegenden Widerstandsbahnen eine Kapazität auf. Auch wenn diese Kapazität meist nur im pF-Bereich liegt, muss man sie bei höheren Frequenzen doch beachten, denn bei 10 MHz ergibt eine Kapazität von 1 pF einen Blindwiderstand von 16 kΩ!

Kohleschichtwiderstände ändern ihren Wert um $-300 \cdot 10^{-6}$/°C, wenn sie Temperaturänderungen ausgesetzt sind. Der Streubereich des TK-Werts (TK: Temperatur-Koeffizient) erstreckt sich von $-100 \cdot 10^{-6}$/°C bis $-1\,200 \cdot 10^{-6}$/°C. Die größte Temperaturabhängigkeit ist bei Widerstandswerten über 100 kΩ gegeben, da dann die Schicht sehr dünn ist und wenig Stabilität aufweist. Dieser Nachteil lässt sich durch die Verwendung von Widerständen mit größeren Abmessungen, als sie von der Belastung notwendig wären, bis zu einem gewissen Grade ausgleichen.

Metallschichtwiderstände sind weniger temperaturabhängig. Der TK-Wert bleibt unter $+100 \cdot 10^{-6}$/°C und wird je nach Anforderung in den Grenzen um $+100 \cdot 10^{-6}$/°C, $+50 \cdot 10^{-6}$/°C, $+25 \cdot 10^{-6}$/°C und $\pm 5 \cdot 10^{-6}$/°C garantiert. Bei niederohmigen Werten geht auch die Ausdehnung des Widerstandskörpers in den TK-Wert ein, weshalb das Vorzeichen hier nicht definiert sein kann.

In der Praxis unterscheidet man für die Belastbarkeit zwischen folgenden Nennbelastungen: 0,1 W, 0,25 W, 0,5 W, 1 W, 2 W, 3 W, 6 W, 10 W und 20 W. Die zulässige Belastung hängt im Wesentlichen von den Abmessungen des Widerstands ab.

2.3.3 Leitungswiderstände

Je länger ein elektrischer Leiter ist (Länge l), umso höher wird sein Widerstand. Es gilt:

$R \sim l$

Der Widerstand eines Leiters hängt auch von seiner Querschnittsfläche A ab. Je größer sie ist, umso geringer ist sein Widerstand:

$$R \sim \frac{1}{A}$$

Verschiedene Stoffe setzen dem Strom einen unterschiedlichen Widerstand entgegen. Jeder Wirkstoff hat einen bestimmten spezifischen Widerstand ρ, und es gilt

$R \sim \rho$

Man hat nun festgelegt:

> Der spezifische Widerstand ist der Widerstand eines Leiters mit einer Länge von $l = 1$ m und einem Querschnitt von $A = 1\ \text{mm}^2$ bei einer Temperatur von $\vartheta = 20$ °C.

Für Kupfer ergibt sich ein spezifischer Widerstand von

$$\rho = 0{,}0178\ \frac{\Omega\,\text{mm}^2}{\text{m}}$$

Der Widerstand eines Leiters hängt von drei Größen ab. Er ist umso größer,

- je höher der spezifische Widerstand ρ,
- je größer die Leiterlänge l und
- je kleiner die Querschnittsfläche A.

Danach ergibt sich folgende Gleichung für den Widerstand R eines Leiters mit der Länge l, dem Querschnitt A und dem spezifischen Widerstand ρ:

$$R = \frac{l \cdot \rho}{A}$$

Beispiel: Wie groß ist der Widerstand eines Kupferdrahts von $l = 10$ m und mit einem Querschnitt von 2,5 mm²?

$$R = \frac{l \cdot \rho}{A} = \frac{10\ \text{m} \cdot (0{,}0178\ \Omega\,\text{mm}^2/\text{m})}{2{,}5\ \text{mm}^2} = 0{,}0712\ \Omega$$

Je niedriger der spezifische Widerstand eines Stoffs ist, desto besser leitet er den elektrischen Strom. Der Kehrwert des spezifischen Widerstands ist die spezifische Leitfähigkeit κ:

$$\kappa = \frac{1}{\rho}$$

Für spezifischen Widerstand und spezifische Leitfähigkeit gelten die Einheiten

$$\rho = \frac{\Omega \cdot mm^2}{m} \qquad\qquad \kappa = \frac{m}{\Omega \cdot mm^2}$$

Die spezifische Leitfähigkeit von Kupfer ist damit

$$\kappa = \frac{1}{\rho} = \frac{1}{0{,}0178\,\dfrac{\Omega \cdot mm^2}{m}} = 56{,}2\,\frac{m}{\Omega \cdot mm^2}$$

Bei der Schaltung von **Bild 2.10** liefert eine Spannungsquelle $U = 12$ V. Verbraucher ist eine Lampe mit einer Leistung von $P = 10$ W an einer Spannung von $U = 12$ V. Die Glühlampe (Sie finden sie in der Anzeigen-Bauteilbibliothek) ist ein ideales, nichtlineares Widerstandselement, das Energie in Form von Licht abgibt. Dieses Bauteil ist durch die beiden Parameter maximale Leistungsaufnahme (P_{max}) und maximal zulässige Spannung (U_{max}) gekennzeichnet. P_{max} wird in Watt angegeben und kann im Bereich von mW bis kW liegen. U_{max} wird in Volt angegeben und lässt sich im Bereich von mV bis kV einstellen. Eine Glühlampe brennt durch, wenn die Spannung an ihr U_{max} übersteigt. In diesem Fall überschreitet die aufgenommene Leistung P_{max}. In der Simulation wird das Symbol allerdings nicht zerstört.

Die beiden Widerstände mit je 1 Ω bilden die Leitungswiderstände nach. Es soll ein Kupferdraht mit einem Querschnitt von $A = 0{,}5\ mm^2$ verwendet werden. Die Länge des Kupferdrahts ist dann

$$l = \frac{R \cdot A}{\rho} = \frac{1\,\Omega \cdot 0{,}5\,mm^2}{0{,}0178\,(\Omega\,mm^2)/m} = 28\,m$$

Der obere Widerstand bildet die Zuleitung und der untere Widerstand die Ableitung für den elektrischen Strom. Damit ist der Stromkreis geschlossen.

Betreibt man die Glühlampe an 12 V, fließt ein Strom von

$$I = \frac{P}{U} = \frac{10\,W}{12\,V} = 0{,}833\,A$$

Der Widerstandswert der Glühlampe ist

$$R_L = \frac{U}{I} = \frac{12\,V}{0{,}833\,A} = 14{,}4\,\Omega$$

Die beiden Leitungswiderstände (R_1 und R_2) liegen mit der Glühlampe in Reihe. Dadurch ergibt sich ein Gesamtwiderstand von

$$\begin{aligned} R_g &= R_1 + R_L + R_2 \\ &= 1\,\Omega + 14{,}4\,\Omega + 1\,\Omega \\ &= 16{,}4\,\Omega \end{aligned}$$

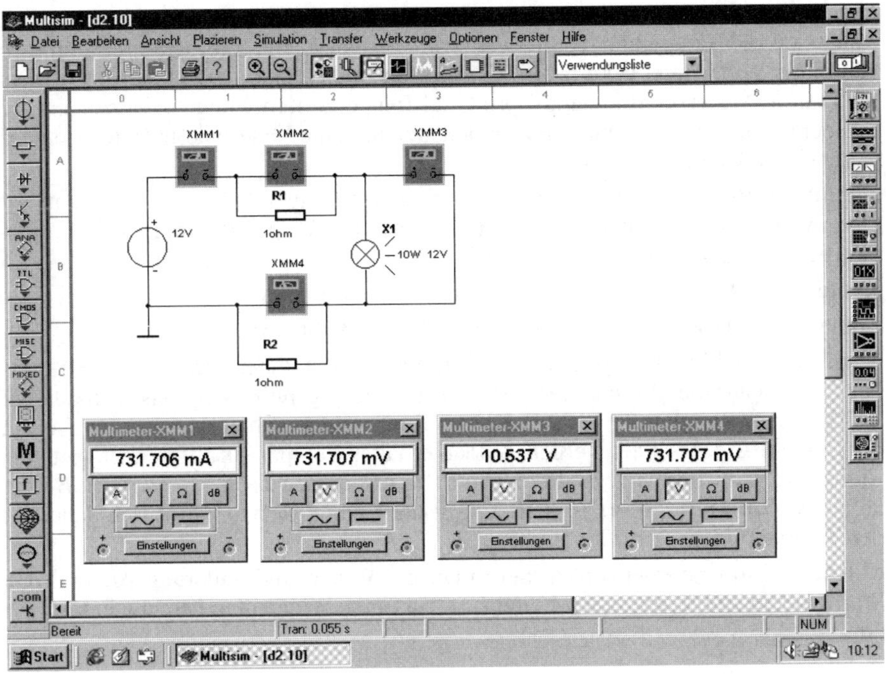

Bild 2.10 Untersuchung der Leitungswiderstände

Es fließt ein Strom von

$$I = \frac{U}{R_g} = \frac{12\ \text{V}}{16{,}4\ \Omega} = 730\ \text{mA}$$

Die simulierte Schaltung zeigt fast gleiche Werte an, denn man muss die Rundungsfehler bei den Rechnungen beachten. Daraus lassen sich die Spannungsfälle berechnen:

$U_{R1} = I \cdot R_1 = 730\ \text{mA} \cdot 1\ \Omega = 730\ \text{mV}$

$U_L = I \cdot R_L = 730\ \text{mA} \cdot 14{,}4\ \Omega = 10{,}5\ \text{V}$

$U_{R2} = I \cdot R_2 = 730\ \text{mA} \cdot 1\ \Omega = 730\ \text{mV}$

Addieren der drei Spannungsfälle ergibt die Betriebsspannung von 12 V.

2.3.4 Temperaturabhängigkeit von Widerständen

Bei der Schaltung von Bild 2.10 wird mit einer Temperatur von $\vartheta = 27\ °\text{C}$ gearbeitet. Damit herrschen für diese Schaltung ideale Bedingungen.

Aufgrund ihres physikalischen Verhaltens ändern die Werkstoffe ihren Widerstand, wenn sich die Temperatur vergrößert bzw. verringert. Bei Temperaturerhöhungen nimmt der Widerstand bei einigen Werkstoffen zu, bei anderen Werkstoffen ab. Ein Maß für die Widerstandszunahme pro Grad Temperaturerhöhung ist der sogenannte Temperaturbeiwert α (Alpha). Es handelt sich um eine Materialkonstante. Sie wird in Tabellenbüchern angegeben.

Nimmt der Widerstand eines Stoffs mit steigender Temperatur zu, ist sein Temperaturbeiwert positiv, nimmt er dagegen mit steigender Temperatur ab, ist sein Temperaturbeiwert negativ. Typische Beispiele sind

Kupfer: $\alpha = 0{,}004$ 1/K → α positiv! → Kaltleiter

Kohle: $\alpha = -0{,}00045$ 1/K → α negativ! → Heißleiter

Nach dem SI-Einheitensystem ist die Einheit der Temperatur Kelvin (K). Das bezieht sich auf die absolute Temperaturskala, die gegenüber der Celsius-Skala um 273 K verschoben ist: 0 °C = 273 K. Für Temperaturangaben darf zwar weiterhin die Einheit °C verwendet werden, jedoch erhalten Temperaturdifferenzen stets die Einheit K, d. h., Temperaturdifferenzen in °C und in K weisen den gleichen Betrag auf, z. B. $\Delta\vartheta = 60\,°\text{C} - 40\,°\text{C} = 20$ K. Mit der Einheit Kelvin ergibt sich daher für den Temperaturbeiwert α die Einheit 1/K.

Mit dem Temperaturbeiwert α kann man die Widerstandsänderung ΔR und den Warmwiderstand R_w für einen Leiter oder für einen Widerstand berechnen mit

$$\Delta R = \alpha \cdot R_k \cdot \Delta\vartheta$$

$$R_w = R_k(1 + \alpha \cdot \Delta\vartheta)$$

Die Widerstandsänderung ΔR ist eine Multiplikation des Temperaturbeiwerts α mit dem Kaltwiderstand R_k und der Temperaturänderung $\Delta\vartheta$. Der Warmwiderstand R_w stellt ebenfalls eine Multiplikation dar.

Beispiel: An einem Kupferdraht wird bei einer Temperatur von 20 °C ein Widerstand von 26 Ω gemessen. Wie hoch ist der Widerstand, wenn der Draht auf 80 °C erwärmt wird ($\alpha_{Cu} = 0{,}004$ 1/K)?

$$R_w = R_k(1 + \alpha \cdot \Delta\vartheta)$$

$$= 26\,\Omega\left(1 + 0{,}004\,\frac{1}{\text{K}} \cdot 60\,\text{K}\right) = 32{,}24\,\Omega$$

Der Kaltwiderstand beträgt $R_k = 26\,\Omega$. Wird die Temperatur von 20 °C auf 80 °C geändert, ergibt sich eine Differenz von 60 °C oder 60 K (Kelvin). Der Warmwiderstand hat bei 80 °C einen Wert von $R_w = 32{,}24\,\Omega$. Damit erhält man eine Widerstandsänderung von $\Delta R = 6{,}24\,\Omega$.

Beispiel: An einem Kupferdraht in **Bild 2.11** wird bei einer Temperatur von $\vartheta = 27$ °C ein Widerstand von 1 Ω gemessen. Wie hoch ist der Widerstand, wenn der Draht auf 50 °C erwärmt wird ($\alpha_{Cu} = 0{,}004$ 1/K)?

$$R_w = R_k(1 + \alpha \cdot \Delta\vartheta)$$

$$R_w = 1\Omega\left(1 + 0{,}004\,\frac{1}{K}\cdot 23\ K\right) = 1{,}092\ \Omega$$

Der obere Leitungswiderstand hat jetzt $R_1 = 1{,}092\ \Omega$.

Die beiden Leitungswiderstände (R_1 und R_2) liegen mit der Glühlampe in Reihe. Dadurch ergibt sich ein Gesamtwiderstand von

$$\begin{aligned} R_g &= R_1 + R_L + R_2 \\ &= 1{,}092\ \Omega + 14{,}4\ \Omega + 1\ \Omega \\ &= 16{,}492\ \Omega \end{aligned}$$

Es fließt ein Strom von

$$I = \frac{U}{R_g} = \frac{12\ V}{16{,}492\ \Omega} = 727{,}6\ mA$$

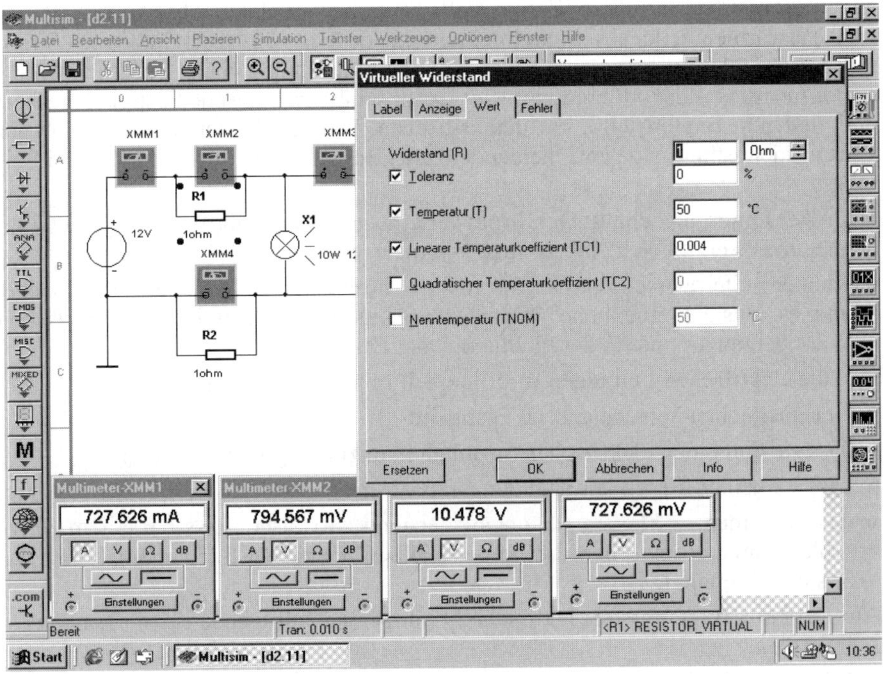

Bild 2.11 Untersuchung der Leitungswiderstände, wobei der obere Leitungswiderstand auf 50 °C erwärmt wurde. Durch das geöffnete Fenster für den Widerstand lassen sich Temperatur und Temperaturkoeffizient einstellen

Die simulierte Schaltung zeigt fast den gleichen Wert an. Daraus lassen sich die Spannungsfälle berechnen:

$U_{R1} = I \cdot R_1 = 727{,}6 \text{ mA} \cdot 1{,}092 \ \Omega = 794{,}5 \text{ mV}$

$U_L = I \cdot R_L = 727{,}6 \text{ mA} \cdot 14{,}4 \ \Omega = 10{,}48 \text{ V}$

$U_{R2} = I \cdot R_2 = 727{,}6 \text{ mA} \cdot 1 \ \Omega = 727{,}6 \text{ mV}$

Durch Addition der drei Spannungsfälle erhält man die Betriebsspannung von 12 V.

2.3.5 Stromdichte

In einem geschlossenen Stromkreis gibt es einen Kreislauf der Elektronen vom Minuspol der Stromquelle zum Pluspol. Die Verbindung zwischen Stromquelle und Verbraucher stellt man mit einem elektrischen Leiter her. Ein elektrischer Leiter (im Wesentlichen Metalle) enthält frei bewegliche Valenzelektronen, die einen Ladungsfluss zulassen. Verschiedene Leitermaterialien setzen dabei jedoch dem Stromfluss einen unterschiedlichen Widerstand entgegen. Der Strom ist deshalb – bei gleicher Spannung – bei verschiedenen Stoffen auch unterschiedlich hoch.

Nicht nur durch eine äußere Wärmequelle lässt sich ein elektrischer Leiter (Widerstand) erwärmen; jeder stromdurchflossene Leiter wird vom durchfließenden Strom selbst mehr oder weniger stark erwärmt. Die Erwärmung kann – neben der Widerstandsänderung – dazu führen, dass der Leiter seine mechanische Festigkeit verliert und vielleicht zerstört wird. Für den kritischen Wert der Strombelastung spielt der Leitungsquerschnitt eine entscheidende Rolle. Bei gleichem Strom durch zwei Leiter gilt:

- Großer Leiterquerschnitt: Der Strom verteilt sich gleichmäßig auf der großen Fläche, und es ergibt sich eine geringe Wärmeerzeugung.
- Kleiner Leiterquerschnitt: Der Strom konzentriert sich auf eine geringere Fläche, und es entsteht eine hohe Wärmeerzeugung, wie das in jedem elektrischen Wärmeerzeuger oder in der Glühlampe der Fall ist.

Für alle elektrischen Leitungen ist prinzipiell immer zu fordern

- eine ausreichende mechanische Festigkeit
- dass sie durch den elektrischen Strom nicht unzulässig warm werden
- dass sie keinen zu großen Spannungsfall verursachen
- dass sie einen so kleinen Leitungswiderstand aufweisen, dass bei einem Kurzschluss am Leitungsende die vorgeschaltete Überstrom-Schutzeinrichtung das System abschaltet.

Aus diesem Grund müssen elektrische Leitungen nach folgenden Kriterien bemessen werden:

- Mindestquerschnitt des Leiters
- Strombelastbarkeit des Leiters
- Spannungsfall am Leiter

Im Einzelfall einer Bedingung ist immer der größte Querschnitt der Bemessungsverfahren zu verwenden. Je nach Art der Leitung sind in der Praxis aus der Bedingung heraus verschiedene Bemessungsverfahren möglich:

- Bemessungsstrom klein,
  Leitung nicht sehr lang → Mindestquerschnitt
- Bemessungsstrom beliebig,
  Leitung mit normaler Länge (<10 m) → Strombelastbarkeit der Leiter
- lange Leitung (>10 m),
  Bemessungsstrom beliebig → Spannungsfall

Die Mindestquerschnitte müssen so groß sein, dass die mechanische Belastung im Betrieb, vor allem bei beweglichen Leitungen, und beim Verlegen der Leitungen, z. B. beim Einziehen in Rohre, ausgehalten wird, wie **Tabelle 2.6** zeigt.

Kupferquerschnitt (mm^2)	Leitungsart und Bemessungsstrom
0,1	flexibel, ≤2 m, Handgeräte ≤1 A
0,5	flexibel, ≤2 m, Handgeräte ≤2,5 A
0,75	flexibel, bis 10 A, in Schaltanlagen bis 16 A
1	flexibel, bis 10 A, in Schaltanlagen >16 A
1,5	feste geschützte Verlegung
10	Starkstromfreileitung

Tabelle 2.6 Mindestquerschnitte für Leitungsart und jeweiligen Bemessungsstrom

Bei den üblichen Stromstärken lassen sich die Leiterquerschnitte nach der Strombelastung aus Tabellen ermitteln. Die vor die Leitung zu setzende Überstrom-Schutzeinrichtung darf keinen größeren Bemessungsstrom (Nennstrom) I_N aufweisen, als die Strombelastbarkeit I_Z der Leitung beträgt.

Die Strombelastbarkeit der Leitung hängt vom Leiterquerschnitt, von der Verlegeart, von der Leitungsisolierung und von der Umgebungstemperatur ab. Die Strombelastbarkeit wird in Tabellen für Umgebungstemperaturen von 30 °C oder 25 °C angegeben, wie **Tabelle 2.7** zeigt.

Isolation	Faktor bei Umgebungstemperatur					
	25 °C	30 °C	35 °C	40 °C	45 °C	50 °C
Gummi	1,08	1	0,91	0,82	0,71	0,58
PVC	1,06	1	0,94	0,87	0,79	0,71

Tabelle 2.7 Umrechnungsfaktoren für andere Umgebungsbedingungen

Aus Tabelle 2.7 lässt sich die Strombelastbarkeit I_Z berechnen mit

$$I_Z = F \cdot I_{30\,°C}$$

mit dem Umrechnungsfaktor F und der Strombelastbarkeit $I_{30\,°C}$ bei 30 °C.

Um einen Vergleich durchführen zu können, wie „dicht“ der Strom über den Leiterquerschnitt verteilt ist, bezieht man den Strom auf eine Fläche von $A = 1\ \text{mm}^2$. Dieser Wert ist die Stromdichte J:

$$J = \frac{I}{A}$$

In Tabellenbüchern und Vorschriften ist diese höchstzulässige Stromdichte in der Form der „Strombelastbarkeit“ angegeben. Dieser Wert ist von verschiedenen Faktoren abhängig, die auf die Wärmeabführung des Leiters einwirken:

$\approx 7 \frac{A}{\text{mm}^2}$ für isolierte Leitungen

$\approx 10 \frac{A}{\text{mm}^2}$ für Freileitungen

$\approx 4 \frac{A}{\text{mm}^2}$ für Wicklungen von Bauteilen kleiner Leistung

$\approx 2 \frac{A}{\text{mm}^2}$ für Wicklungen von Bauteilen großer Leistung

Beispiel: Über einen Leiter soll ein Strom von 16 A fließen. Kann man eine Leitung mit einem Querschnitt von $A = 4\ \text{mm}^2$ verwenden, wenn eine Stromdichte von $3\ \text{A/mm}^2$ nicht überschritten werden darf?

$$J = \frac{I}{A} = \frac{16\ \text{A}}{4\ \text{mm}^2} = 4 \frac{\text{A}}{\text{mm}^2}$$

Diese Leiter darf man in der Praxis verwenden, da die tatsächliche Stromdichte nicht zu hoch ist. Bei fest verlegten Leitungen der Energietechnik unterscheidet die Norm acht Verlegearten nach ihrem Wärmeabgabevermögen, wobei hier nur die drei wichtigsten erklärt werden.

- B1: Aderleitung, verlegt auf oder in der Wand bzw. Decke oder auf dem Fußboden in Elektro-Installationskanälen oder Elektroinstallationsrohren; mäßige Wärmeabfuhr
- B2: Mehradrige Leitungen, z. B. Mantelleitungen, verlegt auf oder in der Wand bzw. Decke oder unter Putz in Elektroinstallationsrohren oder -kanälen; Wärmeabfuhr geringer als bei B1
- C: Mehradrige Leitungen, Verlegung auf der Wand, der Decke oder auf dem Fußboden, auf, in oder unter Putz, auch im offenen Kanal und im belüfteten geschlossenen Elektroinstallationskanal, Stegleitungen sind nur im oder unter Putz zu verlegen; gute Wärmeabfuhr

In der Praxis erfolgt die Verlegung nach den Klassen B1, B2 und C mit der entsprechenden Belastbarkeit, wie **Tabelle 2.8** zeigt.

Kupferquerschnitt	**Belastete Adern**	**Belastbarkeit in A bei Verlegungsart**		
		B1	B2	C
1,5 mm^2	2	17,5	16,6	19,5
	3	15,5	14	17,5
2,5 mm^2	2	24	23	27
	3	21	20	24
4 mm^2	2	32	30	36
	3	28	27	32
6 mm^2	2	41	38	46
	3	36	34	41
10 mm^2	2	57	52	63
	3	50	46	57

Tabelle 2.8 Strombelastbarkeit von fest verlegten Leitungen bei einer Umgebungstemperatur von 30 °C (Auswahl)

Ein weiteres Problem bei der Strombelastbarkeit ist der Spannungsfall der elektrischen Leitungen.

Beispiel: Wie groß ist der Spannungsfall in einem Kabel mit einem Leitungswiderstand von $R_{Ltg} = 1{,}15\ \Omega$, wenn ein Strom von $I = 10$ A fließt?

$$U_v = R_{Ltg} \cdot I$$
$$= 1{,}15\ \Omega \cdot 10\ \text{A}$$
$$= 11{,}5\ \text{V}$$

Der Spannungsfall lässt sich auch wie folgt berechnen:

$$U_v = \frac{2 \cdot l \cdot \rho}{A} \cdot I = \frac{2 \cdot l}{\kappa \cdot A} \cdot I$$

Beispiel: Wie groß ist der Spannungsfall einer 1,5-mm^2-Leitung mit einfacher Länge von $l = 50$ m (Hin- und Rückleitung ist zu beachten), wenn ein Strom von $I = 10$ A fließt?

$$U_v = \frac{2 \cdot l \cdot \rho}{A} \cdot I = \frac{2 \cdot 50\ \text{m} \cdot 0{,}01724\ (\Omega\,\text{mm}^2/\text{m})}{1{,}5\ \text{mm}^2} \cdot 10\ \text{A} = 11{,}5\ \text{V}$$

Der prozentuale Spannungsfall u_v berechnet sich aus

$$u_\text{v} = \frac{U_\text{v} \cdot 100}{U}$$

Beispiel: Wie groß ist der prozentuale Spannungsfall?

$$u_\text{v} = \frac{U_\text{v} \cdot 100}{U} = \frac{11{,}5\ \text{V} \cdot 100}{230\ \text{V}} = 5\ \%$$

Es ergibt sich ein Spannungsfall von $u_\text{v} = 5\ \%$. Aus diesem Wert lässt sich die Stromdichte J berechnen:

$$J = \frac{I}{A} = \frac{10\ \text{A}}{1{,}5\ \text{mm}^2} = 6{,}67\ \frac{\text{A}}{\text{mm}^2}$$

Bei isolierten Leitungen soll ein Wert von 7 A/mm² nicht überschritten werden, d. h., die Stromdichte für dieses Beispiel liegt bereits sehr nahe am Grenzwert. Man sollte für die praktische Anwendung daher auf einen Leitungsquerschnitt von $A = 2{,}5\ \text{mm}^2$ ausweichen.

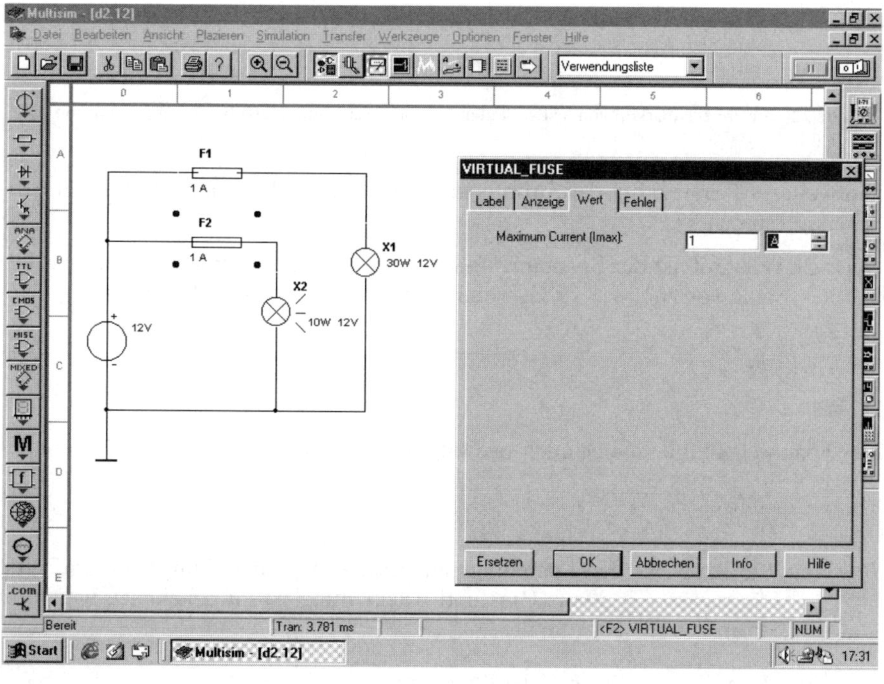

Bild 2.12 Schaltung mit simulierter Sicherung, wobei die obere durch einen zu großen Strom zerstört worden ist

In der Schaltung von **Bild 2.12** sind zwei Sicherungen vorhanden. Die Sicherung ist ein Widerstandselement, das die Schaltung gegen Überlast schützen soll. Eine Sicherung löst aus (wird geöffnet), wenn der Strom durch die Sicherung den maximalen Strom I_{max} übersteigt. Der Wert des Auslösestroms kann im Bereich von mA bis kA liegen. Die Sicherung wird in der Simulation durch einen Widerstand nachgebildet. In der oberen Sicherung ist der Draht zerstört, und die Lampe X_1 kann nicht leuchten. Im Gegensatz hierzu ist die untere Sicherung in Ordnung, und die Lampe X_2 leuchtet. Die charakteristische Gleichung für die Simulation ist

$R = 0$, wenn $I_a \leq I_{max}$

$R = \infty$, wenn $I_a > I_{max}$

I_a: Strom durch die Sicherung in Ampere

I_{max}: maximale Strombelastbarkeit der Sicherung in Ampere

Bei Wechselspannungsschaltungen ist I_{max} der Spitzenwert des Stroms, also nicht der Effektivwert.

2.3.6 Reihenschaltung von Widerständen

Werden mehrere Widerstände in Reihe bzw. hintereinander geschaltet, wird der Gesamtwiderstand größer als der kleinste Einzelwiderstand. Die Gleichung für die Reihenschaltung von beliebig vielen Widerständen lautet:

$$R = R_1 + R_2 + R_3 + \ldots R_n$$

Die Spannung teilt sich proportional zu den Widerstandswerten auf, und durch alle Widerstände fließt der gleiche Strom.

Bei der Schaltung von **Bild 2.13** sind zwei Widerstände in Reihe geschaltet. Für die Messung benötigt man drei Multimeter, die entsprechend einzustellen sind. Der Strom wird durch ein Amperemeter gemessen, und zwei Voltmeter zeigen die Spannungen an.

Der Gesamtwiderstand dieser Reihenschaltung errechnet sich aus

$$\begin{aligned} R_{ges} &= R_1 + R_2 \\ &= 1\ \text{k}\Omega + 500\ \Omega \\ &= 1{,}5\ \text{k}\Omega \end{aligned}$$

Daraus ergibt sich ein Strom von

$$I = \frac{U}{R_{ges}} = \frac{12\ \text{V}}{1{,}5\ \text{k}\Omega} = 8\ \text{mA}$$

Der Spannungsfall an den beiden Widerständen ist

$$U_1 = I \cdot R_1 = 8\ \text{mA} \cdot 1\ \text{k}\Omega = 8\ \text{V}$$

$$U_2 = I \cdot R_2 = 8\ \text{mA} \cdot 500\Omega = 4\ \text{V}$$

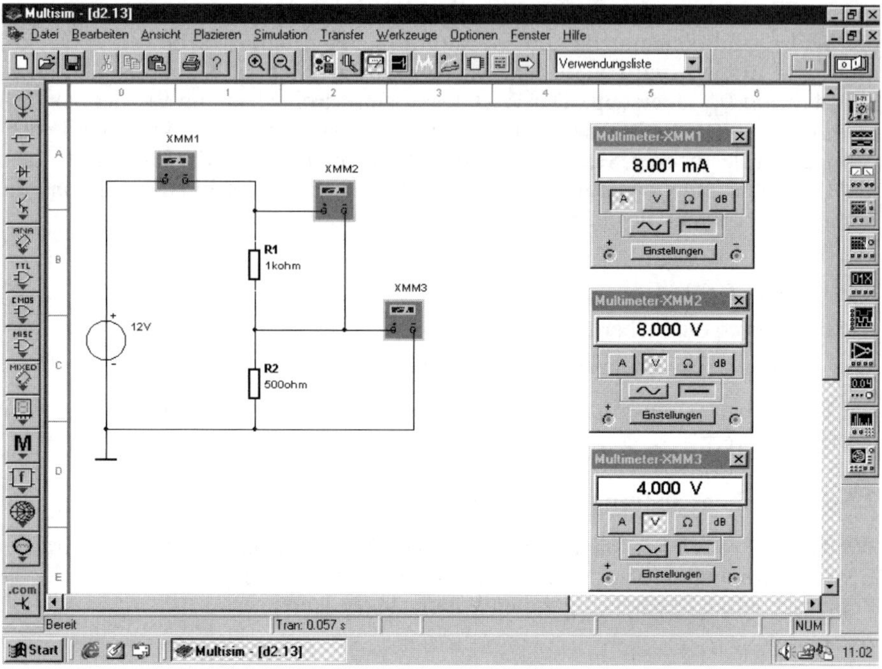

Bild 2.13 Messschaltung für zwei Widerstände

Addiert man die beiden Spannungsfälle, erhält man die Betriebsspannung von 12 V. Nur das obere Multimeter, das als Amperemeter arbeitet, zeigt eine geringe Abweichung gegenüber der Berechnung. Der Grund liegt im Strombedarf der Messgeräte.

Der Gesamtwiderstand der Reihenschaltung von **Bild 2.14** errechnet sich aus

$$\begin{aligned} R_{ges} &= R_1 + R_2 + R_3 \\ &= 1\ \text{k}\Omega + 500\ \Omega + 250\ \Omega \\ &= 1{,}75\ \text{k}\Omega \end{aligned}$$

Daraus ergibt sich ein Strom von

$$I = \frac{U}{R_{ges}} = \frac{12\ \text{V}}{1{,}75\ \text{k}\Omega} = 6{,}86\ \text{mA}$$

Der Spannungsfall an den drei Widerständen ist

$$U_1 = I \cdot R_1 = 6{,}86\ \text{mA} \cdot 1\ \text{k}\Omega = 6{,}86\ \text{V}$$

$$U_2 = I \cdot R_2 = 6{,}86\ \text{mA} \cdot 500\ \Omega = 3{,}43\ \text{V}$$

$$U_3 = I \cdot R_3 = 6{,}86\ \text{mA} \cdot 250\ \Omega = 1{,}715\ \text{V}$$

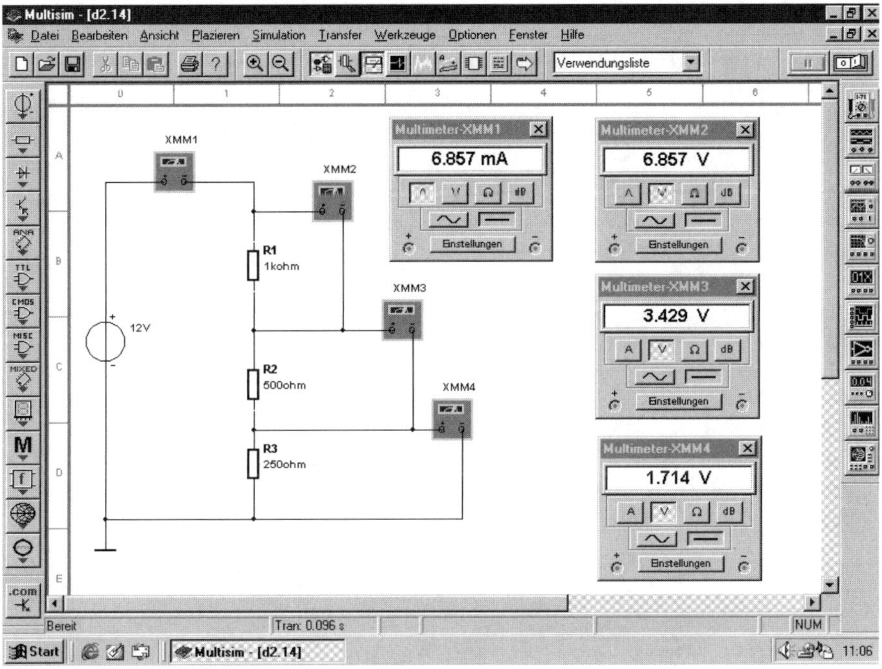

Bild 2.14 Messschaltung für drei unterschiedliche Widerstandswerte

Addiert man die drei Spannungsfälle, erhält man die Betriebsspannung von 12 V. Die Messgeräte zeigen geringe Abweichungen gegenüber der Berechnung. Der Grund liegt im Strombedarf der Messgeräte.

Die Summe der Teilspannungen ist so groß wie die angelegte Spannung. Deshalb bezeichnet man die Reihenschaltung auch als Spannungsteiler:

$$U = U_1 + U_2 + U_3$$

Die Summe der Teilwiderstände ergibt den Gesamtwiderstand

$$R = R_1 + R_2 + R_3$$

Die Teilspannungen verhalten sich wie die zugehörigen Teilwiderstände, d. h., am Widerstand mit dem höchsten Wert misst man die größte Spannung, am Widerstand mit dem kleinsten Wert dagegen die geringste Spannung.

2.3.7 Parallelschaltung von Widerständen

An einer Parallelschaltung von Widerständen liegt immer die gleiche Spannung. Der Strom in der Zuleitung verzweigt sich auf die einzelnen Verbraucher. Die Teilströme ergeben in der Summe den Wert des Eingangsstroms.

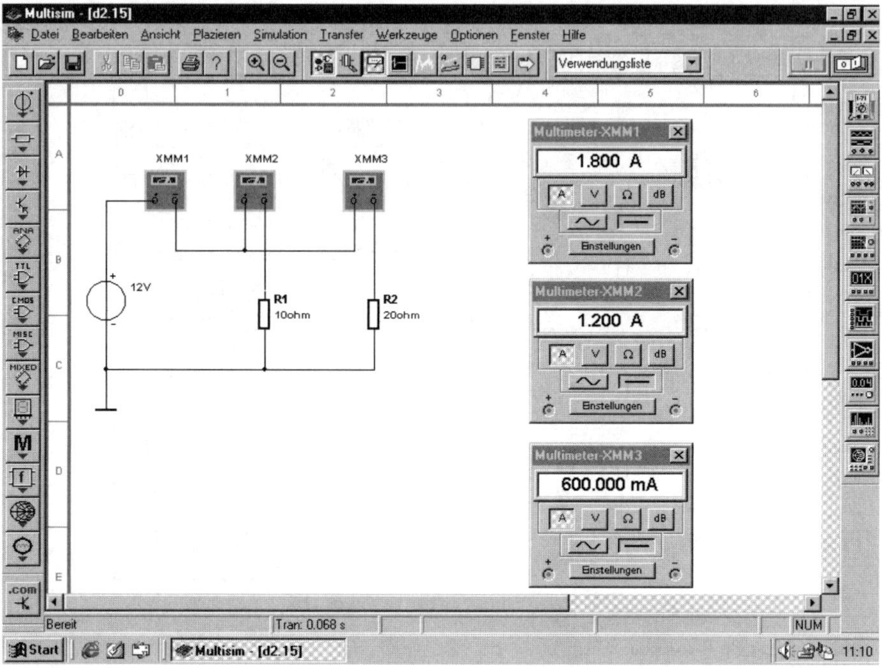

Bild 2.15 Parallelschaltung von zwei Widerständen

Bei der Schaltung von **Bild 2.15** sind zwei Widerstände parallel geschaltet. Es gilt folgendes Gesetz: Die Summe der Teilströme ist so groß wie der Gesamtstrom mit

$$
\begin{aligned}
I &= I_1 + I_2 \\
&= 1{,}2\ \text{A} + 600\ \text{mA} \\
&= 1{,}8\ \text{A}
\end{aligned}
$$

Die Teilströme verhalten sich umgekehrt zu den Widerstandswerten, d. h., je höher ein Widerstandswert ist, umso kleiner auch der Strom, der ihn durchfließt. Der Ersatzwiderstand der Schaltung ist immer kleiner als der kleinste Einzelwiderstand.

$$\frac{1}{R} = \frac{1}{R_1} + \frac{1}{R_2} = \frac{1}{10\ \Omega} + \frac{1}{20\ \Omega} = \frac{2}{20\ \Omega} + \frac{1}{20\ \Omega} = \frac{3}{20\ \Omega} = 6{,}66\ \Omega$$

Bei zwei parallel geschalteten Widerständen gilt auch

$$R = \frac{R_1 \cdot R_2}{R_1 + R_2} = \frac{10\ \Omega \cdot 20\ \Omega}{10\ \Omega + 20\ \Omega} = \frac{200\ \Omega^2}{30\ \Omega} = 6{,}66\ \Omega$$

Der Gesamtleitwert G (Siemens oder mho) der Schaltung ist so groß wie die Summe der Einzelwerte:

$$G = G_1 + G_2 = \frac{1}{R_1} + \frac{1}{R_2} = \frac{1}{10\ \Omega} + \frac{1}{20\ \Omega} = \frac{2+1}{20\ \Omega} = \frac{3}{20\ \Omega} = 0{,}3\ \text{S}$$

Der Gesamtwiderstand ist der reziproke Wert davon:

$$R = \frac{1}{G}$$

Diese Schaltung lässt sich entsprechend erweitern, wie **Bild 2.16** zeigt.

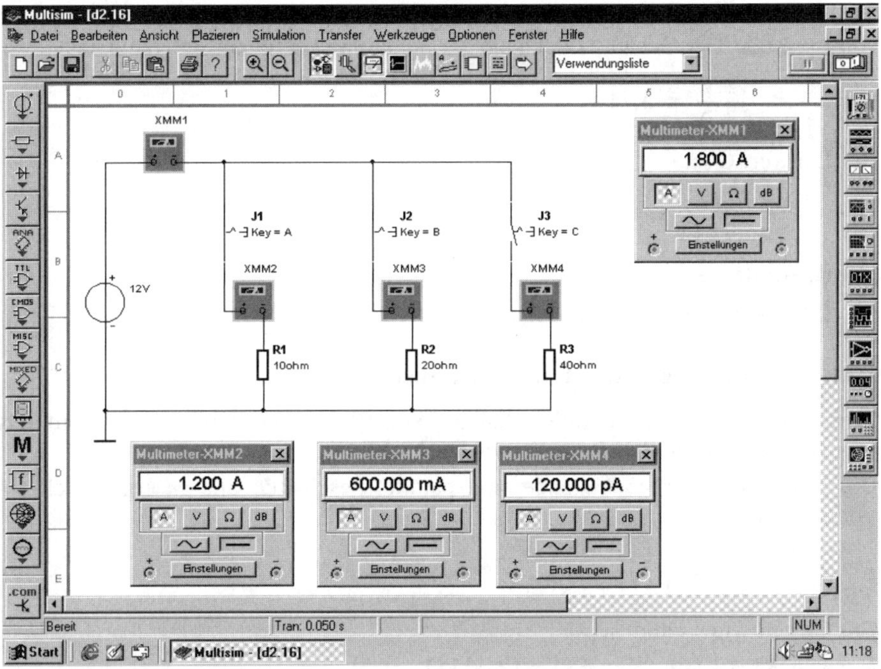

Bild 2.16 Parallelschaltung von drei Widerständen. Während die beiden linken Amperemeter den Stromfluss anzeigen, wird beim rechten Amperemeter ein sehr geringer Strom ausgegeben, denn die Simulation kennt nur hochohmige Widerstände, die kein Schaltverhalten mit unendlich hohen Werten erreichen können

In der Parallelschaltung befinden sich drei Schalter, die über die Tastatur gesteuert werden. Die Schalter finden Sie in der Basis-Bauteilbibliothek bei den Widerständen, Kondensatoren und Spulen. Der einpolige Umschalter wird durch Drücken einer Tastaturtaste geschlossen oder geöffnet (ein- oder ausgeschaltet). Die zum Umschalten verwendete Taste legen Sie fest, indem Sie deren Namen im Register

„Wert“ des Dialogfelds „Schaltung/Bauteileigenschaften“ eingeben. Soll der Schalter durch Drücken beispielsweise der Leertaste geschlossen oder geöffnet werden, geben Sie im Register „Wert“ Leertaste ein, und klicken anschließend auf „OK“. Es lassen sich folgende Tastennamen verwenden:

Für die Taste…	geben Sie ein
Buchstaben a bis z	den Buchstaben (z. B. a)
Ziffern 0 bis 9	die Ziffer (z. B. 1)
Eingabe	enter
Leertaste	Leertaste

Durch drei Schalter können Sie die einzelnen Widerstände ein- oder abschalten. Sind in der Schaltung alle drei Schalter geschlossen, ergibt sich ein Gesamtstrom von $I = 2{,}1$ A. Der Gesamtwiderstand der Schaltung berechnet sich dann aus

$$R = \frac{U}{I} = \frac{12\ \text{V}}{2{,}1\ \text{A}} = 5{,}71\ \Omega$$

Der Leitwert G ist

$$G = \frac{1}{R} = \frac{1}{5{,}71\ \Omega} = 0{,}175\ \text{S}$$

Zur Überprüfung:

$G = 0{,}1\ \text{S} + 0{,}05\ \text{S} + 0{,}025\ \text{S} = 0{,}175\ \text{S}$

2.3.8 Gemischte Widerstandsschaltungen

Durch die Reihen- und Parallelschaltung von Widerständen in einem Stromkreis entstehen gemischte Schaltungen, wie **Bild 2.17** zeigt.

Die beiden unteren Widerstände sind parallel geschaltet, und es ergibt sich ein Widerstand von

$$R^* = \frac{R_2 \cdot R_3}{R_2 + R_3} = \frac{1\ \text{k}\Omega \cdot 2\ \text{k}\Omega}{1\ \text{k}\Omega + 2\ \text{k}\Omega} = 666{,}6\ \Omega$$

Der Gesamtwiderstand ist

$R = R_1 + R^* = 1\ \text{k}\Omega + 666{,}6\ \Omega = 1{,}666\ \text{k}\Omega$

Der Strom berechnet sich aus

$$I = \frac{U}{R} = \frac{12\ \text{V}}{1{,}666\ \text{k}\Omega} = 7{,}2\ \text{mA}$$

Damit entsteht über den Widerstand R_1 ein Spannungsfall von

$U_{R1} = I \cdot R_1 = 7{,}2\ \text{mA} \cdot 1\ \Omega = 7{,}2\ \text{V}$

Der Spannungsfall an den beiden parallel geschalteten Widerständen ist dann $12\ \text{V} - 7{,}2\ \text{V} = 4{,}8\ \text{V}$. Über die beiden Widerstände fließt ein Strom von

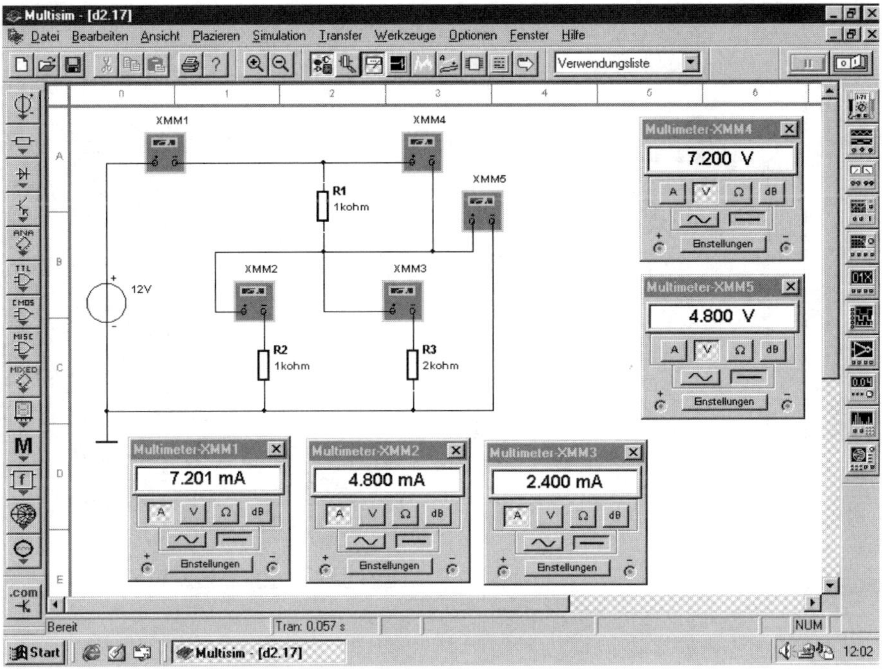

Bild 2.17 Gemischte Schaltung mit drei Widerständen

$$I_2 = \frac{U}{R_2} = \frac{4{,}8\ \text{V}}{1\ \text{k}\Omega} = 4{,}8\ \text{mA}$$

$$I_3 = \frac{U}{R_3} = \frac{4{,}8\ \text{V}}{2\ \text{k}\Omega} = 2{,}4\ \text{mA}$$

Rechnung und Messergebnis sind identisch!

2.3.9 Spannungsteiler

Bei der Schaltung von **Bild 2.18** spricht man von einem unbelasteten Spannungsteiler. Bei ihm teilen sich die Spannungen U_1 und U_2 entsprechend den Widerstandswerten R_1 und R_2 auf:

$$\frac{U_1}{U_2} = \frac{R_1}{R_2}$$

Die Messergebnisse in Bild 2.18 gelten für einen belasteten Spannungsteiler.

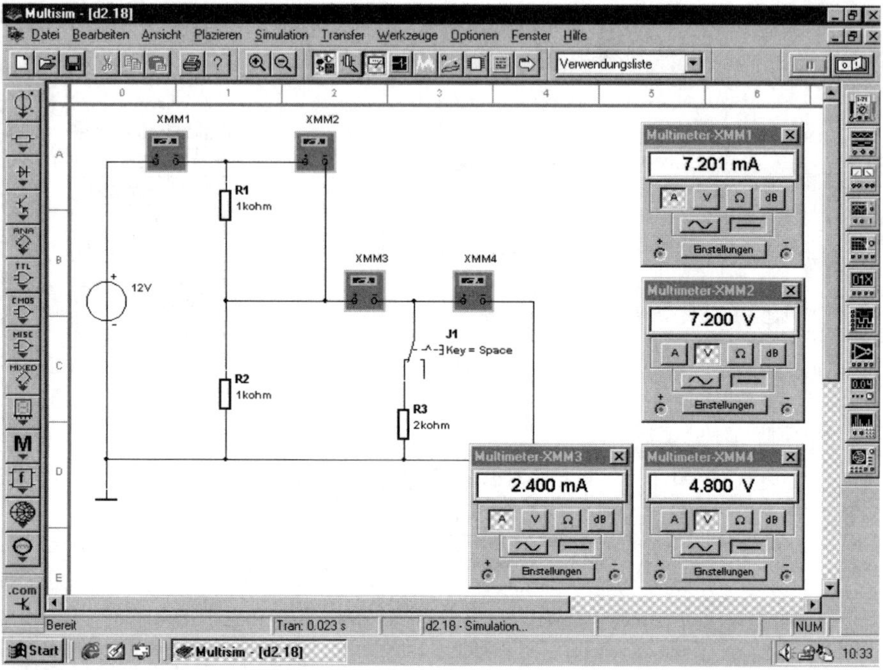

Bild 2.18 Schaltung zur Untersuchung eines unbelasteten (Schalter offen) und eines belasteten (Schalter geschlossen) Spannungsteilers

Die Ausgangsspannung für einen unbelasteten Spannungsteiler (Schalter geöffnet) errechnet sich aus

$$U_a = U_e \frac{R_2}{R_1 + R_2} = 12\ \text{V} \frac{1\ \text{k}\Omega}{1\ \text{k}\Omega + 1\ \text{k}\Omega} = 12\ \text{V} \cdot \frac{1}{2} = 6\ \text{V}$$

Statt der Spannungsteilergleichung kann auch mit dem Strom und den beiden Spannungsfällen gerechnet werden.

Bei der Schaltung von Bild 2.18 ergibt sich eine Parallelschaltung der beiden unteren Widerstände, wenn der Schalter geschlossen ist, mit

$$R^* = \frac{R_2 \cdot R_3}{R_2 + R_3} = \frac{1\ \text{k}\Omega \cdot 2\ \text{k}\Omega}{1\ \text{k}\Omega + 2\ \text{k}\Omega} = 666{,}6\ \Omega$$

Die Ausgangsspannung errechnet sich aus

$$U_a = U_e \frac{R^*}{R_1 + R^*} = 12\ \text{V} \frac{666{,}6\ \Omega}{1\ \text{k}\Omega + 666{,}6\ \Omega} = 12\ \text{V} \cdot 0{,}4 = 4{,}8\ \text{V}$$

Statt der Spannungsteilergleichung kann auch mit dem Strom und den beiden Spannungsfällen gerechnet werden.

2.3.10 Einstellbarer Spannungsteiler

Potentiometer und Einsteller sind veränderbare Widerstände. Diese Bauelemente verändern ihren Widerstandswert unter dem Einfluss einer elektrischen oder nicht elektrischen Größe.

Die Widerstandsschicht bei Potentiometern und Einstellern besteht entweder aus Kohle oder aus einem Gemisch aus Metall- oder Metalloxidpulver mit Glaspulver. Im letztgenannten Fall spricht man von „Cermets". Sie werden in die keramischen Träger eingebrannt, während Kohleschichten auch auf Schichtpressstoffe gedruckt werden. Die Schichtoberfläche muss vollkommen glatt und eben sein, da feinste Unebenheiten der Feinstruktur der Widerstandskennlinie einen Verlauf geben würden, der erhebliche Nichtlinearitäten erzeugt. Außerdem treten bei Tonfrequenzsystemen unerwünschte Kratzgeräusche auf, wenn man den Schleifer verstellt.

Der Schleifer besteht aus federndem Material, das einen weichen, oft aus Kohle bestehenden Kopf trägt, der auf der Widerstandsschicht gleitet. Die Schleiferbewegung kann geradlinig (Gleitpotentiometer) oder kreisförmig (Drehpotentiometer) sein. Spezielle Kapselungen schützen das Innenleben der Potentiometer gegen Umwelteinflüsse. Gehäuse aus Metall schirmen die Widerstandsbahn gegen Streufelder ab, was speziell bei hochohmigen Potentiometern oft unerlässlich ist.

Als Nennwert eines Potentiometers oder Einstellers wird der Gesamtwiderstand zwischen Anfang und Ende der Widerstandsbahn bezeichnet. Da die Hauptanwendung die Spannungsteilung ist, reicht eine Toleranz von ±20 % aus und ist in der Praxis üblich. Für die Belastung sind genormte Typen für 0,2 W, 0,4 W, 0,8 W und 2 W lieferbar. Potentiometer gleicher Abmessungen dürfen jedoch nur mit halber Verlustleistung arbeiten, wenn sie eine logarithmische Kennlinie aufweisen.

Bei veränderbaren Widerständen unterscheidet man zwischen linearen und nicht linearen (logarithmischen) Potentiometern und den Einstellern, die in der Praxis nur einen linearen Widerstandsverlauf aufweisen. Potentiometer dienen zur manuellen Widerstandseinstellung. Man unterscheidet bei den Potentiometern zwischen Achsen- und Flachbahntypen. Diese Potentiometer befinden sich auf der Frontplatte der Geräte, und der Anwender kann direkten Einfluss auf das Verhalten der elektronischen Schaltung nehmen. Einsteller sind auf einer Platine montiert und lassen sich nur mit einem Schraubendreher betätigen. Man benutzt sie überwiegend zum Ausgleich von Toleranzen der Bauelemente nach einer Fertigung oder zum Grundabgleich einer Ausgangsbedingung.

Nach den Widerstandsbahnen unterscheidet man zwischen Masse-, Schicht- und Drahtpotentiometern. Bei einem typischen Kohleschichtpotentiometer besteht die Widerstandsbahn aus einer Kohleschicht auf Kunststoff- oder Keramikträger. Aus diesem Grund muss man die Widerstandskurven auch idealisiert betrachten. Der Widerstandswert zwischen den beiden festen Anschlüssen A (Anfang) und E (Ende) des Widerstandskörpers und dem Schleiferanschluss ändert sich in Abhängigkeit vom Drehwinkel. Der Drehbereich ist nicht größer als 320°.

Bei einem linearen Potentiometer oder Einsteller ändert sich der Widerstand gleichmäßig über den Drehwinkel α. Die Widerstandskurve ergibt eine gerade Linie (idealer Kurvenverlauf). Bei einer Rechtsdrehung gehört zur gleichen Winkeländerung im ganzen Winkelbereich die gleiche Widerstandsänderung. Legt man eine konstante Spannung zwischen die Anschlüsse A und E, folgt die Ausgangsspannung am Schleifer S direkt dem Drehwinkel α.

Bei einem logarithmischen Potentiometer, ergibt sich je nach Anschluss eine positive oder negative Widerstandskurve. In der Praxis geht man immer von einem positiv logarithmischen Potentiometer aus. Am Anfang des Drehbereichs steigt der Widerstandswert nur sehr langsam an und erreicht in der Mitte erst etwa 5 % des Gesamtwiderstands. In der zweiten Hälfte steigt der Widerstand umso schneller an, je mehr sich der Drehwinkel dem Anschluss nähert. Vertauscht man die beiden Anschlüsse A und E miteinander, ergeben sich umgekehrte Verhältnisse. Die zu gleichen Drehwinkeländerungen gehörenden Widerstandsänderungen sind umso kleiner, je mehr sich der Drehwinkel dem Höchstwert nähert. In der zweiten Hälfte des Drehbereichs ändert sich dagegen der Widerstand nur noch sehr gering: von etwa 95 % auf den vollen Wert von 100 %. Der Anwendungsbereich von logarithmischen Potentiometern liegt in der Akustik, bei optoelektronischen Systemen oder physikalischen Sensoren, denn in der Natur herrschen weitgehend logarithmische Abhängigkeiten.

Bei Massepotentiometern besteht die Widerstandsbahn aus gesintertem Widerstandsmaterial. Diese Potentiometer sind elektrisch besonders stabil und zuverlässig, kosten aber das Zehnfache gegenüber Kohleschichtpotentiometern. Bei höheren Belastungen benötigt man Drahtpotentiometer. Sie enthalten eine Drahtwicklung aus Widerstandsmaterial. Während bei den Kohleschicht- und Massepotentiometern die gleichbleibende Widerstandsbahn die Auflösung bestimmt, hängt die mögliche Auflösung bei Drahtpotentiometern von der Windungszahl ab. Bei steigendem Widerstandswert steigt mit der Windungszahl auch die Auflösung.

In der Basis-Bauteilbibliothek finden Sie das Potentiometer (variabler Widerstand) für den Schaltungsaufbau. Dieses Bauteil verhält sich wie ein regulärer Widerstand, außer dass Sie diesen Widerstand durch einen einzelnen Tastendruck einstellen können. Im Register „Wert“ im Dialogfeld „Schaltung/Bauteileigenschaften“ geben Sie den Widerstand, die Voreinstellung (in Prozent) und die Schrittweite des Potentiometers ein. Hier können Sie zwischen den Tasten A bis Z für die Potentiometereinstellung wählen. Um den Widerstandswert zu verringern, drücken Sie die angegebene Taste. Um den Widerstandswert zu erhöhen, halten Sie die Umschalttaste gedrückt und wählen die angegebene Taste.

Der aktuelle Widerstandswert beträgt z. B. 45 %, die Schrittweite ist 5 %, und als Taste wurde „R“ angegeben. Der Wert des Potentiometers wurde auf 1 kΩ eingestellt, und es tritt zwischen dem Schleiferanschluss und dem Anschluss E ein Widerstandswert von 450 Ω auf. Wenn Sie nun „R“ drücken, verringert sich der Widerstandswert auf 40 %, also auf 400 Ω. Nach erneutem Anklicken ergeben sich

35 % oder 350 Ω. Wenn Sie jetzt die Umschalttaste drücken und dann erst „R“, erhöht sich der Wert wieder auf 40 % bzw. 400 Ω.

Befindet sich der Schleifer ganz oben (100 %), dies entspricht einem Teilwiderstand R_2 vom Gesamtwiderstand R mit 100 %, misst man eine Ausgangsspannung von $U_a = 12$ V (100 %). Das Verhalten eines unbelasteten linearen Spannungsteilers ist linear.

Bild 2.19 zeigt einen belasteten Spannungsteiler, da sich am Anschluss des Schleifers der Lastwiderstand R_L (R_1) befindet. Durch ihn ergibt sich eine Parallelschaltung zum unteren Teilwiderstand im Potentiometer bzw. Einsteller R_2. Dadurch unterscheidet sich der über dem unteren Teil von R_2 auftretende Spannungsfall U_2 im belasteten Zustand immer weniger vom unbelasteten Zustand, je höher der Wert des unteren Teilwiderstands von R_2 wird.

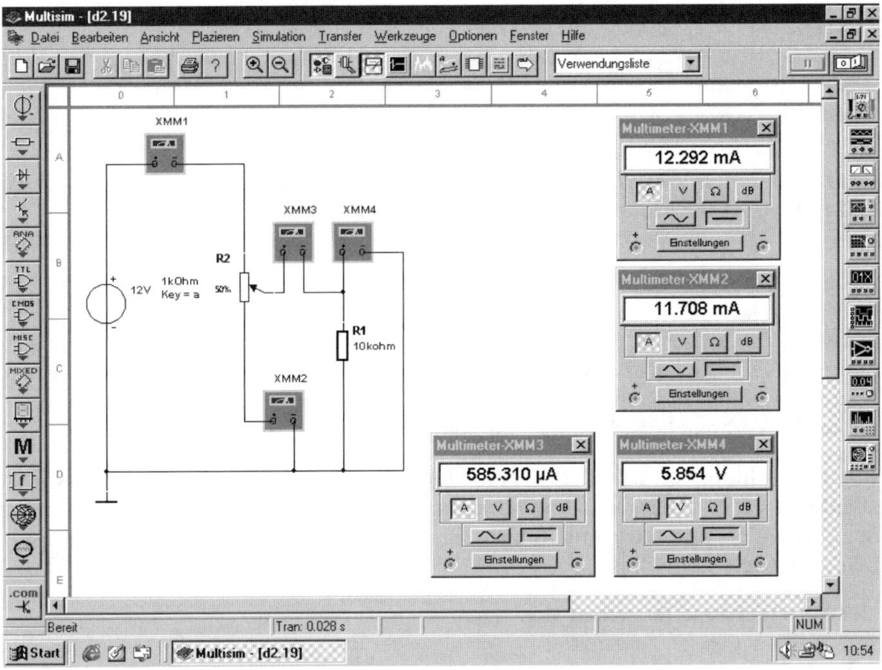

Bild 2.19 Schaltung zur Untersuchung eines belasteten Spannungsteilers

In der Schaltung von Bild 2.19 werden alle Spannungen und Ströme in einem Spannungsteiler gemessen. Das Potentiometer im Spannungsteiler hat einen Wert von 1 kΩ, und da das Verhältnis 50 % eingestellt ist, hat der untere Teilwiderstand von R_2 einen Wert von 500 Ω.

Die Messungen nach **Tabelle 2.9** ergeben je nach R_L (R_1) unterschiedliche Werte. Gemessen werden Eingangsstrom I_e, Strom I_E (Anschluss E für Ende des Potentiometers), Strom I_S (Anschluss S für den Schleifer) und Ausgangsspannung U_a.

R_L (R_1)	I_e (XMM1)	I_E (XMM2)	I_S (XMM3)	U_a (XMM4)
100 kΩ	12,03 mA	11,97 mA	55,5 µA	5,99 V
50 kΩ	12,06 mA	11,94 mA	119,9 µA	5,97 V
10 kΩ	12,29 mA	11,71 mA	585,3 µA	5,85 V
5 kΩ	12,57 mA	11,43 mA	1,14 mA	5,71 V
1 kΩ	14,39 mA	9,6 mA	4,8 mA	4,8 V
500 Ω	16 mA	8 mA	8 mA	4 V
100 Ω	20,57 mA	3,43 mA	17,1 mA	1,7 V
50 Ω	22 mA	2 mA	20 mA	1 V
10 Ω	23,54 mA	0,4615 mA	23,07 mA	0,2308 V

Tabelle 2.9 Messwerte für den belasteten Spannungsteiler

Erhöhen Sie den Wert des Potentiometers gegenüber dem in Bild 2.19 auf 10 kΩ und führen Sie die Messung nochmals durch.

2.3.11 Vorwiderstand

Vorwiderstände dienen zur Herabsetzung der Eingangsspannung auf die Nennspannung des Verbrauchers bei wenig schwankender Last. Der Vorwiderstand R_v ist mit dem Verbraucher in Reihe geschaltet. R_v ist so zu bemessen, dass an ihm bei Nennstrom des Verbrauchers die überschüssige Spannung U_v abfällt.

In der Schaltung von **Bild 2.20** ist eine Lampe mit 10 W/9 V über einen Vorwiderstand R_1 (= R_v) von 2,7 Ω an eine Spannungsquelle von 12 V angeschlossen. Über dem Vorwiderstand muss eine Spannung von 3 V abfallen, damit ein ordnungsgemäßer Betrieb möglich ist.

Der Vorwiderstand berechnet sich aus

$$I = \frac{P}{U} = \frac{10\ \text{W}}{9\ \text{V}} = 1{,}11\ \text{A}$$

$$R_v = \frac{U}{I} = \frac{3\ \text{V}}{1{,}11\ \text{A}} = 2{,}7\ \Omega$$

Setzt man diese Werte in die Schaltung ein, ergeben sich die Ausgangsbedingungen für diese Berechnung.

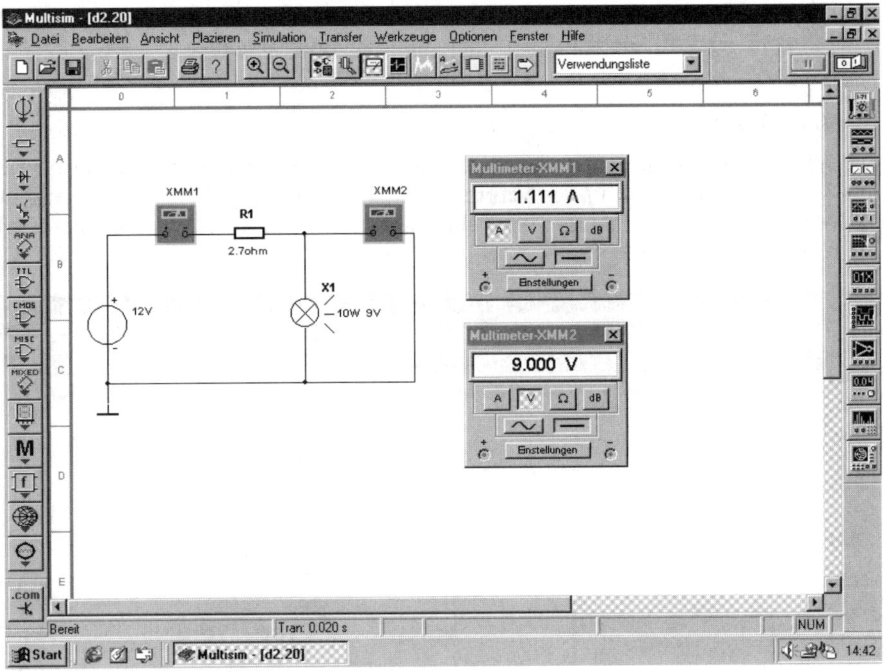

Bild 2.20 Anwendung eines Vorwiderstands

2.4 Der erweiterte Stromkreis

Zum Dimensionieren eines elektrischen bzw. elektronischen Geräts innerhalb der Mechatronik reicht die Kenntnis der Schaltungstechnik nicht aus. Man muss auch die Eigenschaften der erforderlichen Bauelemente kennen und wie man diese innerhalb einer Schaltung einsetzen kann.

2.4.1 Kenngrößen von Spannungsquellen

Ist kein Verbraucher an eine Spannungsquelle angeschlossen, misst man mit einem hochohmigen Voltmeter die sogenannte Klemmenspannung U. Die Leerlaufspannung U_0 entspricht der Klemmenspannung U, und der Spannungsfall U_i am Innenwiderstand R_i (R_1) beträgt 0 V.

Liegt an der Spannungsquelle ein Verbraucher, entspricht das dem belasteten Zustand. Die Klemmenspannung U teilt sich in die Leerlaufspannung U_0 und den

Spannungsfall U_i auf. Der Strom I, der durch den Innenwiderstand R_i fließt, erzeugt einen Spannungsfall. Die Klemmenspannung errechnet sich aus

$$U = U_0 - U_i$$

$$U = U_0 - (I \cdot R_i)$$

Die Klemmenspannung U ist vom Innenwiderstand R_i (= R_1) der Spannungsquelle und vom Belastungsstrom I des Verbrauchers abhängig. Je größer I (gemessen mit XMM1), d. h., je niederohmiger der Belastungswiderstand R_2 ist, umso kleiner wird die Klemmenspannung.

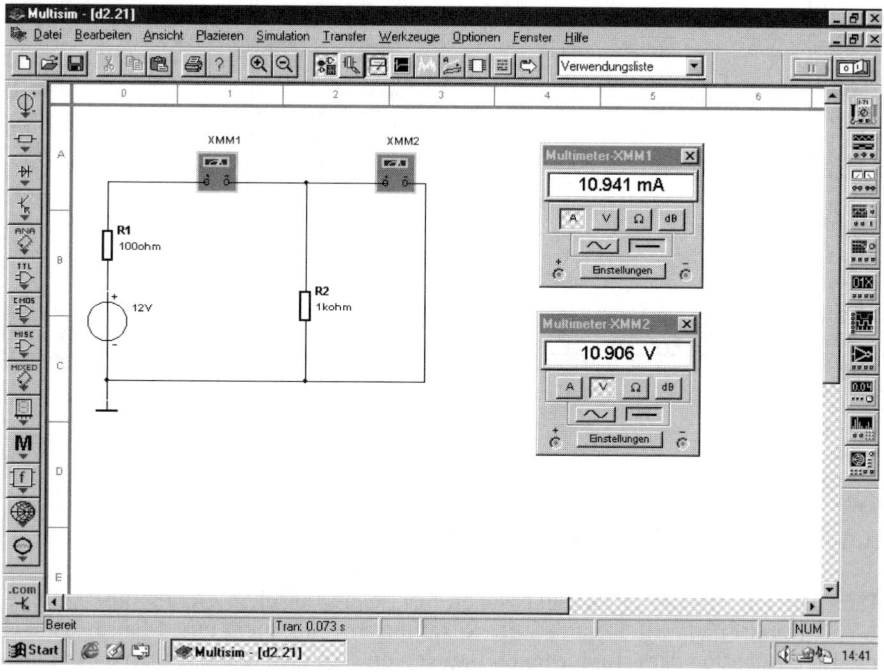

Bild 2.21 Schaltung zur Bestimmung des Innenwiderstands einer Spannungsquelle

Bei der simulierten Spannungsquelle von **Bild 2.21** lässt sich der Innenwiderstand nicht einstellen. Daher schaltet man einen Widerstand R_1 mit der Spannungsquelle in Reihe, der dann den Innenwiderstand simuliert. Als Innenwiderstand wird ein Wert von $R_i = 100\ \Omega$ angegeben. Der Lastwiderstand hat einen Wert von $R_L = 1\ \text{k}\Omega$. Der Strom errechnet sich aus

$$I = \frac{12\ \text{V}}{100\ \Omega + 1\ \text{k}\Omega} = 10{,}9\ \text{mA}$$

Dieser Strom erzeugt am Innenwiderstand einen Spannungsfall U_i von

$U_i = I \cdot R_i = 10{,}9\ \text{mA} \cdot 100\ \Omega = 1{,}09\ \text{V}$

Die Spannung am Widerstand sinkt von 12 V auf 10,9 V ab, wie die Simulation auch zeigt. Verringert man den Innenwiderstand von 100 Ω auf 10 Ω, ändert sich die Funktionsweise erheblich. Die Ausgangsspannung steigt auf 11,9 V an, da sich der Spannungsfall am Innenwiderstand auf 0,1 V reduziert. Gleichzeitig erhöht sich der Strom durch den Lastwiderstand auf 11,9 mA.

Der Innenwiderstand einer Spannungsquelle und der Lastwiderstand sind wesentliche Elemente bei der Anpassung. In der Elektrotechnik bzw. Elektronik kennt man drei Arten für die Anpassung:

- Spannungsanpassung: $R_L >> R_i$
- Leistungsanpassung: $R_L = R_i$
- Stromanpassung: $R_L << R_i$

Der Normalfall ist die Spannungsanpassung, d. h., der Widerstand des Verbrauchers ist erheblich größer als der Innenwiderstand der Spannungsquelle oder des Stromerzeugers. Stellen Sie für einen weiteren Versuch in der Schaltung von Bild 2.21 den Innen- und den Lastwiderstand auf $R_i = 1\ \Omega$ und auf $R_L = 1\ \text{k}\Omega$ ein. Für die Ausgangsspannung gilt $U_a = 12$ V und für den Strom $I_a = 12$ mA. Der Spannungsfall am Innenwiderstand beträgt

$U_i = 12\ \text{mA} \cdot 1\ \ \Omega = 12\ \text{mV}$

Führen Sie mehrere Versuche durch, indem der Innenwiderstand stufenweise von $R_i = 1\ \Omega$ auf 5 Ω, 10 Ω, 15 Ω usw. erhöht wird. Durch die Messungen erkennt man die Änderungen und kann mit Berechnungen die Richtigkeit überprüfen.

Bei der Leistungsanpassung gilt die Bedingung $R_L = R_i$, d. h., der Lastwiderstand hat den gleichen ohmschen Wert wie der Innenwiderstand. Stellen Sie in der Schaltung beide Widerstände auf 10 Ω ein und starten Sie die Simulation. Das Voltmeter zeigt 6 V an, also die halbe Betriebsspannung, und es fließt ein Strom von 600 mA. Das bedeutet, dass der Verbraucher die maximale Leistung $P = 6\ \text{V} \cdot 600\ \text{mA} = 3{,}6\ \text{W}$ abgibt.

Von Stromanpassung spricht man, wenn durch den Verbraucher ein möglichst hoher Strom fließt. Der Innenwiderstand von 10 Ω wird beibehalten, und der Wert des Lastwiderstands wird auf 0,001 Ω verringert. Die Spannung sinkt auf 2,4 mV ab, aber es fließt ein Strom von 1,2 A. Jetzt können wir den Lastwiderstand noch auf 0,0000001 Ω verringern, wobei dann die Spannung auf 1,2 mV sinkt, und es fließt ein Strom von 1,2 A. Unterschreitet man bei einem Verbraucher den Widerstandswert von 1 Ω, spricht man bereits von einem Kurzschluss.

Die größtmögliche Leistungsentnahme aus einem Spannungserzeuger ergibt sich bei der Leistungsanpassung. Bei $R_i = R_L$ lässt sich die maximale Leistung am Lastwiderstand errechnen:

$$P_{max} = \frac{U_0^2}{4 \cdot R_i}$$

2.4.2 Reihen- und Parallelschaltung von Spannungsquellen

In der Praxis ist es oft erforderlich, mehrere Spannungsquellen in Reihe zu schalten, um eine größere Betriebsspannung zu erhalten. Die Summe der einzelnen Leerlaufspannungen ergeben die Gesamtleerlaufspannung, und die Einzelinnenwiderstände addieren sich zum Gesamtinnenwiderstand:

$U_0 = U_{01} + U_{02} + U_{03} + \ldots$

$R_i = R_{i1} + R_{i2} + R_{i3} + \ldots$

In **Bild 2.22** erhält man eine Gesamtleerlaufspannung von $U_0 = 5{,}7$ V und einen Gesamtinnenwiderstand von $R_i = 2{,}5\ \Omega$, wenn kein Lastwiderstand vorhanden ist, d. h., der Schalter ist offen.

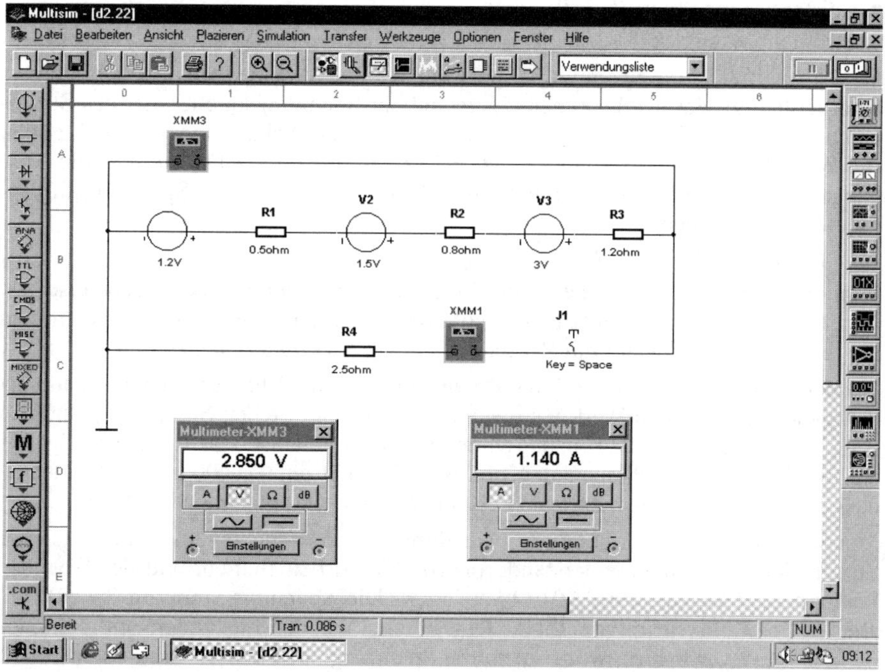

Bild 2.22 Schaltung zur Untersuchung einer Reihenschaltung von Spannungserzeugern mit unterschiedlichen Innenwiderständen

Durch Änderung des Lastwiderstands lassen sich zwei Spannungs- und Stromwerte messen:

$R_L = 10\ \Omega$: $U = 4{,}56$ V $I = 456$ mA

$R_L = 5\ \Omega$: $U = 3{,}80$ V $I = 760$ mA

Der Gesamtinnenwiderstand errechnet sich aus

$$R_i = \frac{\Delta U}{\Delta I} = \frac{4{,}56\ \text{V} - 3{,}80\ \text{V}}{760\ \text{mA} - 456\ \text{mA}} = \frac{0{,}76\ \text{V}}{304\ \text{mA}} = 2{,}5\ \Omega$$

Stellt man den Lastwiderstand auf 2,5 Ω ein, ergibt sich eine Leistungsanpassung.

Für die Erhöhung des Gesamtstroms lassen sich mehrere Spannungserzeuger parallel schalten, wobei alle Spannungserzeuger die gleiche Klemmenspannung aufweisen müssen. Ist dies nicht der Fall, kommt es zu einem internen Ausgleichsstrom.

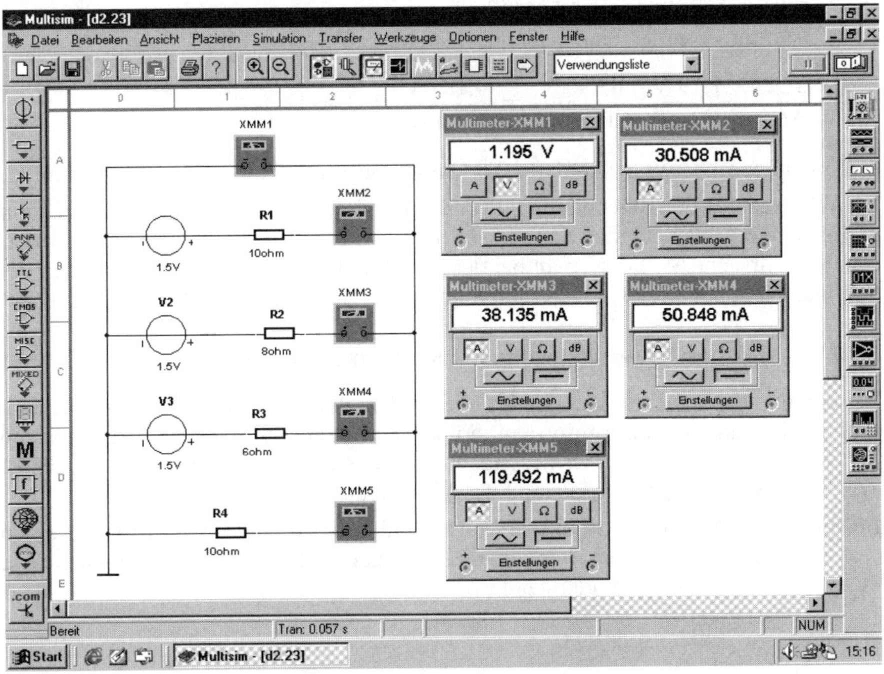

Bild 2.23 Schaltung zur Untersuchung einer Parallelschaltung von Spannungserzeugern mit unterschiedlichen Innenwiderständen

Der Gesamtstrom I von **Bild 2.23** errechnet sich aus

$$I = I_1 + I_2 + I_3 + \ldots I_n$$

und der Gesamtwiderstand aus

$$\frac{1}{R_i} = \frac{1}{R_{i1}} + \frac{1}{R_{i2}} + \frac{1}{R_{i3}} + \ldots \frac{1}{R_{in}}$$

Für die Schaltung ergibt sich ein Gesamtinnenwiderstand von $R_i = 2{,}5\ \Omega$. Dieser Wert ist kleiner als der kleinste Einzelwiderstand. Die Klemmenspannung der Spannungsquelle ist bei gleicher Belastung höher als bei den einzelnen Spannungsquellen.

Addiert man die drei Teilströme der Schaltung, errechnet sich der Gesamtstrom. Durch Änderung des Lastwiderstands lassen sich zwei Spannungs- und Stromwerte messen:

$R_L = 10\ \Omega$: $U = 1{,}19\ V$ $I = 119\ mA$

$R_L = 5\ \Omega$: $U = 0{,}993\ V$ $I = 199\ mA$

Der Gesamtinnenwiderstand errechnet sich aus

$$R_i = \frac{\Delta U}{\Delta I} = \frac{1{,}19\ V - 0{,}993\ V}{199\ mA - 119\ mA} = \frac{0{,}197\ V}{80\ mA} = 2{,}46\ \Omega$$

Stellt man den Lastwiderstand auf $2{,}5\ \Omega$ ein, ergibt sich eine Leistungsanpassung.

Beim Betrachten der Berechnung und der Ergebnisse der Simulation zeigen sich nur geringfügige Unterschiede. Sie werden durch die unterschiedlichen Innenwiderstände verursacht. Während man bei der Berechnung ein idealisiertes Verhalten der Spannungsquellen voraussetzt, erhält man bei der Simulation recht reale Ergebnisse.

2.4.3 Messbereichserweiterung bei Spannungsmessern

Bei einem mechanischen Messwerk findet man in der Praxis neben der Angabe zum Innenwiderstand auch die Information über die Spannung bzw. den Strom für den Vollausschlag. Wichtig in der Messtechnik ist der Kennwiderstand r_k, denn dieser Wert definiert den Innenwiderstand des Messgeräts bei 1 V.

Beispiel: Ein Messgerät mit einem Vollausschlag bei 80 mV und 2 mA soll einen Vorwiderstand erhalten, um einen Endausschlag bei 3 V zu erreichen. Wie groß ist der Vorwiderstand?

$$R_i = \frac{U_i}{I_i} = \frac{80\ mV}{2\ mA} = 40\ \Omega$$

$$R_g = \frac{U}{I_i} = \frac{3\ V}{2\ mA} = 1{,}5\ k\Omega$$

$$R_v = R_g - R_i = 1{,}5\ k\Omega - 40\ \Omega = 1{,}46\ k\Omega$$

Man muss einen Widerstand von $1{,}46\ k\Omega$ vor das Messwerk schalten. Der Kennwiderstand r_k berechnet sich aus

$$r_k = \frac{U}{I_i} = \frac{1000}{2\ mA} = 500\ \Omega/V$$

Auf der Skala des Messinstruments steht die Angabe 500 Ω/V.

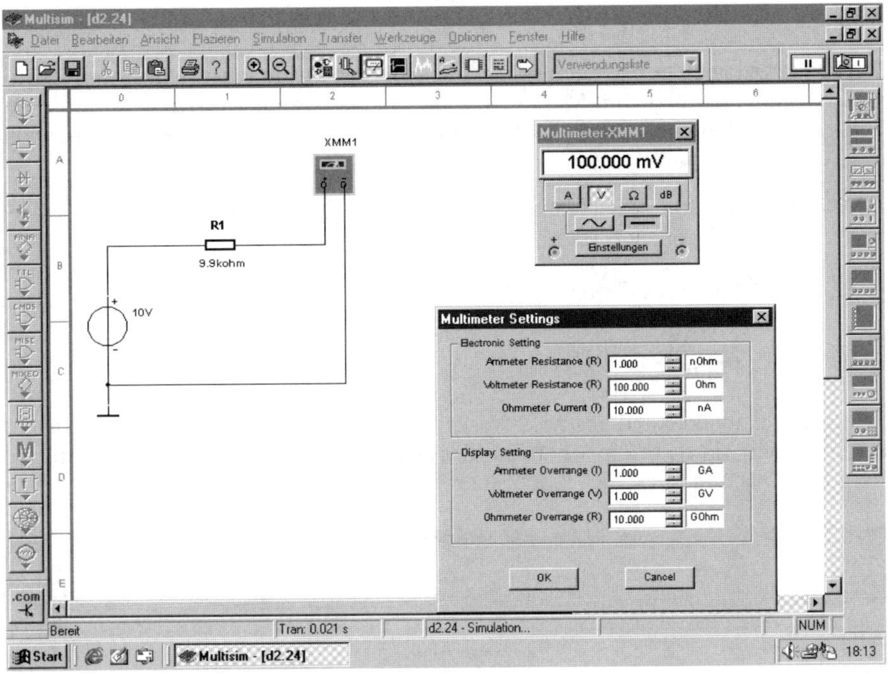

Bild 2.24 Durch den Vorwiderstand R_v (R_1) lässt sich der Messbereich für das Messwerk erweitern (Spannungsmesser)

Der Bereich eines Messwerks ist z. B. mit einem Innenwiderstand von $R_M = 100\ \Omega$ bei einem Vollausschlag von $U_M = 100$ mV angegeben. Wenn man ein Voltmeter auf eine Eingangsspannung von $U = 10$ V erweitert, muss am Vorwiderstand eine Spannung von 9,9 V abfallen. Der Strom beträgt $I_M = 1$ mA. Zur Berechnung des Vorwiderstands setzt man die Gesetze der Reihenschaltung ein (**Bild 2.24**):

$$R_v = \frac{10\ \text{V} - 100\ \text{mV}}{1\ \text{mA}} = 9\,900\ \Omega$$

Bei einer Spannung von 10 V fließt ein Strom von 1 mA durch eine Reihenschaltung von 10 kΩ. Wichtig für die Angabe bei einem Messgerät ist der Kennwiderstand in Ω/V (kΩ/V bei mechanischen und MΩ/V bei elektronischen Messgeräten). Beim Messgerät im obigen Beispiel ergibt sich ein Wert von 1 kΩ/V.

Bei der Schaltung von **Bild 2.24** tritt ein Problem auf, denn das Multimeter passt sich während der Simulation automatisch dem jeweiligen Spannungswert an und hat idealisierte Werte. Durch die Anwahl der Schaltfläche „Einstellungen“ öffnet sich das Fenster für die Werte. Für das Voltmeter ist ein Widerstandswert von 100 Ω einzustellen. Da der Vorwiderstand einen Wert von 9 900 Ω hat, ergibt sich nach dem Start der Simulation ein Anzeigewert von 100 mV.

2.4.4 Messbereichserweiterung bei Strommessern

Bei Erweiterung eines Messgeräts für einen höheren Strom muss man einen Nebenwiderstand R_n parallel zum Messwerk schalten, der den überflüssigen Strom I_n am Messwerk vorbeileitet. Statt der Bezeichnung „Nennwiderstand“ findet man auch die Definition „Shunt“. .

Beispiel: Ein Messwerk hat Vollausschlag bei 60 mV und 1 mA. Der Nebenwiderstand für einen Strommessbereich von 500 mA ist zu berechnen.

$I_n = I - I_i = 500\ \text{mA} - 1\ \text{mA} = 499\ \text{mA}$

$$R_n = \frac{U_i}{I_n} = \frac{60\ \text{mV}}{499\ \text{mA}} = 0{,}12024\ \Omega$$

Für den Innenwiderstand des Messwerks verwendet man wieder $R_M = 100\ \Omega$; bei einem Strom von $I_M = 1$ mA hat das Messwerk Vollausschlag. Soll ein Strom von $I = 1$ A gemessen werden, fließt über den Shunt-Widerstand ein Strom von

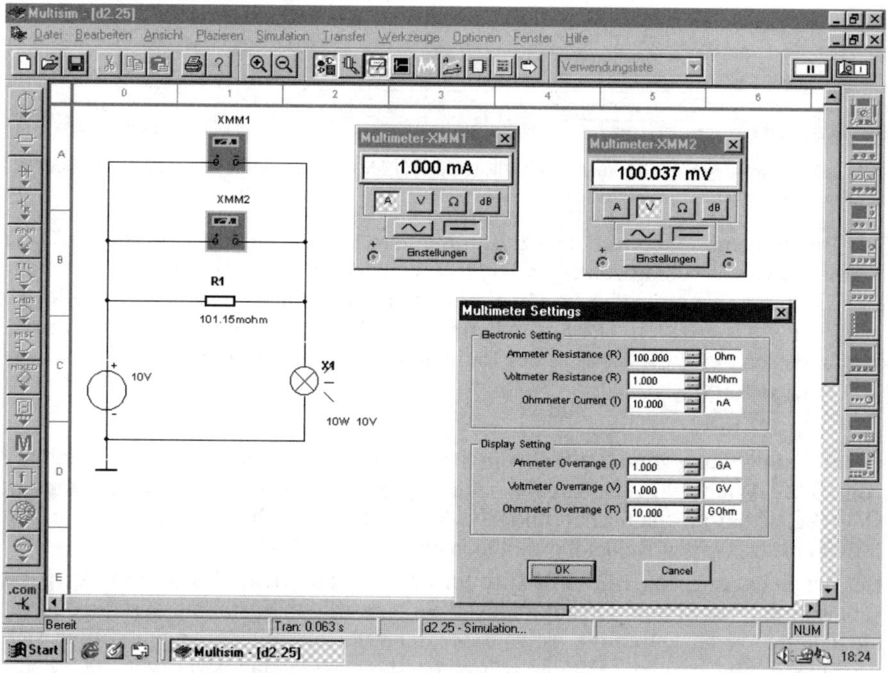

Bild 2.25 Schaltung für eine Messbereichserweiterung bei einem Strommesser

$I_N = 999$ mA. Die Spannung am Messgerät beträgt U_M = 100 mV. Der parallel geschaltete Widerstand errechnet sich aus

$$R_N = \frac{100\ \text{mV}}{1\ \text{A} - 1\ \text{mA}} = 0{,}1001001\ \Omega$$

Das Messgerät hat in dieser Schaltung nur einen sehr geringen Fehler, wenn man $R_N = 0{,}1\ \Omega$ verwendet. Durch den Verbraucher ergibt sich ein Stromfluss von 1 A.

In der Grundeinstellung hat das Multimeter im Strommessbereich einen Wert von 1 nΩ. Diesen Widerstandswert muss man auf 100 Ω erhöhen. In der Anzeige von **Bild 2.25** sieht man nicht den gewünschten Wert von 1 A, sondern 999,8 µA (1 mA). Der Grund liegt in der Simulation, denn man müsste einen Spannungsfall von 100 mV einstellen können. Aus diesem Grund wurde der Widerstand R_1 etwas erhöht.

2.4.5 Indirekte Messung von ohmschen Widerständen

Das unmittelbare Messen von ohmschen Widerständen in einer elektrischen oder elektronischen Schaltung ist nicht ohne weiteres möglich.

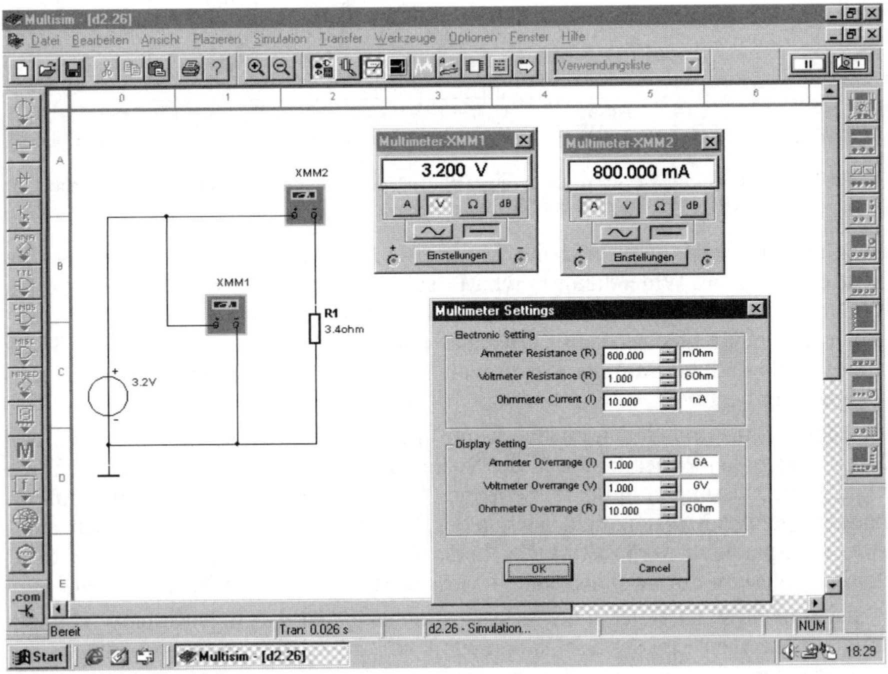

Bild 2.26 Schaltung zum Messen hochohmiger Widerstände; zum Erkennen des Messfehlers befindet sich ein niederohmiger Widerstand in der Schaltung

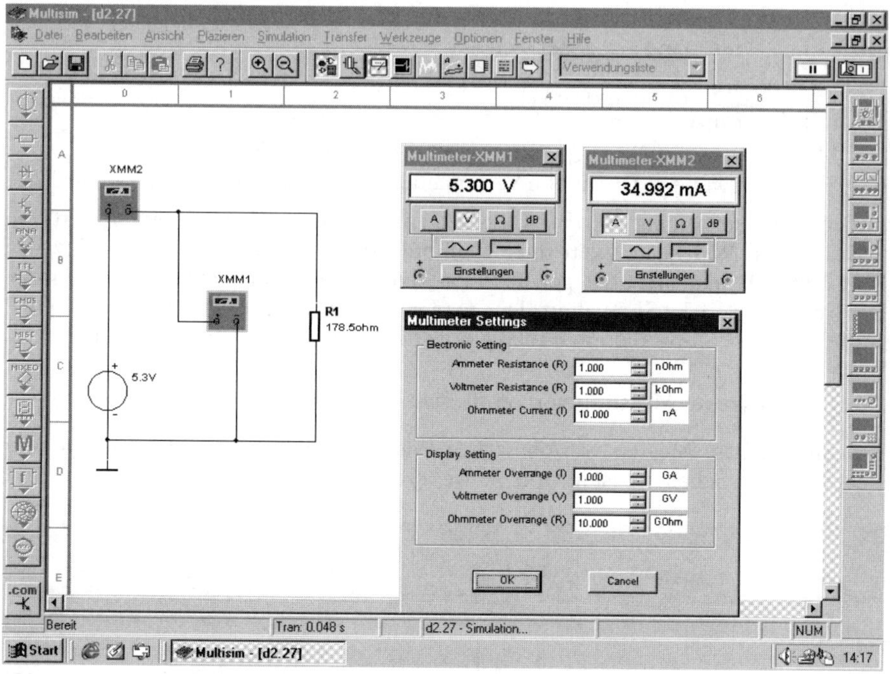

Bild 2.27 Schaltung zum Messen niederohmiger Widerstände; zum Erkennen des Messfehlers befindet sich ein hochohmiger Widerstand in der Schaltung

Es gibt eine Reihe verschiedener Messverfahren, von denen die einfachste die Bestimmung eines Widerstands durch Messung von Strom und Spannung ist. Sollen Widerstände nicht gemessen, sondern nur geprüft werden, vorwiegend auf vorhandenen Stromdurchgang, dann verwendet man einfachste Methoden. Eine Spannungsquelle und ein Summer (Strommelder) sind alles, was man für einen Durchgangsprüfer benötigt.

Bei der Strom- und Spannungsmesssung misst man im gleichen Stromkreis den Strom durch den Widerstand und die Spannung am Widerstand. Dabei besteht die Gefahr bei Messungen mit einem einzigen Vielfachmessinstrument in zwei aufeinander folgenden Messungen, da sich in der Zwischenzeit der andere Wert, zum Beispiel die Spannung, verändern kann. In der Praxis bevorzugt man daher die gleichzeitige Ablesung mit zwei getrennten Messinstrumenten, wie **Bild 2.26** zeigt.

Arbeitet man mit zwei getrennten Messinstrumenten, ist ihr „Eigenverbrauch" unbedingt zu beachten. Bei der Schaltung nach Bild 2.26 zeigt der Spannungsmesser um den Spannungsfall am Strommesser zu viel an. Diese Anordnung ist daher für die Bestimmung hoher Widerstandswerte zu bevorzugen. Bei Messung hoher Widerstände können beide Teilströme in gleicher Größenordnung liegen. Es gilt:

$$R_x = \frac{U - U_a}{I} = \frac{U - I \cdot R_A}{I}$$

Ist R_x (R_1) groß gegen R_A (Innenwiderstand des Amperemeters), gilt auch $R_x = U/I$.

Beispiel: Mit der Schaltung soll ein Widerstand bestimmt werden, wobei $U = 3{,}2$ V und $I = 0{,}8$ A sind. Der Amperemeter-Innenwiderstand ist $R_A = 0{,}6\ \Omega$.

$$R_x = \frac{U - I \cdot R_A}{I} = \frac{3{,}2\ \text{V} - 0{,}8\ \text{A} \cdot 0{,}6\ \Omega}{0{,}8\ \text{A}} = 3{,}4\ \Omega \text{ (wahrer Wert)}$$

Ohne Korrektur ergibt sich:

$$R_x = \frac{U}{I} = \frac{3{,}2\ \text{V}}{0{,}8\ \text{A}} = 4\ \Omega \text{ (unkorrigierter Wert)}$$

Wird 3,4 Ω als richtiger Wert mit 100 % angenommen, beträgt der Fehler bei direkter Auswertung 0,6 Ω, was einem prozentualen Fehler von 17,6 % entspricht.

In der Schaltung von **Bild 2.27** zeigt dagegen der Strommesser zusätzlich den Strom durch den Spannungsmesser an. Es gilt:

$$R_x = \frac{U}{I - I_V} = \frac{U}{I - U/R_V}$$

Ist R_x (R_1) klein gegen R_V (Innenwiderstand des Voltmeters), gilt auch $R_x = U/I$.

Beispiel: Mit der Schaltung soll ein Widerstand bestimmt werden bei $U = 5{,}3$ V und $I = 35$ mA. Das Voltmeter hat einen Innenwiderstand von $R_V = 1$ kΩ.

$$R_x = \frac{U}{I - U/R_V} = \frac{5{,}3\ \text{V}}{35\ \text{mA} - (5{,}3\ \text{V})/1\ \text{k}\Omega} = 178{,}5\ \Omega \text{ (wahrer Wert)}$$

Ohne Korrektur ergibt sich

$$R_x = \frac{U}{I} = \frac{5{,}3\ \text{V}}{35\ \text{mA}} = 151{,}5\ \Omega \text{ (unkorrigierter Wert)}$$

Wird 178,5 Ω als richtiger Wert mit 100 % angenommen, beträgt der Fehler bei direkter Auswertung 27 Ω, was einem prozentualen Fehler von 15,1 % entspricht.

Steht ein Vergleichswiderstand mit engerer Toleranz in der gleichen Größenordnung zur Verfügung, kann man den unbekannten Widerstand durch Stromvergleich ermitteln. Wie bei allen anderen dieser Methoden ist keine direkte Anzeige möglich. In jedem Fall müssen die Messergebnisse rechnerisch ausgewertet werden.

Bei der Schleifdrahtbrücke von **Bild 2.28** besteht der Schleifdraht aus einem Potentiometer mit einem Wert von 10 Ω.

Mit dem Abgleich durch das Potentiometer wird das Instrument stromlos, im Beispiel nach Bild 2.28 bei etwa 67 % vom linken Schleiferanschlag.

Bei der klassischen Schleifdrahtbrücke hat man z. B. eine Schleifdrahtlänge von $a + b = 1000$ mm. Damit gilt

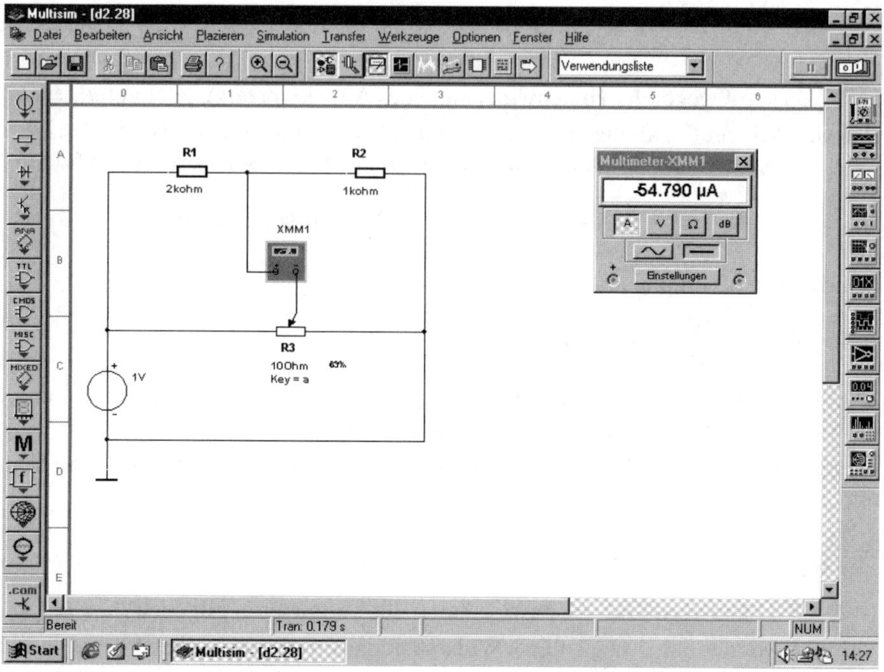

Bild 2.28 Schleifdrahtbrücke zum Messen eines unbekannten Widerstands

$$\frac{a}{b} = \frac{a}{1000 - a}$$

Der unbekannte Widerstand R_x (R_1) ist

$$R_x = R_N \cdot \frac{a}{b} = 1\ \text{k}\Omega \cdot \frac{67\ \%}{33\ \%} \approx 2\ \text{k}\Omega$$

Statt der Strecken a und b setzt man bei der Simulation 67 % und 33 % ein. Es ergibt sich ein vernachlässigbarer Fehler.

3 Elektrotechnik in der Mechatronik

Spannungen und Ströme, bei denen sich Polarität und Betrag fortlaufend ändern, werden als Wechselspannung bzw. Wechselstrom bezeichnet. Sie haben in der Elektrotechnik und Elektronik neben der Gleichspannung ebenfalls eine große Bedeutung. In der Praxis unterscheidet man zwischen

- sinusförmigen Wechselspannungen (Bild 2.3)
- nichtperiodischen Wechselspannungen (**Bild 3.1** oben)
- periodischen Wechselspannungen (Bild 3.1 unten)

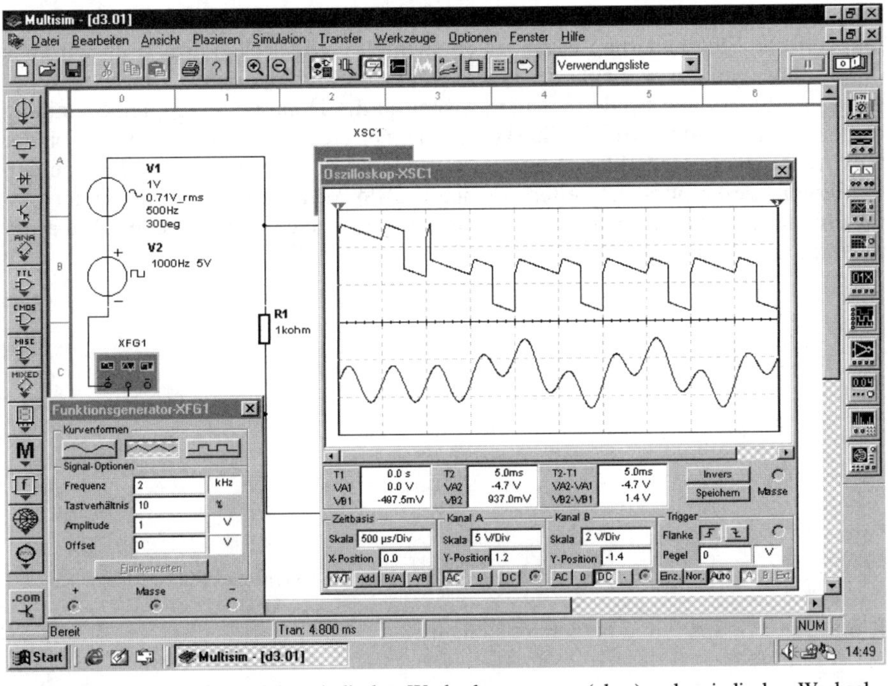

Bild 3.1 Kurvenverlauf von nichtperiodischen Wechselspannungen (oben) und periodischen Wechselspannungen (unten)

Wie der Name sagt, hat eine sinusförmige Wechselspannung einen sinusförmigen Verlauf; Spannungswerte und Polarität ändern sich nach der mathematischen Gesetzmäßigkeit der Sinusfunktion. Eine nichtperiodische Wechselspannung zeigt im betrachteten Zeitraum zu jedem Zeitpunkt einen anderen Spannungswert. Die periodische Wechselspannung wird deshalb so bezeichnet, weil sich ihr Verlauf jeweils nach festen Zeitabständen wiederholt.

In der Elektronik kennt man außerdem rechteck-, dreieck- und sägezahnförmige Wechselspannungen. Die Überlagerung einer Gleichspannung mit unterschiedlichen Spannungsformen bezeichnet man als Mischspannung.

In Bild 3.1 sind neben dem Oszilloskop mit den beiden Wechselspannungen auch der Funktionsgenerator und Wechselspannungsquellen gezeigt. Wenn Sie diese Schaltung aufrufen, erkennen Sie die einzelnen Funktionseinheiten, die in diesem Kapitel noch erklärt werden.

3.1 Spannungserzeugung

Zum Erzeugen einer Spannung nach dem elektrodynamischen Prinzip ist eine magnetische Flussänderung in einer Leiterschleife erforderlich. Praktisch wird das durch Bewegen einer Spule in einem Magnetfeld oder durch Bewegen eines Magnetfelds in einer Spule realisiert. Dabei ist die Höhe der erzeugten Spannung (induzierte Spannung) von der Stärke des Magnetfelds (B in T bzw. Vs/m²), von der Geschwindigkeit der Feldänderung (v in m/s) und der Länge (l in m) des von den Feldlinien „geschnittenen" Leiters abhängig. **Bild 3.2** zeigt die Anordnung der Leiterschleife innerhalb eines Dauermagneten. Die Leiterschleife bildet den Rotor, der Dauermagnet den Stator.

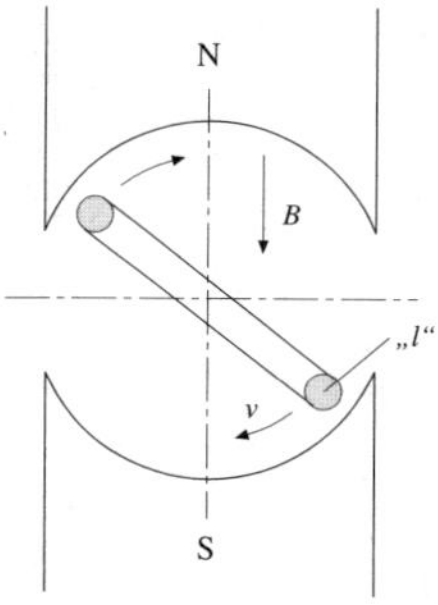

Bild 3.2 Anordnung der Leiterschleife innerhalb eines Dauermagneten

Die induzierte Spannung berechnet sich aus

$$U_{\text{ind}} = B \cdot l \cdot v \cdot z$$

Beispiel: Der Dauermagnet hat eine magnetische Flussdichte von $B = 1{,}5$ T, die wirksame Leiterlänge beträgt $l = 10$ cm, die Geschwindigkeit wird mit $v = 1$ m/s angegeben, und die Leiterzahl ist $z = 1$. Welche induzierte Spannung ergibt sich?

$$U_{\text{ind}} = 1{,}5\ \text{T} \cdot 0{,}1\ \text{m} \cdot 1\ \text{m/s} \cdot 1 = 0{,}15\ \text{V}$$

Da in der Praxis nicht mit einer Leiterzahl von $z = 1$, sondern mit $z = 100$ (oder mehr) gearbeitet wird, erhält man eine Spannung von $U = 15$ V bzw. entsprechend mehr.

3.1.1 Elektromotor und Elektrogenerator

Die Anordnung einer Leiterschleife innerhalb eines Dauermagneten bildet das Prinzip eines Elektromotors bzw. eines Elektrogenerators. Der Elektromotor beruht auf der Bewegung eines stromführenden Leiters in einem Magnetfeld, der Generator basiert umgekehrt auf der Induktionswirkung.

In der Realität verwendet man statt einer einfachen Leiterschleife einen mit vielen Drahtwindungen bewickelten Eisenkern (Rotor). Er verstärkt das Magnetfeld. Die Ebenen der Drahtwindungen sind gegeneinander geneigt, sodass sich stets nur eine Windung im toten Punkt befindet, während die anderen angetrieben werden. Ist der feststehende Magnet (Stator) ein Dauermagnet, lässt sich der Elektromotor nur mit Gleichstrom betreiben. Meistens ist aber der Stator ebenfalls ein Elektromagnet, der von derselben Stromquelle wie der Rotor gespeist wird. In diesem Fall kann der Elektromotor nicht nur mit Gleichstrom, sondern auch mit Wechselstrom betrieben werden. Bei Gleichstrom fließt der Strom immer in derselben Richtung. Bei Wechselstrom dagegen fließt er abwechselnd in der einen und in der anderen Richtung. Im gleichen Rhythmus ändern Stator und Rotor ihre Magnetpole. Da dies aber bei beiden stets gleichzeitig erfolgt, bleibt die Drehrichtung erhalten. Die notwendige Umpolung des Rotors durch den mechanischen Kommutator ist davon unabhängig.

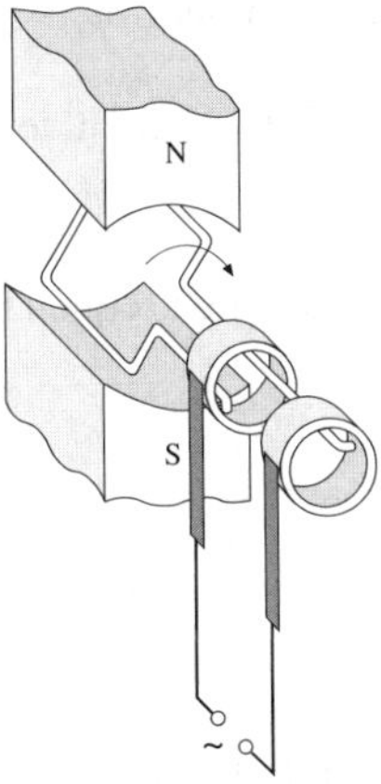

Bild 3.3 Prinzip eines Wechselstromgenerators; an den Schleifringen wird die Wechselspannung abgenommen

Beim Wechselstromgenerator von **Bild 3.3** wird eine Spule in einem Magnetfeld gedreht. So entsteht eine Induktionsspannung. Sie wird durch Änderung der von der Spule umfassten Kraftlinienzahl beim Drehen erzeugt. Bei gleichförmiger Drehung ändert sich die induzierte Spannung nach einer Sinuskurve. Nach einer halben Drehung wechselt die Spannung das Vorzeichen. Man bezeichnet daher diese Spannung als Wechselspannung. Die beiden Spulenenden sind an Schleifringe angeschlossen, über die man die Spannung dem Leitungsnetz zuführen kann.

Verwendet man statt der Schleifringe einen mechanischen Polwender wie in **Bild 3.4**, so ergibt sich eine pulsierende Gleichspannung. Setzt man viele Drahtschleifen ein, deren Ebenen gegeneinander geneigt sind und einzeln an Kollektorlamellen angeschlossen sind, erhält man eine annähernd konstante Gleichspannung.

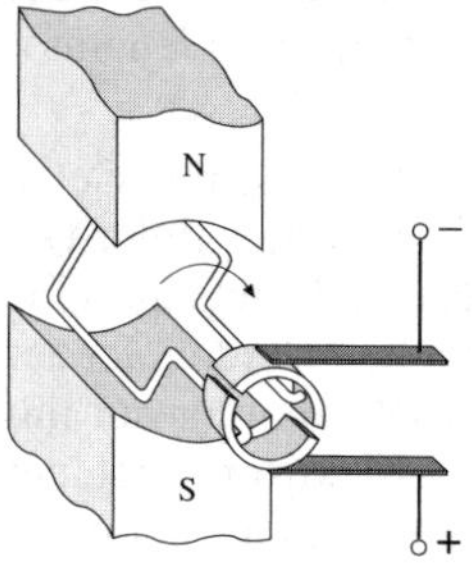

Bild 3.4 Prinzip eines Elektromotors bzw. Generators, bei dem ein geschlitzter Ring als mechanischer Polwender (Kommutator bzw. Kollektor) wirkt

3.1.2 Frequenz, Kreisfrequenz und Wellenlänge

Die Wechselspannung ändert sich ständig zwischen einem positiven und einem negativen Höchstwert. Ein solcher Höchstwert wird auch als maximale Spannung U_{max}, als Scheitelwert $\hat{u}$ (sprich: u-Dach), Spitzenwert U_s oder als Amplitude bezeichnet. Die Differenz aus positivem und negativem Scheitelwert ergibt den Spitze-Spitze-Wert U_{ss} einer Wechselspannung.

Die Anzahl der Perioden je Sekunde bezeichnet man als Frequenz *f*. Die Einheit der Frequenz ist Hertz:

1 Hertz = 1 Periode je Sekunde

Die Frequenz *f* ist umso größer, je kleiner die Periodendauer *T* ist, d. h., die Frequenz ist der Kehrwert der Periodendauer:

$$f = \frac{1}{T}$$

In der Elektronik kennt man folgende Dimensionen:

1 Kilohertz = 1 kHz = 1000 Hz = 10^3 Hz
1 Megahertz = 1 MHz = 1000 000 Hz = 10^6 Hz
1 Gigahertz = 1 GHz = 1000 000 000 Hz = 10^9 Hz

Diese Frequenzen lassen sich mit dem Funktionsgenerator oder durch die Wechselspannungsquelle einstellen.

Beispiel: Welche Periodendauer hat eine Wechselspannung mit der Netzfrequenz von 50 Hz?

$$T = \frac{1}{f} = \frac{1}{50\,\text{Hz}} = 20\,\text{ms}$$

In der Leistungselektronik ist die Frequenz bei importierten Geräten nicht in Hz, sondern in c/s oder in cps (cycles per second = Perioden pro Sekunde) angegeben. Der Wechselstrom aus Niederspannungsnetzen mit 400 V/230 V hat in Europa eine Frequenz von $f = 50$ Hz oder 50 Perioden pro Sekunde. In den USA und in Japan beträgt die Frequenz dagegen $f = 60$ Hz. Die Bundesbahn betreibt ihr Fahrleitungsnetz mit 15 kV und 16 2/3 Hz.
Über eine zweiadrige Leitung ist ein Stromerzeuger mit einem Verbraucher verbunden. Wenn die Wechselspannung ansteigt, breitet sich die elektrische Energie entlang der Leitung in Form einer elektromagnetischen Welle sehr schnell aus. Die Ausbreitungsgeschwindigkeit ist z. B. im elektrischen Leiter fast so groß wie die Lichtgeschwindigkeit.
Der Weg, den die elektromagnetische Welle nach einer Periodendauer zurückgelegt hat, ist gleich der Wellenlänge λ. Die Wellenlänge ist umso größer, je schneller sich die Welle ausbreitet und je kleiner die Frequenz der Wechselspannung ist. Die maximale Ausbreitungsgeschwindigkeit c einer elektromagnetischen Welle ist die Lichtgeschwindigkeit:

$$\lambda = \frac{c}{f}$$

Beispiel: Wie groß ist die Wellenlänge einer elektromagnetischen Welle, die sich entlang einer Leitung ausbreitet, wenn die angelegte Wechselspannung $f =$ 1 MHz hat und die Ausbreitungsgeschwindigkeit $c = 240\,000$ km/s beträgt?

$$\lambda = \frac{c}{f} = \frac{240\,000 \text{ km/s}}{1 \text{ MHz}} = \frac{240 \cdot 10^6 \text{ m/s}}{10^6 \cdot 1/\text{s}} = 240 \text{ m}$$

In der Wechselstromtechnik wird grundsätzlich von sinusförmigen Wechselspannungen ausgegangen. Der sinusförmige Wechselstrom wird bei der Drehung einer Leiterschleife im Magnetfeld erzeugt. Dreht sich der Leiter im Wechselstromgenerator in der Sekunde nur einmal, dann entsteht in der Sekunde nur eine Periode. Sollen in jeder Sekunde 50 Perioden erzeugt werden, muss sich der Leiter bei zwei Polen in der Sekunde 50-mal drehen. Nun werden Drehzahlen von Generatoren und Maschinen auf die Minute bezogen. Demnach muss sich der Leiter, um in einer Sekunde 50 Perioden zu erzeugen, bei zwei Polen in der Minute $60 \cdot 50 = 3000$-mal drehen. Sind nicht zwei, sondern vier Pole vorhanden, entstehen bei jeder Umdrehung zwei Perioden, d. h., jetzt muss sich der Leiter, um in der Sekunde 50 Perioden zu erzeugen, in der Minute nur noch 1500-mal drehen. Die Drehzahl n und die Polpaarzahl p bestimmen die Drehzahl in der Minute, und es gilt

$$n = \frac{60 \cdot f}{p}$$

Die einzelnen Leiter der Schleife bewegen sich im Magnetfeld auf einer Kreisbahn ($U = 2 \cdot \pi \cdot r$). In einer Leiterschleife entsteht während einer Umdrehung eine Periode des Wechselstroms. Somit ergibt sich bei einer Umdrehung pro Sekunde eine Frequenz von 1 Hz. Bei mehr Umdrehungen gilt entsprechend:

$1\ \text{Hz} = 2\,\pi\,r\,1$
$2\ \text{Hz} = 2\,\pi\,r\,2$
$3\ \text{Hz} = 2\,\pi\,r\,3$
$\vdots$
$7\ \text{Hz} = 2\,\pi\,r\,7$

Die Größe „$2\,\pi\,r$" bezeichnet man als Kreisfrequenz ω, wie **Bild 3.5** zeigt.

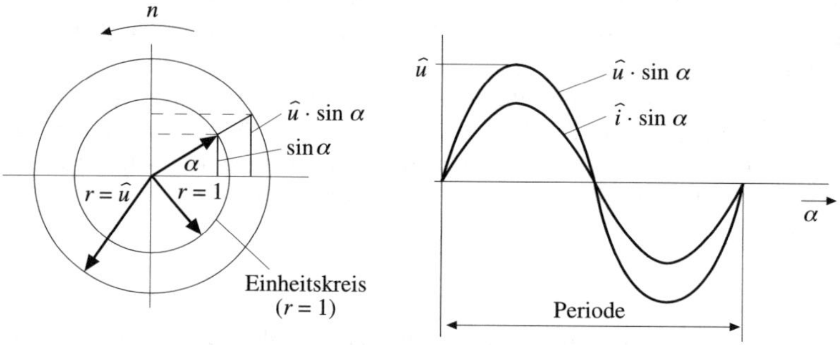

Bild 3.5 Zusammenhang zwischen Frequenz und Kreisfrequenz

Man bezeichnet einen Kreis mit dem Radius $r = 1$ als Einheitskreis. Den Radius lässt man entgegen dem Uhrzeigersinn im Kreis umlaufen. Die Projektion auf die senkrechte Achse (Ordinate) ist dann gleich dem Sinus des Winkels, den er im jeweiligen Augenblick mit der waagrechten Achse (Abszisse) bildet. Gibt man nun dem Radius einen Maßstab für den Scheitelwert der Spannung oder des Stroms, dann ist die Projektion des Radius auf die Ordinate gleich dem jeweiligen Augenblickswert. Der Scheitelwert ist dabei der größte während eines Umlaufs vorkommende Strom- oder Spannungswert. Es gilt:

$$i = \hat{i} \cdot \sin \alpha \qquad u = \hat{u} \cdot \sin \alpha$$

Den Winkel α misst man in der Mathematik oft nicht im Gradmaß, sondern im Bogenmaß (Radiant; rad). Darunter ist diejenige Länge des Kreisbogens auf dem Einheitskreis zu verstehen, die der Winkel α überstreicht. Für eine ganze Umdrehung beträgt sie $2 \cdot \pi \cdot r = 2\pi$ rad. Dreht sich der Radius mit n Umdrehungen pro Sekunde, dann hat die Zeigerspitze die Geschwindigkeit von $v = 2\pi \cdot n$.

Bei jedem Umlauf wird die Sinuskurve einmal durchlaufen. Das bezeichnet man als eine Periode. Die Kreisfrequenz ω berechnet sich aus

$$\omega = 2 \cdot \pi \cdot f$$

Beispiel: Welche Kreisfrequenz ω hat die Frequenz $f = 50$ Hz?

$$\omega = 2 \cdot \pi \cdot f = 2 \cdot 3{,}14 \cdot 50\ \text{Hz} = 314\ \text{Hz}$$

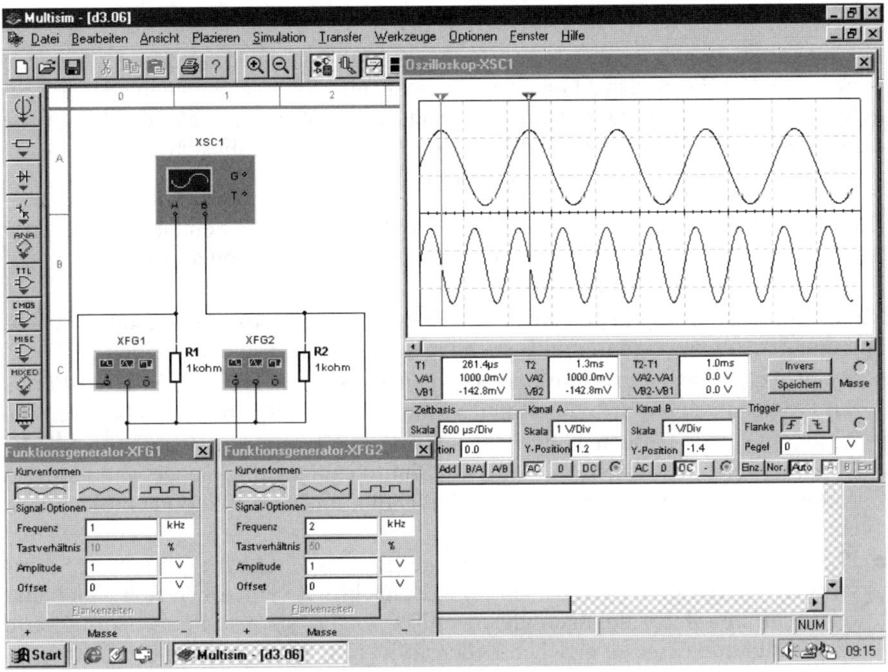

Bild 3.6 Messen zweier Frequenzen (1 kHz und 2 kHz)

In der Schaltung von **Bild 3.6** erzeugen zwei Funktionsgeneratoren zwei Frequenzen: 1 kHz (oberes Oszillogramm) und 2 kHz (unteres Oszillogramm). Durch die Einstellungen der *Y*-Positionen der beiden Messkanäle ergibt sich eine Anhebung für die Frequenz 1 kHz und eine Absenkung für die Frequenz 2 kHz. Die Zeitbasis hat einen Wert von $Z = 500$ µs/Div (Div: Division, Teilung). Da bei der oberen Frequenz die Spitzenwerte der Schwingung 2 Div voneinander entfernt sind (Abstand a), lässt sich eine Frequenz berechnen von

$$f = \frac{1}{a \cdot Z} = \frac{1}{2\,\text{Div} \cdot 500\,\mu\text{s/Div}} = \frac{1}{1\,000\,\mu\text{s}} = 1\,\text{kHz}$$

Das simulierte Oszilloskop arbeitet als analoges und digitales Oszilloskop. Wenn Sie die Simulation starten, wirkt es als analoges Oszilloskop. Sind die Linienzüge komplett aufgezeichnet, schaltet das Messgerät automatisch auf ein digitales Speicheroszilloskop um, und in drei Anzeigenfeldern erscheinen Informationen über T_1, T_2 und die Differenz $T_2 - T_1$, wobei die beiden Messcursor entsprechend gesetzt sein müssen. Danach werden maximale und minimale Spannung für die jeweilige Amplitude angezeigt, und die Differenz wird gebildet.

3.1.3 Messen von Spannungen

Für das Messen von Spannungen kann man das Multimeter und/oder das Oszilloskop verwenden. Die Wechselspannungsquelle erzeugt eine Sinusspannung mit dem Effektivwert $U_{eff} = U = 12$ V. Das Multimeter zeigt diesen Wert an, wenn die AC-Quelle aktiviert wurde. Rechnet man den Effektivwert in U_{ss} um, ergibt sich

$$U_{ss} = 2 \cdot \sqrt{2} \cdot U_{eff} = 2 \cdot \sqrt{2} \cdot 12\ \text{V} = 34\ \text{V}$$

Die Sinusschwingung im Bildschirm des Oszilloskops hat bei einem Ablenkfaktor A von 5 V/Div und einer Länge von $l = 6{,}8$ Div eine Spitze-Spitze-Spannung von

$$U_{ss} = A \cdot l = 5\ \text{V/Div} \cdot 6{,}8\ \text{Div} = 34\ \text{V}$$

Mit einem Oszilloskop lassen sich zwei Spannungen gleichzeitig darstellen. Diese Spannungen können sich in drei Beziehungen voneinander unterscheiden:

- Frequenz: Dieser Fall soll im Folgenden außer Betracht bleiben, da in der Praxis nur Größen in einem Stromkreis und somit gleicher Frequenz verglichen werden.
- Amplitude: Die Größen können verschiedene Einheiten und unterschiedliche Maximalwerte aufweisen. Werden zwei Sinusspannungen gleicher Frequenz und Amplitude dargestellt, muss mit der *Y*-Position ein Kurvenzug nach oben bzw. unten verschoben werden.
- Phasenlage: Darunter versteht man die gegenseitige Lage der jeweiligen Sinusschwingung bezüglich der Winkel- bzw. Zeitachse. Zwei Größen sind gleichphasig, wenn ihre Schwingungen gleichzeitig erfolgen, sie also ihre Maximalwerte bzw. Nulldurchgänge zu gleichen Zeiten aufweisen. Eine Größe eilt einer anderen um einen bestimmten Phasenwinkel φ vor, wenn sie ihr Maximum (bzw. den Nulldurchgang) eine entsprechende Zeit vor der anderen erreicht. Umgekehrt eilt letztere Größe der ersten um den entgegengesetzten Phasenwinkel φ nach.

Bei der Schaltung von **Bild 3.7** sind zwei Wechselspannungsquellen parallel geschaltet, wobei beide auf $U_{eff} = U = 7{,}1$ V und eine Frequenz von $f = 1$ kHz eingestellt sind. Klicken Sie das Symbol für die linke Wechselspannungsquelle an, öffnet sich ein Fenster. Hier können Sie die Phasenverschiebung bestimmen. Ihr Wert wird am Symbol angezeigt.

Entspricht die bekannte grafische Darstellung der Sinuskurve, lassen sich zwei Messungen durchführen:

- Vergleich der Augenblickswerte: Damit ist eine Bestimmung der Augenblickswerte zu jedem Winkel (Zeit t) möglich.
- Phasenwinkel: Messen des Abstands der beiden Schwingungen ergibt die Phasenverschiebung φ als Winkel bzw. Zeitdifferenz. Dabei entspricht z. B.

$$\varphi = 45° \rightarrow \Delta t = \frac{1}{8}$$

$$\varphi = 90° \rightarrow \Delta t = \frac{1}{4}$$

$$\varphi = 180° \rightarrow \Delta t = \frac{1}{2}$$

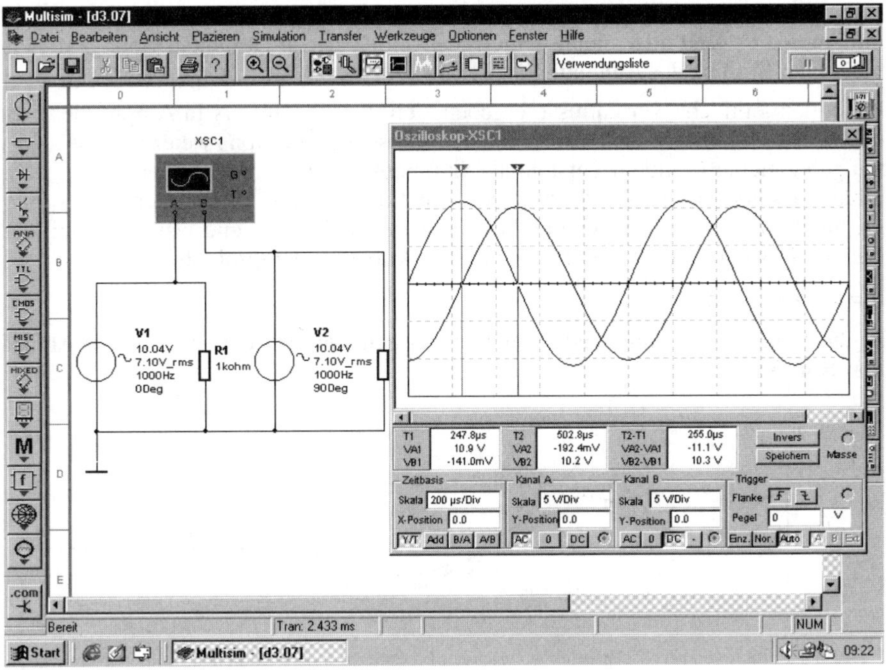

Bild 3.7 Phasenverschiebung von 90° zwischen den zwei Eingangsspannungen

Der Phasenwinkel von Bild 3.7 berechnet sich aus

5 Div ≙ 360°

1,25 Div ≙ ?

$$\varphi = \frac{360° \cdot 1{,}25\ \text{Div}}{5\ \text{Div}} = 90°$$

Der Phasenwinkel von $\varphi = 90°$ ist mit der Einstellung des rechten Generators identisch.

3.1.4 Addition von Wechselspannungen

Bei Reihen- oder Serienschaltung zweier Gleichspannungsquellen ist die Gesamtspannung gleich der Summe der Einzelspannungen. Dieses Gesetz gilt bei Wechselspannungen nur für die jeweiligen Augenblickswerte. Zwei Wechselspannungen mit

$u_1 = \hat{u} \cdot \sin \omega_1 t$

$u_2 = \hat{u} \cdot \sin \omega_2 t$

ergeben eine Gesamtspannung von

$u = u_1 + u_2$

Dabei ist es im Prinzip gleichgültig, ob die Frequenzen f_1 und f_2 der beiden Spannungen gleich sind oder nicht, denn die augenblickliche Gesamtspannung ist stets gleich der Summe der Augenblickswerte.

Besonders einfache Verhältnisse ergeben sich, wenn f_1 und f_2 in Amplitude, Frequenz und Phasenlage gleich sind. Bei der grafischen Addition zweier Wechselspannungen gleicher Frequenz entsteht als Summenkurve wieder eine Sinuskurve. Man erhält dasselbe Ergebnis, oder man betrachtet die rotierenden Scheitelwerte $\hat{u}_1$ und $\hat{u}_2$. Setzt man nämlich die beiden Scheitelwerte aneinander und lässt den Pfeil der Länge $(\hat{u}_1 + \hat{u}_2)$ rotieren, dann ist seine Projektion auf der Ordinate

$$u = (\hat{u}_1 + \hat{u}_2) \cdot \sin \omega t$$

Addiert man zwei Spannungen gleicher Frequenz, ergibt sich der zeitliche Ablauf von **Bild 3.8**.

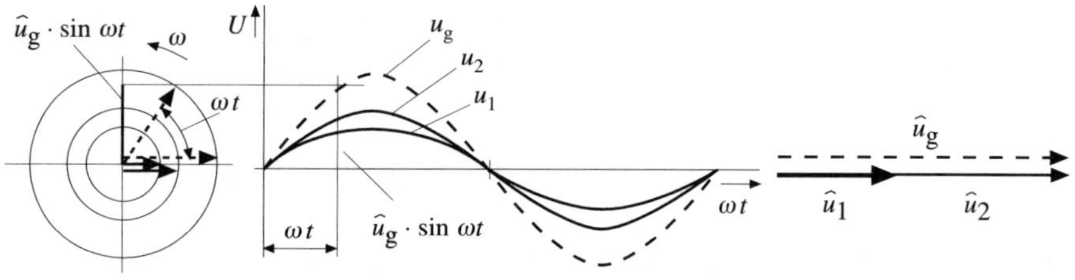

Bild 3.8 Addition von Wechselspannungen gleicher Frequenz mit dem zeitlichen Ablauf der Spannungen und der Zeigerdarstellung bei vergrößertem Maßstab der Radien

Etwas schwieriger wird die Addition von Spannungen, die zwar dieselbe Frequenz aufweisen, bei denen aber die Nullpunktdurchgänge nicht zum selben Zeitpunkt auftreten, d. h., es gibt eine Phasenverschiebung. Als Maß dafür wird der Winkel φ angegeben, um den die Nulldurchgänge verschoben sind. Die Kurvenzüge lassen sich wieder mit Hilfe der rotierenden Scheitelwerte $\hat{u}_1$ und $\hat{u}_2$ darstellen. Den einen Scheitelwert zeichnet man in Richtung der Abszisse, den anderen um den Winkel φ verdreht, wie **Bild 3.9** zeigt.

Man spricht vom „Voreilen" von $\hat{u}_2$ gegen $\hat{u}_1$, wenn φ positiv ist, und vom „Nacheilen" bei negativem φ. Man denkt sich nun die beiden Spannungen rotierend, wobei ihr gegenseitiger Winkelabstand φ erhalten bleibt. Jeder Pfeil ergibt eine Sinuskurve in der bereits beschriebenen Weise. Die grafische Addition der beiden Kurven erzeugt eine neue Sinuskurve, deren Nulldurchgang zwischen den beiden Spannungen $\hat{u}_1$ und $\hat{u}_2$ erfolgt.

Die Addition ist jedoch wesentlich einfacher, wenn die beiden Zeiger $\hat{u}_1$ und $\hat{u}_2$ zuvor geometrisch zur Gesamtspannung $\hat{u}$ zusammengesetzt werden. Man benutzt dazu das Verfahren, das für die Addition von mechanischen Kräften üblich ist, nämlich das Kräfteparallelogramm. Aus den beiden Pfeilen für $\hat{u}_1$ und $\hat{u}_2$ bildet man die Resultierende und lässt diese rotieren. Ihre Projektion auf die Ordinate ergibt dann

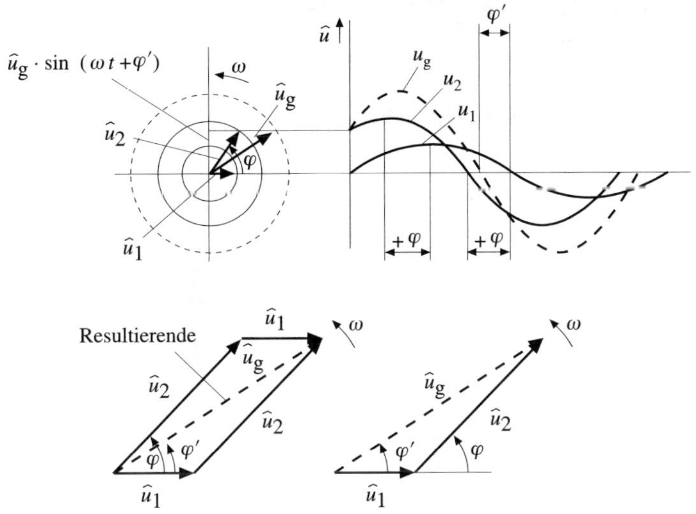

Bild 3.9 Addition von Wechselspannungen gleicher Frequenz, aber mit Phasenverschiebung der Spannungen und der Zeigerdarstellung bei vergrößertem Maßstab der Radien

den zeitlichen Verlauf der Summenspannung. Der Winkel φ' ist die Phasenverschiebung zwischen der Resultierenden und der Spannung $\hat{u}_1$.

Mathematisch lautet die Addition zweier Spannungen folgendermaßen:

$u = u_1 + u_2 = \hat{u}_1 \cdot \sin \omega_1 t + \hat{u}_2 \cdot \sin(\omega_2 t + \varphi)$

Die Anwendung des Kräfteparallelogramms auf Spannungen kommt in Elektrotechnik und Elektronik sehr häufig vor. Da die Pfeile Symbole für Größe und Richtung sind, definiert man sie als Zeiger. Das System der rotierenden Zeiger bezeichnet man als Zeigerdiagramm.

Die Addition mit Hilfe des Parallelogramms ist nur dann zulässig, wenn beide Spannungen und Ströme dieselbe Frequenz *f* aufweisen. Bei unterschiedlichen Frequenzen lässt sich die Summenkurve nur durch Addieren der Augenblickswerte konstruieren.

Recht übersichtlich sind die Verhältnisse, wenn die Frequenzen der beiden zu addierenden Spannungen in einem ganzzahligen Verhältnis zueinander stehen, d. h. also neben der Frequenz *f* auch die doppelte (2*f*) oder dreifache (3*f*) Frequenz vorhanden ist. Die Oszillogramme von **Bild 3.10, Bild 3.11, Bild 3.12** und **Bild 3.13** stellen vier Beispiele mit der doppelten und der dreifachen Frequenz dar. Es ist ersichtlich, dass die Kurvenform im Wesentlichen von der Phasenlage zwischen den zu addierenden Sinuskurven abhängig ist. Durch Hinzufügen weiterer Spannungen kann die Summenkurve in jede gewünschte Form gebracht werden. Ein Beispiel hierfür zeigt Bild 3.13 mit der Addition von Spannungen der Frequenzen *f*, 3*f* und 5*f*. Der Kurvenzug hat bereits eine große Ähnlichkeit mit einem Rechteck.

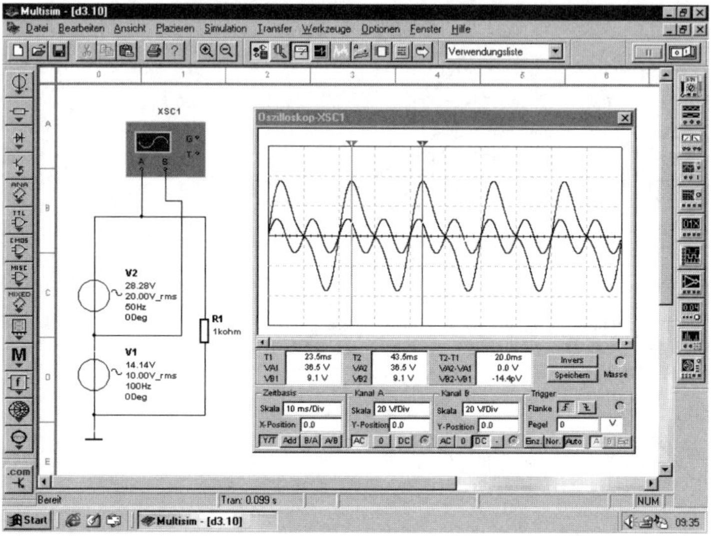

Bild 3.10 Addition von Spannungen verschiedener Frequenz mit der Bedingung von *f* und 2*f* und dem Amplitudenverhältnis 2:1

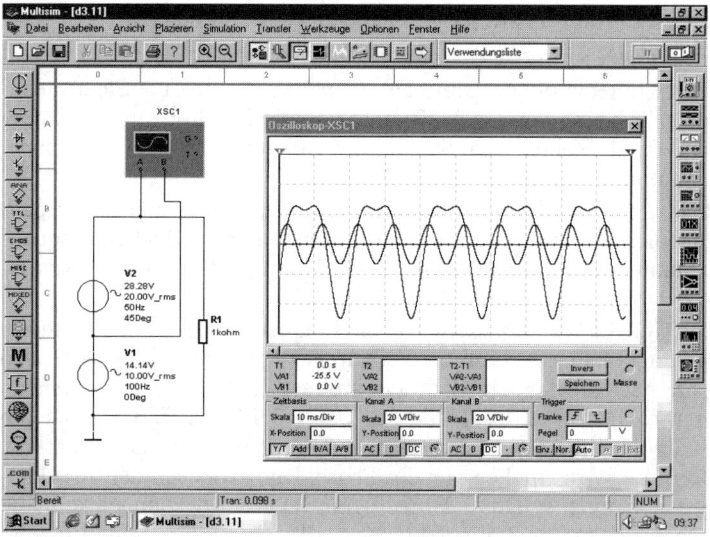

Bild 3.11 Addition von Spannungen verschiedener Frequenz mit der Bedingung von *f* und 2*f*, phasenverschoben um 45° und dem Amplitudenverhältnis 2:1

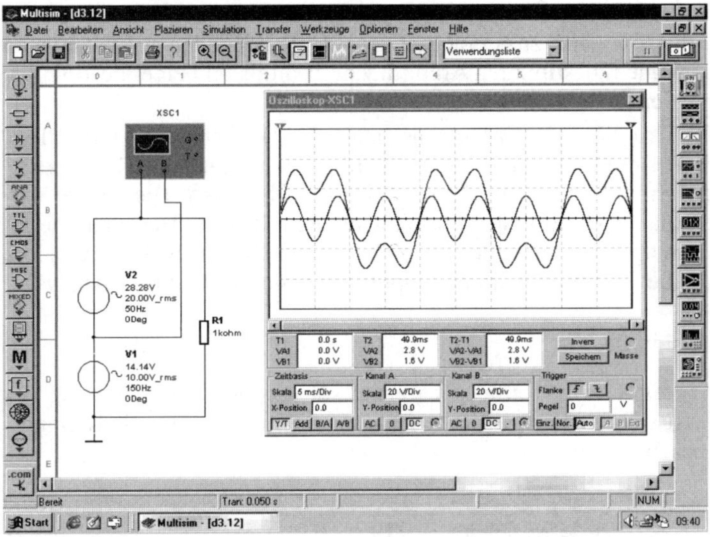

Bild 3.12 Addition von Spannungen verschiedener Frequenz mit der Bedingung von *f* und 3*f* und dem Amplitudenverhältnis 4:1

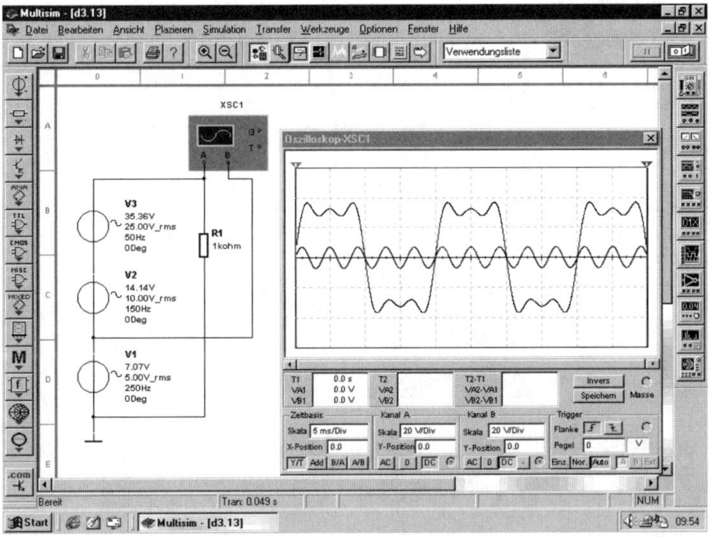

Bild 3.13 Addition von Spannungen verschiedener Frequenz mit der Bedingung von *f*, 3*f* und 5*f* und dem Amplitudenverhältnis 5:3:1

Es lassen sich alle Wechselspannungsformen durch Addition der Spannungen mit Vielfachen der Grundfrequenz zusammensetzen. Die verschiedenen Spannungen stehen dann stets in einem bestimmten Amplitudenverhältnis und einer bestimmten Phasenlage zueinander.

Die Vielfachen der Grundfrequenz bezeichnet man als „Harmonische“ oder „Teilschwingungen“. Die Grundschwingung selbst wird als erste Harmonische bezeichnet, $2f$ als zweite Harmonische, $3f$ als die dritte Harmonische usw. Die zweite Harmonische definiert man auch als erste Oberschwingung, die dritte Harmonische als zweite Oberschwingung usw. Das Zerlegen von beliebigen Spannungsformen in ihre Harmonischen und die Bestimmung ihrer Amplituden nennt man Fourier-Analyse.

3.1.5 Rechtecksignale

Ein Impuls ist eine einmalige, zeitlich begrenzte sowie stoßartige Änderung des Signalwerts. Er lässt sich bei genauer, d. h. realer Betrachtung durch die Kenngrößen in **Bild 3.14** beschreiben.

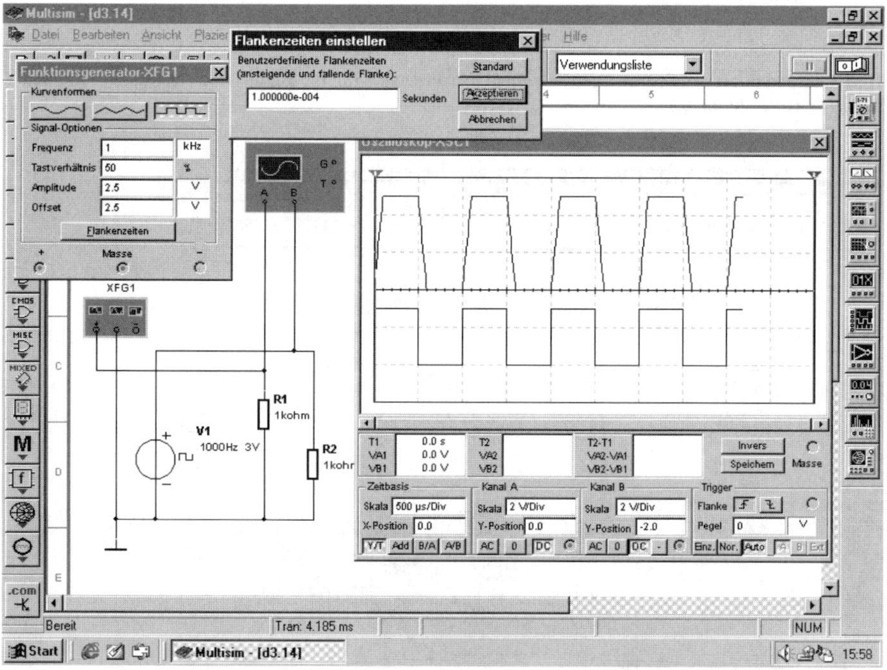

Bild 3.14 Zeitverlauf eines rechteckförmigen Spannungsimpulses; oben: Verlauf eines realen Impulses (die Zeiten wurden für steigende und fallende Flanke auf $1 \cdot 10^{-4}$ s eingestellt), unten: Verlauf eines idealen Impulses

Als Verzögerungszeit t_d (delay time) definiert man bei einem realen Spannungsimpuls, ausgehend von $t = 0$, die Zeitspanne von 0 % bis zum Erreichen von 10 % des Endwerts = Impulshöhe = 100-%-Wert. Den Zeitbereich von 10 % bis 90 % der Impulshöhe bezeichnet man als Anstiegszeit t_r (rise time). Die Anstiegszeit ist die wichtigste Kenngröße, weil danach die Bandbreite eines Übertragungskanals ausgelegt werden muss. Der Anstieg von 90 % auf 100 % bildet die Dachschräge des Impulsdachs. Mit den beiden Messcursor kann man die einzelnen Zeiten messen, denn neben den direkten Werten wird auch die Differenz $T_2 - T_1$ gebildet, was auch für die Spannungen gilt. Als Kenngröße wird in diesem Zusammenhang die relative Dachschräge D definiert mit

$$D = \frac{\Delta U}{U_{max}}$$

Hierin sind ΔU die Spannungsänderung von 90 % des Endwerts auf 100 % und U_{max} der 100-%-Wert.

Die Abfallzeit t_f (fall time) ist die Zeit, die vergeht, bis der Signalwert entlang der Rückflanke von 90 % auf 10 % des Maximalwerts gesunken ist. Die Impulsdauer t_i ist die Zeitspanne zwischen den beiden 50-%-Werten der Vorder- und Rückflanke. Als Flankensteilheit S ist die Änderung des Signalwerts pro Zeiteinheit festgelegt, also z. B. bei einer Spannung von

$$S = \frac{\Delta U}{\Delta t}$$

Wie aus Bild 3.14 erkennbar ist, ergibt sich an der Vorderflanke eine positive Steilheit S_v und an der Rückflanke eine negative Steilheit S_r. Außerdem ist in der Regel der Betrag jeweils unterschiedlich. Abschließend sei noch erwähnt, dass in der Praxis häufig eine ideale Betrachtung ausreichend ist. Die Zeiten t_d, t_r und t_f sind dann null, ebenso die relative Dachschräge D, wie der ideale Impuls zeigt.

Ein idealer Puls (puls train) mit der Periodendauer T liegt vor, wenn sich ideale Impulse regelmäßig (periodisch) wiederholen. Die Pulsfrequenz f ist der Kehrwert der Periodendauer T, also $f = 1/T$. Die Zeit t_i definiert man als Impulsdauer, während die Pausendauer t_p als die Zeitspanne vom Ende des vorherigen Impulses bis zum Beginn des nächsten Impulses festgelegt ist. Zur Beschreibung von Pulsen hat man den Tastgrad g eingeführt. In der Praxis findet man dafür auch den Kehrwert des Tastgrads, der unter dem Begriff „Tastverhältnis“ geführt wird. Das Tastverhältnis hat die Abkürzung „v“. Dabei ist allerdings nur die letztere der beiden Definitionen sinnvoll. Es gilt:

$$g = \frac{t_i}{T} = \frac{t_i}{t_i + t_p} \qquad v = \frac{1}{g} = \frac{t_i + t_p}{t_i} = \frac{t_i}{t_i} + \frac{t_p}{t_i} = 1 + \frac{t_p}{t_i}$$

Wie zu erkennen ist, sind für den Tastgrad g nur Werte <1 möglich, während für das Tastverhältnis v stets >1 geschrieben wird. Beim Simulator erfolgt diese Angabe in Prozent.

Wichtig in Bild 3.14 ist die Einstellung des Funktionsgenerators, denn die Offsetspannung hat den gleichen Wert wie die Amplitude der Rechteckspannung. Dadurch wird die Nulllinie der Rechteckspannung entsprechend angehoben, und man spricht von einer Mischspannung. Der Rechteckgenerator V_1 erzeugt eine Spannung, bei der die Nulllinie mit U_{min} der Rechteckspannung identisch ist. Beachten Sie noch die Einstellungen des Oszilloskops, denn beide Kanäle sind auf „DC" eingestellt.

Bei den Angaben für eine rechteckförmige Wechselspannung unterscheidet man zwischen

- Spitzenwert $\hat{u} = u_s$
- Spitzen-Spitzenwert u_{ss}
- Effektivwert U
- arithmetischer Mittelwert U_{arith}

Beispiel: Eine rechteckförmige und symmetrische Wechselspannung hat eine Frequenz von $f = 100$ kHz und einen Spitzenwert von $\hat{u} = u_s = 5$ V. Wie groß sind die Periodendauer T, die Dauer des positiven Signals t_{pos} (1-Signal), der Effektivwert U, der Wert, den ein Gleichspannungsmesswerk anzeigt, und der Wert, den man am Oszilloskop ablesen kann?

- Periodendauer T:

$$T = \frac{1}{f} = \frac{1}{100\text{ kHz}} = 10\ \mu\text{s}$$

- Dauer des positiven Signals t_{pos} (1-Signal):

$$t_{pos} = \frac{T}{2} = \frac{10\ \mu\text{s}}{2} = 5\ \mu\text{s}$$

- Anzeige des Multimeters, wenn es auf DC eingestellt ist:

$U_{arith} = 0$ V

- Anzeige des Oszilloskops:

$u_{ss} = 2\ u_s = 2 \cdot 3\text{ V} = 6\text{ V}$

Fügt man in die Schaltung von Bild 3.14 ein Multimeter ein und nimmt die Einstellungen am Funktionsgenerator bzw. am Rechteckgenerator vor, sind Rechnung und Messung weitgehend identisch.

- Effektivwert U:

$U = 3$ V

Beim Funktionsgenerator bzw. beim Rechteckgenerator kann man das Tastverhältnis ändern. Der große Unterschied zwischen den beiden Generatoren liegt jedoch darin, dass man beim Funktionsgenerator durch den Offsetabgleich eine Einstellung vornehmen kann, mit der sich aus einer rechteckförmigen Wechselspannung eine entsprechende Mischspannung erzeugen lässt. **Bild 3.15** zeigt eine rechteckförmige Wechselspannung.

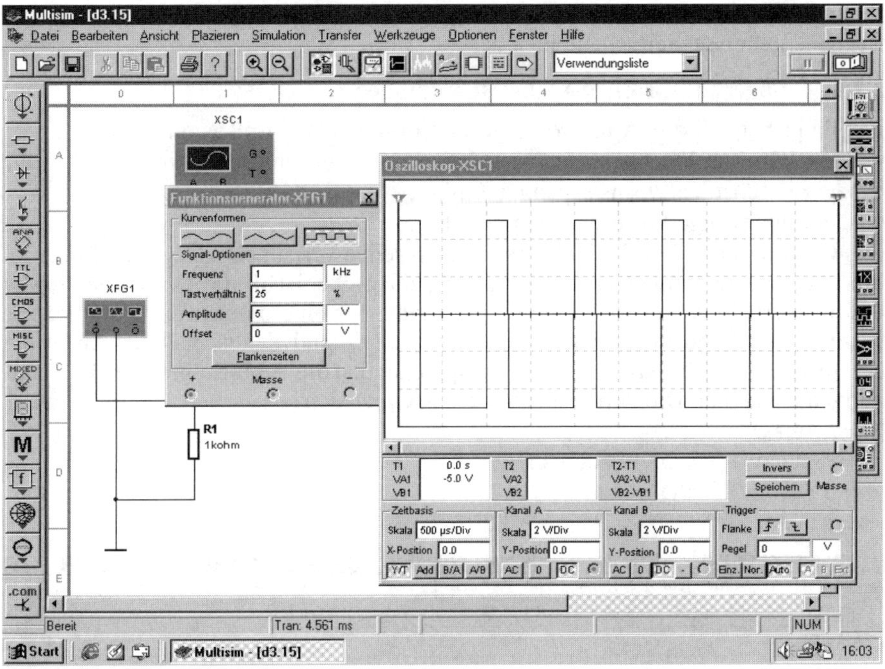

Bild 3.15 Rechteckförmige Wechselspannung mit f = 1 kHz, einem Tastverhältnis von 25 %, u_S = 5 V und u_{SS} = 10 V

Beispiel: Der Funktionsgenerator mit f = 250 kHz wird auf einen rechteckförmigen Amplitudenwert von u_s = 5 V eingestellt und die Offsetspannung auf U_{DC} = 5 V. Damit entsteht eine Mischspannung. Gleichzeitig ist das Tastverhältnis auf 80 % einzustellen, damit sich eine Impulsdauer von $t_i = 0{,}8$ µs ergibt. Wie groß sind die Impulspause t_p, der Effektivwert U und der arithmetische Mittelwert U_{arith}?

- Impulspause t_p:

$$T = \frac{1}{f} = \frac{1}{250\ \text{kHz}} = 4\ \mu\text{s}$$

$$t_p = T - t_i = 4\ \mu\text{s} - 0{,}8\ \mu\text{s} = 3{,}2\ \mu\text{s}$$

- Effektivwert U:

$$U = \sqrt{u_s^2 \cdot \frac{t_i}{T}} = \sqrt{(5\ \text{V})^2 \cdot 0{,}2} = 2{,}24\ \text{V}$$

- arithmetischer Mittelwert U_{arith}:

$$U_{arith} = u_s \cdot \frac{t_i}{T} = 5\ \text{V} \cdot 0{,}2 = 1\ \text{V}$$

Stellt man diese Werte in der Schaltung von Bild 3.15 ein, sind Messwerte und Rechenergebnisse weitgehend identisch.

3.1.6 Sägezahnförmige Wechselspannungen

Es gibt prinzipiell drei Arten von sägezahnförmigen Wechselspannungen:

- dreieckförmige Wechselspannung: Anstiegszeit t_{an} gleich Abstiegszeit t_{ab}
- sägezahnförmige Wechselspannung mit $t_{an} > t_{ab}$
- sägezahnförmige Wechselspannung mit $t_{an} < t_{ab}$

Das Oszillogramm in **Bild 3.16** zeigt den typischen Verlauf einer sägezahnförmigen Wechselspannung mit einer Anstiegszeit t_{an}, die größer ist als die Abstiegszeit t_{ab}. Ist das Tastverhältnis auf 50 % eingestellt, ergibt sich eine dreieckförmige Wechselspannung, denn Anstiegszeit t_{an} und Abstiegszeit t_{ab} sind identisch. Durch Änderung des Tastverhältnisses lassen sich die entsprechenden dreieckförmigen Wechselspannungen einstellen. Die Periodendauer T berechnet sich aus

$$\begin{aligned} T &= t_{an} + t_{ab} \\ &= (3{,}7\ \text{Div} + 1{,}3\ \text{Div}) \cdot 200\ \mu\text{s/Div} \\ &= 5\ \text{Div} \cdot 200\ \mu\text{s/Div} \\ &= 1\ \text{ms} \end{aligned}$$

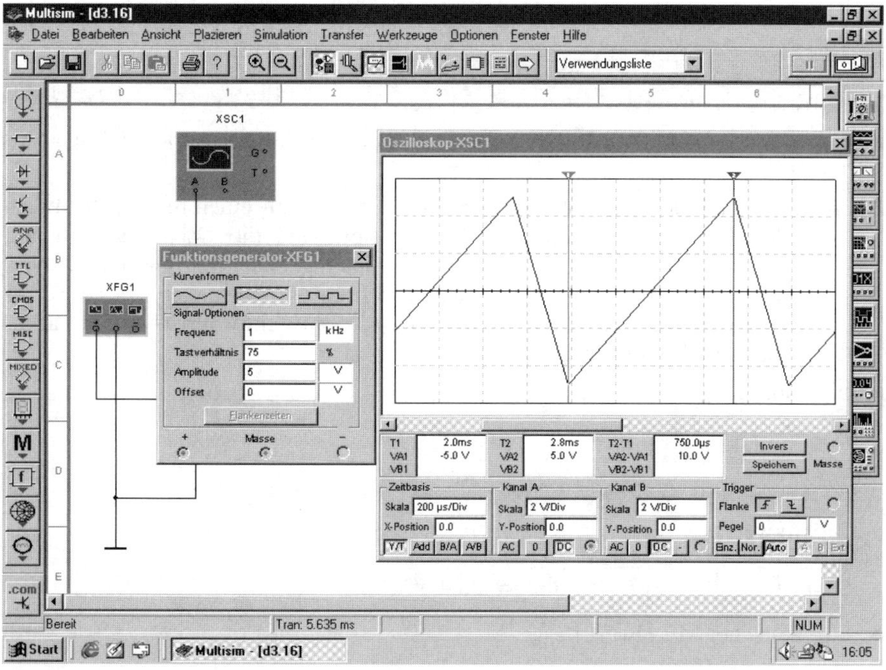

Bild 3.16 Sägezahnförmige Wechselspannung mit $t_{an} < t_{ab}$

3.1.7 Scheitelfaktor und Formfaktor

Bei Wechselgrößen unterscheidet man zwischen Augenblickswert, Scheitelwert, Effektivwert, Gleichrichtwert, Scheitelfaktor und Formfaktor.

- Der Augenblickswert ist der Wert einer Wechselgröße zu einem bestimmten Zeitpunkt. Die Kennzeichnung erfolgt durch Kleinbuchstaben mit „u“ für den Augenblickswert der Spannung oder „i“ für den Strom.
- Der Scheitelwert ist der größte Betrag des Augenblickswerts einer Wechselgröße. Die Kennzeichnung erfolgt durch ein Dach über dem Buchstaben mit $\hat{u}$ oder $\hat{i}$, und es gilt:

  $\hat{u} = u_{max}$ Scheitelwert der Spannung

  $\hat{i} = i_{max}$ Scheitelwert des Stroms
- Der Effektivwert ist der zeitliche quadratische Mittelwert einer Wechselgröße. Die Kennzeichnung erfolgt durch Großbuchstaben oder mit dem Index „eff“, also U bzw. U_{eff}, und es gilt:

  $U = U_{eff}$ Effektivwert der Spannung

  $I = I_{eff}$ Effektivwert des Stroms
- Der Gleichrichtwert ist der arithmetische Mittelwert des Betrags einer Wechselgröße über eine Periode. Die Kennzeichnung erfolgt durch Betragsstriche und Überstrich wie $|\overline{u}|$ bzw. $|\overline{i}|$, wobei man in der Praxis auf die Betragsstriche verzichtet:

  $|\overline{u}|$ Gleichrichtwert der Spannung

  $|\overline{i}|$ Gleichrichtwert des Stroms
- Der Scheitelfaktor S einer Wechselgröße ist das Verhältnis des Scheitelwerts zum Effektivwert. Es gilt

$$S = \frac{\hat{u}}{U} = \frac{\hat{i}}{I}$$

Der Scheitelfaktor S ist von der entsprechenden Schwingungsform abhängig. **Tabelle 3.1** zeigt die einzelnen Scheitelfaktoren.

Schwingungsform	Scheitelfaktor
Sinus	$\sqrt{2} = 1{,}414$
Dreieck	$\sqrt{3} = 1{,}732$
Sägezahn	$\sqrt{3} = 1{,}732$
Rechteck	1,000

Tabelle 3.1 Scheitelfaktoren in Abhängigkeit von der Schwingungsform

- Der Formfaktor F einer Wechselgröße ist das Verhältnis des Effektivwerts zum Gleichrichtwert:

$$F = \frac{U}{|\overline{u}|} = \frac{I}{|\overline{i}|} \qquad F \geq 1$$

Tabelle 3.2 enthält die einzelnen Formfaktoren, wobei man immer die Schwingungsform berücksichtigen muss.

Schwingungsform	**Formfaktor**
Sinus	$\pi/(2\sqrt{2}) = 1{,}111$
Dreieck	$2/\sqrt{3} = 1{,}155$
Rechteck	1,000

Tabelle 3.2 Formfaktoren in Abhängigkeit von der entsprechenden Schwingungsform

Bild 3.17 zeigt die Messung zum Berechnen des Scheitelfaktors *S* und des Formfaktors *F* bei sinusförmiger Wechselspannung.

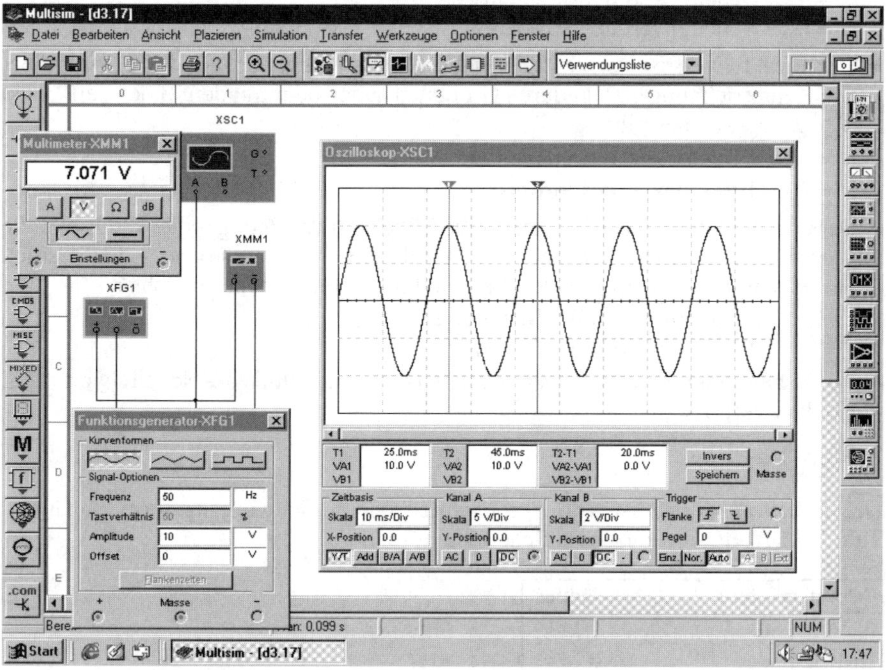

Bild 3.17 Messung zum Berechnen von Scheitel- und Formfaktor bei sinusförmiger Wechselspannung

Daraus lassen sich folgende Beziehungen ableiten:

$$S = \sqrt{2} = 1{,}41 \qquad F = \frac{\pi}{2 \cdot \sqrt{2}} = 1{,}111$$

$$\frac{1}{S} = 0{,}707 \qquad \frac{1}{F} = 0{,}9$$

$$S \cdot F = \frac{\pi}{2} = 1{,}571$$

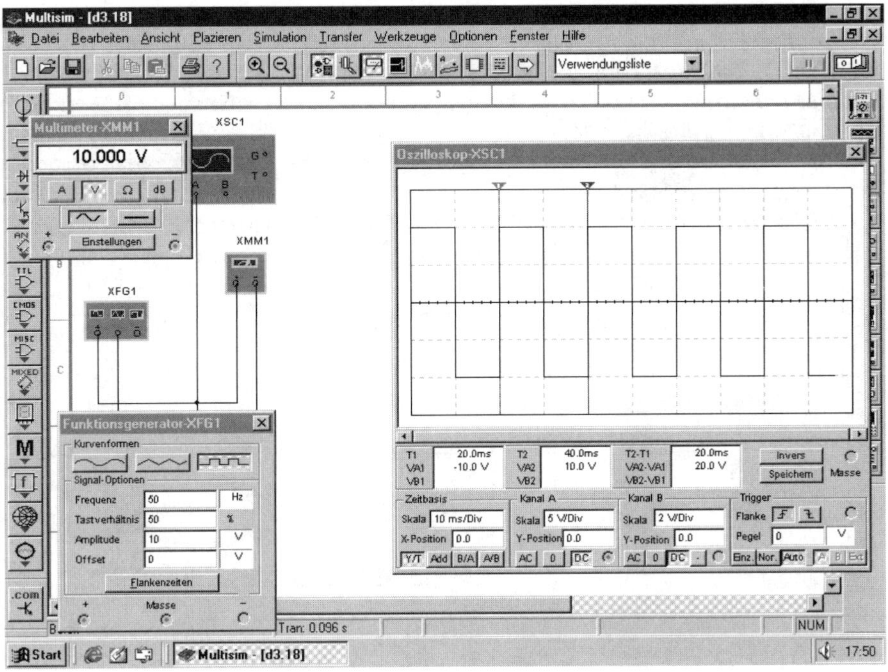

Bild 3.18 Messung zum Berechnen von Scheitel- und Formfaktor bei symmetrischer Rechteckspannung

Bild 3.18 zeigt die Messung zum Berechnen des Scheitelfaktors S und des Formfaktors F bei symmetrischer Rechteckspannung. Daraus ergibt sich:

$$S = 1{,}000 \qquad F = 1{,}000$$

$$\frac{1}{S} = 1{,}000 \qquad \frac{1}{F} = 1{,}000$$

$$S \cdot F = 1{,}000$$

Bild 3.19 zeigt die Messung zum Berechnen des Scheitelfaktors S und des Formfaktors F bei symmetrischer Dreieckspannung.

Hieraus lassen sich folgende Beziehungen ableiten:

$$S = \sqrt{3} = 1{,}732 \qquad F = \frac{2}{\sqrt{3}} = 1{,}155$$

$$\frac{1}{S} = 0{,}577 \qquad \frac{1}{F} = 0{,}866$$

$$S \cdot F = 2{,}000$$

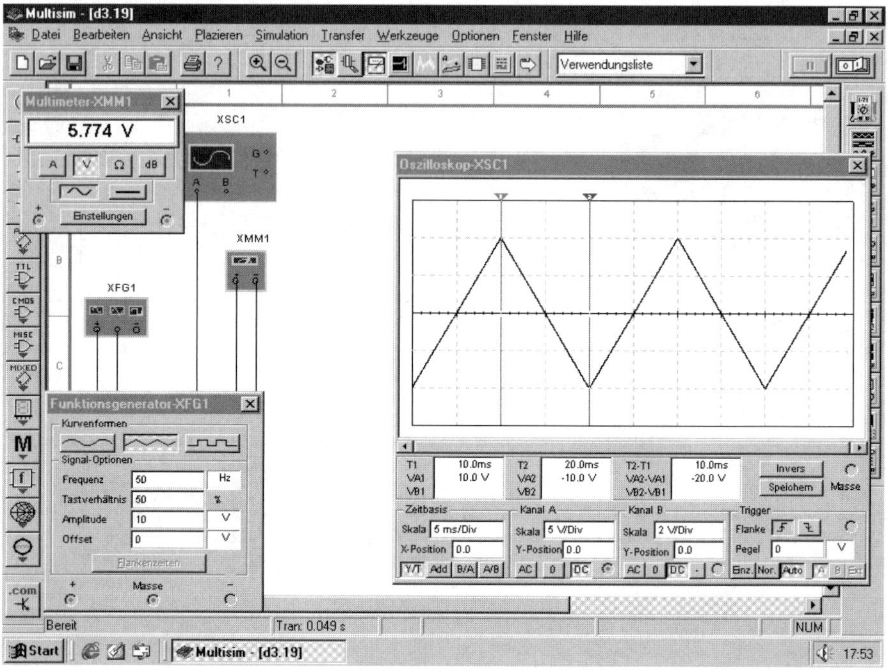

Bild 3.19 Messung zum Berechnen von Scheitel- und Formfaktor bei symmetrischer Dreieckspannung

Die Augenblickswerte einer Wechselgröße können mit der Sinusfunktion berechnet werden:

$u = \hat{u} \cdot \sin \omega t$

$i = \hat{\imath} \cdot \sin \omega t$

Beispiel: Eine sinusförmige Wechselspannung mit $f = 400$ Hz hat einen Scheitelwert von $\hat{\imath} = 4$ mA. Wie groß ist der Augenblickswert nach 350 µs nach dem ansteigenden Nulldurchgang?

$i = \hat{\imath} \cdot \sin \omega t = 4 \text{ mA} \sin (2\,\pi \cdot 400 \text{ Hz} \cdot 350\ \mu\text{s}) = 4 \text{ mA} \cdot \sin 0{,}88$

$= 4 \text{ mA} \cdot 0{,}771 = 3{,}08 \text{ mA}$

3.1.8 Frequenz- und Phasenmessungen

Betrachtet man das Oszilloskop am Bildschirm, erkennt man unterhalb der *X*-Position folgende drei Schalter für den Darstellungsmodus:

- *Y/T*: Darstellung des Betrags über der Zeit *Y/T*
- *A/B*: Darstellung des Eingangssignals von Kanal A mit dem Eingangssignal von Kanal B zur Bestimmung der Frequenz- und Phasenlage (Lissajous-Figuren) oder

Hystereseschleifen. Bestimmt wird die Skalierung durch die Einstellung von „Volt pro Teilstrich“.

- *B/A*: Darstellung des Eingangssignals von Kanal A mit dem Eingangssignal von Kanal B. Arbeitsweise wie Darstellungsmodus *A/B*.

In der Praxis benötigt man für die Messung mit dem Oszilloskop zwei unabhängige Kanäle. Führt man aber Frequenz- bzw. Phasenmessungen durch oder nimmt die Kennlinie eines Bauteils auf, sind weder Triggereinrichtungen noch Zeitbasis erforderlich. Der *X*-Kanal hat die gleichen Einstellmöglichkeiten wie der *Y*-Kanal, und man kommt zur Messung mit der Lissajous-Figur. Damit ist eine Darstellung in *X*- und in *Y*-Richtung möglich.

Während einer Frequenzmessung liegen am Oszilloskop eine bekannte und eine unbekannte Frequenz an. **Bild 3.20** zeigt die Schaltung für den Frequenzvergleich mit einem Oszilloskop.

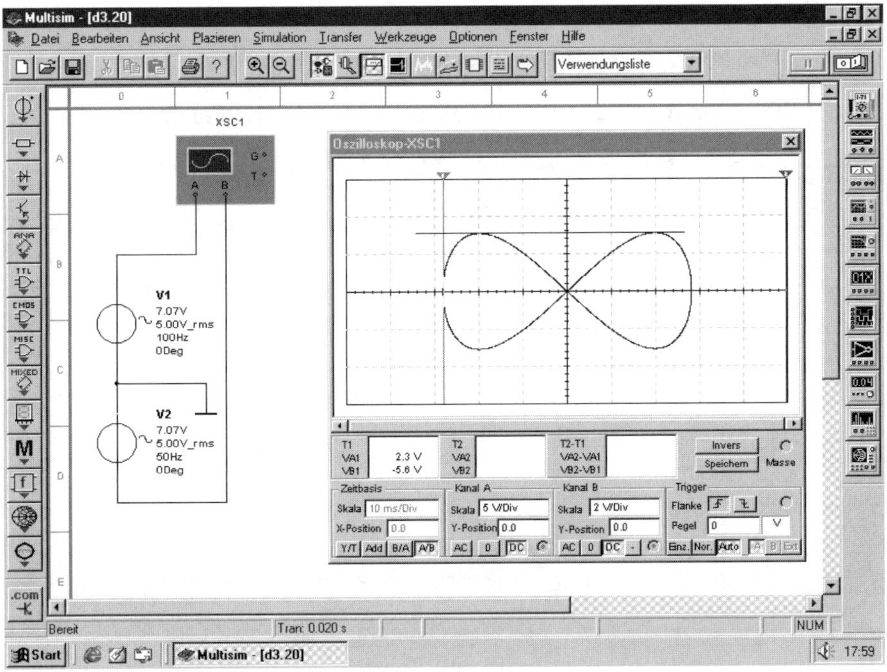

Bild 3.20 Lissajous-Figur zur Frequenzmessung

Der Bildschirm zeigt die Entstehung eines Oszillogramms im *X-Y*-Betrieb. Es sind hierbei zwei Kurvenzüge aufgetragen mit $y(t)$ und $x(t)$. Die Aufzeichnung der Lissajous-Figur ist von der Einstellung von *B/A* oder *A/B* abhängig. Die beiden Spannungsquellen sind parallel geschaltet, und beide sind mit Masse verbunden. Eine bekannte Vergleichsfrequenz (f = 50 Hz) wird an ein Plattenpaar gelegt und die unbekannte Frequenz (f = 100 Hz) mit dem anderen Plattenpaar des Oszilloskops verbunden. Bei ganzzahligen Frequenzverhältnissen werden stehende Figuren erzeugt. Berechnet wird mit nachfolgender Gleichung:

$$\frac{f_x}{f_y} = \frac{s}{w}$$

w Anzahl der Berührungspunkte auf der waagrechten Tangente

s Anzahl der Berührungspunkte auf der senkrechten Tangente

f_x Frequenz an den x-Platten

f_y Frequenz an den y-Platten

Die Vergleichsfrequenz in Bild 3.20 hat an der waagrechten Tangente zwei Berührungspunkte und an der senkrechten nur einen Berührungspunkt. Damit ergibt sich eine unbekannte Frequenz von

$$f_y = f_x \frac{w}{s} = 50 \text{ Hz} \cdot \frac{2}{1} = 50 \text{ Hz} \cdot 2 = 100 \text{ Hz}$$

Die Schaltung von **Bild 3.21** erzeugt ebenfalls eine Lissajous-Figur.

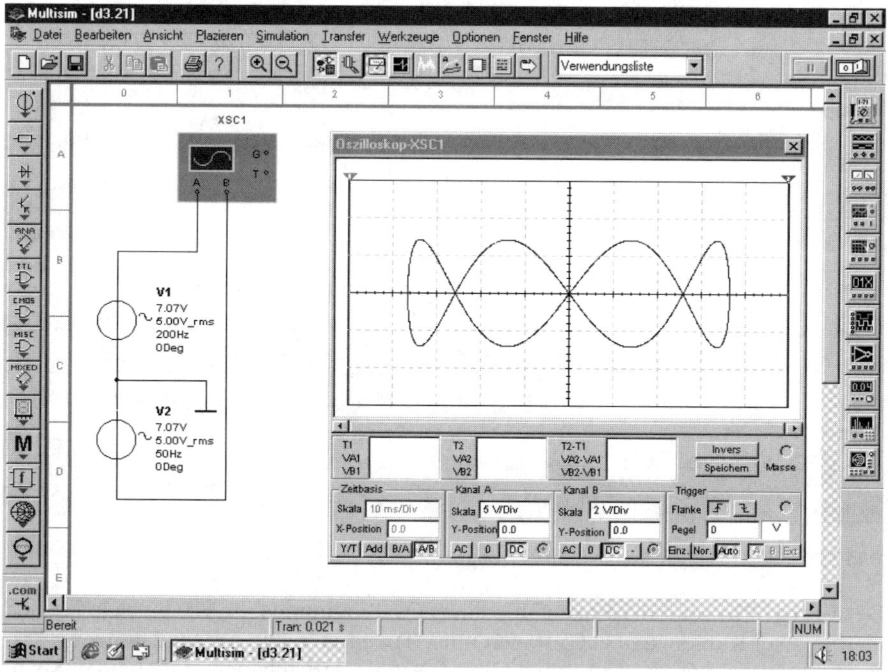

Bild 3.21 Lissajous-Figur zur Frequenzmessung

Die unbekannte Frequenz berechnet sich nach

$$f_y = f_x \frac{w}{s} = 50\ \text{Hz} \cdot \frac{4}{1} = 50\ \text{Hz} \cdot 4 = 200\ \text{Hz}$$

Die unbekannte Frequenz hat einen Wert von $f = 200$ Hz.

Auch mit der Schaltung von **Bild 3.22** erhält man eine Lissajous-Figur.

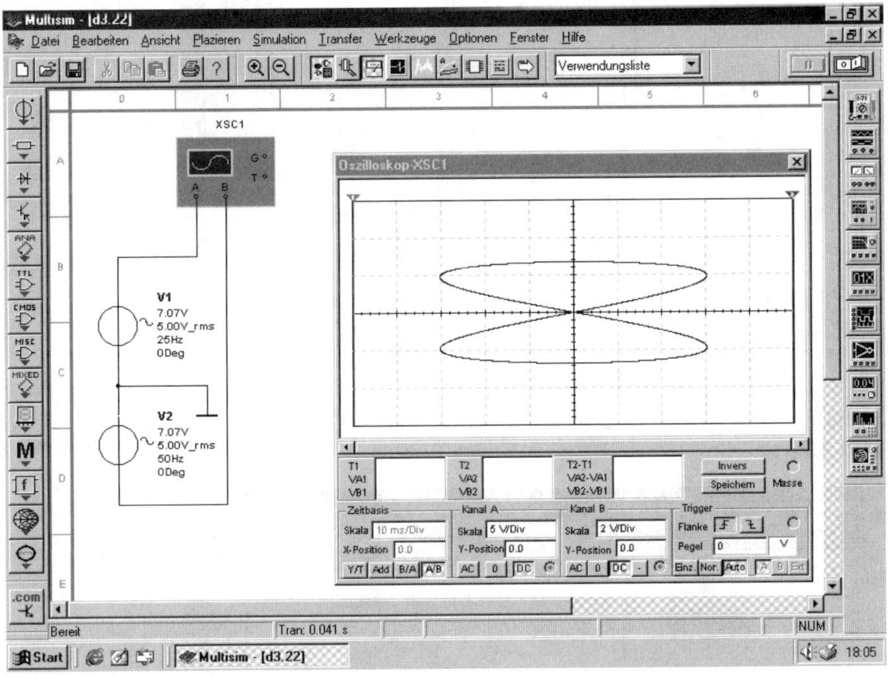

Bild 3.22 Lissajous-Figur zur Frequenzmessung

Die unbekannte Frequenz errechnet sich aus

$$f_y = f_x \frac{w}{s} = 50\ \text{Hz} \cdot \frac{1}{2} = 50\ \text{Hz} \cdot 0{,}5 = 25\ \text{Hz}$$

Die unbekannte Frequenz hat einen Wert von $f = 25$ Hz.

Bei der Phasenmessung liegen immer zwei identische Signale (Amplitude und Frequenz) am *X*- und am *Y*-Kanal des Oszilloskops. Abhängig von deren Phasenverschiebung entsteht dann die charakteristische Lissajous-Figur, wie **Bild 3.23** zeigt.

Beide Wechselspannungsquellen verwenden eine Frequenz von 50 Hz, aber die untere Quelle ist auf eine Phasenverschiebung von 45° eingestellt worden. Es entsteht die Lissajous-Figur, im Allgemeinen eine schräg liegende Ellipse, die in Son-

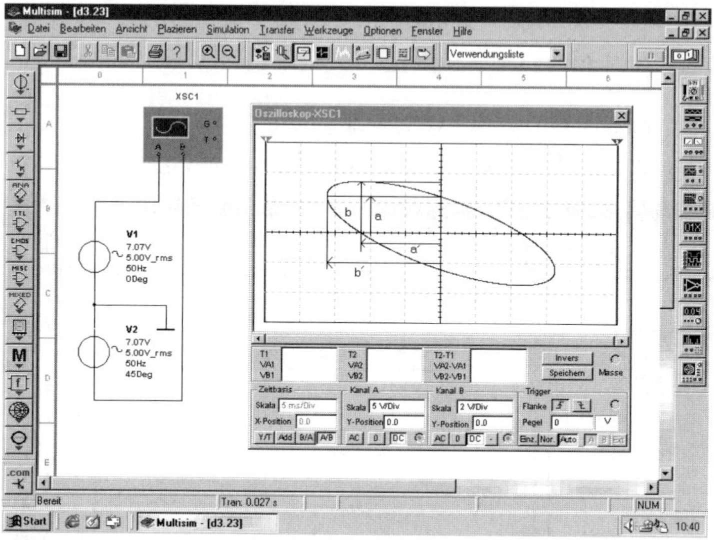

Bild 3.23 Lissajous-Figur zur Phasenmessung von 45°

derfällen auch eine Gerade (0°) oder ein Kreis (90°) sein kann, wie beispielsweise **Bild 3.24** zeigt.

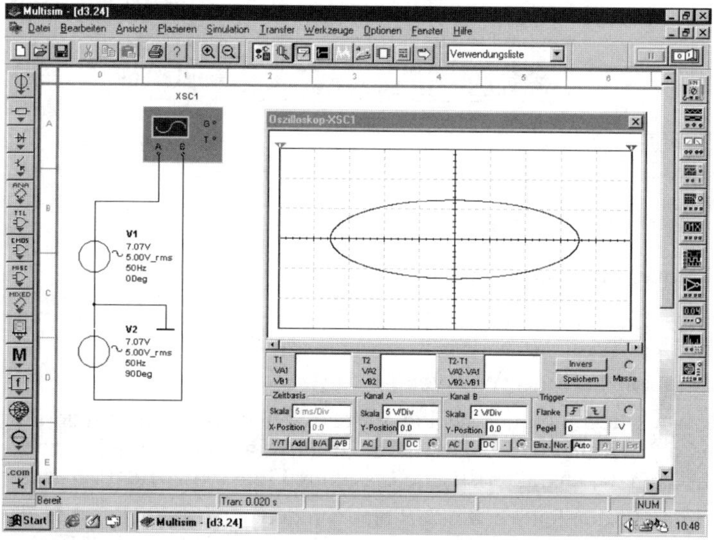

Bild 3.24 Lissajous-Figur zur Phasenmessung von 90°

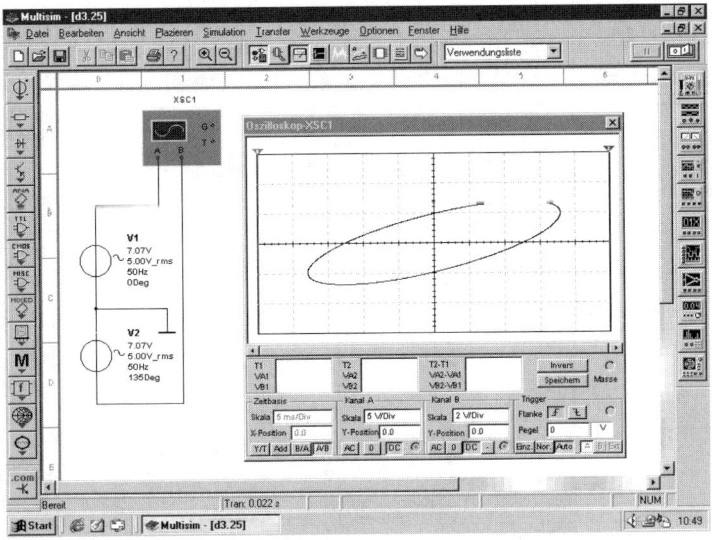

Bild 3.25 Lissajous-Figur zur Phasenmessung von 135°

Die Berechnung der Phasenverschiebung erfolgt nach

$$\sin\varphi = \frac{a}{b} = \frac{a'}{b'}$$

Für Bild 3.23 ergibt sich

$$\sin\varphi = \frac{a}{b} = \frac{1{,}2\ \mathrm{Div}}{1{,}7\ \mathrm{Div}} = \sin 0{,}7 \triangleq 45°$$

Durch die Einstellmöglichkeiten der Phasenverschiebung an der unteren Wechselspannungsquelle kann man zahlreiche Messungen durchführen. Wenn eine Phasenverschiebung von 135° eingestellt ist, erscheint die Lissajous-Figur von Bild 3.25.

Durch diese Messung lässt sich der Phasenwinkel zwischen zwei identischen Frequenzen messen.

3.1.9 Aufnahme von Kennlinien

Mit einem Oszilloskop kann man im Prinzip nur Spannungen messen. Für eine Strommessung muss die indirekte Strommessmethode verwendet werden. Bei der rechnerischen Auswertung der Messung ist unbedingt zu berücksichtigen, dass die gemessene Ablenkweite immer den Spitze-Spitze-Wert des Spannungsfalls am Messwiderstand darstellt. Soll für sinusförmigen Wechselstrom der Effektivwert bestimmt werden, ist – wie bereits abgeleitet – mit dem Faktor 0,3535 (s. 2.2.2 und 3.1.3) zu multiplizieren.

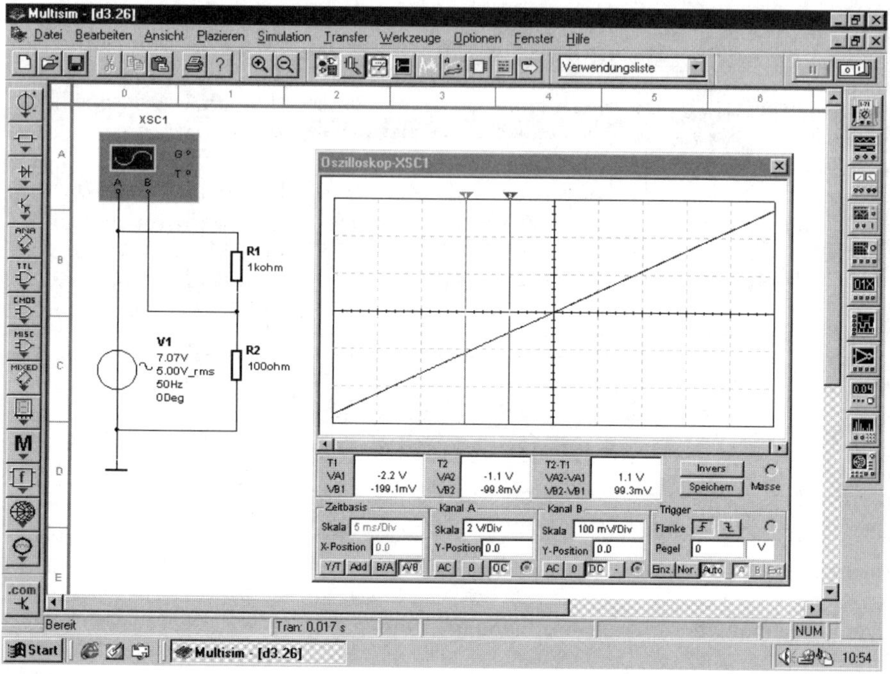

Bild 3.26 Messen der Kennlinie eines Widerstands durch die Spannungs-Strom-Kennlinie

Für die Messung der Kennlinie eines Widerstands benötigt man einen bekannten Wert und den unbekannten Widerstand, wie **Bild 3.26** zeigt. Da in der Elektronik überwiegend Bauelemente verwendet werden, deren Kennlinien nicht formelmäßig zu erfassen sind, ist man auf die messtechnische Kennlinienaufnahme angewiesen. Mit Zeigermessinstrumenten müssen Kennlinien punktweise aufgenommen werden, was sehr zeitraubend ist. Mit einem Oszilloskop ist man dagegen in der Lage, eine vollständige Kennliniendarstellung dynamisch durchzuführen.

Da man den Elektronenstrahl in einer Elektronenstrahlröhre sowohl waagrecht als auch senkrecht ablenken kann (einstellbar durch die beiden Schalter A/B bzw. B/A), bietet sich ein Oszilloskop zur Darstellung von Diagrammen an, also auch zur Erstellung von dynamischen Kennlinien. Bei Spannungs-Strom-Kennlinien muss man lediglich berücksichtigen, dass die Stromstärke beim Oszilloskop nur indirekt angezeigt werden kann.

Die Messspannung kommt von der Wechselspannungsquelle, die mit dem 1-kΩ-Widerstand und Kanal A verbunden ist. Die andere Seite der Wechselspannungsquelle ist mit Masse, dem 100-Ω-Widerstand und über diesen mit Kanal B verbunden. Da mit der Einstellung A/B gearbeitet wird, wird der Spannungsfall am 100-Ω-Widerstand als indirekte Stromerfassung verwendet. Der Spannungsfall an diesem

Widerstand ist ein Maß für die Stromstärke. Wird nun die Spannung an der Messschaltung sehr schnell durch eine 50-Hz-Spannung geändert, wird auf dem Bildschirm die Kennlinie des unbekannten Widerstands ausgegeben. Der Abbildungsmaßstab lässt sich waagrecht durch den *Y*-Verstärker und senkrecht durch den *X*-Verstärker entsprechend einstellen. Es fließt ein Strom von

$$I = \frac{U}{R} = \frac{2\ \text{V/Div} \cdot 0{,}55\ \text{Div}}{100\ \Omega} = 11\ \text{mA}$$

Das heißt, für die Spannungs-Strom-Kennlinie ergibt sich ein Stromwert von 11 mA pro Teilstrich (Div) in *X*-Richtung.
Die Messschaltung enthält aber einen Fehler. Die Spannung U wird nicht nur am unbekannten Widerstand R_x (R_1), sondern auch am bekannten Widerstand R_n (R_2) abgegriffen. Das ist notwendig, weil die Eingangsbuchsen der Kanäle am Oszilloskop galvanisch miteinander verbunden sind. Würde der Verbindungspunkt $R_n - R_x$ der Messschaltung am Masseanschluss des Oszilloskops liegen, entstünde ein um 180° gedrehtes Oszillogramm, das der üblichen Kennliniendarstellung nicht entspräche. Der Fehler in der „seitenrichtigen“ Messschaltung lässt sich umso geringer halten, je kleiner der bekannte Widerstand R_n im Verhältnis zum unbekannten Widerstand R_x ist.

3.2 Wechselstromschaltungen

In diesem Kapitel wird theoretisch angenommen, dass die beschriebenen Wechselstromwiderstände ausschließlich die jeweils angenommene Eigenschaft „ohmsch“, „kapazitiv“ oder „induktiv“ aufweisen, auch wenn in der Praxis ein ohmscher Widerstand ein kapazitives und induktives Verhalten, ein realer Kondensator einen ohmschen und induktiven Anteil und eine reale Induktivität eine ohmsche und kapazitive Komponente enthält.

3.2.1 Ohmscher Widerstand (Wirkwiderstand)

Der Wechselstromwiderstand hat ausschließlich die Eigenschaften eines ohmschen Widerstands. Liegt dieser ohmsche Widerstand an einer sinusförmigen Wechselspannung, gilt für jeden beliebigen Zeitpunkt das ohmsche Gesetz, d. h., das ohmsche Gesetz gilt immer für die Augenblickswerte. Hieraus folgt, dass Spannung und Strom einen identischen Kurvenverlauf aufweisen, sodass auch der gleiche Nullphasenwinkel vorhanden ist. **Bild 3.27** zeigt Schaltung und Oszillogramm für einen ohmschen Widerstand. Die beiden *Y*-Positionen sind unterschiedlich eingestellt.
Im Oszillogramm wurde eine Cosinusschwingung für u_R und i_R mit $\varphi_u = 0$ und $\varphi_i = 0$ gewählt. Allgemein gilt

$$R = \frac{u_R}{i_R} = \frac{\hat{u}_R(\cos \varphi t + \varphi_u)}{\hat{i}_R(\cos \varphi t + \varphi_i)}$$

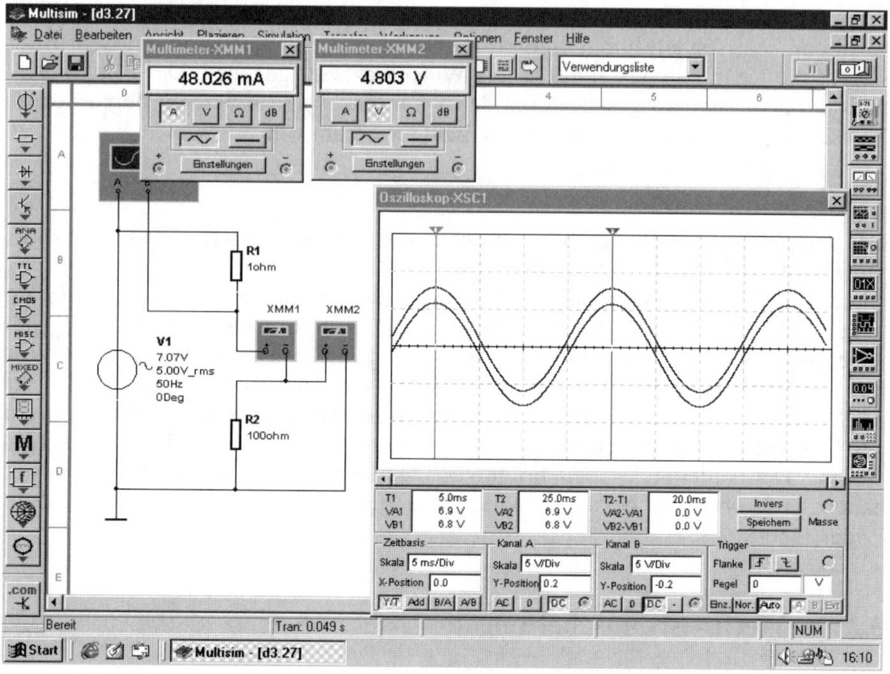

Bild 3.27 Schaltung und Oszillogramm für einen ohmschen Widerstand

Da $\varphi_u = \varphi_i$ ist, kürzt sich der Cosinus heraus, und es gilt

$$R = \frac{u_R}{i_R} = \frac{\hat{u}_R}{\hat{i}_R} = \frac{U_R\sqrt{2}}{I_R\sqrt{2}} = \frac{U_R}{I_R}$$

Den Winkel $\varphi = \varphi_u - \varphi_i$ bezeichnet man als Phasenverschiebungswinkel. Er stellt eine charakteristische Größe für Wechselstromwiderstände dar. Das ohmsche Gesetz gilt demnach sowohl für Augenblicks- als auch für Scheitel- und Effektivwerte. Ebenso gilt, wie in der Gleichstromtechnik, dass der Kehrwert des ohmschen Widerstands den ohmschen Leitwert, auch Wirkleitwert genannt, ergibt. Seine Dimension ist das Siemens S oder „mho“.

Für R_2 errechnet sich:

$$R_2 = \frac{U}{I} = \frac{4{,}8\ \text{V}}{48\ \text{mA}} = 100\ \Omega$$

Wie Bild 3.27 zeigt, sind Messung und Rechenergebnis weitgehend identisch. Bei einem ohmschen Widerstand tritt keine Phasenverschiebung auf.

3.2.2 Kapazitiver Blindwiderstand

Beim Anschluss an eine sinusförmige Wechselspannung wird ein Kondensator kontinuierlich geladen und entladen. Die Umladung erfolgt umso rascher, je höher die Frequenz ist. Ein in den Stromkreis geschaltetes Messgerät zeigt den Lade- und Entladestrom an und es fließt scheinbar ein Strom durch den Kondensator. Der scheinbar fließende Strom ist von der Schnelligkeit der Umladung, der Frequenz, der Kapazität des Kondensators und von der angelegten Wechselspannung abhängig. Der Strom errechnet sich aus

$$I = 2\,\pi\,f\,C\,U = \omega\,C\,U$$

Durch Umstellung der Gleichung und aufgrund der angestellten Überlegungen ergibt sich ein kapazitiver Blindwiderstand von

$$X_\mathrm{C} = \frac{1}{2\,\pi\,f\,C} = \frac{1}{\omega C}$$

Der kapazitive Blindwiderstand eines Kondensators ist frequenzabhängig.

Obwohl ein direkter Übergang von Ladungsträgern von einer Platte des Kondensators zur anderen wegen der dazwischen befindlichen Isolierung (Dielektrikum) kaum möglich ist, kann man dennoch in den Zuleitungen zum Kondensator einen Stromfluss beobachten und messen, der immer dann auftritt, wenn die zugeführte Spannung verändert wird und somit die Ladung auf dem Kondensator verändert werden muss. Nach außen entsteht der Eindruck, als wäre ein Kondensator für Wechselströme leitend. Da aber für die Eigenschaften eines Bauelements die an seinen Klemmen messbare Spannung und der in die Klemme hineinfließende Strom als Bezugsgrößen gelten, schreibt man einem Kondensator das Verhalten eines Widerstands zu, den man als kapazitiven Blindwiderstand X_C bezeichnet. Der Strom durch den Kondensator ist außer von der Größe der Kapazität C auch von der Geschwindigkeitsänderung (Frequenz) der angelegten Spannung abhängig.

Schließt man nun an einen Kondensator eine sinusförmige Wechselspannung an, gilt folgende Überlegung: Im Nulldurchgang der Spannung ist deren Änderungsgeschwindigkeit sehr groß, weshalb auch ein großer Strom fließen muss. Beim Scheitelwert der Spannung ist die Änderungsgeschwindigkeit dagegen null, folglich wird auch kein Strom mehr fließen. Ein genaues Verfolgen der Spannungsänderung ergibt dann die Tatsache, dass der ebenfalls sinusförmige Strom durch einen Kondensator der Spannung um 90° vorauseilt: Erst muss ein Strom fließen, der die für eine bestimmte Spannung erforderliche Ladung auf den Kondensator bringt. Der zeitliche Verlauf von Strom und Spannung ist in **Bild 3.28** gezeigt.

Da der Strom umso größer ist, je schneller sich die Spannung ändert, ist der Blindwiderstand eines Kondensators umso geringer, je höher die Frequenz f und je größer die Kapazität ist. Der kapazitive Blindwiderstand aus der Messung ist

$$X_\mathrm{C} = \frac{U}{I} = \frac{5{,}135\ \mathrm{V}}{1{,}612\ \mathrm{mA}} = 3{,}185\ \mathrm{k\Omega}$$

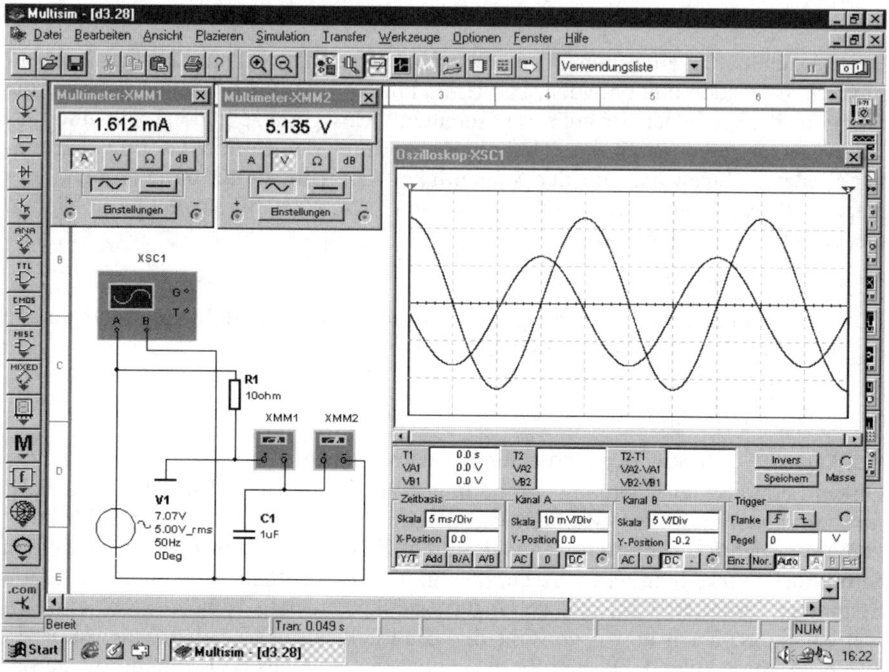

Bild 3.28 Kondensator als Blindwiderstand mit Spannungs- und Stromdiagramm

Daraus *C*:

$$C = \frac{1}{2\,\pi\,f\,X_C} = \frac{1}{6{,}28 \cdot 50\ \text{Hz} \cdot 3{,}185\ \text{k}\Omega} = 1\ \mu\text{F}$$

Die Kapazität eines unbekannten Kondensators ist also durch Strom- und Spannungsmessung an Wechselspannung einfach zu ermitteln.

Mit dieser Schaltung und einer entsprechenden Rechnung lässt sich auch der kapazitive Blindwiderstand des Kondensators bestimmen. Bei Gleichstrom hat der Kondensator einen sehr hohen Widerstandswert, und es fließt kein messbarer Strom. Legt man dagegen eine Wechselspannung an, kommt es zum Stromfluss in beiden Richtungen. Wenn man eine Frequenz von 1 Hz einstellt, sieht man die Änderungen im Stromfluss, d. h., beim Aufladen fließt ein Strom in den Kondensator hinein, während beim Entladen ein Strom aus dem Kondensator in die Wechselstromquelle zurückfließt.

Erhöht man bei konstanter Frequenz die Amplitude der Wechselspannungsquelle, vergrößert sich der Strom *I*, denn er ist proportional zur Spannung *U*. Damit entspricht das Verhalten eines Kondensators bei konstanter Frequenz dem eines ohmschen Widerstands. Der Blindwiderstand eines Kondensators ist frequenzabhängig,

d. h., bei einer niedrigen Frequenz erhält man einen hochohmigen Wert, und mit zunehmender Frequenz wird der Wert entsprechend geringer.
Hat man einen sinusförmigen Verlauf von $u_C = -\sin \omega t$, erkennt man, dass i_C einer Cosinusfunktion folgen muss mit

$$i_C = \omega C \hat{u} \cos \omega t$$

Der Strom i_C eilt bei einer Kapazität der Spannung u_C um 90° oder π/2 voraus. Der Phasenverschiebungswinkel φ ist dadurch gegeben mit

$$\varphi = \varphi_u - \varphi_i = -90° - 0° = -90° \triangleq -\pi/2$$

Nach beendeter Aufladung geht bei einem idealen Kondensator an Gleichstrom ($f = 0$ Hz) i_C auf 0, d. h., der kapazitive Blindwiderstand ist unendlich groß und somit $I_C = 0$ A. Vergrößert sich die Frequenz, verringert sich der kapazitive Blindwiderstand und geht schließlich gegen null: Der Kondensator bildet einen Kurzschluss.

3.2.3 Induktiver Blindwiderstand

Eine ideale Spule hat ausschließlich einen Wechselstromwiderstand und damit die Eigenschaft einer konstanten Selbstinduktion, d. h., der ohmsche Widerstand der Spule ist null. In einer solchen Spule darf kein Eisen vorhanden sein, sodass auch keine Verluste durch Ummagnetisierung oder Wirbelströme entstehen. Eine ideale Spule ist verlustlos.
Bei Annahme eines sinusförmigen Verlaufs $i_L = \hat{i}_L \sin \omega t$ für den Strom ist bei $\omega t = 0$ die Änderungsgeschwindigkeit am größten und positiv, nimmt aber dann langsam ab, um am Umkehrpunkt bei $\omega t = \pi/2$ den Wert null anzunehmen. Die Spannung hat dann $u_L = 0$ V. Jetzt nimmt die Änderungsgeschwindigkeit des Stroms wieder zu, ist aber bis $\omega t = 3\pi/2$ negativ (der Strom wird kleiner), d. h., die Spannung u_L ist ebenfalls negativ usw. Es gilt

$$u_L = \omega L \hat{i}_L \cos \omega t$$

Die Selbstinduktionsspannung u_L eilt dem Strom i_L um 90° oder π/2 voraus, wie aus **Bild 3.29** zu erkennen ist.
Aus dem Oszillogramm ergibt sich, dass bei $\varphi_u = 0°$ und $\varphi_i = -90°$ bzw. π/2 eine Phasenverschiebung von 90° auftritt. Der Phasenverschiebungswinkel ergibt sich aus

$$\varphi = \varphi_u - \varphi_i = 0 - (-90°) = 90° = \pi/2$$

Betrachtet man den Ausdruck

$$u_L = \omega L \hat{i}_L \cos \omega t,$$

gilt für den Scheitelwert von u_L

$$\hat{u} = \omega L \hat{i}_L$$

Ersetzt man die Scheitelwerte noch durch die Effektivwerte, d. h., schreibt man für $\hat{u} = U_L\sqrt{2}$ und für $\hat{i} = I_L\sqrt{2}$, ergibt sich

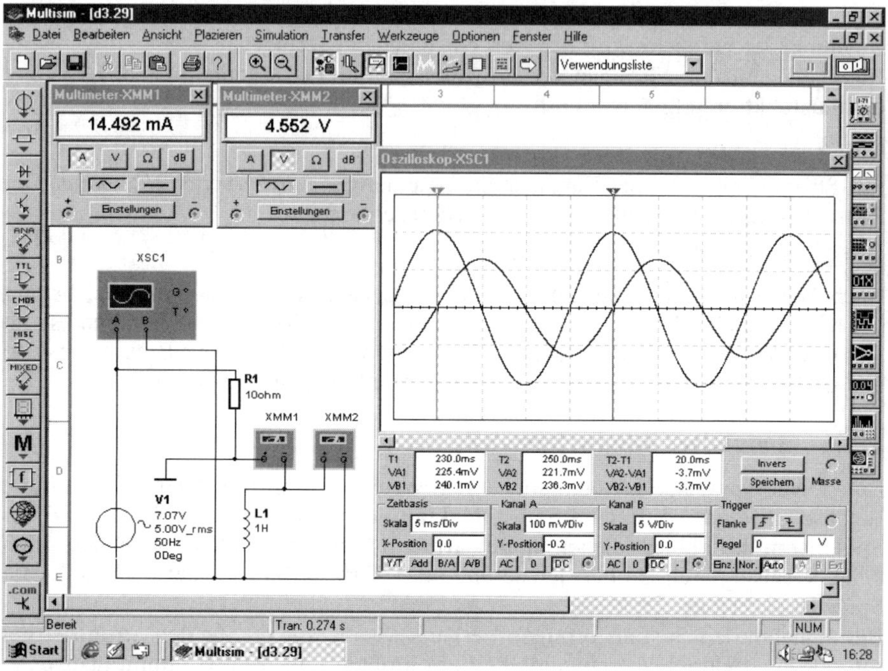

Bild 3.29 Bestimmung eines Blindwiderstands durch eine Spannungs-Strom-Messung

$$U_L\sqrt{2} = \omega L I_L\sqrt{2} \rightarrow U_L = \omega L I_L$$

Der induktive Blindwiderstand berechnet sich aus

$$X_L = 2\,\pi f L$$

d. h., mit zunehmender Frequenz wird der induktive Blindwiderstand immer größer. Der induktive Blindwiderstand X_L von Bild 3.29 berechnet sich aus

$$X_L = \frac{U}{I} = \frac{4{,}552\ \text{V}}{14{,}492\ \text{mA}} = 314\ \Omega$$

Stellt man die Gleichung $X_L = 2\,\pi f L$ nach L um, lässt sich die Induktivität bestimmen:

$$L = \frac{X_L}{2\pi f} = \frac{314\ \Omega}{2 \cdot 3{,}14 \cdot 50\ \text{Hz}} = 1\ \text{H}$$

Aus der Berechnung erkennt man, dass für Gleichstrom mit $f = 0$ Hz auch der induktive Blindwiderstand zu null wird, d. h., der Blindwiderstand verhält sich wie ein Kurzschluss. Vergrößert sich die Frequenz, erhöht sich entsprechend auch der Blindwiderstand.

3.2.4 *RC*-Reihenschaltung

Ein Widerstand mit $R = 3{,}2\ \text{k}\Omega$ und ein Kondensator mit $C = 1\ \mu\text{F}$ liegen in Reihe an einer Wechselspannung von 5 V/50 Hz. Bevor mit der Messung begonnen wird, sollen alle wichtigen Werte dieser Reihenschaltung berechnet werden. Für den kapazitiven Blindwiderstand gilt

$$X_C = \frac{1}{2\pi f C} = \frac{1}{2 \cdot 3{,}14 \cdot 50\ \text{Hz} \cdot 1\ \mu\text{F}} = 3{,}185\ \text{k}\Omega$$

Der Scheinwiderstand Z errechnet sich aus

$$Z = \sqrt{R^2 + X_C^2} = \sqrt{(3{,}2\ \text{k}\Omega)^2 + (3{,}185\ \text{k}\Omega)^2} = 4{,}5\ \text{k}\Omega$$

Der Strom durch die Reihenschaltung ist

$$I = \frac{U}{Z} = \frac{5\ \text{V}}{4{,}5\ \text{k}\Omega} = 1{,}1\ \text{mA}$$

Durch die Reihenschaltung fließt ein Strom von 1,1 mA (rechnerisch), und die simulierte Schaltung von **Bild 3.30** zeigt einen Wert von 1,055 mA an.

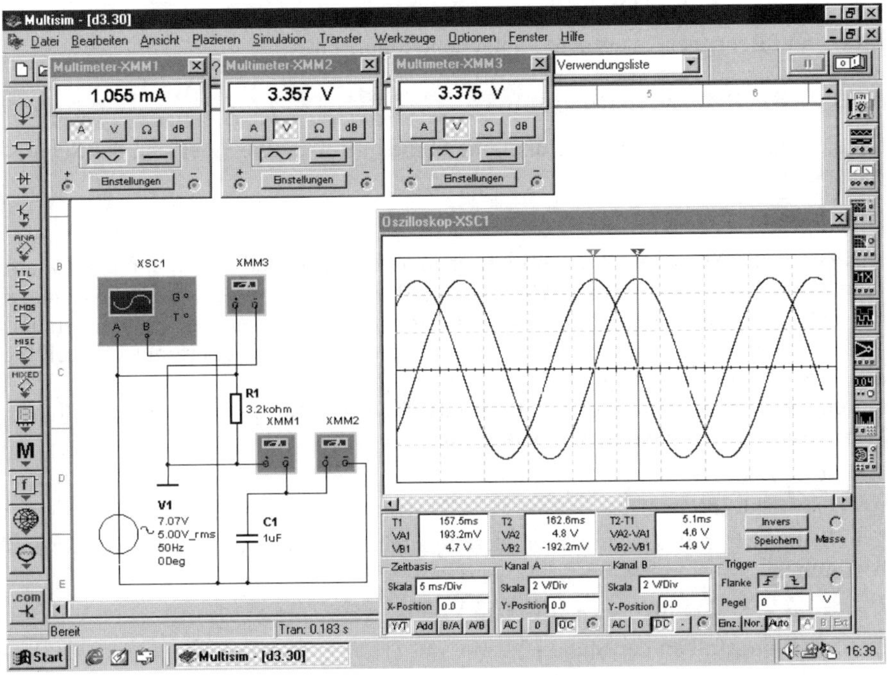

Bild 3.30 Schaltung zur Untersuchung einer Reihenschaltung von Widerstand und Kondensator

Aus dem Strom und dem Wert des Widerstands R bzw. des kapazitiven Blindwiderstands X_C errechnen sich die Spannungsfälle mit

$U_R = I \cdot R = 1{,}06\ \text{mA} \cdot 3{,}2\ \text{k}\Omega = 3{,}39\ \text{V}$

$U_C = I \cdot X_C = 1{,}06\ \text{mA} \cdot 3{,}2\ \text{k}\Omega = 3{,}39\ \text{V}$

Zur Kontrolle lässt sich die Gesamtspannung berechnen mit

$$U = \sqrt{U_R^2 + U_C^2} = \sqrt{(3{,}4\ \text{V})^2 + (3{,}4\ \text{V})^2} = 4{,}8\ \text{V}$$

Die Phasenverschiebung ergibt sich aus

$$\cos\varphi = \frac{R}{Z} \qquad \sin\varphi = \frac{X_C}{Z} \qquad \tan\varphi = \frac{X_C}{R}$$

und mit

$$\tan\varphi = \frac{X_C}{R} = \frac{3{,}2\ \text{k}\Omega}{3{,}2\ \text{k}\Omega} = 1 \quad \triangleq 45°$$

Es tritt eine rechnerische Phasenverschiebung von 45° auf. Wenn Sie auf die Lissajous-Figur umschalten, lassen sich folgende Werte verwenden:

$$\sin\varphi = \frac{Y_0}{Y_{max}} = \frac{1{,}2\ \text{Div}}{1{,}7\ \text{Div}} = 0{,}706 \triangleq 45°$$

Mess- und Rechenergebnis sind weitgehend identisch.

3.2.5 *RL*-Reihenschaltung

Schaltet man einen Widerstand und eine Spule in Reihe, errechnet sich der Scheinwiderstand aus

$$Z = \sqrt{R^2 + X_L^2}$$

Das heißt, die Spannung U_R am ohmschen Widerstand und die Spannung U_L am induktiven Blindwiderstand dürfen aufgrund ihrer unterschiedlichen Phasenlage nicht algebraisch, sondern müssen geometrisch addiert werden. Da Spannungen und Widerstände bei einer Reihenschaltung direkt proportional sind, ergibt sich auch für die Widerstände die gleiche Phasenverschiebung.

Durch die Reihenschaltung von **Bild 3.31** fließt ein Strom von $I = 10{,}455$ mA. Damit errechnet sich ein Scheinwiderstand von

$$Z = \frac{U}{I} = \frac{5\ \text{V}}{11{,}255\ \text{mA}} = 444\ \Omega$$

Durch den Stromfluss kann man den Spannungsfall am ohmschen Widerstand bestimmen:

$U_R = I \cdot R = 11{,}255\ \text{mA} \cdot 314\ \Omega = 3{,}53\ \text{V}$

Der Spannungsfall an der Spule ist dann

$$U_L = \sqrt{U^2 - U_C^2} = \sqrt{(5\ \text{V})^2 - (3{,}53\ \text{V})^2} = 3{,}54\ \text{V}$$

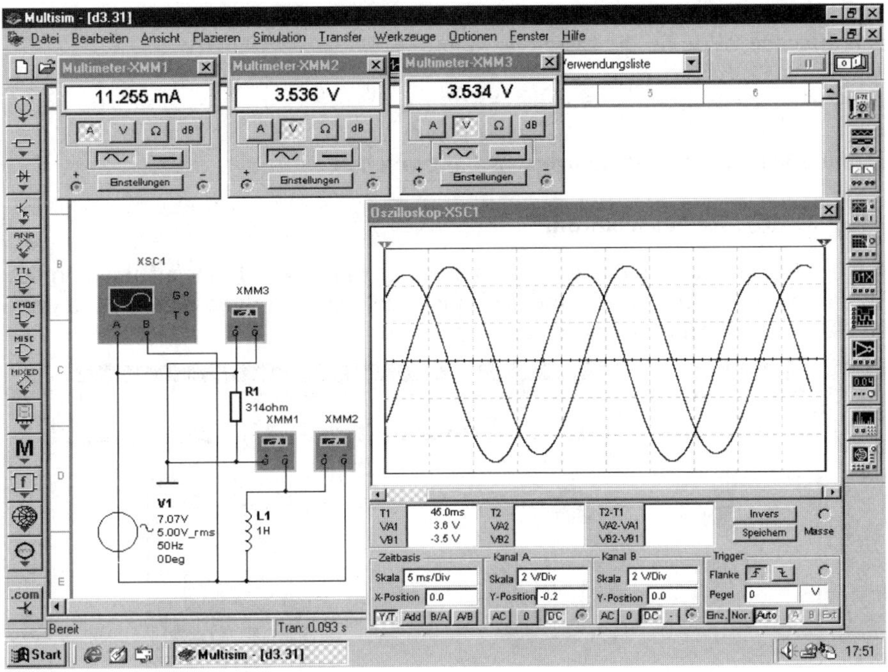

Bild 3.31 Messschaltung zur Untersuchung einer Reihenschaltung aus Widerstand und Spule

Man kann auch zuerst den induktiven Blindwiderstand berechnen und dann auf den Spannungsfall schließen. Da sich die Spannungen wie die Widerstände in der Reihenschaltung verhalten, gilt

$$U = \sqrt{U_R^2 + U_L^2} \qquad \text{oder} \qquad Z = \sqrt{R^2 + X_L^2}$$

Die Phasenverschiebung lässt sich rechnerisch oder durch Messen ermitteln.

Rechnerische Methode:

$$\cos\varphi = \frac{R}{Z} = \frac{U_R}{U} \qquad \sin\varphi = \frac{X_L}{Z} = \frac{U_L}{U} \qquad \tan\varphi = \frac{X_L}{R} = \frac{U_L}{U_R}$$

Für die Schaltung von Bild 3.31 ergibt sich eine Phasenverschiebung von

$$\cos\varphi = \frac{3{,}53\ \text{V}}{5\ \text{V}} = 0{,}708 \triangleq 45°$$

Die Phasenverschiebung lässt sich entweder direkt messen oder durch die Lissajous-Figur. Vergleicht man die Berechnungen mit den Messungen, ergeben sich geringfügige Abweichungen zwischen Rechnung und Messung.

Für die Messung der Phasenverschiebung wird auf A/B umgeschaltet, und es erscheinen folgende Werte für die Lissajous-Figur:

$$\sin\varphi = \frac{Y_0}{Y_{max}} = \frac{2{,}1\ \text{Div}}{2{,}9\ \text{Div}} = 0{,}72 \triangleq 46°$$

Damit erhält man eine Phasenverschiebung von $\varphi = 46°$.

3.2.6 *RCL*-Reihenschaltung

Bei der *RCL*-Reihenschaltung ist die Betrachtung in diesem Buch auf sinusförmige Wechselspannungen und -ströme beschränkt. Für die einzelnen Schaltungen ergeben sich daher übersichtliche Zeigerdiagramme.

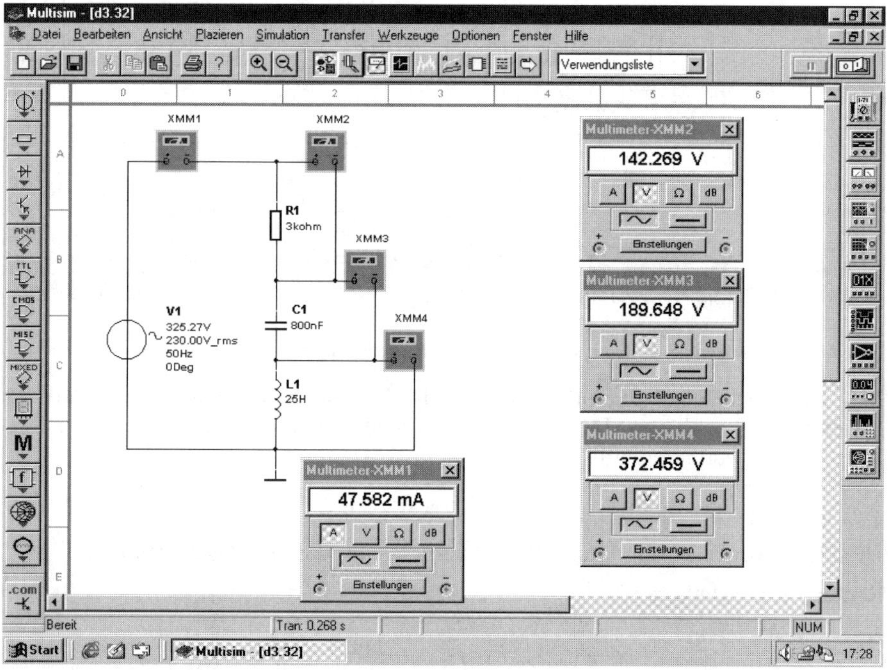

Bild 3.32 Spannungsteilung an der *RCL*-Reihenschaltung

Bei der Reihenschaltung von **Bild 3.32** fließt durch alle drei Bauelemente der gleiche Strom *I*. Der Spannungsfall U_R am ohmschen Widerstand hat die gleiche Phasenlage wie der Strom. Die Kondensatorspannung U_C erreicht die entsprechenden Phasen (Höchstwert bzw. Nulldurchgang) um 1/4 Periode (–90°) später, und die Spulenspannung U_L eilt dem Strom um 1/4 Periode (+90°) voraus. Die Phasenverschiebung zwischen den Teilspannungen U_C und U_L beträgt daher 1/2 Periode (180°). Da die Spannungsfälle an den beiden Blindwiderständen einander entgegengerichtet sind, wird die größere Spannung stets um den Betrag der kleineren Spannung vermindert.

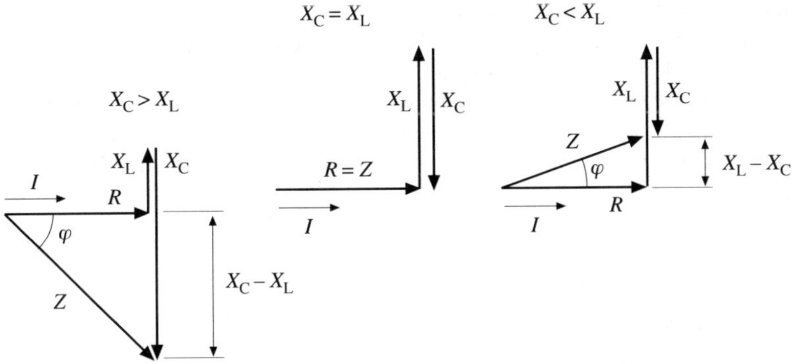

Bild 3.33 Zeigerdiagramme für eine *RCL*-Reihenschaltung

Für die Zeigerdiagramme von **Bild 3.33** gelten in der Praxis drei Betrachtungen: Bei niedrigen Frequenzen überwiegt der kapazitive Blindanteil X_C des Kondensators C, während bei hohen Frequenzen der induktive Blindanteil X_L der Spule $_L$ überwiegt. Im ersten Fall ist die Reihenschaltung kapazitiv, im zweiten Fall induktiv.

Bei einer bestimmten Frequenz, der Resonanzfrequenz, sind X_C und X_L gleich. Die beiden Blindwiderstände heben sich aufgrund ihrer entgegengesetzten Phasenlage auf, und es ist nur der ohmsche Widerstand R wirksam, d. h., der Scheinwiderstand hat den kleinsten Wert. Dadurch fließt der größte Strom in der Schaltung, und an den beiden Blindwiderständen treten, bedingt durch das ohmsche Gesetz, hohe Spannungen auf, die sich aber gegenseitig aufheben. Man hat jetzt Spannungsresonanz.

Der Blindwiderstand X aus den beiden Blindwiderständen X_C und X_L zeigt, ob man einen kapazitiven oder einen induktiven Fall hat:

- $X_C > X_L$: $X = X_C - X_L$ (kapazitiver Fall)
- $X_C = X_L$: $X = 0$ (Resonanzfall)
- $X_C < X_L$: $X = X_L - X_C$ (induktiver Fall)

Der Scheinwiderstand ist

$$Z = \sqrt{R^2 + X^2}$$

Der Strom, der durch die Reihenschaltung fließt, berechnet sich aus

$$I = \frac{U}{Z}$$

Über den Stromfluss lassen sich die drei Spannungsfälle bestimmen:

$$U_R = I \cdot R \qquad U_C = I \cdot X_C \qquad U_L = I \cdot X_L$$

Die Phasenverschiebung lässt sich berechnen aus

$$\cos \varphi = \frac{R}{Z} = \frac{U_R}{U} \qquad \sin \varphi = \frac{X}{Z} = \frac{U_X}{U} \qquad \tan \varphi = \frac{X}{R} = \frac{U_X}{U_R}$$

Das Vorzeichen muss noch beachtet werden.

Als Beispiel für eine Simulation soll die *RCL*-Reihenschaltung untersucht werden mit $R = 3\ \text{k}\Omega$, C = 800 nF und $L = 25$ H an einer Spannung von $U = 230$ V/50 Hz. Wie groß sind die einzelnen Spannungen und die Phasenverschiebung? Bei der Schaltung von Bild 3.32 sind bereits die Werte aus der Simulation berechnet worden. Mit der nachfolgenden Berechnung lässt sich die Simulation überprüfen.

$$X_C = \frac{1}{2\pi f C} = \frac{1}{2 \cdot 3{,}14 \cdot 50\ \text{Hz} \cdot 800 \cdot 10^{-9}\ \text{F}} = 3{,}98\ \text{k}\Omega$$

$$X_L = 2\pi f L = 2 \cdot 3{,}14 \cdot 50\ \text{Hz} \cdot 25\ \text{H} = 7{,}85\ \text{k}\Omega$$

$$X = 7{,}85\ \text{k}\Omega - 3{,}98\ \text{k}\Omega = 3{,}87\ \text{k}\Omega \text{ (induktiver Fall)}$$

$$Z = \sqrt{R^2 + X^2} = \sqrt{(3\ \text{k}\Omega)^2 + (3{,}87\ \text{k}\Omega)^2} = 4{,}9\ \text{k}\Omega$$

$$I = \frac{U}{Z} = \frac{230\ \text{V}}{4{,}9\ \text{k}\Omega} = 47\ \text{mA}$$

$$U_R = I \cdot R = 47\ \text{mA} \cdot 3\ \text{k}\Omega = 141\ \text{V}$$
$$U_C = I \cdot X_C = 47\ \text{mA} \cdot 3{,}98\ \text{k}\Omega = 187\ \text{V}$$
$$U_L = I \cdot X_L = 47\ \text{mA} \cdot 7{,}85\ \text{k}\Omega = 369\ \text{V}$$

$$\tan \varphi = \frac{X}{R} = \frac{3{,}98\ \text{k}\Omega}{3\ \text{k}\Omega} = 1{,}33 \ \hat{=}\ 53°$$

Zwischen der Simulation und der algebraischen Lösung ergeben sich minimale Differenzen. Zur Überprüfung der Richtigkeit der algebraischen Lösung:

$$U_X = 369\ \text{V} - 187\ \text{V} = 182\ \text{V}$$

$$U = \sqrt{U_R^2 + U_X^2} = \sqrt{(141\ \text{V})^2 + (182\ \text{V})^2} \approx 230\ \text{V}$$

Verstellt man die Frequenz des Generators, erkennt man, wie sich Spannungen, Strom und Phasenverschiebung ändern. Die Resonanzfrequenz ist bei

$$f_{res} = \frac{1}{2\pi\sqrt{CL}} = \frac{1}{2 \cdot 3{,}14 \cdot \sqrt{800\ \text{nF} \cdot 25\ \text{H}}} = 35{,}6\ \text{Hz}$$

erreicht. Wenn man diese Frequenz einstellt, müssen die Spannungen am Kondensator und an der Spule identisch sein. Die Simulation zeigt $U_C = U_L = 427$ V.

Bei Änderung der Frequenz der Eingangsspannung einer Reihenschaltung ergibt sich für jede Frequenz ein anderer Scheinwiderstand Z. Bei Gleichspannung ($f = 0$) sperrt der Kondensator ($Z = \infty$, $I = 0$) und bei hohen Frequenzen ($f = \infty$) sperrt die Spule ($Z = \infty$, $I = 0$). Im Resonanzfall (f_{res}) heben sich die Blindwiderstände von X_C und X_L auf, und es gilt $Z = R$ und $I = I_{max}$.

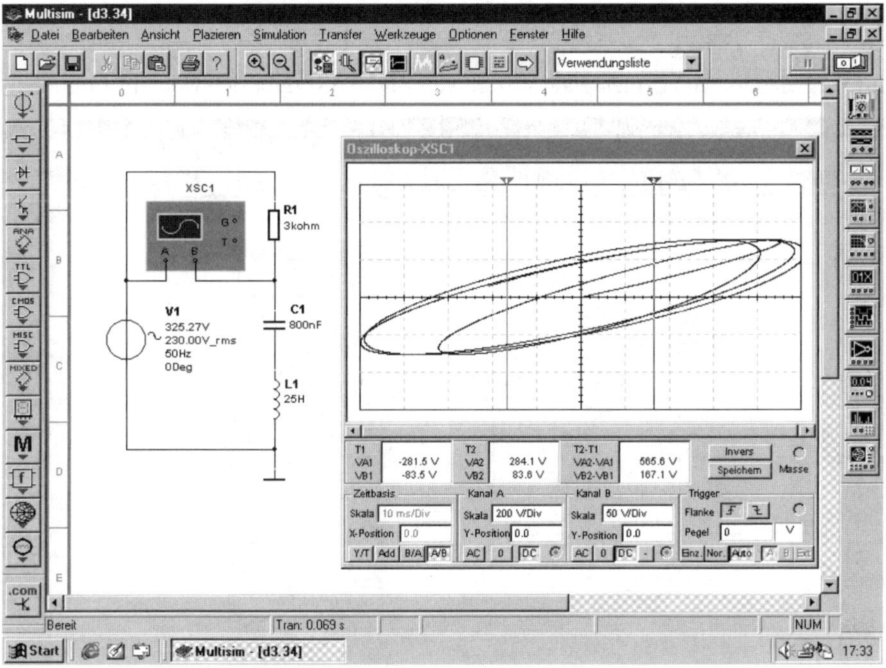

Bild 3.34 Messung der Phasenverschiebung mit Lissajous-Figur

Für die Messung der Phasenverschiebung verwendet man die Linienzüge der einzelnen Spannungen oder die Lissajous-Figur von **Bild 3.34**. Aus den Linienzügen lässt sich die Phasenverschiebung bestimmen. Erst wenn man die Zeitbasis entsprechend verändert, erhält man einen Wert um die 45°. Aus diesem Grund arbeitet man immer mit der Lissajous-Figur. Für diese Messung ergibt sich ein Wert von

$$\sin \varphi = \frac{1{,}1\ \text{Div}}{1{,}4\ \text{Div}} = 0{,}78 \ \triangleq\ 51{,}78°$$

3.2.7 *RC*-Parallelschaltung

Bei der Parallelschaltung dient die Spannung als gemeinsame Größe für die Berechnung der einzelnen Ströme. Diese berechnet man nach dem ohmschen Gesetz.

Ein Widerstand mit $R = 500\ \Omega$ und ein Kondensator mit $C = 5\ \mu\text{F}$ sollen parallel geschaltet sein. Für den Kondensator errechnet sich ein kapazitiver Blindwiderstand von $X_C = 637\ \Omega$. Durch die beiden Widerstände fließt ein Strom von

$$I_R = \frac{U}{R} = \frac{20\ \text{V}}{500\ \Omega} = 40\ \text{mA}$$

$$I_C = \frac{U}{X_C} = \frac{20\ \text{V}}{637\ \Omega} = 31,4\ \text{mA}$$

Im Vergleich mit den gemessenen Werten von **Bild 3.35** ergibt sich Übereinstimmung.

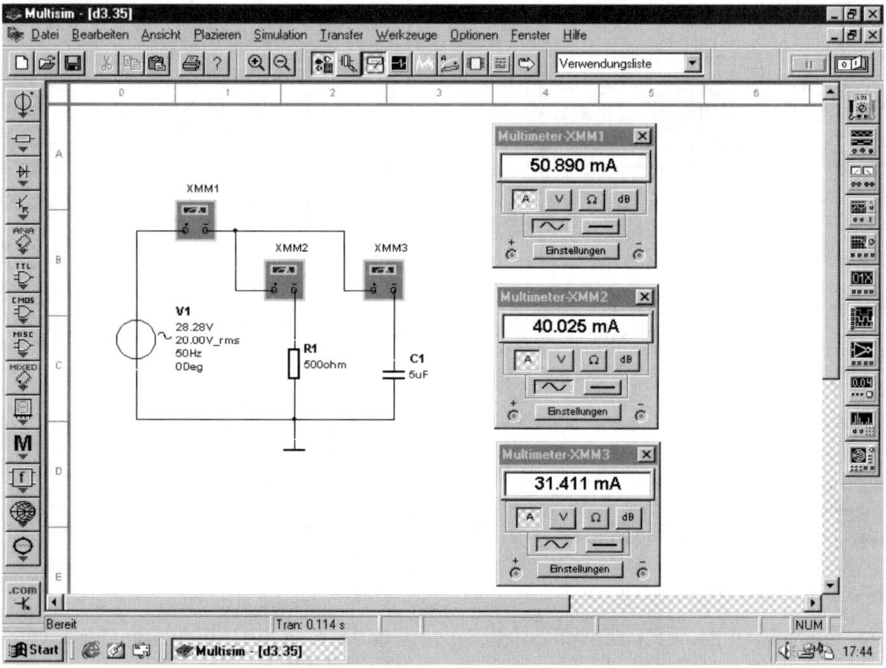

Bild 3.35 Schaltung zur Untersuchung einer Parallelschaltung von Widerstand und Kondensator

Der Gesamtstrom berechnet sich aus

$$I_{\text{ges}} = \sqrt{I_R^2 + I_C^2} = \sqrt{(40\ \text{mA})^2 + (31{,}4\ \text{mA})^2} = 50{,}9\ \text{mA}$$

Auch hier ist das Rechenergebnis mit der Messung fast identisch.

Da der Gesamtstrom bekannt ist, lässt sich der Gesamtwiderstand berechnen:

$$R_{\text{ges}} = \frac{U}{I} = \frac{20\ \text{V}}{50{,}9\ \text{mA}} = 392\ \Omega$$

Der Gesamtleitwert der Parallelschaltung ist

$$G_{\text{ges}} = \frac{1}{R_{\text{ges}}} = \frac{1}{392\ \Omega} = 2{,}55\ \text{mS}$$

Statt der Bezeichnung S (Siemens) wird auch „mho“ eingesetzt.

Der Wert für den vorzeichenrichtigen Phasenverschiebungswinkel berechnet sich aus

$$\tan \varphi = \frac{I_C}{-I_R} = \frac{31{,}4\ \text{mA}}{-40\ \text{mA}} = -0{,}785 \triangleq -38{,}13°$$

Der Phasenverschiebungswinkel bewegt sich in den Grenzen von $0 \leq \varphi \leq -90°$

3.2.8 *RL*-Parallelschaltung

Bei der Parallelschaltung arbeitet man mit Strömen oder Leitwerten. Aus Sicht der Messtechnik setzt man in der Praxis nur die Strommessung ein, wie **Bild 3.36** zeigt.

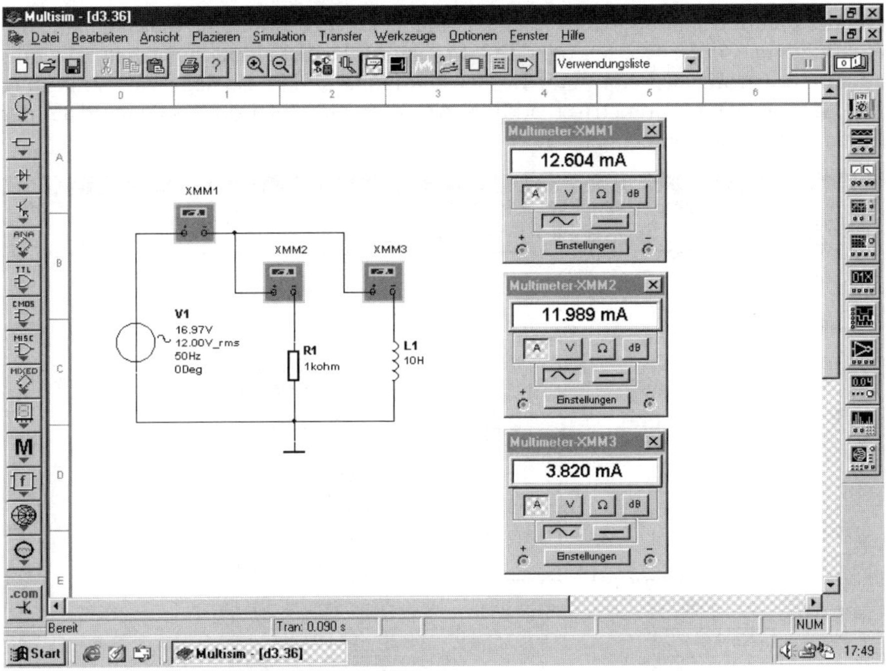

Bild 3.36 Parallelschaltung von Widerstand und Spule

Der Gesamtstrom I errechnet sich aus

$$I = \sqrt{I_R^2 + I_L^2} = \sqrt{(12\ \text{mA})^2 + (3{,}82\ \text{mA})^2} = 12,6\ \text{mA}$$

Die Spule hat einen induktiven Widerstand von

$$X_L = 2\,\pi f L = 2 \cdot 3{,}14 \cdot 50\ \text{Hz} \cdot 10\ \text{H} = 3{,}14\ \text{k}\Omega$$

Damit muss ein Strom von

$$I = \frac{12\ \text{V}}{3{,}14\ \text{k}\Omega} = 3{,}82\ \text{mA}$$

fließen, wie auch die Messung bestätigt.

Der Wert für den vorzeichenrichtigen Phasenverschiebungswinkel berechnet sich aus

$$\tan \varphi = \frac{I_\text{L}}{I_\text{R}} = \frac{3,8\ \text{mA}}{11,9\ \text{mA}} = 0,319 \quad \triangleq 17,7°$$

Der Phasenverschiebungswinkel bewegt sich in den Grenzen von $0 \leq \varphi \leq 90°$

3.2.9 *RCL*-Parallelschaltung

Bei der Parallelschaltung von Widerstand, Kondensator und Spule muss man bei der Betrachtung von Leitwerten oder Teilströmen in der Schaltung ausgehen. Die einzelnen Teilströme werden unter Berücksichtigung der Phasenlage zur Ermittlung des Gesamtstroms geometrisch addiert. Aus dem Gesamtstrom lässt sich dann der Scheinwiderstand berechnen.

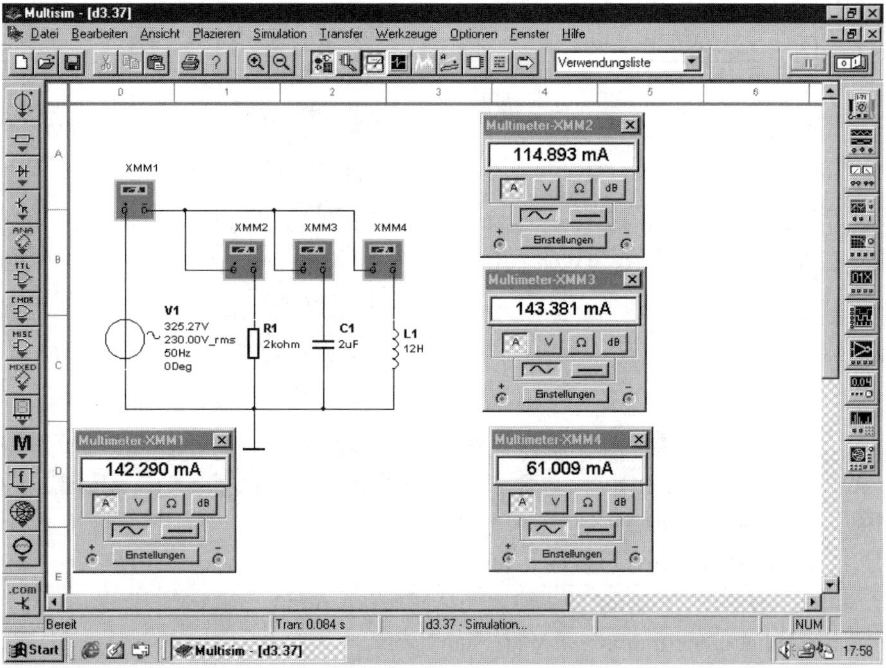

Bild 3.37 Parallelschaltung von Widerstand, Kondensator und Spule

Der Gesamtstrom der Schaltung in **Bild 3.37** hängt von den drei Teilströmen ab, während die Spannung an allen drei Bauelementen immer gleich groß ist. Je nachdem, ob der kapazitive oder der induktive Widerstand geringer ist, eilt der Gesamtstrom zur Spannung vor oder nach. Entsprechend ergibt sich ein kapazitives oder ein induktives Verhalten. Bei niedrigen Frequenzen ist der induktive Blindwiderstand niederohmig und damit der Strom durch die Spule entsprechend hoch. Bei hohen Frequenzen hat der kapazitive Blindwiderstand einen niedrigen Wert, und es fließt ein hoher Strom. Bei der Resonanzfrequenz fließt der Strom zwischen Kondensator und Spule hin und her. Der zufließende Strom wird nur durch den ohmschen Widerstand bestimmt. Da sich die beiden Blindströme nach außen aufheben, spricht man von einer Stromresonanz. In **Bild 3.38** sind drei Zeigerdiagramme für die *RCL* Parallelschaltung gezeigt.

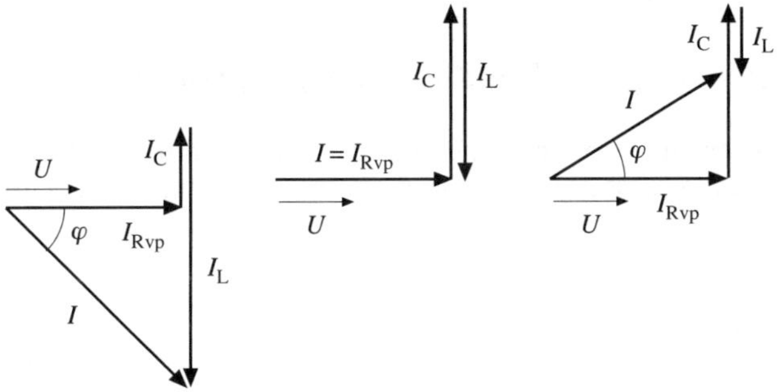

Bild 3.38 Zeigerdiagramme für eine *RCL*-Parallelschaltung

Die Resonanzfrequenz berechnet sich wie bei der *RCL*-Reihenschaltung. Damit sind kapazitiver und induktiver Blindwiderstand identisch.

Als Beispiel für eine Simulation soll die *RCL*-Parallelschaltung von Bild 3.37 untersucht werden mit $R = 2\ \text{k}\Omega$, $C = 2\ \mu\text{F}$ und $L = 12\ \text{H}$ an einer Spannung von $U = 230\ \text{V}/50\ \text{Hz}$. Wie groß sind die einzelnen Ströme und die Phasenverschiebung? Bei der Schaltung sind bereits die Werte aus der Simulation berechnet worden. Mit der nachfolgenden Berechnung lässt sich die Simulation überprüfen.

$$I_R = \frac{U}{R} = \frac{230\ \text{V}}{2\ \text{k}\Omega} = 115\ \text{mA}$$

$$X_C = \frac{1}{2\pi f C} = \frac{1}{2 \cdot 3{,}14 \cdot 50\ \text{Hz} \cdot 2 \cdot 10^{-6}\ \text{F}} = 1{,}6\ \text{k}\Omega$$

$$I_C = \frac{U}{X_C} = \frac{230\ \text{V}}{1{,}6\ \text{k}\Omega} = 144\ \text{mA}$$

$$X_L = 2\pi f L = 2 \cdot 3{,}14 \cdot 50\ \text{Hz} \cdot 12\ \text{H} = 3{,}77\ \text{k}\Omega$$

$$I_L = \frac{U}{X_L} = \frac{230\ \text{V}}{3{,}77\ \text{k}\Omega} = 61\ \text{mA}$$

$$I_X = I_C - I_L = 144\ \text{mA} - 61\ \text{mA} = 83\ \text{mA}$$

$$I = \sqrt{I_R^2 + I_X^2} = \sqrt{(115\ \text{mA})^2 + (83\ \text{mA})^2} = 142\ \text{mA}$$

$$Z = \frac{U}{I} = \frac{230\text{ V}}{142\text{ mA}} = 162\text{ k}\Omega$$

$$\tan\varphi = \frac{I_X}{I} = \frac{83\text{ mA}}{142\text{ mA}} = 0{,}58 \mathrel{\hat{=}} 30°$$

Zwischen der Simulation und der algebraischen Lösung ergeben sich minimale Differenzen. Für die Messung der Phasenverschiebung verwendet man entweder die Linienzüge oder die Lissajous-Figur.

3.3 Wechselstromleistung und Blindleistungskompensation

Der Leistungsfaktor cos φ kennzeichnet den Anteil der in der Scheinleistung S enthaltenen Wirkleistung P. Für die Leistung im Wechselstromkreis gilt für die Scheinleistung S in VA (Volt-Ampere)

$$S = U \cdot I$$

Die Wirkleistung P in W (Watt) berechnet sich aus

$$P = U \cdot I \cdot \cos\varphi$$

Die Blindleistung Q in „var" (Volt-Ampere-reaktiv) ermittelt man aus

$Q = U \cdot I \cdot \sin\varphi$ oder

$$Q = \sqrt{S^2 - P^2}$$

Bei der Reihenschaltung gilt für die Wirkleistung

$$P = U_W \cdot I$$

mit $U_X = U_L - U_C$ bzw. $U_X = U_C - U_L$

Die Blindleistung berechnet sich zu

$$Q = U_X \cdot I; \quad Q_L = U_L \cdot I; \quad Q_C = U_C \cdot I$$

Für die Parallelschaltung gilt

$$P = U \cdot I_W$$

mit $I_X = I_L - I_C$ bzw. $U_X = U_C - U_L$

Für die Blindleistung gilt

$$Q = U \cdot I_X; \; Q_L = U \cdot I_L; \; Q_C = U \cdot I_C$$

Die Scheinleistung definiert man in VA (Volt-Ampere), die Wirkleistung in W (Watt) und die Blindleistung in var (Volt-Ampere-reaktiv). In **Tabelle 3.3** sind Phasenwinkel und Leistungsfaktoren gegenübergestellt.

Der Leistungsfaktor wird z. B. auf dem Typenschild eines Elektromotors, einer Drosselspule bzw. eines Vorschaltgeräts angegeben. Die von elektrischen Maschinen tatsächlich abgegebene Nutzleistung P_N ist infolge von Reibungs- und Strom-

Art des Widerstands	Phasenwinkel	Leistungsfaktor
reiner Wirkwiderstand	$\varphi = 0°$	$\cos\varphi = 1$
reiner Blindwiderstand	$\varphi = 90°$	$\cos\varphi = 0$
induktive Belastung	$90° > \varphi > 0°$	$\cos\varphi < 1$ (positiv)
kapazitive Belastung	$-90° < \varphi < 0°$	$\cos\varphi < 1$ (negativ)

Tabelle 3.3 Phasenwinkel und Leistungsfaktoren in Abhängigkeit vom entsprechenden Widerstandsverhalten

wärmeverlusten etwas geringer als die Wirkleistung *P*. Deshalb ist noch zusätzlich der Wirkungsgrad η zu berücksichtigen.

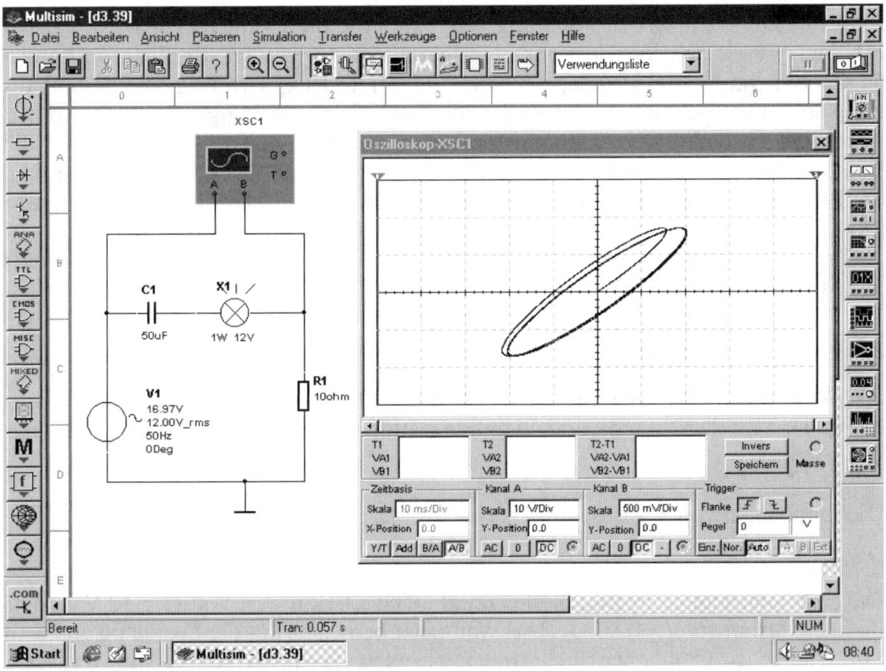

Bild 3.39 Messen der Wechselstromleistung

Bei der Schaltung von **Bild 3.39** steuert die Wechselspannungsquelle die Reihenschaltung von Kondensator und Lampe an. Während der Kondensator frequenzabhängig arbeitet, stellt die Lampe einen ohmschen Widerstand dar. In dieser Schaltungsanordnung hat man durch die Reihenschaltung eine frequenzabhängige Lichtquelle. Wenn die Simulation läuft, blinkt die Lichtquelle. Verringert man die Frequenz, blinkt die Lampe entsprechend langsamer.

Die elektrische Leistung ist das Produkt aus Spannung und Strom. Die Wechselstromleistung ist proportional der Spannungsamplitude, multipliziert mit der Stromamplitude. Sie ist abhängig von der Phasendifferenz zwischen Spannung und Strom. Dieser Zusammenhang ist im Oszilloskop sichtbar, was folglich Aufschluss über die Leistung gibt. Die Phasenverschiebung errechnet sich aus

$$\sin \varphi = \frac{Y_0}{Y_{max}} = \frac{0{,}7\ \text{Div}}{1{,}8\ \text{Div}} = 0{,}388 \triangleq 22{,}8°$$

Die zu bestimmende Leistung beträgt die Hälfte des Produkts aus der maximalen *X*-Auslenkung (Spannungsamplitude) und der zugehörigen *Y*-Auslenkung (Stromamplitude). In der Auslenkung sind bereits die Phasendifferenz und die Stromamplitude berücksichtigt.

Für die Untersuchung der Schaltung verringern Sie die Frequenz zunächst, danach erhöhen Sie sie wieder. Bei sehr niedriger Frequenz beträgt die Phasendifferenz annähernd eine Viertelperiode, d. h., die Phasenfigur ist kreisförmig oder besteht aus einer senkrecht stehenden Ellipse. Die maximale *X*-Auslenkung fällt in diesem Fall mit der *Y*-Auslenkung zusammen; die aufgenommene Leistung ist null, und die Lampe erlischt. Bei hohen Frequenzen tritt dagegen keine Phasendifferenz auf, und die Phasenfigur zeigt die Form einer Geraden an. Beträgt z. B. die Phasendifferenz 1/6 einer Periode, fällt die maximale *X*-Auslenkung mit der halben maximalen *Y*-Auslenkung zusammen, und die Leistung ist dann nur noch ein Viertel des Produkts aus Strom- und Spannungsamplitude.

3.3.1 Wirkleistung

Als Wirkleistung *P* ist der arithmetische Mittelwert über eine Periodendauer *T* definiert. Der Mittelwert wird durch eine Integration gebildet. Als Ergebnis erhält man

$$P = U\, I \cos \varphi$$

Die Dimension von *P* ist

$$[P] = 1\ \text{W (Watt)}$$

Die Spannungsquelle in **Bild 3.40** erzeugt einen Effektivwert von $U = 12$ V, und es fließt ein Strom von $I = 0{,}833$ A. Das Wattmeter berechnet aus der Spannung und dem Strom durch die Glühlampe die Leistung, wie auch der Messwert im Wattmeter zeigt.

Die Wirkleistung ist die elektrische Leistung, die in einem Verbraucher in eine andere Leistungsform, z. B. Wärmeleistung oder mechanische Leistung, umgewandelt wird. Diese Leistung wird nur in einem ohmschen Verbraucher umgesetzt. Sie berechnet sich aus

$$P = U \cdot I \qquad P = I^2 \cdot R \qquad P = \frac{U^2}{R}$$

Der Leistungsfaktor bei einem ohmschen Widerstand ist $\cos \varphi = 1$.

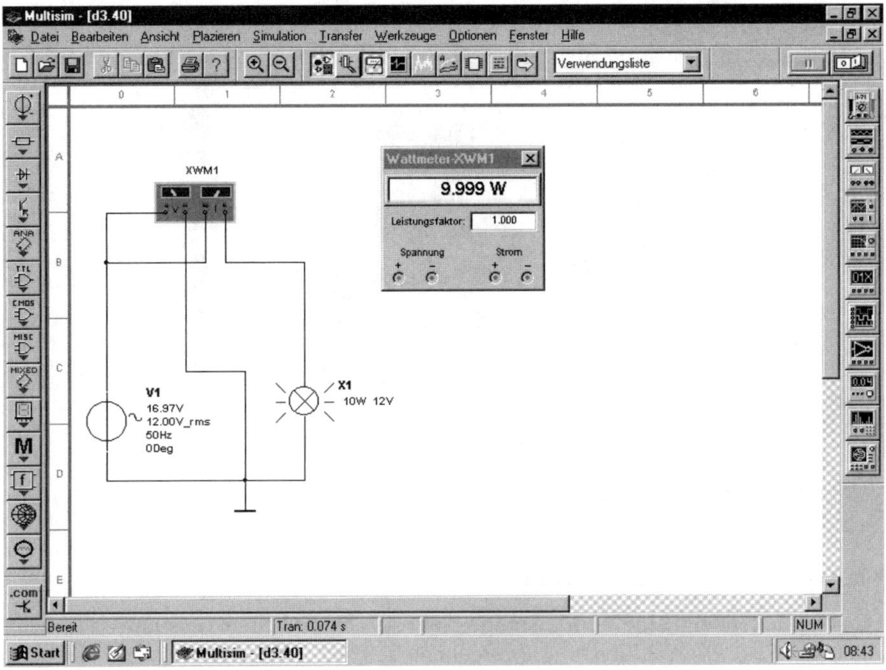

Bild 3.40 Messen der Leistung einer Glühlampe mit einem Wattmeter

3.3.2 Blindleistung

Mit einem Kondensator C ergibt sich eine kapazitive Blindleistung, bei einer Spule L ist es eine induktive Blindleistung.

Mit der Schaltung von **Bild 3.41** lässt sich die Wirkungsweise eines Kondensators messen. Der kapazitive Blindwiderstand errechnet sich aus

$$X_\mathrm{C} = \frac{1}{2\,\pi\, f\, C} = \frac{1}{6{,}28 \cdot 50\ \mathrm{Hz} \cdot 100\ \mu\mathrm{F}} = 31{,}85\ \Omega$$

Daraus ergibt sich ein Stromfluss von

$$I = \frac{U}{X_\mathrm{C}} = \frac{230\ \mathrm{V}}{31{,}85\ \Omega} = 7{,}22\ \mathrm{A}$$

Errechneter und gemessener Strom sind fast identisch. Der Widerstand R_1 ist für die Simulation wichtig, da ohne ihn keine Simulation möglich ist. Damit erhält man eine Blindleistung von

$Q_\mathrm{C} = U \cdot I = 230\ \mathrm{V} \cdot 7{,}22\ \mathrm{A} = 1{,}66\ \mathrm{kvar}$

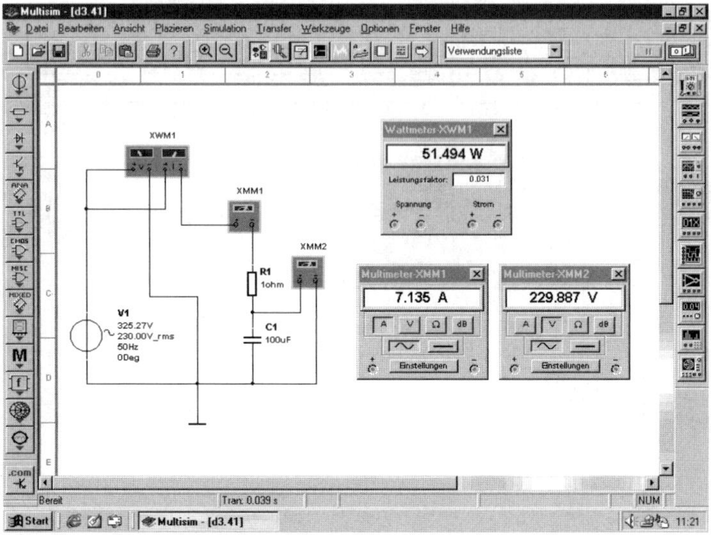

Bild 3.41 Messung einer kapazitiven Last

Das Wattmeter zeigt eine Wirkleistung von 51,494 W und einen Leistungsfaktor von $\cos \varphi = 0{,}031$. Die Wirkleistung P errechnet sich aus

$$\begin{aligned} P &= U \cdot I \cdot \cos \varphi \\ &= 230\ \text{V} \cdot 7{,}22\ \text{A} \cdot 0{,}031 \\ &= 51{,}48\ \text{W} \end{aligned}$$

Auch hier ergibt sich eine große Übereinstimmung.
Mit der Schaltung von **Bild 3.42** lässt sich die Phasenverschiebung bei einem Kondensator messen. Da die Lissajous-Figur einen Kreis zeichnet, ergibt sich eine Phasenverschiebung von $\varphi \approx 90°$. Das Vorzeichen lässt sich aber nicht direkt aus der Messung mit der Lissajous-Figur erkennen!
Die Wirkungsweise lässt sich mit der Schaltung von **Bild 3.43** messen. Der induktive Blindwiderstand X_L errechnet sich aus

$$X_L = 2\,\pi f L = 6{,}28 \cdot 50\ \text{Hz} \cdot 1\ \text{H} = 314\ \Omega$$

Daraus folgt ein Stromfluss von

$$I = \frac{U}{X_L} = \frac{230\ \text{V}}{314\ \Omega} = 732\ \text{mA}$$

Errechneter und gemessener Strom sind fast identisch. Der Widerstand R_1 ist für die Simulation wichtig, da ohne ihn keine Simulation möglich ist. Damit errechnet sich eine Blindleistung von

$$Q_L = U \cdot I = 230\ \text{V} \cdot 732\ \text{mA} = 168\ \text{var}$$

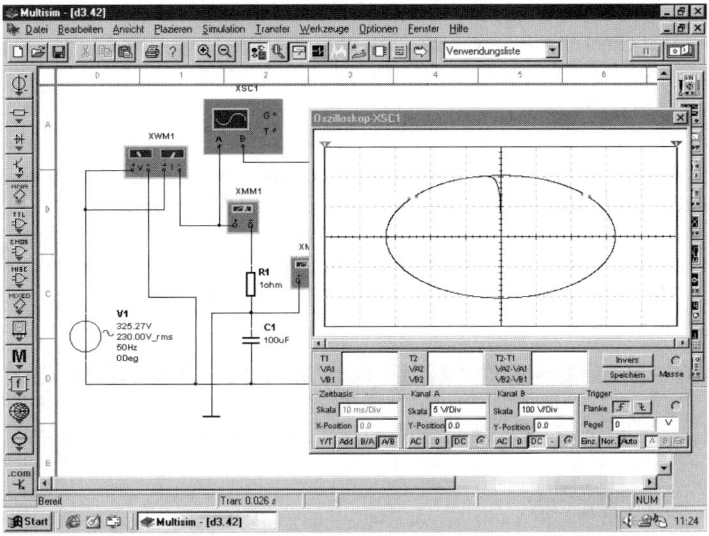

Bild 3.42 Messen der Phasenverschiebung bei einem Kondensator

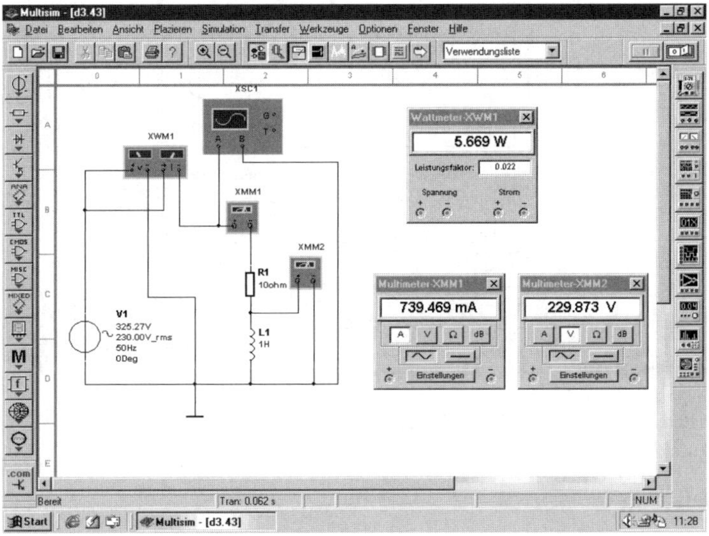

Bild 3.43 Messen einer induktiven Last

Das Wattmeter zeigt eine Wirkleistung von 5,669 W und einen Leistungsfaktor von $\cos \varphi = 0{,}022$. Die Wirkleistung P errechnet sich aus

$$\begin{aligned} P &= U \cdot I \cdot \cos \varphi \\ &= 230\ \text{V} \cdot 732\ \text{mA} \cdot 0{,}022 \\ &= 3{,}7\ \text{W} \end{aligned}$$

Hier ergibt sich infolge des Widerstands R_1 eine Abweichung. Bei der Simulation von idealen Induktivitäten, also ohne Widerstand, ergibt sich keine Abweichung.
Mit der Schaltung von **Bild 3.44** lässt sich die Phasenverschiebung bei einer Spule messen. Da die Lissajous-Figur einen Kreis zeichnet, ergibt sich eine Phasenverschiebung von $\varphi \approx 90°$. Das Vorzeichen lässt sich nicht direkt aus der Messung mit der Lissajous-Figur erkennen!

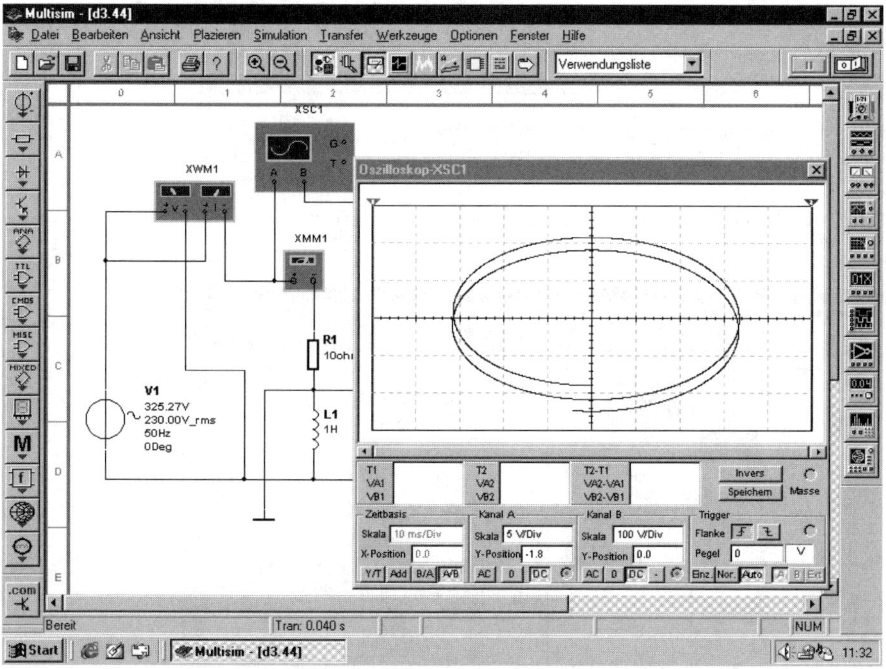

Bild 3.44 Messen der Phasenverschiebung bei einer Spule

3.3.3 Scheinleistung

Bei allen Phasenverschiebungswinkeln $\varphi > 0°$ und $\varphi < 90°$ treten Wirk- und Blindleistungsanteile gleichzeitig auf. Bei $\varphi = 0°$ liegt nur eine reine Wirkleistung und bei $\varphi = 90°$ bzw. $\varphi = -90°$ eine reine Blindleistung vor. Deshalb hat man eine weitere Leistung definiert, die zwar nicht mehr unmittelbar physikalisch messbar ist wie Wirk- und Blindleistung, die aber trotzdem eine große praktische Bedeutung hat. Elektrische Maschinen und Transformatoren müssen sowohl für die auftretenden Ströme, z. B. wegen der Erwärmung, magnetischer Kräfte usw., ausgelegt sein wie auch für Spannungen, z. B. wegen der notwendigen Isolation, der Abmessungen der magnetischen Kreise usw.

Das Produkt aus den Effektivwerten von Spannung und Strom wird deshalb als Scheinleistung S definiert, die zur Unterscheidung von Wirk- und Blindleistung auch wieder eine eigene Einheit, das Volt-Ampere (VA) erhält:

$S = U \cdot I; \quad [S] = 1\ \text{VA}$

Wirk-, Blind- und Scheinleistung lassen sich in Zeigerdiagrammen darstellen, wie **Bild 3.45** zeigt.

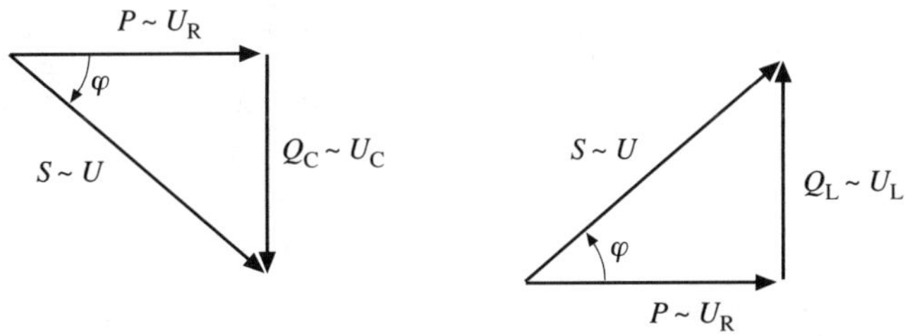

Bild 3.45 Zeigerdiagramme für die Leistungen: links: bei positivem φ, d. h. überwiegend ohmsch-induktiver Belastung; rechts: bei negativem φ, d. h. überwiegend ohmsch-kapazitiver Belastung

Mit Hilfe der Trigonometrie lassen sich aus den beiden Zeigerdiagrammen einige wichtige Gleichungen ableiten:

$$P = S \cdot \cos\varphi \qquad \cos\varphi = \frac{P}{S}$$

$$Q = S \cdot \sin\varphi \qquad \sin\varphi = \frac{Q}{S}$$

$$S = \sqrt{P^2 + Q^2} \qquad \tan\varphi = \frac{Q}{P}$$

Wichtig ist, dass bei mehreren Verbrauchern nur die Wirk- und Blindleistungen, die sowohl positiv als auch negativ sein können, algebraisch addiert werden dürfen, niemals aber die Scheinleistungen, außer bei gleichem cos φ der Verbraucher, weil dann die Zeiger von S gleiche Richtung aufweisen! Scheinleistungen müssen jedoch geometrisch addiert werden!

Bei der Parallelschaltung von **Bild 3.46** liegt der Wechselstromwiderstand des Kondensators parallel mit dem Wirkwiderstand, und beide befinden sich an der gleichen Spannung. Aus diesem Grund zeichnet man beim Zeigerdiagramm die Spannung U als Bezugsgröße. Der Strom I_R ist phasengleich mit der Spannung U, und der Strom I_C eilt

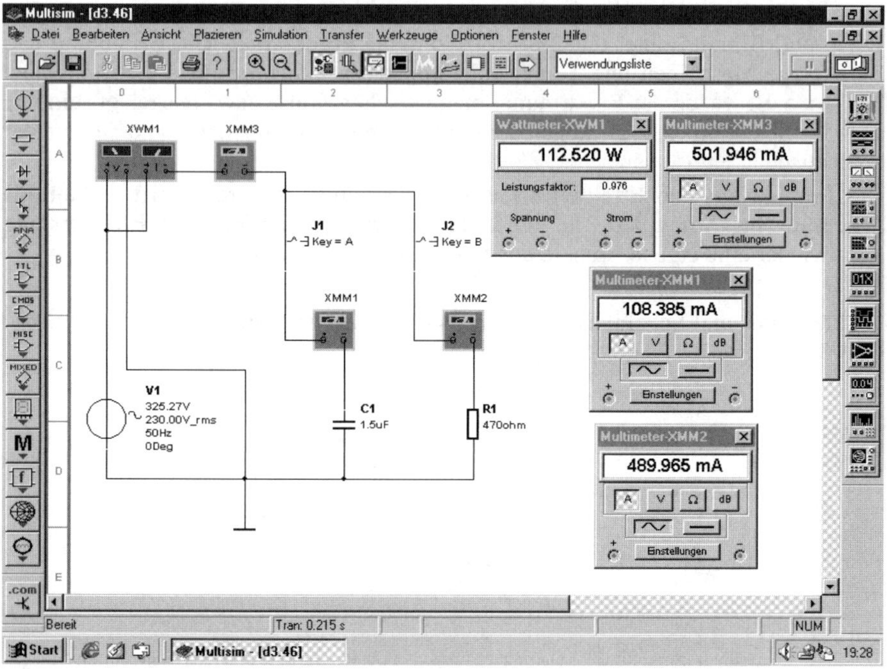

Bild 3.46 Parallelschaltung von Widerstand und Kondensator

der Spannung um 90° vor. Der Gesamtstrom I ergibt sich dabei aus der geometrischen Addition der Teilströme I_R und I_C. Der Gesamtstrom errechnet sich aus

$$I_{ges} = \sqrt{I_R^2 + I_C^2} = \sqrt{(490\text{ mA})^2 + (108{,}4\text{ mA})^2} = 501{,}8\text{ mA}$$

Dieser Strom wird auch vom Amperemeter angezeigt. Damit ergibt sich eine Scheinleistung von

$$S = U \cdot I = 230\text{ V} \cdot 501{,}8\text{ mA} = 115{,}5\text{ VA}$$

Die Wirkleistung ist

$$P = S \cdot \cos\varphi = 115{,}5\text{ VA} \cdot 0{,}976 = 112{,}7\text{ W}$$

Die Blindleistung berechnet sich aus

$$Q = \sqrt{S^2 - P^2} = \sqrt{(115{,}5\text{ VA})^2 - (112{,}7\text{ W})^2} = 25{,}3\text{ var}$$

Bei der Parallelschaltung von **Bild 3.47** liegt der Wechselstromwiderstand der Spule parallel mit dem Wirkwiderstand, und beide befinden sich an gleicher Spannung. Aus diesem Grund zeichnet man beim Zeigerdiagramm die Spannung U als Bezugsgröße. Der Strom I_R ist phasengleich mit der Spannung U, und der Strom I_L eilt der Span-

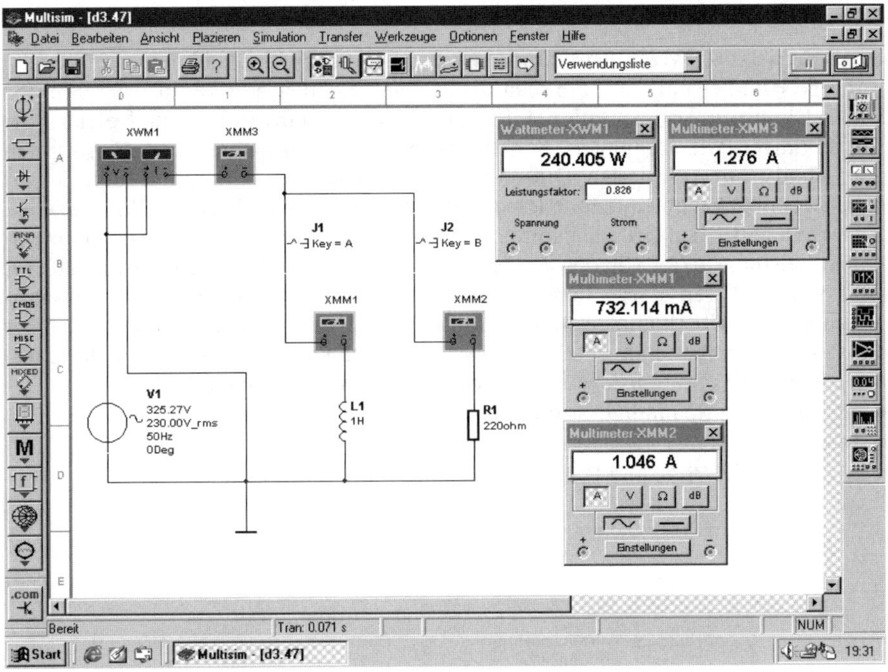

Bild 3.47 Parallelschaltung von Widerstand und Spule

nung um 90° nach. Der Gesamtstrom I ergibt sich dabei aus der geometrischen Addition der Teilströme I_R und I_L. Der Gesamtstrom errechnet sich aus

$$I_{ges} = \sqrt{I_R^2 + I_L^2} = \sqrt{(1{,}046\ \text{A})^2 + (732{,}1\ \text{mA})^2} = 1{,}276\ \text{A}$$

Dieser Strom wird auch vom Amperemeter angezeigt. Damit ergibt sich eine Scheinleistung von

$$S = U \cdot I = 230\ \text{V} \cdot 1{,}276\ \text{A} = 293{,}6\ \text{VA}$$

Die Wirkleistung ist

$$P = S \cdot \cos \varphi = 293{,}6\ \text{VA} \cdot 0{,}826 = 242{,}5\ \text{W}$$

Die Blindleistung berechnet sich aus

$$Q = \sqrt{S^2 - P^2} = \sqrt{(293{,}6\ \text{VA})^2 - (242{,}5\ \text{W})^2} = 165\ \text{var}$$

Rechenergebnis und Simulation sind weitgehend identisch.

3.3.4 Blindleistungskompensation

Beim Betrieb von Wechselstrommotoren und Drosselspulen von Leuchtstofflampen tritt eine Blindleistung auf, die man durch einen Kondensator kompensieren muss. Diese Blindstromkompensation hilft, Energiekosten einzusparen und elektrische Einrichtungen wie Leitungen, Schaltelemente, Transformatoren und Generatoren vom Blindstrom zu entlasten. Diese Vorteile sind besonders in Industrie- und Gewerbebetrieben zu beachten, bei denen die Stromkosten eine bedeutende Rolle spielen. Aus wirtschaftlichen Gründen kompensiert man in der Regel nur bis zu einem maximalen Leistungsfaktor von $\cos \varphi = 0{,}95$ (induktiv). Würde man den Leistungsfaktor auf $\cos \varphi = 1{,}0$ verbessern, benötigte man eine unwirtschaftlich hohe Kondensatorleistung. Eine Überkompensation ist auf jeden Fall zu vermeiden, da dabei unter Umständen die Spannung gefährlich hoch ansteigen kann. Zur Ermittlung der erforderlichen Kompensationsleistung gibt es folgende Möglichkeiten:

- Messung von Spannung, Strom und Leistung
- Messung des $\cos \varphi$ durch Leistungsfaktormessung
- Messung der Wirk- und Blindleistung mit Zähler bzw. Schreiber

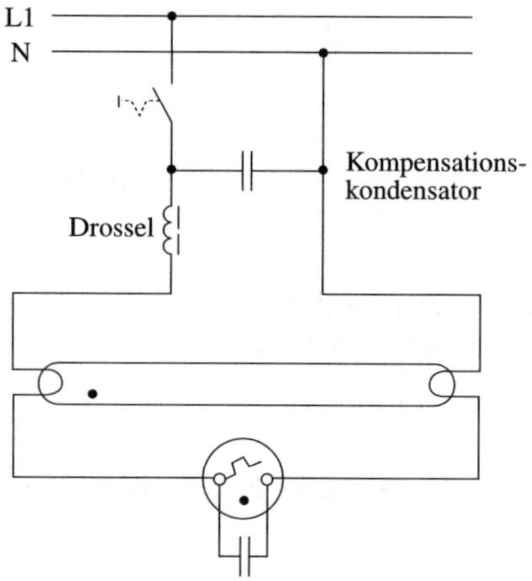

Bild 3.48 Schaltung einer Leuchtstofflampe mit Drossel und Kompensationskondensator

Die Leuchtstofflampe mit Drossel von **Bild 3.48** hat eine Leistungsaufnahme von $P = 40$ W bei einem Leistungsfaktor von $\cos \varphi = 0{,}6$. Welchen Kondensator benötigt man für eine vollständige Kompensation mit $\cos \varphi = 1$ und bei einer Kompensation von 0,92?

$$S = \frac{P}{\cos \varphi} = \frac{40\ \text{W}}{0{,}6} = 66{,}7\ \text{VA}$$

$$I = \frac{S}{U} = \frac{66{,}7\ \text{VA}}{230\ \text{V}} = 290\ \text{mA}$$

$\cos\varphi = 0{,}6 \rightarrow \varphi = 53°$

$Q_L = P \cdot \tan\varphi = 40\ \text{W} \cdot 1{,}327 = 53\ \text{var}$

Vollständige Kompensation mit $\cos\varphi = 1$:

$$I = \frac{P}{U} = \frac{40\ \text{W}}{230\ \text{V}} = 174\ \text{mA}$$

$Q_L = Q_C = 53\ \text{var}$ und $S = P = 53\ \text{var}$

$$C = \frac{Q_C}{2\,\pi\,f\,U^2} = \frac{53\ \text{var}}{2 \cdot 3,14 \cdot 50\ \text{Hz} \cdot (230\ \text{V})^2} = 3{,}2\ \mu\text{F}$$

Praktische Kompensation mit $\cos\varphi = 0{,}92$:

$$S = \frac{P}{\cos\varphi} = \frac{40\ \text{W}}{0{,}92} = 43{,}5\ \text{VA}$$

$$I = \frac{S}{U} = \frac{43{,}5\ \text{VA}}{230\ \text{V}} = 190\ \text{mA}$$

$Q = P \cdot \tan\varphi = 40\ \text{W} \cdot 0{,}426 = 17\ \text{var}$

$Q_C = Q_L - Q = 53\ \text{var} - 17\ \text{var} = 36\ \text{var}$

$$C = \frac{Q_C}{2\,\pi\,f\,U^2} = \frac{36\ \text{var}}{2 \cdot 3,14 \cdot 50\ \text{Hz} \cdot (230\ \text{V})^2} = 2{,}2\ \mu\text{F}$$

Das Ergebnis zeigt, dass sich der Strom in den Zuleitungen bei einer Kompensation von $\cos\varphi = 1$ auf $\cos\varphi = 0{,}92$ um $I = 100$ mA reduziert. Die erforderliche Kapazität verringert sich von 3,2 µF auf 2,2 µF, und dies bei einer 40-W-Leuchtstofflampe.

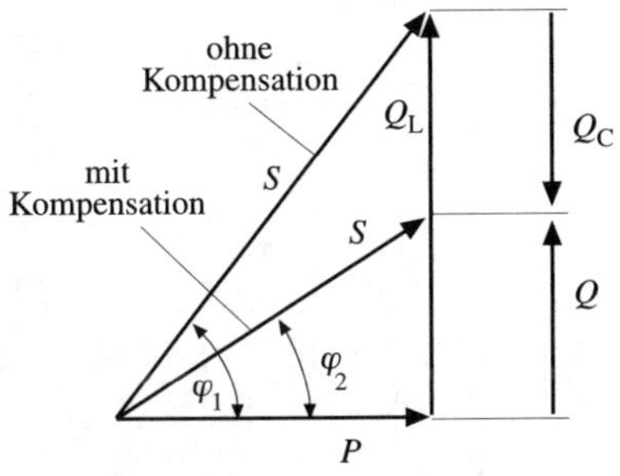

Bild 3.49 Zeigerdiagramm für die Blindleistungskompensation

In **Bild 3.49** ist das Zeigerdiagramm für die Blindleistungskompensation dargestellt. Die kapazitive Blindleistung Q_C errechnet sich aus

$Q_C = P \cdot (\tan\varphi_1 - \tan\varphi_2)$

$$\tan\varphi_1 = \frac{Q_L}{P} \qquad \tan\varphi_2 = \frac{Q}{P} \qquad Q_C = Q_L - Q$$

Die Berechnung für den Kondensator lautet

$\cos\varphi = 0{,}6 \quad \rightarrow 1{,}33$

$\cos\varphi = 0{,}92 \rightarrow 0{,}43$

$Q_C = 40\ \text{W}\ (1{,}33 - 0{,}43) = 36\ \text{var}$

$$C = \frac{Q_C}{2\,\pi\,f\,U^2} = \frac{36\ \text{var}}{2 \cdot 3{,}14 \cdot 50\ \text{Hz} \cdot (230\ \text{V})^2} = 2{,}2\ \mu\text{F}$$

Die Simulationsdaten von **Bild 3.50** sind weitgehend identisch mit den numerischen Werten. Die gezeigten Werte gelten für $\cos\varphi = 0{,}92$. Schaltet man auf 3,3 µF um, bleibt die Leistungsaufnahme von 40 W konstant, während sich der Gesamtstrom auf 177,23 mA reduziert.

Der Strom für den Kompensationskondensator $C_1 = 3{,}3\ \mu\text{F}$ erhöht sich auf 231 mA, der Strom durch die Induktivität bleibt dagegen konstant. Daran erkennt man die Arbeitsweise einer Blindleistungskompensation.

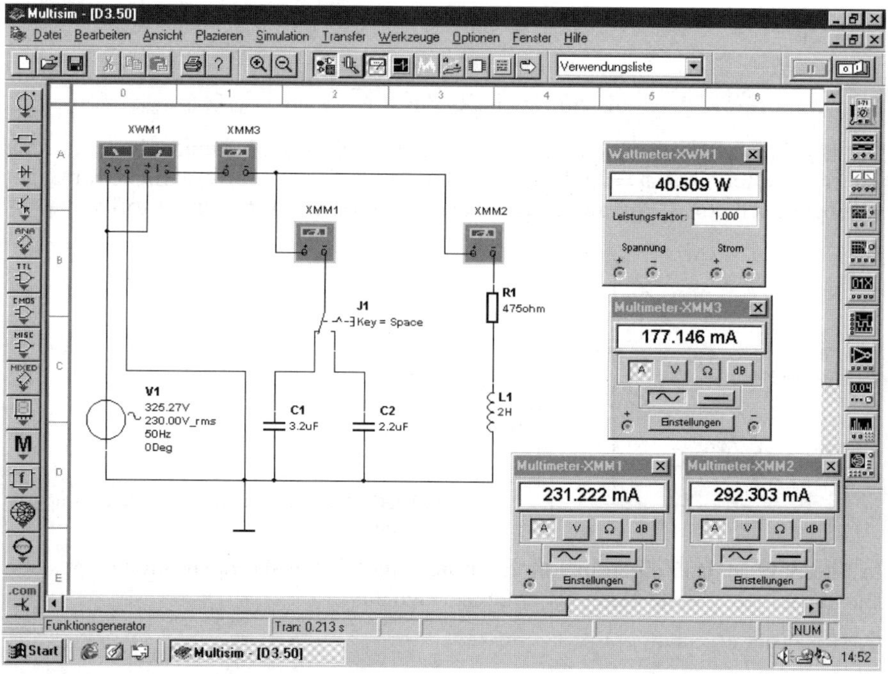

Bild 3.50 Simulationsschaltung zu einer vollständigen und einer praktischen Blindleistungskompensation mit $\cos\varphi = 1$ und $\cos\varphi = 0{,}92$

3.4 Drehstrom

Bei der Erzeugung von Drehstrom befinden sich im Generator drei Spulen, die gegeneinander um 120° versetzt sind. Damit entsteht in jeder Spule eine Wechselspannung, die zu den anderen um jeweils 120° bzw. 1/3 Periode verschoben ist. Das heißt, dass die drei Spannungen von U_{1-2}, V_{1-2} und W_{1-2} entsprechend der Spulenanordnung um jeweils 120° gegeneinander phasenverschoben sind (**Bild 3.51**).

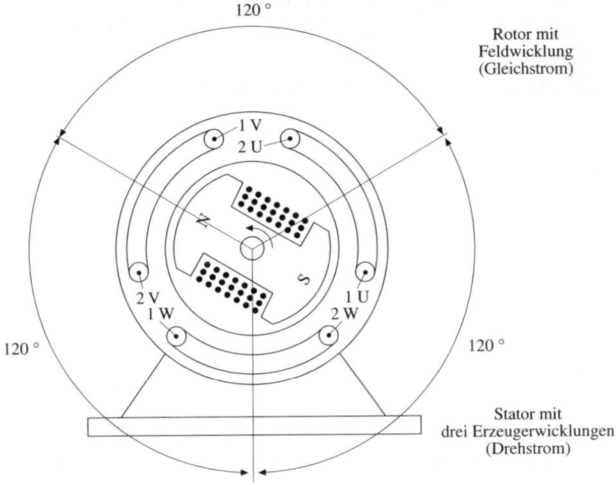

Bild 3.51 Aufbau und Anordnung der Wicklungen bei einem Drehstromgenerator

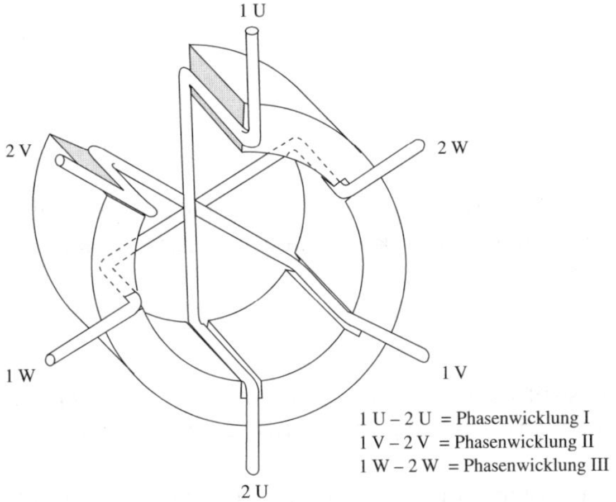

Bild 3.52 Grundsätzliche Anordnung der drei Strang- oder Phasenwicklungen beim Dreiphasen- oder Drehstrommotor bzw. -generator

Bild 3.52 zeigt die grundsätzliche Anordnung der drei Strang- oder Phasenwicklungen beim Dreiphasen- oder Drehstrommotor bzw. -generator.

In Bild 3.52 sind die Wicklungsanfänge und -enden der einzelnen Wicklungen gekennzeichnet. Jeder einzelne Wicklungsteil im Generator bzw. jeder einzelne Teilwiderstand im Verbraucher eines Drehstromsystems wird als „Strang“ oder „Phase“ bezeichnet. Der Anfang des ersten Strangs wird bei elektrischen Maschinen mit 1U, der des zweiten mit 1V und der des dritten mit 1W gekennzeichnet; das jeweils zugehörige Ende heißt 2U, 2V und 2W. An die Anfangspunkte eines Strangs schließt man die Außenleiter an, die man mit L_1, L_2 und L_3 bezeichnet.

Schließt man an die drei Generatorspulen je einen Verbraucher an, fließen jeweils drei Wechselströme I_1, I_2 und I_3. Hat man drei gleiche Widerstände und addiert man die drei Spannungen oder Ströme jeweils in einem bestimmten Zeitpunkt, so ergibt deren Summe immer null. **Bild 3.53** zeigt das Drehstromliniendiagramm.

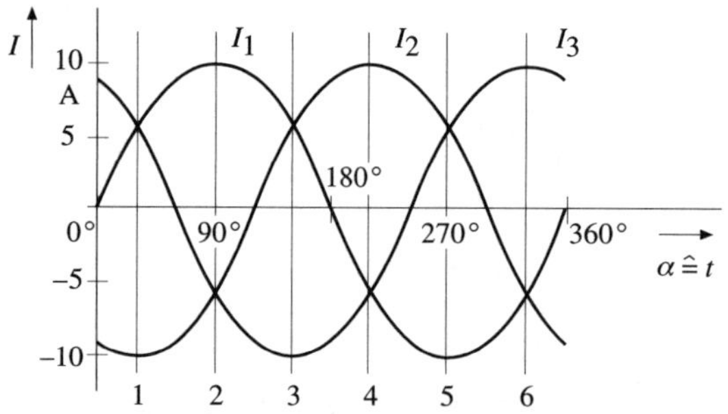

Bild 3.53 Liniendiagramm für den Drehstrom

Im Drehstromliniendiagramm kann man beispielsweise folgende Summen bilden:

Augenblick 1,	Augenblick 2,	usw.
$I_1 = +5$ A	$I_1 = +10$ A	
$I_2 = -10$ A	$I_2 = -5$ A	
$I_3 = +5$ A	$I_3 = -5$ A	
--------------	-------------	
$I = 0$ A	$I = 0$ A	

Aus diesem Grund lassen sich die drei häufig so genannten Phasen (Stränge, Leiter) des Drehstromnetzes zu einer Stern- oder Dreieckschaltung verketten, was in der Antriebstechnik große Vorteile bringt.

3.4.1 Sternschaltung

Werden die drei Spulen des Drehstromgenerators in Form eines Sterns geschaltet und die einzelnen Phasen miteinander verkettet, erhält man eine Sternschaltung (**Bild 3.54**).

Da die Summe der drei Ströme nur dann null ist, wenn die Verbraucher in jedem Stromkreis den gleichen Widerstand aufweisen, müssen die Sternpunkte von Verbraucher und Erzeuger durch einen Neutralleiter (N) (früher: Mittelleiter oder Mit-

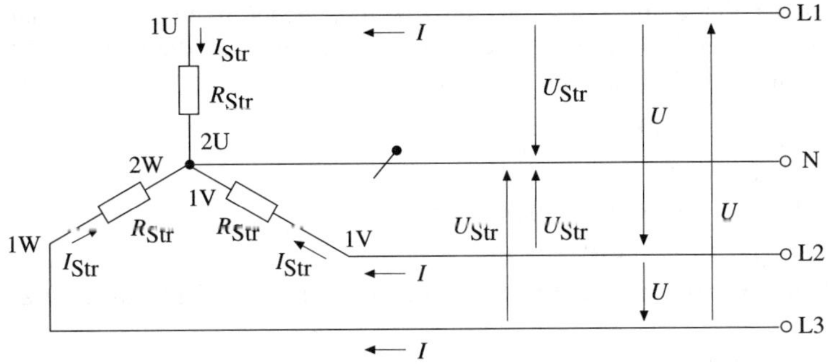

Bild 3.54 Aufbau und Schaltung einer Sternschaltung

telpunktleiter) miteinander verbunden sein. Der Neutralleiter führt bei ungleicher Belastung den Ausgleichsstrom.

Die Strangleistung P_{Str} berechnet sich aus

$$P_{Str} = U_{Str} \cdot I_{Str}$$

Die Gesamtleistung P ist

$$P = \sqrt{3} \cdot U \cdot I$$

Die Außenleiterspannung U beträgt

$$U = \sqrt{3} \cdot U_{Str}$$

Die Gesamtleistung errechnet sich aus

$$P = 3 \cdot P_{Str}$$

Man benötigt also drei, vier (PEN-System) oder fünf (PE-N-System) Leitungen für drei Stromkreise, je nachdem, ob man nun in Stern- oder Dreieckbetrieb arbeitet. Ferner ist es möglich, zwei verschiedene Spannungen abzugreifen. In unserem Niederspannungs-Versorgungsnetz sind dies bekanntlich U = 400 V zwischen zwei Strangspannungen oder U = 230 V zwischen einer Strangspannung und dem Neutralleiter. Auf der Verbraucherseite werden die Anschlüsse mit L_1, L_2 und L_3 bezeichnet und der Sternpunkt mit N. Auf der Erzeugerseite hat man dagegen die Anschlussbezeichnungen von U, V und W.

In unserem öffentlichen Niederspannungsnetz erhält man z. B. eine Spannung zwischen den Außenleitern L_1 und L_2 von U_{12} = 400 V (früher 380 V). Die Spannung zwischen einem Außenleiter L_1 und dem Sternpunkt beträgt dagegen U_{1N} = 230 V (früher 220 V). Die beiden Spannungen stehen im Verhältnis von

$$\frac{U_{12}}{U_{1N}} = \frac{400\ \text{V}}{230\ \text{V}} = \frac{1,73}{1} = \frac{\sqrt{3}}{1}$$

Das heißt: Außenleiterspannung = 1,73 · Strangspannung.

Beispiel: Drei Widerstände mit $R_1 = R_2 = R_3 = R = 10\ \Omega$ liegen in einer Sternschaltung an $U = 230$ V. Wie groß ist die Gesamtwirkleistung, die von den drei Widerständen in Wärme umgesetzt wird?

$$I_{Str} = \frac{U_{Str}}{R_{Str}} = \frac{230\ \text{V}}{10\ \Omega} = 23\ \text{A}$$

$$P_{Str} = U_{Str} \cdot I_{Str} = 230\ \text{V} \cdot 23\ \text{A} = 5{,}29\ \text{kW}$$

$$P = 3 \cdot P_{Str} = 3 \cdot 5{,}29\ \text{kW} = 15{,}87\ \text{kW}$$

In der Sternschaltung wird eine Gesamtwirkleistung von $P = 15{,}87$ kW umgesetzt.

3.4.2 Dreieckschaltung

Bei der Dreieckschaltung sind die Spulen des Drehstromgenerators bzw. des Verbrauchers so geschaltet, dass sie die Form eines Dreiecks bilden. Bei dieser Schaltung lässt sich kein Systemnullpunkt realisieren. **Bild 3.55** zeigt Aufbau und Schaltung.

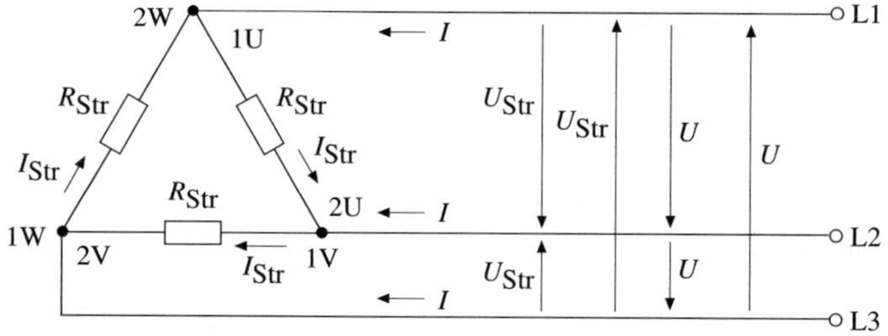

Bild 3.55 Dreieckschaltung: Aufbau und Schaltung

Da in dieser Schaltung jeder Verbraucher direkt mit einer Generatorspule verbunden ist, sind Strangspannungen und Außenleiterspannungen gleich. Der Strom im Außenleiter ist um 1,73-mal größer als der in den Strangleitungen. Für die Außenleiterspannung gilt

$$U = U_{Str}$$

Der Außenleiterstrom berechnet sich aus

$$I = \sqrt{3} \cdot I_{Str}$$

Die Strangleistung P_{Str} ist

$$P_{Str} = U_{Str} \cdot I_{Str}$$

Die Gesamtwirkleistung P ergibt sich aus

$$P = 3 \cdot P_{Str}$$

Wichtig für die Berechnung ist, dass der Außenleiterstrom immer gleich dem Wert von 1,73 mal Strangstrom ist.

Beispiel: Drei Widerstände mit $R_1 = R_2 = R_3 = R = 10\ \Omega$ liegen in einer Dreieckschaltung an $U = 400$ V. Wie groß ist die Leistung, die von den drei Widerständen in Wärme umgesetzt wird?

$$I_{Str} = \frac{U}{R_{Str}} = \frac{400\ \text{V}}{10\ \Omega} = 40\ \text{A}$$

$$P_{Str} = U_{Str} \cdot I_{Str} = 400\ \text{V} \cdot 40\ \text{A} = 16\ \text{kW}$$

$$P = 3 \cdot P_{Str} = 3 \cdot 16\ \text{kW} = 48\ \text{kW}$$

Es wird eine Gesamtwirkleistung von $P = 48$ kW umgesetzt. Wenn man dieses Ergebnis mit der Sternschaltung vergleicht, erhält man

$P_{\Delta} = 3 \cdot P_Y$

Schaltet man in der Praxis einen größeren Drehstrommotor (>2 kW) ein, arbeitet dieser kurzzeitig bei der Hochlaufphase in Sternschaltung. Damit erhalten die einzelnen Spulen eine Spannung von $U_{Str} = 230$ V. Wenn man also den Motor erst in Sternschaltung an das Netz schaltet, so wird dieser infolge der verminderten Spannung je Phasenwicklung langsamer und mit einem verringerten Stromstoß anlaufen. Bei der Umschaltung auf Dreieck gibt es zwar nochmals einen Stromstoß. Da der Anker des Drehstrommotors bereits seine Arbeit aufgenommen hat, fällt dieser Stromstoß aber erheblich geringer aus. Aus diesem Grund sind Drehstrommotoren größerer Leistung immer mit einem Stern-Dreieck-Schalter ausgerüstet.

Beispiel: Auf dem Leistungsschild eines Drehstrommotors findet sich folgende Angabe: 3 × 400 V/Y. Für welches Drehstromnetz kann man diesen Motor verwenden?

Das Leistungsschild gibt an, dass bei Sternschaltung die Spannung des Netzes 3 × 400 V sein kann. Außerdem besteht die Möglichkeit, den Motor in Dreieckschaltung laufen zu lassen. Eine Wicklung darf aber nur an (400 V)/1,73 = 230 V angeschlossen werden, denn bei 400 V/Y hat jede nur die Spannung von 230 V. Würde man bei der Dreieckschaltung an 3 × 400 V anschließen, dann hätte man eine Spannung pro Wicklung von 400 V. Damit träte aber eine entsprechende Überlastung der Wicklungen auf.

3.4.3 Simulation einer Sternschaltung mit ohmscher Belastung

Normalerweise verwendet man in der Praxis das Vierleiternetz mit den drei Phasen L_1, L_2, L_3 und dem Neutralleiter N. Für die Simulation sind drei Wechselspannungsquellen erforderlich. Jede erzeugt eine Spannung von $U_{Str} = 230$ V. Damit ergibt sich eine Außenleiterspannung von $U = 400$ V. Die einzelnen Wechselspannungsquellen sind um 120° gegeneinander phasenverschoben. Daher hat die linke Spannungsquelle eine Einstellung von 0°, die mittlere von 120° und die rechte von 240°. Die Phasenverschiebung wird in diesem Fall nur zwischen zwei Strangspannungen mit dem Oszilloskop gemessen und auf dem Bildschirm dargestellt.

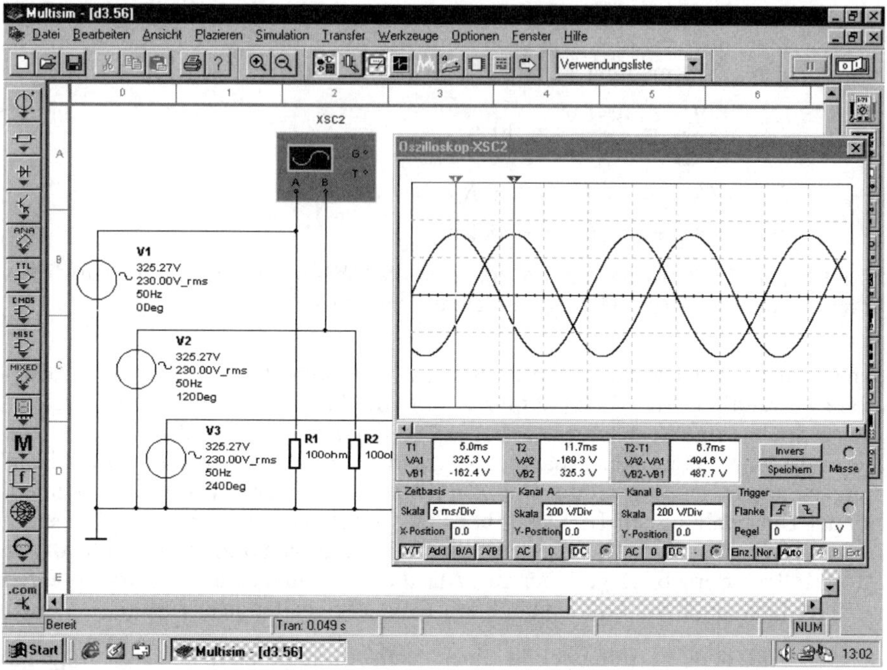

Bild 3.56 Simulation einer Sternschaltung zur Untersuchung der symmetrischen Belastung

Bild 3.56 zeigt die Simulation einer Sternschaltung mit drei Widerständen $R_1 = R_2 = R_3 = R = 100\ \Omega$.

Man erkennt im Oszillogramm die Phasenverschiebung zwischen L_1 und L_2. Die Phasenverschiebung beträgt 120° oder 6,7 ms, wie das Oszilloskop zeigt. Die erste Phase wird bei $T_1 = 5$ ms, die zweite Phase bei $T_2 = 11{,}7$ ms gemessen. Beachten Sie bitte auch die Spannungswerte von 325,3 V und –162,4 V, denn es wird zwischen zwei Phasen gemessen.

Wie die Messung in **Bild 3.57** ergibt, zeigt Messgerät 1 eine Außenleiterspannung von 400 V und Messgerät 2 eine Strangspannung von 230 V. Wie die Praxis auch zeigt, treten beim Messen und in der Simulation immer kleine Differenzen auf.

In jedem Zweig von **Bild 3.58** fließt ein Strangstrom von $I_{Str} = 2{,}3$ A, und man erkennt den Unterschied zwischen der Außenleiterspannung (Bild 3.57) von U = 400 V und der Strangspannung von $U_{Str} = 230$ V. Der Strom errechnet sich aus

$$I = I_{Str} = \frac{U_{Str}}{R_{Str}} = \frac{230\ \text{V}}{100\ \Omega} = 2{,}3\ \text{A}$$

Das Rechenergebnis ist mit den Messwerten der Versuchsschaltung identisch.

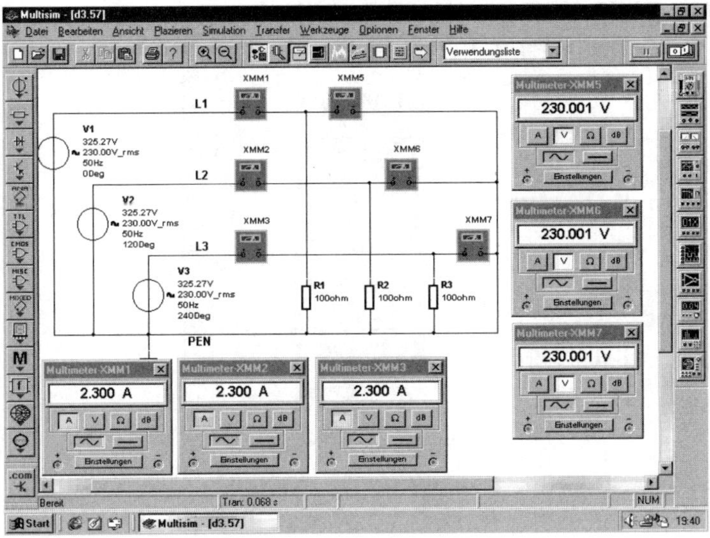

Bild 3.57 Messen der Strangspannung und der Außenleiterspannung bei einer Sternschaltung

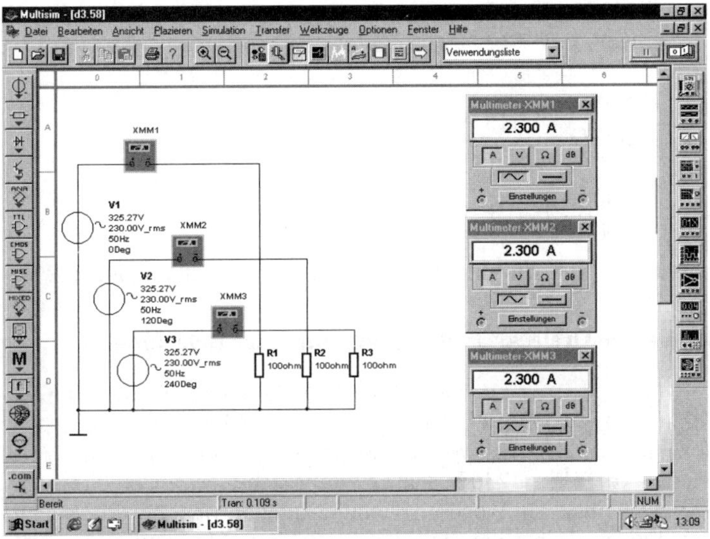

Bild 3.58 Messen der Ströme bei einer Sternschaltung mit symmetrischer Belastung

Bild 3.59 zeigt eine Schaltung zur Simulation einer Sternschaltung für eine unsymmetrische Belastung. Die drei Ströme berechnen sich aus

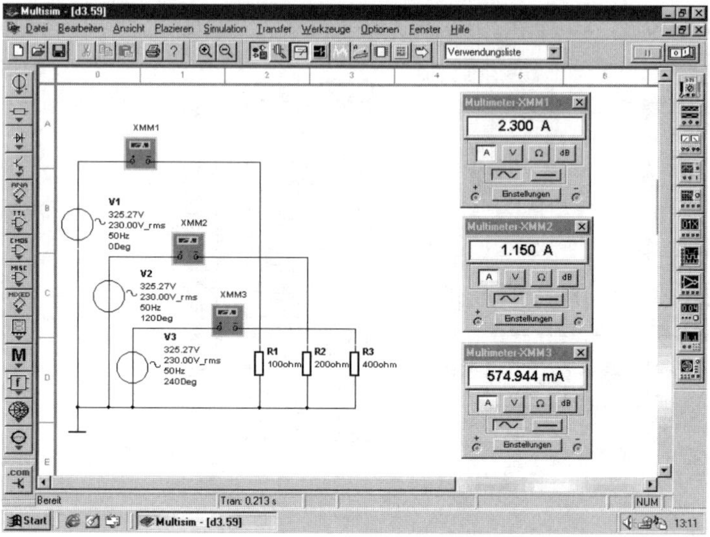

Bild 3.59 Messen der Ströme bei einer Sternschaltung mit unsymmetrischer Belastung

$$I_1 = I_{\text{Str1}} = \frac{U_{\text{Str}}}{R_{\text{Str1}}} = \frac{230\text{ V}}{100\ \Omega} = 2{,}3\text{ A}$$

$$I_2 = I_{\text{Str2}} = \frac{U_{\text{Str}}}{R_{\text{Str2}}} = \frac{230\text{ V}}{200\ \Omega} = 1{,}15\text{ A}$$

$$I_3 = I_{\text{Str3}} = \frac{U_{\text{Str}}}{R_{\text{Str3}}} = \frac{230\text{ V}}{400\ \Omega} = 0{,}575\text{ A}$$

Die Rechenergebnisse sind mit den Messwerten der Versuchsschaltung identisch.

3.4.4 Simulation einer Dreieckschaltung mit ohmscher Belastung

Normalerweise verwendet man in der Praxis für die Dreieckschaltung das Dreileiternetz mit den Strängen L_1, L_2 und L_3. Der Neutralleiter N ist nicht erforderlich. Für die Simulation sind wieder drei Wechselspannungsquellen notwendig. Jede erzeugt eine Spannung von $U_{\text{Str}} = 230$ V. Damit ergibt sich eine Außenleiterspannung von $U = 400$ V. Die einzelnen Wechselspannungsquellen sind um 120° gegeneinander phasenverschoben. Daher hat die linke Quelle eine Phasenwinkeleinstellung von 0°, die mittlere von 120° und die rechte von 240°.

Bild 3. 60 und **Bild 3.61** zeigen die Simulation einer Dreieckschaltung mit drei Widerständen $R_1 = R_2 = R_3 = R = 100\ \Omega$, d. h., man hat eine symmetrische Belastung.

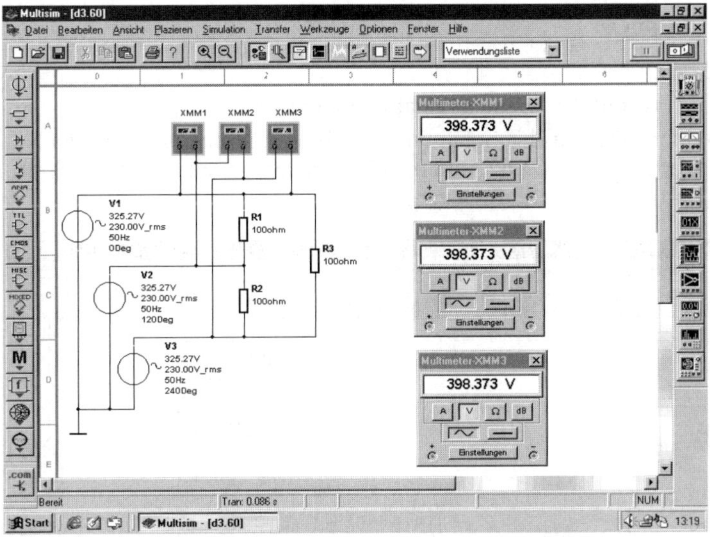

Bild 3.60 Messen der Spannungen bei einer Dreieckschaltung, wobei der „Drehstromgenerator“ in Sternschaltung betrieben wird.

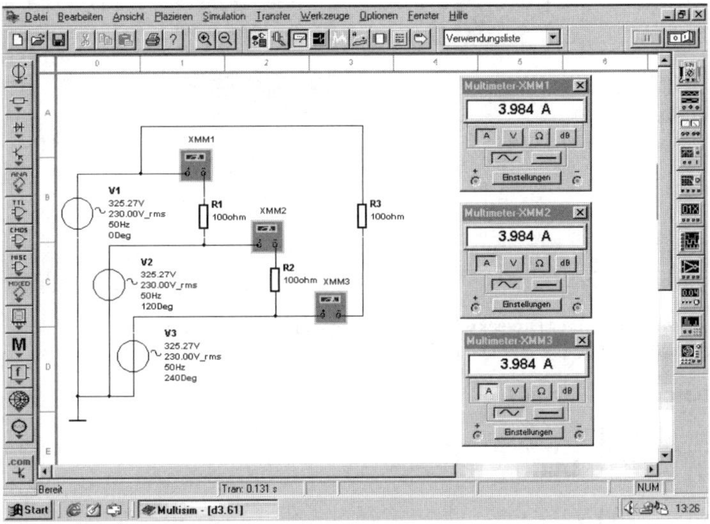

Bild 3.61 Messen der Ströme bei einer Dreieckschaltung mit symmetrischer Belastung, wobei der „Drehstromgenerator“ in Sternschaltung betrieben wird.

In jedem Zweig fließt ein Strangstrom von $I_{Str} = 3{,}984$ A, und es ergibt sich eine Außenleiterspannung von $U = 400$ V. Der Strom errechnet sich aus

$$I = I_{Str} = \frac{U_{Str}}{R_{Str}} = \frac{400\ V}{100\ \Omega} = 3{,}98\ A$$

Das Rechenergebnis ist mit der Versuchsschaltung identisch.

Wenn man die Widerstände in der Schaltung von Bild 3.61 entsprechend ändert, ergeben sich die Werte von **Bild 3.62,** und man kommt zur Simulation einer Sternschaltung für eine unsymmetrische Belastung.

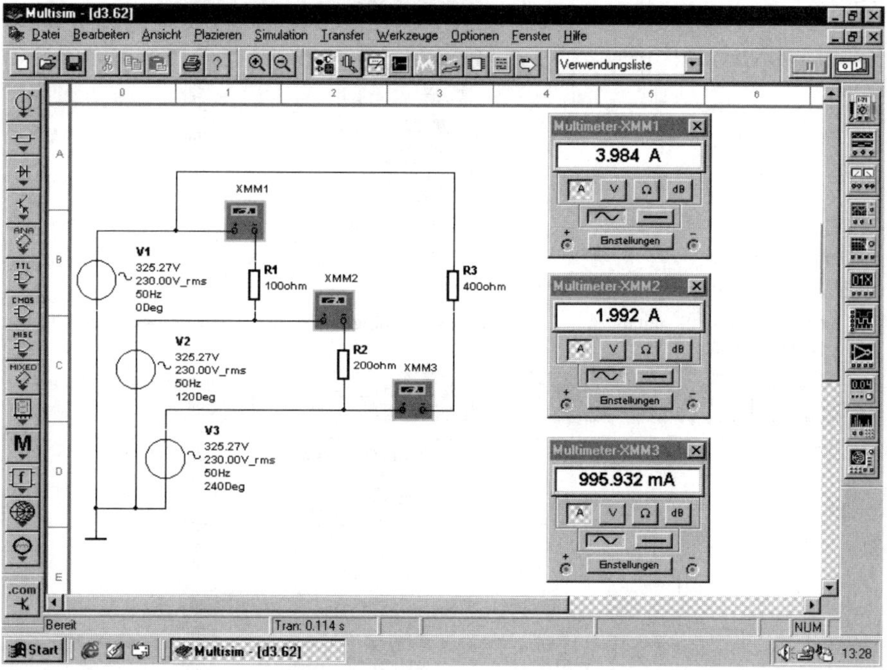

Bild 3.62 Messen der Ströme bei einer Dreieckschaltung mit unsymmetrischer Belastung, wobei der „Drehstromgenerator“ in Sternschaltung betrieben wird.

Die drei Ströme berechnen sich aus

$$I_1 = I_{Str1} = \frac{U_{Str}}{R_{Str1}} = \frac{400\ V}{100\ \Omega} = 4\ A$$

$$I_2 = I_{Str2} = \frac{U_{Str}}{R_{Str2}} = \frac{400\ V}{200\ \Omega} = 2\ A$$

$$I_3 = I_{Str3} = \frac{U_{Str}}{R_{Str3}} = \frac{400\ V}{400\ \Omega} = 1\ A$$

3.4.5 Drehstromleistung

Wie beim Wechselstrom ist auch für den Drehstrom wichtig, ob sich innerhalb des Stromkreises nur „ohmsche" oder auch „induktive" Verbraucher befinden. Für ohmsche Verbraucher gilt:

$$P = \sqrt{3} \cdot U \cdot I$$

Beispiel: Wie groß ist die Leistung P (in kW), die in den drei Widerständen von jeweils $R = 100\ \Omega$ umgesetzt wird, wenn diese in Sternschaltung betrieben werden?

$$I = I_{Str} = \frac{U_{Str}}{R_{Str}} = \frac{230\ V}{100\ \Omega} = 2{,}3\ A$$

$$P_{Str} = U_{Str} \cdot I_{Str} = 230\ V \cdot 2{,}3\ A = 529\ W$$

$$P = 3 \cdot P_{Str} = 3 \cdot 529\ W = 1{,}587\ kW$$

Beispiel: Wie groß ist die Leistung P (in kW), die in den drei Widerständen von jeweils $R = 100\ \Omega$ umgesetzt wird, wenn diese in Dreieckschaltung arbeiten?

$$I = I_{Str} = \frac{U_{Str}}{R_{Str}} = \frac{400\ V}{100\ \Omega} = 4\ A$$

$$P_{Str} = U_{Str} \cdot I_{Str} = 400\ V \cdot 4\ A = 1{,}6\ kW$$

$$P = 3 \cdot P_{Str} = 3 \cdot 1{,}6\ kW = 4{,}8\ kW$$

Zwischen Stern- und Dreieckschaltung erhöht sich die Leistung um das Dreifache! Bei einem induktiven Verbraucher muss man Scheinleistung S, Wirkleistung P und Blindleistung Q beachten und entsprechend nach den folgenden Gleichungen berechnen:

$$S = \sqrt{3} \cdot U \cdot I$$

$$P = \sqrt{3} \cdot U \cdot I \cdot \cos\varphi$$

$$Q = \sqrt{3} \cdot U \cdot I \cdot \sin\varphi \quad \text{oder} \quad \sqrt{S^2 - P^2}$$

Beispiel: Wie groß sind Scheinleistung S, Wirkleistung P und Blindleistung Q, wenn in den Zuleitungen zum Verbraucher, der in Dreieckschaltung betrieben wird, jeweils ein Strom von $I = 17{,}3$ A fließt? Der Leistungsfaktor beträgt $\cos\varphi = 0{,}82$.

$$S = \sqrt{3} \cdot U \cdot I$$

$$= \sqrt{3} \cdot 400\ V \cdot 17{,}3\ A$$

$$= 11{,}98\ kVA$$

$$P = \sqrt{3} \cdot U \cdot I \cdot \cos\varphi$$

$$= \sqrt{3} \cdot 400 \text{ V} \cdot 17{,}3 \text{ A} \cdot 0{,}82$$

$$= 9{,}83 \text{ kW}$$

$$Q = \sqrt{S^2 - P^2} = \sqrt{(11{,}98 \text{ kVA})^2 - (9{,}83 \text{ kW})^2} = 6{,}85 \text{ kvar}$$

Beispiel: Wie groß sind in **Bild 3.63** Scheinleistung S, Wirkleistung P und Blindleistung Q?

$$X_L = 2 \cdot \pi \cdot f \cdot L$$

$$= 2 \cdot 3{,}14 \cdot 50 \cdot 0{,}1 \text{ H}$$

$$= 31{,}4\ \Omega$$

$$Z = \sqrt{R^2 + X_L^2} = \sqrt{(10\ \ \Omega)^2 + (31{,}4\ \Omega)^2} = 32{,}95\ \Omega$$

$$I = I_{Str} = \frac{U_{Str}}{Z_{Str}} = \frac{230 \text{ V}}{32{,}95\ \Omega} = 6{,}98 \text{ A}$$

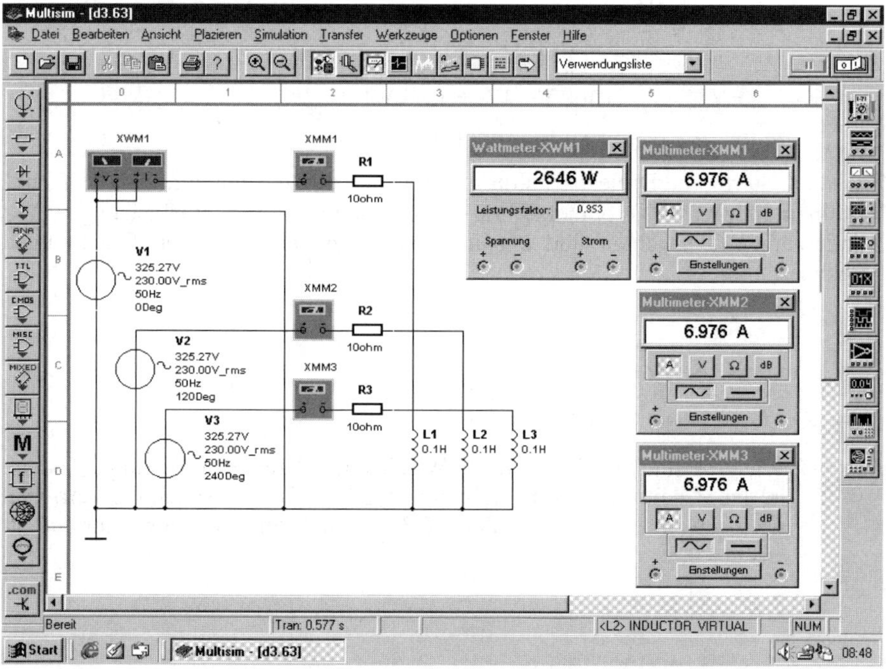

Bild 3.63 Simulation einer induktiven Last mit ohmschem Anteil in einem Drehstromnetz, wenn der Verbraucher in Sternschaltung betrieben wird

$$\sin\varphi = \frac{X_L}{Z} = \frac{31{,}4\ \Omega}{32{,}95\ \Omega} = 0{,}95$$

$$S = \sqrt{3}\cdot U\cdot I = \sqrt{3}\cdot 230\ \text{V}\cdot 6{,}98\ \text{A} = 2{,}78\ \text{kVA}$$

$$P = \sqrt{3}\cdot U\cdot I\cdot\cos\varphi = \sqrt{3}\cdot 230\ \text{V}\cdot 6{,}98\ \text{A}\cdot 0{,}95 = 2{,}64\ \text{kW}$$

$$Q = \sqrt{S^2 - P^2} = \sqrt{(2{,}78\ \text{kVA})^2 - (2{,}64\ \text{kW})^2} = 0{,}76\ \text{kvar}$$

Rechenergebnisse und Messungen sind identisch.

3.4.6 Blindstromkompensation für Drehstromnetze

Die Blindstromkompensation hilft
- Energiekosten einzusparen,
- elektrische Einrichtungen wie Leitungen, Schaltorgane, Transformatoren und Generatoren vom Blindstrom zu entlasten,
- eventuell die Investitionskosten für einen neuen Transformator einzusparen.

Diese Vorteile sind besonders in Gewerbe- und Industriebetrieben immer zu beachten, bei denen die Stromkosten eine bedeutende Rolle spielen. Aus wirtschaftlichen Gründen kompensiert man in der Praxis nur bis zu einem maximalen Leistungsfaktor von $\cos\varphi = 0{,}95$ induktiv. Würde man den Leistungsfaktor durch größere Kapazitäten der Kompensationskondensatoren auf $\cos\varphi = 1{,}0$ verbessern, benötigte man eine unwirtschaftlich hohe Kondensatorleistung, und durch die Spannungs- bzw. Stromerhöhungen treten unangenehme Nebenwirkungen auf, die das Netzwerk unnötig belasten und im ungünstigsten Fall zerstören können. Eine Überkompensation, die in den kapazitiven Bereich geht, ist auf jeden Fall zu vermeiden, da hierbei unter Umständen die Spannung gefährlich hoch ansteigen kann. Zur Ermittlung der erforderlichen Kompensationsleistung gibt es folgende Möglichkeiten:
- Messung von Spannung, Strom und Leistung
- Messung des $\cos\varphi$ durch Leistungsfaktormessung
- Messung der Wirk- und Blindleistung mit Zähler bzw. Schreiber

Bei bestehenden Anlagen kann die Kondensatorleistung wie folgt ermittelt werden:

$Q_C = P\,(\tan\varphi_1 - \tan\varphi_2)$

Beispiel: Ein Drehstrommotor nimmt bei Nennbetrieb eine Leistung von 28 kW auf und hat einen $\cos\varphi_1 = 0{,}89$. Der Leistungsfaktor soll durch in Dreieck parallel zu den Motorwicklungen geschaltete Kondensatoren auf $\cos\varphi_2 = 0{,}95$ verbessert werden. Wie groß ist die Blindleistung Q, die von den Kondensatoren erzeugt werden muss?

$\cos\varphi_1 = 0{,}89 \rightarrow \tan\varphi_1 = 0{,}51$

$\cos\varphi_2 = 0{,}95 \rightarrow \tan\varphi_2 = 0{,}32$

$Q_C = P\,(\tan\varphi_1 - \tan\varphi_2) = 28\ \text{kW}\,(0{,}51 - 0{,}32) = 5{,}32\ \text{kvar}$

Aus dieser gesamten Blindleistung Q_C lässt sich die Kapazität für die einzelnen Kondensatoren berechnen. Dabei muss jeder Kondensator eine Blindleistung von $Q_C = 1{,}77$ kvar übernehmen.

$$C = \frac{Q_C}{U^2 \cdot 2\,\pi\,f} = \frac{1{,}77\ \text{kvar}}{(400\ \text{V})^2 \cdot 2 \cdot 3{,}14 \cdot 50\ \text{Hz}} = 35\ \mu\text{F}$$

Jeder Kondensator hat einen Wert von $C = 35\ \mu$F.

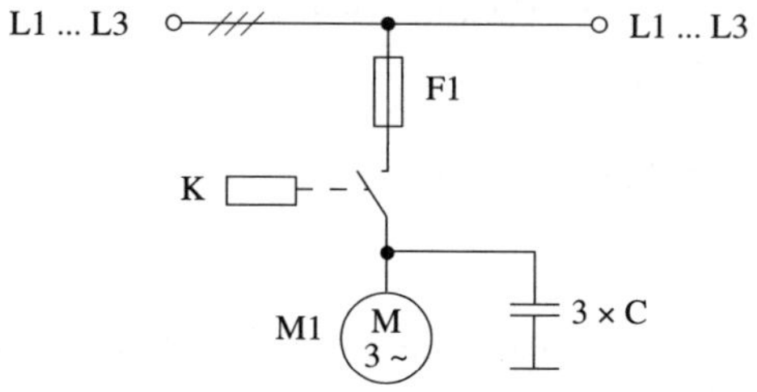

Bild 3.64 Einzelkompensation von Drehstromverbrauchern

Bild 3.64 zeigt eine Einzelkompensation von Drehstromverbrauchern. Bei diesem Verfahren wird die induktive Blindlast am Ort ihrer Entstehung kompensiert. Der Kondensator wird jedem induktiven Verbraucher parallel zugeordnet. Dieses Verfahren wird vorwiegend bei Motoren im Dauerbetrieb, bei Transformatoren sowie bei Schweißgeräten und Entladungslampen eingesetzt.

Zur Vermeidung von Übererregung von Drehstrommotoren darf die Leistung der zu installierenden Einzelkompensation die Leerlaufblindleistung des Motors nicht überschreiten.

Die EVU-Bestimmungen zur lastunabhängigen Festkompensation von Leistungstransformatoren sind bundesweit unterschiedlich. Während einige EVU (Energieversorgungsunternehmen) eine Kompensation von maximal 5 % bis 10 % der Transformator-Nennleistung zulassen, erlauben andere EVU keine Festkompensation oder lassen nur Kompensation bis zu 1,5 % der Transformator-Nennleistung zu.

Bild 3.65 zeigt eine Gruppenkompensation von Drehstromverbrauchern. Bei diesem Verfahren werden mehrere örtlich naheliegende induktive Verbraucher mit einer entsprechend dimensionierten Kondensatorbatterie gemeinsam kompensiert. Diese Kompensationsart ist besonders bei einer Anzahl kleiner, im Aussetzbetrieb

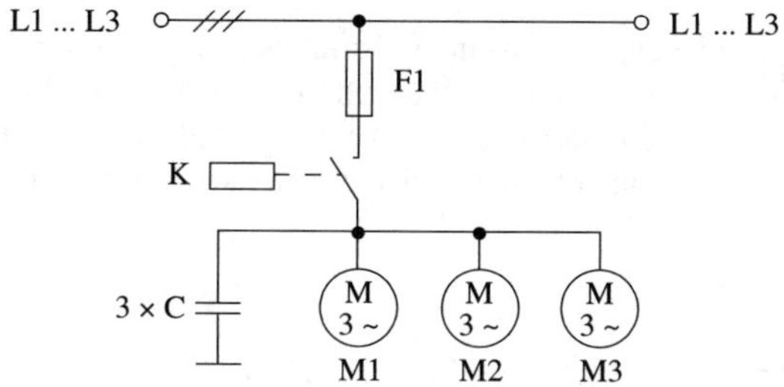

Bild 3.65 Gruppenkompensation von Drehstromverbrauchern

arbeitender Motoren oder bei großen Beleuchtungsanlagen üblich. Wird eine größere Gruppe von Leuchtstofflampen gleichzeitig geschaltet, lässt sich auch mit einem dreiphasigen Leistungskondensator eine Gruppenkompensation durchführen.

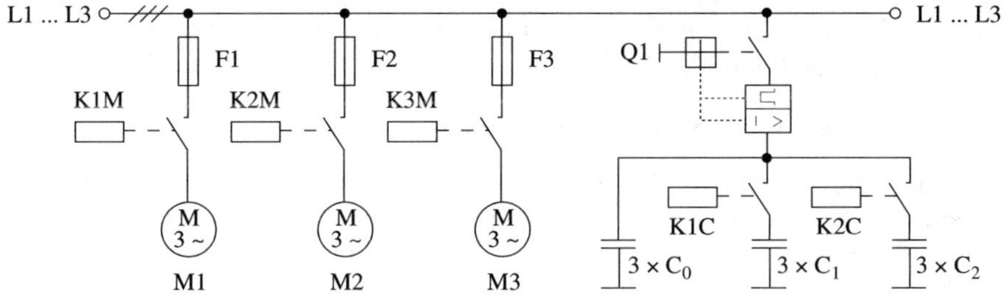

Bild 3.66 Zentralkompensation von Drehstromverbrauchern

Bild 3.66 zeigt eine Zentralkompensation von Drehstromverbrauchern. In größeren Anlagen mit vielen kleineren und mittleren Verbrauchern, die meist nicht gleichzeitig in Betrieb sind, werden alle Verbraucher über eine zentrale Kompensationsanlage erfasst. Die einzelnen Kondensatoren dieser Kompensationsart werden je nach Belastungsverhältnissen im Netz über eine automatische Regeleinrichtung stufenweise (in der Regel handelt es sich um fünf Stufen) zu- oder abgeschaltet.

Heute setzt man fast ausschließlich elektronische Blindleistungsregler ein. So werden z. B. Blindleistungsregler mit Kreisschaltprogrammen angeboten. Der Vorteil besteht bei diesem Kreisregler darin, dass eine gleichmäßige Verteilung der Schaltbelastungen auf allen Stufen erreicht wird, d. h., die Schaltfolge der Kondensatoren ist sowohl beim Zu- als auch beim Abschalten gleich. Wichtig ist, dass bei den verschiedenen auf dem Markt befindlichen Reglertypen die Angaben der Hersteller beachtet werden müssen. Insbesondere ist auf die richtige Einstellung des Soll-cos φ zu achten.

Zur Erleichterung der Inbetriebnahme von Regeleinheiten ist der Regler bereits vom Hersteller auf „Normalwerte" eingestellt. Diese Einstellung enthält eine für die Praxis optimale Regelkennlinie. Automatische Regeleinrichtungen werden vom Hersteller anschlussfertig geliefert. Der Monteur muss die Zuleitungen zur Kompensationsanlage gemäß den Herstellerangaben verlegen.

Der Blindleistungsregler wird am Stromwandler in der Einspeisung angeschlossen, die sowohl vom Strom der zu kompensierenden Verbraucher als auch vom Strom der zu steuernden Kondensatoren (in Energieflussrichtung vom EVU zum Verbraucher) durchflossen wird. Die geregelte Kompensation muss immer hinter dem Stromwandler angeordnet werden.

Die Frage nach einer technisch und wirtschaftlich günstigen Kompensationsart lässt sich ohne Kenntnis des Einzelfalls nicht generell beantworten. Man muss sie von Fall zu Fall unter Berücksichtigung der örtlichen Verhältnisse lösen. Oft ist auch eine gemischte Kompensation (Einzel-, Gruppen- und Zentralkompensation) optimal.

3.5 Elektrische Leitungen

Elektrische Leiter sind Werkstoffe, die den elektrischen Strom bei einer definierten Spannung gut leiten. Damit diese Stromwege eingehalten werden, muss das leitende Material, aus dem sie hergestellt sind, mit nichtleitendem Material umgeben sein. Das leitende Material bildet den Leiter, das nichtleitende Material die Isolierung.

3.5.1 Mechanischer Aufbau von Leitungen

Ein Maß dafür, wie gut ein Werkstoff den elektrischen Strom leitet, ist die elektrische Leitfähigkeit; sie beträgt für einen sehr guten Leiter $>58\ m/\Omega{\cdot}mm^2$. Für einen Isolator ist die elektrische Leitfähigkeit $<10^{-10}\ m/\Omega{\cdot}mm^2$, für die häufig verwendeten Isolierstoffe $<10^{-15}\ m/\Omega{\cdot}mm^2$.
Dieses Grundprinzip ist der Ausgangspunkt für die Entwicklung und Herstellung von Kabeln, Leitungen und Wickeldrähten, wie sie in der Elektroindustrie Verwendung finden. Im allgemeinen Sprachgebrauch versteht man unter Kabeln festverlegte bzw. im Erdreich verlegte isolierte Leiter mit größerem Leiterquerschnitt, bestehend aus mehreren miteinander verseilten Einzeldrähten, die mit einem Mantel umgeben sind.
Leitungen sind für feste oder lose Verlegung bestimmte isolierte Leiter, die bevorzugt in Innenräumen eingesetzt werden. Sie bestehen aus einem oder mehreren Leitern mit verhältnismäßig kleinem Querschnitt und sind flexibel verlegbar. Die Grenze zwischen Kabeln und Leitungen ist nicht eindeutig und wird vom jeweiligen Anwendungsfall bestimmt.
Wickeldrähte dienen zur Herstellung von Wicklungen und Spulen für elektrische Maschinen und Geräte. Ihr konstruktiver Aufbau ist im Vergleich mit anderen Leiterausführungen am einfachsten, da sie sich nur aus Leiter und Isolierhülle zusammensetzen.
Die wichtigsten Aufbauelemente für Kabel, Leitungen und Wickeldrähte sind

- Leiter
- Isolierhülle
- Schirm
- Mantel
- Schutzhülle und Bewehrung

Die entsprechenden Leitungen werden bei der Fertigung der Endprodukte ihrem jeweiligen Anwendungsfall entsprechend in unterschiedlichster Form zusammengestellt, sowohl in ihrer Anordnung als auch in der Wahl des Materials.
Kupfer wird als Leiterwerkstoff für Kabel, Leitungen und Wickeldrähte dem Aluminium vorgezogen. Die Gründe dafür sind: hohe elektrische Leitfähigkeit, gute Wärmeleitfähigkeit, hohe mechanische Festigkeit, gute Verformbarkeit und die besseren Möglichkeiten zur Herstellung zuverlässiger elektrisch leitender Verbindungen.
Zur technischen und kommerziellen Verständigung zwischen den Herstellern und Anwendern von Kabeln, Leitungen und Drähten werden bestimmte Angaben über

die Leiterabmessungen verwendet, die häufig in genormten Größen festgelegt sind. Bei Starkstromkabeln und -leitungen sowie bei feindrähtigen Leitern von Fernmeldeleitungen wird der Nennquerschnitt angegeben. Er stellt die gerundete Angabe der Querschnittsfläche des Leiters in mm^2 dar und wird zur Bestimmung der maximalen Strombelastung und damit der Erwärmung der Kabel und Leitungen herangezogen. Bei Fernmeldekabeln und eindrähtigen Fernmeldeleitungen sowie für Wickeldrähte gibt man den Leiterdurchmesser an.

3.5.2 Spannungsfall an Wechselstromleitungen

Der geometrische Leiterquerschnitt wird bei mehrdrähtigen Leitern in der Fertigungskontrolle aus Masse und Dichte des Leiterwerkstoffs sowie Länge eines Probestücks ermittelt. Damit wird die Einhaltung der Abmessungen der Einzeldrähte und der Technologie in der Leiterfertigung überwacht.

$$S_g = \frac{m}{l \cdot \rho} 10^3$$

S_g Fläche des geometrischen Leiterquerschnitts (mm^2)
m Masse des Leiters (kg)
ρ Dichte des Leiterwerkstoffs (Kupfer: 8,9 g/mm^3, Aluminium: 2,7 g/mm^3)
l Länge des Leiters (m)

Der elektrisch wirksame Querschnitt ist nicht mit dem Nennquerschnitt identisch. Er ist abhängig vom Leiteraufbau (Schlaglänge, Leiterverdichtung) und vom spezifischen Widerstand des Leiterwerkstoffs. Durch die in den Normvorschriften getroffene Festlegung maximaler Leiterwiderstände für jeden Nennquerschnitt ist die Bestimmung des elektrischen Querschnitts über eine Gleichstromwiderstandsmessung nicht mehr erforderlich.

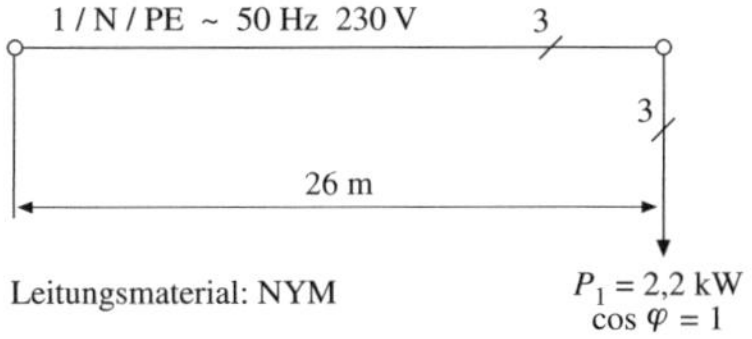

Bild 3.67 Leitungsberechnung für eine unverzweigte Leitung für Gleich- und Wechselstrom mit cos φ = 1

Bild 3.67 zeigt den Aufbau für eine Leitungsberechnung mit einer unverzweigten Leitung für Gleich- und Wechselstrom, wenn die Last ein ohmscher Verbraucher mit cos $\varphi = 1$ ist. Der Spannungsunterschied bzw. Spannungsverlust errechnet sich aus

$$\Delta U = \frac{2 \cdot l \cdot I}{\gamma \cdot S}$$

Der Querschnitt S der Leitung in mm^2 berechnet sich nach

$$S = \frac{2 \cdot l \cdot I}{\gamma \cdot \Delta U} = \frac{200 \cdot l \cdot P}{\gamma \cdot U^2 \cdot p_{v\%}}$$

(γ elektrische Leitfähigkeit)

Der Leitungsverlust p_v in % errechnet sich aus

$$p_{v\%} = \frac{200 \cdot l \cdot P}{\gamma \cdot S \cdot U^2}$$

Beispiel: Eine Wechselstromleitung aus Kupfer mit einer Leitfähigkeit von $\gamma = 56\ \text{m}/\Omega \cdot \text{mm}^2$ versorgt eine induktionsfreie Last. Der Spannungsfall soll 2 % nicht übersteigen. Wie groß ist der hinsichtlich des höchstzulässigen Spannungsfalls erforderliche Leiterquerschnitt S (in mm²)?

$$S = \frac{200 \cdot l \cdot P}{\gamma \cdot U^2 \cdot p_{v\%}} = \frac{200 \cdot 26\ \text{m} \cdot 2{,}2\ \text{kW}}{56\ \text{m}/\Omega \cdot \text{mm}^2 \cdot (230\ \text{V})^2 \cdot 2\ \%} = 1{,}93\ \text{mm}^2$$

In der Praxis verwendet man die Normgröße $S = 2{,}5\ \text{mm}^2$ für den Leiterquerschnitt.

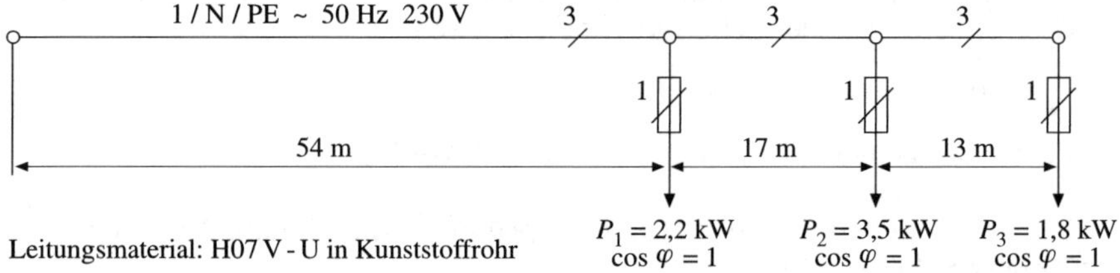

Bild 3.68 Leitungsberechnung für eine verzweigte Leitung mit gleichbleibendem Querschnitt für Gleich- und Wechselstrom mit $\cos \varphi = 1$

Bild 3.68 zeigt den Aufbau für die Leitungsberechnung einer verzweigten Leitung mit gleichbleibendem Querschnitt für Gleich- und Wechselstrom mit $\cos \varphi = 1$. Der Spannungsunterschied bzw. Spannungsverlust errechnet sich zuerst aus der Summe der Leiterlängen und den einzelnen Strömen:

$$\Sigma(l \cdot I) = l_1 \cdot I_1 + l_2 \cdot I_2 + l_3 \cdot I_3 + \ldots$$

und dann mit

$$\Delta U = \frac{2 \cdot \Sigma(l \cdot I)}{\gamma \cdot S}$$

Der Querschnitt S für das Leitungssystem in mm² berechnet sich nach

$$S = \frac{2 \cdot \Sigma(l \cdot I)}{\gamma \cdot \Delta U}$$

Der Verlust p_v in % für ein Leitungssystem in mm² errechnet sich zuerst aus

$$\Sigma(l \cdot P) = l_1 \cdot P_1 + l_2 \cdot P_2 + l_3 \cdot P_3 + \ldots$$

und dann mit

$$p_{v\%} = \frac{200 \cdot \Sigma(l \cdot P)}{\gamma \cdot S \cdot U^2}$$

Für den Querschnitt in mm² ergibt sich

$$S = \frac{200 \cdot \Sigma(l \cdot P)}{\gamma \cdot U^2 \cdot p_{v\%}}$$

Beispiel: Das Leitungssystem versorgt drei induktionsfreie Lasten mit cos $\varphi = 1$. Der Spannungsfall soll 2 % nicht übersteigen. Der Spannungsfall an der Leitung soll an keiner Stelle größer als 2 % sein. Wie groß ist der erforderliche Leiterquerschnitt S (in mm²)?

$$\Sigma(l \cdot P) = l_1 \cdot P_1 + l_2 \cdot P_2 + l_3 \cdot P_3$$
$$= 54\text{ m} \cdot 2{,}2\text{ kW} + 71\text{ m} \cdot 3{,}5\text{ kW} + 84\text{ m} \cdot 1{,}8\text{ kW}$$
$$= 118{,}8\text{ mkW} + 248{,}5\text{ mkW} + 151{,}2\text{ mkW} = 518{,}5\text{ mkW}$$

$$S = \frac{200 \cdot l \cdot P}{\gamma \cdot U^2 \cdot p_{\text{v}\%}} = \frac{200 \cdot 518\text{ mkW}}{56\text{ m}/\Omega \cdot \text{mm}^2 \cdot (230\text{ V})^2 \cdot 2\,\%} = 17{,}3\text{ mm}^2$$

In diesem Fall muss man einen Querschnitt von $S = 25\text{ mm}^2$ verwenden.

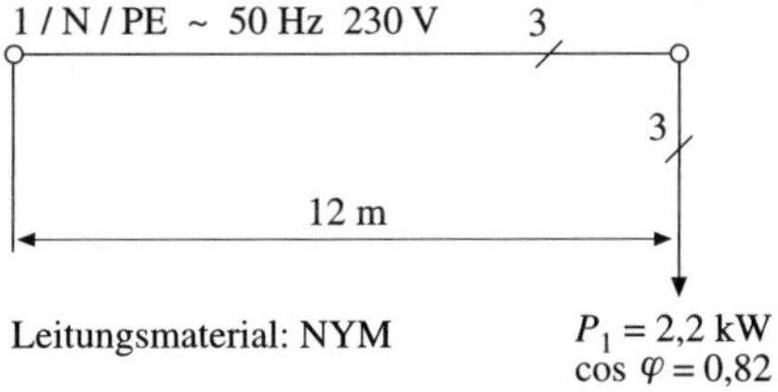

Bild 3.69 Leitungsberechnung für eine unverzweigte Leitung mit induktiver oder kapazitiver Last

Bild 3.69 zeigt den Aufbau für eine Leitungsberechnung mit einer unverzweigten Leitung für Wechselstrom, wenn die Last ein induktiver oder kapazitiver Verbraucher mit cos $\varphi < 1$ ist. Der Spannungsunterschied bzw. Spannungsverlust errechnet sich aus

$$\Delta U = \frac{2 \cdot l \cdot I \cdot \cos\varphi}{\gamma \cdot S}$$

Der Querschnitt S der Leitung in mm² berechnet sich nach

$$S = \frac{2 \cdot l \cdot I \cdot \cos\varphi}{\gamma \cdot \Delta U} = \frac{200 \cdot l \cdot P}{\gamma \cdot U^2 \cdot \cos\varphi \cdot p_{\text{v}\%}}$$

Der Leitungsverlust p_v in % errechnet sich aus

$$p_{\text{v}\%} = \frac{200 \cdot l \cdot P}{\gamma \cdot S \cdot U^2 \cdot \cos^2\varphi}$$

Beispiel: Die Wechselstromleitung versorgt eine induktive Last mit $P = 2{,}2$ kW und cos $\varphi = 0{,}82$. Der Spannungsfall soll 3 % nicht übersteigen. Wie groß ist der hinsichtlich des höchstzulässigen Spannungsfalls erforderliche Leiterquerschnitt S (in mm²)?

$$S = \frac{200 \cdot l \cdot P}{\gamma \cdot U^2 \cdot \cos^2\varphi \cdot p_{\text{v}\%}} = \frac{200 \cdot 12\text{ m} \cdot 2{,}2\text{ kW}}{56\text{ m}/\Omega \cdot \text{mm}^2 \cdot (230\text{ V})^2 \cdot 0{,}82^2 \cdot 3\,\%} = 0{,}88\text{ mm}^2$$

In der Praxis verwendet man für den Leiterquerschnitt die Normgröße mit $S = 1{,}5\text{ mm}^2$.

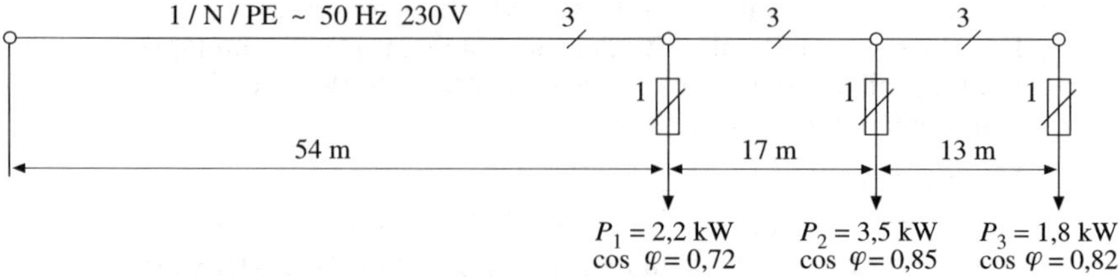

Bild 3.70 Leitungsberechnung für eine verzweigte Leitung mit gleichbleibendem Querschnitt mit induktiver oder kapazitiver Last

Bild 3.70 zeigt den Aufbau für eine Leitungsberechnung einer verzweigten Leitung mit gleichbleibendem Querschnitt für Wechselstrom mit cos $\varphi < 1$. Der Spannungsunterschied bzw. Spannungsverlust errechnet sich zuerst aus der Summe der Leiterlängen und den einzelnen Strömen:

$$\Sigma(l \cdot I \cdot \cos\varphi) = l_1 \cdot I_1 \cdot \cos\varphi_1 + l_2 \cdot I_2 \cdot \cos\varphi_2 + l_3 \cdot I_3 \cdot \cos\varphi_3 + \ldots$$

und dann mit

$$\Delta U = \frac{2 \cdot \Sigma(l \cdot I \cdot \cos\varphi)}{\gamma \cdot S}$$

Der Querschnitt S für das Leitungssystem in mm² ergibt sich aus

$$S = \frac{2 \cdot \Sigma(l \cdot I \cdot \cos\varphi)}{\gamma \cdot \Delta U}$$

Beispiel: Wie groß muss der Leiterquerschnitt S (in mm²) der Zuleitung mindestens sein, damit der zulässige Spannungsfall von 3 % an keiner Stelle der Leitung überschritten wird?

$$\begin{aligned}\Sigma(l \cdot I \cdot \cos\varphi) &= 54\ \text{m} \cdot 2{,}2\ \text{kW} \cdot 0{,}72 + 71\ \text{m} \cdot 3{,}5\ \text{kW} \cdot 0{,}85 \\ &\quad + 84\ \text{m} \cdot 1{,}8\ \text{kW} \cdot 0{,}82 \\ &= 85{,}5\ \text{mkW} + 211{,}2\ \text{mkW} + 124\ \text{mkW} \\ &= 420{,}7\ \text{mkW}\end{aligned}$$

3 % von 230 V = 6,9 V

$$S = \frac{2 \cdot \Sigma(l \cdot I \cdot \cos\varphi)}{\gamma \cdot \Delta U} = \frac{2 \cdot 420{,}7\ \text{mkW}}{56\ \text{m}/\Omega \cdot \text{mm}^2 \cdot 6{,}9\ \text{V}} = 2{,}2\ \text{mm}^2$$

In der Praxis verwendet man für den Leiterquerschnitt die Normgröße $S = 2{,}5\ \text{mm}^2$.

3.5.3 Leitungen in Drehstromnetzen

Bei der Arbeit mit Drehstromnetzen benötigt man immer die entsprechenden Starkstromleitungen. Sie bestehen aus mehreren Leitungen. Über die isolierten Leitungen (Adern) sind außer bei Aderleitungen eine oder mehrere Schutzhüllen (Mäntel) aufgebracht. Starkstromleitungen sind in Aufbau und Werkstoffeinsatz der Installationstechnik, dem elektrischen Anschluss ortsveränderlicher Betriebsmittel oder spezieller elektrischer Geräte angepasst. Diese Leitungen sind in der Regel nicht zur Verlegung in der Erde oder in Wasser geeignet. Durch die in den Normvorschriften getroffene Festlegung maximaler Leiterwiderstände für jeden Nennquerschnitt ist die Bestimmung des elektrischen Querschnitts über eine Gleichstromwiderstandsmessung nicht mehr erforderlich.

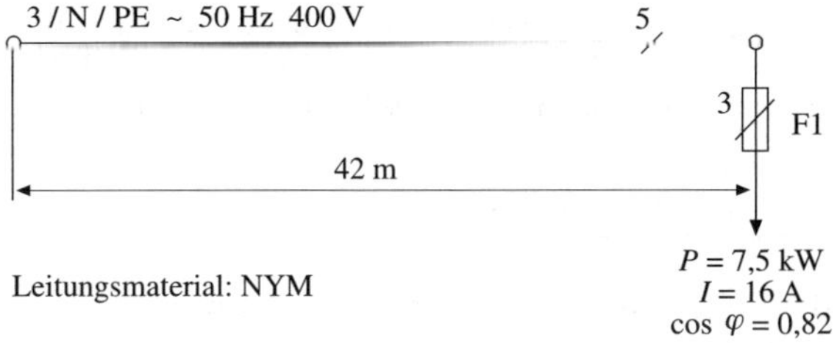

Bild 3.71 Beispiel für eine Leitungsberechnung für eine unverzweigte Leitung mit induktiver oder kapazitiver Drehstromlast

Bild 3.71 zeigt den Aufbau für eine Leitungsberechnung mit einer unverzweigten Leitung für Drehstrom, wenn die Last ein induktiver oder kapazitiver Verbraucher mit cos $\varphi < 1$ ist. Der Spannungsunterschied bzw. Spannungsverlust errechnet sich aus

$$\Delta U = \frac{1{,}73 \cdot l \cdot I \cdot \cos\varphi}{\gamma \cdot S}$$

Der Querschnitt S der Leitung in mm² berechnet sich nach

$$S = \frac{1{,}73 \cdot l \cdot I \cdot \cos\varphi}{\gamma \cdot \Delta U} = \frac{100 \cdot l \cdot P}{\gamma \cdot U^2 \cdot \cos^2\varphi \cdot p_{\mathrm{v}\%}}$$

Der Leitungsverlust p_v in % ergibt sich aus

$$p_{\mathrm{v}\%} = \frac{100 \cdot l \cdot P}{\gamma \cdot S \cdot U^2 \cdot \cos^2\varphi}$$

Beispiel: Die Drehstromzuleitung versorgt eine induktive Last mit $P = 7{,}5$ kW mit einem Wirkleistungsfaktor von cos $\varphi = 0{,}82$. Der Spannungsfall soll 3 % nicht übersteigen. Wie groß ist der hinsichtlich des höchstzulässigen Spannungsfalls erforderliche Leiterquerschnitt S (in mm²)?

$$S = \frac{100 \cdot l \cdot P}{\gamma \cdot U^2 \cdot \cos^2\varphi \cdot p_{\mathrm{v}\%}} = \frac{100 \cdot 42\ \mathrm{m} \cdot 7{,}5\ \mathrm{kW}}{56\ \mathrm{m}/\Omega \cdot \mathrm{mm}^2 \cdot (230\ \mathrm{V})^2 \cdot 0{,}82^2 \cdot 3\ \%} = 5{,}56\ \mathrm{mm}^2$$

In der Praxis verwendet man für den Leiterquerschnitt die Normgröße $S = 6$ mm².

Bild 3.72 zeigt den Aufbau für eine Leitungsberechnung einer verzweigten Leitung mit gleichbleibendem Querschnitt für Drehstrom mit cos $\varphi < 1$. Der Spannungsunterschied bzw. Spannungsverlust errechnet sich zuerst aus der Summe der Leiterlängen und den einzelnen Strömen bzw. Leistungen:

$\Sigma(l \cdot I \cdot \cos\varphi) = l_1 \cdot I_1 \cdot \cos\varphi_1 + l_2 \cdot I_2 \cdot \cos\varphi_2 + l_3 \cdot I_3 \cdot \cos\varphi_3 + \ldots$

$\Sigma(l \cdot P \cdot \cos\varphi) = l_1 \cdot P_1 \cdot \cos\varphi_1 + l_2 \cdot P_2 \cdot \cos\varphi_2 + l_3 \cdot P_3 \cdot \cos\varphi_3 + \ldots$

und dann mit

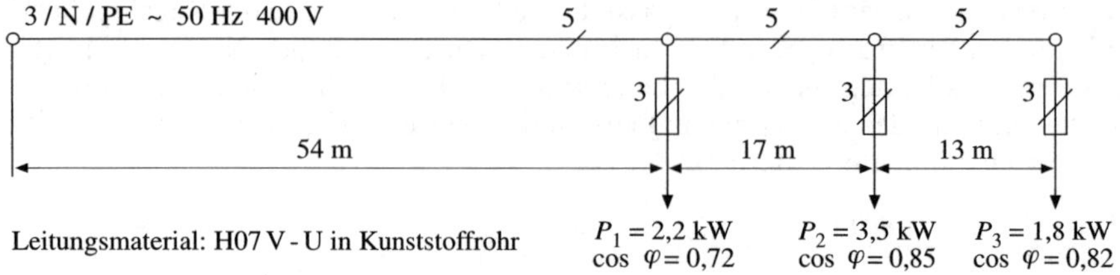

Bild 3.72 Leitungsberechnung für eine verzweigte Leitung mit gleichbleibendem Querschnitt mit induktiver oder kapazitiver Last

$$\Delta U = \frac{1{,}73 \cdot \Sigma(l \cdot I \cdot \cos\varphi)}{\gamma \cdot S} = \frac{1{,}73 \cdot \Sigma(l \cdot P \cdot \cos\varphi)}{\gamma \cdot S}$$

Der Querschnitt S in mm² für das Leitungssystem berechnet sich nach

$$S = \frac{1{,}73 \cdot \Sigma(l \cdot I \cdot \cos\varphi)}{\gamma \cdot \Delta U} = \frac{1{,}73 \cdot \Sigma(l \cdot P \cdot \cos\varphi)}{\gamma \cdot \Delta U}$$

Beispiel: Wie groß muss der Leiterquerschnitt S (in mm²) der Zuleitung mindestens sein, damit der zulässige Spannungsfall von 3 % an keiner Stelle der Leitung überschritten wird?

$$\begin{aligned}\Sigma\,(l \cdot P \cdot \cos\varphi) &= 54\text{ m} \cdot 2{,}2\text{ kW} \cdot 0{,}72 + 71\text{ m} \cdot 3{,}5\text{ kW} \cdot 0{,}85 \\ &\quad + 84\text{ m} \cdot 1{,}8\text{ kW} \cdot 0{,}82 \\ &= 85{,}5\text{ mkW} + 211{,}2\text{ mkW} + 124\text{ mkW} \\ &= 420{,}7\text{ mkW}\end{aligned}$$

3 % von 230 V = 6,9 V

$$S = \frac{1{,}73 \cdot \Sigma(l \cdot I \cdot \cos\varphi)}{\gamma \cdot \Delta U} = \frac{1{,}73 \cdot 420{,}7\text{ mkW}}{56\text{ m}/\Omega \cdot \text{mm}^2 \cdot 6{,}9\text{ V}} = 18{,}8\text{ mm}^2$$

In der Praxis verwendet man für den Leiterquerschnitt die Normgröße $S = 25$ mm².

3.6 Elektrische Arbeit und Energie

Während die elektrische Leistung W im Sinne von „Leistungsfähigkeit" lediglich eine Größenbestimmung darstellt, ist die elektrische Arbeit eine Verbrauchsangabe: Wenn man eine gewisse Leistung innerhalb einer bestimmten Zeit wirken lässt, erhält man die Arbeit:

$$W = P \cdot t \qquad W = U \cdot I \cdot t \qquad W = I^2 \cdot R \cdot t \qquad W = \frac{U^2}{R} \cdot t$$

Diese Arbeit ist es, die im Zähler zur EVU gemessen wird und für die der Abnehmer elektrischen Stroms die Verbrauchskosten zu bezahlen hat. Die Einheit der elektrischen Arbeit ist dadurch gegeben, dass die Leistung von 1 Watt 1 Sekunde oder 1 Watt 1 Stunde lang benutzt wird. Die Einheit der elektrischen Arbeit ist also 1 Wattsekunde (Ws) oder 1 Wattstunde (Wh), wobei 1 Wh = 3600 Ws ist. Da diese

Einheit für technische Berechnungen zu klein ist, nimmt man 1000 Wattstunden und erhält 1 Kilowattstunde (1 kWh).

Beispiel: Eine Glühlampe mit $P = 100\,\text{W}$ wird mit $U = 230\,\text{V}$ betrieben und ist $t = 100\,\text{h}$ eingeschaltet. Wie groß ist die elektrische Arbeit?

$W = P \cdot t = 100\,\text{W} \cdot 100\,\text{h} = 10\,000\,\text{Wh}$ oder 10 kWh

Die elektrische Arbeit gibt man in Kilowattstunden an. Diese Aufgabenstellung erlaubt danach die Berechnung der Kosten für die elektrische Arbeit (Energie):

Arbeitspreis = $W \cdot$ Preis je kWh

Strompreis = Arbeitspreis + Grundpreis + Messpreis

$$\text{Grenzverbrauch} = \frac{\text{Grundpreisunterschied}}{\text{Arbeitspreisunterschied}}$$

Unter dem Begriff „Messpreis" definiert man nach den EVU-Bestimmungen den Zuschlag zum jeweiligen Grundpreis bei Verwendung zusätzlicher, nicht im Tarif enthaltener Messeinrichtungen. Zur Ermittlung der Gesamtkosten ist zum Strompreis immer noch die Mehrwertsteuer zu addieren.

3.6.1 Allgemeine Leistungsmessung

In der Praxis bezieht man sich bei der Leistungsmessung (Gleich- und Wechselstrom) auf die Gleichung

$P = U \cdot I$

Man erkennt, dass sich die von einer Spannungs- oder Stromquelle abgegebene Leistung P_{ab} oder die von einem Verbraucher aufgenommene Leistung P_{zu} auf verschiedene Art bestimmen lässt:

- durch getrenntes Messen von Spannung U und Strom I mit anschließender Produktbildung
- durch Messen der Spannung U oder des Stroms I mit anschließender Berechnung, wenn der Innenwiderstand R_V des Verbrauchers bekannt ist:

  $P_{ab} = P_{zu} = I^2 \cdot R_V$ oder $P_{ab} = P_{zu} = U^2/R_V$
- durch Messen der Leistung mit einem multiplizierenden Messgerät (z. B. mit einem elektrodynamischen Wattmeter). Als Anzeige erhält man z. B. einen der Leistung P proportionalen Ausschlag α:

  $\alpha = k \cdot P$

Bei der getrennten Leistungsmessung durch eine separate Strom- und Spannungsmessung kennt man zwei Schaltungsvarianten, wie **Bild 3.73** zeigt.
Die Leistung im Widerstand R_V berechnet sich aus

$P_V = U_{RV} \cdot I_V$

Wie man erkennt, sind beide Schaltungen mehr oder weniger fehlerbehaftet. Vom Verbraucher R_V aus betrachtet, kann man hier von einer spannungs- und stromrich-

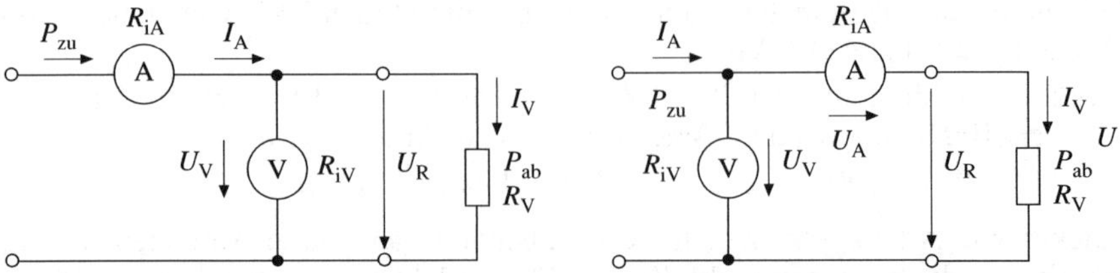

Bild 3.73 Die linke Schaltung zeigt das spanungsrichtige Messen mit einer falschen Strommessung und die rechte das stromrichtige Messen mit einer falschen Spannungsmessung

tigen Messung sprechen. Die jeweils errechnete Leistung ist immer größer als die tatsächliche Leistung P_V im Widerstand bzw. Verbraucher. Sind die Innenwiderstände des Voltmeters und des Amperemeters bekannt, lassen sich die Messfehler korrigieren. Ohne Korrektur ist bei großen Strömen die linke, bei kleinen Strömen die rechte Schaltung günstiger.

Zur direkten Leistungsmessung mit einem Leistungsmesser benötigt man Geräte, die Spannung und Strom vorzeichenrichtig und phasenrichtig miteinander multiplizieren können. Für Gleich- und Wechselstromleistung setzt man das elektrodynamische Messwerk ein. Man unterscheidet bei diesem Messgerät zwischen Strom- und Spannungspfad. Der Strompfad ist im Dauerbetrieb um bis zu 20 % überlastbar, kurzzeitig sogar bis zu 1000 %, ohne dass ein elektrischer oder mechanischer Defekt auftritt. Der Strompfad besteht aus einer feststehenden Spule und hat einen dicken Draht, da ein großer Strom fließt. Der Spannungspfad ist ebenfalls bis zu 20 % überlastbar, kurzzeitig bis zu 100 %. Der Spannungspfad ist eine bewegliche Spule mit einem dünnen Draht, da nur ein geringer Strom fließt. **Bild 3.74** zeigt das Prinzip der Leistungsmessung mit einem elektrodynamischen Messgerät.

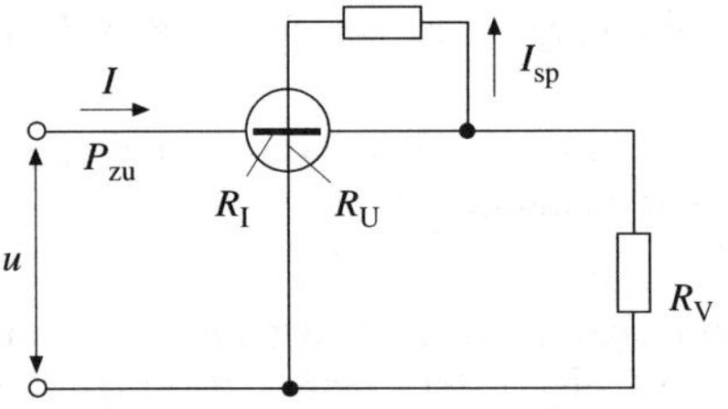

Bild 3.74 Prinzip der Leistungsmessung bei einem elektrodynamischen Messgerät mit einem Strompfad (dicke Linie im Symbol des Messwerks) und einem Spannungspfad (dünne Linie)

Durch den Strompfad mit der Feldspule R_I fließt der zu messende Strom und erzeugt ein bestimmtes Magnetfeld in der Feldspule. Durch den Spannungspfad der Feldspule R_U fließt der zu messende Strom I_{SP} und erzeugt ebenfalls ein bestimmtes Magnetfeld in der Drehspule. Während der Strompfad relativ niederohmig ist, sodass ein hoher Strom fließen kann, ist der Spannungspfad sehr hochohmig; daher fließt nur ein geringer Strom. Der Zeigerausschlag α für das elektrodynamische Messgerät errechnet sich aus

$$\alpha = k \cdot R_I \cdot I_{Sp} = k \cdot I \cdot \frac{U}{R_U} = \frac{k}{R_U} \cdot U \cdot I = K \cdot P$$

Die Terme k und K sind Konstanten des elektrodynamischen Messwerks. Der Zeigerausschlag α ist somit direkt proportional der Leistung P:

$$\alpha \sim P$$

In der Praxis kennt man dazu zwei Betriebsschaltungen, wie **Bild 3.75** zeigt.

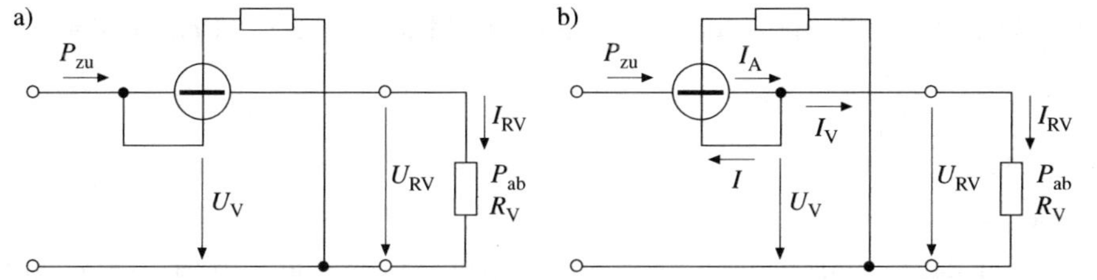

Bild 3.75 Stromrichtige (a) und spannungsrichtige (b) Messschaltung für Leistungsmesser mit elektrodynamischem Messwerk

Je nach Betrachtungsweise der beiden Messschaltungen ergeben sich folgende Zusammenhänge:

- Stromrichtige Messschaltung:
  $\alpha = k \cdot (P_{zu} - P_U)$ (P_U: Eigenbedarf des Spannungspfads)
- Spannungsrichtige Messschaltung:
  $\alpha = k \cdot (P_{zu} - P_I)$ (P_I: Eigenbedarf des Strompfads)

Die Anzeige α entspricht also der um die Verluste P_U des Spannungspfads oder der um die Verluste P_I des Strompfads größeren Verbraucherleistung P_{ab}, d. h., der Eigenbedarf (P_U und P_I) geht also additiv (P_{ab}) oder subtraktiv (P_Q) in die angezeigte Leistung ein. Um diese Fehler auszuschließen, verwendet man im Messgerät eine „Selbstkorrektur" für den Eigenbedarf des Wattmeters mit doppelt ausgeführter Stromspule, wie **Bild 3.76** zeigt.

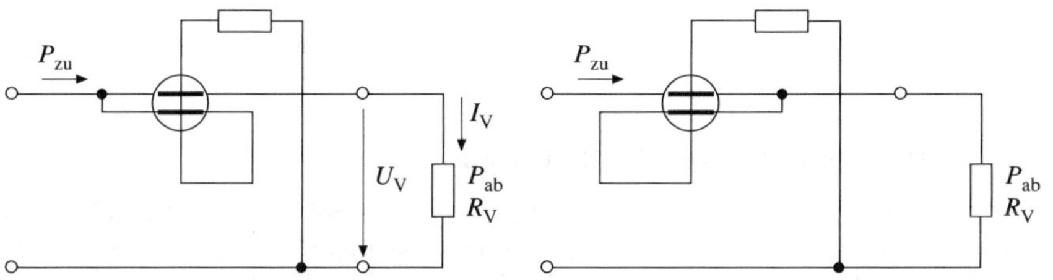

Bild 3.76 Selbstkorrektur für den Eigenbedarf des Wattmeters mit doppelt ausgeführter Stromspule. Links ist die Variante für die quellenrichtige und rechts die verbraucherrichtige Selbstkorrektur gezeigt

Um die von der Spannungs- und Stromquelle abgegebene Leistung mit

$$P_{zu} = P_{ab} + P_I + P_U$$

richtig messen zu können, muss an der Zeigerachse ein additives Moment erzeugt werden, das der Verlustleistung im Spannungsfeld P_U proportional ist. Diese Variante ist in der linken Schaltung von Bild 3.76 gezeigt. Da für beide Leistungen (P_{zu} und P_U) die Spannung den gleichen Wert hat, wird diese als richtig erfasst. Leitet man den Strom, der durch den Spannungspfad fließt, über eine zweite, identische Stromspule, so wird eine zusätzliche Durchflutung erzeugt:

$$\alpha = k \cdot (P_{ab} + P_I) + k \cdot P_U$$

Der Wert $k \cdot P_U$ wird aufgrund der zweiten Spule im Messwert erzeugt. Damit ergibt sich

$$\alpha = \frac{k \cdot (P_{ab} + P_I + P_U)}{P_{zu}}$$

Somit ist

$$\alpha = k \cdot P_{zu}$$

Setzt man dagegen die verbraucherrichtige Schaltung von Bild 3.76 rechts ein, wird die vom Verbraucher aufgenommene Leistung mit

$$P_{zu} = P_{ab} - P_I - P_U$$

richtig gemessen. In diesem Fall erzeugt die Zeigerachse ein subtraktives Moment, das der Verlustleistung im Spannungspfad des Messwerks proportional ist. Da bei beiden Leistungsangaben von P_{ab} und P_U die Spannungen identische Werte aufweisen, ergibt sich also eine Messung ohne Fehler. Leitet man den Strom, der im Spannungspfad fließt, über eine zweite, identisch ausgeführte Stromspule, so wird eine zusätzliche Durchflutung erzeugt, die subtraktiv auf die Eingangsleistung P_{zu} einwirkt. Es ergibt sich

$$\alpha = k \cdot (P_{zu} - P_I) + k \cdot P_U$$

Der Term $k \cdot P_U$ entsteht durch die zweite Spule im Messwerk. Damit ergibt sich

$$\alpha = \frac{k \cdot (P_{zu} - P_I - P_U)}{P_{ab}}$$

Daher ist

$$\alpha = k \cdot P_{ab}$$

3.6.2 Leistungsmessung bei Wechselstrom

Die Prinzipschaltungen zur Leistungsmessung und die Probleme des Eigenbedarfs sowie der Selbstkorrektur sind bei den Leistungsmessungen im Gleich- und Wechselstrombereich identisch. Während im Gleichstromkreis keine Phasenverschiebung zwischen Spannung und Strom auftreten kann, muss dies bei der Messung im Wechselstromkreis berücksichtigt werden. Aus diesem Grund muss man bei der Leistungsmessung im Wechselstromkreis zwischen Wirkleistung P, Scheinleistung S und Blindleistung Q unterscheiden.

Die Leistungsmessung im Wechselstromkreis beruht auf der Grundgleichung

$$p = u \cdot i$$

Es ist lediglich bei der Leistungsmessung zu berücksichtigen, dass bei entsprechenden Verbrauchern (induktiv oder kapazitiv) jeweils zum gleichen Zeitpunkt einer Messung des Augenblickswerts von Spannung und Strom ein bestimmter Phasenverschiebungswinkel vorhanden ist. Bei der Wirkleistungsmessung muss das Messinstrument die Anteile von Spannung und Strom und auch die Phasen messen. Es lässt sich ein elektrodynamisches Messgerät verwenden, wie **Bild 3.77** zeigt.

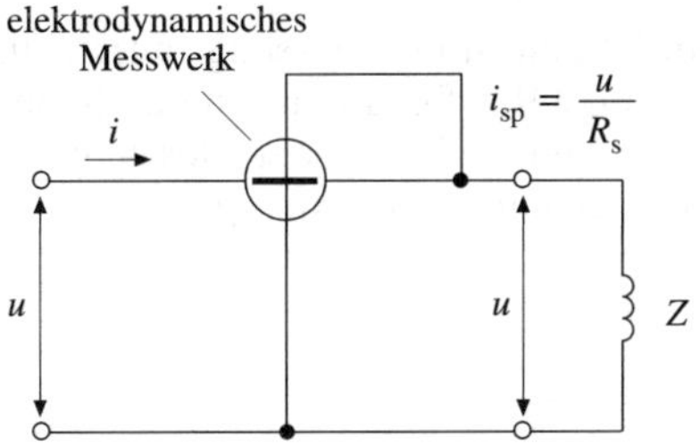

Bild 3.77 Elektrodynamisches Messgerät für die Messung der Wirkleistung *P* für den Scheinwiderstand *Z* in einem Wechselstromkreis

Der Strom i_F, der durch den Verbraucher *Z* (Wirk- und Blindanteil) fließt, wird von der Feldspule des elektrodynamischen Messwerks erfasst. Der Strom i_S durch den Spannungspfad ist von der Wechselspannung und dem Widerstand R_S der Spannungsspule abhängig. Aufgrund der Trägheit des elektrodynamischen Messwerks kann der Zeigerausschlag den Signalverläufen von *u* und *i* nicht folgen. Das Messwerk zeigt damit den arithmetischen Mittelwert $\overline{\alpha}$ an:

$$\overline{\alpha} = \frac{k}{R_s} \cdot U \cdot I \cdot \cos\varphi, \qquad \text{also} \qquad \overline{\alpha} \sim P$$

Nach DIN 43 807 ist zu beachten, dass die Spannungspfade von Instrumenten für Geräte und Schalttafeln vor den Strompfaden (Leistungsrichtung) von links nach rechts angeschlossen werden. Bei höheren Verbraucherströmen und -spannungen führt man eine „indirekte" Leistungsmessung durch, d. h., man hat Spannungs- und Stromwandler, wie **Bild 3.78** zeigt.

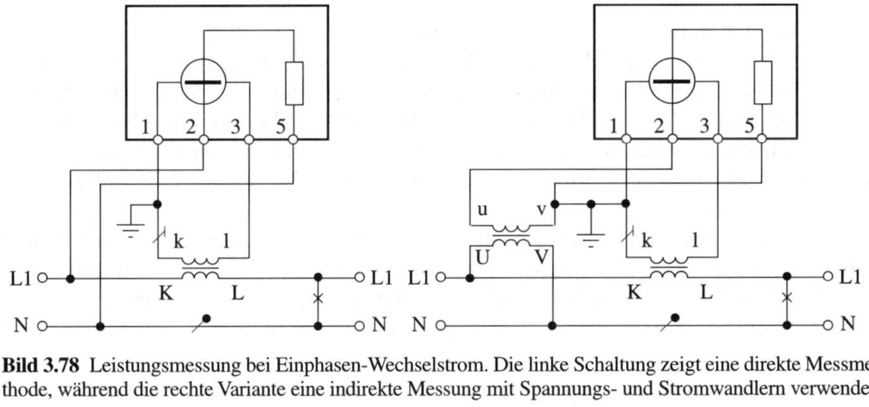

Bild 3.78 Leistungsmessung bei Einphasen-Wechselstrom. Die linke Schaltung zeigt eine direkte Messmethode, während die rechte Variante eine indirekte Messung mit Spannungs- und Stromwandlern verwendet

Bei dieser Leistungsmessung ist darauf zu achten, dass die Wandlersekundärseiten stets gemeinsam geerdet sind, damit keine zu hohen Spannungen zwischen Spannungs- und Strompfad auftreten.

Das elektrodynamische Messwerk zeigt immer das Produkt der phasengleichen Komponenten von Spannung und Strom an:

$$P = U \cdot I \cdot \cos \varphi$$

Es wird also die Wirkleistung P gemessen. Zur Blindleistungsmessung muss man daher einen zusätzlichen Phasenschieber ($-\pi/2$), eine 90°-Schaltung, in den Spannungspfad einschalten. **Bild 3.79** zeigt den Unterschied zwischen der Messung der Blindleistung Q und der Wirkleistung P mit einem dynamischen Messgerät.

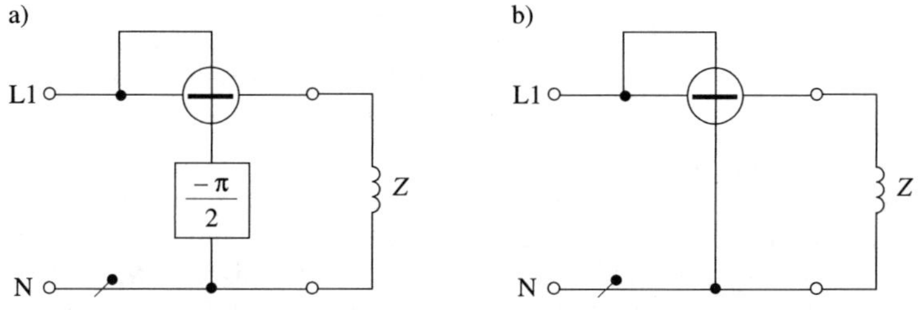

Bild 3.79 Unterschied zwischen der Messung der Blindleistung Q und der Wirkleistung P mit einem dynamischen Messgerät, wobei für die Blindleistungsmessung ein Phasenschieber mit $-\pi/2$ (erzeugt eine Phasenverschiebung von 90°) erforderlich ist

Der Zeigerausschlag für die Blindleistungsmessung Q ergibt sich dann zu

$$\bar{\alpha} = \frac{k}{R_s} \cdot U \cdot I \cdot \cos\left(\varphi - \frac{\pi}{2}\right) = \frac{k}{R_s} \cdot \underbrace{U \cdot I \cdot \sin\varphi}_{Q}, \quad \text{da}$$

$$\cos\left(\varphi - \frac{\pi}{2}\right) = \sin\varphi$$

Bei der Verwendung von elektrodynamischen Messwerken als Scheinleistungsmesser muss der Einfluss der Phase zwischen Strom und Spannung auf das Messwerk vorhanden sein. Das lässt sich nur durch eine Gleichrichtung im Spannungs- und im Strompfad erreichen. Der Anzeigefehler, der von den Wechselanteilen nach der Gleichrichtung verursacht wird, lässt sich durch parallelgeschaltete Kondensatoren an Spannungs- und Strompfad vermeiden. **Bild 3.80** zeigt eine Schaltung zur Scheinleistungsmessung.

Die Leistungsermittlung erfolgt in der Praxis meistens in Verbindung mit einem Zähler. Durch die magnetische Wirkung einer vom Verbraucherstrom durchflossenen Spule sowie einer an der Netzspannung liegenden Spule wird eine Zählerscheibe in Drehung versetzt. Die Umdrehungen werden von einem Zählwerk angezeigt.

Mit den folgenden Gleichungen lässt sich die elektrische Leistung bestimmen:

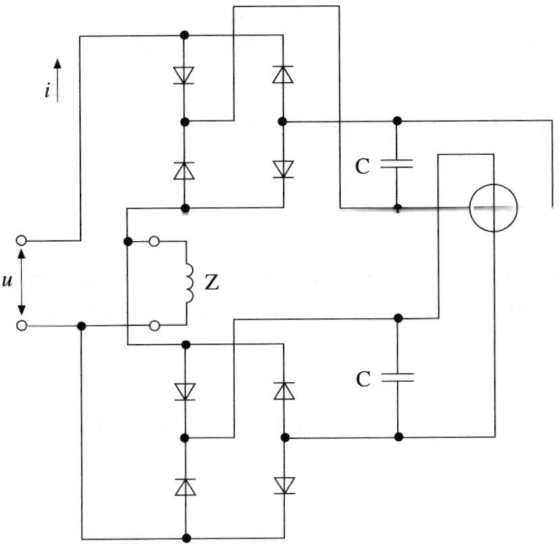

Bild 3.80 Schaltung zur Scheinleistungsmessung

$$P_{kW} = \frac{n}{C_z \cdot t_h} = \frac{n \cdot 60}{C_z \cdot t_{min}} = \frac{n \cdot 3600}{C_z \cdot t_s}$$

P_{kW} Elektrische Leistung (kW)

n Anzahl der Umdrehungen der Zählerscheibe

C_z Zählerkonstante in Umdr/kWh

t_h Zeit in Stunden

t_{min} Zeit in Minuten

t_s Zeit in Sekunden

Beispiel: Für die Zählerkonstante steht auf einem Typenschild: 600 Umdr/kWh. Die Messzeit beträgt $t = 45$ s, und der Zähler hat $n = 12$ Umdrehungen durchgeführt. Welche Leistung nimmt dieses Gerät auf?

$$P_{kW} = \frac{n}{C_z \cdot t_s} = \frac{12\ \text{Umdr} \cdot \text{kWh} \cdot 3600\ \text{s}}{600\ \text{Umdr} \cdot 45\ \text{s} \cdot 1\ \text{h}} = 1{,}6\ \text{kW}$$

Das Gerät hat eine Leistungsaufnahme von $P = 1{,}6$ kW.

In der Praxis verwendet man als Zähler das Induktionsmessgerät (Ferraris- oder Wandlerfeldzähler). Zwei um 90° versetzte Elektromagnete (Spannungs- und Stromspule), deren Ströme bei $\cos \varphi = 1$ um 90° gegeneinander phasenverschoben sind, erzeugen ein magnetisches Drehfeld, sodass auf die Metallscheibe das elektrische Drehmoment M_{el} wirkt:

$$M_{el} = k_1 \cdot U \cdot I \cdot \cos \varphi$$

Durch den Permanentmagneten (Wirbelstrombremse, Bremsmagnet) entsteht ein Gegendrehmoment M_{mag} proportional zur Drehzahl n der Metallscheibe:

$$M_{mag} = k_2 \cdot n$$

Über die Gleichgewichtsbeziehung $M_{el} = M_{mag}$ folgt daraus für die Drehzahl der Scheibe:

$$n = \frac{k_1}{k_2} \cdot U \cdot I \cdot \cos\varphi, \qquad \text{also} \qquad n \sim P$$

Die Integration über die Zeit (Zeitberücksichtigung) erfolgt einfach durch Zählen der Scheibenumdrehungen. Damit ist der Zählerstand proportional zur elektrischen Arbeit mit

$$W = U \cdot I \cdot t$$

Bild 3.81 zeigt den Anschluss des Wirkarbeitszählers im Einphasenwechselstromnetz.

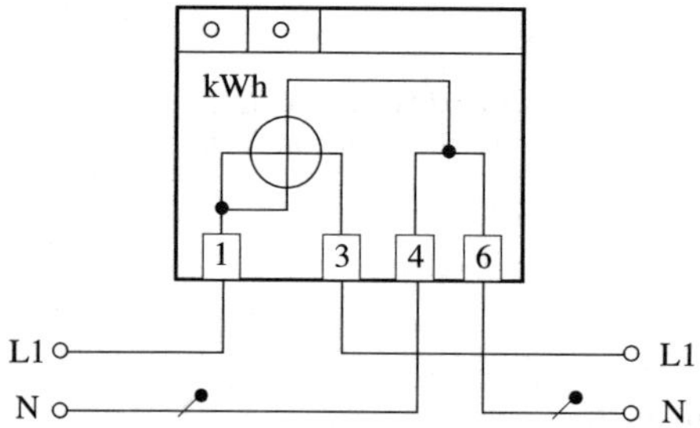

Bild 3.81 Anschluss des Wirkarbeitszählers im Einphasenwechselstromnetz

Der Anschluss des Wirkarbeitszählers ist ähnlich dem des Leistungsmessers.

3.6.3 Leistungsmessung bei Drehstrom

Die Leistung eines Drehstromsystems ist die Summe der Leistungen in den einzelnen Strängen (Phasen). Im allgemeinen Fall benötigt man zur Messung der Wirkleistung P in einem Drehstromsystem pro Phase ein Wattmeter. **Bild 3.82** zeigt die allgemeine Wirkleistungsmessung in einem Vierleitersystem mit beliebiger Belastung.

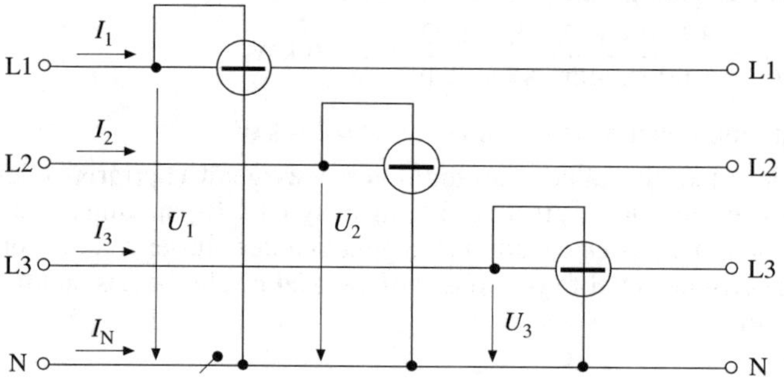

Bild 3.82 Allgemeine Wirkleistungsmessung in einem Vierleitersystem mit beliebiger Belastung

Die Gesamtleistung P_{ges} ist die Summe der drei Einzelleistungen P_S in den einzelnen Strängen:

$$P_{ges} = P_{S1} + P_{S2} + P_{S3}$$

In symmetrisch belasteten Systemen sind die einzelnen Strang- bzw. Phasenleistungen identisch. Es genügt damit, die Leistung in einem Strang bzw. in einer Phase zu messen und diese Strangleistung P_S mit dem Faktor 3 zu multiplizieren. Die Gesamtleistung errechnet sich aus

$$P_{ges} = 3 \cdot P_S = 3 \cdot U_S \cdot I_S \cdot \cos\varphi$$

Bei gegebenen Leiterspannungen lautet die Gleichung für die Gesamtleistung P_{ges} sowohl bei Stern- als auch Dreiecksbelastung:

$$P_{ges} = \sqrt{3} \cdot U \cdot I \cdot \cos\varphi$$

Das gilt analog auch für Scheinleistung S und Blindleistung Q. In Dreileitersystemen mit symmetrischer Belastung stehen nur die verketteten Spannungen zur Verfügung, denn der Sternpunkt kann entfallen. Hier muss dann ein künstlicher Sternpunkt realisiert werden, wie **Bild 3.83** zeigt.

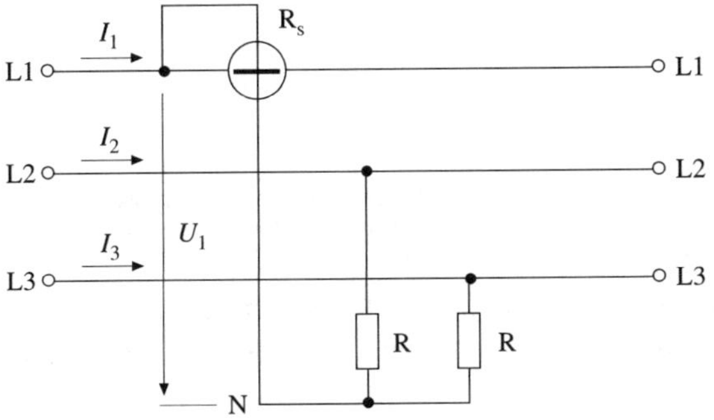

Bild 3.83 Wirkleistungsmessung in einem symmetrisch belasteten Dreileiterdrehstromsystem mit künstlichem Sternpunkt

Die Widerstände R dieses Hilfsnetzwerks müssen gleich dem Widerstand des Spannungspfades im Messwerk R_S sein. In Dreileitersystemen mit beliebiger Belastung (mit unsymmetrischer Belastung) lässt sich ebenfalls eine Reduzierung der Messwerke realisieren, wie folgende Gleichung zeigt:

$$P_{ges} = U_{12} \cdot I_1 \cdot \cos\varphi + U_{23} \cdot I_3 \cdot \cos\varphi$$

Um die Gesamtwirkleistung zu messen, genügen in diesem Fall zwei Messgeräte. **Bild 3.84** zeigt eine Wirkleistungsmessung im Dreileitersystem mit beliebiger unsymmetrischer Belastung.

Diese Methode bezeichnet man als Zweiwatt- oder Aronschaltung.

In Drehstromsystemen vereinfacht sich die Blindleistungsmessung gegenüber der Messung in Einphasensystemen erheblich, da immer zwei Spannungen vorhanden sind, die aufeinander senkrecht wirken. Damit sind keine phasendrehenden Schaltungen erforderlich.

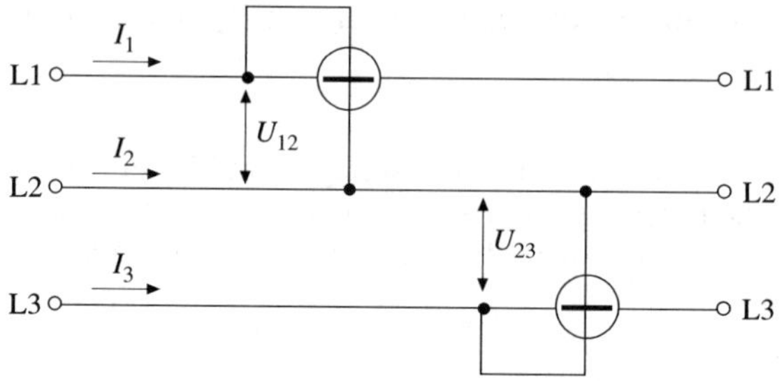

Bild 3.84 Wirkleistungsmessung im Dreileitersystem (Sternschaltung) mit beliebiger unsymmetrischer Belastung

Bild 3.85 zeigt eine Blindleistungsmessung im symmetrisch belasteten Drehstromsystem, wobei die im Strang L_1 verbrauchte Blindleistung gemessen wird.

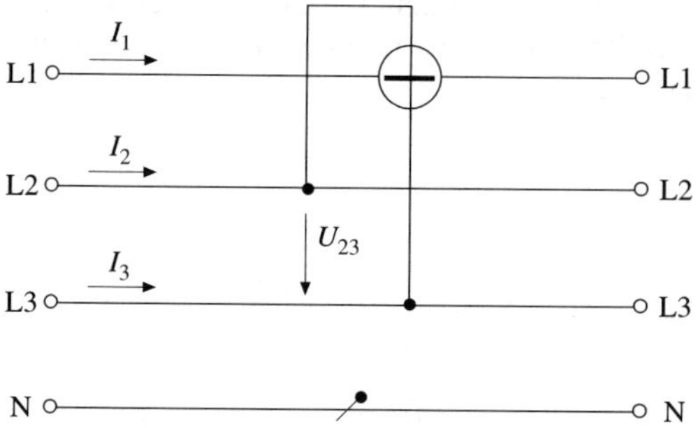

Bild 3.85 Blindleistungsmessung im symmetrisch belasteten Drehstromsystem

Zu beachten ist, dass die verkettete Spannung um den Faktor $\sqrt{3}$ größer ist als die Strang- bzw. Phasenspannung. Die Blindleistung eines Strangs oder einer Phase beträgt

$$Q_{\text{Str}} = \frac{P_{\text{gemessen}}}{\sqrt{3}}$$

Die Gesamtblindleistung ist

$$Q_{\text{ges}} = 3 \cdot Q_{\text{Str}} = 3 \cdot \frac{P_{\text{gemessen}}}{\sqrt{3}} = \sqrt{3} \cdot P_{\text{gemessen}}$$

In **Bild 3.86** erkennt man die Blindleistungsmessung im symmetrisch belasteten Drehstromsystem mit Spannungs- und Stromwandler.

Bild 3.87 zeigt den Anschluss des Wirkarbeitszählers im Einphasenwechselstromnetz. Die Nennwerte des Einphasenwechselstrom- und Drehstromzählers sind die Netzspannung und der fließende Netzstrom. Im Dauerbetrieb sind die Zähler gegen Überspannungen und -ströme bis zu einer Überlastung von 25 % geschützt. Die Genauigkeitsklasse bleibt aber auch bei diesen Überlastungswerten erhalten, d. h., es tritt kein zusätzlicher Fehler auf.

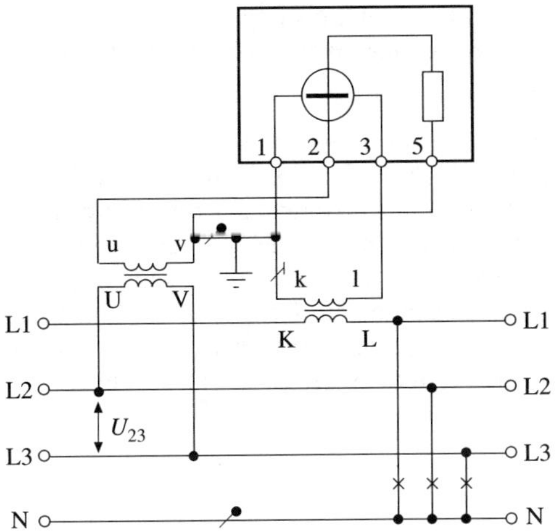

Bild 3.86 Blindleistungsmessung im symmetrisch belasteten Drehstromsystem mit Spannungs- und Stromwandler

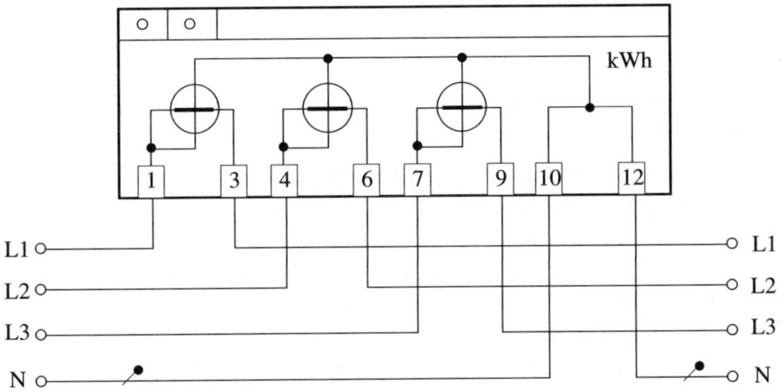

Bild 3.87 Anschluss des Wirkarbeitszählers im Einphasenwechselstromnetz

3.6.4 Leistungsfaktormessung

Da die effektiv nutzbare Leistung beim Verbraucher die Wirkleistung P ist, das Leitungsnetz und die Geräte selbst aber hinsichtlich ihrer elektrischen Belastbarkeit für die Scheinleistung S ausgelegt sein müssen, definiert man den Leistungsfaktor $\cos\varphi$ als Verhältnis der Wirkleistung P zur Scheinleistung S:

$$\cos\varphi = \frac{P}{S}$$

In der Praxis versucht man, einen möglichst hohen Leistungsfaktor zu erreichen, d. h., bei einer reinen Wirkleistungsaufnahme des Verbrauchers ergibt sich ein $\cos\varphi = 1$, bei einer reinen Blindleistungsaufnahme dagegen ein $\cos\varphi = 0$. Aufgrund dieses Zusammenhangs lassen sich über den Leistungsfaktor cos φ durch Messen der Spannung U und des Stroms I Wirk- bzw. Blindleistung ermitteln:

$P = U \cdot I \cdot \cos \varphi \qquad Q = U \cdot I \cdot \sin \varphi$

Da sich bei dieser Methode der Leistungsfaktor aus gemessenen Größen berechnet, ist das Verfahren relativ ungenau und umständlich. Durch den Einsatz eines elektrodynamischen Quotientenmesswerks lässt sich ein Leistungsfaktormessgerät realisieren. Bei diesem Messwerk sind zwei Drehspulen in einer feststehenden Spule angeordnet, d. h., man hat zwei Spannungspfade und einen Strompfad. Fließt ein Strom durch drei Spulen, so wirkt auf die Drehspulen ein Drehmoment. Kehrt man die Stromrichtung in den drei Spulen gleichzeitig um, bleibt der Drehsinn erhalten. Dieses Messwerk lässt sich deshalb für Gleich- und Wechselstrom verwenden.

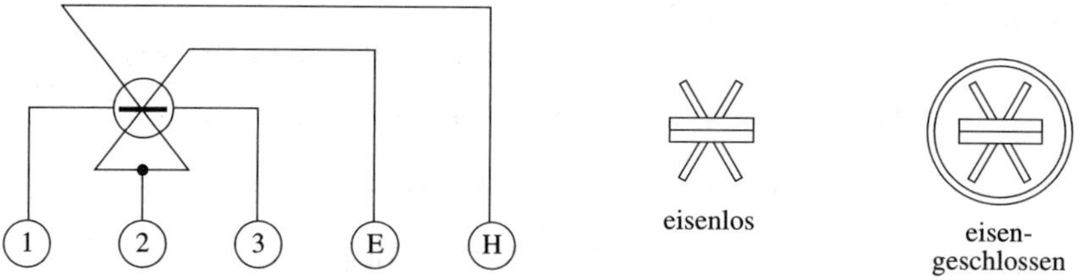

Bild 3.88 Aufbau eines elektrodynamischen Quotientenmesswerks mit den entsprechenden Sinnbildern für eine Leistungsfaktormessung

Bild 3.88 zeigt den internen Aufbau eines elektrodynamischen Quotientenmesswerks für eine Leistungsfaktormessung. Man muss dabei zwischen einem „eisenlosen“ und einem „eisengeschlossenen“ Aufbau unterscheiden. Eisenlose elektrodynamische Quotientenmesswerke lassen sich durch Fremdfelder leicht beeinflussen. Fremdfeldeinflüsse kann man durch Abschirmungen verhindern. Das elektrodynamische Quotientenmesswerk besteht aus einer Stromspule und zwei gekreuzt angeordneten Spannungsspulen. Durch die eine Spannungsspule fließt ein der Strangspannung phasengleicher Strom. Die andere Spannungsspule wird entweder von einer 90°-Schaltung bei Einphasennetzwerken versorgt oder an eine um 90° phasenverschobene Spannung im Drehstromnetz gelegt (**Bild 3.89a und b**).

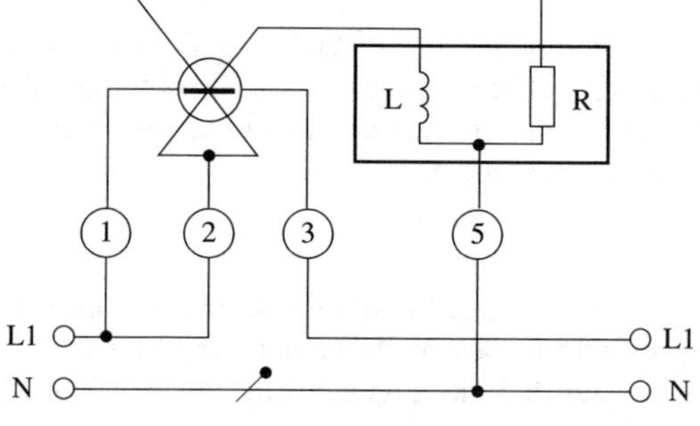

Bild 3.89a Leistungsfaktormessung mit einem elektrodynamischen Quotientenmesswerk in einem Einphasenwechselstromnetz

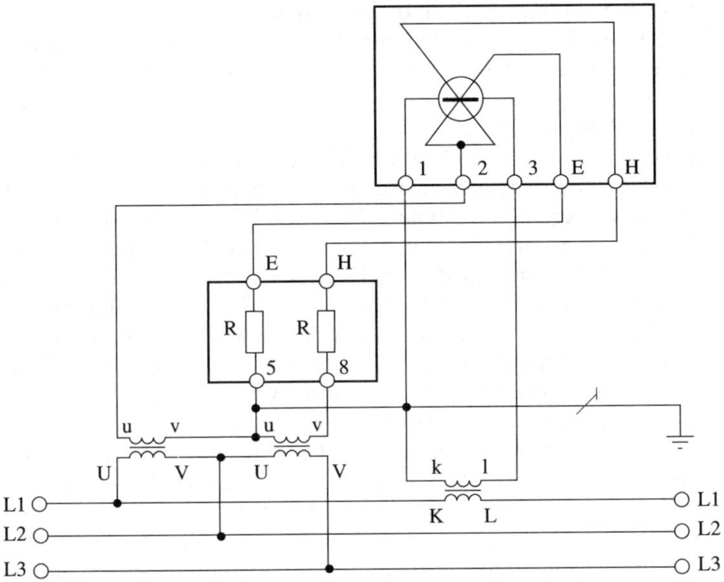

Bild 3.89b Leistungsfaktormessung mit einem elektrodynamischen Quotientenmesswerk in einem Dreiphasenwechselstromnetz

Schaltet man in den Spannungspfad eine Drosselspule und einen Wirkwiderstand, kann der Messstrom im Spannungspfad gegenüber der Spannung um fast 90° phasenverschoben werden. Auf die beiden Spannungsspulen wird dann das größte Moment ausgeübt, wenn die Ströme in den Spulen um 90° phasenverschoben sind. Daher wird statt der Wirkleistung die Blindleistung gemessen. Da induktive Blindwiderstände nur für eine bestimmte Frequenz verwendet werden, lässt sich dieses Messgerät nur bei der angegebenen Frequenz betreiben.

Mit dem elektrodynamischen Quotientenmesswerk lassen sich induktive und/oder kapazitive Belastungsfälle messen. Die Skala hat einen Zeigermittelpunkt mit 1, und je nach Belastungsfall bewegt sich der Zeiger nach links (induktiver Fall) oder nach rechts (kapazitiver Fall).

3.6.5 Wirkungsgrad

Beim Wirkungsgrad muss man zuerst die Verluste bei der Energiewandlung betrachten. Wenn eine Dampfmaschine mit Wärme mechanische Kraft erzeugt, wird nicht die gesamte aufgewendete Energie an der Welle bzw. der Riemenscheibe zur Verfügung stehen. Erstens geht ein Teil der Wärme durch Ausstrahlung verloren, und zweitens benötigt die Maschine selbst einen gewissen Energieanteil zur Überwindung der Reibungen in den Lagern, im Zylinder usw. In gleicher Weise hat man bei elektrischen Maschinen, Geräten und Systemen mit Verlusten zu rechnen.

Bei rotierenden Maschinen (Maschinen mit umlaufenden Teilen) muss ein gewisser Energieanteil für die Überwindung der Reibung der Achsen in den Lagern aufgewendet werden sowie auch dafür, dass sich der drehende Anker an der umgebenden Luft und der Kommutator bzw. die Schleifringe an den Bürsten reiben. In diesem Fall spricht man von Reibungsverlusten.
Der in den Wicklungen (z. B. Anker- und Feldwicklungen) fließende Strom bewirkt eine Erwärmung der Kupferwicklungen. Diese Wärme wird selbstverständlich der zugeführten elektrischen Energie entnommen. Man bezeichnet diese Verluste als Kupferverluste (Hinweis auf ihren Entstehungsort). Um die gesamten Stromwärmeverluste und damit auch die Erwärmung der Wicklungen in erträglichen Grenzen zu halten, darf die Stromdichte nicht zu groß gewählt werden. Je nach Abkühlungsverhältnissen und Einschaltdauer rechnet man mit 2 A bis 10 A je mm^2. In der Praxis arbeitet man mit 3 A/mm^2. Wenn also durch eine Magnetwicklung in einem Motor ein Strom von $I = 6$ A fließt, sollte ein Draht mit 2 mm^2 verwendet werden.
In den Eisenmassen elektrischer Maschinen befinden sich zwei Verlustquellen: die Wirbelströme und die Ummagnetisierung. Bei den elektrischen Maschinen sind die Wicklungen um Eisenkerne gelegt. Die wechselnden magnetischen Feldlinien erzeugen auch im Eisenkern selbst, der ja auch ein Leiter ist, elektrische Ströme. Diese im Kern vorhandenen Ströme erwärmen den Eisenkern (Stromwärme). Die Wärmemengen bzw. die hierfür aufzuwendende elektrische Energie nennt man deshalb auch Wirbelstromverluste.
Um die Wirbelstromverluste möglichst zu vermindern, konstruiert man Eisenkerne, die einen wechselnden magnetischen Feldfluss führen müssen, nicht aus massivem Eisen, also Guss- oder Schmiedeeisen, sondern aus Eisenblechen, die durch aufgeklebte Papierbeläge, durch Lackanstrich o. ä. voneinander elektrisch isoliert sind. Die Wirbelstromverluste sind umso geringer, je dünner die Bleche sind. Die üblichen Blechstärken betragen zwischen 0,35 mm und 0,5 mm, höchstens aber 11 mm für sehr große Kerne, wie das bei Großmaschinen der Fall ist.
Fließt durch einen Elektromagnet ein Wechselstrom, so wechselt stetig die Polarität des magnetischen Felds, d. h., die Elementarmagnete, aus denen der gesamte Magnet zusammengesetzt ist, müssen immer wieder umgepolt werden, was natürlich nicht ohne einen gewissen Energieverlust möglich ist. Diese Ummagnetisierungsverluste oder Hystereseverluste sind im Verhältnis zu den übrigen Verlusten in einer elektrischen Maschine meist gering.
Die Summe aus Wirbelstrom- und Ummagnetisierungsverlusten ergibt die Gesamteisenverluste. Sie sind von Eisensorte, Blechstärke, Magnetisierungsstärke und Frequenz abhängig. Bei der Netzfrequenz von $f = 50$ Hz betragen die Verluste in Kilogramm Eisenblech zwischen 1,3 W und 19 W. Bei teuerem Eisenblech und optimaler Verarbeitung kommt man auf eine Verlustleistung von 1,3 W/kg. Die Verluste steigen annähernd mit dem Quadrat der Frequenz und dem Quadrat der magnetischen Induktion.
Die gesamten Verluste in einer Maschine (sei es nun ein Motor, Generator, Transformator oder irgendeine andere Maschine) bestimmen den Wirkungsgrad. Der Wir-

kungsgrad ist eine Zahl, die angibt, wieviel „von hundert“ der zugeführten Leistung nach der Umformung wieder abgegeben wird. Wenn man also einen Wirkungsgrad von $\eta = 0{,}8$ hat, so bedeutet dies, dass von einer Eingangsleistung mit $P_{zu} = 100\,\%$ eine Ausgangsleistung mit $P_{ab} = 80\,\%$ abgegeben wird. Die fehlenden 20 % gehen in der Maschine verloren und werden allgemein in Wärme und in andere Energieformen umgesetzt. Mit der Gleichung

$$\eta = \frac{P_{ab}}{P_{zu}}$$

lässt sich der Wirkungsgrad berechnen.

Beispiel: Die einem elektrischen Generator zugeführte Leistung beträgt $P_{zu} = 11{,}8$ kW, die Reibungsverluste belaufen sich auf $P_R = 900$ W, die Eisenverluste sind $P_E = 310$ W, und die Kupferverluste in den Anker- und Feldwicklungen werden mit $P_{Cu} = 1250$ W angegeben. Welcher Wirkungsgrad ergibt sich?

Gesamtverluste: $P_v = 900\text{ W} + 310\text{ W} + 1250\text{ W} = 2460\text{ W}$

Abgegebene Leistung: $P_{ab} = P_{zu} - P_v = 11{,}8\text{ kW} - 2{,}46\text{ kW} = 9{,}34\text{ kW}$

$$\eta = \frac{P_{ab}}{P_{zu}} = \frac{9{,}34\text{ kW}}{11{,}8\text{ kW}} = 0{,}792 = 79{,}2\,\%$$

Berechnet man den Wirkungsgrad von Maschinensätzen (z. B. Reihenschaltung eines Generators und eines Motors), muss man die einzelnen Wirkungsgrade multiplizieren. Wird ein Generator von einem Elektromotor angetrieben, müssen bei der Berechnung der Energieübertragung bzw. deren Umformung der Wirkungsgrad des Motors η_M und der Wirkungsgrad des Generators η_G berücksichtigt werden. Der Gesamtwirkungsgrad errechnet sich aus

$$\eta_g = \eta_1 \cdot \eta_2 \cdot \ldots \cdot \eta_n$$

Beispiel: Ein Motorgenerator mit $\eta_M = 0{,}8$ und $\eta_G = 0{,}9$ nimmt eine Leistung von $P_{zu} = 10$ kW auf. Wie groß ist die abgegebene Leistung?

$\eta_g = \eta_1 \cdot \eta_2 = 0{,}8 \cdot 0{,}9 = 0{,}72$

$P_{ab} = P_{zu} \cdot \eta_g = 10\text{ kW} \cdot 0{,}72 = 7{,}2\text{ kW}$

Um den gesamten Wirkungsgrad eines Maschinensatzes zu erhalten, muss man also die Wirkungsgrade der einzelnen Maschinen miteinander multiplizieren.

3.6.6 Elektrische Energie und Wärmemenge

In vielen elektrischen Geräten wird die Umwandlung elektrischer Energie in Wärmeenergie zur Erzeugung hoher Temperaturen ausgenutzt. Grundsätzlich ist die Wärmeerzeugung mit Gleich- und mit Wechselstrom möglich. Allerdings werden die meisten Geräte mit Wechselstrom versorgt, da diese Stromart aus technischen Gründen im öffentlichen Stromversorgungsnetz bevorzugt wird.

Den Wärmezustand eines Stoffs kennzeichnet die Temperatur (T, t oder ϑ). Einheiten der Temperatur sind Kelvin (K) und Grad Celsius (°C), in Ländern mit englischem Maßsystem auch Grad Fahrenheit (°F). Die Umrechnung lautet:

$T = 273 + t_C$ — T: Temperatur in K

$t_C = \frac{5}{9} \cdot (t_F - 32)$ — t_C: Temperatur in °C

$t_F = \frac{9}{5} \cdot (t_C + 32)$ — t_F: Temperatur in °F

Beispiel: $t_C = 20\ °C$ — $T = ?\ K$

$$T = 273 + t_C = 273 + 20\ °C = 293\ K$$

Beispiel: $t_F = 77\ °F$ — $t_C = ?\ °C$

$$t_C = \frac{5}{9} \cdot (t_F - 32) = \frac{5}{9}(77\ °F - 32) = \frac{5}{9}\ 45\ °C = 25\ °C$$

In einem Stoff bewegen sich die Atome und Moleküle um ihre Ruhelage. Diese Bewegung erzeugt nach außen eine Wärme, die als Temperatur gemessen wird. Nur beim absoluten Nullpunkt 0 K (–273 °C) bewegen sich die Teilchen nicht mehr. Bei jeder höheren Temperatur bewegen sich die Teilchen des Stoffs. Jede Energiezufuhr verstärkt die Bewegung, d. h., der Wärmeinhalt steigt und die Temperatur erhöht sich. Um einen Körper zu erwärmen, muss man ihm Energie zuführen. Die Energiemenge ist abhängig von der gewünschten Temperaturerhöhung (Temperaturdifferenz $\Delta\vartheta$ in K), von der Masse m des Körpers in kg und von seinem Material. Die elektrische Arbeit W ist mit der zugeführten Energie Q_{zu} identisch:

$W = Q_{zu}$ $\quad Q_{zu} = U \cdot I \cdot t$ $\quad Q_{zu} = P \cdot t$

Verschiedene Stoffe benötigen zum Erwärmen um eine bestimmte Temperaturdifferenz unterschiedliche Energiebeträge. Ein Maß dafür ist die spezifische Wärmekapazität c des Stoffs. Sie gibt die erforderliche Wärmemenge in kJ an, die aufgewendet werden muss, um $m = 1$ kg des Stoffs um $\Delta\vartheta = 1$ K zu erwärmen:

$$c = \frac{Q_{zu}}{m \cdot \Delta\vartheta}$$

Damit lässt sich die zum Erwärmen eines Körpers aufzubringende Energie berechnen:

$$Q_{zu} = c \cdot m \cdot \Delta T$$

Ein Maß für die in einem Körper enthaltene Wärme (Energie) ist die Wärmemenge Q. Deren Einheit ist das Joule (J). 4186,8 J ist die Wärmemenge, die $m = 1$ Liter Wasser um 1 K erwärmt, und zwar von 14,5 °C auf 15,5 °C.

Die spezifische Wärmekapazität c ist die Wärmemenge, die 1 kg eines Stoffs um 1 K erwärmt. Die Einheit von c ist J/(kg · K).
Die spezifische Schmelzwärme L_f ist die Wärmemenge, die 1 kg eines Stoffs bei Schmelztemperatur vom festen in den flüssigen Zustand überführt. Sie wird beim Erstarren des Stoffs wieder frei. Die Einheit von L_f ist J/kg, und es ergibt sich für Wasser ein Wert von $L_f = 333{,}7$ kJ/kg.
Die spezifische Verdampfungswärme L_v ist die Wärmemenge, die 1 kg eines Stoffs bei Verdampfungstemperatur vom flüssigen in den dampfförmigen Zustand überführt; sie wird beim Verflüssigen (Kondensieren) des Stoffs wieder frei. Die Einheit L_v ist J/kg, und es ergibt sich für Wasser ein Wert von $L_v = 2258{,}7$ kJ/kg.

Beispiel: Wie groß muss die zugeführte elektrische Energie sein, wenn 10 l Wasser von 20 °C auf 90 °C erwärmt werden sollen?

$$Q_{zu} = c \cdot m \cdot \Delta\vartheta = 4{,}19\ \text{kJ/(kg·K)} \cdot 10\ \text{kg} \cdot 70\ \text{K} = 2933\ \text{kJ}$$

In **Tabelle 3.4** sind einige Zahlenwerte für spezifische Wärmekapazitäten gezeigt.

Stoff	**c** in kJ/(kg · K)
Wasser	4,19
Luft	1,02
Kupfer	0,39
Aluminium	0,91
Eisen	0,48

Tabelle 3.4 Zahlenwerte für spezifische Wärmekapazitäten

Der Wirkungsgrad errechnet sich aus

$$\eta = \frac{Q_{ab}}{Q_{zu}}$$

Für das Erwärmen eines Stoffs und seine Überführung vom festen in den dampfförmigen Zustand gilt

$$Q = m \cdot c \cdot \Delta\vartheta + m \cdot L_f + m \cdot L_v$$

Beispiel: 1 kg Eis von 0 °C soll in Wasserdampf von 100 °C umgewandelt werden (bei 1013 mbar). Welche Energie ist erforderlich?

$$\begin{aligned} Q &= m \cdot c \cdot \Delta\vartheta + m \cdot L_f + m \cdot L_v \\ &= 1\ \text{kg} \cdot 4{,}19\ \text{kJ/(kg·K)} \cdot 100\ \text{K} + 1\ \text{kg} \cdot 333{,}7\ \text{kJ/kg} + 1\ \text{kg} \cdot 2258{,}7\ \text{kJ/kg} \\ &= 419\ \text{kJ} + 333{,}7\ \text{kJ} + 2258{,}7\ \text{kJ} = 3{,}01\ \text{MJ} \end{aligned}$$

Für die einzelnen Umformungen gilt:

1 Ws = 1 J	1 J = 0,239 cal	4186,8 J = 1 kcal
3,6 MJ = 1 kWh	1 kWh ≈ 860 kcal	

4 Elektromotoren und Antriebsverfahren

Alle Elektromotoren beruhen auf dem Grundsatz der gegenseitigen Abstoßung bzw. Anziehung zweier stromdurchflossener Leiter. Träger der magnetischen Felder sind die Eisenmassen (Bleche) in den ruhenden (Ständer) und umlaufenden (Läufer) Teilen der Motoren. Für den Aufbau eines Gleichstrommotors benötigt man:

- Anker mit Wicklungen und Kommutator (mechanischer oder elektronischer Stromwender)
- Feldmagnete mit den „Feldwicklungen" zur Erzeugung des magnetischen Felds
- Motorgestell (teilweise als Leiter des magnetischen Felds von Pol zu Pol benutzt) mit Lagern, Bürstenhalter, Klemmbrett und Bodenplatte bzw. Befestigungsbohrungen für die Montage

Durch entsprechendes Verknüpfen von Anker und Feldwicklungen ergeben sich für den Gleichstrommotor drei Schaltungsmöglichkeiten:

- Nebenschlussbetrieb: Anker und Feld sind parallel geschaltet.
- Reihenschlussbetrieb: Anker und Feld sind hintereinander geschaltet, also in Reihe.
- Doppelschluss- oder Verbundbetrieb: Nebenschluss am Netz (neben dem Anker), Reihenschlussfeld in Reihe mit dem Anker.

Die Drehzahl eines Gleichstrommotors hängt von der Magnetfeldstärke (Windungszahl und Strom der Feldwicklungen, magnetische Widerstände im Eisen und im Luftspalt) und von der Zahl der Ankerleiter (Ankerstäbe und Wicklungen) ab. Diese Drehzahl lässt sich nicht in allen Belastungsverhältnissen konstant halten. Eine steigende Belastung wird zwangsweise eine Verminderung der Drehzahl hervorrufen. Dem Verhalten der Gleichstrommotoren in Bezug auf die Drehzahl entsprechend ergeben sich folgende Verwendungsmöglichkeiten:

- Nebenschlussmotor: Der Motor läuft häufig im Leerlaufbetrieb. Die Drehzahl darf von der Belastung nicht abhängig sein.
- Reihenschlussmotor: Der Motor darf niemals im Leerlauf betrieben werden, und es muss immer eine stabile Übertragung mit Zahnrädern bzw. Zahnriemen vorhanden sein. Dieser Typ eignet sich als Antriebsmotor für Hebefahrzeuge und Bahntriebwagen, da er unter stärkster Belastung (Aufwärtsfahren) ein großes und gleichmäßig ansteigendes Drehmoment erzeugt.
- Doppelschlussmotor: Er hat ein hohes Anzugsdrehmoment bei fast konstanter Drehzahl, auch bei schwankender Belastung.

Die Drehzahl lässt sich dadurch ändern, dass man entweder die Stromrichtung in den Magnetfeldern (Reihen- und Nebenschluss) umkehrt oder dies nur im Anker vornimmt. Auf welchen Wert sich die Drehzahl einstellt, ist nicht nur von der gegebenen Spannung abhängig, sondern auch von der Anzahl der Wicklungen und vom

Widerstand des Ankerleiters sowie vom Strom, der durch die Feldwicklung fließt. Bei einem kompletten Motor lässt sich die Spannung am Anker durch Vorschalten eines Widerstands ändern, oder man steuert den Strom, der durch das Feld fließt, ebenfalls durch Vorschaltung eines Widerstands. Von diesen beiden Möglichkeiten eignet sich die erste mit Rücksicht auf die großen Verluste kaum, denn hier fließt der gesamte Ankerstrom durch den Vorwiderstand und verursacht dadurch erhebliche Verluste. In der Praxis schaltet man einen Widerstand in Reihe zur Feldwicklung.

Die Verwendung von Einphasenwechselstrom für größere elektromotorische Antriebe wird infolge der verschiedenen Nachteile (ungünstiger Wirkungsgrad, höherer Anschaffungspreis) möglichst vermieden. Der Einphasenkommutatormotor oder Einphasenreihenschlussmotor bzw. Universalmotor ist mit dem Gleichstromreihenschlussmotor weitgehend identisch. Die Magnetpole und das Polgehäuse (Joch) führen ein Wechselfeld, müssen also zur Verringerung der Wirbelstromverluste aus isolierten Blechen (Dynamoblech) zusammengesetzt sein. Der Motor hat Reihenschlusscharakter, ändert also in hohem Maße seine Drehzahl mit der Belastung und neigt zum Durchgehen, wenn er ohne Last betrieben wird. Bei Anschluss an Gleichspannung ist seine Leistungsaufnahme größer als bei Wechselstromanschluss.

Die Wirkung der Drehstrommotoren beruht auf der Ausnutzung des durch Drehstrom erzeugbaren Drehfelds. Liegt ein Drehstrom mit einer Frequenz von $f = 50$ Hz an einem einpolig gewickelten Motor (drei Spulensysteme um 120° phasenverschoben), ergibt sich eine synchrone Drehzahl von

$$n_s = \frac{60 \cdot f}{p} = \frac{60 \cdot 50}{1} = 3\,000 \text{ min}^{-1}$$

In diesem Fall hat man einen synchronen Drehstrommotor, und die Drehzahl ist starr mit der Netzfrequenz gekoppelt. Verwendet man einen zweipoligen (zwei Polpaare), errechnet sich eine synchrone Drehzahl von $1\,500 \text{ min}^{-1}$, bei einem dreipoligen (drei Polpaare) von $1\,000 \text{ min}^{-1}$ und bei einem vierpoligen (vier Polpaare) Drehstrommotor von 750 min^{-1}. Wird dieser Motor stoßweise belastet, kann er „außer Tritt laufen", d. h., der Läufer kommt momentan nicht mehr mit der Drehung des Drehfelds mit und bleibt stehen.

Der Asynchronmotor beruht darauf, dass nicht nur das Drehfeld im Ständer, sondern auch das notwendige Magnetfeld des Läufers durch den im Ständer fließenden Drehstrom erzeugt wird. Der Rotor ist kein „normaler" Nordpol-Südpol-Elektromagnet, sondern ein aus dünnen Eisenblechen zusammengestellter Eisenzylinder, auf dessen Umfang Nuten angebracht sind. Darin sind Kupfer- oder Aluminiumleiter eingelegt, die entweder durch Ringe kurzgeschlossen oder in Wicklungen zusammengeschaltet sind. Diese Wicklungen bilden sozusagen die Sekundärwicklung innerhalb des Asynchronmotors. Die in der Ständerwicklung fließenden Drehströme erzeugen ein konstantes, aber von der Frequenz abhängiges umlaufendes Magnetfeld (mit Nord- und Südpol). Dieses Drehfeld „schneidet" die zunächst ruhenden Leiter des Läufers und induziert in ihnen unterschiedliche Spannungen.

Da die Leiter kurzgeschlossen oder in Wicklungen zusammengeschaltet sind, fließen also im Läufer entsprechende Ströme, die ihrerseits wieder ein Magnetfeld ausbilden. Die beiden Felder vereinigen sich zu einem Feld und erzeugen für den Rotor ein Drehmoment, sodass er sich zu drehen beginnt.

Das Zurückbleiben der Läuferdrehzahl gegenüber der synchronen Drehzahl des Drehfelds bezeichnet man als „Schlupf". Der Schlupf liegt bei normalen Drehstrommotoren bei etwa 4 % bis 11 % unter der synchronen Drehzahl. Wenn also ein Motor zweipolig gewickelt ist, ergibt sich bei einem Synchronmotor eine Drehzahl von 1 500 min^{-1} und bei einem Asynchronmotor von etwa 1 440 min^{-1}. Der Schlupf s in Prozent berechnet sich aus der synchronen Drehzahl n_s und der Läuferdrehzahl n:

$$s = \frac{n_s - n}{n_s} \cdot 100\ \%$$

4.1 Drehstrommotor

Der erste Elektromotor, ein Gleichstrommotor, wurde 1833 gebaut. Die Geschwindigkeitsregelung für diesen Motor war einfach und erfüllte bereits damals die Anforderungen in den verschiedensten Anwendungen. 1889 wurde der erste Drehstrommotor konstruiert. Verglichen mit dem Gleichstrommotor, ist er wesentlich einfacher und robuster aufgebaut. Drehstrommotoren arbeiten mit fester Drehzahl und Momentcharakteristik. Daher waren diese Motoren lange Zeit für spezielle Anlagen nicht einsetzbar, da keine Drehzahlregelung möglich war. Drehstrommotoren stellen elektromagnetische Energieumformer dar, denn sie wandeln elektrische Energie in mechanische Energie (Motor) bzw. umgekehrt (Generator) mit der elektromagnetischen Induktion um. **Bild 4.1** zeigt das Prinzip des elektromagnetischen Induktionsgesetzes.

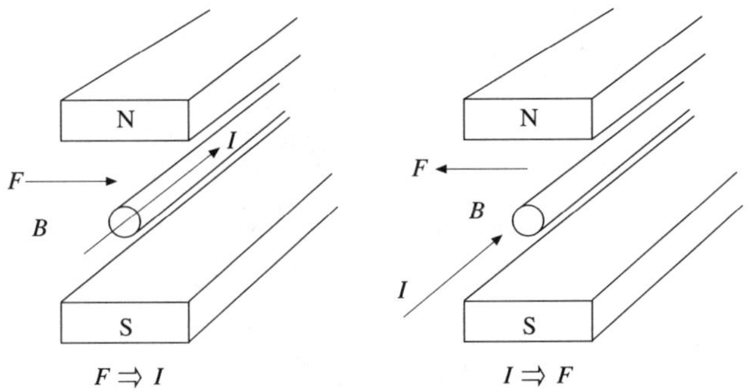

Bild 4.1 Prinzip des elektromagnetischen Induktionsgesetzes, links das Generator-, rechts das Motorprinzip

Das Magnetfeld wird im Motor im feststehenden Teil (Stator) erzeugt. Die Leiter, die von den elektromagnetischen Kräften beeinflusst werden, befinden sich im rotierenden Teil (Rotor). Die Drehstrommotoren unterteilt man in die beiden Hauptgruppen der „asynchronen“ und der „synchronen“ Familien. Beide Motoren sind in der Wirkungsweise der Statoren im Prinzip identisch. Der Unterschied liegt nur im Rotoraufbau. Hier entscheiden die Bauweise und die Art, wie sich der Rotor im Verhältnis zum Magnetfeld bewegt. Synchron bedeutet „gleichzeitig“ oder „gleich“, asynchron „nicht gleichzeitig“oder „nicht gleich“. Bei den synchronen Drehstrommotoren kennt man noch den Rotor mit ausgeprägten Polen (Vollpolrotor), bei den asynchronen den Schleifringrotor bzw. den Kurzschlussrotor.

4.1.1 Wirkungsweise des Asynchronmotors

Der Asynchronmotor ist der meistverbreitete Motor in der Antriebstechnik. Er erfordert fast keine Instandhaltung, da sich keine mechanischen Teile abnutzen können. Der mechanische Aufbau ist genormt, und damit ist immer ein Lieferant verfügbar. Es gibt mehrere Typen von Asynchronmotoren, die jedoch alle nach dem gleichen Grundprinzip arbeiten.

Bild 4.2 zeigt den mechanischen Aufbau eines Asynchronmotors. Die beiden Hauptteile sind Stator (Ständer) und Rotor (Läufer). Der Stator ist ein Teil des feststehenden Motors. Er besteht aus Statorgehäuse (1) und Kugellagern (2), die den Rotor (8) tragen, Lagerböcken (3) für die Anordnung der Lager und als Abschluss für das Statorgehäuse sowie Ventilator (4) für die Motorkühlung und Ventilator-

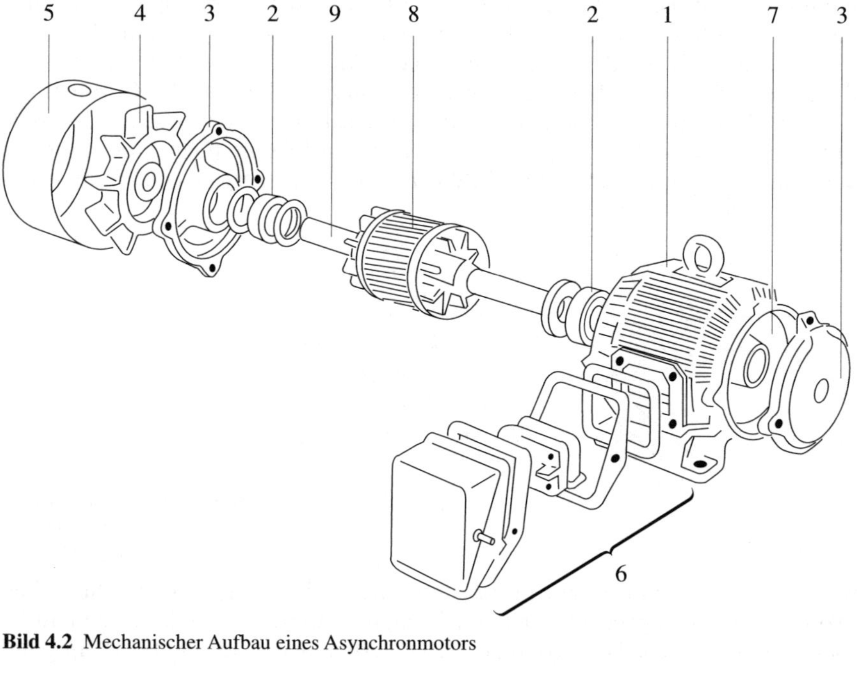

Bild 4.2 Mechanischer Aufbau eines Asynchronmotors

kappe (5) als Schutz gegen den rotierenden Ventilator. Auf der Seite des Statorgehäuses sitzen ein Kasten für den elektrischen Anschluss (6) und das Typenschild.

Im Statorgehäuse befindet sich ein Eisenkern (7) aus dünnen, 0,3 mm bis 0,5 mm starken Eisenblechen mit Ausstanzungen für die drei Strangwicklungen. Strangwicklungen und Statorkern erzeugen das Magnetfeld. Die Anzahl der Polpaare (oder Pole) bestimmt die Geschwindigkeit, mit der das Magnetfeld rotiert. Ist ein Motor an eine Spannungsquelle mit seiner Nennfrequenz angeschlossen, wird die Drehzahl des Magnetfelds als synchrone Drehzahl (n_0) des Motors bezeichnet. **Tabelle 4.1** zeigt die Anzahl der Polpaare bzw. die Polzahl und die dadurch erzeugte synchrone Drehzahl des Motors.

Polpaare (p)	1	2	3	4	6
Polzahl	2	4	6	8	12
n_0 (min^{-1})	3 000	1 500	1 000	750	500

Tabelle 4.1 Anzahl der Polpaare bzw. Polzahl und synchrone Drehzahl bei synchronen Drehstrommotoren

Das Magnetfeld rotiert im Luftspalt zwischen Stator und Rotor. Nach Anschluss einer der Strangwicklungen an einen Leiter der Betriebsspannung wird ein Magnetfeld induziert. Die Anordnung dieses Magnetfelds im Statorkern ist fest, aber die Drehrichtung lässt sich durch Vertauschen von zwei Strängen umkehren. Die Geschwindigkeit, mit der sich die Richtung ändert, wird von der Frequenz der Betriebsspannung bestimmt. Bei einer Frequenz von $f = 50$ Hz ändert das Wechselfeld die Richtung 50-mal in jeder Sekunde. **Bild 4.3** zeigt, wie eine Strangspannung ein Wechselfeld erzeugt.

Beim gleichzeitigen Anschluss von zwei Strangwicklungen an den jeweiligen Leiter werden zwei Magnetfelder im Statorkern induziert. In einem zweipoligen Motor ist das eine Feld um 120° im Verhältnis zum anderen verschoben. Die Maximalwerte

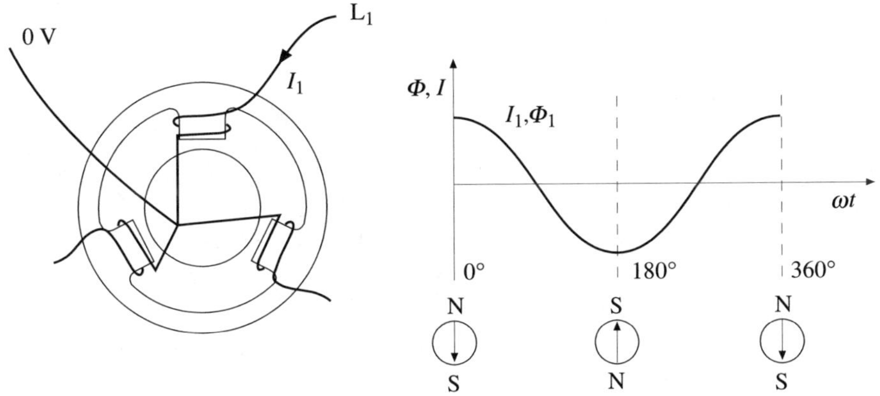

Bild 4.3 Erzeugen eines Wechselfelds durch den Anschluss eines einzigen Strangs des Drehstroms

der Felder sind auch zeitmäßig verschoben. Hiermit entsteht ein Magnetfeld, das im Stator rotiert. Das Feld ist jedoch stark asymmetrisch, bis der dritte Strang angeschlossen wird. **Bild 4.4** zeigt das Erzeugen eines asymmetrischen Wechselfelds durch zwei Stränge des Drehstroms.

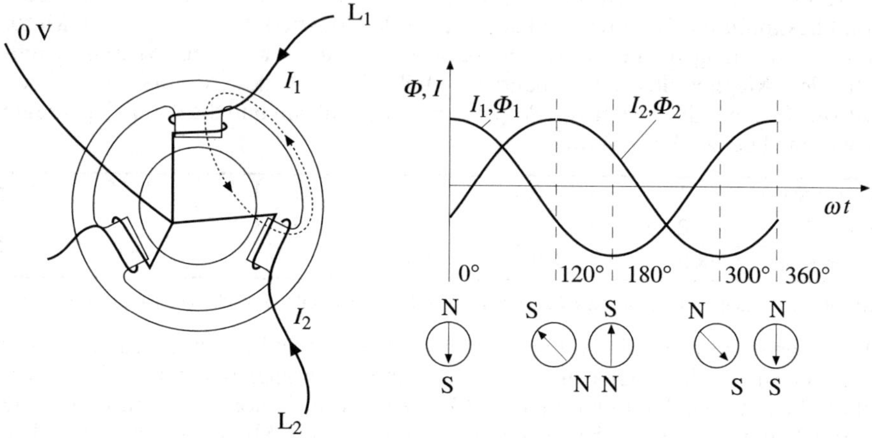

Bild 4.4 Erzeugen eines asymmetrischen Wechselfelds durch zwei Leiter des Drehstroms

Nach Anschluss des dritten Strangs entstehen drei Magnetfelder im Statorkern. Zeitmäßig sind die drei Strangspannungen um 120° im Verhältnis zueinander verschoben. **Bild 4.5** zeigt die Erzeugung eines symmetrischen Wechselfelds durch drei Stränge des Drehstroms.

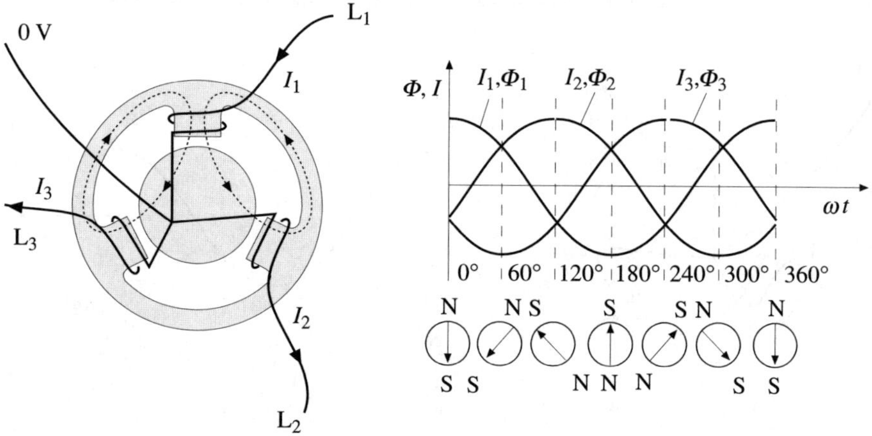

Bild 4.5 Erzeugen eines symmetrischen Wechselfelds durch drei Leiter des Drehstroms

Der Stator ist nun an die dreiphasige Betriebsspannung angeschlossen. Die Magnetfelder der einzelnen Strangwicklungen bilden ein symmetrisches und rotierendes Magnetfeld, das man auch als Drehfeld des Motors bezeichnet. Die Amplitude des Drehfelds ist konstant und beträgt das 1,5fache vom Maximalwert der Wechselfelder. Die Geschwindigkeit ist von der Polpaarzahl p des Drehstrommotors und von der Frequenz f der Betriebsspannung abhängig. Die Zeigerdiagramme von **Bild 4.6** zeigen die Größe der magnetischen Felder Φ zu drei verschiedenen Zeiten.

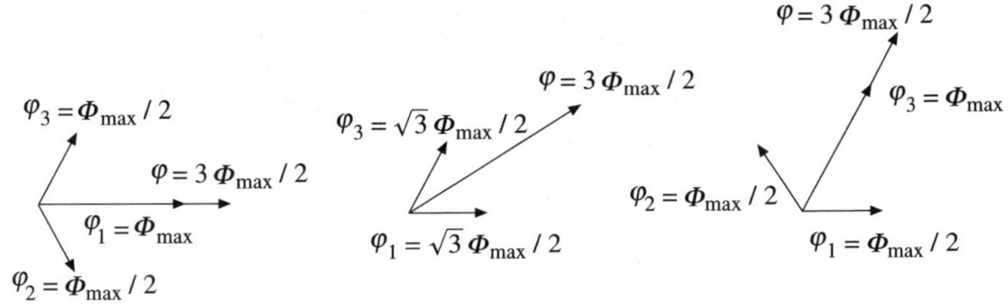

Bild 4.6 Zeigerdiagramme: Man erkennt, dass die Größe des Magnetfelds konstant bleibt

Bei der Abbildung des Drehfelds mit einem Vektor und einer entsprechenden Winkelgeschwindigkeit wird ein Kreis beschrieben. Als Funktion der Zeit in einem Koordinatensystem erzeugt das Drehfeld eine Sinuskurve. Das Drehfeld wird elliptisch, wenn sich die Amplitude während einer Umdrehung ändert.

Der Rotor (8) ist auf der Motorwelle (9) montiert. Er wird wie der Stator aus dünnen Eisenblechen mit ausgestanzten Schlitzen gefertigt und kann ein Schleifring- oder ein Kurzschlussrotor sein. Beide unterscheiden sich dadurch, dass die Wicklungen in den Schlitzen unterschiedlich sind. Der Schleifringrotor besteht wie der Stator aus gewickelten Spulen, die in den Schlitzen untergebracht sind. Damit steht pro Strang jeweils eine Spule zur Verfügung, deren Anschlüsse an die Schleifringe geführt sind. Nach einem Kurzschluss der Schleifringe arbeitet der Rotor wie ein Kurzschlussrotor.

Der Kurzschlussrotor hat in den Schlitzen eingegossene Aluminiumstäbe. An jedem Ende des Rotors sind die Stäbe über einen Aluminiumring kurzgeschlossen. Der Kurzschlussrotor wird in der Praxis am häufigsten verwendet, weil sich mechanischer und elektrischer Aufbau sehr einfach gestalten. Da beide Rotoren nach dem gleichen Prinzip arbeiten, wird im Folgenden nur der Kurzschlussrotor beschrieben. **Bild 4.7** zeigt den Aufbau des Drehfelds und die Arbeitsweise des Kurzschlussrotors.

Bei Anordnung eines Rotorstabs im Drehfeld wird dieser von einem magnetischen Pol durchwandert. Das Magnetfeld des Pols induziert einen Strom I_W im Rotorstab, der nun durch eine Kraft F beeinflusst wird. Diese Kraft wird durch die Flussdichte B, den induzierten Strom I_W, die Länge l des Rotors sowie die Phasenlage φ zwischen Kraft und Flussdichte bestimmt mit

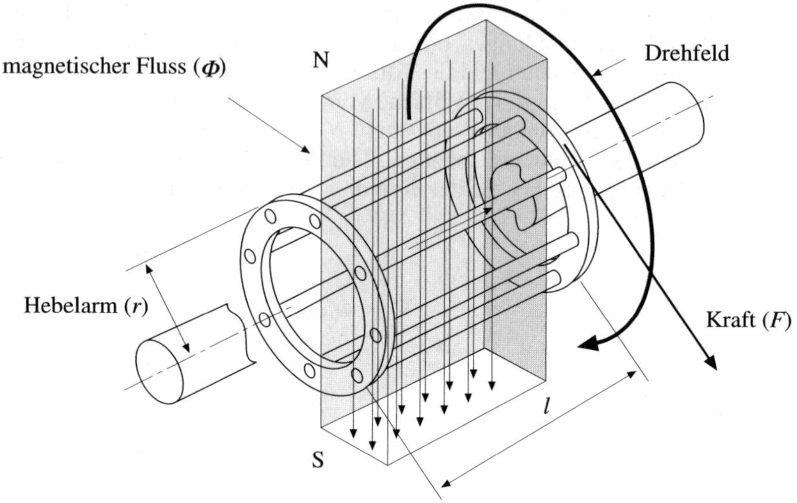

Bild 4.7 Drehfeld und Kurzschlussrotor

$F = B \cdot I_W \cdot l \cdot \sin\varphi$

Nimmt man an, dass $\varphi = 90°$ ist, berechnet sich die Kraft aus

$F = B \cdot I_W \cdot l$

Der nächste Pol, der den Rotorstab durchwandert, hat die entgegengesetzte Polarität. Er induziert einen Strom in die entgegengesetzte Richtung. **Bild 4.8** zeigt die Induktion in den Rotorstäben, wobei drei Anordnungen vorhanden sind. Da sich aber auch die Richtung des Magnetfelds geändert hat, wirkt die Kraft in die gleiche Richtung wie zuvor. Dieser Vorgang ist im mittleren Bildteil gezeigt.

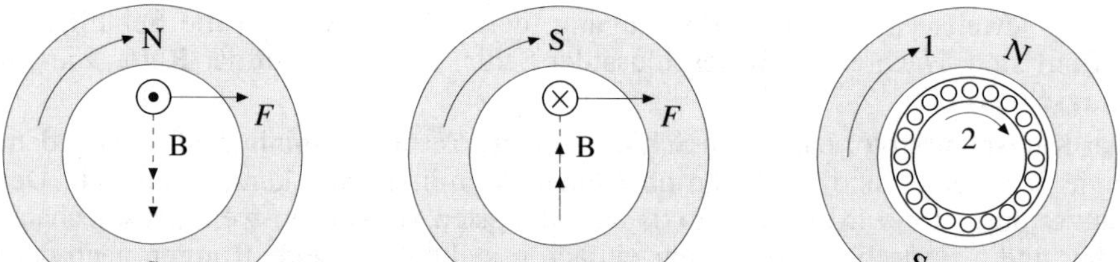

Bild 4.8 Induktion in den Rotorstäben

Bei Anordnung des ganzen Rotors im Drehfeld (Bild 4.8 rechts) werden die Rotorstäbe von Kräften beeinflusst, die den Rotor drehen. Die Drehzahl (2) des Rotors erreicht nicht die des Drehfelds (1), da bei gleicher Drehzahl keine Ströme in den Rotorstäben induziert werden.

4.1.2 Schlupf, Moment und Drehzahl

Die Drehzahl n des Rotors ist unter normalen Umständen etwas niedriger als die Drehzahl n_0 des Drehfelds. Der Schlupf s ist der Unterschied zwischen den Geschwindigkeiten des Drehfelds und des Rotors:

$s = n_0 - n$

Der Schlupf wird häufig in Prozent der synchronen Drehzahl angegeben. Normalerweise liegt er zwischen 4 % und 11 %. Die Flussdichte B ist definiert als der Fluss Φ pro Querschnitt A, denn je höher die Leistung des Motors ist, umso geringer der Schlupf. Damit ergibt sich die Kraft

$$F = \frac{\Phi \cdot I_W \cdot l}{A} \qquad \text{oder} \qquad F \sim \Phi \cdot I_W$$

Die Kraft, mit der sich der stromführende Leiter bewegt, ist also proportional zum magnetischen Fluss Φ und zur Stromstärke I_W im Leiter. In den Rotorstäben wird durch das Magnetfeld eine Spannung induziert, die in den kurzgeschlossenen Rotorstäben einen Strom I_W fließen lässt. Die einzelnen Kräfte der Rotorstäbe erzeugen zusammen das Drehmoment M auf der Motorwelle.

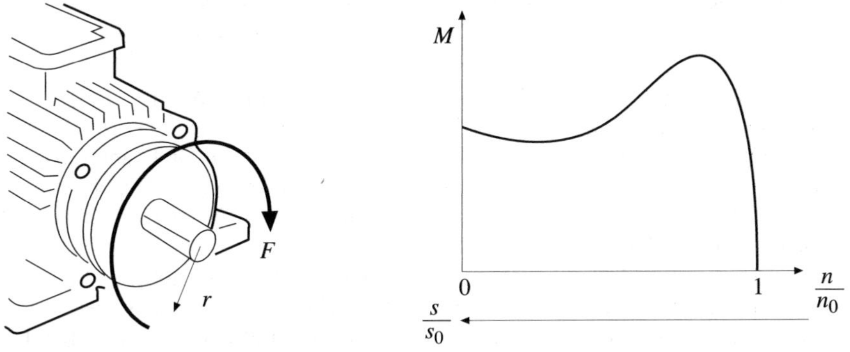

Bild 4.9 Motormoment ist „Kraft mal Hebelarm“

Die Zusammenhänge zwischen Motormoment und Drehzahl ergeben den charakteristischen Verlauf nach **Bild 4.9**, der jedoch nach der Schlitzform im Rotor variiert. Das Moment des Motors, also das Drehmoment, gibt die Kraft bzw. die Rotation an, die an der Motorwelle auftritt. Die Kraft entsteht beispielsweise am Umfang eines Schwungrads, das auf der Welle montiert ist. Mit den Bezeichnungen für die Kraft F und für den Radius r des Schwungrads ergibt sich das Moment des Motors zu $M = F \cdot r$. Die vom Motor ausgeführte Arbeit beträgt $W = F \cdot d$. Darin ist d die Strecke, die ein Motor bei der angegebenen Belastung „ziehen“ kann, und n ist die Anzahl der Umdrehungen: $2 \cdot n \cdot \pi \cdot r$. Die Arbeit lässt sich auch als Leistung, multipliziert mit der Zeit, in der die Leistung wirkt, beschreiben: $W = P \cdot t$. Für das Moment gilt damit:

$$M = F \cdot r = \frac{W}{d} \cdot r = \frac{P \cdot t \cdot r}{2 \cdot n \cdot \pi \cdot r} = \frac{9550 \cdot P}{n} \qquad (t = 60\ \text{s})$$

Diese Gleichung zeigt den Zusammenhang zwischen Drehzahl n (min^{-1}), Moment M (Nm) und vom Motor abgegebener Leistung P (kW). Bei Betrachtung von n, M und P im Verhältnis zu den entsprechenden Werten in einem bestimmten Arbeitspunkt n_r, M_r und P_r ermöglicht sie einen schnellen Überblick für die praktische Anwendung. Der Wert 9550 ergibt sich aus $60 \cdot 1000 / 2\pi$.

Der Arbeitspunkt ist in der Regel der Nennbetriebspunkt des Motors, und man kann die Gleichung folgendermaßen umschreiben:

$$M_r = \frac{P_r}{n_r} \quad \text{und} \quad P_r = M_r \cdot n_r$$

mit

$$M_r = \frac{M}{M_N}, \quad P_r = \frac{P}{P_N} \quad \text{und} \quad n_r = \frac{n}{n_N}$$

Die Konstante 9550 entfällt in dieser Verhältnisrechnung!

Beispiel: Die Belastung eines Motors soll 15 % des Nennwerts betragen, und die Drehzahl liegt bei 50 % des Nennwerts. Die abgegebene Leistung wird 7,5 % der abgegebenen Nennleistung, da $P_r = 0{,}15 \cdot 0{,}50 = 0{,}075$ ist.

Bild 4.10 zeigt die Strom- und Momentencharakteristik eines Motors. Neben dem normalen Betriebsbereich des Motors gibt es noch zwei Bremsbereiche. Im Bereich $(n/n_0) > 1$ wird der Motor von der Belastung über die synchrone Drehzahl gezogen. Hier arbeitet er als Generator. Der Motor erzeugt in diesem Bereich ein Gegenmoment und gibt gleichzeitig Leistung in das Versorgungsnetz zurück. Im Bereich $(n/n_0) < 0$ wird das Bremsen als Gegenstrombremsung bezeichnet.

Vertauscht man zwei Stränge eines Drehstrommotors, ändert das Drehfeld die Laufrichtung. Unmittelbar danach wird das Drehzahlverhältnis $(n/n_0) = 1$ sein. Der Motor, der vorher mit dem Moment M belastet war, bremst nun mit einem entsprechenden Bremsmoment. Wird der Motor nicht bei $n = 0$ ausgeschaltet, läuft er in der neuen Drehrichtung des Drehfelds. Im Bereich $0 < (n/n_0) < 1$ wird der Motor in seinem normalen Arbeitsbereich betrieben. Der Motorbetriebsbereich lässt sich unterteilen in

$$\text{Anlaufbereich } 0 < \frac{n}{n_0} < \frac{n_K}{n_0} \quad \text{und Betriebsbereich } \frac{n_K}{n_0} < \frac{n}{n_0} < 1$$

Es gibt einige wichtige Punkte im Arbeitsbereich des Motors: M_a ist das Startmoment des Motors. Es handelt sich um das Moment, das der Motor aufbaut, wenn man im Stillstand die Nennspannung und die Nennfrequenz anlegt. M_K ist das Kippmoment des Motors. Hierbei handelt es sich um das größte Moment, das er leisten kann, wenn Nennspannung und Nennfrequenz anliegen. M_N ist der ideale Wert des Motors. Die Nennwerte des Motors sind mechanische und elektrische Größen, für die er nach IEC 34 konstruiert wurde. Sie sind auf dem Typenschild angegeben und werden auch

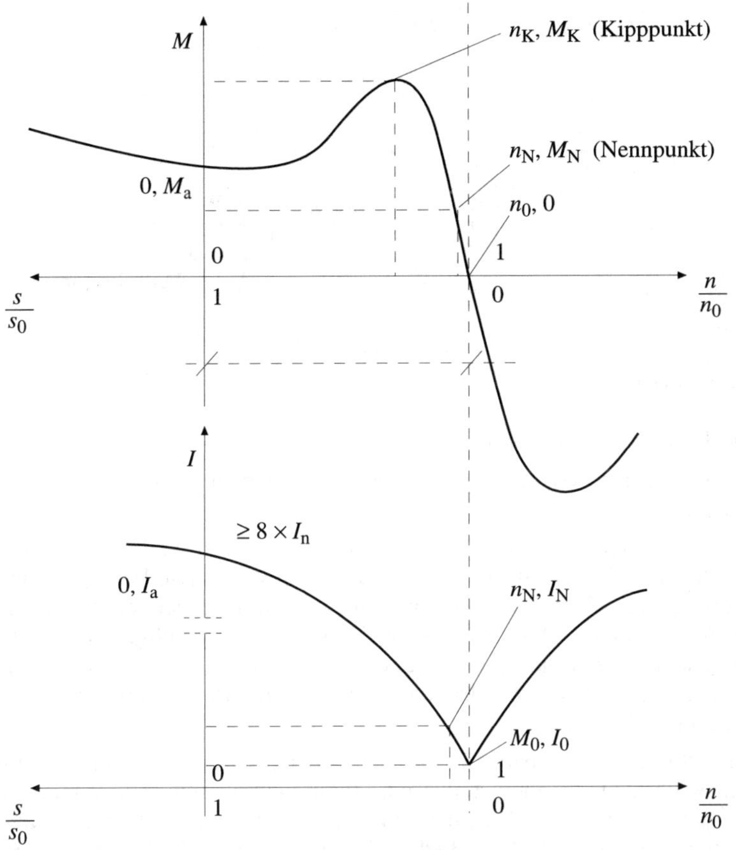

Bild 4.10 Strom- und Momentencharakteristik des Motors

als Typenwerte oder Typendaten bezeichnet. Die Nennwerte des Motors geben an, wo der optimale Betriebspunkt bei direktem Anschluss an das Versorgungsnetz liegt.

4.1.3 Wirkungsgrad und Verluste

Der Motor nimmt eine elektrische Leistung aus dem Versorgungsnetz auf. Sie ist bei einer konstanten Belastung größer als die mechanische Leistung, die der Motor an der Welle abgeben kann. Ursache hierfür sind Verluste im Motor. Das Verhältnis zwischen abgegebener und aufgenommener Leistung ist der Wirkungsgrad η. Der typische Wirkungsgrad liegt, je nach Motorgröße und Anzahl der Polpaare, zwischen 0,7 und 0,9.

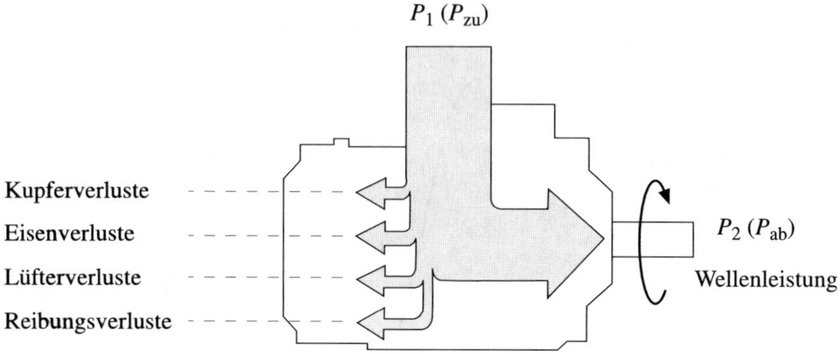

Bild 4.11 Verluste im Motor

Bild 4.11 zeigt die Verluste im Motor:

- Kupferverluste – sie ergeben sich in den ohmschen Widerständen der Stator- und Rotorwicklungen.
- Eisenverluste – sie setzen sich aus Hysterese- und Wirbelstromverlusten zusammen. Die Hystereseverluste entstehen, wenn das Eisen von einem Wechselstrom magnetisiert wird. Das Eisen muss ständig ummagnetisiert werden, bei $f = 50$ Hz 100-mal in der Sekunde. Das erfordert Energie für die ständige Ent- bzw. Ummagnetisierung. Der Motor nimmt daher immer eine zusätzliche Leistung auf, um die Hystereseverluste abzudecken. Sie steigen mit der Frequenz und mit der magnetischen Induktion.
- Wirbelstromverluste – sie entstehen, weil die Magnetfelder elektrische Spannungen im Eisenkern wie in jedem anderen Leiter induzieren. Diese Spannungen erzeugen Ströme, die wiederum Wärmeverluste verursachen. Die Ströme verlaufen in Kreisen um die Magnetfelder. **Bild 4.12** zeigt eine typische Lamellenform des Motoreisens zur Verringerung der Wirbelströme. Durch die Aufteilung des Eisenkerns in dünne Bleche verringern sich die Wirbelstromverluste deutlich.
- Lüfterverluste – sie entstehen durch den Luftwiderstand des Ventilators innerhalb des Motors.
- Reibungsverluste – sie ergeben sich in den Kugellagern des Rotors.

Bei Bestimmung des Wirkungsgrads und der abgegebenen Motorleistung werden in der Praxis die Verluste im Motor von der zugeführten Leistung subtrahiert.

Die zugeführte Leistung lässt sich messen, die Verluste kann man berechnen oder experimentell bestimmen.

Beispiel: Der Wirkungsgrad eines Drehstrommotors soll aus den im Prüffeld ermittelten Werten errechnet werden. Gemessen wurden $P_{zu} = 16{,}85$ kW, $n = 725 \text{ min}^{-1}$ und $M = 198$ Nm. Wie groß ist der Wirkungsgrad η in %?

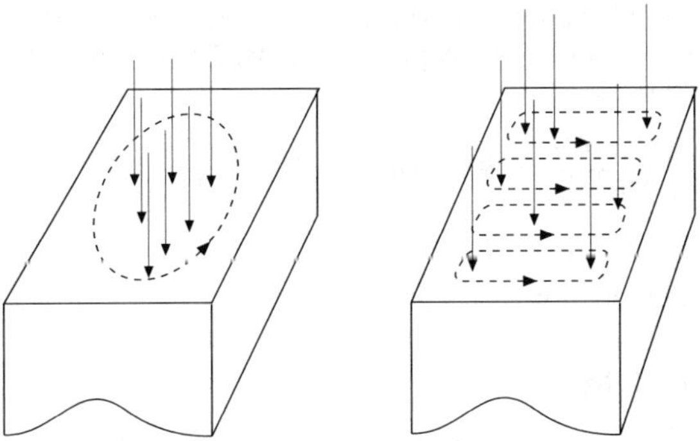

Bild 4.12 Verringern der Wirbelströme durch die Lamellenform und die Aufteilung des Eisenkerns in dünne Motorbleche

$$\eta = \frac{M \cdot n}{9{,}55 \cdot P_{zu}} = \frac{198 \cdot 725}{9{,}55 \cdot 16\,850} = 89{,}2\,\%$$

Man erhält einen Wirkungsgrad von 89,2 %.

Beispiel: Eine Messung unter Betriebsbedingungen ergibt, dass ein Drehstrommotor bei $n = 2\,910\ \text{min}^{-1}$ eine Wirkleistung von 8,6 kW aus dem Netz aufnimmt. Aus den Angaben der Hersteller lassen sich ermitteln: cos $\varphi \approx 0{,}82$, $\eta \approx 88\ \%$. Wie groß ist das Drehmoment M, das der Motor abgibt?

$$M = \frac{9{,}55 \cdot P_{zu} \cdot \eta}{n} = \frac{9{,}55 \cdot 8\,600 \cdot 0{,}88}{2\,910} = 24{,}8\ \text{Nm}$$

Das berechnete Drehmoment beträgt 24,8 Nm.

4.1.4 Magnetfeld

Jeden Drehstrommotor konstruiert man für eine konstante Spannung und Frequenz des Versorgungsnetzes. Die Magnetisierung des Motors wird vom Verhältnis zwischen Spannung und Frequenz bestimmt. Steigt das Spannungs-Frequenz-Verhältnis, wird der Motor übermagnetisiert. Bei einem kleiner werdenden Verhältnis wird der Motor untermagnetisiert. Das Magnetfeld eines untermagnetisierten Motors ist gering; das Moment, das der Motor entwickeln kann, verkleinert sich. Das führt in der Praxis dazu, dass der Motor nicht anläuft, oder die Hochlaufzeit verlängert sich entsprechend, und der Motor wird hierbei überlastet.

Ein übermagnetisierter Motor wird während des normalen Betriebs bereits überlastet. Die Leistung für diese zusätzliche Magnetisierung setzt sich als Wärme im Motor um und beschädigt im schlimmsten Fall die Isolation der Wicklungen. Drehstrommotoren und besonders Asynchronmotoren sind sehr robust gegen Überlastungen aller Art. Das Problem der Fehlmagnetisierung mit daraus entstehenden Belastungsschäden ist erst bei Dauerbetrieb zu berücksichtigen. Der Motorlauf zeigt an, ob die Magnetisierungsverhältnisse ungünstig sind (fallende Drehzahl bei variierender Belastung, instabiler oder stotternder Motorlauf usw.).

Beispiel: Ein Drehstrommotor hat die Nennleistung von 18,5 kW und die Nenndrehzahl von 2 920 min^{-1}. Wie groß ist das Kippmoment M_K, wenn laut Herstellerangaben $M_K/M = 3{,}0$ gilt?

$$M = \frac{9{,}55 \cdot P_{ab}}{n} = \frac{9{,}55 \cdot 18\,500}{2\,920} = 60{,}5 \text{ Nm}$$

$$M_K = M \cdot 3{,}0 = 60{,}5 \text{ Nm} \cdot 3{,}0 = 181{,}5 \text{ Nm}$$

Es ergibt sich ein Kippmoment von 181,5 Nm.

4.1.5 Motordaten und Typenschild

Jeder Motor hat ein Typenschild, das fest mit dem Motor verbunden ist (**Bild 4.13**). Es enthält alle wesentlichen Daten des Motors. Weitere Daten sind im entsprechenden Herstellerkatalog zu finden.

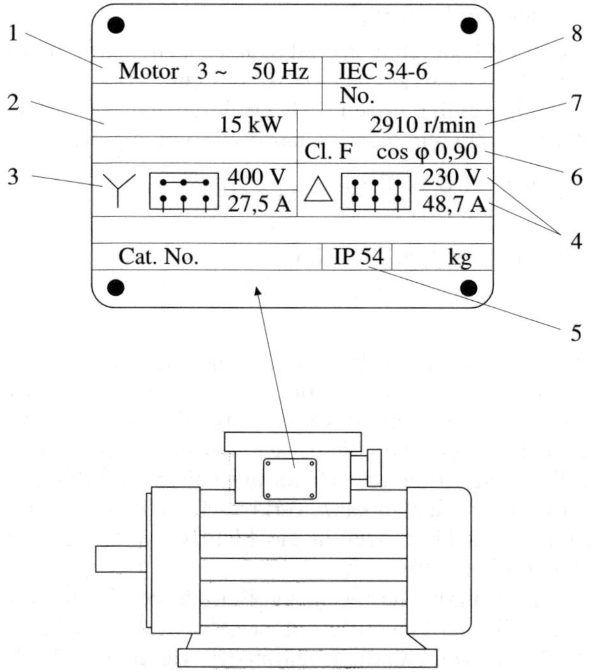

Bild 4.13 Typenschild für einen zweipoligen 15-kW-Motor

Das Motortypenschild für einen zweipoligen 15-kW-Motor kann folgende Daten enthalten:

- 1: Der Motor hat drei Stränge und ist für ein Versorgungsnetz mit einer Frequenz von 50 Hz vorgesehen.

- 2: Die Nennleistung des Motors beträgt 15 kW, d. h., der Motor kann eine Wellenleistung von mindestens 15 kW liefern, wenn er an ein Versorgungsnetz wie angegeben angeschlossen ist. Die Nennleistung der Asynchronmotoren ist in einer Standardreihe festgehalten. Damit kann der Anwender beliebig zwischen den verschiedenen Motorherstellern für bestimmte Anwendungen wählen.
- 3 und 4: Die Statorwicklungen lassen sich in „Stern" oder „Dreieck" schalten. Bei einer Anschlussspannung von 400 V müssen die Wicklungen in „Stern" geschaltet sein. Der Motorstrom beträgt dann je Strang 27,5 A. Bei einer Anschlussspannung von 230 V muss die Wicklung in „Dreieck" geschaltet sein. Der Motorstrom beträgt dann je Strang 48,7 A. Im Startaugenblick, wenn der Strom vier- bis zehnmal größer als der Nennstrom sein kann, wird das Leitungsnetz überlastet. Das erfordert, dass die Vorschriften der Versorgungsunternehmen zu beachten sind, damit der Startstrom für größere Motoren durch entsprechende Schaltungsmaßnahmen reduziert wird. Eine Verringerung des Startstroms ist beispielsweise dadurch möglich, dass der Motor in Sternschaltung angefahren und dann auf Dreieck umgeschaltet wird.

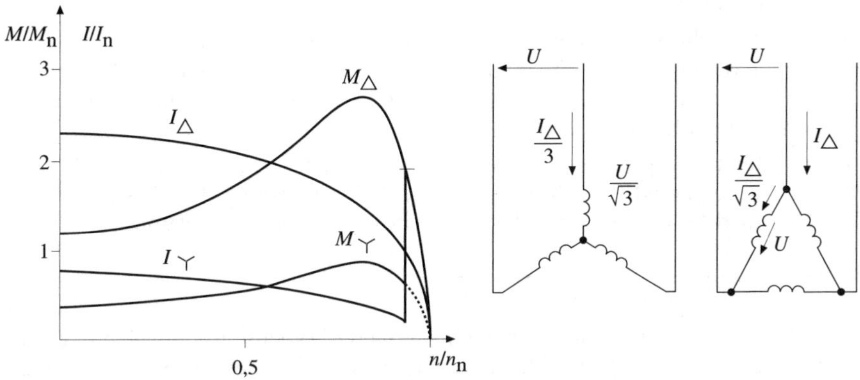

Bild 4.14 Drehmoment und Stromaufnahme des Motors bei Stern- und Dreieckschaltung

Bild 4.14 zeigt das Drehmoment und die Stromaufnahme eines Drehstrommotors in Stern- und Dreieckschaltung. Leistung und Moment verringern sich auf 1/3, und der Motor kann daher nicht bei voller Belastung anlaufen. Ein für Dreieckschaltung vorgesehener Motor wird überlastet, wenn bei Volllast nicht auf Dreieck umgeschaltet wird.

- 5: Die Schutzart des Motors gibt an, wie groß der Schutz gegen das Eindringen von Flüssigkeiten und Fremdkörpern ist. Alle Komponenten eines Motors oder elektrischen Systems müssen dementsprechend geschützt sein. Als Maß für die Tauglichkeit in Industrieumgebungen gilt die Angabe des Schutzgrads IP (International Protection) nach DIN 40 050.

- 6: Den Nennstrom I_S, den ein Motor aufnimmt, bezeichnet man als Scheinstrom. Er lässt sich in zwei Ströme aufteilen: in den Wirkstrom I_W und einen Blindstrom I_Q. Der cos φ bestimmt, wie hoch der Anteil des Wirkstroms am Motorstrom im Nennbetrieb ist. Der Wirkstrom wird in Wellenleistung umgesetzt, während der Blindstrom die Leistung angibt, die für den Aufbau des Magnetfelds im Motor erforderlich ist. Wird das Magnetfeld später abgebaut, fließt die Magnetisierungsleistung an das Versorgungsnetz zurück. Die Definition „blind" deutet an, dass der Strom in den Leitungen hin- und herfließt, ohne einen Beitrag zur eigentlichen Wellenleistung zu erbringen. Der Scheinstrom, den der Motor aus dem Netz aufnimmt, wird nicht durch einfaches Addieren des Wirk- und Blindstroms bestimmt, weil die beiden Ströme zeitmäßig zueinander verschoben sind. Die Größe dieser Verschiebung ist von der Frequenz des Versorgungsnetzes abhängig.
- 7: Die Nenndrehzahl des Motors ist die Drehzahl des Motors bei Nennspannung, Nennfrequenz und Nennbelastung.
- 8: Elektromotoren sind für verschiedene Kühlformen gebaut. Normalerweise wird die Kühlform nach IEC angegeben. Hierfür gibt es folgende Bezeichnungen:
  IC01: Eigenbelüftung: Das Innere des Motors wird direkt durch die umgebende Luft gekühlt.
  IC06: Fremdbelüftung: Ein Motor sorgt für getrennte Kühlluftzufuhr.
  IC17: Fremdbelüftung: Ein Motor mit angebautem Gebläse führt Kühlluft zu.
  IC37: Fremdbelüftung: Es gibt einen Motor für getrennten Kühlluftabgang und getrennte Kühlluftzufuhr.

Mit den Daten des Typenschilds vom Motor lassen sich weitere Motordaten berechnen. Der Wirkungsgrad η des Motors kann nach diesem Beispiel als Verhältnis zwischen Nennwirkleistung und zugeführter elektrischer Leistung bestimmt werden:

$$\eta = \frac{P}{\sqrt{3} \cdot U \cdot I \cdot \cos\varphi} = \frac{15\,000}{\sqrt{3} \cdot 400 \cdot 29 \cdot 0{,}9} = 0{,}83$$

Der Schlupf des Motors lässt sich berechnen, da das Typenschild die Nenndrehzahl und die Frequenz angibt. Die beiden Daten definieren, dass der Motor zweipolig (ein Polpaar) ist. Ein zweipoliger Motor hat eine synchrone Drehzahl von 3000 min^{-1}. Die Schlupfdrehzahl n_s ist somit 3 000 min^{-1} – 2 910 min^{-1} = 90 min^{-1}. Der Schlupf wird in Prozent angegeben:

$$s = \frac{n_s}{n_0} = \frac{90}{3000} = 0{,}03 = 3\,\%$$

Der Motorkatalog enthält selbstverständlich auch den Teil der Daten, die auf dem Typenschild angegeben sind. Außerdem sind hier weitere Angaben zu finden, wie **Tabelle 4.2** zeigt.

Aus dem Typenschild gehen Wellenleistung, Drehzahl, cos φ und Motorstrom hervor. Daraus können Wirkungsgrad und Moment berechnet werden. Der Motorkatalog sagt weiterhin aus, dass der 15-kW-Motor einen Anlaufstrom von $I_a = 6{,}2 \cdot I_N$ (Nennstrom) benötigt, d. h., im Anlaufbetrieb erhöht sich der Strom auf

		Bei Nennbetrieb									
Typ	**Leis-tung**	**Dreh-zahl**	**Wir-kungs-grad**	**cos φ**	**Strom bei 400 V**	I_a/I	M	M_a/M	M_{max}/M	**Trägheits-moment**	**Gewicht**
	kW	min^{-1}	%		A		Nm			kgm^2	kg
160MA	11	2900	86	0,87	25	6,2	36	2,3	2,6	0,055	76
160M	15	2910	88	0,90	29	6,2	49	1,8	2,0	0,055	85
160L	18,5	2930	88	0,90	33	6,2	60	2,8	3,0	0,056	96

Tabelle 4.2 Typische Daten aus einem Katalog, die die Informationen auf dem Typenschild ergänzen

$I_a = 29\text{ A} \cdot 6{,}2 = 180\text{ A}$. Das Anlaufmoment M_a des Motors wird mit 1,8-mal Nennmoment angegeben, d. h., $M_a = 1{,}8 \cdot 49 = 88\text{ Nm}$. Dieses Anlaufmoment erfordert einen Anlaufstrom von 180 A. Das maximale Moment des Motors, das Kippmoment M_K, ist zweimal so groß wie das Nennmoment angegeben: $M_K = 2 \cdot 49 = 98\text{ Nm}$. **Bild 4.15** zeigt eine Gegenüberstellung von Drehmoment und Stromaufnahme eines Motors.

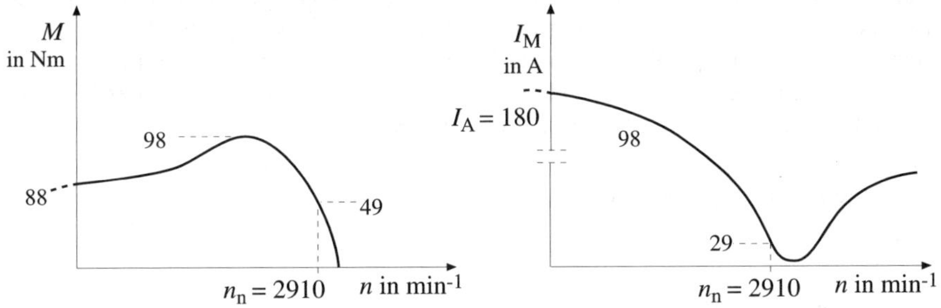

Bild 4.15 Gegenüberstellung von Drehmoment und Stromaufnahme

Trägheitsmoment und Gewicht des Motors werden im Katalog angegeben. Das Trägheitsmoment wird für Beschleunigungsberechnungen verwendet, und das Gewicht kann Bedeutung bei Transport und Montage verursachen. Einige Hersteller veröffentlichen nicht das Trägheitsmoment, sondern das Schwungmoment GD^2. Diese Größe lässt sich jedoch umrechnen:

$$J = \frac{GD^2}{4 \cdot g}$$

Darin stellt g die Erdbeschleunigung dar. Die Einheit für das Schwungmoment GD^2 ist Nm^2, für das Trägheitsmoment J dagegen kgm^2.

4.1.6 Belastungscharakteristik

Der Zustand für einen Motor ist stationär, wenn das vom Motor geleistete Moment und das Belastungsmoment gleich groß sind. In diesem Zustand sind Moment und Drehzahl konstant. **Tabelle 4.3** zeigt eine Gegenüberstellung der physikalischen Gleichungen für die Antriebstechnik.

Translation			Rotation
$s = v \cdot t$	Weg	Winkel	$\varphi = \omega t$
$v = s/t$	Geschwindigkeit		$v = d \cdot \pi \cdot n = \omega \cdot r$
	Winkelgeschwindigkeit		$\omega = \dot{\varphi} = 2 \cdot \pi \cdot n = v/r$
$a = v/t$	Beschleunigung		$\dot{\omega} = \ddot{\varphi} = \omega / t$
$F = m \cdot a$	Kraft		$F = m \cdot r \cdot \omega^2$
$M = F \cdot r$	Drehmoment		$M = J \cdot \dot{\omega}$
$P = F \cdot v$	Leistung		$P = M \cdot \omega$
$W = F \cdot s$	Energie		$W = M \cdot \varphi$
$W = (m \cdot v^2)/2$	Energie		$W = (J \cdot \omega^2)/2$

Tabelle 4.3 Gegenüberstellung der physikalischen Gleichungen für die Antriebstechnik

Die Kennlinien für Motor und Arbeitsmaschine werden als Zusammenhang zwischen Drehzahl und Moment oder Leistung angegeben. Die Kennlinien der Arbeitsmaschinen lassen sich in vier Gruppen unterteilen, wie **Bild 4.16** zeigt.

Gruppe 1 besteht aus Arbeitsmaschinen für das Aufrollen von Material mit konstanter Zugkraft. Zu dieser Gruppe gehören auch spanabhebende Maschinen. Für die Bewegung über eine Transportwalze gilt allgemein

$$J = m \cdot r^2$$

und für die Bewegung über eine Spindel:

$$J = \left(\frac{h}{2 \cdot \pi}\right)^2$$

h ist die Spindelsteigung.

Gruppe 2 besteht aus verschiedenen Maschinen. Hierbei handelt es sich um Förderbänder-Antriebe, unterschiedliche Kräne, Verdrängungspumpen und Werkzeugmaschinen. Der Vorschub für eine Transportwalze berechnet sich aus

$$J_2 = m\left(\frac{d}{2000}\right)^2$$

$$i = \frac{n_1}{n_2} = \sqrt{\frac{J_2}{J_1}} = \frac{h}{2000 \cdot \pi}\sqrt{\frac{m}{J_1}}$$

$$J_2 = i^2 \cdot J_1 = m\left(\frac{h}{2000 \cdot \pi}\right)^2$$

n Drehzahl in min^{-1}
i Getriebeuntersetzung
J_2 Lastträgheitsmoment in kgm^2
J_1 Motorträgheitsmoment in kgm^2
m Masse in kg
h Spindelsteigung in mm
d Walzendurchmesser in mm

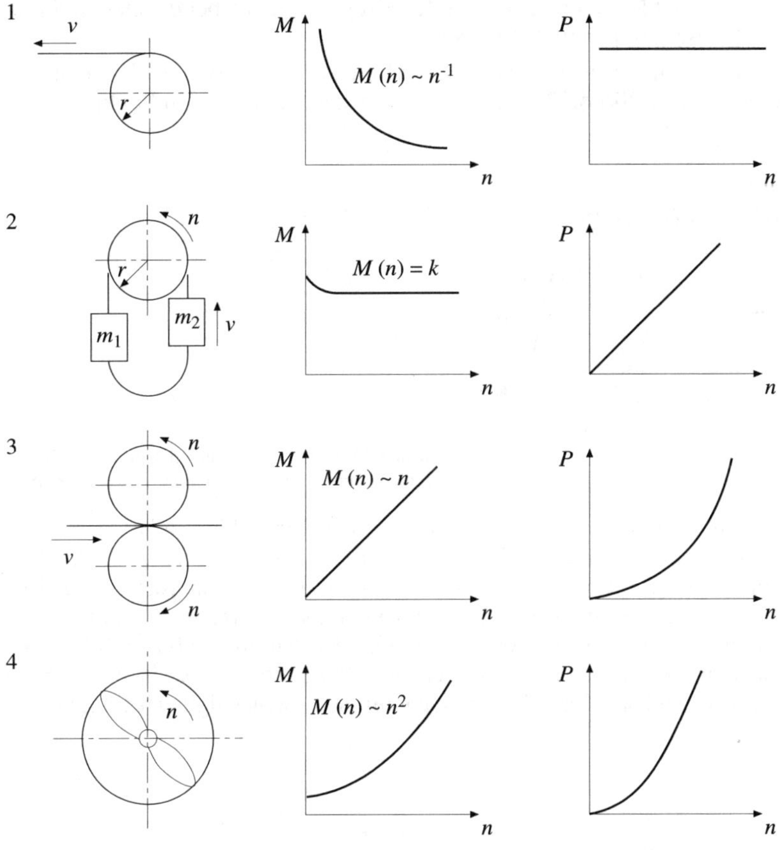

Bild 4.16 Unterteilung der Kennlinien für Arbeitsmaschinen mit den typischen Belastungscharakteristiken

Gruppe 3 setzt sich zusammen aus Maschinen wie Walzen, Glättmaschinen und anderen Antrieben in der Werkstoffbearbeitung. Bei den Walzen unterscheidet man zwischen Voll- und Hohlzylindern. Für den Vollzylinder gilt

$$J = \frac{m}{2} r^2 = \frac{\pi}{2} \cdot l \cdot \rho \cdot r^4$$

und für den Hohlzylinder

$$J = \frac{m}{2}(r_a^2 + r_i^2) = \frac{\pi}{2} \cdot l \cdot \rho \cdot (r_a^4 - r_i^4)$$

J Trägheitsmoment in kgm²
m Masse in kg
d Durchmesser in mm
l Länge in mm

Für die Gleichungen mit Stahlwalzen arbeitet man mit einer Dichte $\rho = 7{,}85$ g/cm³.

Die Gruppe 4 umfasst Maschinen, die mit Zentrifugalkräften arbeiten. Das sind z. B. Zentrifugen, Kreiselpumpen und Ventilatoren.

Der stationäre Zustand entsteht, wenn die Momente von Motor und Arbeitsmaschine identisch sind (**Bild 4.17**). Die Kennlinien schneiden sich im Punkt B.

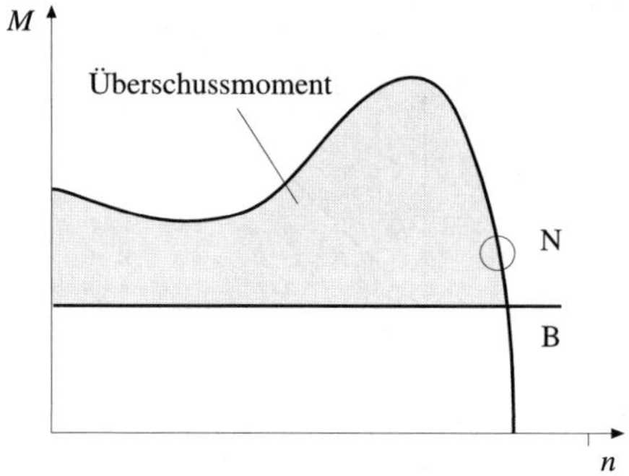

Bild 4.17 Diagramm für einen Motor mit Überschussmoment für den Beschleunigungsantrieb

Beim Bemessen eines Motors für eine gegebene Arbeitsmaschine sollte der Schnittpunkt so nah wie möglich am Punkt N für die Nenndaten des Motors liegen. Hier lässt sich die Motorleistung am besten nutzen, und der gesamte Wirkungsgrad vergrößert sich. Es ist wesentlich, dass im ganzen Bereich vom Stillstand bis zum Schnittpunkt ein Überschussmoment vorhanden ist. Andernfalls wird der Betrieb instabil, und der stationäre Zustand kann sich bei einer zu niedrigen Drehzahl einstellen. Das ist in der Praxis eventuell möglich, weil das Überschussmoment für die Beschleunigung benötigt wird.

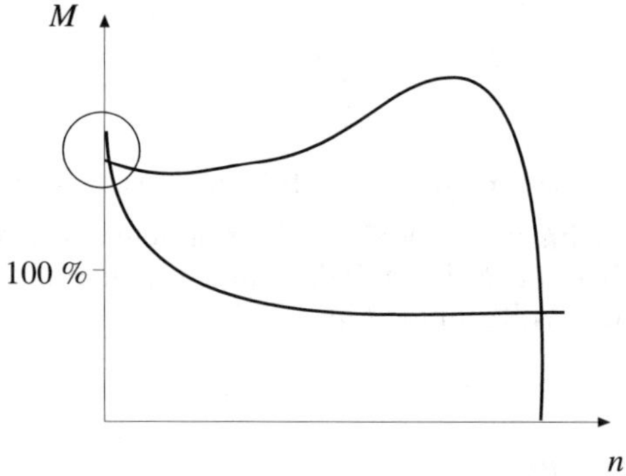

Bild 4.18 Kennlinie für den Anlaufzustand, wenn ein besonders hohes Moment erforderlich ist

Speziell für Arbeitsmaschinen der Gruppen 1 und 2 ist es notwendig, diesen Startzustand zu beachten. Solche Belastungstypen können ein Losbrechmoment in der gleichen Größe wie das Anlaufmoment des Motors entwickeln. Ist das Losbrechmoment der Belastung größer als das Anlaufmoment des Motors, lässt sich der Motor nicht mehr starten. **Bild 4.18** zeigt den Anlaufzustand für ein besonders hohes Moment.

4.1.7 Reluktanzmotor

Drehstrom-Reluktanzmotoren sind Drehfeldmotoren, die wie normale Drehstrom-Asynchronmotoren mit Käfigläufer hochlaufen, anschließend in den Synchronismus gezogen werden und dann als Synchronmotoren weiterlaufen. Da Reluktanzmotoren wie Käfigläufermotoren im Läufer eine einfache Käfigwicklung aufweisen, sind sie robust, betriebssicher, wartungs- und funkstörfrei. Außerdem sind diese Typen relativ preiswert in der Anschaffung. Von Nachteil sind der hohe induktive Blindleistungsbedarf und der ungünstige Wirkungsgrad. Deshalb setzt man Reluktanzmotoren aus wirtschaftlichen Gründen nur bis zu Leistungen von etwa 15 kW ein.

Der Ständer eines Drehstrom-Reluktanzmotors unterscheidet sich nicht von dem eines normalen Drehstrom-Asynchronmotors mit Käfigläufer. Auch im Läufer ist eine einfache Käfigwicklung untergebracht. Jedoch hat der Läufer eines Reluktanzmotors im Gegensatz zum normalen Käfigläufer ausgeprägte Pole, deren Anzahl mit der Ständerpolzahl übereinstimmt. Die Pole entstehen durch Ausfräsen von Pollücken am Umfang des Läuferblechpakets oder durch entsprechende Gestaltung des Blechausschnitts (**Bild 4.19** links).

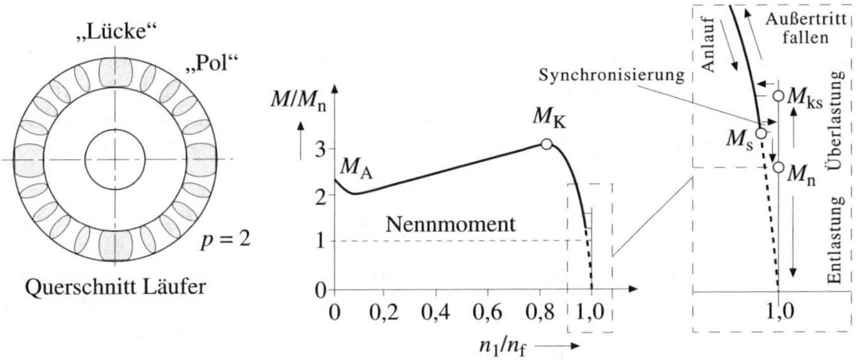

Bild 4.19 Querschnitt durch einen Drehstrom-Reluktanzläufer (links) und Momentkurve eines Reluktanzmotors (rechts)

Durch die Pollücken, die auch mit dem Werkstoff des Läuferkäfigs ausgefüllt sein können, ergibt sich am Läuferumfang ein veränderlicher magnetischer Widerstand (Reluktanz), der im Bereich der Pole am geringsten und im Bereich der Pollücken am größten ist.

Reluktanzmotoren entwickeln bei Anschluss an das Drehstromnetz wie normale Käfigläufermotoren ein erhöhtes Drehmoment und laufen bis in die Nähe der Synchrondrehzahl hoch, sofern das Motormoment während des gesamten Hochlaufvorgangs größer ist als das Gegenmoment. Der Anlaufstrom ist meist etwas größer und das Anlaufmoment etwas geringer als bei vergleichbaren Käfigläufermotoren, da im Bereich der Pollücken ein vergrößerter Luftspalt vorhanden ist.

Hat der Läufer etwa die Geschwindigkeit des Drehfelds erreicht, entsteht aufgrund der magnetischen Kopplung von Ständerdrehfeld und Läuferpolen ein Synchronisiermoment (Reaktionsmoment), das den Läufer in den synchronen Betrieb zieht. Nach diesem Synchronisiervorgang läuft der Motor trotz fehlender Läufererregung mit synchroner Drehzahl (vgl. Bild 4.19 rechts).

Die Wirkungsweise eines synchronisierten Reluktanzmotors entspricht etwa der eines Synchronmotors. Der Läufer dreht sich synchron mit der Geschwindigkeit des Ständerdrehfelds. In ähnlicher Weise, wie die Pole des umlaufenden Ständerdrehfelds auf die Läuferpole einwirken, versucht beim Reluktanzmotor der magnetische Fluss des Ständerdrehfelds den Läufer im Bereich der ausgeprägten Pole zu durchsetzen. Der geringere Luftspalt an diesen Stellen hat einen kleineren magnetischen Widerstand zur Folge als im Bereich der Pollücken. Das Bestreben des magnetischen Flusses, nicht den größeren magnetischen Widerstand im Bereich der Pollücken überwinden zu müssen, führt zur Entstehung eines synchronen Drehmoments und zur Beibehaltung der synchronen Drehzahl bei Belastung.

Wegen der fehlenden Gleichstromerregung im Läufer ist das synchrone Drehmoment eines Reluktanzmotors wesentlich geringer als das eines vergleichbaren Synchronmotors.

Nach erfolgter Synchronisierung zeigen Reluktanzmotoren ein ähnliches Betriebsverhalten wie normale Synchronmotoren. Der Läufer dreht sich mit der Geschwindigkeit des Ständerdrehfelds, die von Netzfrequenz und Polpaarzahl abhängt. Bei Belastung bleiben die ausgeprägten Läuferpole um den Lastwinkel hinter dem Ständerdrehfeld zurück.

Wird der Motor mit einem Drehmoment belastet, das größer ist als sein synchrones Kippmoment, fällt er außer Tritt und läuft wie ein Asynchronmotor mit einer belastungsabhängigen Drehzahl weiter. Er synchronisiert sich erneut selbstständig, sobald das Belastungsmoment das Synchronisiermoment unterschreitet. Wird der Motor jedoch mit einem Drehmoment belastet, das größer ist als sein asynchrones Kippmoment, kommt der Läufer zum Stillstand.

Aufgrund des vergrößerten Luftspalts im Bereich der Pollücken am Läuferumfang weisen Reluktanzmotoren eine verhältnismäßig große Streuung auf, die zu einem großen induktiven Blindleistungsbedarf führt. Das hat einen ungünstigen Leistungsfaktor zur Folge, der bei Nennbetrieb etwa 0,4 bis 0,5 betragen kann. Bei der Projektierung von Antrieben mit Reluktanzmotoren muss dieser Blindleistungsbedarf beachtet werden.

Drehstrom-Reluktanzmotoren werden hauptsächlich dort eingesetzt, wo eine Arbeitsmaschine an verschiedenen Stellen mit genau der gleichen Drehzahl angetrieben werden soll und die Verwendung eines einzigen Motors mit mechanischer Übertragung des Drehmoments an die einzelnen Antriebsstellen zu umständlich oder zu teuer wäre. Anwendungsbeispiele dafür sind der Antrieb von Spinnerei- und Druckmaschinen, Pumpen und Förderanlagen.

4.2 Praxis der Antriebstechnik mit Drehstrommotoren

Bei der Vielzahl von unterschiedlichen Bewegungsabläufen scheint kein Antriebsfall dem anderen zu gleichen. In der Praxis lassen sich jedoch die meisten auf drei Standardlösungen zurückführen:

- lineare Bewegung in der Horizontalen
- lineare Bewegung in der Vertikalen
- Drehbewegung

Zunächst werden Lastdaten wie Massen, Geschwindigkeiten, Kräfte, Schalthäufigkeiten, Betriebszeiten, Geometrie der Räder und Wellen zusammengestellt. Mit diesen Daten kann man den Leistungsbedarf unter Berücksichtigung der Wirkungsgrade errechnen und die Antriebsdrehzahl bestimmen. Nach diesen Ergebnissen wird der Getriebemotor unter Beachtung der individuellen Einsatzbedingungen aus den Katalogen der Hersteller ermittelt. Welche Getriebemotorart nun gewählt wird, ergibt sich aus den entsprechenden Auswahlkriterien. Da die Betriebseigenschaften der Getriebemotoren voneinander abweichen, werden sie nachfolgend getrennt dargestellt. Man kann folgende Unterteilung vornehmen:

- Drehstromantriebe mit einer oder mehreren festen Drehzahlen
- Drehstromantriebe mit Frequenzumrichter für wählbare Drehzahlen
- Servoantriebe
- Gleichstromantriebe
- Drehstromantriebe mit mechanischen Verstellgetrieben
- entsprechende Getriebevarianten für konstante bzw. verstellbare Drehzahlen

4.2.1 Drehstromantriebe mit einer oder mehreren festen Drehzahlen

Wegen seiner einfachen und wartungsfreien Konstruktion, der hohen Zuverlässigkeit und des günstigen Preises ist der Drehstrom-Kurzschlussläufermotor der am häufigsten eingesetzte Elektromotor. Das Hochlaufverhalten wird durch die Drehmoment-Drehzahlkennlinie beschrieben. Wegen der drehzahlabhängigen Läuferwiderstände ergeben sich drehzahlabhängige bzw. schlupfabhängige Werte für das Drehmoment während des Hochlaufbetriebs.

Die spezifischen Daten eines Drehstrom-Kurzschlussläufermotors sind Baugröße, Bemessungsleistung, Einschaltdauer, Bemessungsdrehzahl, Bemessungsstrom, Bemessungsspannung, cos φ, Schutzart und Wärmeklasse. Diese Daten, eventuell noch einige mehr, sind auf dem Motortypenschild festgehalten. Sie beziehen sich nach EN 60034 auf eine Umgebungstemperatur von 40 °C und eine Aufstellungshöhe von maximal 1000 m über NN.

Drehstrom-Kurzschlussläufer-Getriebemotoren mit einer festen Drehzahl werden meist vierpolig ausgeführt, da zweipolige Motoren erhöhte Geräusche verursachen und die Lebensdauer des Getriebes verringern. Höherpolige Motoren gleicher Leistung (sechs- oder achtpolig usw.) erfordern größeres Bauvolumen und sind durch ungünstigen Wirkungsgrad und cos φ sowie höheren Preis weniger wirtschaftlich.

Bild 4.20 zeigt die Drehmomentkennlinien eines polumschaltbaren Motors mit den charakteristischen Merkmalen. Polumschaltbare Getriebemotoren sind die kostengünstigsten der drehzahlveränderbaren Antriebe und werden häufig als Fahr- oder Hubantriebe eingesetzt. Dabei nutzt man die hohe Drehzahl als Eilgang, und mit der niedrigen wird positioniert. Der Motor durchläuft nach jedem Einschaltvorgang diese Drehmomentkennlinie bis zu seinem stabilen Arbeitspunkt, an dem sich Last- und Motorkennlinie kreuzen. Der stabile Arbeitspunkt wird erreicht, wenn das Lastmoment kleiner als Anfahr- und Sattelmoment ist.

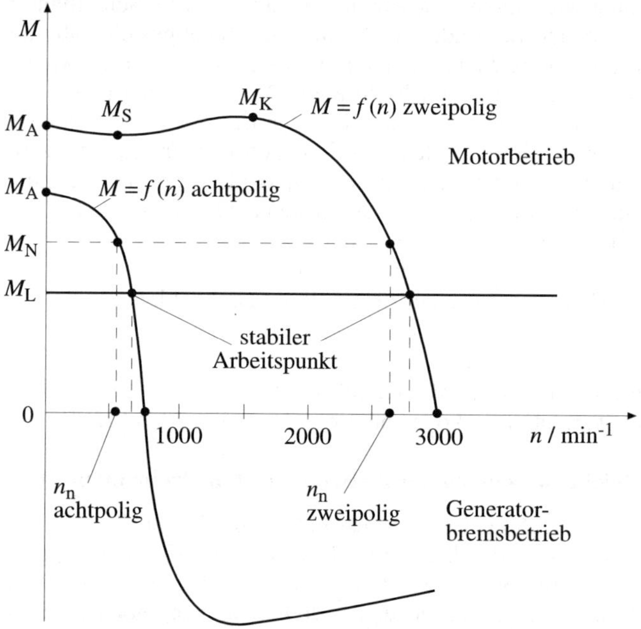

Bild 4.20 Kennlinien eines polumschaltbaren Drehstrommotors: M_A Anfahrmoment, M_S Sattelmoment, M_K Kippmoment, M_N Bemessungsdrehmoment, M_L Lastmoment

Beim Umschalten des Motors von der zweipoligen auf die achtpolige Wicklung wirkt er kurzzeitig infolge übersynchroner Drehzahl als Generator. Durch Umwandeln der Bewegungsenergie in eine elektrische Leistung ergibt sich ein verlustarmer und verschleißfreier Betrieb, wenn von hoher auf niedrige Drehzahl abgebremst wird. Das zum Abbremsen verfügbare mittlere Umschaltmoment ist in erster Näherung

$$M_U \approx (2 \ldots 4) \cdot M_{A1}$$

mit M_{A1} als Anzugsmoment der Wicklung bei niedriger Drehzahl.

Die Bemessungsdrehzahl n_N des Motors beim Bestimmen der Bemessungsleistung ist im motorischen Betrieb immer kleiner als die synchrone Drehzahl n_S. Die Differenz zwischen beiden Drehzahlen bezeichnet man als Schlupf.

4.2.2 Wärmeklassen

Am häufigsten werden heute Motoren mit der Wärmeklasse B eingesetzt. Bei ihnen darf die Wicklungstemperatur, ausgehend von 40 °C Umgebungstemperatur, maximal um 80 K zunehmen. In EN 60034-1 sind die Wärmeklassen festgelegt. Normalerweise sind alle polumschaltbaren Motoren mit getrennter Wicklung serienmäßig in der Wärmeklasse F ausgeführt. **Tabelle 4.4** zeigt die Übertemperaturen nach EN 60034-1.

Wärmeklasse	Grenzübertemperatur, bezogen auf Kühllufttemperatur 40° C	Abschalttemperatur mit Kaltleiter in der Motorwicklung
B	80 K	120 °C
F	105 K	145 °C
H	125 K	165 °C

Tabelle 4.4 Übertemperaturbereiche der entsprechenden Wärmeklassen nach EN 60034-1

Mit einem geeigneten Widerstandsmessgerät lässt sich die Temperaturzunahme eines abgeschalteten Motors mit Kupferwicklung über die Widerstandszunahme ermitteln:

$$\vartheta_2 - \vartheta_a = \frac{R_2 - R_1}{R_1}(235 + \vartheta_1) + \vartheta_1 - \vartheta_a$$

ϑ_1 Temperatur der kalten Wicklung in °C

ϑ_2 Temperatur der Wicklung in °C am Ende der Prüfung

ϑ_a Temperatur des Kühlmittels in °C am Ende der Prüfung

R_1 Widerstand der kalten Wicklung (ϑ_1) in Ω

R_2 Widerstand am Ende der Prüfung (ϑ_2) in Ω

Der Wert ϑ_a kann vernachlässigt werden, wenn sich die Umgebungstemperatur während der Messung nicht ändert. Damit ergibt sich vereinfacht

$$\vartheta_2 = \frac{R_2 - R_1}{R_1}(235 + \vartheta_1) + \vartheta_1$$

Nach EN 60034 sind die in **Tabelle 4.5** genannten Toleranzen für Elektromotoren bei Nennspannung zulässig.

Spannung und Frequenz			Toleranz A
Wirkungsgrad η:	bei $P_N \leq 50$ kW	→	$-0{,}15(1-\eta)$
	bei $P_N > 50$ kW	→	$-0{,}1(1-\eta)$
Leistungsfaktor cos φ:			$-(1-\cos\varphi)/6$
Schlupf:			±20 %*
Anzugsstrom:			±20 %*
Anzugsmoment:			−15 % bis +25 %*
Kippmoment:			−10 %*
Massenträgheitsmoment:			±10 %*

Tabelle 4.5 Zulässige Toleranzen (* bezogen auf die Typenschilddaten) für Elektromotoren bei Nennspannung

Bei Unterspannung durch schwache Stromnetze bzw. Unterdimensionierung der Motorzuleitungen lassen sich die katalogmäßigen Werte wie Leistung, Drehmoment und Drehzahl nicht einhalten. Das gilt insbesondere beim Anlaufvorgang des Motors, bei dem der Anlaufstrom ein Mehrfaches des Nennstroms beträgt.

Die Bemessungsleistung P_N eines Motors ist von Umgebungstemperatur und Aufstellungshöhe abhängig. Die auf dem Typenschild angegebene Bemessungsleistung gilt für eine Umgebungstemperatur bis 40 °C und eine maximale Aufstellungshöhe von 1000 m über NN. Bei Abweichungen muss man die Bemessungsleistung mit

$$P_{N\,red} = P_N \cdot f_T \cdot f_H$$

entsprechend reduzieren (f_T und f_H sind Zuschlagsfaktoren für Temperatur und Höhe aus Herstellerdiagrammen).

Die Bemessungsleistung steht immer im Zusammenhang mit Betriebsart und Einschaltdauer. Normal wird der Dauerbetrieb S1 ausgeführt, d. h., es liegt ein Betrieb mit konstantem Belastungszustand vor, dessen Dauer ausreicht, dass der Motor den thermischen Beharrungszustand erreicht. Die Bezeichnung S2 steht für den Kurzzeitbetrieb, d. h. Betrieb mit konstantem Belastungszustand für eine begrenzte und festgelegte Zeit mit anschließender Pause, bis der Motor die Umgebungstemperatur wieder erreicht hat. Die Bezeichnung S3 steht dagegen für einen Aussetzbetrieb ohne Einfluss während des Anlaufvorgangs auf die Erwärmung. Charakteristikum ist die „relative Einschaltdauer" *ED*. S3 ist gekennzeichnet durch eine Folge gleichartiger Belastungszustände, von denen jeder eine Zeit mit konstanter Belastung und eine Pause umfasst, in der der Motor stillsteht. S4 ist ein Aussetzbetrieb mit Einfluss des Anlaufvorgangs auf die Erwärmung, gekennzeichnet durch *ED* und Anzahl der Schaltungen pro Sekunde. In der Praxis findet man noch die Betriebsarten S5 bis S10 mit teilweise analogen Bedingungen zu S1 bis S4.

In **Bild 4.21** sind die neun wichtigsten Betriebsarten gegenübergestellt. Unter „Betrieb" versteht man die Festlegung der Belastung für eine Maschine einschließlich ihrer zeitlichen Dauer und Reihenfolge sowie gegebenenfalls mit Anlauf, elektrischem Bremsen, Leerlauf und Pausen. Eine Betriebsart lässt sich wie folgt zuordnen:

Beispiel: S1 oder DB (Dauerbetrieb) für Maschinen, die für Nenn-Dauerbetrieb, d. h. allgemeine Anwendungen, hergestellt sind.

Bei Betriebsart S2 folgt nach dem Kurzzeichen S2 die Angabe der Betriebsdauer.

Beispiel: S2 30 min

Bei den Betriebsarten S3 und S6 folgt nach dem Kurzzeichen die Angabe der relativen Einschaltdauer und der Spieldauer, falls sie von 10 min abweicht.

Beispiel: S3 30 % S6 40 %

Bei den Betriebsarten S4 und S5 werden diese Kurzzeichen erweitert um die Angabe der relativen Einschaltdauer sowie des Trägheitsmoments des Motors J_M und des Trägheitsmoments der Last J_{ext}, beide auf die Motorwelle bezogen.

Beispiel: S4 25 % $J_M = 0{,}15\ \text{kgm}^2$ $J_{ext} = 0{,}8\ \text{kgm}^2$

Dauerbetrieb (S1)

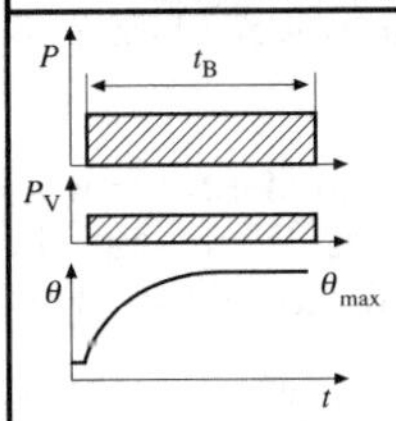

Betrieb mit konstanter Belastung *P*, dessen Dauer ausreicht, den thermischen Beharrungszustand zu erreichen.

Kurzzeitbetrieb (S2)

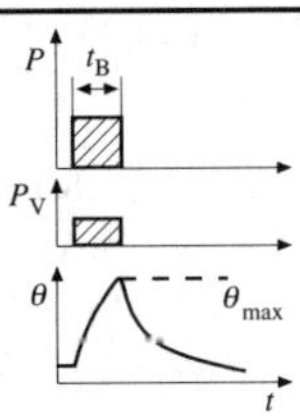

Die Betriebsdauer mit konstanter Belastung *P* reicht nicht aus, um den thermischen Beharrungszustand zu erreichen. In der Pause erfolgt Abkühlung, bis Maschinen- und Kühlmitteltemperatur höchstens um 2 K voneinander abweichen.

Aussetzbetrieb (S3)

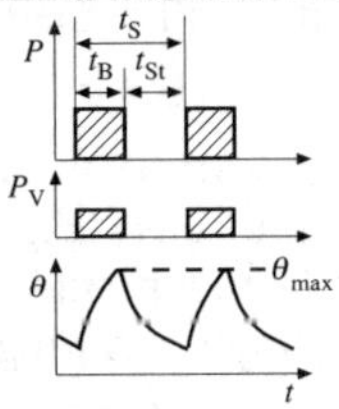

Betrieb ist Folge gleichartiger Spiele mit konstanter Nennlast und Stillstandszeit. Anlaufstrom beeinflusst Erwärmung kaum.

$$t_r = \frac{t_B}{t_B + t_{St}} \cdot 100\,\%$$

Aussetzbetrieb mit Einfluss des Anlaufvorgangs (S4)

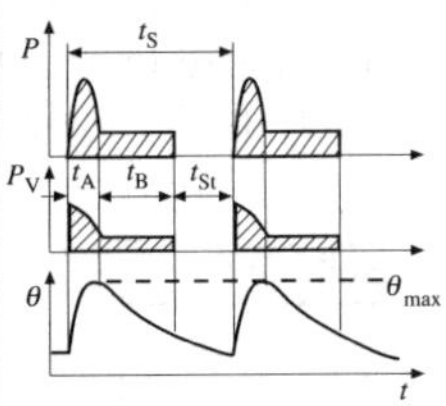

Betriebsart mit einer Folge gleichartiger Spiele aus merklicher Anlaufzeit, Zeit mit konstanter Belastung und Pause

$$t_r = \frac{t_A + t_B}{t_A + t_B + t_{St}} \cdot 100\,\%$$

Aussetzbetrieb mit elektrischer Bremsung (S5)

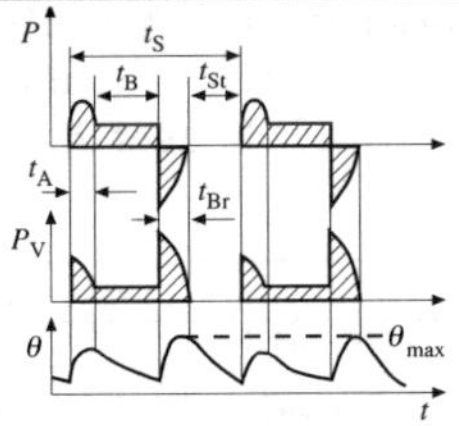

Betriebsart mit einer Folge gleichartiger Spiele aus merklicher Anlaufzeit, Zeit mit konstanter Belastung, Zeit schneller elektrischer Bremsung und Pause.

ununterbrochener periodischer Betrieb mit Aussetzbelastung (S6)

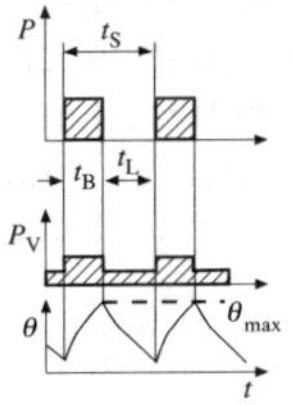

Betrieb ist Folge gleichartiger Spiele aus Zeit mit konstanter Belastung und Leerlaufzeit.Es tritt keine Pause auf.

$$t_r = \frac{t_B}{t_B + t_L} \cdot 100\,\%$$

ununterbrochener periodischer Betrieb mit elektrischer Bremsung (S7)

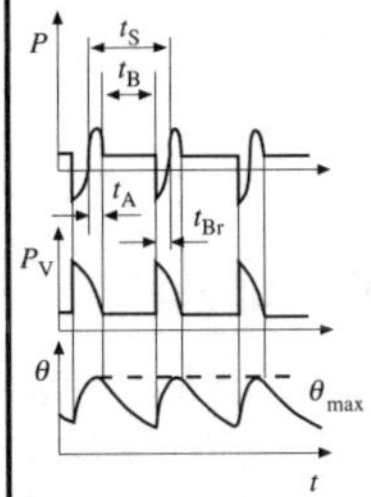

Betrieb ist Folge gleichartiger Spiele aus merklicher Anlaufzeit, Zeit mit konstanter Belastung und Zeit mit schneller elektrischer Bremsung. Es tritt keine Pause auf.

ununterbrochener periodischer Betrieb mit Drehfrequenzänderung (S8)

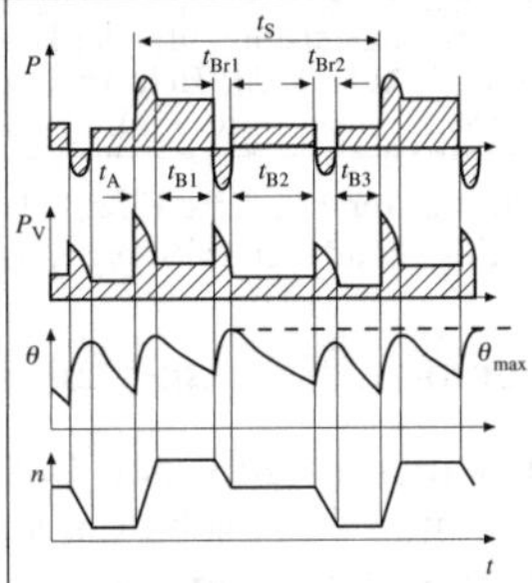

Folge gleichartiger Spiele aus Zeit mit konstanter Belastung und bestimmter Drehfrequenz; anschließend Zeit(en) mit anderer konst. Drehfrequenz u. Belastung

ununterbrochener Betrieb mit nicht-per. Last- u. Drehfrequ.änderung (S9)

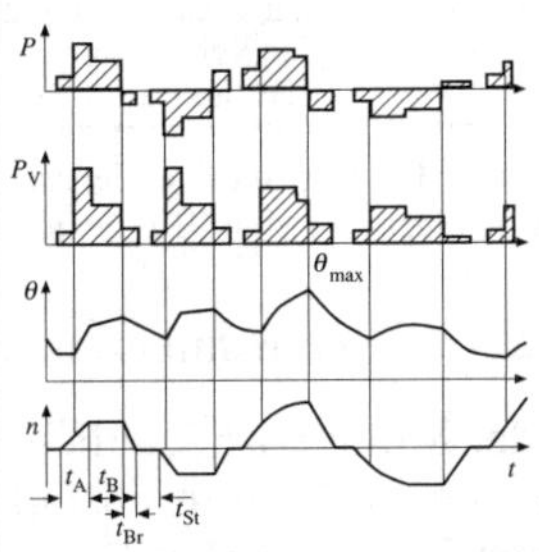

Belastung u. Drehfrequenz ändern sich innerhalb des zulässigen Betriebsbereichs nichtperiodisch; häufig auftretende Belastungsspitzen können weit über Nennleistung liegen.

Bild 4.21 Diagramme für mögliche Betriebsarten in der Antriebstechnik: *P* Leistung, P_V Verluste, *n* Drehfrequenz, ϑ Temperatur, ϑ_{max} höchste Temperatur, *t* Zeit, t_A Anlaufzeit, t_B Belastungszeit, t_{Br} Bremszeit, t_L Leerlaufzeit, t_r relative Einschaltdauer, t_S Spieldauer, t_{St} Stillstandszeit

Bei der Betriebsart S7 wird das Kurzzeichen erweitert um das Trägheitsmoment des Motors J_M und das Trägheitsmoment der Last J_{ext}, beide auf die Motorwelle bezogen.

Beispiel: S7 $J_M = 0{,}4$ kgm² $J_{ext} = 7{,}2$ kgm²

Bei der Betriebsart S8 wird das Kurzzeichen erweitert um das Trägheitsmoment J_M des Motors und das Trägheitsmoment J_{ext} der Last, wobei beide Werte auf die Motorwelle bezogen sind, sowie die Last, die Drehfrequenz und die relative Einschaltdauer für jede in Frage kommende Drehfrequenz.

Beispiel: S8 $J_M = 90{,}4$ kgm² $J_{ext} = 7{,}2$ kgm²

15 kW 740 min^{-1} 30 %
25 kW 980 min^{-1} 40 %
40 kW 1460 min^{-1} 30 %

Folgt der Nennleistung keine Kennzeichnung, gilt Nenndauerbetrieb.

Ist ein Motor für S1 mit einer Einschaltdauer von 100 % ausgelegt und wird eine geringere Einschaltdauer benötigt, lässt sich die Bemessungsleistung nach **Tabelle 4.6** erhöhen. Die relative Einschaltdauer *ED* ist das Verhältnis der Belastungsdauer zur Betriebsphase.

Betriebsart			**Leistungssteigerungsfaktor *K***
S2	Betriebsdauer	60 min	1,1
		30 min	1,2
		10 min	1,4
S3	relative Einschaltdauer *ED*	60 %	1,1
		40 %	1,15
		25 %	1,3
		15 %	1,4
S4 bis S10			auf Anfrage beim Hersteller
	Zur Bestimmung der Bemessungsleistung und der Betriebsart sind Zahl und Art der Schaltungen pro Stunde, Anlaufzeit, Belastungszeit, Bremsart, Bremszeit, Leerlaufzeit, Betriebsdauer, Stillstandzeit und Leistungsbedarf anzugeben.		

Tabelle 4.6 Bestimmung der Bemessungsleistung für eine Einschaltdauer von 100 %, wenn für den Dauerbetrieb S1 eine geringere Einschaltdauer erforderlich ist

4.2.3 Bemessung aus Lastmoment, Schwungmasse und Schalthäufigkeit

Jeder Motor wird letztlich nach seiner thermischen Auslastung dimensioniert. Häufig kommt der Antriebsfall des einmal einzuschaltenden Motors vor mit S1 = Dauerbetrieb = 100 % *ED*. Der aus dem Lastmoment der Arbeitsmaschine errechnete Leistungsbedarf ist gleich der Bemessungsleistung des Motors. Unter diesem Gesichtspunkt muss man jedoch zuerst den Wicklungsschutz betrachten.

Die Auswahl der richtigen Schutzeinrichtung bestimmt im Wesentlichen die Betriebssicherheit des Motors. Unterschieden wird zwischen stromabhängiger und temperaturabhängiger Schutzeinrichtung. Stromabhängige Schutzeinrichtungen sind z. B. Schmelzsicherungen oder Motorschutzschalter. Temperaturabhängige Schutzeinrichtungen sind Kaltleiter oder Bimetallschalter (Thermostate).

In der Praxis schaltet man immer bei einem Kaltleiter-Temperaturfühler drei PTC-Bauelemente in Reihe. Danach stellt man eine Verbindung zwischen Klemmenkasten und einem speziellen Auslösegerät im Schaltschrank her. Zwei Bimetallschalter, ebenfalls im Motor in Reihe geschaltet, werden vom Klemmenkasten direkt in den Überwachungskreis des Motors eingeschleift. Kaltleiter und Bimetalle sprechen bei der maximal zulässigen Wicklungstemperatur an. Diese Einrichtung hat den Vorteil, dass die Temperaturen dort gemessen werden, wo sie auch auftreten. Schmelzsicherungen schützen den Motor nicht vor Überlastungen, denn sie sind ausschließlich für den Kurzschlussschutz vorgesehen.

Motorschutzschalter sind ausreichende Schutzeinrichtungen gegen Überlast für Normalbetrieb mit geringer Schalthäufigkeit, kurzen Anläufen und nicht zu hohen Anlaufströmen. Für Schaltbetrieb mit höherer Schalthäufigkeit und für Schweranlaufbetrieb sind Motorschutzschalter ungeeignet. Stimmen die thermischen Zeitkonstanten des Motors und des Schutzschalters nicht überein, kann es bei Einstellung auf den Motorbemessungsstrom zum unnötigen Frühauslösen oder zum Nichterkennen kommen. In **Tabelle 4.7** wird die Qualifikation der verschiedenen Schutzeinrichtungen für unterschiedliche Auslöseursachen gezeigt.

	stromabhängige	**Schutzeinrichtung**	**temperaturabhängige**
	Schmelzsicherung	Motorschutzschalter	Kaltleiter-Motorschutz
Überströme	o	■	■
Schweranlauf, Reversierung	o	▪	■
Schaltbetrieb bis 30 c/h	o	▪	■
Blockierung	▪	▪	▪
Zweileiteranlauf	o	▪	■
Spannungsabweichung	o	■	■
Frequenzabweichung	o	■	■
unzureichende Motorkühlung	o	o	■
Lagerschaden	o	o	■

Tabelle 4.7 Qualifikation der verschiedenen Schutzeinrichtungen für unterschiedliche Auslöseursachen mit o kein Schutz, ▪ bedingter Schutz, ■ umfassender Schutz

Aus dem Wicklungsschutz und den verschiedenen Schutzeinrichtungen lässt sich nun der Antriebsfall mit hoher Schalthäufigkeit bei geringem Gegenmoment, wie etwa beim Fahrantrieb, behandeln. Hier ist keineswegs der Leistungsbedarf für die Motordimensionierung ausschlaggebend, sondern die Zahl der Anläufe des Motors. Durch das häufige Einschalten fließt immer der hohe Anlaufstrom und erwärmt den Motor überproportional. Ist die aufgenommene Wärme größer als die durch Motorlüftung abgeführte Wärme, werden die Wicklungen unzulässig erwärmt. Durch entsprechende Wahl der Wärmeklasse und/oder durch zusätzliche Fremdbelüftung (zwangsgesteuert oder temperaturabhängig) lässt sich die thermische Belastbarkeit des Motors erhöhen.

Die zulässige Schalthäufigkeit eines Motors wird vom Hersteller als Leerschalthäufigkeit Z_0 bei 50 % *ED* angegeben. Das drückt aus, wie oft der Motor das Massenträgheitsmoment seines Läufers ohne Gegenmoment bei 50 % *ED* pro Stunde auf maximale Drehzahl beschleunigen kann. Muss ein zusätzliches Massenträgheitsmoment beschleunigt werden oder tritt zusätzlich ein Lastmoment auf, vergrößert sich die Anlaufzeit des Motors. Da während dieser Anlaufzeit ein erhöhter Strom fließt, wird der Motor thermisch höher belastet, und die zulässige Schalthäufigkeit Z nimmt ab. Z lässt sich sich näherungsweise ermitteln aus

$Z \quad = Z_0 \cdot K_J \cdot K_M \cdot K_P$ in c/h

$Z_0 \quad$ = Leerschalthäufigkeit des Motors bei 50 % *ED*

$K_J \quad = f(J_x, J_Z, J_M)$

$K_M \quad = f(M_L, M_H)$

$K_P \quad = f(P_X, P_N, ED)$

Die Faktoren K_J, K_M und K_P lassen sich für den jeweiligen Anwendungsfall anhand der Diagramme in **Bild 4.22** ermitteln.

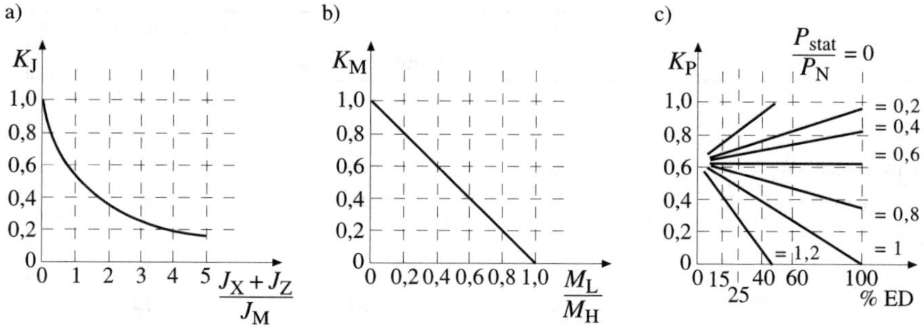

Bild 4.22 Abhängigkeit der Schalthäufigkeit: a) vom Zusatzmassenträgheitsmoment; b) vom Gegenmoment beim Nachlauf; c) von statischer Leistung und Einschaltdauer *ED*.
J_X Summe aller externen Massenträgheitsmomente, bezogen auf die Motorachse;
J_Z Massenträgheitsmoment von schweren Lüftern; J_M Massenträgheitsmoment des Motors;
M_L Gegenmoment während des Hochlaufs; M_H Hochlaufmoment des Motors; P_{stat} Leistungsbedarf nach Hochlaufbetrieb (statische Leistung); P_N Bemessungsleistung des Motors

4.2.4 Sanftanlauf und Sanftumschaltung

Das Drehmoment eines Drehstrom-Kurzschlussläufers kann durch äußere Beschaltung mit Drosselspulen oder Widerständen bzw. durch Spannungsabsenkung beeinflusst werden. Die einfachste Form ist die Y/Δ-Schaltung. Wird die Wicklung des Motors in Dreieckschaltung (Δ) z.B. für eine Netzspannung von 400 V ausgelegt, arbeitet der Motor in der Anlaufphase in Sternschaltung (Y) am 230-V-Netz, und es ergibt sich ein Drehmoment von nur 1/3 des Moments in der Dreieckschaltung. Die Ströme, auch der Anlaufstrom, erreichen ebenfalls nur 1/3 des Werts der Dreieckschaltung. Eine Verringerung des Anlaufmoments und somit auch des Anlaufstroms wird durch die „Stern-Dreieck"-Schaltung erreicht.

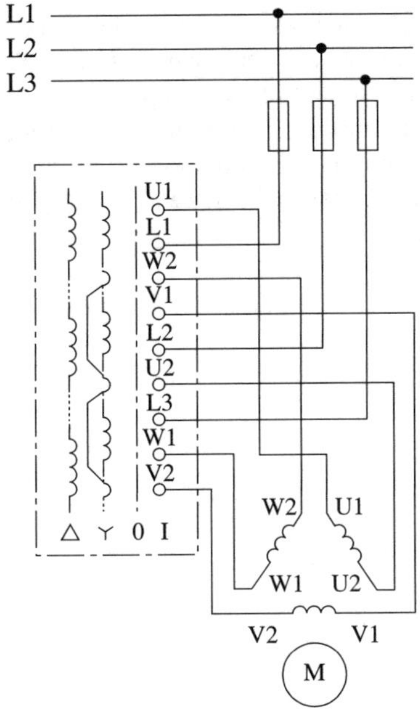

Bild 4.23 Aufbau eines mechanischen Stern-Dreieck-Schalters

Stern-Dreieck-Schalter wurden früher als mechanische Walzen- oder Nockenschalter gebaut, wie **Bild 4.23** zeigt. Hierbei sind auf einer durch Hebel drehbaren Walze Kontaktstreifen aufgebracht, die bei der Drehung auf feststehenden Anschlusskontakten „schleifen" und auf diese Weise die Kontakte so verbinden, dass in einer Stellung die Sternschaltung und in der zweiten Stellung die Dreieckschaltung der Motorwicklungen erreicht wird. Die Kontaktreihe I steht fest, während die Reihen Y und △ auf der Walze verschiebbar sind. Im Ruhezustand befinden sich die Reihen Y und △ in Stellung 0. Bewegt man die Kontaktreihe, wird zuerst die Stellung Y erreicht, und die drei Enden der Wicklungen sind miteinander verbunden. In Stellung △ sind die Wicklungen so verbunden, dass sich eine Dreieckschaltung ergibt.

Der Stern-Dreieck-Schalter hat zur Folge, dass die aufgenommene Leistung bei Sternschaltung nur etwa einem Drittel der Nennleistung des Motors entspricht. Dementsprechend ist auch der Strom in der Sternschaltung geringer als bei Direkteinschaltung in Dreieck. Wenn man aber den Läufer nicht nur mit kurzgeschlossenen Kupfer- oder Aluminiumstäben, sondern mit Wicklungen ähnlich den Wicklungen des Ständers versieht, ergibt sich eine weitere Möglichkeit eines besseren Anlaufbetriebs.

Reduzierung von Anlaufbeschleunigung und Bremsverzögerung und damit sanfter Hochlauf bzw. sanftes Abbremsen lassen sich auch bei bestimmten Anwendungen durch das zusätzliche Massenträgheitsmoment eines Grauguss-Lüfters erreichen. Hierbei ist die Schalthäufigkeit zu überprüfen.

Durch Anlasstransformatoren, entsprechende Drosselspulen oder Widerstände wird ein vergleichbarer Effekt wie mit der Y△-Umschaltung erreicht, wobei man die Größe der Drosselspulen bzw. der Widerstände für die Größe der Drehmomente anpassen muss.

Die Drehrichtung bei einem Drehstrommotor kann nur durch Ändern der Richtung des Drehfelds erreicht werden. Vertauscht man von den ankommenden Leitungen L1, L2 und L3 bei den Einklemmungen an den Anschlussbuchsen zwei Leitungen, ergibt sich eine Drehrichtungsänderung.

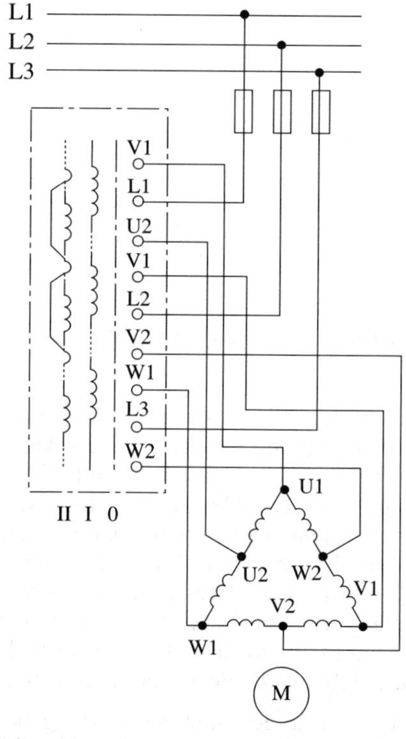

Bild 4.24 Aufbau eines mechanischen Polumschalters für eine Drehzahländerung zwischen 1 420 min^{-1} und 2 840 min^{-1}

Die Abhängigkeit der Läuferdrehung von dem durch das Netz bestimmten Drehfeld bzw. der Frequenz des Drehfelds bringt es mit sich, dass Drehstrommotoren praktisch in der Drehzahl nicht verstellbar sind. Wie **Bild 4.24** zeigt, lässt sich eine stufenweise Änderung der Drehzahl durch Verwendung der sogenannten polumschaltbaren Motoren erreichen. Bekanntlich hängt die Drehzahl bei gegebener Frequenz davon ab, mit welcher Polzahl der Ständer gewickelt ist. Befinden sich in einem Ständer zwei voneinander getrennte Wicklungen, von denen die eine zweipolig und die andere vierpolig gewickelt ist, kann man durch Einschalten der einen eine Drehzahl von 2 840 min^{-1} und bei Einschalten der anderen eine von 1420 min^{-1} erhalten.

Es gibt aber auch eine besondere Schaltung, bei der man mit einer einzigen Wicklung zwei Drehzahlen erreichen kann, die im Verhältnis 2:1 stehen. Das ist die Dahlander-Schaltung. Man realisiert dazu eine in Dreieck geschaltete Ständerwicklung, bei der jede der drei Wicklungen noch in der Mitte eine Anzapfung hat. Der Läufer ist dabei ein Kurzschlussläufer! Der Elektromotor hat in diesem Fall also $2 \cdot 3 = 6$ Phasenwicklungen, wie in Bild 4.24 gezeigt ist. Man beachte: Mit der Umschaltung auf eine andere Polzahl ist eine Umkehrung der Drehrichtung des Drehfelds und damit der Läuferdrehrichtung verbunden. Will man, dass bei der anderen Drehzahl die Drehrichtung beibehalten wird, muss man gleichzeitig zwei der Stränge L1, L2 und L3 am Klemmensatz vertauschen.

Bei polumschaltbaren Motoren ist eventuell erforderlich, dass man beim Umschalten von hoher auf niedrige Drehzahl entsprechende Drehmomentreduzierungen vornimmt, da die Umschaltmomente größer als die Anlaufmomente sind. Hier bietet sich neben Drosselspule und Widerstand als preiswerte Lösung eine Zweileiter-Umschaltung an. Das bedeutet, dass der Motor während des Umschaltens für eine bestimmte Zeit (einstellbar mit einem Zeitrelais) in der Wicklung für kleine Drehzahl nur mit zwei Strängen betrieben wird. Hierdurch verzerrt man das sonst symmetrische Drehfeld, und der Motor erhält ein geringes Umschaltmoment gemäß

$$M_{\mathrm{U2St}} = \frac{1}{2} M_{\mathrm{U}} \quad \text{oder} \quad M_{\mathrm{U2St}} \approx (1 \ldots 1{,}25) M_{\mathrm{A1}}$$

M_{U2St} mittleres Umschaltmoment bei zwei Strängen

M_U mittleres Umschaltmoment bei drei Strängen

M_{A1} Anzugsmoment der Wicklung für niedrige Drehzahl

Achtung: Bei Hubwerken darf aus Sicherheitsgründen keine Zweileiter-Umschaltung verwendet werden!

Noch vorteilhafter ist der Einsatz des elektronischen Sanftumschalters, der elektronisch den dritten Strang beim Umschalten unterbricht und exakt zur richtigen Zeit wieder zuschaltet.

4.2.5 Mechanische Verstellgetriebe

Viele Bewegungsabläufe erfordern Antriebe mit verstellbarer Drehzahl innerhalb eines kleinen Verstellbereichs ohne besondere Anforderungen an die Drehzahlkonstanz, z. B. Transportbänder, Rührer, Mischer usw. Hier wird mit Verstellgetrieben lediglich die Drehzahl der einzelnen Maschinen auf einen günstigen Wert eingestellt. Mechanische Verstellgetriebe kombiniert man oft mit einem nachgeschalteten

Untersetzungsgetriebe. Damit lassen sich Verstellgetriebe durch Drehstrom-Kurzschlussläufermotoren antreiben. Sehr verbreitet sind in der Antriebstechnik

- Reibradverstellgetriebe mit eingeschränktem Drehzahlstellbereich bis 1:5
- Breitkeilriemenverstellgetriebe mit eingeschränktem Drehzahlstellbereich bis 1:8.

Die Stellbereiche lassen sich durch Einsatz polumschaltbarer Motoren (z.B. vier/achtpolig) vergrößern. Durch relativ lange Verstellzeiten, je nach Stellbereich, beträgt die Reaktionszeit zwischen 20 s und 40 s. Damit ist eine Regelung mit diesen mechanischen Verstellgetrieben sehr träge. Deshalb setzt man diese Antriebe nur als Stellantriebe ein. Die Antriebsdrehzahl wird entweder manuell über Handrad bzw. Kettenrad oder über Fernbedienung durch Verstellmotor geändert. Die Stellung der Verstelleinrichtung oder die Drehzahl wird entweder direkt am Verstellgetriebe oder durch ein Messinstrument im Schaltschrank angezeigt.

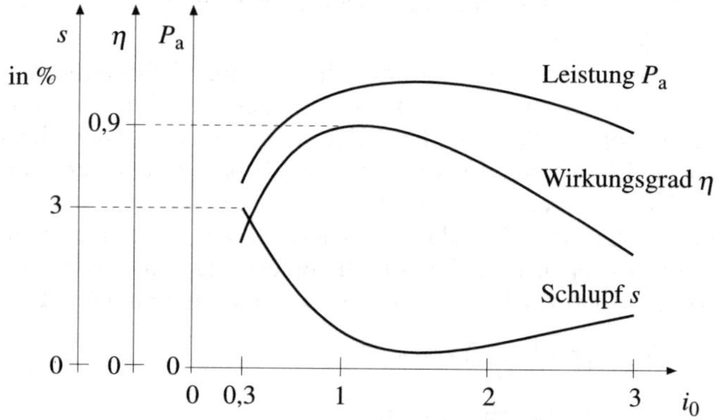

$$i_0 = \frac{n_{a0}}{n_{e0}} = \frac{\text{Abtriebsdrehzahl ohne Belastung}}{\text{Antriebsdrehzahl ohne Belastung}}$$

Bild 4.25 Antriebsleistung P_a, Wirkungsgrad η und Schlupf s in Abhängigkeit von der Übersetzung für die Dimensionierung eines Verstellantriebs

Um die Verstellantriebe dimensionieren zu können, müssen neben der benötigten Leistung und dem Drehzahlstellbereich auch Umgebungstemperatur, Aufstellhöhe und Betriebsart bekannt sein. **Bild 4.25** zeigt Antriebsleistung P_a, Wirkungsgrad η und Schlupf s in Abhängigkeit von der Übersetzung.

Da mechanische Verstellgetriebe nicht nur Drehzahl-, sondern auch Drehmomentwandler sind, müssen sie nach verschiedenen Kriterien dimensioniert werden. Das sind:

- konstantes Drehmoment
- konstante Leistung
- konstantes Drehmoment und konstante Leistung (jeweils in Teildrehzahlbereichen)

Bild 4.25 zeigt einen engen Zusammenhang zwischen Wirkungsgrad und Schlupf und der eingestellten Übersetzung. Aus mechanischen Gründen (maximale Reibung zwischen Riemen (Reibscheibe), maximale Umfangsgeschwindigkeit, geschwindigkeitsabhängige Reibwerte) gibt es hier keine linearen Zusammenhänge. Um ein Verstellgetriebe optimal einsetzen zu können, ist daher eine differenzierte Betrachtung der Einsatzfälle notwendig.

Die meisten Antriebsfälle benötigen im Verstellbereich ein weitgehend konstantes Antriebsdrehmoment. Hierfür ausgelegte Verstellantriebe können mit einem Drehmoment belastet werden, das sich wie folgt errechnen lässt:

$$M_a = \frac{P_{amax} \cdot 9550}{n_{amax}} = \text{konstant (in Nm)}$$

Bei dieser Auslegung bzw. Betriebsart wird das nachgeschaltete Untersetzungsgetriebe im gesamten Stellbereich R gleichmäßig belastet. Die volle Auslastung des Verstellgetriebes lässt sich nur bei maximaler Drehzahl erreichen. Bei niedrigen Drehzahlen ist die erforderliche Leistung kleiner als die zulässige Leistung. Für die geringste Leistung bei niedrigster Drehzahl des Verstellbereichs gilt:

$$P_{amin} = \frac{1}{R} \cdot P_{amax} \text{ (in kW)}$$

Bild 4.26 zeigt Drehmoment und Leistung in Abhängigkeit von der Drehzahl.

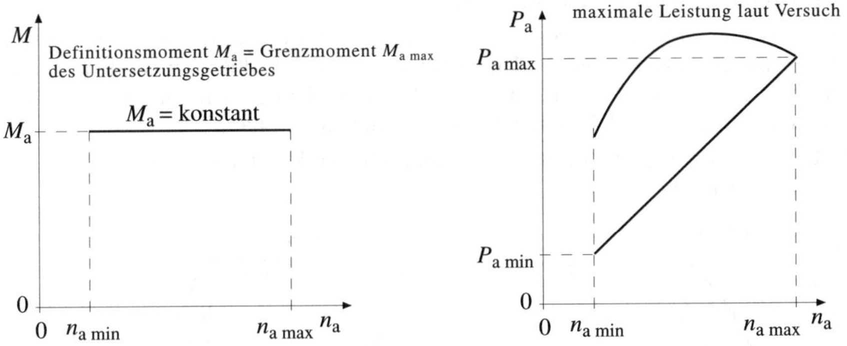

Bild 4.26 Drehmoment und Leistung in Abhängigkeit von der Drehzahl für Verstellgetriebe bei konstantem Drehmoment

Die Antriebsleistung P_a kann innerhalb des gesamten Verstellbereichs abgenommen werden und lässt sich wie folgt berechnen:

$$P_a = \frac{M_{amax} \cdot n_{amin}}{9550} = \text{konstant (in kW)}$$

Das Verstellgetriebe wird nur bei der niedrigsten Antriebsdrehzahl ausgelastet. Das nachgeschaltete Untersetzungsgetriebe muss zur Übertragung der dabei entstehenden Drehmomente geeignet sein. Sie können um 200 % bis 600 % höher liegen als bei der Auslegung für ein konstantes Drehmoment, wie **Bild 4.27** zeigt.

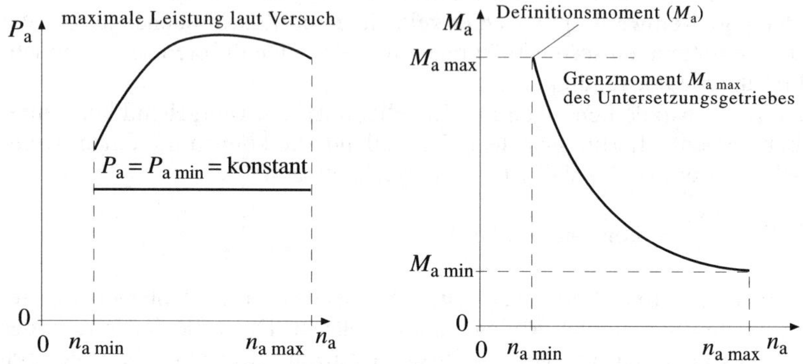

Bild 4.27 Kennwerte der Verstellgetriebe bei konstanter Leistung

Bei der Auslegung für konstante Leistung und konstantes Drehmoment lässt sich das Verstellgetriebe optimal auslasten. Das Untersetzungsgetriebe ist so zu konstruieren, dass die maximal auftretenden Antriebsmomente übertragen werden können. Im Bereich n'_a bis n_{amax} bleibt die Leistung konstant, während im Bereich n_{amin} bis n'_a das Drehmoment konstant vorhanden ist.

Wird der verfügbare Bereich des Verstellgetriebes nicht voll ausgenutzt, ist es wegen des Wirkungsgrads zweckmäßig, den zu nutzenden Drehzahlbereich bei den höheren Drehzahlen anzusiedeln. Im oberen Drehzahlbereich ist der Schlupf des Verstellgetriebes am geringsten und die übertragene Leistung am größten.

Bild 4.28 zeigt die Kennwerte der Verstellgetriebe bei konstantem Drehmoment und konstanter Leistung.

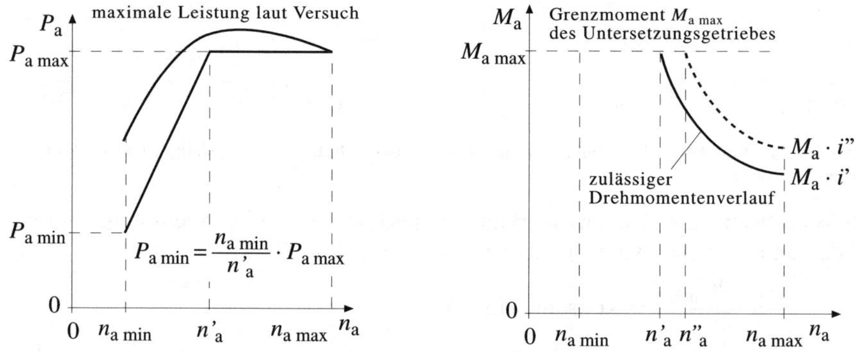

Bild 4.28 Kennwerte der Verstellgetriebe bei konstantem Drehmoment und konstanter Leistung

Der vorhandene Motorschutz, gleichgültig welcher Art, schützt nicht die nachfolgenden Getriebe. Um bei mechanischen Verstellgetrieben nachfolgende Getriebestufen zu schützen, setzt man eine elektronische Überwachung ein. Beim elektronischen Überlastungsschutz werden Motorleistung und Antriebsdrehzahl des Verstellgetriebes gemessen. Bei konstantem Drehmoment ändert sich die Leistung linear mit der Drehzahl, d. h., bei abnehmender Drehzahl muss sich ebenfalls die Motorleistung verringern. Ist das nicht der Fall, liegt eine Überlastung vor, und der Antrieb wird abgeschaltet. Dieser Überlastungsschutz eignet sich nicht als Blockierschutz.

4.2.6 Auswahl für ein Untersetzungsgetriebe

Ein Getriebemotor bildet aus Elektromotor und Untersetzungsgetriebe eine konstruktive Einheit. Kriterien für die Wahl der geeigneten Getriebeart sind unter anderem Platzverhältnisse, Befestigungsmöglichkeiten und Verbindung mit der Arbeitsmaschine. Zur Auswahl stehen Stirnrad-, Flach- und normale Kegelradgetriebe sowie Kegelradgetriebe mit reduziertem Spiel, Schnecken- und spielarme Planetengetriebe.

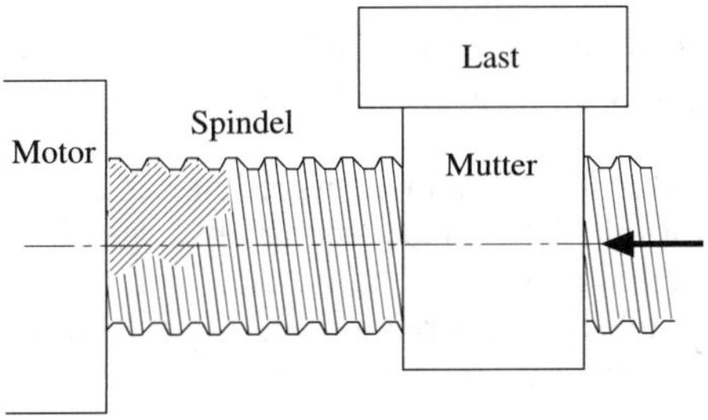

Bild 4.29 Bei der Gewindespindel wird durch Drehen der Spindel die Last horizontal in Achsrichtung bewegt

Eine sehr weit verbreitete Methode zur Bewegung von Lasten ist die axiale Linearbewegung einer Mutter, die auf einer rotierenden Schraube sitzt (**Bild 4.29**). Durch den gleitenden Kontakt ist der Verschleiß proportional zur Benutzung. Gewindespindeln zeichnen sich durch ihre Fähigkeit zur Selbsthemmung, geringe Anschaffungskosten, einfache Herstellung und eine große Auswahl an Materialien aus.

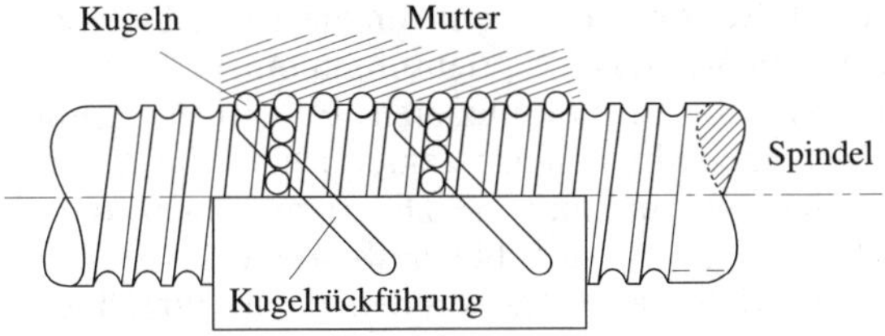

Bild 4.30 Bei Kugelumlaufspindeln wird durch den Einsatz von Kugeln zwischen Spindel und Mutter die Reibung verringert und die Wirkung gegenüber herkömmlichen Spindeln erhöht

Kugelumlaufspindeln sind im Wesentlichen Gewindespindeln mit einer Reihe von Kugellagern mit Kugelrückführung zwischen Spindel und Mutter (**Bild 4.30**). Auf-

grund der hohen Anzahl von Gegenflächen sind die Toleranzen sehr eng und die Herstellungskosten dementsprechend höher. Das Profil der Spindel ist zur besseren Anpassung an die rücklaufenden Kugeln abgerundet. Der wesentliche Vorteil von Kugelumlaufspindeln gegenüber Gewindespindeln ist ihr höherer Wirkungsgrad, d. h. das Verhältnis von nutzbarer Energie zu aufgewandter Energie.
Weitere Vorteile von Kugelumlaufspindeln sind hohe Lebensdauer und geringer Verschleiß. Da Kugelumlaufspindeln aber nicht selbsthemmend sind, erfordern sie zur Vermeidung von Rücklauf eine zusätzliche Bremse.

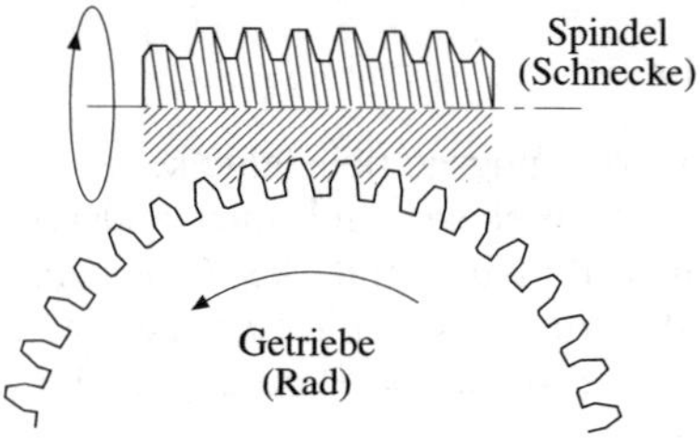

Bild 4.31 Schneckenantriebe können hohe Drehzahlen und hohe Drehmomente erreichen

Beim Schneckengetriebe wird durch die Verzahnung von einer Schraube (Schnecke) mit dem Schneckenrad eine Drehbewegung in eine weitere Drehbewegung in anderer Richtung übersetzt (**Bild 4.31**).
Die Drehbewegung der Schnecke bewirkt durch das Ineinandergreifen der Zähne eine Drehbewegung des Schneckenrads. Vorteile des Schneckenantriebs gegenüber Direktantrieben sind höhere Geschwindigkeiten und eine höhere Belastbarkeit.
Die Getriebegröße richtet sich nach dem Getriebeantriebsdrehmoment M_a. Es errechnet sich aus Motorantriebsleistung P_N, Getriebeantriebsdrehzahl n_a und Getriebewirkungsgrad η:

$$M_a = P_N \cdot \eta \frac{9550}{n_a}$$

In den Katalogen der Getriebemotoren findet man entweder die abgegebene Leistung oder das abgegebene Drehmoment bei gegebener Antriebsdrehzahl. Ein weiterer Parameter ist dabei der Betriebsfaktor für Stirnrad-, Kegelrad- und Schneckengetriebe.
Die Getriebe sind in der praktischen Antriebstechnik für gleichförmige Belastung und wenige Einschaltungen ausgelegt. Bei Abweichungen von diesen Bedingungen ist es notwendig, das errechnete theoretische Antriebsdrehmoment bzw. die Antriebsleistung mit einem Betriebsfaktor zu multiplizieren. Er wird wesentlich durch die Schalthäufigkeit, die Massenbeschleunigungsfaktoren und die tägliche Betriebszeit bestimmt. In erster Näherung kann man das Diagramm aus **Bild 4.32** verwenden. Höhere Betriebsfaktoren ergeben sich bei anwendungsspezifischen Besonderheiten durch entsprechende Erfahrungswerte. Mit dem daraus errechneten Antriebsdrehmoment lässt sich das Getriebe festlegen. Das zulässige Getriebeantriebsdrehmoment muss mindestens gleich dem errechneten sein.
Wichtig bei Getrieben ist der Stoßgrad, der sich folgendermaßen aufschlüsseln lässt:

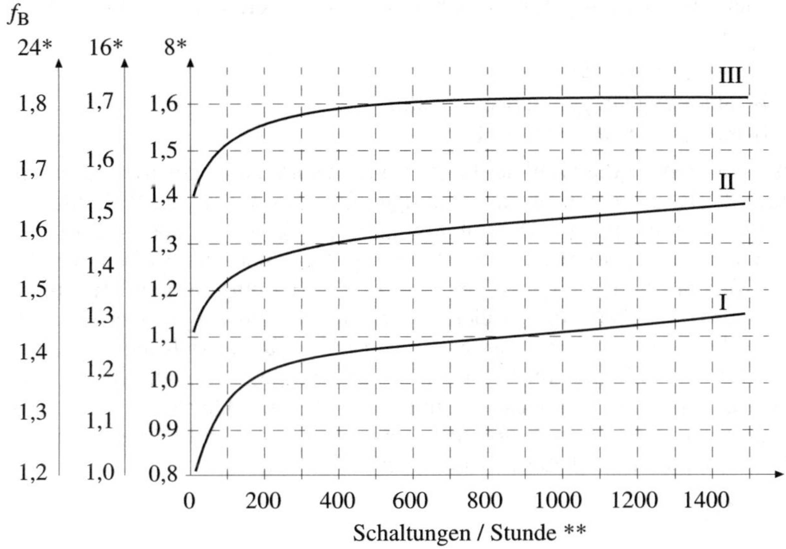

Bild 4.32 Diagramm für den notwendigen Betriebsfaktor f_B: * Laufzeit in h/Tag; ** Zu den Schaltungen zählen alle Anlauf- und Bremsvorgänge sowie Umschaltungen von niedrigen auf hohe Drehzahlen und umgekehrt

I: gleichförmige Belastung mit zulässigem Massenbeschleunigungsfaktor von $\leq 0{,}2$

II: ungleichförmige Belastung mit zulässigem Massenbeschleunigungsfaktor von ≤ 3

III: starke ungleichförmige Belastung mit zulässigem Massenbeschleunigungsfaktor von ≤ 10

Der Stoßgrad berechnet sich aus

$$\text{Massenbeschleunigungsfaktor} = \frac{\text{alle externen Massenträgheitsmomente}}{\text{Massenträgheitsmoment auf der Motorseite}}$$

Beispiel: Bei einem Stoßgrad I bei 200 Schaltungen/Stunde und einer Laufzeit von 24 h/Tag ergibt sich ein Massenbeschleunigungsfaktor von 1,35.

Bei einigen Anwendungen können jedoch Betriebsfaktoren von >1,8 auftreten. Sie werden z. B. durch Massenbeschleunigungsfaktoren von >10, durch großes Spiel in den Übertragungselementen der Arbeitsmaschine oder durch große Querkräfte hervorgerufen. In solchen Fällen sollte man den Hersteller um Hilfe ersuchen. Die Stoßgrade I bis III werden anhand der ungünstigsten Werte für die Massenträgheitsmomente, sowohl extern als auch auf der Motorseite, gewählt. Die Bestimmung von Betriebsfaktoren ist nicht genormt. Deshalb sind die Angaben herstellerabhängig und nicht direkt vergleichbar.

Der Gesamtbetriebsfaktor f_{Bges} für ein Schneckengetriebe errechnet sich aus

$f_{\text{Bges}} = f_{\text{B}} \cdot f_{\text{B1}} \cdot f_{\text{B2}}$

f_{B} allgemeiner Betriebsfaktor

f_{B1} Betriebsfaktor aus Umgebungstemperatur

f_{B2} Betriebsfaktor für Kurzzeitbetrieb

Zusätzliche Kriterien für die Wahl der Getriebegröße sind die zu erwartenden Quer- bzw. Axialkräfte. Bestimmend für die zulässigen Querkräfte sind die Wellenfestigkeit und die Lagertragfähigkeit. Die katalogmäßig angegebenen, maximal zulässigen Werte beziehen sich immer auf die Kraftangriffspunkte an den Wellenenden bzw. an der Wellenmitte bei ungünstiger Kraftangriffsrichtung. Bei außermittigem Kraftangriffspunkt ergeben sich größere oder kleinere zulässige Querkräfte. Je näher zum Wellenbund die Kraft angreift, desto höher lassen sich die zulässigen Querkräfte ansetzen und umgekehrt. Die Größe der zulässigen Axialkraft kann nur bei bekannter Querkraftbelastung exakt ermittelt werden. Die Querkraft am Wellenende bei Übertragung des Antriebsdrehmoments durch Ketten- oder Zahnrad ergibt sich aus Antriebsmoment und Ketten- bzw. Zahnradradius:

$$F = \frac{M}{r} \quad \text{(in N)}$$

Bei der Querkraftermittlung muss mit Zuschlagfaktoren f_{Z} gerechnet werden. Sie sind abhängig von den eingesetzten Übertragungsmitteln (Zahn- oder Kettenräder, Keil- oder Flachriemen). Bei Riemenscheiben muss man zusätzlich den Einfluss der Riemenvorspannung beachten.

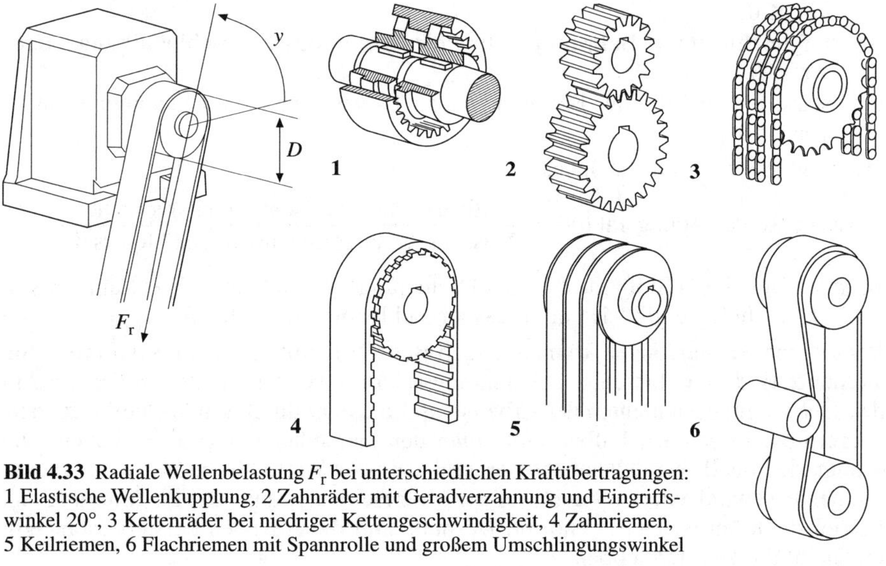

Bild 4.33 Radiale Wellenbelastung F_{r} bei unterschiedlichen Kraftübertragungen: 1 Elastische Wellenkupplung, 2 Zahnräder mit Geradverzahnung und Eingriffswinkel 20°, 3 Kettenräder bei niedriger Kettengeschwindigkeit, 4 Zahnriemen, 5 Keilriemen, 6 Flachriemen mit Spannrolle und großem Umschlingungswinkel

Die radiale Wellenbelastung F_r ist abhängig von den einzelnen Kraftübertragungen (**Bild 4.33**) in Newton (N) für ein erforderliches Drehmoment M_2 (Nm) oder einen Scheiben- oder Zahnraddurchmesser D (mm):

- Elastische Wellenkupplung: Bei Rundlauf- und Lageabweichungen innerhalb der zulässigen Kupplungswerte können die übertragenen Radialkräfte F_r und Axialkräfte F_a vernachlässigt werden.
- Zahnräder mit Geradverzahnung und Eingriffswinkel 20°:

$$F_r = \frac{2100 \cdot M_2}{D}$$

- Kettenräder bei niedriger Kettengeschwindigkeit:

$$F_r = \frac{2100 \cdot M_2}{D}$$

- Zahnriemen:

$$F_r = \frac{2500 \cdot M_2}{D}$$

- Keilriemen:

$$F_r = \frac{5\,000 \cdot M_2}{D}$$

- Flachriemen mit Spannrolle und großem Umschlingungswinkel:

$$F_r = \frac{5\,000 \cdot M_2}{D}$$

- Flachriemen bei Vorspannung durch Riemendehnung:

$$F_r = \frac{10\,000 \cdot M_2}{D}$$

Die mit dem Zuschlagfaktor errechneten Querkräfte dürfen nicht größer sein als die für das Getriebe zulässige Querkraft. **Tabelle 4.8** zeigt die einzelnen Zuschlagfaktoren für die Querkraftermittlung.

Übertragungselement	Zuschlagfaktor f_Z	Bemerkungen
Zahnräder	1,15	<17 Zähne
Kettenräder	1,40	<13 Zähne
Kettenräder	1,25	<20 Zähne
Schmalkeilriemenscheiben	1,75	Einfluss der Vorspannkraft
Flachriemenscheiben	2,50	Einfluss der Vorspannkraft

Tabelle 4.8 Zuschlagfaktoren für die Querkraftermittlung

Typische Verluste in Untersetzungsgetrieben sind Reibungsverluste am Zahneingriff, in den Lagern und an den Wellendichtringen sowie Planschverluste bei der Öltauchschmierung. Erhöhte Verluste treten auch bei Schneckengetrieben auf. Je größer die antreibende Drehzahl des Getriebes ist, desto höher werden auch die Verluste.

Bei Stirnrad-, Flach-, Kegelrad- und Planetengetrieben ergibt sich ein Verzahnungswirkungsgrad je Getriebestufe von 97 % bis 98 %. Bei Schneckengetrieben liegt der Wirkungsgrad der Verzahnung je nach Ausführung zwischen 30 % und 90 %. Während der Einlaufphase kann der Wirkungsgrad bei Schneckengetrieben noch bis zu 15 % geringer sein. Liegt dieser Wirkungsgrad unter 50 %, ist das Getriebe statisch selbsthemmend. Solche Antriebe darf man nur dann einsetzen, wenn keine rücktreibenden Drehmomente auftreten oder wenn sie so gering sind, dass das Getriebe nicht beschädigt werden kann.

Verschleißteile bei Getrieben sind Öl, Lager und Wellendichtungsringe. Wegen der Alterung des Öls ist es notwendig, in bestimmten Intervallen (spätestens alle drei Jahre) einen Ölwechsel vorzunehmen. Durch Einsatz von synthetischem Öl anstelle des normalen mineralischen Öls lassen sich die Ölwechselintervalle (spätestens alle fünf Jahre) verlängern. Die Lagerlebensdauer hängt von den eingesetzten Lagern und deren Belastung sowie von der Drehzahl ab. Der Verschleiß der Wellendichtungsringe ist abhängig von den Gleitgeschwindigkeiten bzw. den Umwelteinflüssen. Da Umwelteinflüsse schwer erfassbar sind, lässt sich eine bestimmte Lebensdauer der Wellendichtungsringe nicht voraussagen. Bei Schneckengetrieben ist das Bronzeschneckenrad ebenfalls ein Verschleißteil und muss bei der Lebensdauerbetrachtung berücksichtigt werden.

4.2.7 Bremsmotoren

Dieser Abschnitt wendet sich an Anwender, die Drehstrom-, Servo- oder Gleichstrom- bzw. Getriebebremsmotoren einsetzen wollen. Dabei soll bewusst nicht auf die von Fall zu Fall unterschiedlichen Sicherheitsbedingungen und deren Realisierung innerhalb einer Motorsteuerung eingegangen werden. Das liegt ausschließlich im Verantwortungsbereich des Projektierenden und unterscheidet sich keinesfalls von den Notwendigkeiten bei anderen Bremsmotoren.

In der Praxis verwendet man eine gleichstromerregte Elektromagnetscheibenbremse, die sich elektrisch öffnet und durch Federkraft bremst. Das System genügt grundsätzlichen Sicherheitsanforderungen, d. h., bei Stromunterbrechung fällt die Bremse automatisch ein.

Bild 4.34 zeigt den prinzipiellen Aufbau einer gleichstromerregten Elektromagnetscheibenbremse. Die wesentlichen Teile sind die eigentliche Bremsspule (Beschleunigerspule + Teilspule = Haltespule), bestehend aus dem Spulenkörper (9) mit vergossener Wicklung und einer Anzapfung (8), die bewegliche Ankerscheibe (6), die Bremsfedern (7), der Belagträger (1) und das Bremslagerschild (2). Wesentliches Merkmal einer gleichstromerregten Elektromagnetscheibenbremse ist die sehr kurze Bauweise, denn das Bremslagerschild ist gleichzeitig Teil des Motors und der Bremse. Die integrierte Bauweise des Bremsmotors erlaubt besonders platzsparende und robuste Lösungen.

In der Praxis unterscheidet man zwischen den üblichen gleichstromerregten Elektromagnetscheibenbremsen und Zweispulensystemen. Bei Zweispulensystemen wird

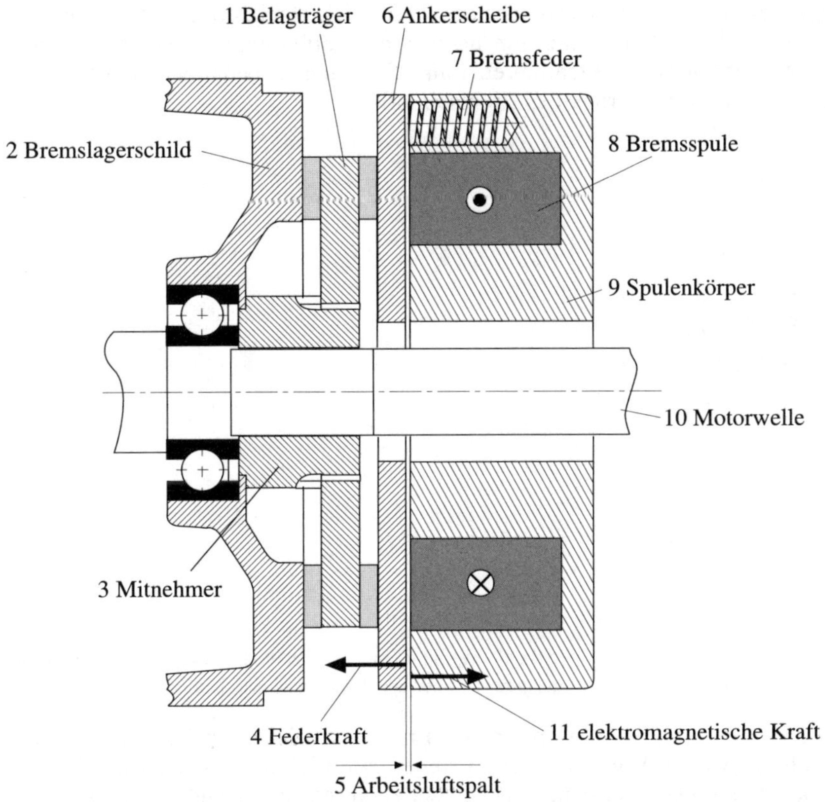

Bild 4.34 Prinzipieller Aufbau einer gleichstromerregten Elektromagnetscheibenbremse

im stromlosen Zustand der Elektromagnet durch die Bremsfedern gegen den Belagträger gedrückt, und der Motor bremst. Anzahl und Art der Bremsfedern bestimmen das Bremsmoment. Ist die Bremsspule an die entsprechende Gleichspannung angeschlossen, wird die Bremsfederkraft (4) magnetisch (11) überwunden. Die Ankerspule liegt nun am Spulenkörper, der Belagträger kommt frei, und der Rotor kann sich drehen.

Als Standardausführung bezeichnet man einen Bremsmotor, der mit Klemmenkasten und, mit einer Ausnahme, mit eingebauter Bremsansteuerung geliefert wird. Die Standardausführung ist komplett anschlussfertig. Wie die Motoranschlussspannung wird auch die Bremsspannung üblicherweise vom Kunden festgelegt. Sollte das einmal unterbleiben, wird automatisch die Strangspannung bei eintourigen und die Netzspannung bei polumschaltbaren Motoren als Bremsspannung gewählt. Die Bremsspannung kann entweder separat zugeführt (insbesondere bei polumschaltbaren Motoren) oder direkt am Motorklemmbrett oder Steckverbinder (bei Motoren mit einer festen Drehzahl) abgenommen werden. Die Reaktionszeiten für wechselstromseitige Abschaltung gelten für die separate Zuführung der Versorgungsspannung. Bei Anschluss am Klemmbrett führt die remanenzbehaftete Motorabschaltung zu weiterer Verzögerung des Bremseinfalls.

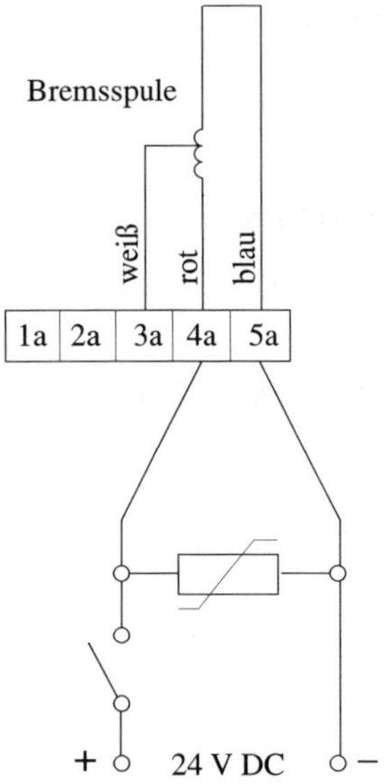

Bild 4.35 Anschluss für 24 V (DC) mit Überspannungsschutz für eine gleichstromerregte Elektromagnetscheibenbremse

Bild 4.35 zeigt den 24-V-Anschluss (DC) mit einem leistungsfähigen Überspannungsschutz (Varistor) für eine gleichstromerregte Elektromagnetscheibenbremse. Hohe Schalthäufigkeit bei gleichzeitig nicht zu vernachlässigenden externen Massenträgheitsmomenten ist eine häufige Forderung an Bremsmotoren.

Neben der grundsätzlichen thermischen Eignung des Motors kommt es bei der Bremse darauf an, dass ihre Ansprechzeit so gering ist, dass sie unter Berücksichtigung des zu beschleunigenden Massenträgheitsmoments beim Start des Motors bereits geöffnet ist. Ohne die sonst übliche Anlaufphase bei noch geschlossener Bremse erlaubt die Temperatur- und Verschleißbilanz der Elektromagnetscheibenbremse hohe Schalthäufigkeit.

Wichtig ist auch bei Elektromagnetscheibenbremsen eine hohe Haltegenauigkeit, wenn die Bremsen für positionierende Systeme eingesetzt werden. Bremsmotoren weisen aufgrund des mechanischen Prinzips, des Abnutzungsgrads der Beläge und der physikalischen Randbedingungen vor Ort eine empirisch ermittelte Streuung des Bremswegs von $\pm 12\,\%$ auf. Je kürzer der Bremsweg wird, desto geringer wirkt sich die „natürliche“ Streuung als Fehler auf den Gesamtweg aus. Die gleich- und wechselstromseitige Abschaltung erlaubt, die Bremseinfallzeit erheblich abzukürzen.

4.3 Ansteuerung eines Drehstrommotors

Im einfachsten Fall erfolgt die Ansteuerung eines Drehstrommotors über Schütze. Jede Schützsteuerung ist dadurch gekennzeichnet, dass der Schalter eines Arbeitskreises (Motorstromkreis) nicht von Hand betätigt wird, sondern durch ein elektromagnetisches Gerät (Schütz oder Relais). Für dieses Gerät muss daher ein eigener Stromkreis vorhanden sein, der von der gleichen Stromquelle wie der Arbeitskreis oder von einer eigenen Hilfsstromquelle beliefert wird.

4.3.1 Motorschutzrelais

Der Drehstrommotor beherrscht die Antriebstechnik. Abgesehen von Einzelantrieben kleiner Leistung, die häufig von Hand geschaltet werden, steuert man die meisten Motoren mit Hilfe von Schützen und Schützkombinationen. Die Angabe der Leistung in kW oder die Stromangabe in A ist deshalb das kennzeichnende Merkmal für die richtige Auswahl von Schützen. Leistungsschütze werden nach IEC 947/EN 60947/VDE 0660 gebaut und geprüft. Für jede Motorbemessungsleistung zwischen 3 kW und 450 kW steht ein geeigneter Schütz zur Verfügung.
Die konstruktive Gestaltung der Motoren ist für die zum Teil recht unterschiedlichen Bemessungsströme bei gleicher Leistung verantwortlich. Sie bestimmt weiterhin das Verhältnis von Einschwingspitze und Stillstandstrom zum Bemessungsbetriebsstrom I_e. Das Schalten von Elektrowärmeanlagen, Beleuchtungseinrichtungen, Transformatoren und Anlagen zur Blindleistungskompensation mit ihren typischen Eigenarten erhöht die Vielfalt der unterschiedlichen Beanspruchung von Schützen. Die Schalthäufigkeit kann in allen Anwendungsfällen stark variieren. Die Skala reicht z. B. von weniger als einer Schaltung pro Tag bis zu tausend und mehr Schaltspielen pro Stunde. Bei Motoren trifft dabei nicht selten die hohe Schalthäufigkeit mit Tippen und Gegenstrombremsen zusammen.
Schütze werden durch verschiedenartige Befehlsgeräte von Hand oder automatisch in Abhängigkeit von Weg, Zeit, Druck oder Temperatur betätigt. Notwendige Abhängigkeiten mehrerer Schütze untereinander lassen sich durch Verriegelungen über ihre Hilfsschalter leicht herstellen.
Bild 4.36 zeigt ein Beispiel zum Ein- und Ausschalten eines Drehstrommotors mit schlüsselgesichertem Rastschalter. Erweitern lässt sich diese Schaltung noch mit einer Not-Aus-Abschaltung. Der Not-Aus-Hauptschalter mit rotem Griff auf gelbem Grund ist in der Aus-Stellung eingerastet. Die Eigenschaften des Lasttrennschalters, der sich direkt im Versorgungsnetz befinden sollte, muss in der Aus-Stellung abschließbar sein, und das Ausschaltvermögen muss für die Ströme aller Verbraucher bzw. den Strom des größten Motors im blockierten Zustand ausreichen. Die Antriebe mit U-Auslöser sind zu sichern, damit bei einem Wiedereinschaltbefehl kein automatischer Wiederanlauf eintritt.
Motorschutzrelais, in den Normen als Überlastrelais definiert, zählen zur Gruppe der stromabhängigen Schutzeinrichtungen. Sie überwachen die Temperatur der

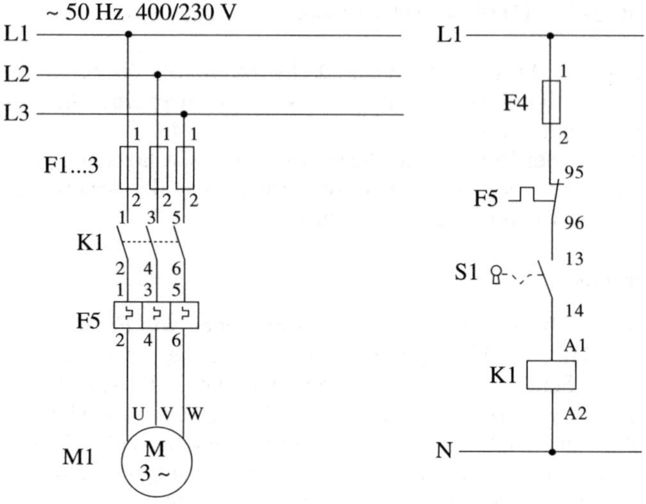

Bild 4.36 Schalten mit schlüsselgesichertem Rastschalter: F1…F3 Hauptsicherungen; F4 Steuersicherung; F5 Motorschutzrelais; S1 Rastschalter für Schlüsselbetrieb; K1 Schütz; M1 Motor

Motorwicklung mittelbar über den in den Zuleitungen fließenden Strom und bieten einen bewährten und preiswerten Schutz vor Zerstörung durch

- Nichtanlauf
- Überlastung
- Strangausfall

Motorschutzrelais nutzen die Eigenschaft des Bimetalls aus, dass sich Form und Zustand während einer Erwärmung ändern. Bei Erreichen eines bestimmten Temperaturwerts wird ein Hilfsschalter betätigt. Erwärmt wird das Bimetall durch den Stromfluss des Motors, wobei man zwischen Ein- und Dreistrang-Motortypen unterscheiden muss. Gleichgewicht zwischen zugeführter und abgegebener Wärme stellt sich je nach Stromstärke bei verschiedenen Temperaturen ein. Wird die Ansprechtemperatur erreicht, löst das Relais aus. Die Auslösezeit hängt von der Stromstärke ab. Die Vorbelastung des Relais soll unterhalb der Gefährdungszeit der Motorisolation liegen. Aus diesem Grund sind in VDE 0660 für Überlastung Maximalzeiten angegeben. Zum Vermeiden unnötiger Auslösungen sind darüber hinaus für den Grenzstrom und den Motorstillstand Minimalzeiten festgelegt. **Bild 4.37** zeigt den mechanischen Aufbau und den elektrischen Stromlaufplan für ein Motorschutzrelais mit thermischem Überlastungsschutz und Strangausfallsicherung.

Neben dem thermischen Überlastungsschutz sollten Motorschutzrelais auch über eine Strang- bzw. Phasenausfallsicherung verfügen. Ihre sogenannte Phasenausfallempfindlichkeit entspricht den Anforderungen von IEC 947-4-1/VDE 0660 Teil 102. Damit bietet dieses Relais auch die Voraussetzungen für den Schutz von EExe-Motoren, d. h., die Motoren entsprechen der Bauvorschrift für den Überlastschutz von explosionsgeschützten Motoren der Zündschutzart „erhöhte Sicherheit“. Biegen sich die Bimetalle im Hauptstromteil des Relais infolge Motorüberlastung aller drei

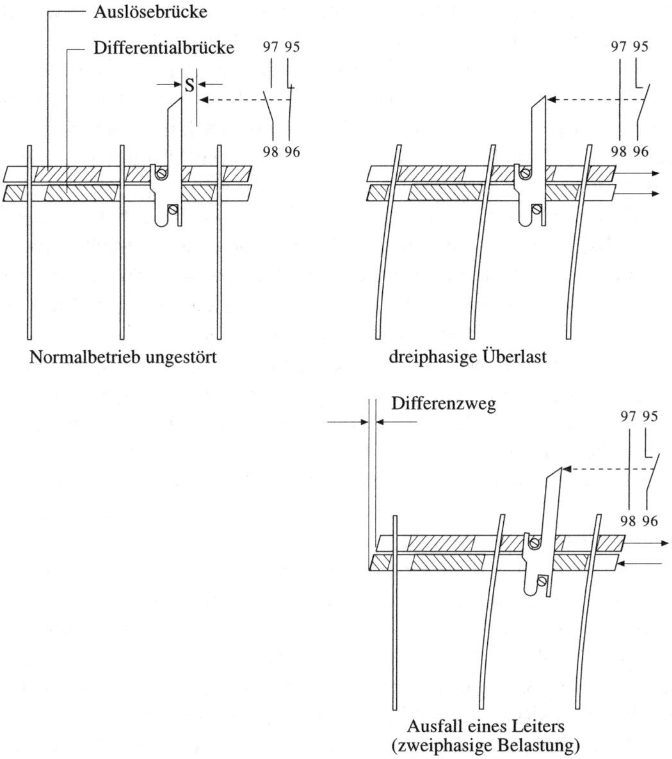

Bild 4.37
Motorschutzrelais mit thermischem Überlastungsschutz und Strangausfallsicherung (im Bild steht Phase für Strang bzw. Leiter!)

Stränge, wirken alle drei auf eine Auslöse- und eine spezielle Differentialbrücke. Ein gemeinsamer Auslösehebel schaltet bei Erreichen der Grenzwerte den Hilfsschalter um. Auslöse- und Differentialbrücke liegen dagegen eng und gleichmäßig an den Bimetallen. Biegt sich nun z. B. bei Phasenausfall ein Bimetall nicht so stark wie die beiden anderen, legen Auslöse- und Differentialbrücke unterschiedliche Wege zurück. Der Differenzweg wird im Gerät durch eine Übersetzung in einen zusätzlichen Auslöseweg umgewandelt, und die Auslösung erfolgt schneller.

Zu diesen Motorschutzrelais gibt es unterschiedliche Auslösekennlinien, die man den Datenbüchern entnimmt. Die Kennlinien sind Mittelwerte der Streubänder bei einer Umgebungstemperatur von 20 °C vom kalten Zustand aus; sie stellen die Auslösezeit in Abhängigkeit vom Ansprechstrom dar. Bei betriebswarmen Geräten sinkt die Auslösezeit der Motorschutzrelais auf etwa ein Viertel des abgelesenen Werts.

Elektronische Motorschutzrelais gehören, wie die nach dem Bimetallprinzip arbeitenden Motorschutzrelais, zu den stromabhängigen Schutzeinrichtungen. Über eingebaute Stromwandler wird der aktuell fließende Motorstrom erfasst und in einem Mikroprozessor bzw. Mikrocontroller ausgewertet. So kann das Motorschutzrelais

auf jede Stromänderung in der Zuleitung zum Motor rasch reagieren. Überwacht werden unsymmetrische Stromaufnahme, Strangausfall und Überlast.
Einige Motorschutzrelais bieten zudem einen Thermistorschutz. Die Temperatur in der Motorwicklung lässt sich mit einem oder mehreren PTC-Bauelementen überwachen. Bei Übertemperatur wird das Signal an das Motorschutzrelais weitergeleitet, und die Hilfsschalter sprechen an. Rücksetzen ist erst nach Abkühlung unter die Ansprechtemperatur möglich.
Zusätzlich schützt das Relais den Motor noch gegen Erdschluss. Bereits bei einem geringen Schaden an der Isolierung der Motorwicklung fließen kleine Ströme nach außen ab. Diese Fehlerströme registriert ein externer Summenstromwandler. Er addiert die Ströme der einzelnen Leiter, wertet sie aus und meldet Fehlerströme an den Mikroprozessor bzw. Mikrocontroller des Motorschutzrelais.
Sechs Auslöseklassen (CLASS) ermöglichen eine Anpassung des zu schützenden Motors an normale oder erschwerte Anlaufbedingungen. So lassen sich thermische Reserven des Motors sicher ausnutzen. Die Auslösung bei dreipoliger und symmetrischer Überlast mit dem x-fachen Einstellstrom erfolgt innerhalb der durch die Auslöseklasse bestimmten Zeit. Die Auslösezeit verringert sich gegenüber dem kalten Zustand in Abhängigkeit von der Vorbelastung des Motors. Mit diesem Verfahren lässt sich eine hohe Auslösegenauigkeit erreichen, und die Auslösezeiten sind über den gesamten Einstellbereich relativ konstant. Übersteigt die Unsymmetrie des Motorstroms den Wert von 40 %, löst das Relais nach der Kennlinie für zweipolige Belastung vorzeitig aus. So ist auch bei Ausfall eines Strangs eine Überlastung des Motors ausgeschlossen. Bei längerem Ausfall der Steuerspannung (> 0,2 s) löst das Gerät aus und setzt sich bei Spannungsrückkehr automatisch zurück. Es bleibt ausgelöst, wenn die Steuerspannung nach der Auslösung ausfällt. Damit werden auch die Vorschriften für den Überlastschutz von explosionsgeschützten Motoren der Zündschutzart „erhöhte Sicherheit“ EExe erfüllt. In der Praxis kennt man folgende Zündschutzarten:

- EExp: Überdruckkapselung (früher Exf = Fremdbelüftung durch nicht explosives Gas bzw. Frischluft)
- EExe: erhöhte Sicherheit (nur bei Motoren, die betriebsmäßig keine Funken erzeugen können, z. B. Drehstrom-Kurzschlussläufer)
- EExd: druckfeste Kapselung (mögliche Explosion darf nicht nach außen dringen)

Der Explosionsschutz für Elektromotoren lässt sich aufteilen in Gruppen mit

- I: Schlagwetterschutz
- II: übriger Ex-Schutz
- II A, B, C: Unterteilung nach Sondervorschriften, speziell bei EExd: Zulässige Luftspalte in Durchführungen sinken von A → B → C

Außerdem kennt man noch folgende Temperaturklassen, die sich nach zulässiger Oberflächentemperatur unterscheiden:

- T1: 450 °C; T2: 300 °C; T3: 200 °C; T4: 135 °C; T5: 100 °C; T6: 85 °C

Beispiel für die Bezeichnung eines Motors: E Ex d II B T3

4.3.2 Befehlsgeräte zur Steuerung von elektrischen Maschinen

Befehlen und Melden sind die grundlegenden Funktionen zum Steuern von elektrischen Maschinen und Prozessen. Die notwendigen Bediensignale werden entweder manuell mit Befehls- und Meldegeräten oder maschinell durch Positionsschalter erzeugt. Der jeweilige Anwendungsfall bestimmt dabei Schutzart, Form und Farbe.

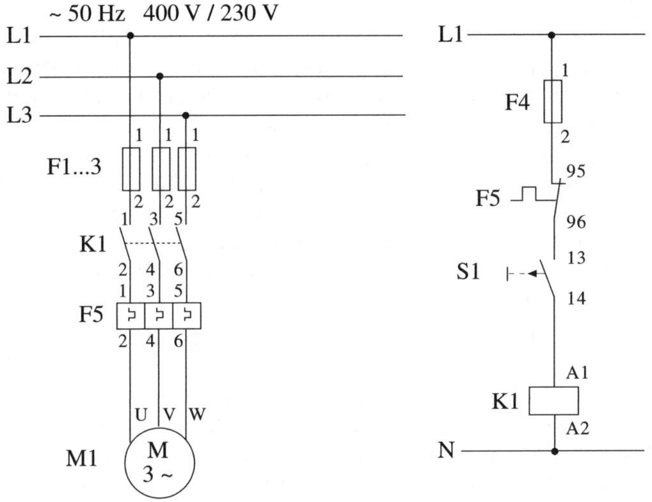

Bild 4.38 Schaltung mit handbetätigtem Taster (Tippbetrieb): F1...3 Hauptsicherungen; F4 Steuersicherung; F5 Motorschutzrelais; S1 Schalter für Tippbetrieb; K1 Schütz; M1 Motor

Bild 4.38 zeigt eine Schaltungsvariante mit handbetätigtem Taster (Tippbetrieb). Die Steuerung ist nur so lange eingeschaltet, wie der Taster S1 betätigt wird.
Mit dieser Schaltung lassen sich folgende Not-Aus-Abschaltungen realisieren:

- im Hauptstromkreis nach Kategorie 1
- im Steuerstromkreis für einfache Antriebe nach Kategorie 1
- im Steuerstromkreis zur Unterbrechung mehrerer Stromkreise nach Kategorie 1*
- im Steuerstromkreis, wenn die Zuleitung nach Kategorie 4 fehlerüberwacht ist
- im Steuerstromkreis mit Redundanz, wie sich im Leistungsteil nach Kategorie 4 erreichen lässt

Für jede Not-Aus-Abschaltung gibt es andere Bedingungen bzw. Eigenheiten. Hieraus ergeben sich entsprechende Varianten für die praktische Schaltungstechnik. Mit den modernen Not-Aus-Befehlsgeräten stehen normgerechte und überlistungssichere Schaltgeräte zur Verfügung. Sie erfüllen alle Anforderungen der neuen Richtlinie für Maschinensicherheit EN 418. In der Praxis zeichnen sich diese Schalter durch eine hohe Bestückungsvielfalt mit bis zu vier Kontaktelementen aus. Damit sind Anwendungen von einem Öffner und drei Schließern bis hin zu vier Öffnern möglich, d. h., man kann auch Anwendungen in zweikanalig bzw. redundant aufgebauten Stromkreisen durchführen. Um den Sicherheitsaspekt noch weiter zu erhöhen, lässt sich das Schaltgerät mit einer Plombierhaube versehen. Sie bildet eine physische und psychische Hemmschwelle, die dem Missbrauch der Betätigung entgegenwirkt. Rückstellen des Schaltgeräts und damit Freischalten bzw. Bereitschalten der Anlage sind somit nur nach vorherigem Lösen der Plombierhaube möglich. Die Maschine ist dann betriebsbereit, jedoch nicht eingeschaltet. Das Einschaltsignal (Start) ist separat erforderlich. Durch die Plombierhaube kann man den Auslöseort eindeutig erkennen.

Zur Lösung von Regelungs- und Steuerungsaufgaben werden vielfach Hilfsschütze verwendet. Sie lassen sich in großer Zahl zum mittelbaren Steuern von Motoren, Ventilen, Kupplungen und Hilfseinrichtungen einsetzen. Neben der einfachen Handhabung bei Projektierung, Steuerungsaufbau, Inbetriebnahme und Wartung spricht hauptsächlich das hohe Sicherheitsniveau für den Einsatz von Hilfsschützen. Einen wesentlichen Sicherheitsaspekt bilden die Hilfsschützkontakte selbst. Durch konstruktive Maßnahmen gewährleisten sie die galvanische Trennung zwischen dem Ansteuerstromkreis und dem geschalteten Stromkreis. Das gilt auch im ausgeschalteten Zustand zwischen Kontaktein- und -ausgang. Alle Hilfsschütze sollten mit Doppelunterbrechung ausgestattet sein.

Die Berufsgenossenschaft schreibt für Steuerungen an kraftbetriebenen Pressen der Metallbearbeitung vor, dass die Kontakte von Schützen zwangsgeführt sind. Zwangsführung ist gegeben, wenn die Kontakte mechanisch so miteinander verbunden sind, dass Öffner und Schließer niemals gleichzeitig geschlossen sein können. Dabei muss sichergestellt sein, dass über die gesamte Lebensdauer auch bei gestörtem Zustand (z. B. Verschweißen eines Kontakts) die Abstände zwischen den Kontakten mindestens 0,5 mm groß sind.

Grundlage von Hilfsschützen sind die Basisgeräte; zusätzliche Bausteine mit Hilfsfunktionen ergänzen sie. Basisgeräte sind in sich funktionsfähige Geräte. Sie bestehen aus einem Wechsel- oder Gleichstromantrieb und vier Hilfskontakten. Es gibt Hilfsschalterbausteine mit zwei oder vier Kontakten. Die Kombination von Schließern und Öffnern richtet sich nach EN 50 011. Die Hilfsschalterbausteine für Leistungsschütze lassen sich nicht auf die Hilfsschützbasisgeräte aufschnappen, um doppelte Anschlussbezeichnungen zu verhindern, z. B. Kontakt 21/22 im Basisgerät und Kontakt 21/22 im Hilfsschalteraufsatz.

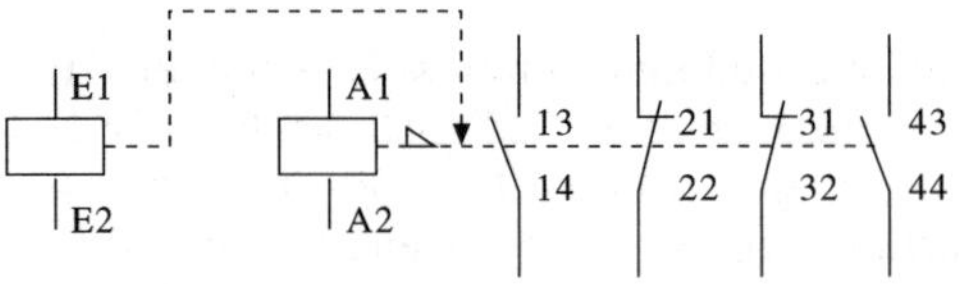

Bild 4.39 Verklinkungsbaustein

Bild 4.39 zeigt den mechanischen Aufbau und die Kontaktbelegung bei einem Verklinkungsbaustein. Er erhält den Schaltzustand der Hilfsschütze bei Spannungsausfällen aufrecht. Bei Spannung an der Spule A1–A2 zieht das Schütz an und bleibt in dieser Stellung, bis die Spule E1–E2 angesteuert wird. Erst dann fällt das Schütz in seine

Ruhestellung zurück. Bei Wechselstrombetätigung sind beide Spulen für 100 % Einschaltdauer ausgelegt. Bei gleichzeitiger Ansteuerung beider Spulen bleibt das Schütz in seiner Arbeitsstellung. Bei Gleichstrombetätigung verträgt Spule A1–A2 100 % Einschaltdauer; Spule E1–E2 ist für einen Impuls mit einer Länge von mindestens 25 ms und maximal 200 ms ausgelegt. In diesem Fall kann die Einklinkungsspule E1–E2 mit einem Schließer des Basisgeräts abgeschaltet werden. Der Schließer ist während der Verklinkung geschlossen und öffnet sich erst bei der Entklinkung.

EN 50 011 über „Anschlussbezeichnungen, Kennzahlen und Kennbuchstaben für bestimmte Hilfsschütze" hat direkte Auswirkungen auf die Handhabung des Bausteinsystems. In Abhängigkeit von Anzahl und Lage der Schließer und Öffner im Gerät und von anderen Anschlussbezeichnungen gibt es verschiedene Ausführungen, die in der Norm durch Kennzahlen und -buchstaben unterschieden werden. **Bild 4.40** zeigt eine Gegenüberstellung von Anschlussbezeichnungen.

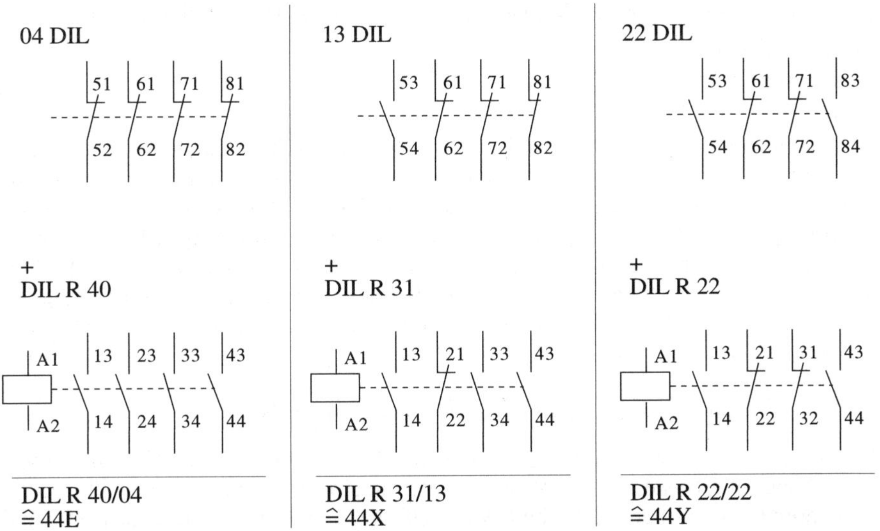

Bild 4.40 Drei Beispiele für Schütze mit vier Schließern und vier Öffnern mit unterschiedlichen Kennbuchstaben. In der Praxis wird Ausführung E bevorzugt

Anzustreben sind Geräte mit dem Kennbuchstaben E. Die Basisgeräte DIL R 40, DIL R 31, DIL R 22 und im weiteren Sinne DIL R 22 D sowie DIL ER-40, DIL ER-31 und DIL R-31 entsprechen den Ausführungen E. Bei sechs- und achtpoligen Hilfsschützen bedeutet Ausführung E, dass in der unteren oder hinteren Kontaktebene vier Schließer angeordnet sind. Verwendet man z. B. die angebotenen Hilfsschalterbausteine bei DIL R 22 und DIL R 31, ergeben sich Kontaktbestückungen mit den Kennbuchstaben X und Y.

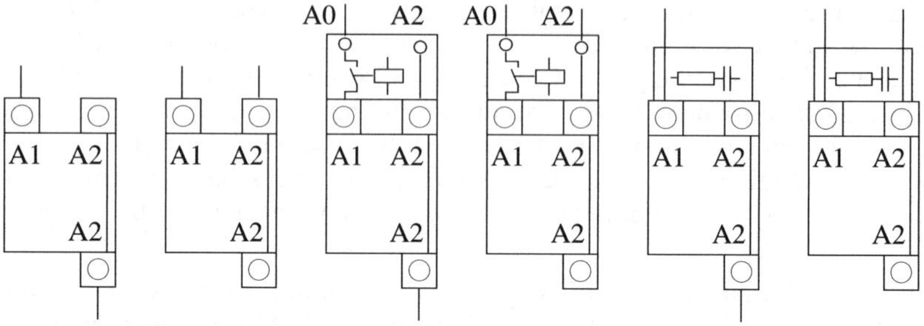

Bild 4.41 Verdrahtungsalternativen durch drei Spulenanschlüsse von Hilfsschützen

Bild 4.41 zeigt sechs Verdrahtungsalternativen durch drei Spulenanschlüsse von Hilfsschützen. Beim Hilfsschütz DIL R wird an die beiden oben liegenden Klemmen A1–A2 eine Zusatzausrüstung angeschlossen, die die Abschaltspannungsspitzen der Schütze begrenzt. Man kann zwischen folgenden Möglichkeiten wählen:

- *RC*-Löschglied
- Dioden-Löschglied
- Varistor-Löschglied

Bedingt durch die physikalischen Eigenschaften der Induktivität, ist ein störfreies Abschalten ohne Zusatzeinrichtung kaum möglich. Daraus resultiert, dass die Störungen so weit wie möglich minimiert werden müssen. Das bewirkt je nach Einsatzfall eine spezielle Beschaltung der Induktivität mit einem Entstörglied. Es sollte im Idealfall die Störspannung vollständig unterdrücken sowie die in der Induktivität gespeicherte magnetische Energie schnell abbauen. Weiterhin darf das Entstörglied im statischen Betrieb für die Induktivität keine zusätzliche Last für den Steuerausgang darstellen.

4.3.3 Ansteuerung mit erhöhtem Sicherheitsanspruch

Sicherheitstechnische Einrichtungen schützen Mensch und Maschine bzw. Anlage und erhöhen die Systemverfügbarkeit sowie die Zuverlässigkeit einer Anlage. Sie reduzieren und verhindern in hohem Maß Gefahrensituationen, z. B. elektrische und mechanische Gefährdungen.

Bild 4.42 zeigt eine Steuerschaltung mit Zweihandschalter für handbetätigte Taster an Werkzeug- und Produktionsmaschinen. Die Steuerung ist nur eingeschaltet, wenn Taster S1 und S2 betätigt werden. Die in Reihe geschalteten Schließer bilden eine UND-Verknüpfung, d. h., beide Schließer müssen immer geschlossen sein, um ein Steuersignal auslösen zu können.

In diesem Fall ist eine Anlage mit einer standardgerechten Zweihandeinrichtung nach prEN 574 ausgerüstet. Die Stellteile sind so angeordnet, dass unbeabsichtigtes oder bewusstes einhändiges Einschalten unter keinen Umständen möglich ist. Diese Schaltung muss in Eigenverantwortung vom Konstrukteur erstellt werden. Hier ist

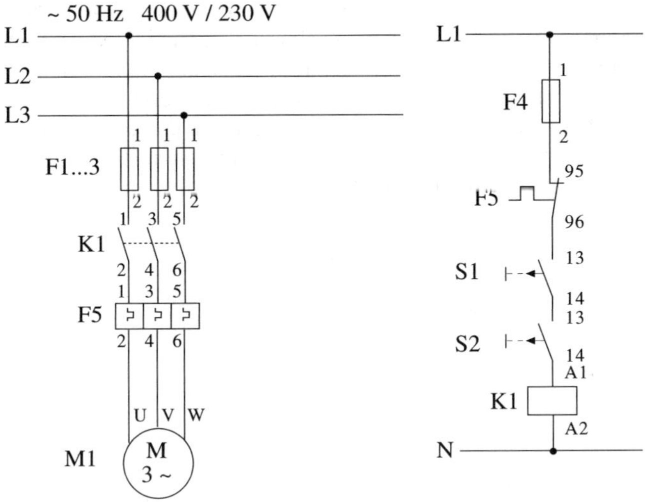

Bild 4.42 Zweihandschalter mit handbetätigten Tastern als Sicherungsschaltung für Pressen und Stanzen: F1…3 Hauptsicherungen; F4 Steuersicherung; F5 Motorschutzrelais; S1, S2 Schalter für UND-Betrieb (Reihenschaltung); K1 Schütz; M1 Motor

außerdem immer eine sicherheitsgerichtete Projektierung der Stromversorgung und der Schaltorgane wichtig. Die Zuverlässigkeit der Schutzfunktion hängt nicht nur von den gewählten Betriebsmitteln und von der Zusammenschaltung ab.

4.3.4 Selbsthalteschaltung

Bei der Selbsthaltung für die Ansteuerung eines Drehstrommotors gibt es mehrere Möglichkeiten:

- Motorschutzrelais mit Wiedereinschaltsperre: Sie müssen stets bei Dauerkontaktgabe (z. B. Druckwächter, Grenztaster) verwendet werden, um automatisches Wiedereinschalten zu verhindern. Die Entsperrung sollte von außen möglich und für jedermann zugänglich sein. Motorschutzrelais sollte man stets mit Wiedereinschaltsperre ausrüsten. Die Relais sind häufig auch auf selbsttätiges Wiedereinschalten umstellbar.
- Motorschutzrelais ohne Wiedereinschaltsperre: Diese Geräte können nur bei Impulskontaktgabe (z. B. Drucktaster) verwendet werden, da nach Abkühlung der Bimetalle kein automatisches Wiedereinschalten möglich ist.
- Sonderschaltungen: Solche Schaltungen erfordern meist eine vom Motorbemessungsstrom abweichende Einstellung des Relais, z. B. bei Stern-Dreieck-Schaltern, einzeln kompensierten Motoren, Wandlerrelais usw.

- Schalthäufigkeitsbetrieb: In dieser Betriebsart ergeben sich für den Motorschutz meist erhebliche Probleme. Das Relais ist wegen seiner geringeren Zeitkonstante höher als auf den eigentlichen Motorbemessungsstrom einzustellen. Die für eine Schalthäufigkeit ausgelegten Motoren können mit dieser Einstellung bis zu einem gewissen Grad ohne Probleme arbeiten. Auch wenn sich durch diese Schaltungsmaßnahme kein vollwertiger Schutz gegen Überlast gewährleisten lässt, ist doch ausreichendes Verhindern von Nichtanlauf möglich.

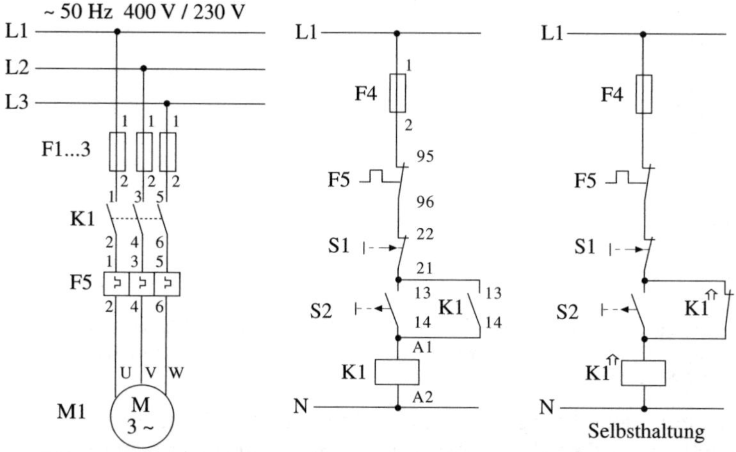

Bild 4.43 Realisierung einer Selbsthalteschaltung für Ansteuerung eines Drehstrommotors: F1…3 Hauptsicherungen; F4 Steuersicherung; F5 Motorschutzrelais; S1 Austaster; S2 Eintaster; K1 Schütz; M1 Motor

Bild 4.43 zeigt eine Schaltung für die Selbsthaltung, d. h., nach Betätigen des Tasters S2 bleibt die Steuerung so lange eingeschaltet, bis entweder S1 (Austaster) oder F5 (Motorschutzrelais) oder F4 (Steuersicherung) den Steuerkreis unterbricht. Gerade diese Anlagen müssen gegen Wiederanlauf geschützt sein, damit ein selbsttätiger Wiederanlauf bei Spannungswiederkehr keinen gefährlichen Zustand verursacht. Außerdem kann in der Anwendung auch durch Spannungsausfall oder Spannungseinbrüche ein Fehlverhalten der elektrischen Ausrüstung auftreten. Schütze müssen eine Spannungssicherheit von mindestens 85 % bis 110 % der Steuerspannung nach EN 60947 aufweisen. Nach Spannungswiederkehr läuft die Maschine nur durch einen bewussten Einschaltbefehl an. Steuerspannungseinbrüche bis –15 % unter den Nennwert dürfen nicht zum Abschalten führen.

4.3.5 Schutzschaltung mit Redundanz

Redundanz ist das Vorhandensein von mehr als für den Normalbetrieb notwendigen schaltungstechnischen Mitteln mit entsprechender Verknüpfung. Als typische Form von Redundanz findet man die Verdopplung von Hilfsschützen in der Not-Aus-

Kombination. Versagt eines der Geräte, weil es nicht anzieht oder „hängenbleibt", stellt das andere den sicheren Zustand her, und der Fehler wird erkannt. Das funktioniert allerdings nur mit zwangsgeführten Schützkontakten.

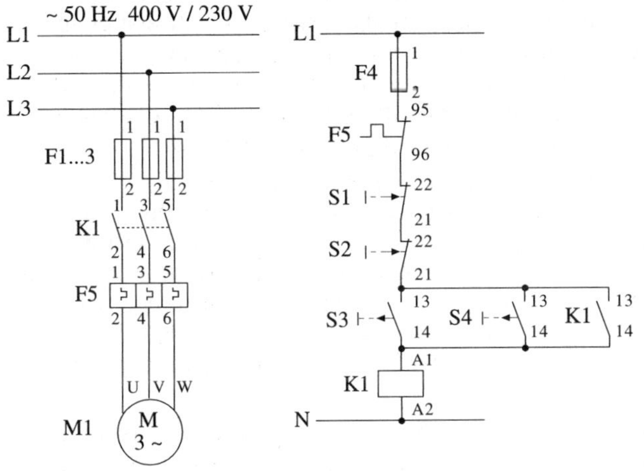

Bild 4.44 Ein- und Ausschalten mit zwei Schaltstellen: F1...3 Hauptsicherungen; F4 Steuersicherung; F5 Motorschutzrelais; S1, S2 Austaster; S3, S4 Eintaster; K1 Schütz; M1 Motor

Bild 4.44 zeigt ein Beispiel zum Ein- und Ausschalten mit zwei Schaltstellen. Eingeschaltet wird durch Betätigen von S3 oder S4 bzw. ausgeschaltet wird über S1 oder S2. Das Parallelschalten von zwei Schaltern ergibt eine ODER-Funktion.

Die Anforderungen an die Betriebssicherheit und Wartungsfreundlichkeit der eingesetzten Bauteile, Signal- und Positionsschalter steigen, wenn man bedenkt, dass in der Großserienfertigung die Produktionskosten heute etwa 50 % der Gesamtkalkulation betragen. Wünschenswert sind keine oder nur sehr geringe Ausfallquoten. Aufgrund der kostenintensiven Wartungs- und Stillstandzeiten werden hohe Ansprüche an die Verfügbarkeit und Betriebssicherheit von Maschinen und Produktionsanlagen gestellt.

Bei Schleichschaltgliedern, d. h. bei langsamen mechanischen Schaltvorgängen, hängen Öffnen und Schließen der Kontakte von der Anfahrgeschwindigkeit und dem Betätigungsweg ab. Die Kontaktgabe ist bei Elementen mit Sprungfunktion unabhängig von der Anfahrgeschwindigkeit. Aufgrund eines internen Kraftspeichers wird der Umschaltpunkt bei Überschreiten eines bestimmten Wegs festgelegt und ist danach nicht mehr zu stoppen. Sprungschaltglieder werden daher vorzugsweise bei niedrigen Anfahrgeschwindigkeiten oder undefinierten Betätigungen eingesetzt. Anwendungsfälle sind beispielsweise Positionsschalter mit Federstabantriebskopf, um Kontaktverschweißungen zu vermeiden. Der Schaltpunkt bei Sprungschaltgliedern ist abbrandunabhängig und zwar über die gesamte Lebensdauer. Ein weiteres Einsatzgebiet findet diese Kontaktausführung in den Schnittstellen zu Elektroniksystemen. Hier stellt die unterbrechungsfreie Umschaltung von Öffner/Schließer mit definierter Umschaltzeit einen wesentlichen Vorteil dar. Für Sprungmechanismus und Kontaktsystem sind getrennte Federn vorgesehen. Die Kontaktkraft für den Umschaltvorgang ist somit über den gesamten Betätigungsweg konstant und lässt sich von außen nicht beeinflussen. Das gilt insbesondere bei Erschütterungen. Undefinierte Schaltzustände der Kontaktelemente kurz vor dem Schaltpunkt, „Kontaktflattern" genannt, treten hierbei nicht auf. Für den Praxiseinsatz sind sowohl Schleich- als auch Sprungschaltglieder verwendbar.

Schaltglieder, die durch Isolation voneinander getrennt sind, werden als Schaltkontakte mit galvanischer Trennung bezeichnet. Sie erlauben das Schalten von unterschiedlichen Potentialen, wie etwa gleichzeitig mit 230 V (AC) einen Prozess steuern und mit 24 V (DC) den Schaltzustand melden. Anwendungen finden sich bei Sicherheitsschaltern mit Öffner- und Schließerkontakt, wobei sich der Öffner als Sicherheitskontakt und der Schließer als Meldekontakt einsetzen lässt. Bei fehlender galvanischer Trennung können durch elektrische Überkreuzschlüsse gefährliche Zustände eintreten.

Die redundante Auslegung von Stromkreisen ist dann gegeben, wenn mehr als die für die Funktion notwendigen Bauteile verwendet werden. Der Stromkreis ist doppelt aufgebaut, also zweikanalig ausgeführt, wodurch sich die Verfügbarkeit deutlich erhöhen lässt. Dabei ist davon auszugehen, dass nicht beide (Strom-)Pfade zugleich ausfallen. Ursachen für einen Fehler sind z. B. Trennung, Unterbrechung, Überbrückung und Ausfall bzw. Versagen eines Bauteils. Wird der erste Fehler nicht erfasst bzw. erkannt, lässt er sich auch nicht beheben. Erst wenn ein weiterer Fehler auftritt, kann die Sicherheit der gesamten Anlage in Frage gestellt sein.

Praxisbeispiel: Redundante Not-Aus-Schaltung mit zwei Öffnerkontakten oder Sicherheitspositionsschaltern mit Doppelöffner.

Die Selbstüberwachung stellt die automatische Überwachung der Funktionsfähigkeit der Bauteile sicher. Durch zyklisches Testen kann ein Ablauf freigegeben oder unterbrochen werden, was der Sicherheitskategorie nach prEN 954-1 entspricht.

Praxisbeispiel: Sicherheitszuhaltung mit Federkraftverriegelung und permanenter Überwachung der Türstellung in Verbindung mit einer entsprechenden steuerungstechnischen Verknüpfung.

Die Erhöhung der Verfügbarkeit bei elektrischen Systemen hat eine große Bedeutung und kann durch Redundanz oder Selbstüberwachung erreicht werden. In der Praxis findet das Redundanz-Konzept mit gleichen Geräten verstärkt Anwendung. Hierbei werden mehrere typengleiche Geräte zur Signalerfassung eingesetzt. Dabei stehen zwei schaltungstechnische Lösungen zur Verfügung:

- ODER-Schaltung: Mehrere Geräte überwachen einen Arbeitsvorgang. Fällt ein Gerät aus, ist mindestens noch ein weiteres funktionstüchtiges Gerät vorhanden: → Parallelschaltung → hohe Verfügbarkeit

- UND-Schaltung: Alle Geräte müssen funktionstüchtig sein, damit das System arbeitet. Fällt ein Gerät aus, so bleibt das gesamte System stehen: → Reihenschaltung → sicherheitsrelevante Bedeutung.

4.3.6 Schutz durch Positionsschalter

Ein erhöhtes Sicherheitsbewusstsein zum Schutz von Mensch und Maschine gewinnt immer mehr an Bedeutung. Der Einsatz von Sicherheitspositionsschaltern bietet rundum mehr Sicherheit für Personen und Prozesse an Maschinen und Anlagen. Überwachungs- und Sperrfunktionen sind sicher zu erfüllen. Unzulässige Betriebszustände, die mit Verletzungsgefahren verbunden sind, werden weitgehend verhindert. Bei diesen Geräten handelt es sich um Verriegelungseinrichtungen ohne Zuhaltung zur Stellungsüberwachung von Schutzeinrichtungen gemäß prEN 1088.

Infolge der CE-Kennzeichnungspflicht und der Maschinenrichtlinie wird ein erhöhtes Augenmerk auf die Sicherheit von Maschinen und Anlagen gelegt. Im Zug der fortschreitenden Automatisierung von Produktionsabläufen steigen auch die Anforderungen an Sicherheitskomponenten. Unter diesem Aspekt sind die Sicherheitspositionsschalter mit getrenntem und dreifach codiertem Betätigungselement entwickelt worden. Sie sichern zuverlässig Türen und Klappen an Schutzverkleidungen, bei prozessbedingten Abläufen bzw. gefahrbringenden Bewegungen, die Menschen gefährden. Abläufe, die durch Eingriffe von außen gestört werden können, sind durch bewegliche Schutzeinrichtungen abzuschirmen. Die Sicherheitspositionsschalter gewährleisten das sichere Abschalten eines Prozessablaufs bei Öffnen der Schutzeinrichtungen, beispielsweise bei Schutzgittern, Schutzhauben usw. Ein Anlaufen der Anlage ist damit nur bei geschlossener Schutzeinrichtung möglich.

Doppelöffnerkontakte verhelfen den Sicherheitspositionsschaltern mit getrenntem Betätigungselement zum Einsatz in redundant aufgebauten Stromkreisen. Hier wird im Gefahrenfall ein allpoliges Abschalten des Sicherheitsstromkreises gefordert. Die Sicherheitspositionsschalter sind daher mit zwei Öffner-Kontaktelementen und einem weiteren Schließerkontakt ausgestattet. Der dritte Schaltkontakt ermöglicht die zusätzliche Signalisierung des Betriebs- bzw. Schaltzustands.

Der besondere Vorteil von Positionsschaltern mit getrenntem Betätigungselement ist der erhöhte Schutz vor Manipulation. Die kompakten Geräte lassen sich nur mit dem jeweils dazugehörenden, mehrfach codierten Betätiger schalten. Das Überlisten auf einfache Art und Weise von Hand oder mit Hilfsmitteln ist ausgeschlossen. Durch die Codierung entsprechen alle Betätiger der Wirkungsweise eines Schlüssels. Die Positionsschalter sind nicht einfach mit einem Schraubendreher oder mit Drahtstücken zu überlisten, was EN 60 947-5/VDE 0660-200 als ein „Umgehen auf einfache Weise“ versteht. Ferner muss der Schaltpunkt solange zwangsläufig geöffnet bleiben, bis der Betätiger eingeführt wird. Erst danach lässt sich eine Maschine bzw. Anlage wieder in Betrieb nehmen. Das Einschaltsignal (Start) ist jedoch separat zu geben.

Die erhöhte Funktionssicherheit wird durch zwei unabhängig voneinander arbeitende Verriegelungssysteme erzielt. Moderne Sicherheitspositionsschalter erfüllen in vollem Umfang die Forderungen nach „Sicherheit gegen Manipulation“. Mit Ziehen des Betätigers werden die Schaltglieder geöffnet (Öffner) bzw. geschlossen (Schließer).

Um den Sicherheitsanforderungen gerecht zu werden, sind die Geräte in Stromkreisen einsetzbar, die der Sicherheit mit Personenschutzfunktion dienen. Durch die vielseitigen Anbaumöglichkeiten sind die Sicherheitsschalter besonders zum Einsatz an abnehmbaren Hauben, Schiebetüren oder scharnierten Klappen geeignet. **Bild 4.45** zeigt den inneren Aufbau von Sicherheitspositionsschaltern.

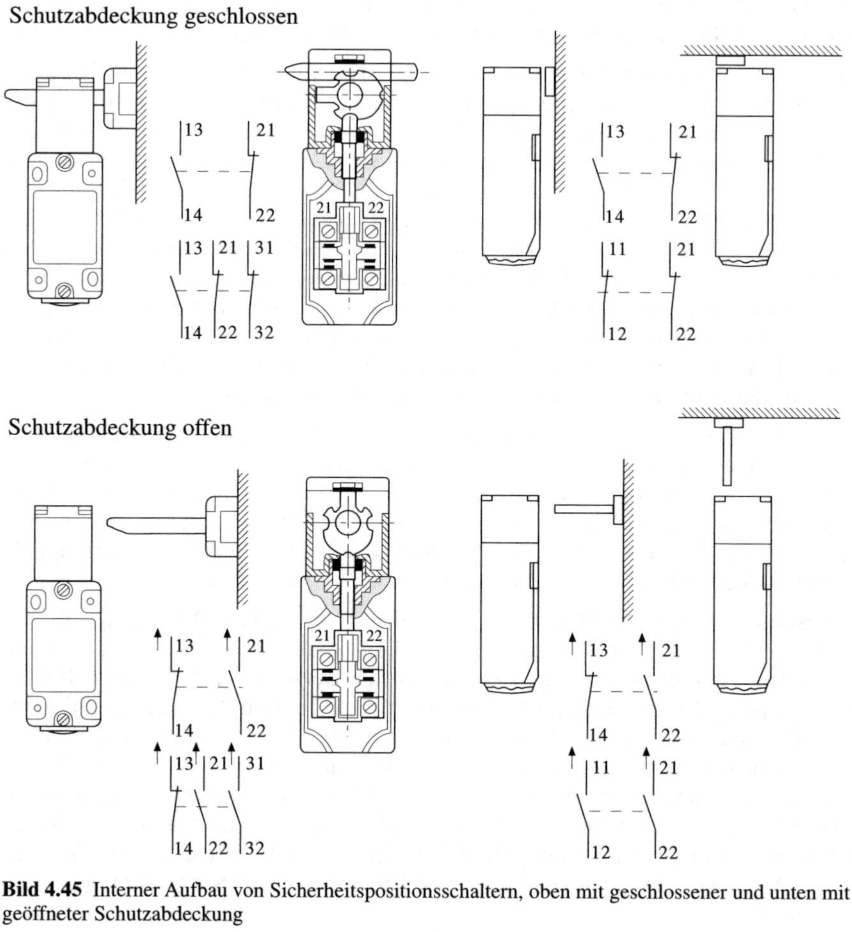

Bild 4.45 Interner Aufbau von Sicherheitspositionsschaltern, oben mit geschlossener und unten mit geöffneter Schutzabdeckung

Sicherheitsverriegelungen schützen Personen vor gefahrbringenden Maschinenbewegungen während des Betriebs und der Nachlaufzeit, d.h. nach Abschalten der Maschine bzw. Anlage. Personen werden dadurch vor lebensgefährlichen Verletzungen geschützt und Kosten durch unzulässig unterbrochene Prozessabläufe vermieden.
Sicherheitspositionsschalter mit Zuhaltung sind besondere sicherheitstechnische Einrichtungen. Sie verhindern zufälliges oder beabsichtigtes Öffnen von Schutztüren, Schutzgittern oder anderen Abdeckungen, solange noch ein gefahrbringender Zustand besteht, z.B. in Form von Nachlaufbewegungen der abgeschalteten Maschine, von Pressen, Robotern usw. Im Normalfall wird die Sperrwirkung erst nach Erreichen des Stillstands der gefahrbringenden Bewegung aufgehoben. Überwacht wird üblicherweise die Drehzahl des Antriebs, und für die Auswertung finden Tachogeneratoren bzw. Stillstandswächter ihren Einsatz. Erst bei Bewegungsstillstand geben sie ein Freigabesignal an das Sperr-/Entriegelungssystem.
Sicherheitsverriegelungen mit Zuhaltung erfüllen im Wesentlichen zwei Aufgaben:

- Freigabe der Maschine bzw. Anlage bei geschlossener und zugehaltener Schutzeinrichtung
- Sperren der Maschine bei geöffneter Schutzeinrichtung

Das getrennte Betätigungselement wirkt mit seiner Codierung ähnlich wie ein Schlüsselschalter und ist somit ein wirksamer Schutz vor Manipulationen. Der Betätiger überträgt die Zuhaltekraft auf die Schutzeinrichtung und sorgt damit für ihre Stellungsüberwachung. Ein vorzeitiges Öffnen der Schutzeinrichtung wird durch zwei unterschiedliche Prinzipien gewährleistet:

- Federkraft = Ruhestromprinzip
- Magnetkraft = Arbeitsstromprinzip

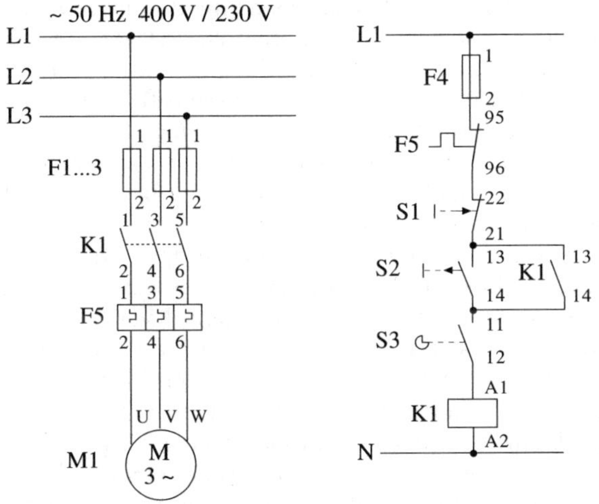

Bild 4.46 Schaltung einer Verriegelung durch mechanische Endschalter: F1…3 Hauptsicherungen; F4 Steuersicherung; F5 Motorschutzrelais; S1 Austaster; S2 Eintaster; S3 Endschalter; K1 Schütz; M1 Motor

Bild 4.46 zeigt eine Schaltung für die Verriegelung durch Endschalter. Hierzu gibt es mehrere Möglichkeiten für die Überwachung von beweglichen Schutzeinrichtun-

gen. In der Kategorie 1* verwendet man z. B. einen Positionsschalter mit Zuleitung, wenn keine besondere Gefährdung vorliegt. Auch kann man diese bei gelegentlichen Eingriffen in den Gefahrenbereich einsetzen oder wenn die Anhaltezeit kleiner als die Zugriffs- bzw. Zugangszeit ist. Für die Startbedingung gilt, dass die Schutzeinrichtung geschlossen sein muss. Der Positionsschalter für diese Variante ist zwangsöffnend, die Schütze sind mit zwangsgeführten Kontaktelementen ausgestattet, die elektromechanischen Bauteile sind fest verdrahtet. Die Positionsschalter und Zuleitungen müssen vor mechanischen Beanspruchungen geschützt angeordnet sein. Die Schaltung ist gelegentlich auf ihre Funktion zu testen.
Für die Kategorie 1* gilt auch, wenn der Positionsschalter keiner besonderen Gefährdung ausgesetzt ist, was aber nicht für die Zuleitungen gilt. In diesem Fall muss die Zuleitung fehlerüberwacht sein. Diese Variante kann man auch bei nicht zyklischen Eingriffen in den Gefahrenbereich verwenden, wenn die Anhaltezeit kleiner als die Zugriffs- bzw. Zugangszeit ist oder für die Startbedingung erforderlich ist und die Schutzeinrichtung geschlossen sein muss. Die Positionsschalter müssen zwangsöffnend sein, ebenso sind die Schütze mit zwangsgeführten Kontaktelementen auszustatten. Die elektromechanischen Bauteile sind fest verdrahtet, und die Positionsschalter müssen vor mechanischen Beanspruchungen geschützt angeordnet sein. Der mechanische Antrieb des Positionsschalters ist gelegentlich auf Funktion zu überprüfen.
Führt man Positionsschalter und Zuleitung fehlerüberwacht aus, kommt man zur Kategorie 4. In diesem Fall können Positionsschalter und Zuleitungen besonderer Gefährdung ausgesetzt sein. Ein zyklischer Eingriff in den Gefahrenbereich ist jederzeit möglich. Das gilt auch, wenn die Anhaltezeit kleiner als die Zugriff- bzw. Zugangszeit ist; für die Startbedingung muss die Schutzeinrichtung geschlossen sein. Der Positionsschalter ist zwangsöffnend, und die Schütze sind mit zwangsgeführten Kontaktelementen ausgestattet. Die Zuleitungen sind getrennt zu verlegen, und die elektromechanischen Bauteile muss man fest verdrahten. Bei Installation und Verdrahtung muss sichergestellt sein, dass die Schaltgeräte ordnungsgemäß montiert und zusammengefügt sind. Die Spannungsversorgung darf nicht für weitere Schaltungen bzw. Bauteile durchgeschleift sein. Das Bezugspotential ist als Ring auszuführen.
Bild 4.47 zeigt drei Möglichkeiten (verriegelt, entriegelt und offen) für einen durch Federkraft verriegelten Sicherheitspositionsschalter. Hierbei handelt es sich um eine Standardausführung, deren Aufbau dem Ruhestromprinzip entspricht. Die Geräte verriegeln mit Hilfe einer Sicherheitsfeder. Durch Anlegen einer Spannung an die Magnetspule lässt sich mit elektromagnetischer Kraft entriegeln. Mit Öffnen der Schutzeinrichtung wird eine mechanische Wiedereinschaltsperre aktiviert, die ein Wiedereinschalten der Maschine bzw. Anlage bei geöffneter Tür verhindert.
Dieser sicherheitswirksame Zustand ist auch durch Manipulation mit einfachen Hilfsmitteln nicht zu umgehen. Deshalb lässt sich die Magnetspule bei geöffneter Schutzeinrichtung abschalten. Wird sie geschlossen, verriegelt das Gerät in jedem Fall selbstständig. Bei Stromausfall verhindern die Geräte zuverlässig das Öffnen der Schutzeinrichtung. Durch Federkraft verriegelte Geräte sind mit einer manuellen Hilfsentriegelung ausgestattet. Sie ist zu verriegeln und nur im Notfall bzw. bei

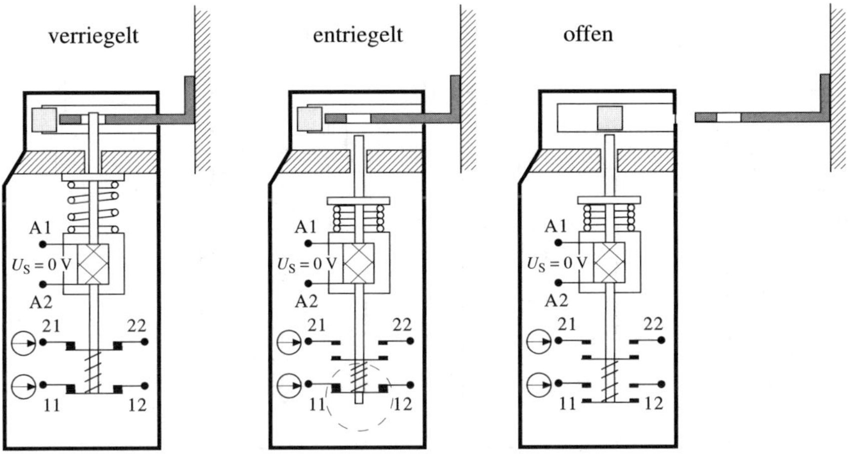

Bild 4.47 Aufbau eines durch Federkraft verriegelten Sicherheitspositionsschalters

Stromausfall mit einem Schraubendreher zu betätigen. Befinden sich an einem Gerät oder einer Anlage entsprechende Sicherheitspositionsschalter, ergibt sich ein erhöhter Personenschutz mit separater Meldung der Türstellung.

Geräte, die dem Arbeitsstromprinzip folgen, werden mit elektrischer Magnetkraft verriegelt. Das Anlegen einer Spannung an die integrierte Magnetspule aktiviert das Gerät und verriegelt die Schutzeinrichtung. Kommt es zu einer Unterbrechung der Spannungszufuhr, sorgt Federkraft für automatisches Entriegeln, d. h., dass während der gesamten Verriegelungszeit die Magnetspule an Spannung liegt. Die Funktionsweise der Wiedereinschaltsperre entspricht der Arbeitsweise von durch Federkraft verriegelten Geräten. Der Einsatz dieser Geräte ist dort von Vorteil, wo nach dem Stillstand oder einem Stromausfall ein rascher Eingriff in die Anlage erforderlich ist. **Bild 4.48** zeigt die drei Möglichkeiten (verriegelt, entriegelt und offen) für einen durch Magnetkraft verriegelten Sicherheitspositionsschalter.

Befinden sich an einem Gerät oder einer Anlage entsprechende Sicherheitspositionsschalter, ergibt sich ein erhöhter Personenschutz in Verbindung mit einem Prozessschutz, wobei auch eine separate Meldung der Türstellung vorhanden ist.

Neben dem Zuhalten muss eine Sicherheitsverriegelung oftmals noch die Stellungsüberwachung der Schutzeinrichtung übernehmen. Der Sicherheitspositionsschalter wertet permanent über einen separaten Schaltkontakt die Position der Schutzeinrichtung (offen oder geschlossen) aus, denn bei geöffneter Tür bzw. offenem Gitter ist die zwangsläufige Unterbrechung der gefahrbringenden Bewegung sicherzustellen. Nach Stillstand lässt sich die Maschine nicht direkt wieder einschalten, ohne dass vorher die Schutzeinrichtung geöffnet wurde. Dieser Vorgang bewirkt die zyklische Prüfung des Sicherheitsbauteils nach Kategorie prEN 954-1. Das Schließen der Schutzeinrichtung bewirkt ein Freigabesignal. Das Einschaltsignal (Start) muss separat eingegeben werden.

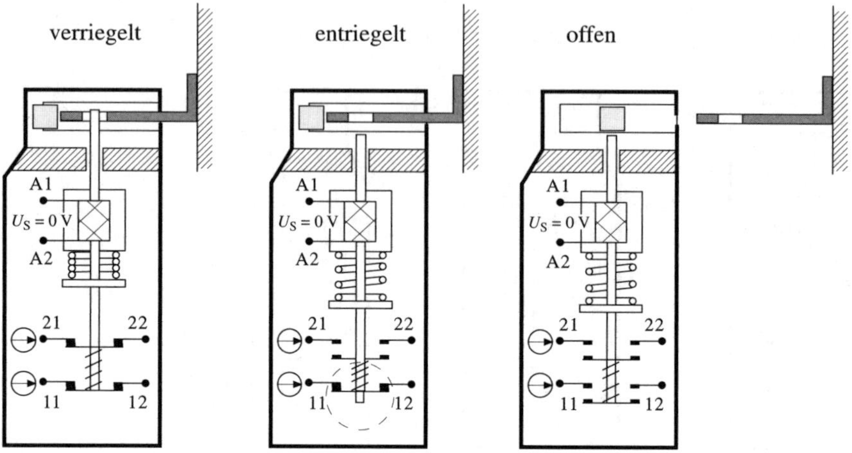

Bild 4.48 Durch Magnetkraft verriegelter Sicherheitspositionsschalter

4.4 Gleichstromkleinstmotoren

Gleichstromkleinstmotoren mit eisenlosem Anker enthalten im Wesentlichen drei Einzelbauteile: das Magnetsystem, den eisenlosen Anker und den Deckel mit den Bürsten. Das Magnetsystem besteht aus einem zylindrischen Kernmagneten, der durch eine scheibenförmige Frontplatte mit dem Gehäuse verbunden ist, das als Eisenrückschluss dient. Die beiden selbstschmierenden Sinterbronzelager bzw. Kugellager befinden sich an einem Ende im Zentrum des Kernmagneten und am anderen Ende im Zentrum der Frontplatte, die auch die Gewindebohrungen für die Befestigungsschrauben aufweist. Der Kernmagnet wird nach dem Einbau in das Magnetsystem diametral magnetisiert. Der magnetische Widerstand des Eisenkreises ist auf Grund der geringen Permeabilität der verwendeten Magnetstoffe so groß, dass die durch den Ankerstrom erzeugte Ankerrückwirkung äußerst klein ist und normalerweise vernachlässigt werden kann.

4.4.1 Gleichstromkleinstmotoren mit eisenlosem Läufer

In der modernen Technik werden immer häufiger und auf allen möglichen Gebieten elektronische Regelkreise benutzt, wobei vielfach Motoren zur Anwendung kommen – sei es als Messorgan oder als Stellorgan. Gleichstromkleinstmotoren mit eisenlosem Läufer und Permanentmagneten eignen sich hierfür besonders gut, da sie als einzige eine völlig lineare Charakteristik aufweisen. Das niedrige Trägheitsmoment und sehr geringe Anlaufspannungen sind weitere entscheidende Vorteile dieser Konstruktion.

Der eisenlose Anker besteht aus einem glockenförmigen Rotor, der sich um den Kernmagneten dreht. Die Rotorspulen sind bei diesen Motoren in sogenannter Schrägwicklung ausgeführt und an der scheibenförmigen Kollektorplatte befestigt. Je nach Abmessungen weisen die Kleinstmotoren zwischen 5 und 13 Kollektorlamellen auf. Es ist zu beachten, dass durch den kleinen Durchmesser des Kollektors geringe Gleitgeschwindigkeiten der Bürsten erzielt werden. Die niedrige Leerlaufreibung ermöglicht einen hohen Wirkungsgrad. Der symmetrische Aufbau der Schrägwicklung kommt der Laufruhe zugute. Ebenso ergeben die sich kreuzenden Drähte eine hohe mechanische Stabilität der Wicklung des in selbsttragender Bauweise ausgeführten Rotors (Anker). **Bild 4.49** zeigt den Aufbau eines Gleichstromkleinstmotors.

Der Deckel trägt das Bürstensystem. Durch Verwendung von Edelmetall für Bürsten und Kollektorlamellen bleibt der geringe Bürstenübergangswiderstand während der ganzen Lebensdauer erhalten, und der Anlaufbetrieb ist auch bei sehr kleinen Spannungen stets gesichert. Motoren, die ständig mit hohem Strom betrieben werden, lassen sich mit Kupfer-Graphit-Kommutierungssystemen ausrüsten, die das mechanische Verhalten verbessern.

Das elektromechanische Verhalten von Gleichstromkleinstmotoren mit eisenlosem Anker kann mit den nachfolgenden Gleichungen beschrieben werden. Die angelegte Betriebsspannung U_0 ist gleich der Summe aus dem durch den Strom I am Innenwi-

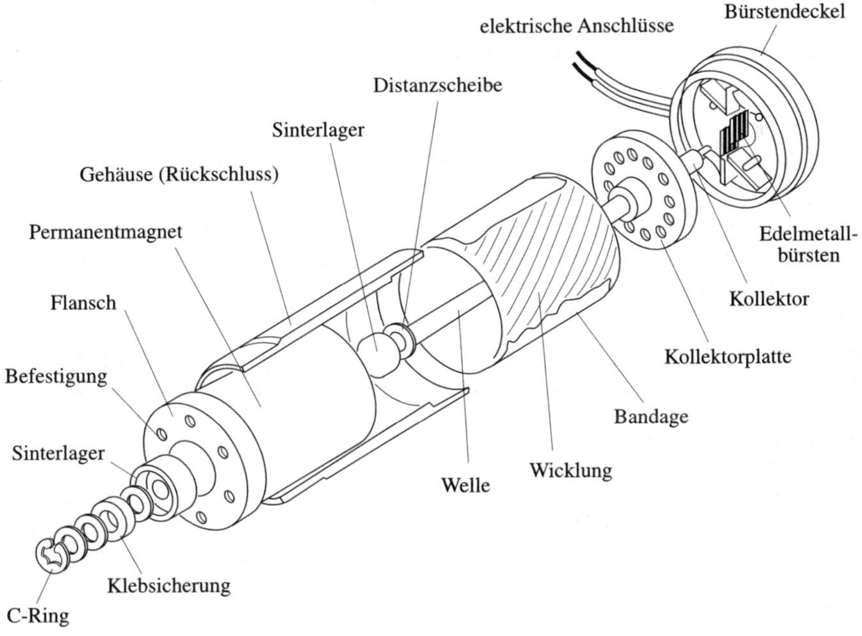

Bild 4.49 Aufbau eines Gleichstromkleinstmotors mit eisenlosem Läufer

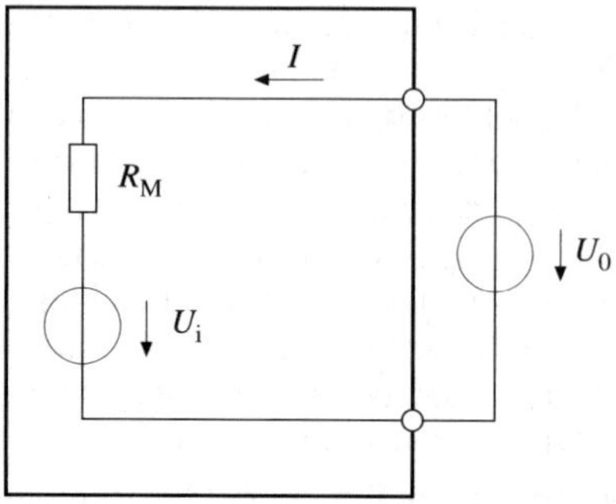

Bild 4.50 Stromkreis für Gleichstromkleinstmotor

derstand R_M der Ankerwicklungen erzeugten Spannungsfall und der im Anker induzierten Spannung U_i, wie **Bild 4.50** zeigt.
Die angelegte Betriebsspannung U_0 berechnet sich aus

$$U_0 = I \cdot R_M + U_i$$

Die im Anker induzierte Spannung U_i ist der Winkelgeschwindigkeit ω des Ankers proportional mit

$$U_i = k_E \cdot \omega$$

Der Wert k_E stellt die spezifische elektromotorische Kraft dar. Zwischen der Winkelgeschwindigkeit ω in Radianten pro Sekunde und der Drehzahl n des Ankers in Umdrehungen pro Minute besteht folgende Beziehung:

$$\omega = \frac{2 \cdot \pi}{60} \cdot n$$

Das im Anker erzeugte Drehmoment M ist dem Ankerstrom I proportional mit

$$M = k_T \cdot I$$

Der Wert k_T stellt die Drehmomentkonstante dar. Das im Anker erzeugte Drehmoment M ist gleich der Summe aus dem vom Motor abgegebenen Lastdrehmoment M_L und dem Reibungsdrehmoment M_f des Motors:

$$M = M_L + M_f$$

Setzt man die Gleichungen entsprechend ein, erhält man die Drehmoment-Winkelgeschwindigkeit-Charakteristik des Gleichstrommotors mit eisenlosem Anker:

$$U_0 = M \cdot \frac{R_M}{k_T} + k_E \cdot \omega$$

Durch Berechnung der Konstanten k_E und k_T aus den Motorgrößen, der Windungszahl pro Spule, der Anzahl der Spulen, dem Rotordurchmesser und der magnetischen Feldstärke im Luftspalt ergibt sich für den Gleichstrommotor mit eisenlosem Anker

$$\frac{M}{I} = \frac{U_i}{\omega} = k$$

d. h. $k = k_E = k_T$.
Hieraus kann man folgende energetische Überlegung anstellen: Die vom Motor aufgenommene elektrische Leistung

$P_e = U_0 \cdot I$

ist gleich der Summe der im Anker erzeugten mechanischen Leistung P_m,

$P_m = M \cdot \omega$

und der im Anker auftretenden jouleschen Verlustleistung,

$P_v = I^2 \cdot R_M$

Das heißt

$P_e = U_0 \cdot I = M \cdot \omega + I^2 \cdot R_M = P_m + P_v$

Multipliziert man diese Gleichung mit I, erhält man ebenfalls einen Ausdruck für die elektrische Leistung P_e:

$P_e = U_0 \cdot I = I^2 \cdot R_M + U_i \cdot I_I$

Durch Gleichsetzen ergibt sich

$$M \cdot \omega = U_I \cdot I \quad \text{oder} \quad \frac{U_i}{\omega} = \frac{M}{I}, \quad \text{d. h.} \quad k_E = k_T = k$$

Damit lauten die Grundgleichungen:

$$U_0 = I \cdot R_M + k \cdot \omega \quad \text{und} \quad U_0 = M \cdot \frac{R_M}{k} + k \cdot \omega$$

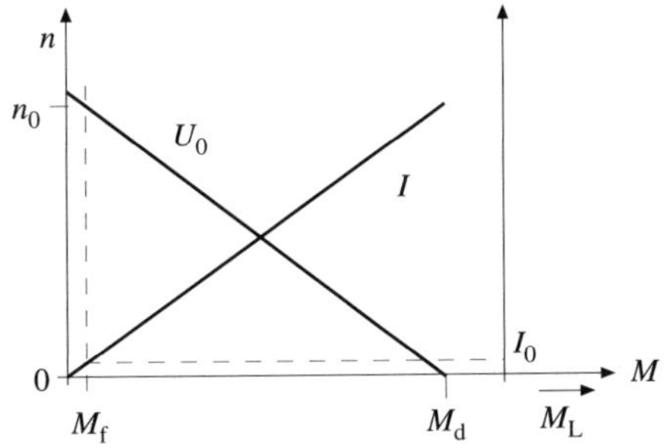

Bild 4.51 Darstellung der Drehzahl-Drehmoment-Charakteristik

Bild 4.51 zeigt die grafische Darstellung der Drehzahl-Drehmoment-Charakteristik. Zur Überwindung des Reibungsdrehmoments M_f, verursacht durch die Lager- und Bürstenreibung, nimmt der Motor einen Leerlaufstrom I_0 auf; es gilt

$M_f = k \cdot I_0 \quad$ und $\quad U_0 = I_0 \cdot R_M + k \cdot \omega_0$

Leerlaufwinkelgeschwindigkeit ω_0 und Leerlaufdrehzahl n_0 berechnen sich aus

$$\omega_0 = \frac{2 \cdot \pi}{60} \cdot n_0$$

Hieraus folgt

$$k = \frac{U_0 - I_0 \cdot R_M}{\omega_0}$$

Man kann also die Motorkonstante k aus der Leerlaufdrehzahl n_0, dem Leerlaufstrom I_0 und dem Ankerwiderstand R_M berechnen. Der Anlaufstrom I_d ist

$$I_d = \frac{U_0}{R_M}$$

Man beachte, dass der Ankerwiderstand R_M sehr stark temperaturabhängig ist, d. h., er nimmt mit der Erwärmung des Motors durch die jouleschen Wärmeverluste zu:

$$R_M = R_{M0}\,(1 + \alpha \cdot \Delta\vartheta)$$

Bei R_{M0} handelt es sich um den Ankerwiderstand bei 22 °C und bei α um den Temperaturkoeffizienten des Kupfers ($\alpha \approx 0{,}004/\text{K}$). Wegen der relativ geringen Kupfermasse der Ankerspule erwärmt sich diese sehr schnell unter dem Einfluss des Ankerstroms, besonders aber bei langsamerem oder wiederholtem Anlauf unter größeren Betriebsspannungen. Das vom Anlaufstrom I_d erzeugte Anlaufdrehmoment M_d ergibt

$$M_d = I_d \cdot k - M_f = (I_d - I_0)\,k$$

Allgemein lässt sich unter Verwendung der Grundgleichungen die Winkelgeschwindigkeit ω bei einem abgegebenen Lastdrehmoment M_L unter der Spannung U_0 berechnen. Das Drehmoment M (das ist das im Anker erzeugte Drehmoment) wird aus dem Lastdrehmoment (M_L) und dem Reibmoment M_f des laufenden Motors bestimmt:

$$M = M_L + M_f$$

Der Strom berechnet sich aus

$$I = \frac{M_L + M_f}{k}$$

Da $M_f/k = I_0$ ist, gilt auch

$$I = \frac{M_L}{k} + I_0$$

Für die Winkelgeschwindigkeit ω erhält man die Beziehung

$$\omega = \frac{U_0 - I \cdot R_M}{k} = \frac{U_0}{k} - \frac{R_M}{k^2} \cdot (M_L + M_f)$$

Die Temperaturabhängigkeit des Ankerwiderstands R_M ist zu berücksichtigen, d. h., es muss der Wert für R_M bei Betriebstemperatur des Rotors errechnet werden. Umgekehrt kann man bei gegebener Drehzahl n (Winkelgeschwindigkeit $\omega = n \cdot 2\pi/60$) und einer Betriebsspannung U_0, den vom Motor aufgenommenen Strom I und das abgegebene Lastdrehmoment M_L berechnen:

$$I = \frac{U_0 - k \cdot \omega}{R_M} = I_d - \frac{k}{R_M}\omega$$

$$M_L = (I - I_0)\,k$$

Hieraus errechnet sich das Lastdrehmoment M_L:

$$M_L = (I_d - I_0)k - \frac{k^2}{R_M}\omega$$

In der Praxis muss man häufig die erforderliche Betriebsspannung U_0 bei einem gegebenen Lastdrehmoment M_L und einer Drehzahl n (Winkelgeschwindigkeit $\omega = n \cdot 2\pi/60$) errechnen:

$$U_0 = \left(\frac{M_L}{k} + I_0\right)R_M + k \cdot \omega$$

Es sei bemerkt, dass bei allen Rechenbeispielen das internationale Einheitensystem (S.I.) verwendet wird.

Beispiel 1: Für einen Motor sollen seine Motorkonstante k, der Anlaufstrom I_d und das Anlaufdrehmoment M_d bei einer Rotortemperatur von 40 °C berechnet werden. Unter einer Betriebsspannung von U_0 = +12 V beträgt die Leerlaufdrehzahl n_0 = 4900 min^{-1}, d. h. ω_0 = 513 rad/s, der Leerlaufstrom ist I_0 = 12 mA und der Ankerwiderstand R_{Mo} = 9,5 Ω bei 22 °C. Die Motorkonstante ist

$$k = \frac{U_0 - I_0 \cdot R_{Mo}}{\omega_0} = \frac{12\ \text{V} - 0{,}012\ \text{A} \cdot 9{,}5\ \Omega}{513\ \text{rad/s}} = 0{,}0232\ \text{Vs}$$

Bevor man den Anlaufstrom berechnen kann, muss zuerst der Ankerwiderstand R_M bei einer Temperatur von 40 °C bestimmt werden:

$$\begin{aligned} R_M &= R_{Mo}\,(1 + \alpha \cdot \Delta\,\vartheta) \\ &= 9{,}5\,(1 + 0{,}004\,(1/\text{K}) \cdot 18\ \text{K}) \\ &= 10{,}2\ \Omega \end{aligned}$$

Der Widerstand erhöht sich von $R_{M\,22°C}$ = 9,5 Ω auf $R_{M40°C}$ = 10,2 Ω. Der Anlaufstrom I_d bei einer Rotortemperatur von 40 °C ist

$$I_d = \frac{U_0}{R_M} = \frac{12\ \text{V}}{10{,}2\ \Omega} = 1{,}18\ \text{A}$$

Das Anlaufdrehmoment M_d lautet

$$\begin{aligned} M_d &= k\,(I_d - I_0) \\ &= 0{,}0232\,(1{,}18\ \text{A} - 0{,}012\ \text{A}) \\ &= 0{,}027\ \text{Nm} \end{aligned}$$

Beispiel 2: Welche Drehzahl n erreicht der Motor unter einem Lastdrehmoment M_L = 8 mNm bei einer Betriebsspannung von U_0 = 9 V und für eine Rotortemperatur von 40 °C?

Unter Verwendung der Gleichung muss man zuerst den vom Motor unter diesen Bedingungen aufgenommenen Strom berechnen:

$$I = \frac{M_L}{k} + I_0 = \frac{0{,}008}{0{,}0232} + 0{,}012\ \text{A} = 0{,}357\ \text{A}$$

Die Winkelgeschwindigkeit ω beträgt

$$\omega = \frac{U_0 - I \cdot R_M}{k} = \frac{9\ \text{V} - 0{,}375\ \text{A} \cdot 10{,}2\ \Omega}{0{,}0232} = 231\ \text{rad/s}$$

Für Drehzahl n gilt

$$n = \frac{60}{2 \cdot \pi} = 2\,200\ \text{min}^{-1}$$

Der Motor wird somit eine Drehzahl von $n = 2\,200\ \text{min}^{-1}$ erreichen und einen Strom von $I = 357$ mA aufnehmen.

Beispiel 3: Stellt man die Frage nach dem Drehmoment M bei einer gegebenen Drehzahl n von $3\,000\ \text{min}^{-1}$ ($\omega = 314$ rad/s) und einer Betriebsspannung von $U_0 = 12$ V, erhält man

$$I = \frac{U_0 - k \cdot \omega}{R_M} = I_d - \frac{k}{R_M} \cdot \omega = 1{,}18 - \frac{0{,}0232}{10{,}2} \cdot 314 = 0{,}466\ \text{A}$$

Für das Lastdrehmoment M_L gilt

$$\begin{aligned} M_L &= k\,(I - I_0) \\ &= 0{,}0232\,(0{,}466\ \text{A} - 0{,}012\ \text{A}) \\ &= 0{,}0105\ \text{Nm} \end{aligned}$$

Es entsteht ein Lastdrehmoment von $M_L = 10{,}5$ mNm.

Beispiel 4: Welche Betriebsspannung ist erforderlich, um bei einem Lastdrehmoment von $M_L = 8$ mNm eine Drehzahl von $n = 4\,000\ \text{min}^{-1}$ ($\omega = 419$ rad/s) zu erreichen, wiederum bei Rotortemperatur von 40 °C und Ankerwiderstand $R_M = 10{,}2\ \Omega$?

Wie bereits berechnet, beträgt der notwendige Strom $I = 0{,}357$ A, um ein Drehmoment von 8 mNm zu erzeugen. Die Spannung ist

$$\begin{aligned} U_0 &= I \cdot R_M + \text{k} \cdot \omega \\ &= 0{,}357\ \text{A} \cdot 10{,}2\ \Omega + 0{,}0232\ \text{Vs} \cdot 419\ \text{rad/s} \\ &= 13{,}4\ \text{V} \end{aligned}$$

4.4.2 Mechanische Leistung

Die vom Motor abgegebene mechanische Leistung P_m errechnet sich bekanntlich aus dem Produkt des abgegebenen Drehmoments M_L (Lastdrehmoment) und der Winkelgeschwindigkeit ω ($\omega = n \cdot 2\pi/60$):

$$P_m = M_L \cdot \omega$$

Zuerst soll die Winkelgeschwindigkeit ω als Funktion des Lastdrehmoments M_L berechnet werden. Ersetzt man

$$U_0 = R_M \cdot I_d,$$

ergibt sich

$$R_M \cdot I_d = I \cdot R_M + k \cdot \omega \quad \text{oder} \quad \omega = \frac{R_M}{k}(I_d - I)$$

und es gilt

$$I_0 = \frac{M_d + M_f}{k} \quad \text{bzw.} \quad I = \frac{M_L + M_f}{k} \quad \text{und} \quad I_d - I = \frac{1}{k}(M_d - M_L)$$

Setzt man dies ein, errechnet sich eine Winkelgeschwindigkeit ω von

$$\omega = \frac{R_M}{k^2}(M_d - M_L)$$

Man erhält somit für die mechanische Leistung P_m als Funktion von M_L durch Einsetzen der Winkelgeschwindigkeit ω in die Beziehung

$$P_m = M_L(M_d - M_L)\frac{R_M}{k^2} = (M_L \cdot M_d - M_L^2)\frac{R_M}{k^2}$$

Das Maximum der mechanischen Leistung P_m ergibt sich aus

$$\frac{dP_m}{dM_L} = 0 \text{ bzw. } (M_d - 2M_L)\frac{R_M}{k^2} = 0$$

oder

$$M_L = \frac{M_d}{2} \text{ bzw. } I = \frac{I_d + I_0}{2}$$

d. h., die mechanische Leistung P_m erreicht ihren Maximalwert bei einem Lastdrehmoment, das dem halben Anlaufdrehmoment entspricht. Der Maximalwert P_{max} ist

$$P_{max} = \frac{R_M}{k^2} \cdot \frac{M_d^2}{4}$$

Da $M_d = k(I_d - I_0)$ ist, gilt

$$P_{max} = \frac{R_M}{4} \cdot (I_d - I_0)$$

Die vom Motor beim Anlauf aufgenommene elektrische Leistung P_e beträgt

$P_e = U_0 \cdot I_d = R_M \cdot I_d^2$

Damit ist

$P_{max} < 0{,}25 \cdot P_e$

Für Motoren mit einem geringen Leerlaufstrom im Verhältnis zum Anlaufstrom, (d. h. bei erfüllter Bedingung $I_0 << I_d$) lässt sich auch folgende Gleichung verwenden:

$$P_{max} \approx 0{,}25 \cdot P_e = \frac{U_0^2}{4 \cdot R_M}$$

Aus dieser Beziehung folgt, dass die vom Motor abgegebene maximale mechanische Leistung P_{max} höchstens 25 % der beim Anlauf aufgenommenen elektrischen Leistung P_e betragen kann. Das gilt für Motoren, die mit konstanter Spannung betrieben werden und den vollen Anlaufstrom ziehen. Es gilt nicht für getaktete Stromversorgungen.

4.4.3 Wirkungsgrad

Der Wirkungsgrad η eines Motors berechnet sich aus dem Quotienten der abgegebenen mechanischen Leistung P_m und der aufgenommenen elektrischen Leistung P_e:

$$\eta = \frac{P_m}{P_e} \quad \text{oder} \quad \frac{P_{ab}}{P_{zu}}$$

Setzt man die für die mechanische Leistung P_m erhaltenen Beziehungen M_d und M_L ein, ergibt sich

$M_d = k\,(I_d - I_0)$ und $M_L = k\,(I - I_0)$, d. h. $M_d - M_L = k\,(I_d - I)$

Für die mechanische Leistung P_m gilt

$$P_m = M_L(M_d - M_L)\frac{R_M}{k^2} = (I - I_0)(I_d - I)R_M$$

Die vom Motor aufgenommene elektrische Leistung P_e beträgt

$P_e = U_0 \cdot I = I_d \cdot I \cdot R_M$ bzw. $U_0 = I_d \cdot R_M$

Somit errechnet sich ein Wirkungsgrad η von

$$\eta = \frac{P_m}{P_e} = \frac{(I - I_0)(I_d - I)}{I \cdot I_d} = \left(1 - \frac{I_0}{I}\right)\left(1 - \frac{I}{I_d}\right)$$

oder

$$\eta = 1 + \frac{I_0}{I_d} - \frac{I_0}{I} - \frac{I}{I_d}$$

Um den Maximalwert von $\eta(I)$ zu bestimmen, setzt man $\mathrm{d}\eta/\mathrm{d}I = 0$ ein:

$$\frac{I_0}{I^2} - \frac{1}{I_d} = 0 \quad \text{oder} \quad I^2 = I_d \cdot I_0 \quad \text{bzw.} \quad I = \sqrt{I_d \cdot I_0}$$

Setzt man den erhaltenen Wert für $\eta(I)$ ein, gilt

$$\eta_{max} = \left(1 - \frac{I_0}{\sqrt{I_d \cdot I_0}}\right)\left(1 - \frac{\sqrt{I_d \cdot I_0}}{I_d}\right) = \left(1 - \sqrt{\frac{I_0}{I_d}}\right)^2$$

Der Maximalwert η_{max} lässt sich auch als Funktion des Lastdrehmoments M ausdrücken. Unter Verwendung von

$$I_0 = \frac{M_f}{k} \quad \text{und} \quad I_d = \frac{M_d + M_f}{k}$$

erhält man

$$\sqrt{\frac{I_0}{I_d}} = \sqrt{\frac{M_f}{M_d + M_f}} \quad \text{und} \quad \eta_{max} = \left(1 - \sqrt{\frac{M_f}{M_d + M_f}}\right)^2$$

Dieser Maximalwert gilt für ein Drehmoment

$$M = \sqrt{(M_d + M_f)M_f}$$

oder für ein Lastdrehmoment

$$M_L = \sqrt{(M_d + M_f)M_f} - M_f \approx \sqrt{M_d \cdot M_f}$$

Der Wert M_f ist das Reibungsdrehmoment des laufenden Motors. Das zeigt, dass der Maximalwert des Wirkungsgrads eine Funktion des Quotienten aus Anlauf- und Leerlaufstrom oder des Quotienten aus Anlauf- und Reibungsdrehmoment darstellt. Beträgt zum Beispiel der Leerlaufstrom I_0 nur 1 % des Anlaufstroms I_d, d. h.

$$I_0 = \frac{I_d}{100}$$

ergibt sich für den maximalen Wirkungsgrad

$$\eta_{max} = \left(1 - \sqrt{\frac{1}{100}}\right)^2 = (0{,}9)^2 = 0{,}81 \quad \text{oder} \quad 81\,\%$$

Dieser Wert wird bei einem Strom von

$$I = \left(\sqrt{\frac{1}{100}}\right) I_d = \frac{I_d}{10}$$

d. h. bei einem Motorstrom von 10 % des Anlaufstroms erreicht. Zum Abschluss soll noch der Wirkungsgrad bei maximaler mechanischer Leistung berechnet werden, d. h. für einen Motorstrom von

$$I = \frac{I_d + I_0}{2}$$

Es ergibt sich

$$\eta_{(P_m)_{max}} = \frac{\frac{R_M}{4}(I_d - I_0)^2}{\frac{U_0}{2}(I_d + I_0)} = \frac{1}{2}\,\frac{(I_d - I_0)^2}{I_d(I_d + I_0)} = \frac{1}{2}\,\frac{\left(1 - \frac{I_0}{I_d}\right)^2}{\left(1 + \frac{I_0}{I_d}\right)} < \frac{1}{2}$$

Der Wirkungsgrad bei maximaler Leistung P_{max} liegt bei etwa 50 %, wenn der Motor mit konstanter Spannung betrieben wird. Setzt man dagegen einen Choppertreiber für einen getakteten Treiberstrom ein, lässt sich ein Wirkungsgrad bis 80 % erreichen.

4.4.4 Anlauf unter Last

Im Nachfolgenden soll das Anlaufen des Motors unter Last untersucht werden. Das auf die Motorachse bezogene Trägheitsmoment der Last ist J_L und das Lastdrehmoment M_L. Die Differenz zwischen dem vom Motor erzeugten Drehmoment M und dem Lastdrehmoment M_L (plus Reibungsdrehmoment M_f) beschleunigt den Motor und die Last entsprechend. Das ergibt dann folgende Bewegungsgleichung:

$$(J_M + J_L)\frac{d\omega}{dt} = M - (M_L + M_f)$$

Das im Motor erzeugte Drehmoment M berechnet sich aus

$$M = \frac{k}{R_M}(U_0 - k \cdot \omega) = \frac{k}{R_M}U_0 - \frac{k^2}{R_M} \cdot \omega$$

Setzt man die für M erhaltene Beziehung ein, erhält man

$$(J_M + J_L)\frac{d\omega}{dt} = \frac{k}{R_M}U_0 - \frac{k^2}{R_M} \cdot \omega - (M_L + M_f)$$

Multipliziert man diese Gleichung mit J_M/k^2 , ergibt sich

$$\frac{R_M}{k^2}(J_M + J_L)\frac{d\omega}{dt} + \omega = \frac{U_0}{k} - \frac{R_M}{k^2}(M_L + M_f)$$

Unter Verwendung von

$$\omega_1 = \frac{U_0}{k} - \frac{R_M}{k^2}(M_L + M_f)$$

d. h., bei der Winkelgeschwindigkeit ω_1, die der Motor unter einer Betriebsspannung U_0 und einem Lastdrehmoment M_L erreicht, gilt auch

$$\tau\frac{d\omega}{dt} + \omega = \omega_1 \quad \text{bzw.} \quad \tau = \frac{R_M}{k^2}(J_M + J_L)$$

Da die mechanische Zeitkonstante τ_M des Motors als

$$\tau_M = \frac{R_M}{k^2}J_M$$

definiert wird, verwendet man

$$\tau = \tau_M\left(1 + \frac{J_L}{J_M}\right)$$

Unter der Anfangsbedingung $\omega_{(t=0)} = 0$ lautet die Lösung

$\omega = \omega_1(1 - e^{-t/\tau})$

Die Winkelgeschwindigkeit ω (Drehzahl n) beim Anlauf des Motors unter Last wächst mit einer Exponentialfunktion zeitlich an. Nach der Zeit $t = \tau$ erreicht der Motor 63 % der nach unendlicher Zeit erreichbaren Endwinkelgeschwindigkeit ω_1 (Drehzahl $n_1 = \omega_1 \cdot 60/2\pi$). **Bild 4.52** zeigt den zeitlichen Verlauf der Winkelgeschwindigkeit (Drehzahl).

Für Anlaufen des Motors ohne Last gilt

$M_L = 0$ und $J_L = 0$ bzw. $\tau = \tau_M$ und $\omega_1 = \omega_0$ oder $\omega = \omega_0(1 - e^{-t/\tau_M})$,

d. h., der Motor erreicht die Leerlauf-Winkelgeschwindigkeit ω_0 (Leerlaufdrehzahl n_0), die der Betriebsspannung U_0 entspricht, nach unendlicher Zeit. Die Anlaufbeschleunigung α des Motors ohne Lastdrehmoment unter Einwirkung des Anlaufdrehmoments M_d ist

$$M_d = k(I_d - I_0) = J_M\frac{d\omega}{dt} = J_M \cdot \alpha$$

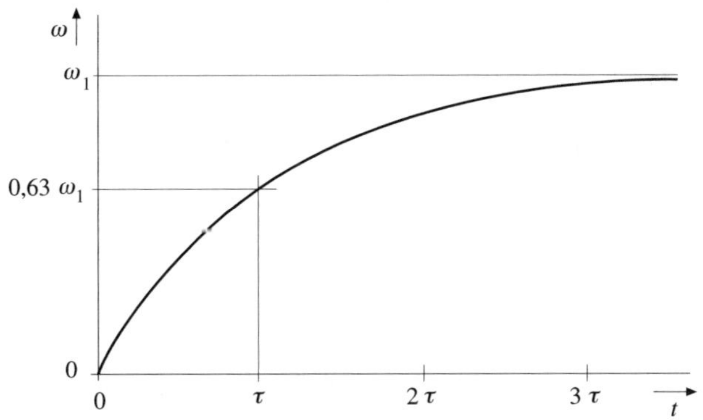

Bild 4.52 Zeitlicher Verlauf der Winkelgeschwindigkeit (Drehzahl)

$$\alpha = \frac{M_d}{J_M} = \frac{k}{J_M}(I_d - I_0)$$

Die Anlaufbeschleunigung α ist somit proportional zum Anlaufdrehmoment M_d und umgekehrt proportional zum Trägheitsmoment J_M des Rotors.

Beispiel 1: Wie groß ist die Anlaufzeit für einen Motor unter einem Lastdrehmoment von $M_L = 8$ mNm, einem Lastträgheitsmoment von $J_L = 6 \cdot 10^{-7}$ kg·m² und einer Betriebsspannung von $U_0 = 9$ V, der eine Drehzahl von $n = 1500$ min^{-1} ($\omega = 157$ rad/s) erreichen soll? In diesem Beispiel soll das Trägheitsmoment für den Rotor $J_M = 5{,}9 \cdot 10^{-7}$ kg·m² sein, die Motorkonstante sei $k = 0{,}0232$ Vs und der Ankerwiderstand $R_M = 9{,}5\ \Omega$.

Die mechanische Zeitkonstante des Motors berechnet sich aus

$$\tau_M = \frac{R_M}{k^2} J_M = \frac{9{,}5}{(0{,}0232)^2} 5{,}9 \cdot 10^{-7} = 0{,}0104 \text{ s}$$

Die Zeitkonstante τ des Motors unter Last beträgt

$$\tau = \tau_M\left(1 + \frac{J_L}{J_M}\right) = 0{,}0104 \left(1 + \frac{6 \cdot 10^{-7}}{5{,}9 \cdot 10^{-7}}\right) = 0{,}021 \text{ s}$$

Die unter den Bedingungen von $M_L = 8$ mNm, $U_0 = 9$ V erreichbare Winkelgeschwindigkeit ω_1 wurde bereits berechnet; es ergaben sich Werte von $\omega_1 = 231$ rad/s oder $n_1 = 2200$ min^{-1}. Zuerst soll aus t/τ die Funktion von ω und ω_1 berechnet werden.

Aus

$$\omega_1 (1 - e^{-t/\tau})$$

folgt

$$e^{-t/\tau} = 1 - \frac{\omega}{\omega_1} = \frac{\omega_1 - \omega}{\omega_1}$$

und

$$\frac{t}{\omega} = \ln\frac{\omega_1}{\omega_1 - \omega} = \ln\omega_1 - \ln(\omega_1 - \omega)$$

d. h.

$$t = \tau \ln \frac{\omega_1}{\omega_1 - \omega} = \tau(\ln \omega_1 - \ln(\omega_1 - \omega))$$

In diesem Beispiel sind: $\omega_1 = 231$ rad/s und $\omega = 157$ rad/s. Somit gilt

$$t = 0{,}021 \ln \frac{231}{231 - 157}$$
$$= 0{,}021 \ln 3{,}12$$
$$= 0{,}021 \cdot 1{,}138$$
$$= 0{,}024 \text{ s}$$

Der Motor erreicht damit nach 24 ms eine Drehzahl von 1 500 min^{-1} ($\omega = 157$ rad/s).

Beispiel 2: Es soll berechnet werden, welche Drehzahl dieser Motor unter Leerlaufbedingungen nach 30 ms unter einer Betriebsspannung von $U_0 = 12$ V erreicht.

Wie bereits berechnet, beträgt die Zeitkonstante des Motors $\tau_M = 0{,}0104$ s. Es wird

$$\omega = \omega_0 (1 - e^{-t/\tau_M})$$
$$= 513\,(1 - e^{-0{,}03/0{,}0104})$$
$$= 513\,(1 - 0{,}056)$$
$$= 484 \text{ rad/s}$$

oder

$$n = \frac{60}{2 \cdot \pi} 484 = 4\,625 \text{ min}^{-1}$$

Die Leerlauf-Winkelgeschwindigkeit beträgt $\omega_0 = 513$ rad/s. Der Motor erreicht somit nach 0,03 s eine Drehzahl von 4 625 Umdrehungen pro Minute (Upm).

Beispiel 3: Wie groß ist die Anlaufbeschleunigung α eines Motors mit einem Trägheitsmoment von $J_M = 5{,}9 \cdot 10^{-7}$ kg m^2 unter einer Betriebsspannung von $U_0 = 12$ V und bei einer Rotortemperatur von 40 °C? Laut Berechnungen ergibt sich ein Anlaufstrom von $I_d = 1{,}18$ A an 12 V und damit ein Anlaufdrehmoment von $M_d = 27$ mNm. Für die Anlaufbeschleunigung α gilt

$$\alpha = \frac{M_d}{J_M} = \frac{0{,}027}{5{,}9 \cdot 10^{-7}} = 45\,760 \text{ rad/s}^2$$

4.4.5 Auswahlkriterien für DC-Kleinstmotoren

Allgemein ausgedrückt, ist ein Motor eine Vorrichtung zur Umwandlung elektrischer in mechanische Energie, die zum Bewegen einer Last benötigt wird. Die diesem Prozess anhaftenden Verluste führen zu einer Erhöhung der Temperatur des Energiewandlers. Mit zunehmender Größe des Wandlers nimmt im Allgemeinen auch der Preis zu. Damit besteht das Problem grundsätzlich in der Bestimmung des kleinsten Motors, der die Last bewegen kann, ohne sich dabei zu überhitzen. Die richtige Auswahl des Motors hängt demnach einerseits vom Energiewandlungsvermögen und andererseits vom Wärmeabführungsvermögen ab. Bei Anwendungen mit kontinuierlichem Antrieb sind dies die beiden grundsätzlichen Kriterien.

Besteht die Aufgabe im Positionieren der Last, so kommt ein drittes Kriterium hinzu. Der Motor muss nicht nur die Last beschleunigen und abbremsen, sondern auch seinen eigenen Rotor. Bei diesen inkrementalen Bewegungsvorgängen bildet daher das Rotorträgheitsmoment für die Motorwahl das dritte Kriterium.

Jede Anwendung stellt zusätzliche Bedingungen, z. B. vorgegebene Betriebsspannung, Strom, Länge, Durchmesser und Gewicht. Der Preis schließlich reflektiert die generelle Qualität und Leistung des Motors. Für die Motordaten kennt man folgende Spezifikationen:

- Typenleistung P_{2T}: Es handelt sich um den empfohlenen Leistungsbereich für die maximale Abgabeleistung. Diese Angabe ist immer typenabhängig.
- Nennspannung U: Das ist die Spannung, auf die sich alle weiteren Nenndaten beziehen. Sie ist so zu wählen, dass im Leerlauf die Grenzdrehzahl nicht überschritten wird. Die Motoranwendung ist aber nicht auf diese Spannung beschränkt. Um die Typenleistung zu erreichen, sind im Betriebspunkt höhere Spannungen zulässig, die aber ein bestimmtes Maximum nicht überschreiten dürfen. Entsprechend steigt auch die maximale Abgabeleistung an.
- Leerlaufdrehzahl n_0: Die Leerlaufdrehzahl stellt sich bei unbelastetem Motor unter Betrieb an der Nennspannung ein. Sie ist praktisch proportional zur angelegten Spannung.
- Anhaltemoment M_H: Das ist das Lastmoment, das bei Nennspannung einen Stillstand der Welle bewirkt. Die hierbei rasch ansteigende Motortemperatur führt zu einer entsprechenden Abnahme des Anhaltemoments.
- Kennliniensteigung $\Delta n/\Delta M$: Die Drehzahl-Drehmoment-Kennlinie gibt Auskunft über die Stärke des Motors. Je flacher die Kennlinie, desto weniger verändert sich die Drehzahl bei Lastschwankungen. Die Kennliniensteigung ist ein Rechenwert für eine Wicklungstemperatur von 25 °C.
- Leerlaufstrom I_0: Dieser Strom stellt sich bei unbelastetem Motor ein. Er hängt von der Bürstenreibung und von der Reibung in den Lagern ab und ändert sich etwas mit der Drehzahl.
- Anlaufstrom I_A: Der Quotient aus Nennspannung (Klemmenspannung) und Anschlusswiderstand des Motors ergibt I_A. Dieser Strom ist dem Anhaltemoment äquivalent.
- Anschlusswiderstand R: Es handelt es um den Widerstand, der bei 25 °C an den Anschlussklemmen gemessen wird. Er bestimmt bei gegebener Spannung den Anlaufstrom. Bei Graphitbürsten ist zu beachten, dass sich der Übergangswiderstand belastungsabhängig verändert.
- Grenzdrehzahl n_{max}: Sie sollte im Normalbetrieb nicht überschritten werden. Bei höherer Drehzahl ist mit Kommutierungsproblemen zu rechnen, die zum vorzeitigen Ausfall führen können.

- Maximaler Dauerbelastungsstrom I_{zul}: Das ist der Strom, der bei einer Umgebungstemperatur von 25 °C die Wicklung bis zur maximal zulässigen Temperatur erwärmt.
- Dauerdrehmoment M_{zul}: Dieses Drehmoment kann dauernd oder im Mittel abgegeben werden und erwärmt dabei die Wicklung bis zur maximal zulässigen Temperatur. Basis ist eine Umgebungstemperatur von 25 °C.
- Maximale Abgabeleistung P_{max}: Das ist die rechnerische Maximalleistung bei Nennspannung für eine Rotortemperatur von 25 °C. Die zulässigen Grenzwerte liegen oft darunter (siehe auch maximalen Dauerbelastungsstrom und Grenzdrehzahl).
- Maximaler Wirkungsgrad η_{max}: Er bestimmt sich aus dem Verhältnis von Leerlauf- und Anlaufstrom. Je höher er ist, desto näher kommt er den Leerlaufdaten. Im Allgemeinen liegt er bei etwa 1/7 des Anhaltemoments. Nicht immer kennzeichnend ist η_{max} auch für den optimalen Arbeitspunkt.
- Drehmomentkonstante k_M: Sie steht für das spezifische Drehmoment und stellt den Quotienten aus erzeugtem Drehmoment und dazugehörigem Strom dar.
- Drehzahlkonstante k_n: Sie definiert die spezifische Drehzahl pro Volt angelegter Spannung, wobei die Reibungsverluste nicht berücksichtigt sind. Der reziproke Wert der Drehzahlkonstante wird auch als Spannungs- oder Back-EMF-Konstante bezeichnet.
- Mechanische Anlaufkonstante τ_m: Das ist die Zeit, die der Rotor benötigt, um vom Stillstand auf 63 % seiner Leerlaufdrehzahl zu kommen.
- Rotorträgheitsmoment J_R: Hierbei handelt es sich um das polare Massenträgheitsmoment des Rotors.
- Anschlussinduktivität L: So nennt man die Induktivität der Wicklung, die an den Anschlussklemmen gemessen wird.
- Thermischer Widerstand R_{th1}: Das ist der charakteristische Wert des Wärmewiderstands zwischen Rotor und Gehäuse. Addiert man R_{th1} und R_{th2}, ergibt sich damit die maximal zulässige Verlustleistung.
- Thermischer Widerstand R_{th2}: Es handelt sich um den Wärmewiderstand der das Gehäuse umgebenden Luft. Charakteristischer Wert ist der thermische Übergangswiderstand ohne zusätzliche Wärmeableitung.

4.4.6 Elektronik für die Motorregelung

Bei antriebstechnischen Problemstellungen gibt es prinzipiell zwei gegenläufige Lösungsansätze:

- Verwendung standardisierter Antriebseinheiten, bestehend aus digitaler Lageregelung und Verstärker
- komplette Neuentwicklung der elektronischen Regelungstechnik mit entsprechender Leistungsendstufe, die exakt auf die Anwendung zugeschnitten ist.

Der erste Weg hat den Vorteil, dass praktisch sofort Funktionsmuster zur Verfügung stehen. Allerdings sind häufig zahlreiche Funktionen und Leistungsmerkmale integriert und somit auch bezahlt, die man eigentlich nicht benötigt, während andere wichtige Schaltungsdetails eventuell fehlen. Für die konkrete Anwendung ist die Steuerung somit häufig „überdimensioniert“.

Der gegenläufige Ansatz besteht darin, komplette Regelung und Leistungsendstufe von Grund auf neu zu entwickeln und exakt auf die Anforderungen der Anwendung abzustimmen. Bei Klein- und Mittelserien bedeutet das ein Kosten- und Entwicklungsrisiko.

Eine Zwischenlösung sind MCC-Bausteine (MCC: motion control chips) in Verbindung mit standardisierten Leistungsverstärkern. Hier entwickelt man um die MCC-Einheit eine zusätzlich benötigte Mikrocontrollerumgebung sowie die zur Ansteuerung notwendige Software selbst. Die Sollwertübergabe an den Verstärker erfolgt über eine Schnittstelle (digitale Signalübertragung im parallelen bzw. seriellen Format, als Spannungs- oder Stromgröße). Ganz ohne Nachteil ist aber diese Lösung nicht: In vielen Anwendungen zeigen sich die gängigen MCC-Bausteine als zu unflexibel, um den steigenden Anforderungen (z. B. Bewegungsprofile und Regelgenauigkeit) gerecht zu werden. Auch weisen die Leistungsverstärker häufig zu viele nicht benötigte Funktionsmerkmale auf und erhöhen somit die Systemkosten.

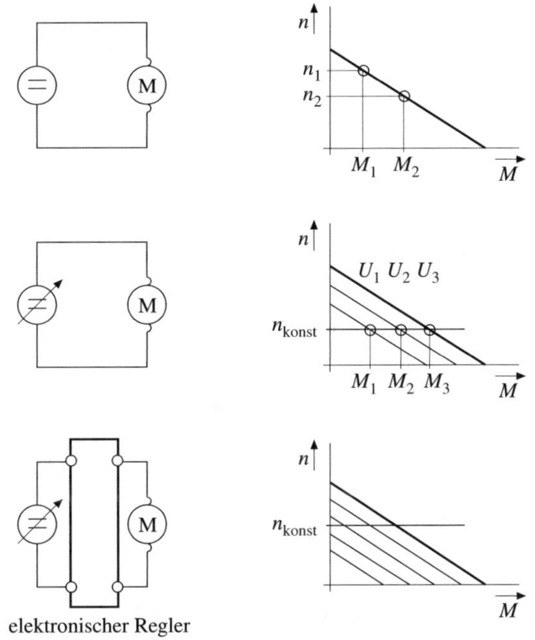

Bild 4.53 Gegenüberstellung der drei Ansteuerungsarten für den Betrieb von Gleichstromkleinstmotoren

Bild 4.53 zeigt eine Gegenüberstellung der drei Ansteuerungsarten von Gleichstromkleinstmotoren. In der oberen Schaltung ist der Motor an eine feste Spannung angeschlossen. Damit folgt die Drehzahl bei jeder Änderung der Belastung der Drehzahl-

Drehmoment-Kennlinie. Diese Kennlinie ist eine motorspezifische Konstante. Setzt man die variable Spannungssteuerung der mittleren Schaltung ein, ergibt sich innerhalb einer Anwendung unter verschiedenen Belastungen eine große Drehzahländerung. Entweder muss man einen größeren Motor einsetzen, oder die Betriebsspannungen sind entsprechend veränderbar von U_1 zu U_2 weiter nach U_3. Die Drehzahl bleibt in diesem Fall konstant, denn die Kennlinie verschiebt sich parallel.

Das Verschieben der Kennlinie lässt sich mit elektronischen Mitteln automatisieren, wenn man die untere Schaltung einsetzt. Der elektronische Regler passt die Spannung dem jeweiligen Belastungszustand des Motors an. Das gesamte System aus Regler und Motor erscheint nun mit einer flachen Kennlinie. Der Regler benötigt zur Drehzahlanpassung zwei Informationen: Welche Drehzahl soll er regeln (Sollwert), und welche Drehzahl ist bereits vorhanden (Istwert)? Der Vergleich dieser beiden Werte ergibt eine positive oder negative Abweichung. Der Regler ändert nun die Motorspannung so lange, bis die Abweichung null ist. **Bild 4.54** zeigt als Gegenüberstellung den schematischen Aufbau eines Gleichstromtachos und eines DC-Tacho/Encoders.

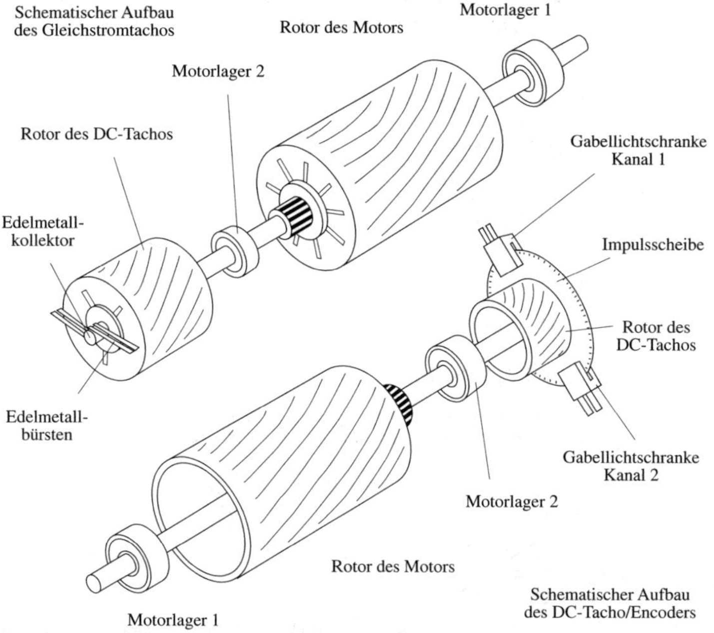

Bild 4.54 Schematischer Aufbau eines Gleichstromtachos und eines DC-Tacho/Encoders

In der Praxis findet man drei Methoden zur Istwerterfassung:

- Gleichstromtachometer (DC-Tacho): Der Gleichstromtacho erzeugt ein drehzahlproportionales Spannungssignal. Für die Motor-Tacho-Kombination bieten sich

Gleichstromtachos an, die durch einen AlNiCo-Magneten auch bei Temperaturschwankungen eine große Spannungsstabilität aufweisen. Die abgegebene Gleichspannung ist praktisch proportional zur Drehzahl. Sie wird daher vorzugsweise zur Drehzahlregelung eingesetzt. Der Tacho-Rotor ist direkt auf der durchgehenden Motorwelle montiert, wodurch sich eine hohe Resonanzfrequenz erzeugen lässt. Zusätzliche Tacho-Lagerungen, Kupplungen und Reibmomente entfallen. Eine Besonderheit ist die Kombination von Gleichstromtacho und Encoder. Das drehzahlproportionale Gleichspannungssignal erlaubt mit einfachen Mitteln eine Geschwindigkeitsregelung sowie das Erkennen der Drehrichtung. Die inkrementalen Encodersignale gestatten außerdem genaues Positionieren.

- Digital-Encoder: Er liefert drehzahlproportionale Impulsbreiten, also eine drehzahlproportionale Frequenz. Eine spezielle Schaltung wandelt die Frequenz in Gleichspannung um. Der Vorteil liegt in der praktisch verschleißfreien Istwerterfassung. Zu beachten sind jedoch die oberen und unteren Grenzfrequenzen des Wandlers.
- IxR-Kompensation: Der Motorstrom steigt mit zunehmender Belastung linear an. Die Regelung misst den Strom und verändert entsprechend die Spannung am Motor.

Die Encoder basieren auf optischem oder magnetischem Prinzip. **Bild 4.55** zeigt den schematischen Aufbau eines optoelektrischen und eines magnetischen Encoders. Beide erzeugen im Prinzip die gleichen Impulsfolgen für die Ausgangssignale.

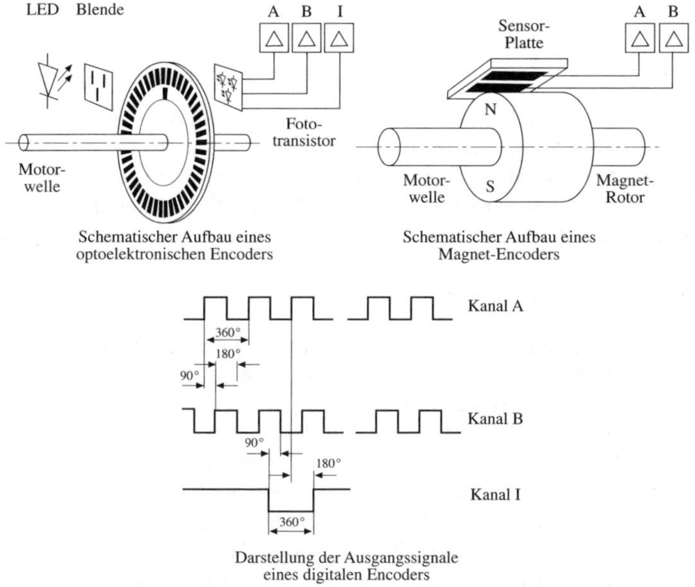

Bild 4.55 Schematischer Aufbau eines optoelektrischen und eines magnetischen Encoders. Beide erzeugen im Prinzip die gleichen Impulsfolgen für die Ausgangssignale

Beim optischen Prinzip wird eine Gabellichtschranke benutzt. Eine Leuchtdiode sendet Licht durch eine feingerastete Impuls- bzw. Schlitzscheibe, die an der Motorwelle starr befestigt ist. Der Empfänger (Fototransistor) wandelt die Hell-Dunkel-Signale in entsprechende elektrische Impulse um, die in der zugehörigen Elektronikschaltung verstärkt und aufbereitet werden. Beim magnetischen Prinzip sitzt ein kleiner, mehrpoliger Dauermagnet auf der Motorwelle. Die Änderungen des Magnetflusses werden von Magnetsensoren erfasst und ebenfalls der Elektronikschaltung zugeführt.

Für die Weiterverarbeitung steht dann ein Rechtecksignal zur Verfügung, dessen Impulse für eine genaue Positionierung gezählt werden können. Über die Kanäle A und B lassen sich die phasenverschobenen Signale erfassen, die zur Drehrichtungserkennung miteinander verglichen werden. Ein „Home"-Impuls (Kanal I) gibt den Nulldurchgang an und dient als Referenzpunkt zur genauen Bestimmung der Drehwinkelveränderung.

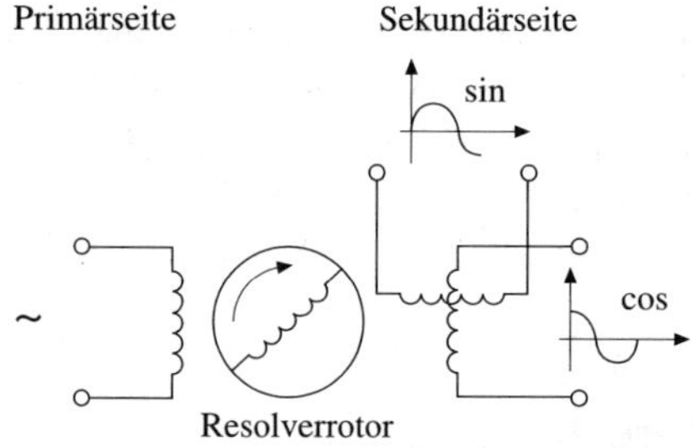

Bild 4.56 Schematischer Aufbau eines Resolvers

Bild 4.56 zeigt den schematischen Aufbau eines Resolvers. Er basiert auf dem Prinzip des Transformators. Der Resolver hat eine drehbare Primärwicklung (Rotor) und zwei räumlich um 90° versetzte Sekundärwicklungen (Stator). Eine an die Primärwicklung angeschlossene Wechselspannung wird transformatorisch auf die Sekundärwicklungen übertragen. Dabei lassen sich exakt lageabhängige Spannungssignale erzeugen.

4.4.7 Regelung von Gleichstromkleinstmotoren

Bei der Regelung von Gleichstromkleinstmotoren lassen sich je nach Anwendungsfall mehrere Möglichkeiten realisieren. Das gilt besonders in Verbindung mit einem Servoverstärker, der zur Ansteuerung von reaktionsschnellen Regelungen bei Gleichstromkleinstmotoren dient. Seine primäre Aufgabe besteht darin, eine vorgegebene Drehzahl möglichst konstant und unabhängig von Belastungswechseln am Motor einzuhalten. Um das zu erreichen, wird in der Regelungselektronik des Servoverstärkers fortlaufend der Sollwert (vorgegebene, gewünschte Drehzahl) mit dem Istwert (tatsächliche Drehzahl) verglichen. Mit der daraus ermittelten Führungsgröße steuert der Regler die Endstufe des Servoverstärkers und somit den Motor an. Es entsteht ein geschlossener Regelkreis, der die Umdrehungszahl des Motors weitgehend konstant hält.

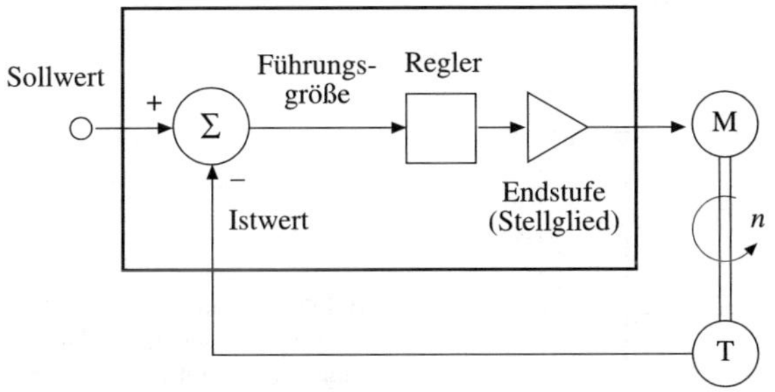

Bild 4.57 Aufbau eines geschlossenen Regelkreises für die Regelung von Gleichstromkleinstmotoren

Bild 4.57 zeigt den Aufbau eines geschlossenen Regelkreises für die Regelung von Gleichstromkleinstmotoren. Der Sollwert wird mit dem Istwert verglichen, und der Differenzverstärker erzeugt die Führungsgröße, die auf den Regler wirkt. Der Regler seinerseits erzeugt durch sein Verhalten eine entsprechende Ausgangsgröße, die über die Endstufe (Stellglied) auf den Motor wirkt. Der Motor treibt den Tacho. Damit entsteht der Istwert, der wieder über den Differenzverstärker mit dem Sollwert verglichen wird. Diese Schaltung bezeichnet man als Servoverstärker. **Bild 4.58** zeigt die Arbeitsweise eines Servoverstärkers, der im uneingeschränkten 4-Quadrantenbetrieb arbeitet.

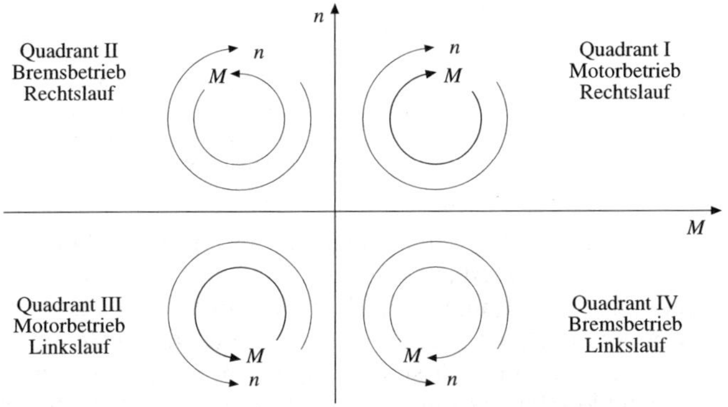

Bild 4.58 Arbeitsweise eines 4-Quadrantenbetrieb-Servoverstärkers

Uneingeschränkter 4-Quadrantenbetrieb heißt geregelter Betrieb beim Treiben und Bremsen in beiden Drehrichtungen. Entsprechend den Anforderungen für die Anwendung kann man zwischen mehreren Betriebsarten wählen. Jede hat ihre Vor- und Nachteile.

Bild 4.59 zeigt den Aufbau eines geschlossenen Regelkreises mit einer DC-Tachoregelung. Dieser Regelkreis benötigt zusätzlich zum Motor einen Gleichstromtacho, der ein drehzahlproportionales Signal erzeugt. Bei den meisten Gleichstromkleinstmotoren ist der Tacho-Rotor direkt auf der Motorwelle montiert, wodurch sich eine hohe Resonanzfrequenz erreichen lässt. Damit erhält man eine klassische Lösung

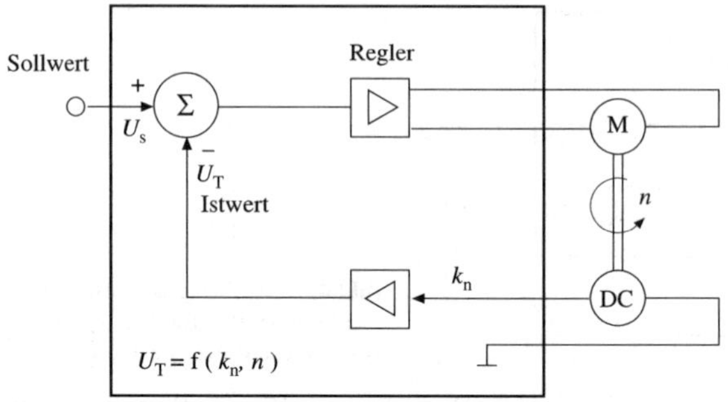

Bild 4.59 Aufbau eines geschlossenen Regelkreises für die DC-Tachoregelung von Gleichstromkleinstmotoren

für eine sehr präzise Regelung. Die Kosten und der Platzbedarf für DC-Tachogeneratoren sind zu berücksichtigen. Das gilt auch für die begrenzte Lebensdauer des DC-Tachogenerators. Trotzdem ist diese Regelung ideal für hohe Ansprüche an Drehzahlkonstanz.

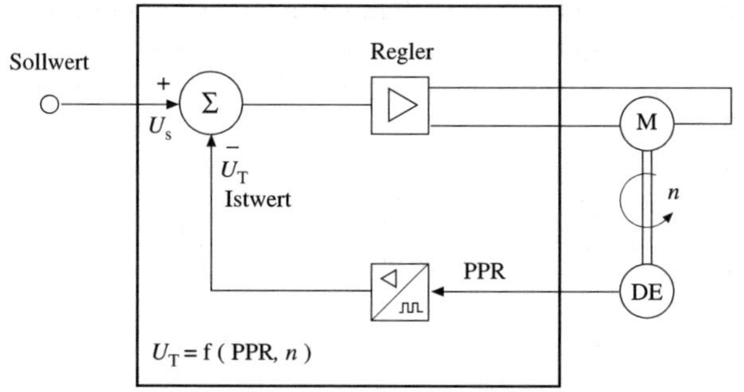

Bild 4.60 Aufbau eines geschlossenen Regelkreises mit einer Digital-Encoder-Regelung von Gleichstromkleinstmotoren

Bild 4.60 zeigt den Aufbau eines geschlossenen Regelkreises mit einer Digital-Encoder-Regelung. Dem Motor wird ein Digital-Encoder-System angebaut, das pro Umdrehung eine bestimmte Anzahl von Impulsen (PPR) liefert. In der Regel erzeugt der Encoder zwei elektrische Rechteckimpulse, die um 90° zueinander verschoben sind, sodass sich die Drehrichtung erkennen lässt. Die Impulse pro Zeiteinheit werden in eine drehzahlproportionale Gleichspannung umgewandelt. Digital-Encoder setzt man häufig bei Positionierregelkreisen ein, um daraus Weg- oder Winkelfunktionen abzuleiten. Sie sind keinem mechanischem Verschleiß unterworfen. Dafür sind aber Kosten und Platzbedarf relativ hoch, und die Drehzahlkonstanz im unteren Drehzahlbereich ist gegenüber der DC-Tachoregelung schlechter. Dieses Verfahren arbeitet ideal, wenn aus Gründen des Platzbedarfs oder der Lebensdauer kein Tachogenerator zusätzlich möglich ist.

Bild 4.61 zeigt den Aufbau eines geschlossenen Regelkreises mit einer IxR-Kompensation. Dem Motor wird eine Spannung zugeführt, die dem angelegten Drehzahlsollwert proportional ist. Bei zunehmender Belastung des Motors würde die Drehzahl absinken. Die Kompensationsschaltung erhöht die Ausgangsspannung mit

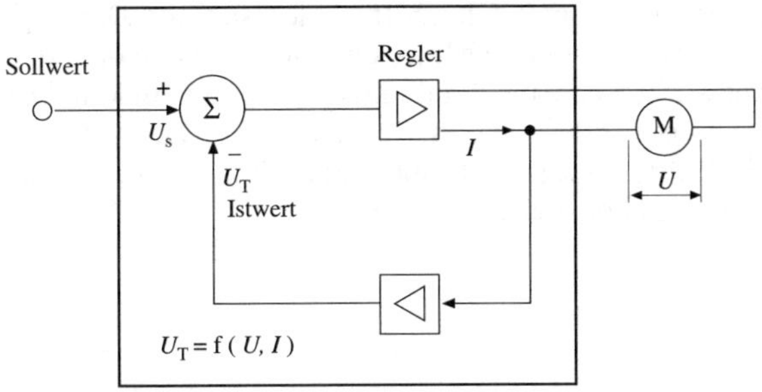

Bild 4.61 Aufbau eines geschlossenen Regelkreises mit einer IxR-Kompensation von Gleichstrom-Kleinstmotoren

steigendem Motorstrom. Die Kompensation muss immer genau auf den Anschlusswiderstand des Motors eingestellt sein, sonst kommt es zu einem nichtlinearen Regelvorgang. Die Größe dieses Widerstands ist jedoch temperatur- und belastungsabhängig. Der erreichbaren Drehzahlgenauigkeit dieser Systeme sind Grenzen gesetzt.

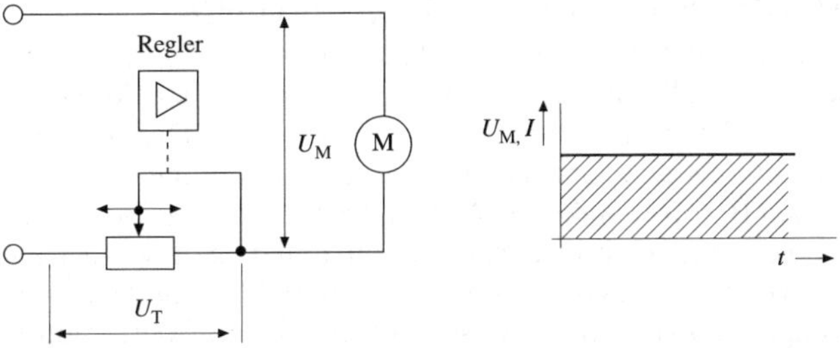

Bild 4.62 Lineare Ansteuerung eines Gleichstromkleinstmotors

Für die Ansteuerung von Gleichstromkleinstmotoren kann man zwischen zwei Prinzipschaltungen der Endstufentransistoren wählen. **Bild 4.62** zeigt die lineare Ansteuerung eines Gleichstromkleinstmotors. Die Betriebsspannung wird zwischen Motor und Endstufe aufgeteilt. Der Regler verändert die Spannung U_M am Motor proportional (linear). Die an der Endstufe abfallende Spannung U_T verursacht eine entsprechende Verlustleistung. Der Aufbau der Endstufe ist einfach und preisgünstig, jedoch verursachen die hohen Ströme und kleine Motorspannungen große Verlustleistungen. Daraus resultiert ein ungünstiger Wirkungsgrad.

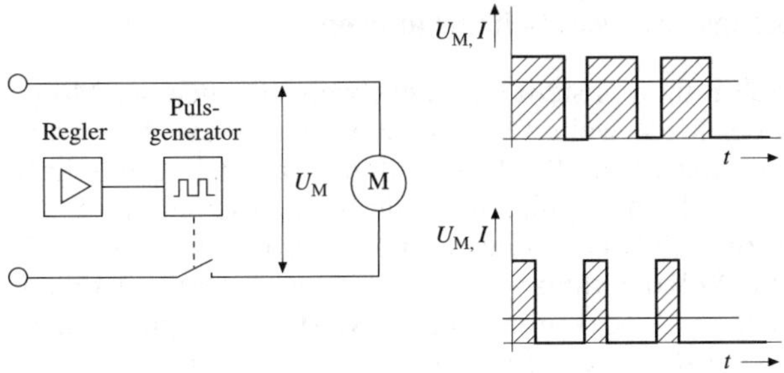

Bild 4.63 Impulsansteuerung eines Gleichstromkleinstmotors

Bild 4.63 zeigt die Impulsansteuerung für einen Gleichstromkleinstmotor. Der Regler schaltet in kurzen Intervallen (Puls/Pause) den Motor ein und aus. Wird das Aus-Intervall verlängert, verlangsamt der Motor seine Umdrehungsgeschwindigkeit. Der maßgebliche Mittelwert der Spannung ändert sich im Verhältnis zur Ein- und Auszeit. Nur wenig Energie wird in Wärme umgesetzt, und daher lässt sich mit dieser Ansteuerung ein höherer Wirkungsgrad erreichen.

4.5 Schrittmotoren

Der enorme Erfolg von Schrittmotoren ist nicht nur in der verbesserten Mechanik zu suchen, sondern hauptsächlich in den integrierten Ansteuerungsbausteinen. Bei Verwendung integrierter Schaltkreise stellt die Komplexität einer hochwertigen Schrittmotorsteuerung kaum noch ein unüberwindbares Hindernis in der Praxis dar. Das gilt besonders, wenn die Ansteuerung über ein PC-System erfolgt.

Der grundsätzliche Vorteil des Schrittmotors ist die Steuerung seiner Drehzahl und Position ohne geschlossenen Regelkreis. Setzt man ein mechanisches Antriebssystem mit einem Gleich- oder Wechselstrommotor ein, lässt sich die Drehzahl nur in einem geschlossenen Regelkreis konstant halten. Eine Positionierung ist nur in Verbindung mit mechanischen Bremsen möglich. Neben den klassischen Typen wie Reluktanz-, Permanentmagnet- und Hybridschrittmotoren findet man seit kurzer Zeit die Scheibenmagnetschrittmotoren. Die Kenntnis der Grundlagen und das Verständnis der Zusammenhänge sind für den praktischen Einsatz von Schrittmotorantrieben unerlässlich. Sie erleichtern dem Anwender die Ausarbeitung der für seinen Fall optimalen Kombination von Steuerung, Motor und Lastankopplung.

Die Wirkungsweise der meisten Elektromotoren beruht auf der Anziehungskraft zwischen magnetischem Nord- und Südpol. Einige Motoren, z. B. die Reluktanz-Schrittmotoren, benutzen die zwischen einem Magneten und einem Stück Weicheisen bestehende Anziehungskraft. Sie kommt vom Bestreben der magnetischen Energie, den größtmöglichen Magnetfluss auf dem kürzesten Wege zwischen Nord- und Südpol herzustellen.

4.5.1 Aufbau und Wirkungsweise von Schrittmotoren

Das Charakteristikum des Schrittmotors stellt das schrittweise Drehen der Motorwelle dar. Eine Umdrehung der Motorwelle setzt sich aus einer genau definierten, vom Motoraufbau abhängigen Anzahl von Winkelschritten zusammen. Der Schrittmotor hat zwei oder mehrere Wicklungen, die, vom Strom durchflossen, im Stator einen bestimmten Erregungszustand hervorrufen, wodurch der Rotor in einer definierten Lage festgehalten wird. Soll die Motorwelle (Rotor) einen Schritt ausführen, muss eine der Wicklungen ein-, aus- oder umgeschaltet werden. Es ergibt sich ein neuer Erregungszustand, und der Rotor wird in seine neue stabile Lage gezogen.

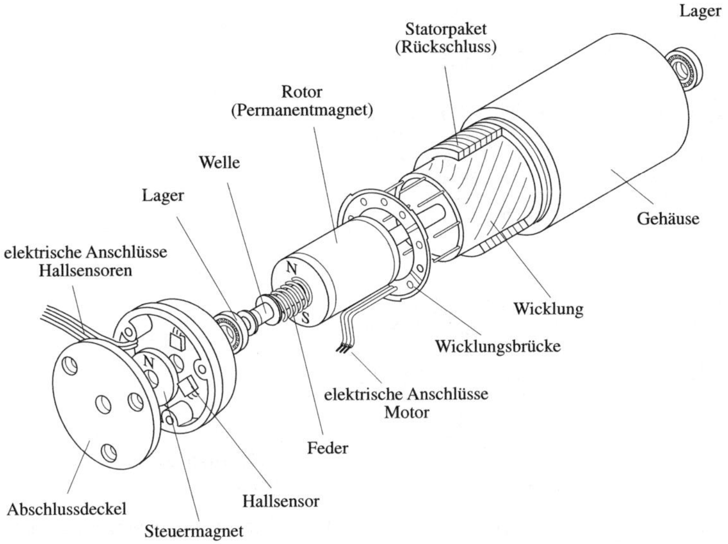

Bild 4.64 Aufbau eines Schrittmotors

Bild 4.64 zeigt den typischen Aufbau eines Schrittmotors mit seinen Funktionseinheiten. Der Rotor dreht schrittweise um den Schrittwinkel weiter, z. B. bei jedem Schritt um 7,5 °. Die Schrittfrequenz (Zahl der möglichen Schritte in der Sekunde) berechnet sich aus

$$n = \frac{\alpha \cdot f_{\text{sch}}}{360^\circ}$$

n Drehzahl

α Schrittwinkel

f_{sch} Schrittfrequenz

Beispiel: Ein Schrittmotor mit einem Schrittwinkel von 7,5° wird mit einer Schrittfrequenz von 720 Hz angesteuert. Wie groß ist die Drehzahl?

$$n = \frac{\alpha \cdot f_{\text{sch}}}{360^\circ} = \frac{7{,}5^\circ \cdot 720\ \text{s}^{-1}}{360^\circ} = 15\ \text{s}^{-1} = 900\ \text{min}^{-1}$$

Der Motor dreht mit 900 min^{-1}.

Bild 4.65 zeigt die Wirkungsweise eines Schrittmotors mit dem Rotor (Dauermagnet) und den beiden Spulen im Stator. Zur Erzeugung eines Motordrehmoments erhalten die beiden Erregerspulen im Stator Strom. Dieser Vorgang ermöglicht den Aufbau eines Magnetfelds und wirkt dem permanentmagnetischen Feld im Rotor entgegen. Hieraus resultiert das Drehmoment. Um eine ständige Drehbewegung des Rotors zu erzeugen, muss der Strom in der Wicklung gewendet werden. Bei Gleichstrommotoren herkömmlicher Bauweise entsteht die für eine kontinuierliche Drehbewegung des Rotors notwendige Stromwendung auf mechanischem Weg durch

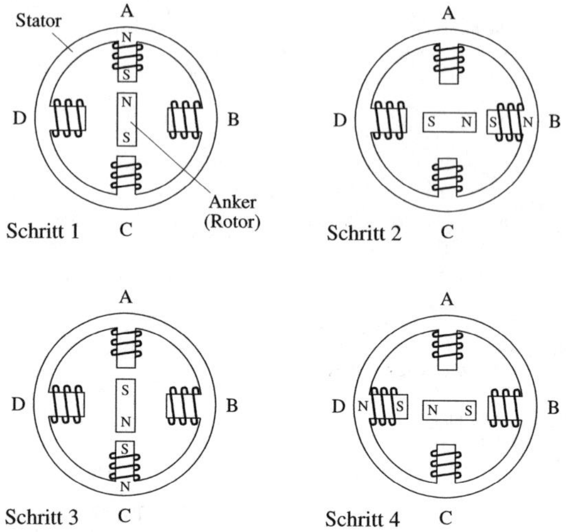

Bild 4.65 Wirkungsweise eines Schrittmotors

Kommutator und Bürsten. Diese mechanische Stromwendung lässt sich mit der heutigen Halbleitertechnik durch eine kontaktlose Elektronikschaltung ersetzen.

Der grundlegende Unterschied zwischen Gleichstrom- und Schrittmotoren liegt im Funktionsprinzip. Beim Gleichstrommotor entstehen beim Anlegen einer Spannung ein Drehmoment und eine Rotationsbewegung. Beim Schrittmotor wird nur ein Drehmoment erzeugt. Um die Rotationsbewegung des Motors auszulösen, muss der Strom kommutiert werden. Kommutierung ist die Umkehrung der Richtung eines Stromflusses der elektromagnetischen Spule während der Motordrehung. Ein Gleichstrommotor mit Bürsten ist selbstkommutierend, während der Schrittmotor nicht eigenständig kommutieren kann.

Bei Stromfluss durch die Spulen können Schrittmotoren Positionierungen fortlaufend von Punkt zu Punkt durchführen. In Ruhestellung und bei abgeschaltetem Strom bewegen sie sich nicht mehr, sondern bleiben durch ein Haltemoment in ihrer Position. Deshalb erzeugen Schrittmotoren in Ruhe weniger Wärme und eignen sich gut für Vakuumanwendungen mit Haltepositionen, bei denen die Wärmeabführung schwierig ist.

Der Permanentmagnet wird als Rotor ausgebildet. Die über den Umfang des Stators verteilten Wickelpakete sind über je einen oder mehrere Transistorschalter mit der Spannungsquelle verbunden, wie **Bild 4.66** zeigt. Die Ansteuerung der Transistorschalter erfolgt in Abhängigkeit von der Rotorstellung. Bei einem Halbschrittbetrieb ist die Bestromungssequenz der Phasen A und B wie folgt: A+, A+ und B+, B+, A- und B- usw. Die entsprechenden Zielpositionen sind 1, 3, 5 usw. In Position mit Strom in beiden Phasen wird dieser reduziert auf $1/\sqrt{2}$, multipliziert mit dem Nennwert für 1-Phasen-Bestromung. Das ergibt konstante Werte für Haltemoment und Erwärmung.

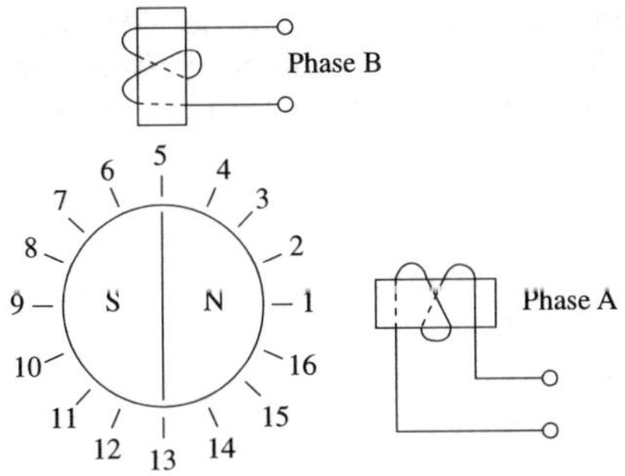

Bild 4.66 Prinzipielle Arbeitsweise eines Schrittmotors

Bild 4.67 zeigt die Stromform für den Halbschrittbetrieb. Aus ihr ergibt sich das Drehmoment als Funktion der Rotorposition und der Phasenströme für den Halbschrittbetrieb. Bei dem hier gezeigten Mikroschrittbetrieb (das Beispiel zeigt vier Mikroschritte pro Vollschritt) werden die Phasenströme so gewählt, dass die Vektorsumme der vom Anwender erzeugten Magnetflüsse die gewünschte Zielposition ergibt. Im Fall einer Sinus-Cosinus-Steuerung bekommt man stets konstante Werte für Haltemoment und Wärmeentwicklung.

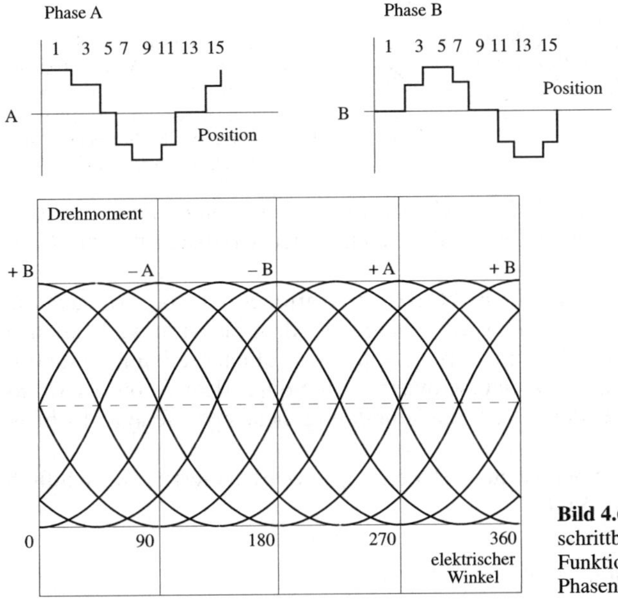

Bild 4.67 Stromform für den Halbschrittbetrieb und Drehmoment als Funktion der Rotorposition und der Phasenströme

Der Mikroschrittbetrieb ergibt höhere Auflösung, aber keine bessere Winkelgenauigkeit. Das Haltemoment ist identisch für Voll-, Halb- und Mikroschritt (bei konstanten I^2R-Verlusten ist auch das Haltemoment konstant). Für einen Mikroschritt wird weniger Energie benötigt. Das verringert auch die Welligkeit des Drehmoments und gibt einen besseren Rundlauf ohne Anregung von Resonanzen. **Bild 4.68** zeigt die Stromform für den Halbschrittbetrieb mit vier Mikroschritten pro Vollschritt.

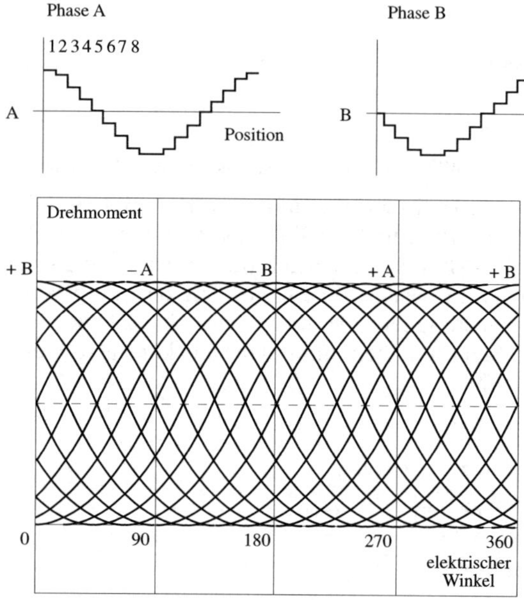

Bild 4.68 Stromform für den Halbschrittbetrieb mit vier Mikroschritten pro Vollschritt und Drehmoment als Funktion der Rotorposition und der Phasenströme (Halbschrittbetrieb mit vier Mikroschritten pro Vollschritt)

Aus dieser Stromform ergibt sich das Drehmoment als Funktion der Rotorposition und der Phasenströme für den Halbschrittbetrieb mit vier Mikroschritten pro Vollschritt.

Von Vorteil bei diesem Verfahren ist nicht nur der Schrittbetrieb, sondern auch die Vermeidung des mechanischen Polwenders. Damit entfallen die damit verbundenen Nachteile wie Verschleiß des Kommutierungsapparates, Bürstenreibung, Staubbildung durch Abrieb, Geräusche, Anlaufschwierigkeiten durch Korrosion der Kommutierungslamellen sowie die durch Funkenbildung hervorgerufenen Hochfrequenzstörungen.

Bezeichnet man mit θ_0 die gewünschte Zielposition, so werden hierzu offensichtlich folgende Phasenströme benötigt:

$i_A = I_0 \cdot \cos(\theta_0)$ und $i_B = I_0 \cdot \sin(\theta_0)$

Phase A erzeugt das Drehmoment

$M_A = -k \cdot i_A \cdot \sin(\theta)$

Phase B erzeugt das Drehmoment

$M_B = -k \cdot i_B \cdot \sin(\theta)$

Ersetzt man i_A und i_B durch obige Werte, erhält man für das Drehmoment

$$M = M_A + M_B = -k \cdot I_0 \cdot \sin(\theta - \theta_0)$$

Wie die Berechnung zeigt, muss die Funktion zwischen Motordrehmoment und Rotorposition sinusförmig sein, wenn alle Mikroschrittpositionen mit gleicher Genauigkeit und konstanter Gleichförmigkeit angefahren werden sollen. Ferner muss das Rastmoment möglichst niedrig sein, um diese Genauigkeit nicht zu vermindern. Die für Mikroschritt gebauten Modelle der Scheibenmagnet-Schrittmotoren entsprechen diesen Anforderungen. Der Treiber muss die Ströme sehr genau regeln, um das Ziel auch tatsächlich dorthin zu legen, wo es sein soll. Die Bedingungen für genaues Positionieren im Mikroschrittbetrieb sind für den Motor eine sinusförmige Funktion von Drehmoment zur Rotorposition, sehr gute Linearität zwischen Drehmoment und Strom, keine magnetische Kopplung zwischen den Phasen und ein niedriges stromloses Rastmoment. Für den Treiber gelten die Erzeugung genauer Werte für die Phasenströme und eine genaue Definition der Sinus- und Cosinuswerte.

4.5.2 Drehmoment

Für das Schalten der Wicklungen kann man einen mechanischen oder einen elektronischen Steuerschalter benutzen. Aufgrund der heutigen dynamischen Anforderungen an das Schrittmotorsystem wird aber ausschließlich der elektronische Steuerschalter eingesetzt. Bei jedem Schalteingangsimpuls wird die Schalterstellung und damit der Erregungszustand des Motors verändert. Führt man dem Schalter eine ausreichend hohe Anzahl von Impulsen pro Sekunde zu, führt die Motorwelle eine kontinuierliche Drehung aus. Die Anzahl der Schritte der Motorwelle pro Sekunde definiert man als Schrittfrequenz.

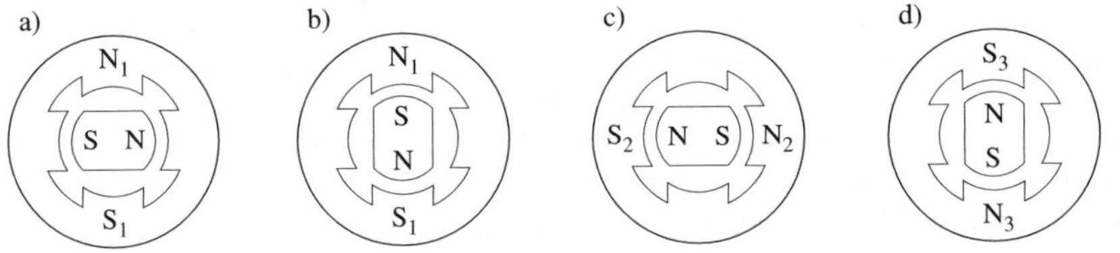

Bild 4.69 Das Drehmoment im Elektromotor wird durch das Magnetfeld erzeugt. In Stellung (a) ziehen sich Rotorsüdpol S und Statornordpol N an, und es entsteht ein Drehmoment. In Stellung (b) ist das Drehmoment null, es sei denn, man erzeugt ein neues Feld mit N2 und S2 (c). Eine weitere Umpolung ergibt die Pole N3 und S3 (d). Das Resultat ist ein rotierender Feldvektor

Bild 4.69a zeigt die zwischen den Rotormagnetpolen N und S und den Statormagnetpolen N1 und S1 bestehenden Kräfte. Das daraus resultierende Drehmoment wird den Rotor in die in **Bild 4.69b** gezeigte Lage drehen. Hier ist der Luftspalt am geringsten und daher der Magnetfluss auch am höchsten. Die Anziehungskraft zwischen Rotor und Stator besteht nach wie vor, aber sie ist jetzt radial gerichtet, und es ergibt sich kein Drehmoment mehr.

Da ein Motor ständig ein Drehmoment entwickeln soll – bei stillstehendem wie bei sich drehendem Rotor –, muss zwischen den Richtungen von Rotor- und Statorfeld stets ein Winkel aufrechterhalten werden. Aus Bild 4.69b folgt, dass das Statorfeld von der Stellung N1 und S1 in die Stellung N2 und S2 gedreht werden muss, um ein im Uhrzeigersinn wirkendes Drehmoment aufrechtzuerhalten (**Bild 4.69c**). Wird das Statorfeld vom Elektromagneten erzeugt, erfolgt die Drehung des Felds einfach durch Abschalten der die Pole N1 und S1 erzeugenden Wicklung und Einschalten der Wicklung für die Pole N2 und S2. Erhält dann Wicklung 1 in umgekehrter Richtung Strom, entstehen N3 und S3 (**Bild 4.69d**); eine Stromumkehrung in Wicklung 2 ergibt N4 und S4, womit sich der Rotor wieder in der Ausgangsstellung von Bild 4.69a befindet. Dieser Motor stellt einen Schrittmotor mit vier Schritten pro Umdrehung dar.

Liegen die Wicklungen an Wechselstrom und ist ein Phasenschieber-Kondensator vorhanden, entsteht ein Drehfeld, dessen Vektor mit der Frequenz des Wechselstroms umläuft. Betreibt man diesen Motor mit einer Frequenz von $f = 50$ Hz, ergibt sich ein Wechselstrom-Synchronmotor mit einer Drehzahl von $3\,000\ \text{min}^{-1}$. Im Leerlauf wird der Rotor dem Statordrehfeld mit einem nur sehr geringen Lastwinkel folgen. Mit zunehmender Belastung vergrößert sich der Lastwinkel, wodurch der Motor mehr Drehmoment erzeugt. Wird der Winkel größer als 90°, fällt das Drehmoment ab, und der Motor bleibt stehen.

Soll das maximale Drehmoment kontinuierlich entwickelt werden, muss zwischen Rotor- und Statorfeld ein Winkel von 90° aufrechterhalten werden. Diesen Vorgang übernimmt der Kollektor. Das Kommutierungssystem stellt ein einfaches Mittel zur Aufrechterhaltung eines Winkels von 90° zwischen den Vektoren des Rotor- und des Statorfelds dar, und das Ganze verläuft automatisch, sobald sich der Rotor dreht. Tatsächlich verdreht sich der Rotorfeldvektor ein wenig zwischen jeder Kommutierung. Die dadurch entstehende Welligkeit des Drehmoments lässt sich durch eine Erhöhung der Anzahl der Kollektorsegmente verringern. Das Drehmoment M dieses Motors kann man als unabhängig von der Rotorposition betrachten, d. h., der Wert M hängt lediglich vom Motorstrom I und von der Motordrehmomentkonstante k ab, die ihrerseits von den Motorabmessungen, den einzelnen Werkstoffen, der Flussdichte im Luftspalt und der Rotorwindungszahl abhängig ist:

$$M = k \cdot I$$

Ersetzt man gemäß Bild 4.69b das Kommutierungssystem durch zwei fest angelötete Drähte, wird das Drehmoment auch noch vom Winkel φ zwischen den beiden Feldvektoren abhängig, d. h., es folgt einer mehr oder weniger sinusförmigen Funktion

$$M = k \cdot I \cdot \sin \varphi$$

Bei einem Winkel von 90° entsteht das volle Drehmoment (sin 90° = 1). Ist dieser Winkel null, ergibt sich ein Drehmoment null (sin 0° = 0). Bei einem Winkel von 45° beträgt das Drehmoment dagegen 70 % (sin 45° ≈ 0,707).

Die während der Drehung im Rotor gespeicherte kinetische Energie bewegt diesen über die 0°-Zielposition hinaus. Es ergibt sich ein immer größer werdendes negatives Drehmoment, das den Rotor abbremst und zurücktreibt. Der Motor wird sich nun einige Zeit um den Zielpunkt einpendeln, wobei Frequenz und Ausschwingdauer von Drehmomentkurve, Rotorträgheitsmoment und durch die Verluste verursachter Dämpfung bestimmt werden.

Ob die Wicklungen ein Teil des Rotors oder des Stators sind, spielt für die Wirkungsweise dieses Motorprinzips keine Rolle. Sobald die Vektoren von Rotor- und Statorfeld übereinstimmen, ist das Drehmoment null, auch wenn der volle Strom durch die Wicklungen fließt. Ein Winkel von 90° ergibt ein maximales Drehmoment, was sich mit einem mechanischen Kommutierungssystem automatisch erzielen lässt. Befinden sich die Wicklungen im Stator, wird die Kommutierung durch die externe Steuerelektronik veranlasst und nicht mehr durch die Rotorposition. Der Winkel zwischen Rotor- und Statorfeld ist daher nicht mehr zwangsläufig 90°, sondern er schwankt je nach Rotorposition im Augenblick der Kommutierung (siehe Bild 4.69a bis Bild 4.69d), d.h., der Kommutierungswinkel ist zeit- und lastabhängig. Das ist der grundsätzliche Unterschied zwischen einem Gleichstrommotor und einem Schrittmotor.

Was bedeutet das für das Motorverhalten? Das Drehmoment des Gleichstrommotors ist nur vom Strom abhängig. Aus diesem Grunde kann er jede Art von Last problemlos beschleunigen, ohne dass er zum Schwingen neigt. Hingegen werden zur Drehzahl- oder Positionsregelung ein Tacho oder Winkelschrittgeber und eine Regelschleife benötigt, womit das System schwinganfällig wird.

Das Drehmoment des Schrittmotors ist abhängig vom Strom und vom momentanen Winkel zwischen Rotor- und Statorfeld. Das Nennhaltemoment wird nur bei einem Winkel von 90° entwickelt. In der Zielposition am Schrittende ist das Drehmoment null. Deshalb muss man Berechnungen mit einem Nutzmoment durchführen, dessen Wert wesentlich unter dem des Haltemoments liegt (ein typischer Wert ist 50 %). Durch die Schwankungen des Drehmoments bei jedem Vollschritt werden Rotorschwingungen angeregt, die besondere Dämpfungsmaßnahmen erfordern. Hingegen wird die Drehzahl einfach durch die Schrittrate und die Position durch die Anzahl der Schritte bestimmt, ohne dass man teure Geber für die Erfassung der Geschwindigkeit und diverse Regelschleifen für eine konstante Drehzahl einsetzen muss. Daher ist der Schrittmotor der geeignete Antrieb zur Umwandlung digitaler Informationen in mechanische Bewegungen.

4.5.3 Auflösungsverfahren bei Schrittmotoren

Wie Bild 4.69 zeigt, führt ein zweiphasiger Schrittmotor für jede 360°-Drehung des Statorfeldvektors vier Vollschritte aus. Im Beispiel ergeben die vier Vollschritte eine Motorumdrehung, da eine 90°-Drehung des Vektors zu einer 90°-Drehung des Rotors führt. Für praktische Anwendungen ist ein Schrittwinkel von 90° viel zu groß. Die meisten handelsüblichen Schrittmotoren führen zwischen 48 und 400 Schritte pro Umdrehung durch.

Eine Vergrößerung der Anzahl der Magnetpolpaare des Rotors führt zu einer Verkleinerung des mechanischen Schrittwinkels, der einer Statorfelddrehung von 90° entspricht (90° ist der elektrische Winkel!). Diese Definition lässt sich erklären, indem man die in einer Wicklung induzierte Spannung betrachtet, während der Rotor von Hand gedreht wird. Wenn z .B. durch Passieren des Rotor-Nordpols vor einer Wicklung in dieser eine positive Spannung induziert wird, so wird der Rotor-Südpol eine negative Spannung induzieren. Für eine volle Rotorumdrehung beschreibt die induzierte Spannung eine volle Periode einer Sinusfunktion, was einem elektrischen Winkel von 360° entspricht. Tatsächlich erhält man eine Periode der induzierten Spannung für jedes Paar von Magnetpolen, das unter dieser Wicklung vorbeiläuft. Wäre der Rotor mit 50 Polpaaren aufmagnetisiert, so würde man am Oszilloskop für eine Rotorumdrehung 50 Perioden der induzierten Spannung erkennen, d.h. dass ein mechanischer Winkel von 360° einem elektrischen Winkel von $50 \cdot 360°$ entspricht bzw.

$$1° \text{ (mechanisch)} = 50° \text{ (elektrisch)}$$

Wie erwähnt, führt der Motor einen Schritt aus, wenn das Statorfeld um einen elektrischen Winkel von 90° verschoben wird. Der mechanische Schrittwinkel ist daher

$$\frac{90°}{50°} = 1{,}8°$$

Natürlich ist es auch möglich und in der Praxis üblich, abwechselnd eine oder zwei Phasen zu „bestromen“. Das verschiebt den Phasenfeldvektor um jeweils 45°, und der Rotor führt Halbschritte durch. Eine Sequenz durchläuft acht Zustände (A+, A+B+, B+, B+A usw.), und es ergeben sich acht Halbschritte. Wird die Verschiebung des Phasenfeldvektors in noch kleinere Abschnitte unterteilt, spricht man von einem Mikroschrittbetrieb. Halb- und Mikroschrittbetrieb ermöglichen eine höhere Auflösung und verhindern die Welligkeit des Drehmoments. Es treten auch keine Resonanzprobleme auf.

Schrittmotoren kann man generell in zwei Gruppen unterteilen: Die erste arbeitet ohne Permanentmagnet, während die zweite einen Permanentmagneten verwendet, der sich fast immer im Rotor befindet. Die erste Gruppe sind die Reluktanzmotoren, zur zweiten gehören die ursprünglichen Permanentmagnet-, die Hybrid- und die Scheibenmagnetschrittmotoren.

4.5.4 Steuerelektronik für Schrittmotoren

Die zunehmende Automatisierung durch elektronische Prozesssteuerung erfordert und ermöglicht das direkte Umsetzen von digitalen Steuerbefehlen und Betriebsdaten in mechanische Bewegungen. Die von der Prozesssteuerung kommenden digitalen Steuerimpulse müssen durch den Logikteil in der richtigen Reihenfolge auf die einzelnen Wicklungen des Schrittmotors verteilt und durch die Leistungsstufe verstärkt werden. Daraus entsteht dann eine proportionale Drehbewegung des Rotors.

Die Steuerelektronik für Schrittmotoren besteht in der Praxis aus einer integrierten Treiberstufe und der eigentlichen Steuerung mit Translator und Sequenzer, wobei es mehrere Möglichkeiten für die Ansteuerung gibt. Am Eingang der Steuerelektronik befindet sich die Schnittstelle, die die Informationen über den Datenbus vom Mikroprozessor oder Mikrocontroller erhält und zwischenspeichert. Aus diesen Informationen erzeugt der Translator mit seinem Sequenzer die nötige Anzahl von Impulsen mit der gewünschten Schrittrate und dazu ein Richtungssignal für den Rechts- oder Linkslauf. Der Sequenzer liefert eine Folge von definierten Logiksignalen, die das rechtzeitige Öffnen und Schließen der Leistungstransistoren im Treiber bewirken.

Der Sequenzer im Translator arbeitet als Ringzähler, dessen Zählrichtung durch den Zustand 0 oder 1 am Richtungseingang bestimmt wird. Soll ein zweiphasiger Motor mit acht Halbschritten pro Sequenz arbeiten, muss der Zähler acht Positionen enthalten. Adressiert er nur die ungeraden Positionen (1, 3, 5 und 7), so läuft der Motor im Vollschrittbetrieb mit Strom in beiden Phasen. Adressiert der Sequenzer dagegen nur die geraden Positionen (2, 4, 6 und 8), läuft der Motor im Vollschrittbetrieb mit Strom in nur einer Phase. Hauptaufgabe des Sequenzers ist die definierte Erzeugung von leistungsfähigen Signalen zur Ansteuerung des Schrittmotors. Daraus entsteht eine proportionale Drehbewegung des Rotors: 1 Steuerimpuls = 1 Drehbewegung um einen Schritt. Wird die Steuer- bzw. Impulsfrequenz erhöht, geht die schrittweise Bewegung in eine kontinuierliche Drehbewegung über, ohne dass Schritte verloren gehen. Nach Verlust nur eines Schrittes stoppt der Motor, und durch Zählen der Steuerimpulse ist eine Rückmeldung der Rotorstellung nicht erforderlich. In diesem Fall arbeitet man mit einem offenen Regelkreis.

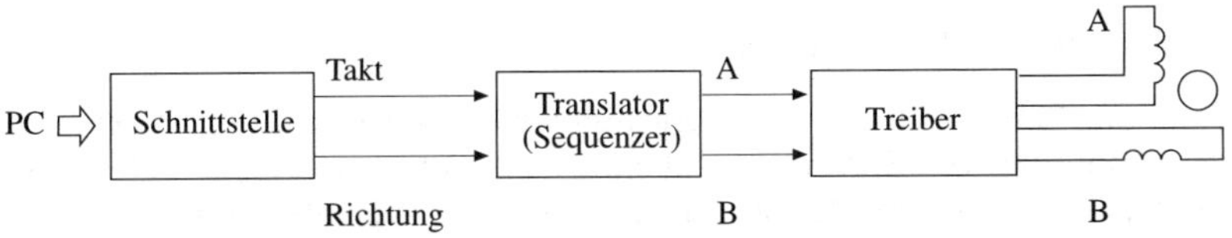

Bild 4.70 Prinzipieller Aufbau der Steuerelektronik zum Ansteuern eines Schrittmotors

Die Steuerelektronik in **Bild 4.70** besteht aus einem Treiber und aus der eigentlichen Ansteuerung. Der Treiber verbindet die Phasenwicklungen mit der Stromversorgung und bewirkt so deren Bestromung. Die Anzahl der Schritte und die Drehrichtung bestimmen die Folge, in der die Phasen zu bestromen sind. Der komplette Ablauf dieser Steuerung wird vom Sequenzer im Translator gesteuert. Im Vergleich erfüllt das Kommutierungssystem eines Gleichstrommotors im Prinzip die gleiche Aufgabe.

Die Steuerelektronik erhält vom Bediener den auszuführenden Befehl oder vom Sensor den momentanen Wert. Die CPU oder MPU ermittelt auf Grund der augenblicklichen Rotorposition die nötige Anzahl von Schritten, die optimale Schrittrate und die Drehrichtung. Daraufhin erfolgt die Berechnung der entsprechenden Schrittimpulse unter gleichzeitiger Berücksichtigung der zugehörigen Drehrichtung. Sie werden über den Datenbus in der Schnittstelle gespeichert; der Translator legt die Richtung des Ringzählers fest. Über die vom Translator zum Treiber führenden Steuerleitungen werden dann die Leistungstransistoren der Endstufe ein-, aus- oder umgeschaltet, sodass sich die entsprechende Phasenwicklung mit Strom in der richtigen Polarität erregen lässt.

Die Ansteuerung des Schrittmotors hat die Aufgabe, die digitalen und leistungslosen Impulse der Prozesssteuerung in Signale umzuformen, um die einzelnen Wicklungen des Schrittmotors in der richtigen Reihenfolge mit Spannung bzw. Strom zu erregen. Erst als Resultat dieses Umformens ergibt sich aus einem digitalen Steuerimpuls oder einer Impulsfolge eine Bewegung in Form eines Schritts oder einer Schrittfolge. Die Wahl der Ansteuerung beeinflusst dabei wesentlich die Eigenschaften und Leistungen des Schrittmotors. Die Entscheidung für eine bestimmte Ansteuerung sollte man aber stets unter Berücksichtigung des gesamten Systems und in Abstimmung mit der Anwendung treffen. Sehr oft lässt sich durch einen geringen Mehraufwand für die Ansteuerung eine mechanisch optimale und kostengünstigere Lösung erreichen.

Ob man sich für eine 4-Phasen- oder eine 2-Phasen-Ansteuerung entscheidet, hängt weitgehend von den Bedingungen der Anwendung ab. Mit einem 4-Phasen-Schrittmotor ist der Schaltungsaufwand durch den unipolaren Betrieb geringer. Das bis zu 40 % höhere dynamische Drehmoment des 2-Phasen-Schrittmotors im bipolaren Betrieb steht einem größeren Schaltungsaufwand der Leistungsendstufe gegenüber. Beim Einsatz von integrierten Schaltkreisen hält sich jedoch der größere Schaltungsaufwand in Grenzen, da alle Funktionen integriert sind.

4.5.5 Unipolare und bipolare Treiber

Die Realisierung von Treibern für Schrittmotoren basiert in der Praxis auf langjähriger Erfahrung von Spezialisten, die die zahlreich auftretenden Schwierigkeiten beherrschen. Für Anwender ohne Erfahrung ist es deshalb günstiger, fertige Steuerungskarten einzusetzen, als Zeit und Bauteile zu investieren, bis die Anlage optimal läuft.

Wie schon erwähnt, ist der Reluktanzmotor der einzige Schrittmotor, der keinen Dauermagneten benutzt. Daher muss man die Polarität des Statorfelds nicht beachten. Entsprechend den vom Translator kommenden Befehlen schaltet der Treiber die Phasenwicklungen einfach ein oder aus. Eine Umkehrung der Stromrichtung ist nicht nötig. Ein solcher Treiber benötigt nur einen Leistungstransistor pro Phase. Da der Strom in einer gegebenen Wicklung immer die gleiche Richtung hat, spricht man von einem unipolaren Treiber. **Bild 4.71** zeigt einen unipolaren Treiber für einen vierphasigen Motor im A2a- oder im A2b-Betrieb.

Bei der A2-Schaltung besteht jede Spule aus zwei Wicklungshälften. Im Betrieb ist immer nur eine Wicklungshälfte stromdurchflossen. Die Spulen der Phasen 1A und 1B sind normalerweise in einer bifilaren Wicklung zusammengefasst. Bestromt man beide gleichzeitig, ergibt sich ein resultierendes Feld von null. Eine Vollschritt-

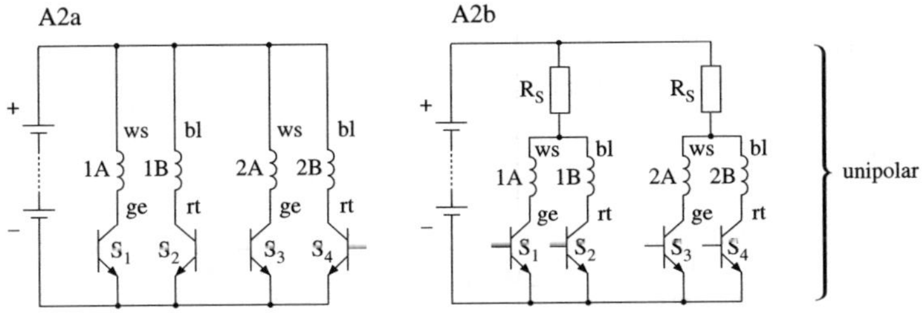

Schalter	Schalterzustand A2
S_1	Ein Aus
S_2	Ein Aus
S_3	Ein Aus
S_4	Ein Aus
Schritt	1 2 3 4 5 6 7 8 9

Bild 4.71 Schaltung für einen unipolaren 4-Phasenmotor für den A2a- oder A2b-Betrieb. Das Diagramm zeigt den Verlauf des Drehmoments

sequenz mit einem Strom in jeweils nur einer Phase ist 1A, 2A, 1B und 2B oder mit Strom in jeweils zwei Phasen: 1A+2A, 1B+2A, 1B+2B, 1A+2B. Der grundsätzliche Nachteil unipolarer Motoren und Treiber ist, dass sich nur die Hälfte aller Wicklungen gleichzeitig bestromen lässt. Man erhält einen geringeren Wirkungsgrad und ein ungünstiges Drehmoment.

Die Rotoren der Permanentmagnet- und der Hybridmotoren enthalten dagegen einen Dauermagneten, weshalb die Richtung des Drehmoments von der Polarität des Statorfelds abhängt. Gegenüber der A2-Schaltung trägt das gesamte Kupfervolumen zum Stromfluss bei, d. h., man erreicht die volle Ausnutzung der Wicklungen und somit eine Anhebung des Drehmoments bei höheren Schrittfrequenzen. Die Umkehr der Stromrichtung wird meist mit einer Brückenschaltung bewirkt, wie **Bild 4.72** zeigt.

Da die Schrittmotoren zwei Phasen benötigen, sind auch zwei Treiberschaltungen mit vier Leistungstransistoren erforderlich. Sind S1 und S2 eingeschaltet, fließt der Strom in der Wicklung von links nach rechts. Durch Einschalten von S6 und S5 wird die Stromrichtung umgekehrt. Durch die Möglichkeit des gleichzeitigen Bestromens sämtlicher Wicklungen kann der Motor erheblich mehr Drehmoment entwickeln, aber es entsteht zusätzliche Wärme, die man unbedingt berücksichtigen muss.

Setzt man die A4-Schaltung von **Bild 4.73** ein, vereinigen sich die Vorteile von A1- und A2-Schaltung, d. h. kleiner Schaltungsaufwand und einfacher Spulenaufbau. Die Stromversorgung muss in der Leistung aber erhöht werden. Diese Schaltungsvariante eignet sich besonders für Motoren kleiner Leistung.

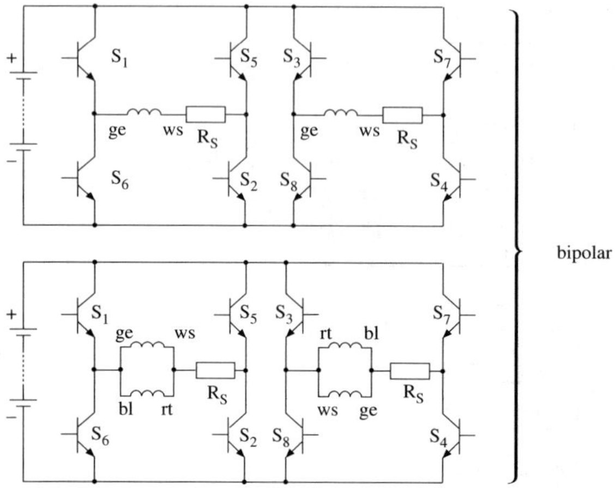

Schalter	Schalterzustand A1
S_1 - S_2	Ein Aus
S_3 - S_4	Ein Aus
S_5 - S_6	Ein Aus
S_7 - S_8	Ein Aus
Schritt	1 2 3 4 5 6 7 8 9

Bild 4.72 Möglichkeiten der A2-Schaltung für einen bipolaren Treiber mit der Wicklung einer Phase in einer Brückenanordnung nach A1b

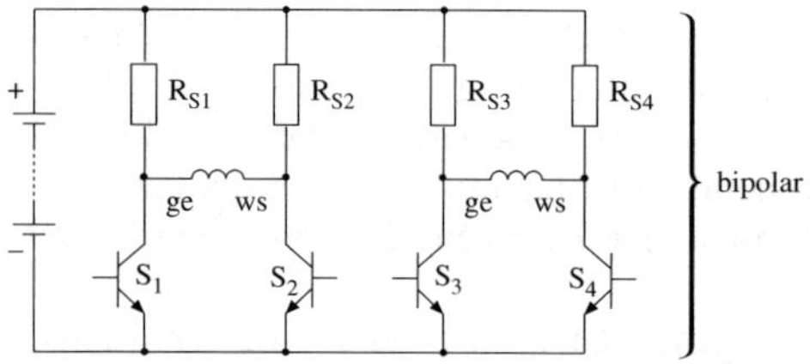

Schalter	Schalterzustand A4
S_1	Ein Aus
S_2	Ein Aus
S_3	Ein Aus
S_4	Ein Aus
Schritt	1 2 3 4 5 6 7 8 9

Bild 4.73 Die A4-Schaltung vereinigt die Vorteile der A1- und der A2-Schaltung

4.5.6 Merkmale von Schrittmotoren

Für den optimalen Einsatz von Schrittmotoren in der Praxis sind die Bedingungen wie Schrittwinkeltoleranz, Haltemoment bzw. Selbsthaltemoment, dynamisches Moment oder Abgabeleistung, Eingabeleistung, Einschaltdauer, Winkelgeschwindigkeiten und Beschleunigungsmethoden genau einzuhalten, damit es im Einsatz zu keinen Problemen kommen kann. Durch die Verwendung eines Getriebes in Kombination mit einem Schrittmotor lassen sich weitere Möglichkeiten in der Anwendung erzielen.

Das Charakteristikum des Schrittmotors ist das schrittweise Drehen der Motorwelle. Eine Umdrehung der Motorwelle setzt sich aus einer genau festgelegten, vom Motoraufbau abhängigen Anzahl von Winkelschritten zusammen. Allgemein kann definiert werden, dass der Schritt der Vorgang ist, bei dem sich die Motorwelle um den Schrittwinkel dreht. Der mechanische Winkel, um den sich der Rotor (Läufer, Motorachse) je Steuerimpuls dreht, bezeichnet man als Schrittwinkel α.

Schrittwinkel in °: $\alpha = \frac{360}{z}$ Schrittzahl (pro Umdrehung): $z = \frac{360}{\alpha}$

Drehzahl in U/min: $n = \frac{f_z \cdot 60}{z}$ Winkelgeschwindigkeit in rad/s: $\omega = \frac{f_z \cdot 2\pi}{z}$

Schrittfrequenz in Hz: $f_z = \frac{n \cdot z}{60}$

Die Schrittzahl z ist die Anzahl der Schritte, die der Rotor für eine ganze Umdrehung benötigt. Die Steuerfrequenz f_s vom Mikrocontroller stellt die Impulsfrequenz dar, mit der sich der Motor ansteuern lässt. Die Schrittfrequenz f_z ist die Anzahl der Schritte, die der Rotor in einer Sekunde ausführen kann. Die Drehzahl n definiert die Umdrehungen des Rotors pro Sekunde. Die Winkelgeschwindigkeit ω ist der Drehwinkel des Rotors pro Sekunde. Die Winkelbeschleunigung α stellt die Veränderung der Winkelgeschwindigkeit in rad/s^2 dar. Der Drehwinkel θ definiert dagegen eine Umdrehung = 360° ≙ Vollwinkel = 2 π rad.

In Anwendungen mit Schrittmotoren zum Positionieren spielt die Winkeltoleranz eine wichtige Rolle. Winkeltoleranzen sind aber immer im Rahmen des gesamten Antriebssystems zu betrachten, denn Abweichungen des Schrittwinkels ergeben sich aus einer Reihe unterschiedlicher Ursachen. Sie liegen einerseits in der Mechanik (Lastankopplung, Getriebespiel, Reibung), andererseits werden sie auch durch die Ansteuerung verursacht.

Der große Vorteil des Schrittmotors ist jedoch, dass die Abweichungen des Schrittwinkels nicht kumulieren. In der Praxis bedeutet das, dass eine Bewegung von einem Schritt z. B. eine Schrittwinkeltoleranz von ±0,7° aufweist, was ±5 % entspricht (Schrittwinkel 15°, ohne statische Last). Lässt man den gleichen Motor aber sechs Schritte durchführen, bleibt die Winkelabweichung unverändert bei ±0,7°, was jetzt jedoch ±0,8 % der Bewegung entspricht.

Die Schrittwinkeltoleranz lässt sich in zwei Werten angeben. Dabei ist $\Delta\alpha_s$ die maximale systematische und statische Winkelabweichung, bezogen auf einen Schritt; $\Delta\alpha_m$ ist auf die ganze Umdrehung bezogen. Beide Werte werden dabei durch das Lastdrehmoment (z.B. Reibmoment) beeinflusst, auf das später noch eingegangen wird.

Der Einfluss der Ansteuerung lässt sich leicht ersehen, wenn man berücksichtigt, dass der permanentmagnetische Rotor durch die elektrisch erregten Statorpole positioniert wird. Ist nun die Erregung, d. h. die Stromstärke, in den beiden Phasen des Motors unterschiedlich aufgetreten, wird auch der Winkel von Schritt zu Schritt unterschiedlich sein. Diese Abweichung ist aber nicht kumulativ, und der Mittelwert über vier Schritte beträgt null. Das Prinzip der unterschiedlichen Ströme wird beim Feinpositionieren mit elektronischen Minischritten (Microstepping) ausgenutzt.

4.5.7 Haltemoment und Selbsthaltemoment

Der Permanentmagnetrotor eines Schrittmotors nimmt, sobald die Wicklungen unter Spannung sind, seine magnetische Raststellung ein. Das heißt, dass die permanentmagnetischen Pole des Rotors nach den elektromagnetischen Polen des Stators ausgerichtet sind. Das maximale Drehmoment, mit dem man nun diesen erregten Motor statisch belasten kann, ohne dabei eine kontinuierliche Drehung hervorzurufen, bezeichnet man als Haltemoment M_H. Es ist abhängig von der Erregung des Motors und 1,4-mal höher als das maximale Drehmoment M_m.

Auch bei nicht erregtem Motor lässt sich ein Moment feststellen. Es ergibt sich durch Polinduktion des Permanentmagneten auf den Stator. Durch diesen Effekt (cogging effect) sowie durch die innere Reibung des Motors entsteht das sogenannte Selbsthaltemoment M_S, d. h. das Moment, mit dem man einen nicht erregten Motor statisch belasten kann.

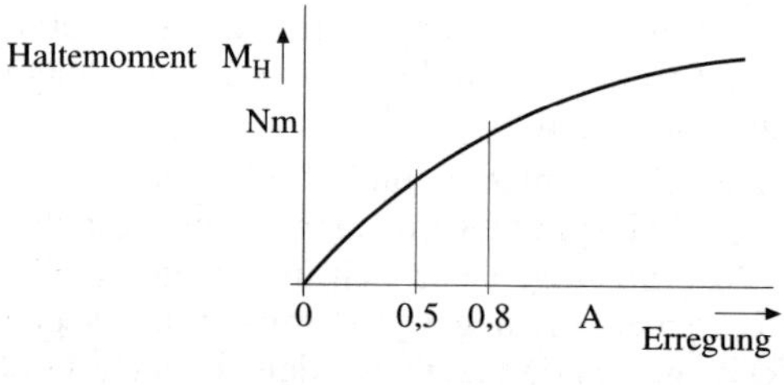

Bild 4.74 Haltemoment M_H in Abhängigkeit vom Erregerstrom bei $I = 0{,}5$ A bzw. 0,8 A. Das Haltemoment stellt das maximale statische Moment des erregten Motors bei einer Steuerfrequenz $f_s = 0$ dar

Das Haltemoment in Abhängigkeit von der Erregung wird oft als Sättigungskurve des Motors bezeichnet. Aus dieser Kurve (**Bild 4.74**) und der Kenntnis der Erwärmung bei entsprechender Eingabebelastung lässt sich entnehmen, wie weit man den Motor erregen kann, um eine Steigerung des dynamischen Moments zu erreichen.

Jeder Schrittmotor hat einen Arbeitsbereich, der für eine bestimmte Wicklungsübertemperatur zulässig ist. Die Übertemperatur ist der Motorverlustleistung proportional. Letztere ist in erster Linie durch die Kupferverluste in der Wicklung sowie durch die Ummagnetisierungsverluste im Motor bestimmt. Bei einem Schrittmotor, der ohne Schnellerregung betrieben wird, sinkt der Wicklungsstrom mit zunehmender Frequenz beträchtlich ab. Außerdem sind die erreichbaren Frequenzen zu niedrig, sodass die Ummagnetisierungsverluste gegenüber den Kupferverlusten sehr gering sind. Bei dieser Betriebsart tritt die maximale Übertemperatur im Motorstillstand bzw. bei kleinsten Schrittfrequenzen auf.

In den Datenblättern findet man die Stillstandsübertemperatur als Funktion der Motornennspannung angegeben. Diese Temperatur wird am „frei in der Luft stehenden" Motor ermittelt. In den meisten Fällen werden die Motoren jedoch an relativ große Metallflächen angeflanscht, sodass die angegebene maximale Temperatur kaum erreicht wird. Es bleibt dem Anwender überlassen, ob er aufgrund dieser Tatsache in einzelnen Fällen den Motor höher ausnutzt. Die angegebenen Grenztemperaturen dürfen aber unter keinen Umständen überschritten werden.

Beim Betrieb mit Schnellerregung ist dagegen der Dauerbetrieb bei sehr hohen Frequenzen kritisch. Der Strom bleibt auch bei hohen Frequenzen nahezu konstant, und die Ummagnetisierungsverluste werden sehr hoch. Bei einer optimal ausgelegten Schnellerregung, d. h. bei einem relativ hochohmigen Vorwiderstand bzw. bei hoher Schaltregelspannung, steigt die Aufnahmeleistung mit zunehmender Frequenz sehr stark an, sodass ein Dauerbetrieb unmöglich wird. Allerdings verläuft die Temperatur nicht proportional zu dieser Aufnahmeleistung. Sowohl die Motorbelastung als auch eventuell vorhandene Anflanschflächen lassen die Wicklungstemperatur geringfügiger ansteigen.

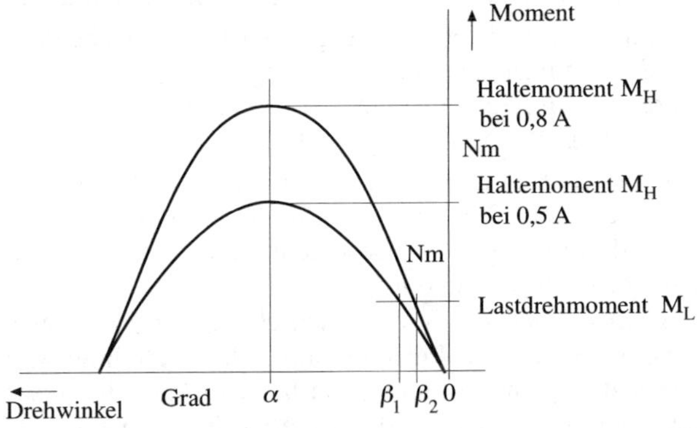

Bild 4.75 Haltemomentkurve bei einer bestimmten Erregung in Abhängigkeit vom Drehwinkel: α Schrittwinkel; β_1 statischer Lastwinkel in der Anwendung bei 0,5 A; β_2 statischer Lastwinkel in der Anwendung bei 0,8 A

Aus der Haltemomentkurve von **Bild 4.75** kann man bei einer bestimmten Erregung in Abhängigkeit vom Drehwinkel bei bekanntem Lastdrehmoment auf den statischen Lastwinkel β in der Anwendung schließen. Das Lastdrehmoment M_L ist die Summe aller statischen Drehmomente (z. B. Reibmoment). Wie bereits erwähnt, ist die Schrittwinkeltoleranz ($\Delta\alpha_s$ und $\Delta\alpha_m$) nur als Teil der Winkeltoleranz innerhalb eines gesamten Systems zu betrachten.

4.5.8 Dynamisches Moment und Abgabeleistung

Als dynamisches Moment M_d eines Schrittmotors bezeichnet man das Drehmoment, mit dem der Motor bei einer bestimmten Schrittfrequenz (Drehzahl, Winkelgeschwindigkeit) belastet werden kann (DIN: Betriebsgrenzmoment M_{Bm}). Diese Werte entnimmt man für jeden Motor bei unterschiedlichen Schrittfrequenzen der Drehmomentkurve von **Bild 4.76**.

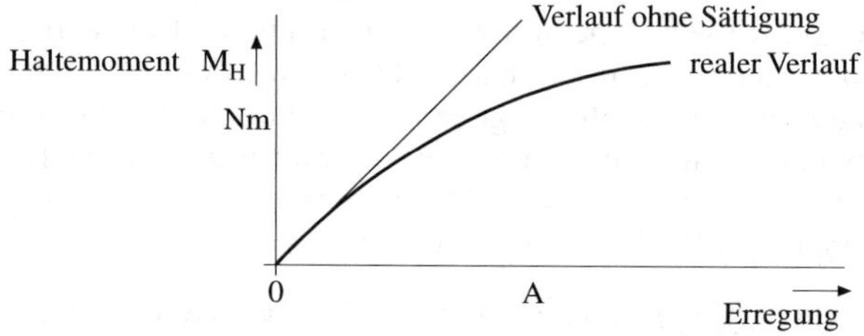

Bild 4.76 Drehmoment- und Leistungskurve zur Bestimmung des dynamischen Moments und der Abgabeleistung

Die Abgabeleistung berechnet sich ebenfalls aus dieser Kurve, indem man die Winkelgeschwindigkeit (in rad/s) mit dem Drehmoment (in Nm) multipliziert:

P_{ab} (in W) $= M_d \cdot \omega$ (in Nm · rad/s)

Das dynamische Moment gehört zusammen mit dem Schrittwinkel zu den wichtigsten Spezifikationen eines Antriebssystems einschließlich der elektronischen Ansteuerung. Je nach Anforderung der Anwendungen wird man sich mit Hilfe der Drehmomentkurve für eine bestimmte Kombination von Schrittmotor, Getriebe und Ansteuerung entscheiden. In der Praxis kennt man zwei Klassen von Anwendungen:

- Beim Einsatz als Antriebseinheit ist meistens die Abgabeleistung entscheidend. Man wird also das gesamte System nach der Abgabeleistung wählen und es möglichst in dem Frequenzbereich einsetzen, in dem diese Kurve ihr Maximum erreicht. Dadurch erhält man den größten Wirkungsgrad.
- Bei der Positionierung ist meistens eine Last innerhalb kürzester Zeit von einem Punkt zu einem anderen zu bewegen. Das bedeutet eine hohe Schrittfrequenz, schnelles Beschleunigen und damit großes Beschleunigungsmoment. Eine schnelle Beschleunigung lässt sich erreichen durch
  a) Minimierung des Lastträgheitsmoments, z. B. Zwischenschalten eines Getriebes;
  b) eine Kombination von Schrittmotor und Leistungsstufe, deren Drehmomentkurve zur geforderten Schrittfrequenz hin möglichst flach verläuft. In diesem Fall arbeitet man mit einer Doppelspannungs- oder einer gechoppten Konstantstromleistungsendstufe.
  c) Die Wahl der Beschleunigungsmethode erlaubt ein höheres Drehmoment bei tiefen Schrittfrequenzen zur Beschleunigung.

Die Abgabeleistung eines Schrittmotors resultiert aus Drehmoment und Winkelgeschwindigkeit:

$P_{ab} = M_d \cdot \omega$

Das Drehmoment und auch die erreichbare Geschwindigkeit hängen aber direkt von der elektrischen Erregung ab, d. h. von der Eingabeleistung P_{in}. Die elektrische Eingabeleistung und damit die mechanische Abgabeleistung kann man relativ einfach erhöhen. Das hat aber im Wesentlichen zwei Einschränkungen: Erwärmung des Motors und Sättigung des magnetischen Kreises. Ein Schrittmotor lässt sich über drei thermische Werte erfassen:

$\Delta\vartheta_{max}$: Die maximale Wicklungstemperatur beträgt ca. 60 °C bei einer Umgebungstemperatur von 20 °C.

τ: Die thermische Zeitkonstante definiert man nach dem Dreifachen der Zeit τ, bei der die Wicklung $\Delta\vartheta_{max}$ erreicht hat, wobei die maximale Laufzeit entscheidend ist.

P_{max}: Die Eingabeleistung erwärmt den Motor bei der Steuerfrequenz $f_s = 0$ um $\Delta\vartheta_{max}$. Für den Faktor k dient als Berechnungsbasis $k = U/U_n$.

Soll beispielsweise ein Schrittmotor in einer Anwendung mit erhöhtem Drehmomentbedarf betrieben werden, ist das im Allgemeinen durch höhere elektrische Erregung erreichbar. Um nun zu vermeiden, dass der Motor zu warm wird, muss man ihn im Aussetzbetrieb betreiben.

Aus dem entsprechenden Diagramm des Herstellers erkennt man den Startbereich (pull-in) mit Konstantspannungsleistungsendstufe und erhält für die Einschaltdauer die Drehmoment- und Abgabeleistungskurven bei 30 %, 50 % und 100 %. Alle Angaben über die Einschaltdauer beziehen sich dabei auf die Messbedingungen gemäß Eingabeleistung und Einschaltdauer sowie auf eine maximale Laufzeit von 10 Minuten. **Bild 4.77** zeigt ein Beispiel für die Einschaltdauer von 30 %.

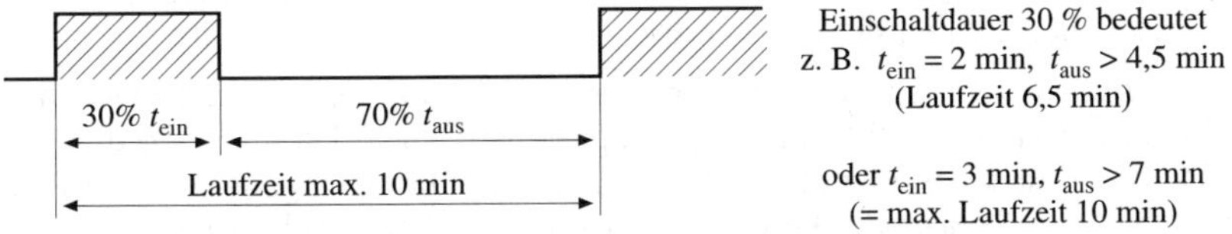

Bild 4.77 Impulsdiagramm für eine Laufzeit von 10 Minuten bei einer Einschaltdauer von 30 %, z. B. $t_{ein} = 2$ min, $t_{aus} \geq 4{,}5$ min (Spieldauer 6,5 min) oder $t_{ein} = 3$ min, $t_{aus} \geq 7$ min (maximale Laufzeit 10 min)

Für eine gewählte Einschaltdauer von 30 % können nun mit Hilfe des Diagramms von **Bild 4.78** für den Aussetzbetrieb der Faktor k (1,7 bei 30 % Einschaltdauer) und das höhere Drehmoment bei 150 Hz (ca. 1,1 Nm) abgelesen werden.

Für den Betrieb bedeutet das, dass man bei einer Einschaltdauer von 30 % die Betriebsspannung U gegenüber der Motornennspannung U_n um den Faktor 1,7 erhöhen muss. Andernfalls muss man bei gegebener Betriebsspannung einen Motor mit Spezialwicklung herstellen lassen, was natürlich seinen Preis hat.

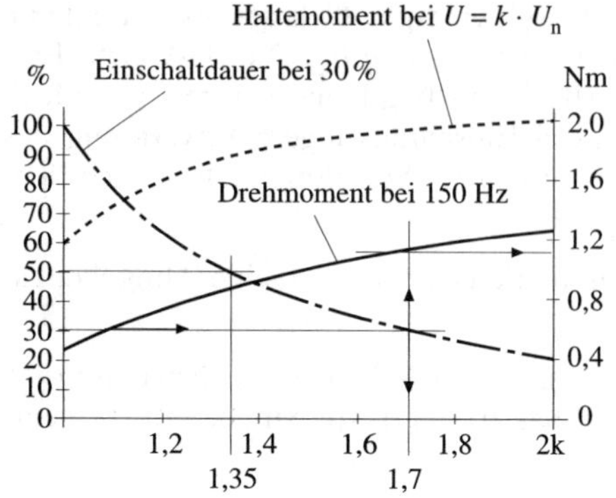

Bild 4.78 Diagramm für die Einschaltdauer von 30 % zur Bestimmung von Dreh- und Haltemoment

4.5.9 Hohe Winkelgeschwindigkeiten und Beschleunigungsmethoden

Wird die Achse eines Schrittmotors mit einer konstanten Steuerfrequenz betrieben und wird plötzlich eine Last aufgeschaltet, so muss der Motor, damit keine Schritte verlorengehen, innerhalb sehr kurzer Zeit auf die durch die Steuerfrequenz f_s gegebene Winkelgeschwindigkeit (Schrittfrequenz f_z, Drehzahl) beschleunigen. Diese Zeit ist umso kürzer, je höher die Steuerfrequenz ist. 50 Hz entspricht einer Beschleunigungszeit von 20 ms, 300 Hz bedeuten 3 ms.

Für das Beschleunigen einer Masse (Rotor und Last) wird ein großes Beschleunigungsmoment benötigt. Es ist umso größer, je kürzer die zur Verfügung stehende Zeit ist. Das Drehmoment, das für die Beschleunigung aufgebracht werden muss, übersteigt oft um ein Vielfaches das Lastdrehmoment der Anwendung (Reibmoment, Antriebsmoment). Aus diesem Grund wird man gezwungen, einen größeren Motor einzusetzen als eigentlich notwendig.

Diese Schwierigkeit kann man umgehen, indem der Schrittmotor mit einer sogenannten Beschleunigungs- und Abbremsrampe angesteuert wird, d. h., der Motor wird schrittweise beim Start beschleunigt und während des Bremsvorgangs schrittweise abgebremst bis zum Stillstand. Diese Frequenzrampen können sehr kurz sein, z. B. drei Schritte für eine Beschleunigung auf 1000 Hz, oder sehr lang, z. B. 144 Schritte für 9000 Hz.

Das Beschleunigen eines Schrittmotors auf mittlere und hohe Winkelgeschwindigkeiten mit einer Frequenzrampe hat unter anderem den Vorteil, dass der Motor in seinem Maximum für die Leistungsabgabe und für die Erreichung eines hohen Wirkungsgrads eingesetzt wird. Um mit einem Schrittmotor hohe Winkelgeschwindigkeiten und damit hohe Leistungen zu erreichen, muss man im Wesentlichen folgende drei Hindernisse überwinden:

- Der Rotor mit seiner Last darf nie so schnell beschleunigt werden, dass das erforderliche Beschleunigungsmoment sein dynamisches Moment übersteigt.

- Die Leistungsendstufe für die Ansteuerung muss es ermöglichen, den Motor während der Beschleunigung oberhalb eines gewissen kritischen Werts zu erregen. Bei der Steuerfrequenz $f_s = 0$ muss die Ansteuerung dafür sorgen, dass der Motor nicht zu warm wird, d. h. Reduzierung des Haltestroms bei Konstantstromleistungsendstufen oder durch Spannungsreduzierung bei einer Doppelspannungsleistungsendstufe.
- Je besser der Wirkungsgrad eines Schrittmotors ist, umso schneller neigt er zu unkontrollierten Schwingungen in gewissen Geschwindigkeitsbereichen (Frequenzverhalten). Dieses Phänomen ist bekannt unter dem Namen der „parametrischen Resonanzbänder“. Um diese Schwierigkeiten überwinden zu können, gibt es grundsätzlich zwei Methoden:
  a) Man benutzt oder erhöht das Reibmoment, um das Antriebssystem zu dämpfen. Diese Dämpfung sollte geschwindigkeitsabhängig sein und während der gesamten Betriebsdauer unveränderlich bleiben. Allerdings wird damit der Wirkungsgrad des gesamten Antriebssystems verringert.
  b) Man setzt eine elektronische Stabilisierungsschaltung ein. Diese Methode hat den Vorteil, dass sich der Wirkungsgrad nicht durch Dämpfung reduziert. Wird diese Schaltung von Anfang an in die Ansteuerung eines Antriebssystems integriert, kann das sogar zu kostengünstigeren Lösungen führen als durch mechanische Dämpfung.

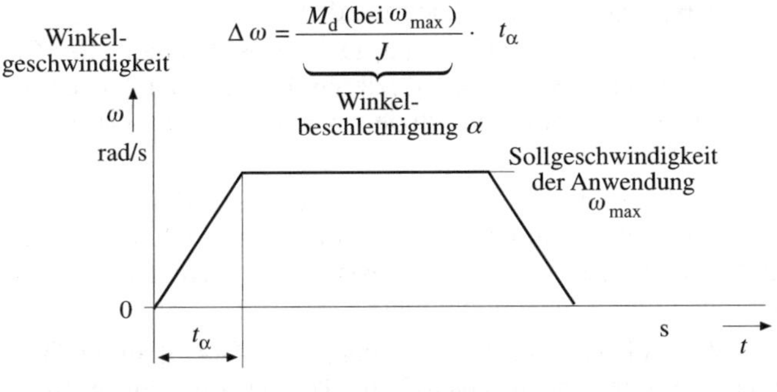

Bild 4.79 Darstellung der linearen Drehmomentkurve mit einer idealen Beschleunigungsrampe

Die Frage nach der idealen (kürzesten) Beschleunigungsrampe lässt sich anhand der Drehmomentkurve von **Bild 4.79** beantworten: Ist das dynamische Moment des gesamten Antriebssystems bis zur gewünschten Schrittfrequenz hin konstant (flacher Verlauf der Drehmomentkurve), wählt man am besten eine lineare Beschleunigung

$$\Delta\omega = \frac{M_d \text{ (bei } \omega_{max})}{J} \cdot t_\alpha$$

Daraus lässt sich die Winkelbeschleunigung berechnen. Ist dagegen das dynamische Moment des Antriebssystems zu hohen Frequenzen hin stark abnehmend (Impedanzeffekt bei hohen Steuerfrequenzen und Gegeninduktion des Rotors bei hohen Drehzahlen), so kann das größere Drehmoment der tieferen Frequenzen für eine starke Beschleunigung verwendet werden. In den höheren Frequenzen dagegen ist die Beschleunigung zurückzunehmen.

Der genaue Beschleunigungsverlauf für maximale Drehmomentabgabe lässt sich im Prinzip aus der Drehmomentkurve errechnen. Eine Näherung, die sich in der Praxis auch mit einfachster Ansteuerung bewährt hat, ist die exponentielle Beschleunigung

$$\Delta\omega = \omega_{\max}\,(1 - e^{-t/\tau})$$

Als Regel kann man für das Beschleunigungsmoment bei $\omega = 0$ für die Abschätzung von τ folgende Beziehung verwenden:

$$\frac{\omega_{\max}}{\tau} \leq \frac{M_{\mathrm{d}}}{J}$$

Das bedeutet nichts anderes, als dass das erforderliche Beschleunigungsmoment am Anfang nicht größer sein darf als das zur Verfügung stehende dynamische Moment bei tiefen Frequenzen.

4.5.10 Beschleunigungs- und Abbremsverhalten

Benutzt man den Schrittmotor im Einzelschrittbetrieb oder beispielsweise zum Positionieren in einem Drucker, so wird er sich nach dem letzten Steuerimpuls auf die Gleichgewichtslage des letzten Schrittes einschwingen. Bis der Rotor zur Ruhe gekommen ist, darf man weder einen neuen Befehl für eine Bewegung ausführen, noch darf z. B. ein weiterer Buchstabe geschrieben werden.

Optimal ausgelegte Beschleunigungs- und Abbremsrampen können die Einschwingzeit und den Überschwingwinkel stark reduzieren. Es gibt aber Anwendungen, bei denen diese Werte auf ein Minimum reduziert werden müssen. Dafür existieren unterschiedliche Methoden:

- Trockene Reibung: Der Vorteil liegt darin, dass man diese Methode in das Antriebssystem direkt einbeziehen kann. Der Nachteil ist, dass sich die Beschleunigungszeit verlängert, und der gesamte Vorgang lässt sich nur schwierig kontrollieren. Außerdem hat man diverse Verschleißteile.
- Viskose Reibung: Der Vorteil besteht darin, dass man diese Einheit an die Welle anschließen kann und dass nur geringe zusätzliche Trägheitsmassen auftreten. Der Nachteil tritt bei höheren Geschwindigkeiten auf, da die Funktion abnimmt und der Rotor überschwingen kann.
- RPD-Methode (Reverse Pulse Damping): Hierbei handelt es sich um eine elektronische Dämpfung nach der einfachen Methode „Schritt zurück". Nach dem letzten Schritt wird die kinetische Energie durch einen kurzen Schritt zurück so annulliert, dass der Rotor auf der Sollposition stehen bleibt. Der Vorteil ist, dass man am Motor keine Änderungen vornehmen muss, dass eine minimale Bremszeit erreicht wird und das ganze System für 1 bis n Schritte verwendbar ist. Der Nachteil besteht in einem offenen Regelkreis darin, dass die Einstellung kompliziert ist, da alles von Last, Reibung, Widerstand bzw. Strom in jeder Phase abhängt.

- DLSED-Methode (Delayed Last Step Electronic Damping): Bei diesem Prinzip hat man eine elektronische Dämpfung mit der Funktion „letzter Schritt verspätet“. Diese Bewegungen müssen so abgestimmt sein, dass der vorletzte Schritt bis zum letzten überschwingt. In diesem Moment muss der Impuls für den letzten Schritt ausgegeben werden. Der Vorteil liegt darin, dass man am Motor keine Änderungen vornehmen muss. Außerdem ergibt sich eine minimale Bremszeit. Der Nachteil besteht in einem offenen Regelkreis – wie schon erwähnt – darin, dass die Einstellung relativ kompliziert ist, da alles von Last, Reibung und Widerstand bzw. Strom in jeder Phase abhängt. Dieses Ansteuerungsverfahren ist nicht für Ein- oder Zwei-Schritt-Bewegungen brauchbar.
- POD-Methode (Phase Output Disabling): Hierbei handelt es sich um eine elektronische Dämpfung nach der „Mehrphasenerregung“. Am Motor müssen keine Änderungen vorgenommen werden. Der Nachteil ist, dass die minimale Bremszeit nur schwer erreichbar ist, und der Rotor bleibt nicht in der gewollten Gleichgewichtslage stehen.

4.5.11 Reduktionsgetriebe

Durch den Einsatz eines Getriebes in Kombination mit einem Schrittmotor lassen sich zahlreiche Ziele erreichen. Hierzu gehören eine höhere Auflösung durch Schrittwinkelteilung, eine Erhöhung des Drehmoments, die Verminderung des Lastträgheitsmoments, die Ausschöpfung der maximalen Motorleistung, gezielter Einbau einer Dämpfung und die Umsetzung der Drehbewegung in eine lineare Bewegung.
Durch die Übersetzung i erreicht man eine Schrittwinkelteilung, also eine feinere Auflösung der Drehbewegung bzw. einen kleineren Schrittwinkel:

$$\alpha_{\text{Getriebe}} = \frac{\alpha_{\text{Motor}}}{i}$$

Bei sehr feiner Teilung (hohes Übersetzungsverhältnis) ist das stets vorhandene Getriebespiel zu beachten, besonders dann, wenn eine Bewegung in beiden Drehrichtungen ausgeführt wird. Bleibt in der jeweiligen Anwendung die Drehrichtung unverändert, kann man das Getriebespiel dagegen vernachlässigen, solange kein Überschwingen beim letzten Schritt auftritt. Das Getriebespiel wird hauptsächlich durch die letzte Übersetzungsstufe bestimmt (Metall- oder Kunststoffrad). Für sehr genaue Positionierungen ist aber der Einsatz eines Getriebes nicht unbedingt geeignet.
Das an der Ausgangsachse eines Getriebes verfügbare Drehmoment erhöht sich um das Übersetzungsverhältnis i und vermindert sich um das Reibmoment im Getriebe:

$$M_{\text{Getriebe}} = M_{\text{Motor}} \cdot i \cdot \eta$$

Der Wert η ist der Wirkungsgrad des Getriebes. Zur Auswahl eines Getriebes unter diesem Aspekt kann man sich ganz vom Drehmomentbedarf der Anwendung leiten lassen sowie von dem zu berücksichtigenden Sicherheitsfaktor. Die Randbedingungen, die meistens von der Anwendung her gegeben sind und die zusätzlich abgeklärt werden müssen, sind:

- Temperaturbereich
- Schrittfrequenz und Drehmomentbelastung (Abschätzung der Lebensdauer)
- Geräuschentwicklung – sie ist im Wesentlichen von der Anzahl der Getriebestufen, vom Frequenzbereich, vom Temperaturbereich, von der Getriebebelastung, der Montageart, der Lebensdauer und der Motorerregung abhängig. Hierzu gehört auch die Lagerung der Achsen in Kunststoff oder Sintermetall.

Die an der Ausgangsachse eines Getriebes angekoppelte Trägheitsmasse vermindert sich für den Motor um das Quadrat des Übersetzungsverhältnisses nach

$$J_{\text{Last}} \text{ am Motor } = \frac{J_{\text{Last}} \text{ am Getriebe}}{i^2}$$

Als besonders günstig erweist sich hier die Tatsache, dass ein Getriebe die Winkelgeschwindigkeit linear vermindert, nämlich um das Übersetzungsverhältnis i, die Lastträgheitsmasse wird aber quadratisch vermindert, und zwar um i^2.
Die maximale Abgabeleistung des Schrittmotors lässt sich aus den Leistungskurven des Herstellers entnehmen. Bei direkter Ankopplung einer anzutreibenden Last und hohen Winkelgeschwindigkeiten ist man aber in der Praxis oft gezwungen, einen ziemlich leistungsstarken Motor zu wählen. Bei Verwendung eines Getriebes kann man die Übersetzung so wählen, dass der Schrittmotor in dem Frequenzbereich arbeitet, in dem er seine maximale Leistung abgibt, d. h., wo sein Wirkungsgrad am besten ist. Dadurch kann man oft einen kleineren Motor wählen und die Kosten des gesamten Antriebssystems erheblich reduzieren.
Der Überschwingwinkel τ_m reduziert sich um das Übersetzungsverhältnis

$$\tau_m \text{ am Getriebe } = \frac{\tau_m \text{ am Motor}}{i}$$

In der Praxis ist der Überschwingwinkel an der Ausgangsachse des Getriebes gleich null, da er kleiner wird als das Getriebespiel (1°...2° für normale Reduktionsgetriebe). Im Weiteren wird die Überschwingzeit durch die Reibung (Dämpfung) im Getriebe verkürzt.

Beispiel: In einer Anwendung soll eine Klappe in einem Lüftungsschacht innerhalb von 20 s um 90° gedreht werden. Dabei ist eine Kraft von 20 N an einem Hebel von 2,5 cm Länge zu bewegen, was ein Lastdrehmoment von M_L = 50 cNm ($50 \cdot 10^{-2}$) ergibt. Als weitere Bedingungen sind gegeben, dass die Prozesssteuerung des Anwenders nur eine konstante Steuerfrequenz von 200 Hz abgeben kann und dass die Leistungsendstufe aus einer Schaltung mit konstanter Spannung von $+U_B$ = 12 V für einen unipolaren Betrieb bestehen muss. Eine Bewegung von 90° innerhalb von 20 s ergibt eine Winkelgeschwindigkeit von

$$\omega_a = \frac{90°}{360°} \cdot \frac{2\pi}{20 \text{ s}} = 0{,}08 \text{ rad/s}$$

Die für das Lastdrehmoment von 50 cNm benötigte Leistung beträgt
$P_a = M_L \cdot \omega_a = 50 \cdot 10^{-2} \cdot 0{,}08 = 4 \cdot 10^{-2}\,\text{W} = 0{,}04\,\text{W}$
Vom Anwender wird ein zusätzlicher Sicherheitsfaktor von 1,5 gefordert. Um nun die Abgabeleistung des Motors berechnen zu können, muss noch der Wirkungsgrad η des Getriebes eingesetzt werden. Aus der Tabelle des Herstellers erhält man für die Reduktionsgetriebe einen Wert zwischen $\eta = 0{,}5$ und $\eta = 0{,}65$.

$$P_{ab} = \frac{P_a}{\eta} \cdot 1{,}5 = \frac{4 \cdot 10^{-2}\,\text{W}}{0{,}6} \cdot 1{,}5 = 0{,}1\,\text{W}$$

Jetzt lässt sich aufgrund der Leistungskurven der 4-Phasen-Schrittmotor für den unipolaren Betrieb bestimmen, der bei 200 Hz und 100 % Einschaltdauer mit 0,1 W das Leistungsmaximum erreicht. Das Übersetzungsverhältnis für das Getriebe berechnet sich nach

$$\text{Winkelgeschwindigkeit } \omega_{ab} = \frac{f_z \cdot 2\pi}{z} = \frac{200 \cdot 2\pi}{48} = 26{,}2\,\text{rad/s}$$

$$\text{Übersetzungsverhältnis } i = \frac{\omega_{ab}}{\omega_a} = \frac{26{,}2 \cdot 2\pi}{0{,}08} \approx 327$$

Mit einem Übersetzungsverhältnis von $i \approx 327$ stehen mehrere Reduktionsgetriebe zur Verfügung. Für welches man sich entscheidet, hängt von der geforderten Lebensdauer ab. In der vorliegenden Anwendung wurde die Abschätzung aus dem Diagramm der Getriebebelastbarkeit des Herstellers benutzt. Durch die geringe Motordrehzahl von 250 U/min (Schrittfrequenz 200 Hz, Schrittwinkel 7,5°) kann mit einem Reduktionsgetriebe bei dem geforderten Lastdrehmoment von 50 cNm ohne weiteres eine Lebensdauer von 10 kh (10 000 Stunden) erwartet werden.

5 Hydraulische und pneumatische Systeme in der Mechatronik

Mechanik, Elektronik und Software wirken in neu entwickelten Maschinen und komplexen Anlagen immer enger zusammen. Die gemeinsame Entwicklung dieser Komponenten definiert man als Mechatronik. Mechatronik ist insofern die logische Fortsetzung singulärer Entwurfsmethoden.

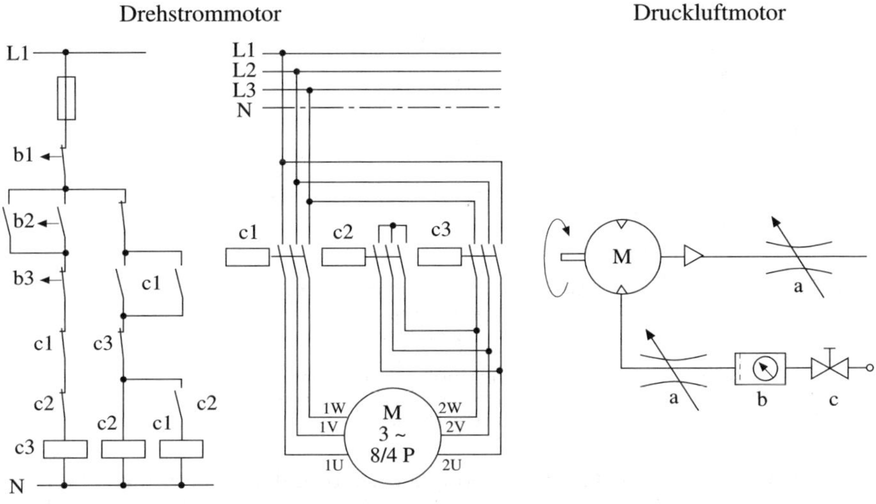

Bild 5.1 Vergleich zwischen Drehstrommotor und Druckluftmotor;
Drehstrommotor: b Taster, c Schütze mit Hilfskontakten;
Druckluftmotor: a Drosselspulen, b Wartungseinheit, c Absperrventil

Ein direkter Vergleich zwischen zwei Antriebssystemen zeigt in **Bild 5.1** eine gewisse Überlegenheit des Druckluftmotors gegenüber dem Drehstrommotor. Der Drehstrommotor ist nur polumschaltbar zwischen zwei Umdrehungsgeschwindigkeiten, während ein Druckluftmotor eine wesentlich bessere Möglichkeit zur Drehzahlsteuerung bzw. -regelung hat. Druckluftmotoren sind auf Grund ihres spezifischen Drehmoment- und Drehzahlverhaltens (maximales Drehmoment bereits bei Drehzahl null vorhanden) sowie ihrer einfachen Regelbarkeit (denn geregelt wird lediglich durch Auf- und Zudrehen des Lufthahns) aus der Antriebstechnik nicht mehr fortzudenken. Durch die Unempfindlichkeit gegen Umwelteinflüsse hat sich dieser Antrieb ein breites Anwendungsfeld erschlossen. Allerdings, die Bilanz des Wirkungsgrades spricht nach der ersten Betrachtung nicht gerade für den Druckluftmotor. Einwandfrei ausgelegte pneumatische Antriebe erreichen einen Wirkungsgrad von $\eta \approx 0{,}25$, wenn man den Gesamtwirkungsgrad als Verhältnis zwischen der vom Kompressor aufgenommenen elektrischen Energie und der vom Druckluftmotor abgegebenen Leistung betrachtet..

Dass sich Druckluftmotoren dennoch durchsetzen konnten, unterstreicht umso mehr die spezifischen Vorteile. Hierzu gehört auch, dass umsteuerbare Druckluftmotoren rechts- wie linksherum mit gleicher Leistung und Motorcharakteristik drehen. Wer sich als Konstrukteur einmal mit Druckluftantrieben befasst hat, verwendet diese Technik immer wieder.

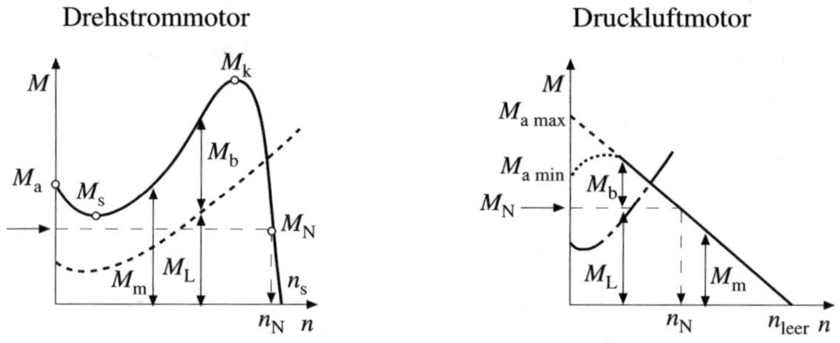

Bild 5.2 Motorcharakteristik-Vergleich zwischen Drehstrom- und Druckluftmotor:

M_N	Nennmoment	M_s	Sattelmoment
M_m	Motormoment	n_N	Nenndrehzahl
M_L	Lastmoment	n_s	synchrone Drehzahl
M_b	Beschleunigungsmoment	M_{amax}	maximales Anzugsmoment
M_a	Anzugsmoment	M_{amin}	minimales Anzugsmoment
M_k	Kippmoment	n_{leer}	Leerlaufdrehzahl

Lassen sich die Antriebsdaten nicht vordefinieren, d. h. dann, wenn man erst beim Anfahren der Konstruktion das wahre Arbeitsverhalten feststellen kann, liegen beim Druckluftmotor die wesentlichen Vorteile, wie die Motorcharakteristik von **Bild 5.2** zeigt. Drehmoment und Drehzahl lassen sich dadurch anpassen, dass Luftmenge und Druck entsprechend zu regeln sind.

5.1 Aufbau einer hydraulischen Anlage

Die Hydraulik umfasst die Steuerung und den Antrieb von Maschinen durch Druckflüssigkeiten. Der Vorteil dieser Technik liegt in der Erzeugung von großen Kräften auf kleinstem Raum durch hohe Drücke und in der Antriebstechnik durch stufenlos einstellbare Geschwindigkeiten. Außerdem lassen sich gleichförmige Bewegungen wegen der geringen Kompressibilität (Zusammendrückbarkeit, Verdichtung) des Öls erzeugen. Auch ein sicherer Überlastungsschutz durch Druckbegrenzungsventile ist vorhanden. Der Nachteil liegt in der Erzeugung von Wärme; damit verbunden ist eine Änderung der Viskosität des Öls mit steigender Temperatur. Pumpen, Hydromotoren und die Schaltschläge der Ventile erzeugen Lärm. Auch Verschmutzung und Brandgefahr durch Lecköl sind immer vorhanden.

Für die Realisierung einer hydraulischen Anlage benötigt man im Wesentlichen eine Pumpe zur Erzeugung des erforderlichen Drucks, eine definierte Begrenzung des Drucks durch ein Begrenzungsventil, ein Wegeventil als Schaltelement innerhalb einer Steuerung, einen Zylinder für den Bewegungsvorgang und Verbindungsleitungen. **Bild 5.3** zeigt ein Beispiel für eine hydraulische Anlage.

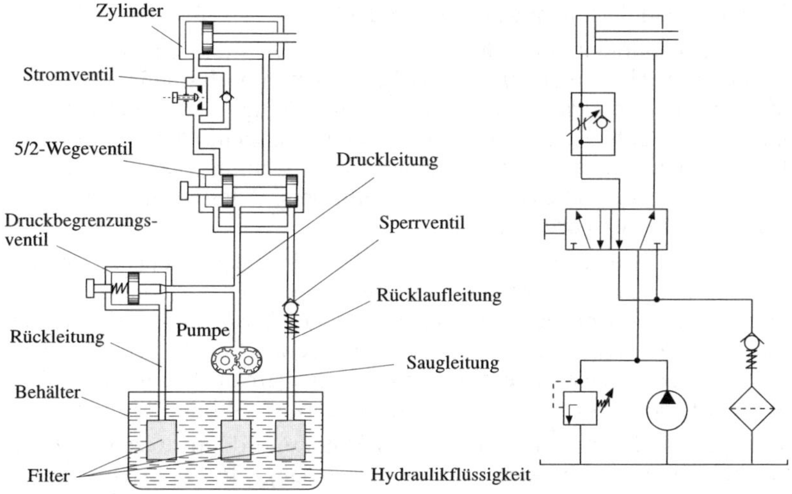

Bild 5.3 Beispiel einer hydraulischen Anlage im schematischen Aufbau (Technologieschema) und Schaltplan

Für die Erzeugung des erforderlichen Drucks benötigt man in einer hydraulischen Anlage unterschiedliche Pumpen. Größe und Bauart der Pumpen werden durch den erforderlichen Volumenstrom, den notwendigen Druck der Anlage und die zulässige Drehzahl der Pumpe bestimmt. Als Volumenstrom bezeichnet man das je Zeiteinheit geförderte Flüssigkeitsvolumen der Pumpe. Eine Pumpe, die ein gleichbleibendes Verdrängungsvolumen je Umdrehung der Pumpenwelle erzeugt, definiert man als Konstantpumpe. Ist das Verdrängungsvolumen dagegen einstellbar, spricht man von einer Verstellpumpe.

5.1.1 Druckerzeugung

Nach der Form der Verdrängungselemente innerhalb der Pumpe unterscheidet man noch zwischen Zahnrad-, Flügelzellen- und Kolbenpumpe. In der Praxis kennt man folgende Bauarten:

- Außenverzahnte Zahnradpumpe: Diese Bauart enthält immer zwei Zahnräder. Das eine wird in Uhrzeigerrichtung durch einen Elektromotor angetrieben und dreht das andere Zahnrad mit. Die bei der Drehbewegung auseinanderlaufenden Zähne geben die Zahnradkammern für das Öl frei. Der dadurch entstehende negative Überdruck und der atmosphärische Druck auf dem Flüssigkeitsspiegel im Tank bewirken, dass der Pumpe aus dem Tank Flüssigkeit zuläuft. Diese Flüssigkeit füllt die Zahnradkammern und wird von der Saug- zur Druckseite befördert. Dort greifen die Zähne wieder ineinander und verdrängen die Flüssigkeit aus den Zahnradkammern. Die Drehrichtung dieser Zahnradpumpe wird durch den Hersteller festgelegt und darf nicht geändert werden.
- Innenverzahnte Zahnradpumpe: Bei dieser Bauart wird das innere außenverzahnte Zahnrad im Uhrzeigersinn angetrieben und nimmt das äußere innenverzahnte Zahnrad in der gleichen Drehrichtung mit. Saug- und Druckseite sind durch die mit dem Gehäuse fest verbundene Sichel getrennt. Der Pumpvorgang verläuft ähnlich wie bei der außenverzahnten Zahnradpumpe. Die Innenverzahnung ist gegenüber der Außenverzahnung teurer, jedoch leiser, und sie erzeugt einen pulsationsärmeren Förderstrom.
- Schraubenpumpe: Zwei oder mehr Spindeln sind in einem Gehäuse untergebracht. Infolge der guten Abdichtung der Spindeln sowohl zueinander als auch gegenüber dem Gehäuse entstehen Kammern, die die Flüssigkeit bei der Drehung der Spindeln von der Saugseite zur Druckseite wandern lassen. Neben vergleichsweise geringen Laufgeräuschen entsteht ein pulsationsfreier Förderstrom. Nachteilig sind sehr hohe Herstellungskosten und ein geringer Wirkungsgrad.
- Flügelzellenpumpe: Bei dieser Bauart hat der Stator eine doppelexzentrisch ausgebildete Innenlauffläche, wodurch jeweils zwei Saug- und zwei Druckräume gegenüberliegen. Die radial beweglichen Flügel werden bei Drehung des Rotors durch die Fliehkraft gegen die Innenlaufbahn des Stators gedrückt. In der Nähe des Saugkanals sind die Zellen zunächst klein. Mit weiterer Drehung wird das Zellenvolumen größer und füllt sich mit Flüssigkeit. Hat eine Zelle ihre maximale Größe erreicht, wird sie über seitlich angeordnete Steuerscheiben von der Saugseite getrennt und mit der Druckseite verbunden. Bei weiterer Drehung werden die Flügel in die Rotorschlitze geschoben, sodass das Zellenvolumen wieder abnimmt und die Flüssigkeit zum Druckanschluss verdrängt wird.
- Radialkolbenpumpe: Drei, fünf oder zehn Zylinder sind radial angeordnet. Die Hubbewegung der Kolben wird durch eine rotierende Exzenterwelle erzeugt. Bei Abwärtsbewegung des Kolbens wird dem Arbeitsraum über eine radiale Nut im Exzenter, dem hohlgebohrten Kolben und dem Saugventil Flüssigkeit zugeführt. Bei Aufwärtsbewegung des Kolbens schließt sich das Saugventil, und das Druckventil öffnet sich zum Druckanschluss.
- Axialkolbenpumpe mit Taumelscheibe: Bei Axialkolbenpumpen sind Kolben und Zylinder parallel zur Antriebswelle angeordnet. Die Kolbenbewegung wird mit Schrägscheibe, Taumelscheibe oder Schrägtrommel hervorgerufen. Über Ventile

bzw. Steuerkanäle werden die Zylinder entsprechend der Kolbenbewegung mit dem Saug- oder Druckanschluss verbunden. Der Kolbenhub wird von der angetriebenen Taumelscheibe verursacht, und für den Rückhub des Kolbens sorgen Federn. Die Steuerung des Flüssigkeitsstroms übernehmen Saug- und Druckventile.

- Axialkolbenpumpe mit Schrägtrommel: Kolben und Zylinder sind ebenfalls parallel zur Antriebswelle angeordnet. Die beweglich gelagerte Schrägscheibe lässt sich über einen Verstellmechanismus um ±15° zur Mittellage schwenken. Der Neigungswinkel der Schrägscheibe bestimmt den Hub der Kolben und damit die Fördermenge.
- Axialkolbenpumpe mit Schrägscheibe: Auch hier sind Kolben und Zylinder parallel zur Antriebswelle angeordnet. Die Kolben bewegen sich in einer rotierenden Trommel, die gegen die feststehende Steuerscheibe gepresst wird. Saug- und Druckanschluss sind mit je einer nierenförmigen Nut in der Steuerscheibe verbunden.
- Verstellpumpe: Der Winkel von Schrägscheibe, Taumelscheibe oder Schrägtrommel lässt sich von Hand, hydraulisch oder elektrohydraulisch verstellen, sodass die Fördermenge einstellbar ist. Durch Schwenken über die Nulllage hinaus kann man die Förderrichtung auch umkehren. Wird in Verbindung mit einer Regeleinrichtung verstellt, sind Druck, Fördermenge oder Leistung entsprechend beeinflussbar.

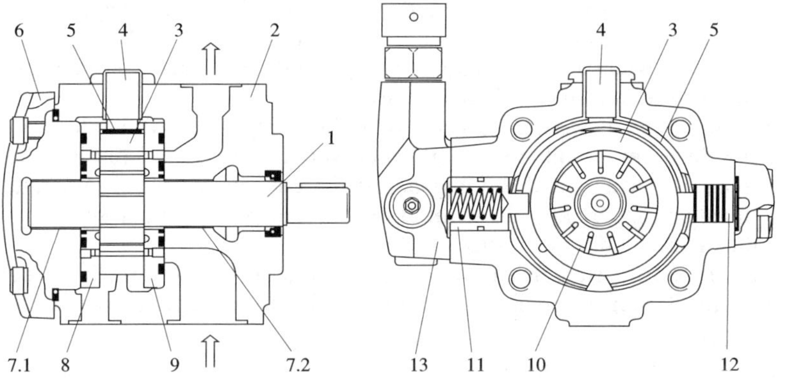

Bild 5.4 Flügelzellenpumpe

Das Angebot an verstellbaren Flügelzellenpumpen umfasst mehrere Baugrößen von 16 cm^3/U bis 164 cm^3/U. Diese Pumpen sind für Anwendungen bis 210 bar Dauerdruck konzipiert und **Bild 5.4** zeigt den Aufbau einer Flügelzellenpumpe. Damit steht eine geräuscharme Pumpe zur Verfügung.

Der Rotor 1 ist über die Buchsen 7.1 und 7.2 in Gehäuse 2 und Deckel 6 gelagert. Der Hubring 3 liegt druckseitig an der Schraube 4 und rollt bei Verstellvorgängen an dieser ab. Die Exzentrizität des Hubrings wird von den beiden Stellkolben 11 und 12 bestimmt. Der kleinere Stellkolben 11 ist ständig mit Druck beaufschlagt, der größere Stellkolben 12 wird vom Regelventil 13 je nach Betriebszustand beaufschlagt oder entlastet. Die in den Schlitzen des Rotors geführten Flügel 10 erhalten auf ihrer Innenseite Druck und werden gegen den Hubring gepresst. Die Steuerplatte 9 führt den Volumenstrom vom Saugrohr und zum Druckanschluss. Zusammen mit der Platte 8 begrenzt sie die Druck- und Saugräume zwischen den Flügeln stirnseitig. Sie werden mit dem Betriebsdruck beaufschlagt, d. h., der Axialspalt wird druckabhängig abgedichtet. Ein halbkreisförmiger Distanzring 5 sichert ein Mindestspiel zwischen Steuerplatten und Rotor.

5.1.2 Bauelemente

Zwischen Pumpe und Wegeventil muss in einer hydraulischen Steuerung immer ein Druckregler vorhanden sein, den man auch als Sicherheitsventil bezeichnet. Er hält den Betriebsdruck auf den eingestellten Wert, unabhängig von Schwankungen auf dem Leitungssystem. Bei entspannter Feder ist der Druckregler über den Ventilsitz geschlossen. Ein- und Ausgangsseite eines Druckreglers sind im normalen Betriebszustand immer völlig getrennt. Mit der Regulierungsschraube wird die Feder entgegen der Membrane über einen Federteller entspannt, wodurch die Ventilspindel den Ventilsitz öffnet. Die Flüssigkeit strömt darauf von der Eingangs- zur Ausgangsseite so lange, bis sich über die Verbindung zur Unterdruckseite der Membrane ein Druck aufbaut, dessen Wirkung größer ist als die der Feder. Der Ventilsitz beginnt eine durch die Feder gestützte Schließbewegung, das System Feder und Membrane erreicht eine Gleichgewichtslage und hält so weitgehend den Druck konstant. Die austretende Flüssigkeit läuft in den Behälter zurück.
Als Hydraulikflüssigkeiten werden je nach Betriebsbedingungen Mineralöle mit Zusätzen oder schwerentflammbare Flüssigkeiten verwendet. Diese Flüssigkeiten sollen möglichst schmierfähig und alterungsbeständig sein, eine von der Temperatur weitgehend unabhängige Viskosität (Zähflüssigkeit) aufweisen, nicht schäumen sowie Dichtungen und Gerätewerkstoffe nicht angreifen.
Die ökologischen Anforderungen an Dichtungssysteme lassen sich im Sinne der Umweltschutzanforderungen mit einem vierstufigen Schutzkonzept beschreiben:

- primäre Sicherheit
- Redundanz des Dichtungssystems
- Prozesskontrolle
- Begrenzung der Schadenfolge

Die primäre Sicherheit wird dabei durch die anwendungsgerechte Auswahl und Auslegung des Dichtungssystems garantiert. Für mobile Arbeitsmaschinen spielt auch der zweite Punkt, die Redundanz des Dichtungssystems, eine entscheidende Rolle. Seit 1995 tritt nun zusätzlich die Begrenzung der Schadenfolge in den Vordergrund, d. h. die Vermeidung von Folgeschäden in der Natur bei ungewollt auftretender Leckage. Daher werden mobilhydraulische Arbeitsmaschinen, die in Naturschutzgebieten, Wasserschutzgebieten, in der Land- und Forstwirtschaft und im Wasserbau eingesetzt werden, mit biologisch abbaubaren Flüssigkeiten betrieben. Diese Flüssigkeiten sind in Verbindung mit Dichtungswerkstoffen nicht immer unkritisch und erfordern daher besondere Kenntnis der Wechselwirkung zueinander.

Primäre Aufgabe eines Dichtungssystems ist die Sicherstellung leckagefreier Geräte und Anlagen. Moderne Dichtungssysteme erfüllen diese Aufgaben aus technischer wie auch aus ökonomischer Sicht, etwa in der Mobilhydraulik mit Standzeiten beispielsweise für Baggerzylinder unter extremen Bedingungen von über 10 000 Stunden. Das entspricht Lebensdauerzyklen von bis zu zehn Jahren. **Tabelle 5.1** zeigt eine Übersicht über biologisch abbaubare Hydraulikflüssigkeiten.

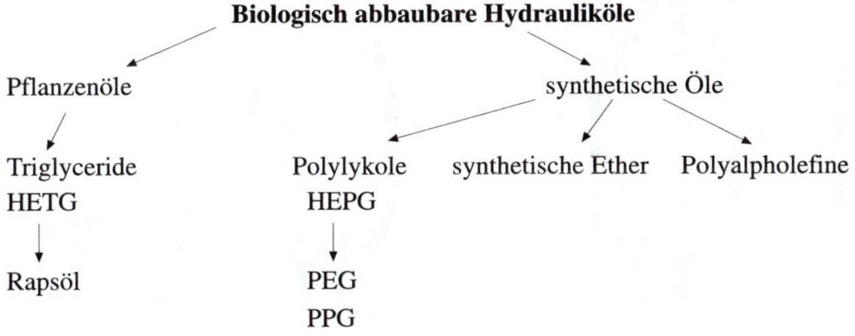

Tabelle 5.1 Übersicht über biologisch abbaubare Hydraulikflüssigkeiten

Hydraulikflüssigkeiten stellen einen entscheidenden Parameter für die Funktionalität eines Dichtungssystems dar. Sie erfüllen eine Vielzahl technischer Aufgaben; sie übertragen Leistungen unter hohem Druck, reduzieren Reibung und Verschleiß, verhindern Korrosion und führen die Verlustwärme in hydraulischen Anlagen ab.

Neben den technischen Forderungen beachtet man inzwischen verstärkt die Umweltverträglichkeit. Diese Notwendigkeit ergibt sich aus der Tatsache, dass nur etwa 40 % bis 50 % des gesamten Schmierstoffverbrauchs als Altöl zur Wiederverwendung zurückfließen. Der übrige Teil gelangt durch technisch gewollte Verlustschmierung, Leckagen, Verdampfung oder über andere Wege in die Umwelt.

Flüssigkeiten sind nahezu inkompressibel und können deshalb keine Druckenergie speichern. In hydropneumatischen Membrandruckspeichern wird die Kompressibilität eines Gases zur Fluidspeicherung genutzt. Es dürfen nur neutrale Gase verwendet werden. Im Regelfall bestehen die Speicher aus einem Flüssigkeits- und einem Gasteil mit einer Blase bzw. Membrane als Trennelement der Stickstoff-Klasse 4.0 mit 99,99 Vol.-% N_2.

Der Flüssigkeitsraum steht mit dem hydraulischen Kreislauf in Verbindung. Beim Anstieg des Hydrauliköls wird das Gas verdichtet, beim Absinken des Drucks expandiert das verdichtete Gas und verdrängt die gespeicherte Flüssigkeit in den Kreislauf.

HRW

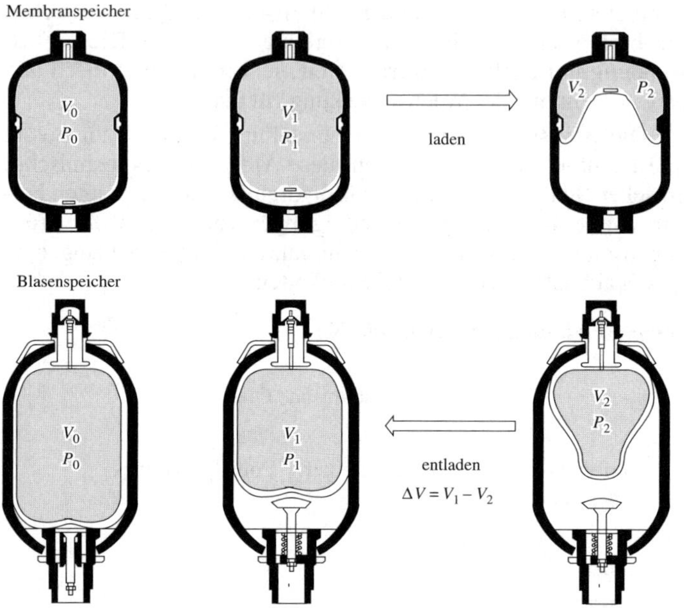

Bild 5.5 Hydropneumatische Membran- und Blasendruckspeicher

Die unterschiedlichen Arbeitsweisen zwischen Membran- und Blasendruckspeicher sind in **Bild 5.5** gezeigt.

Bei der Berechnung eines Speichers spielen folgende Drücke eine Rolle:

p_0 Gas-Vorspanndruck, gilt für Raumtemperatur und entleerten Flüssigkeitsraum

p_{OT} Gas-Vorspanndruck, gilt bei Betriebstemperatur

p_1 minimaler Betriebsüberdruck

p_2 maximaler Betriebsüberdruck

p_m mittlerer Betriebsüberdruck

Um eine bestmögliche Ausnutzung des Speichervolumens sowie eine hohe Lebensdauer der Blase zu erreichen, wird die Einhaltung folgender Werte empfohlen:

$p_{0,t_{max}} \approx 0{,}9\, p_1$

Der größte hydraulische Druck soll das Vierfache des Fülldrucks nicht übersteigen, da sonst die Elastizität der Blase bzw. Membrane zu stark beansprucht wird und da zu große Kompressionsveränderung starke Gaserwärmung mit sich bringt. Die Lebensdauer der Speicherblase ist umso höher, je geringer die Differenz zwischen p_1 und p_2 ist. Allerdings verringert sich dadurch auch entsprechend der Ausnutzungsgrad der maximalen Speicherkapazität. Es gilt für den Blasen- und Membranspeicher

$p_2 \leq 4 \cdot p_0$

Entsprechend den Drücken zwischen p_0 und p_2 ergeben sich die Gasvolumina von V_0 bis V_2. Hierbei ist V_0 gleichzeitig das Nennvolumen des Speichers. Das verfügbare Ölvolumen ΔV entspricht der Differenz $V_1 - V_2$ mit

$$\Delta V \leq V_1 - V_2$$

Das innerhalb einer Druckdifferenz veränderliche Gasvolumen ergibt sich wie folgt:

- Bei isothermischer Zustandsänderung von Gasen, also dann, wenn die Veränderung des Gaspolsters so langsam erfolgt, dass genügend Zeit für den vollständigen Wärmeaustausch zwischen dem Stickstoff und seiner Umgebung zur Verfügung steht und somit die Temperatur konstant bleibt, gilt

  $$p_0 \cdot V_0 = p_1 \cdot V_1 = p_2 \cdot V_2$$

- Bei adiabatischer Zustandsänderung, also bei rascher Veränderung des Gaspolsters, wobei sich die Temperatur des Stickstoffs mitändert, gilt

  $$p_0 \cdot V_0{}^* = p_1 \cdot V_1{}^* = p_2 \cdot V_2{}^*$$

  (* Verhältnis der spezifischen Wärme des Gases (Adiabatenexponent) für Stickstoff: 1,4)

  In der Praxis verlaufen die Zustandsänderungen nach den adiabatischen Gesetzen. Häufig erfolgt die Aufladung isotherm, die Entladung dagegen adiabatisch.

In **Bild 5.6** sind folgende Sicherheitseinrichtungen vorhanden:

1 Einrichtung gegen Drucküberschreitung (baumustergeprüft)
2 Entlastungseinrichtung
3 Druckmesseinrichtung
4 Prüfmanometeranschluss
5 Absperreinrichtung

Option:

6 elektromagnetisch betätigte Entlastungseinrichtung
7 Sicherheitseinrichtung gegen Temperaturüberschreitung

Ein optionales zusätzliches elektrisch betätigtes Zweiwegeventil (stromlos offen) ermöglicht die automatische Entlastung des Speichers oder Verbrauchers und damit des hydraulischen Systems. Im Sicherheitsfall oder bei Stillsetzung hat man eine

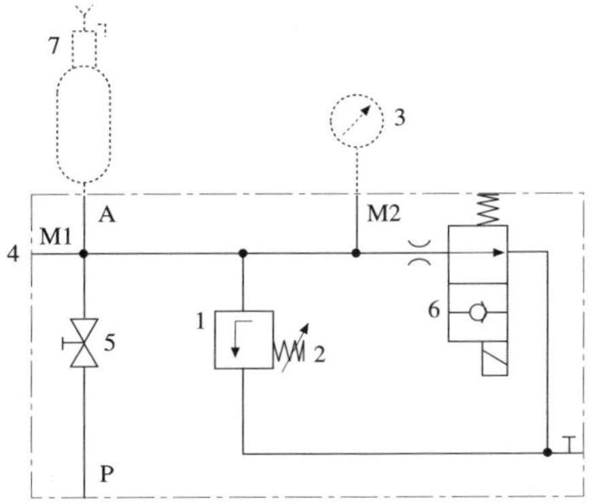

Bild 5.6 Sicherheitseinrichtungen bei hydropneumatischem Membran- und Blasendruckspeicher:
A Speicheranschluss
P Rohrleitungs- oder Flanschanschluss (Pumpe)
T Tankanschluss
M_1 Prüfmanometeranschluss
M_2 Manometeranschluss

„Not-Aus-Funktion“. Die Verbindung von Anschlussblock und Speicher wird durch einen Übergangsstutzen bzw. Flansch hergestellt. Der Sicherheits- und Absperrblock hat die in Bild 5.6 gezeigten Anschlüsse.

In den meisten Anwendungsfällen wird die Pumpe bei gefülltem Speicher abgeschaltet, um Verlustwärme durch Umsetzung überschüssiger hydraulischer Leistung zu vermeiden. Hierzu eignen sich folgende Lösungen

- Einsatz einer Verstellpumpe mit Druckregler; die Pumpe regelt automatisch bei gefülltem Speicher
- Abschalten einer Konstantpumpe über ein Magnetventil, angesteuert von zwei Druckschaltern für p_{min} und p_{max}.
- Abschalten einer Konstantpumpe über ein Speicherladeventil mit zwei Druckeinstellungen für p_{min} und p_{max} (Schalthysterese).

5.1.3 Steuern mit hydraulischen Ventilen

Um logische Verknüpfungen in der Hydraulik realisieren zu können, benötigt man entsprechende Ventile. Wegeventile bezeichnet man nach der Anzahl der Anschlüsse und der Schaltstellungen. Jede Schaltstellung ist im Schaltzeichen einem Quadrat zugeordnet. Die Verbindungen der Anschlüsse untereinander sind durch Linien dargestellt; die Pfeile zeigen die Strömungsrichtungen für die Flüssigkeiten an. Querstriche kennzeichnen den gesperrten Anschluss.

Die Schaltsymbole für Hydraulik und Pneumatik sind in **Bild 5.7** gezeigt. Schaltsymbole und Funktionen von Hydraulik und Pneumatik sind im Wesentlichen identisch.

Die Anschlüsse sind an das Quadrat gezeichnet, das die Ruhelage des Ventils kennzeichnet. Die Wirkung der verschiedenen Schalterstellungen ist erkennbar, wenn man das gesamte Schaltzeichen gedanklich so verschiebt, dass das Quadrat für die wirksame Schaltstellung zwischen den feststehenden Leitungsanschlüssen liegt. Entsprechend den technischen Anforderungen sind vielfältige Verbindungen zwischen den einzelnen Anschlüssen üblich. **Bild 5.8** zeigt die Schaltzeichen von unterschiedlichen Wegeventilen.

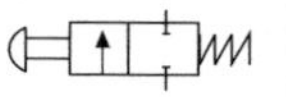	2/2-Wegeventil, druckknopfbetätigt mit Rückstellfeder
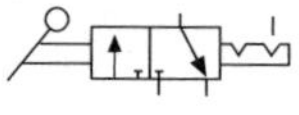	3/2-Wegeventil, hebelbetätigt mit Raste
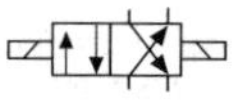	4/2-Wegeventil, beidseitig elektromagnetisch betätigt
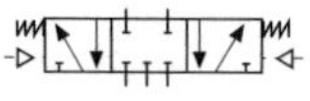	5/3-Wegeventil, beidseitig druckbetätigt, federzentriert

Bild 5.8 Schaltzeichen unterschiedlicher Wegeventile

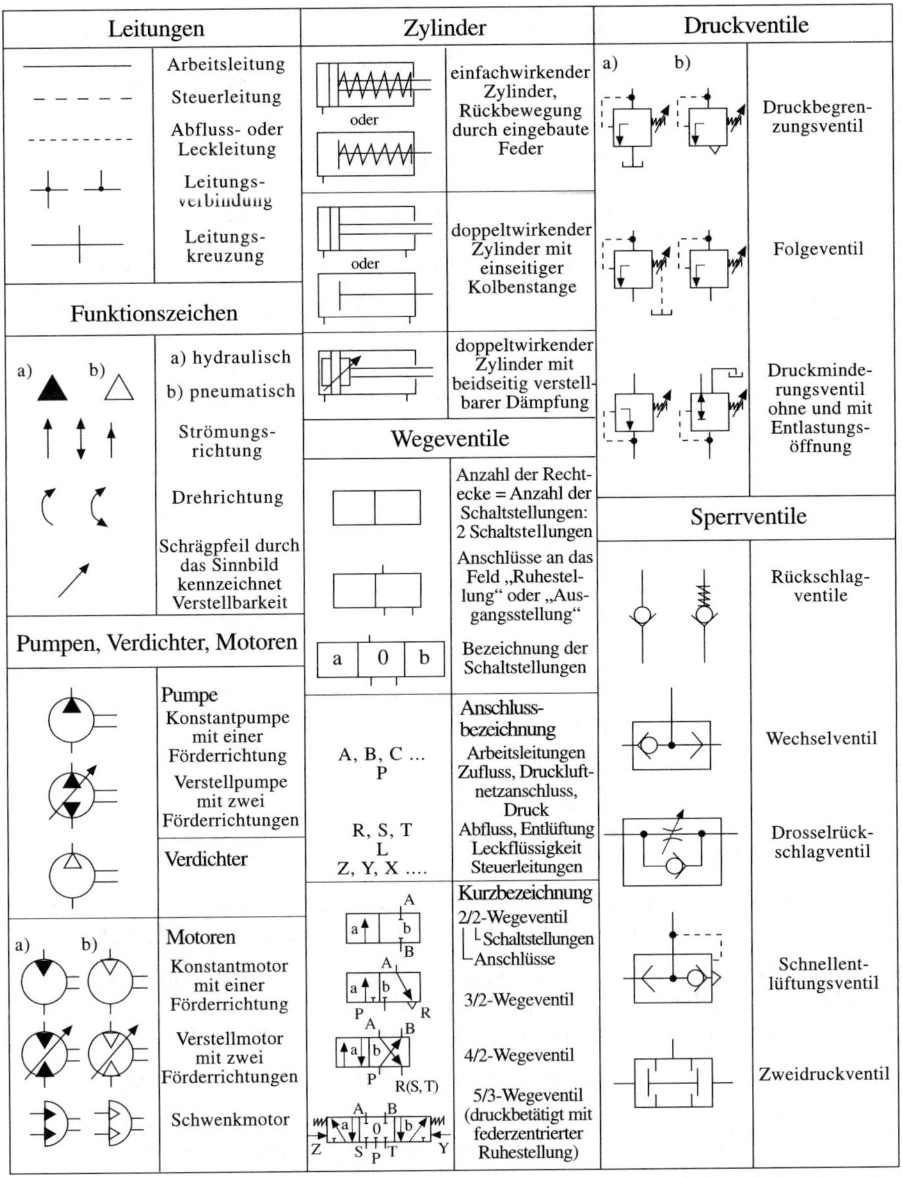

Bild 5.7 (Teil 1) Schaltsymbole für Hydraulik und Pneumatik. Achtung: Die Bezeichnungen a) gelten für Hydraulik und b) für Pneumatik

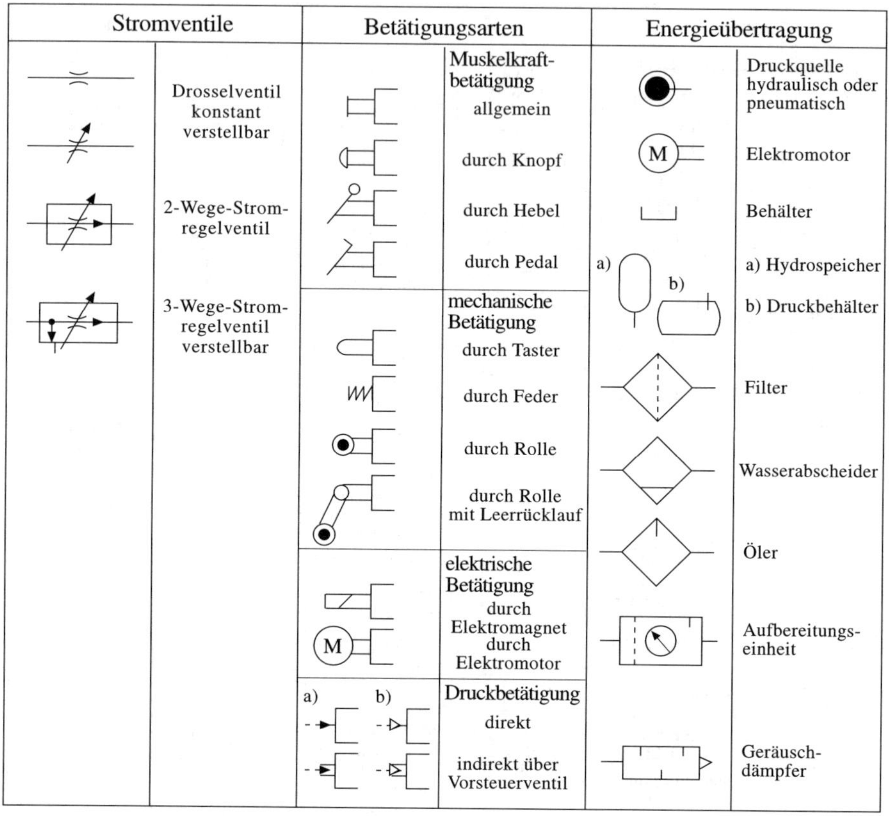

Bild 5.7 (Teil 2) Schaltsymbole für Hydraulik und Pneumatik. Achtung: Die Bezeichnungen a) gelten für Hydraulik und b) für Pneumatik

Wegeventile werden durch äußere mechanische, elektrische oder pneumatische bzw. hydraulische Betätigung in ihre Schaltstellung gebracht, wie **Bild 5.9** zeigt:

- Direktes Betätigen durch Elektromagneten mit Rückstellung durch Federkraft; auch eine zusätzliche Hilfsbetätigung, die von Hand oder mit dem Fuß ausgelöst wird, kann vorhanden sein, ebenso eine Kombination mehrerer Betätigungsarten.
- Direktes Betätigen durch Elektromagneten mit Speicherverhalten (Impulsventil)
- Die jeweilige Schaltstellung bleibt auch im stromlosen Zustand der Spulen aufrechterhalten, und zwar solange, bis die Spule der gegenüberliegenden Schaltstellung Spannung erhält.
- Um auch größere Ventile mit der gleichen elektrischen Leistung bzw. entsprechenden kleinen Elektromagneten wie bei Wegeventilen kleinerer Nenngröße

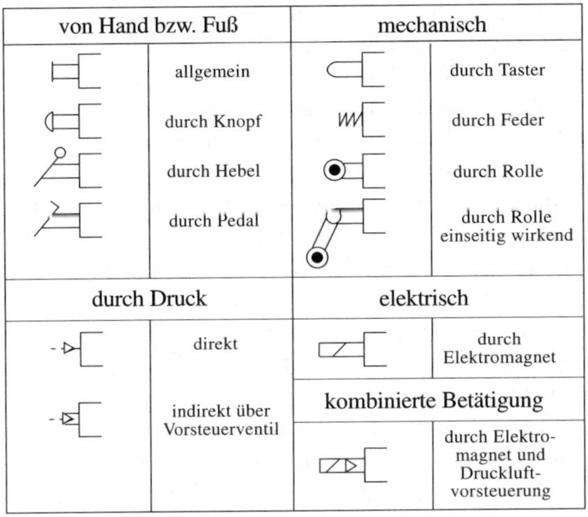

Bild 5.9 Betätigungsarten von Wegeventilen

ansteuern zu können, wird die Vorsteuerung angewendet, die man auch als indirekte Betätigung bezeichnet.

Für die Kurzbezeichnung gilt folgendes:

2/2-Wegeventil
- Schalterstellung
- Anschlüsse

Das 2/2-Wegeventil (gesprochen: Zwei-Strich-zwei-Wegeventil) ist die einfachste Art, denn über einen Elektromagneten lässt sich das Wegeventil nur ein- oder ausschalten. Die Schalterstellungen werden mit 0, a, b, usw. gekennzeichnet, wobei 0 nur für die Ruhestellung von Wegeventilen mit drei Schaltstellungen verwendet wird. Die Betätigungsorgane kennzeichnet man entsprechend ihrer Zuordnung zu den Schaltstellungen ebenfalls mit den Buchstaben a, b, c usw. Für die Anschlüsse verwendet man folgende Buchstaben:

P Druckanschluss (Pumpe)
T Rücklaufanschluss
L Leckölanschluss oder Druckentweichung
A Arbeitsanschluss (Verbraucher)
B Arbeitsanschluss (Verbraucher)
X Steueranschluss
Y Steueranschluss

Über den Anschluss P (Druckanschluss) erhält das Wegeventil beispielsweise seine Flüssigkeit. Bei hydraulischen Anlagen saugen Pumpen die Flüssigkeit an und drücken sie über Wegeventile in die Zylinder oder Hydromotoren. Die vom Kolben verdrängte Flüssigkeit fließt durch das Wegeventil über den Anschluss T (Rücklaufanschluss) in den Behälter zurück. Anlagen mit Druckluft bestehen aus der Verdichteranlage, der Druck-

luft-Aufbereitung und der eigentlichen Steuerung mit dem entsprechenden Wegeventil. Mit einem 2/2-Wegeventil lässt sich die Bewegung eines Zylinders steuern. In Stellung a des Ventils strömt die Flüssigkeit oder die Druckluft vom Druckanschluss P zum Anschluss A der Arbeitsleitung (siehe Bild 5.11). Damit kann der Kolben ausfahren. Die von ihm im Zylinderraum verdrängte Flüssigkeit oder Druckluft entweicht über eine Arbeitsleitung zurück zur Ölwanne, zur Verdichteranlage oder in die Umwelt (Luft).
Einfach wirkende Zylinder lassen sich meist mit 3/2-Wegeventilen ansteuern. Bei direkter Steuerung eines einfach wirkenden Zylinders ist in Stellung b des 3/2-Wegeventils der Weg der Flüssigkeit oder Druckluft zum Zylinder gesperrt. Der Kolben fährt erst aus, wenn das Wegeventil in Schalterstellung a geschaltet wird.
Steuert man ein Wechselventil durch zwei 3/2-Wegeventile an, lässt sich ein Zylinder wechselweise betreiben. Wechselventile haben zwei wechselseitig sperrbare Anschlüsse P und R sowie einen Ausgang A. Wird entweder Eingang P oder Eingang R mit Flüssigkeit oder Druckluft beaufschlagt, sperrt das Sperrelement den nicht beaufschlagten Eingang, und die Flüssigkeit bzw. Druckluft erreicht den Anschluss A des Zylinders. Es handelt sich in diesem Fall um eine ODER-Verknüpfung. Auch ein doppelt wirkender Zylinder kann über zwei 3/2-Wegeventile angesteuert werden. Ein Ventil wird zum Auslösen der Ausfahrbewegung eingesetzt, das andere für die Rückfahrbewegung.
Die beiden Wegeventile 2/2 und 3/2 sind sehr einfach aufgebaut und lassen sich deshalb nur für anspruchslose Steuerungen einsetzen. Bei großen Wegeventilen in der Hydraulik würden bei direkter elektrischer Betätigung des Ventils die Elektromagnete und die zum Schalten notwendige elektrische Leistung verhältnismäßig groß werden. Deshalb wird nur das zusätzlich angebaute kleine Vorsteuerventil elektromagnetisch betätigt. Es gibt dann die Flüssigkeit frei, die ihrerseits das Hauptventil schaltet. Beim Betätigen des rechten Elektromagneten wird der Kolben des Vorsteuerventils nach links geschoben. Dadurch fließt im Vorsteuerventil die Flüssigkeit von B nach A und damit auf die Betätigungsseite des Hauptventils. Der Hauptsteuerkolben schaltet durch und gibt die Wege von P nach B und von A nach T frei.

Verknüpfungsglieder	Schaltzeichen	Funktionstabelle	pneumatisch/hydraulisch
UND-Glied	a, b – [&] – x	a b x 0 0 0 0 1 0 1 0 0 1 1 1	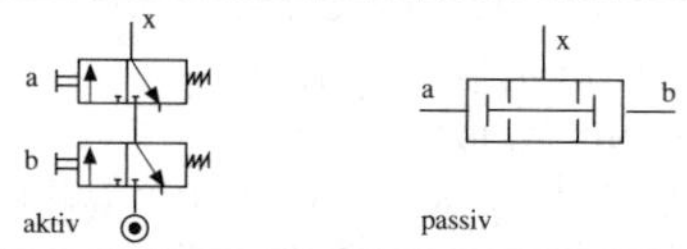
ODER-Glied	a, b – [≥1] – x	a b x 0 0 0 0 1 1 1 0 1 1 1 1	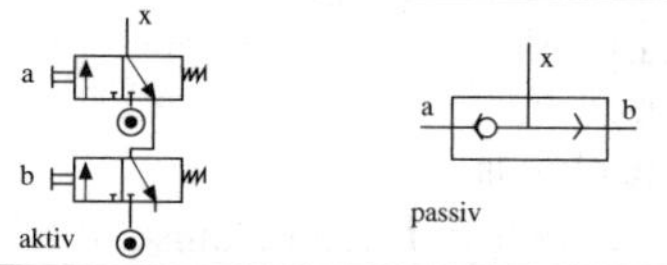

Bild 5.10 Logische Verknüpfungen mit hydraulischen Ventilen von Wegeventilen

Für die Realisierung von logischen Funktionen verwendet man das 2/2-Wegeventil, wie **Bild 5.10** zeigt. Ausgelöst wird durch einen Knopf. Bei der UND-Verknüpfung müssen beide Ventile geschlossen sein, damit die Hydraulikflüssigkeit fließen kann. Bei der ODER-Verknüpfung reicht es, wenn dafür nur ein Ventil geschlossen ist.

5.1.4 Richtungssteuerung von Zylindern

Durch hydraulische Ventile lassen sich Zylinder ansteuern. In der Mechatronik kennt man vier Arten von Zylindern (siehe **Bild 5.11**):

- Zylinder mit Tauchkolben (Bild 5.11a): Eine Bewegung ist nur in einer Richtung möglich. Rückgestellt werden muss über äußere Kräfte, z.B. Masse- oder Federkräfte. Auch die Anordnung eines zweiten Tauchkolbens zur Rückstellung ist möglich. Ein weiteres Kennzeichen ist die einfache Bauart. Auch Dichtungen sind nur zwischen Kolbenstange und Zylinder notwendig, und die Innenbearbeitung des Zylinders entfällt gegenüber Scheibenkolben.
- Zylinder mit Teleskopkolben (Bild 5.11b): Für den Einsatz von sehr großen Stellwegen (bis zu 20 m) verwendet man mehrere Stellzylinder, die sich nach und nach bewegen.
- Zylinder mit einseitiger Kolbenstange (Bild 5.11c): Durch die Steuerung des Ölstroms ist die Bewegung in beiden Richtungen möglich. Die unterschiedlichen Kolbenflächen A_1 und A_2 ergeben für das Ein- und Ausfahren des Kolbens verschiedene Geschwindigkeiten bzw. Kräfte.
- Zylinder mit zweiseitiger Kolbenstange (Bild 5.11d): Durch die Steuerung des Ölstroms ist die Bewegung in beiden Richtungen möglich. Die Kolbenflächen sind in diesem Fall identisch, und es ergeben sich für das Ein- und Ausfahren des Kolbens gleiche Geschwindigkeiten bzw. Kräfte.

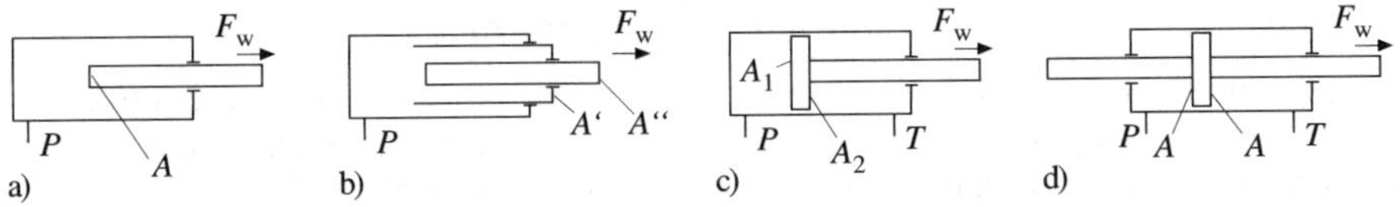

Bild 5.11 Aufbau und Wirkungsweise von hydraulischen Zylindern mit Tauchkolben (a), mit Teleskopkolben (b), mit ein- (c) und zweiseitiger (d) Kolbenstange

Für den Einbau der Zylinder stehen verschiedene Elemente zur Verfügung, wie Flansch-, Fuß-, Schwenk- und Gelenkaugenbefestigungen.

Für die Vorschubsteuerung von **Bild 5.12** benötigt man eine Konstantpumpe, parallel dazu befindet sich das Druckbegrenzungsventil. Durch den Hebel wird das 3/2-Wegeventil angesteuert. Damit kann das Hydrauliköl das Ventil passieren. Der Kolben wird ausgefahren. Gleichzeitig fließt das Öl aus dem Zylinder heraus und über ein Drosselrückschlagventil zum 3/2-Wegeventil in die Ölwanne zurück. Parallel zu diesem Rückschlagventil befindet sich ein weiteres, damit über das Drosselrückschlagventil keine Flüssigkeit in den Zylinder zurückfließen kann.

Wichtig in dieser Vorschubsteuerung ist die Arbeitsweise des Drosselrückschlagventils. Die Flüssigkeit gelangt über seitliche Bohrungen im Gehäuse zur Drossel-

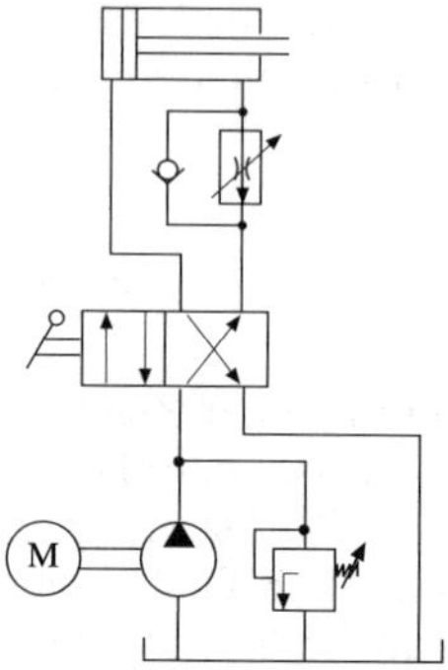

Bild 5.12 Vorschubsteuerung für einen hydraulischen Zylinder

stelle. Sie wird zwischen dem Gehäuse und der verstellbaren Hülse gebildet. Durch Drehen der Hülse lässt sich der ringförmige Querschnitt der Drosselstelle stufenlos verändern. Die Drosselung erfolgt immer in beiden Richtungen. Soll das nur in einer Durchflussrichtung geschehen, ist immer ein Rückschlagventil erforderlich.

Drosselventile werden gebraucht, wenn ein konstanter Arbeitswiderstand gegeben ist oder eine Geschwindigkeitsänderung bei wechselnder Last unbedeutend bzw. erwünscht ist. Die Durchflussmenge hängt proportional vom Drosselquerschnitt und von der Quadratwurzel aus der Druckdifferenz an der Drosselstelle ab.

Setzt man ein Drosselventil mit Rückschlagventil ein, gelangt die Flüssigkeit in Drosselrichtung auf die Rückseite des Ventilkegels, und der Kegel des Rückschlagventils wird auf den Sitz gedrückt. In Gegenrichtung wirkt die Flüssigkeit auf die Stirnfläche des Rückschlagventils. Der Kegel hebt vom Sitz ab, und die Flüssigkeit kann ungedrosselt durch das Ventil strömen.

Im Gegensatz zu den Drosselventilen arbeiten die Stromregelventile, wobei man zwischen 2- und 3-Wegeventilen unterscheidet. 2-Wege-Stromregelventile werden dann eingesetzt, wenn trotz unterschiedlicher Belastung am Verbraucher die Arbeitsgeschwindigkeit konstant bleiben soll. Bei Stromregelventilen fließt von der Eingangsseite die Flüssigkeit in das Ventil, passiert eine Blende, die seitlichen Bohrungen und einen Ringkanal und verlässt über den Ausgang das Ventil. Bei der Durchströmung entsteht an der Blende ein Druckgefälle. Daher wird die Blendenbuchse durch die Feder verschoben. Mit zunehmendem Durchfluss und folglich wachsendem Differenzdruck werden die Durchflussquerschnitte der seitlichen Bohrungen entsprechend dem erhöhten Druckgefälle verringert. Der Durchfluss bleibt damit konstant.

Stromregelventile gibt es auch in verstellbarer Ausführung. In diesem Fall ist eine einstellbare Federvorspannung vorhanden wie bei einem Rückschlagventil entsprechend dem Drosselrückschlagventil. Diese Stromregelventile sind immer 3-Wegeventile, denn sie benötigen einen Tankanschluss für den Rücklauf. Der Regelkolben ist so angeordnet, dass die nicht benötigte Pumpenfördermenge über eine Steuerkante direkt dem Tank zugeführt wird. Die Feder ist so ausgelegt, dass der Pumpendruck etwa 2 bar höher ist als der Arbeitsdruck. Die Durchflussmenge ist mit dem verstellbaren Drosselspalt justierbar.

5.1.5 Beispiele hydraulischer Steuerungen

Bei der Konstruktion von hydraulischen Steuerungen mit nur einer geringen Anzahl von Positionierungspunkten im Stellbereich unterscheidet man zwischen 2- und 3-Wege-Stromregelventilen. Diese Steuerungen genügen auch keinen hohen Ansprüchen an die Dynamik beim Anfahren der gewünschten Position. Der Positioniervorgang wird dabei durch fest einstellbare elektrische Taster bzw. Initiatoren oder mechanisch betätigte Ventile ausgelöst bzw. eingeschränkt.

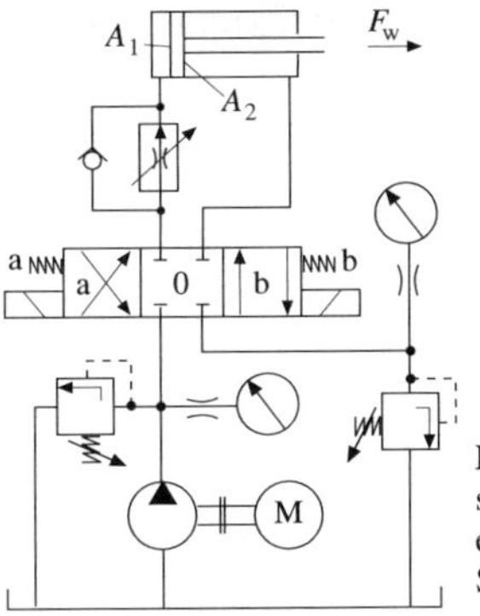

Bild 5.13 Primärsteuerung mit einem 2-Wege-Stromregelventil

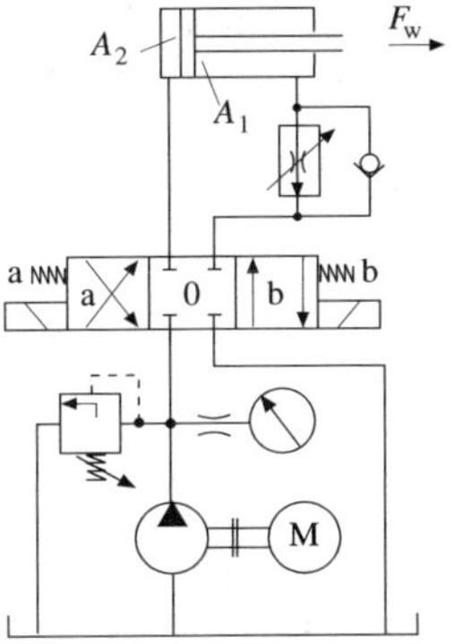

Bild 5.14 Sekundärsteuerung mit einem 2-Wege-Stromregelventil

Die Primärsteuerung mit einem 2-Wege-Stromregelventil wird in **Bild 5.13** gezeigt. Der Vorteil ist, dass es sowohl eine Zulaufsteuerung (primär) als auch eine Ablaufsteuerung (sekundär) gibt. Dem steht der Nachteil entgegen, dass, unabhängig vom anstehenden Arbeitswiderstand, die Pumpe immer gegen den am Druckbegrenzungsventil eingestellten Druck arbeiten muss.

Als Vorteil bei der Primärsteuerung erweist sich, dass am Arbeitszylinder nur der Druck ansteht, der aus dem Arbeitswiderstand resultiert. Eine exakte Steuerung der hydraulischen Flüssigkeit ist möglich, da die Kolbenseite mit dem geregelten Ölstrom beaufschlagt wird – ein wichtiger Punkt bei kleinen Vorschüben. Außerdem lässt sich ein hoher Wirkungsgrad in Bezug auf die Reibung der Manschetten erreichen, da sich nur der erforderliche Druck im Zylinder aufbaut. Die Vorschubgeschwindigkeit wird durch das Stromregelventil bestimmt.

Nachteilig bei der Primärsteuerung ist, dass sie bei negativen Arbeitswiderständen ein Druckbegrenzungsventil im Rücklauf erfordert. Bei schnellen Steuerungsvorgängen kann es zu unerwünschten Druckeinbrüchen kommen. Außerdem wird die Drosselwärme dem Verbraucher zugeführt. Das Druckbegrenzungsventil muss entsprechend dem größten Verbraucherdruck eingestellt werden. Die Pumpe hat auch bei niedrigem Kraftbedarf am Verbraucher gegen den maximal eingestellten Druck zu fördern.

Bild 5.14 zeigt eine Sekundärsteuerung mit einem 2-Wege-Stromregelventil.

Bei negativen Arbeitswiderständen ist kein zusätzliches Drosselventil im Rücklauf erforderlich. Die Drosselwärme wird nicht dem Verbraucher zugeführt, sondern direkt dem Tank. Schnelle Steuerungsvorgänge führen nicht zu Druckeinbrüchen, und die Vorschubgeschwindigkeit wird nur durch das Stromregelventil bestimmt.

Der Nachteil liegt darin, dass auch im Leerlauf alle Elemente des Zylinders mit dem maximalen Druck beaufschlagt werden. Da der Volumenstrom auf der Rücklaufseite geregelt wird, sind nur geringe Vorschubgeschwindigkeiten möglich. Infolge höherer Drücke entstehen am Zylinder auch größere Reibungen und damit Wärmeprobleme.

Das Druckbegrenzungsventil ist entsprechend dem größten Verbraucherdruck einzustellen, und die Pumpe muss wiederum auch bei niedrigem Kraftbedarf am Verbraucher gegen den maximal eingestellten Druck fördern.

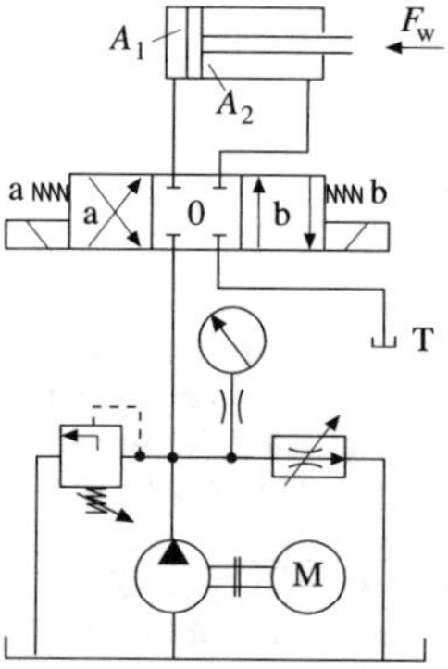

Bild 5.15
Bypass-Steuerung mit einem 2-Wege-Stromregelventil

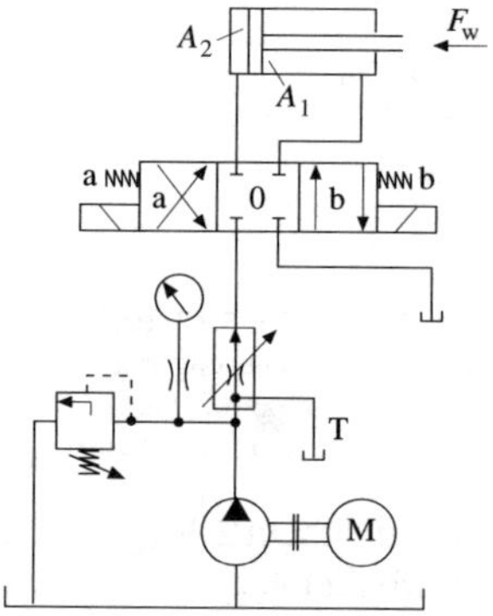

Bild 5.16
Primärsteuerung mit einem 3-Wege-Stromregelventil

Bei der Bypass-Steuerung mit einem 2-Wege-Stromregelventil (**Bild 5.15**) wird ein hoher Wirkungsgrad erreicht, da die Pumpe nur gegen den erforderlichen Lastdruck arbeitet. Die Drosselwärme wird dem Tank zugeführt.

Der Nachteil ist, dass am Kolben keine negativen Kräfte auftreten dürfen. Der Einbau eines Speichers ist nicht möglich, da dieser über den Bypass leerläuft. Gibt es Schwankungen im Pumpenförderstrom, werden sie nicht ausgeglichen, und es treten Vorschubfehler auf. Während des Eilgangs kann je nach Schaltung ein kleiner Volumenstrom während des Rücklaufs im Tank verloren gehen.

Bei der Primärsteuerung mit einem 3-Wege-Stromregelventil (**Bild 5.16**) lässt sich der höchste Wirkungsgrad erreichen, da die Pumpe nur gegen den erforderlichen Lastdruck arbeitet. Es entsteht eine geringe Wärmeentwicklung im Stromregelventil, weil der Regelkolben nur eine geringe Druckdifferenz (etwa 2 bar) benötigt. Die am Drosselquerschnitt entstandene Wärme wird dem Tank zugeführt. Bei diesem Verfahren ist keine Sekundärsteuerung möglich, und am Kolben dürfen keine negativen Kräfte auftreten.

5.2 Pneumatische Systeme

Für die Realisierung einer pneumatischen Anlage benötigt man im Wesentlichen eine Verdichteranlage zum Erzeugen des erforderlichen Luftdrucks, ein Filter, ein Luftbegrenzungsventil zum Begrenzen des Drucks, einen Öler, ein Wegeventil als Schaltelement innerhalb einer Steuerung, einen Zylinder für den Bewegungsvorgang, einen Luftdruckmotor zum Antrieb von Werkzeugen und die Verbindungsleitungen.

Pneumatische Systeme arbeiten im Prinzip wie hydraulische Anlagen. Wesentliche Unterschiede ergeben sich durch folgende Besonderheiten:

- Nenndruck: Für übliche Hochdrucksysteme beträgt der Nenndruck $p_u = 1$ MPa. Die damit erreichbaren Kräfte bei technisch sinnvollen Abmessungen der Arbeitszylinder liegen bei $F < 30$ MN.
- Kompressibilität: Die starke Kompressibilität der Druckluft und die damit verbundenen Rückwirkungen wechselnder Belastungen infolge Reibung, Trägheits-, Schwer- und technologischer Kräfte auf das Bewegungsverhalten lassen keine hohen Anforderungen an eine gleichförmige Bewegung oder an die Verwirklichung eines vorgegebenen Weg-Zeit-Verlaufs zu. Auch eine freie Positionierung zwischen den Endlagen eines Arbeitszylinders ist ohne zusätzliche Einrichtung nicht möglich.
- Mechanischer Aufbau: Aufgrund der niedrigeren Nenndrücke gegenüber der Hydraulik können pneumatische Elemente hinsichtlich Materialeinsatz und Fertigungstoleranzen kostengünstiger und masseärmer gefertigt werden. Der Einsatz von Arbeitszylindern als Stellglied ergibt ein außerordentlich günstiges Verhältnis von Bauvolumen zu Antriebsleistung.
- Betriebsmittel: Gegenüber Hydrauliköl ist Luft ein unbegrenzt zur Verfügung stehendes und im Hinblick auf immer vorhandene Leckagen umweltfreundliches Betriebsmittel. Häufig vorhandene zentrale Druckluftnetze bringen Kostenersparungen für die Druckluftbereitstellung.

Pneumatische Systeme arbeiten mit Druckluft.

Vorteile: Kräfte und Geschwindigkeiten in den Zylindern und Antriebsmotoren (Luftwerkzeuge) lassen sich stufenlos einstellen. Zylinder und Druckluftantriebsmotoren erreichen sehr hohe Geschwindigkeiten bzw. Drehzahlen. Die Druckluft ist in Druckbehältern speicherbar.

Nachteile: Im Gegensatz zur Hydraulik lassen sich mit der Pneumatik nur Kolbenkräfte bis 10 bar erzeugen. Auch eine gleichförmige Kolbengeschwindigkeit ist nur schwer erreichbar. Ohne Festanschläge kann man mit Zylindern keine genauen Positionen anfahren. Die ausströmende Druckluft verursacht Lärm.

Früher war alles klar: „ata“ stand für den absoluten Druck und „atü“ für den Überdruck. Erst seit der Umstellung auf die Druckangabe in „bar“ häuften sich die Missverständnisse. Dabei ist seit Einführung der SI-Norm alles eindeutig: Jede Druckangabe in „bar“ bezieht sich grundsätzlich auf null, den absoluten Druck. Wie aber beispielsweise sind so gebräuchliche Angaben wie „Arbeitsdruck 7 bar“ oder „Betriebsdruck 7 bar“ zu verstehen? Als 7 bar absolut oder als 6 bar Überdruck?

Ersteres ist richtig, auch wenn der betriebliche Sprachgebrauch dazu neigt, diese Angaben als Überdruck zu interpretieren. Wenn der Überdruck gemeint ist, muss das klar gesagt werden, z. B., „Betriebsdruck“ oder „Arbeitsüberdruck“. Ebenso kann der Überdruck durch den Zusatz „p_e“, z. B. 7 bar (p_e), gekennzeichnet sein, wobei das „e“ übrigens nicht für effektiv, sondern für „excedens“ (überschreitend) steht.
Stellt sich noch die Frage: Was ist Druckluft? Für uns Menschen ist Luft lebenswichtig, und wir alle atmen sie ständig ein. Per Definition ist Luft eine farb-, geruchs- und geschmacklose Gasbindung, die zum größten Teil aus Stickstoff, Sauerstoff und etwas Wasserdampf besteht. Atmosphärische Luft enthält immer Festpartikel wie Staub, Ruß oder Salzkristalle; ihre Zusammensetzung ist bis in eine Höhe von 25 km über NN relativ konstant. Wird Luft verdichtet, lässt sie sich zu einem sicheren, bequem handhabbaren Medium zur Übertragung und Speicherung von Energie verwenden. Doch was ist verdichtete Luft? Ganz einfach: ein natürlicher Zustand der Atmosphäre.
Die gesamte Materie, auch die kleinen Teilchen, aus denen die Luft besteht, werden durch die Schwerkraft zur Erde angezogen. Die Schwerkraft, die auf ein Objekt wirkt, ist durch die Entfernung von der Erde bestimmt; je weiter entfernt, desto geringer ist sie. Man stelle sich eine Fläche von einem Quadratzentimeter auf Meereshöhe vor, die sich von dort bis an den Rand der Erdatmosphäre erhebt und so eine Säule formt, in der die Atome in Richtung Erde gezogen werden.
Die Kraft, die auf einen Quadratzentimeter auf Meereshöhe ausgeübt wird, gemessen in Newton, definiert man mit 10,13 N. Daher beträgt der absolute atmosphärische Druck auf Meereshöhe etwa $10{,}13 \cdot 10^4$ N/m^2 gleich 1 Pa (Pascal), das ist die SI-Einheit für Druck. Die Einheit für Druckmessungen ist jedoch das Bar. Der atmosphärische Druck auf Meereshöhe beträgt daher 10^5 Pa oder etwa 1 bar, ein Luftdruck, den man auch als absoluten Druck bezeichnet. Im SI-System bezieht sich jede Druckangabe auf Meereshöhe, also auf den absoluten Druck, es sei denn, der Druckwert wird ausdrücklich als Überdruck angegeben.
Da Luft eine Gasverbindung ist, besteht sie aus relativ freien Molekülen. Wird sie durch die Schwerkraft zusammengepresst, also verdichtet, dann wirkt diese Kraft nicht nur in Richtung Erde, sondern in alle Richtungen. Falls die Luft – oder irgendein anderes Gas – weiter verdichtet wird, entweder mechanisch oder durch Temperaturschwankungen, wird der dabei erreichte Druck als 1 bar auf Meereshöhe plus dem zusätzlichen Druck gemessen. Es ist sehr wichtig, zwischen a (dem absoluten Druck) und G (dem Manometerdruck; gauge) zu unterscheiden. Der Manometerdruck ist definiert als der absolute Druck in einem System abzüglich des absoluten Drucks außerhalb des Systems und wird typischerweise verwendet, um den Druck in einem Luftverteilungssystem zu messen. Es wird also immer der absolute Druck zur Berechnung verwendet. Manometerdruck ist der Druckwert im Leitungsnetz, der von einem Druckmessgerät oder Manometer abgelesen wird, z. B. an einer Wartungseinheit.
Wird ein Gas, z. B. Luft, verdichtet, verringert sich sein Volumen. Die freien Moleküle (Sauerstoff und Stickstoff) werden auf einem kleineren Raum zusammengepresst

(höherer Druck). Eine Flüssigkeit wie Wasser oder Öl hingegen nimmt bei einem höheren Druck kein geringeres Volumen ein. Das ist die Grundlage der Hydraulik.

5.2.1 Aufbau einer pneumatischen Anlage

Bedingt durch die eingangs genannten Eigenschaften, ergibt sich der Anwendungsbereich vor allem für einfache Bewegungsabläufe, wobei man gegen mechanische Anschläge positioniert, die elektrisch, pneumatisch, hydraulisch oder mechanisch gesteuert werden. Um außer den Endanschlägen mehrere Positionen eines Arbeitszylinders zu verwirklichen, lassen sich durch kleine Stellzylinder bewegte Anschläge anordnen.
Bild 5.17 zeigt ein Beispiel für eine pneumatische Anlage.

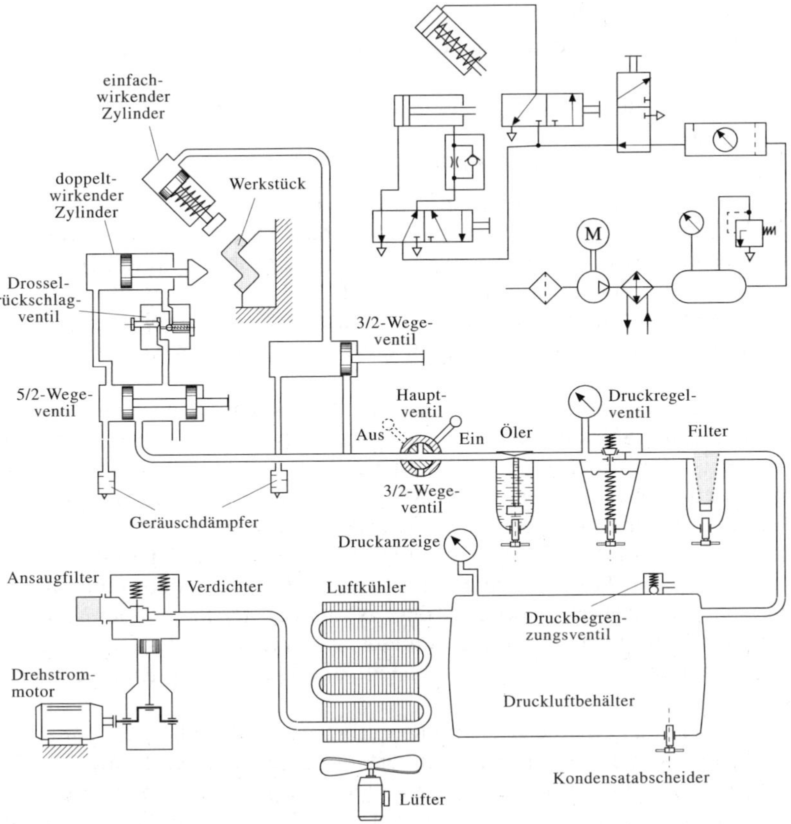

Bild 5.17 Beispiel einer pneumatischen Anlage im schematischen Aufbau (Technologieschema) mit dem zugehörigen Schaltplan

Über das Ansaugfilter erhält der Verdichter seine Luft, die er auf 10 bar bis 15 bar verdichtet. Bei den Verdichtern kennt man mehrere Techniken:

- Verdrängungsverdichter: Die Luft wird durch Verkleinern eines geschlossenen Raums verdichtet. Hierzu gehören Kolben-, Membran- und Schraubverdichter.
- Dynamische Verdichter: Die Luft wird durch Laufräder auf hohe Geschwindigkeiten beschleunigt; anschließend wird ihre Bewegungsenergie durch Umlenken und Abbremsen in Druck umgewandelt. Hierzu gehören Radial- und Axialverdichter, die ein- und mehrstufig aufgebaut sind. Damit lassen sich große Druckluftmengen erzeugen.

Da die Luft beim Verdichten erwärmt wird, muss sie zwischen den einzelnen Verdichtungsstufen und auch nach dem Verdichter gekühlt werden. Durch die Kompression entsteht ein Kondensat, und im Kühler bzw. Druckluftbehälter ist daher ein Kondensatabscheider erforderlich.

Je nach Anwendungsfall werden folgende Anforderungen an die Druckluftqualität gestellt:

- frei von dampfförmigen, flüssigen und festen Fremdstoffen
- konstanter Druck
- schmiermittelhaltig oder schmiermittelfrei

Folglich ist an der Verbraucherstelle eine Aufbereitung der Druckluft unumgänglich. Da die Luft über den Wirbeleinsatz bei Filter und Kondensatabscheider tangential in den Behälter einströmt und verwirbelt, werden die groben Schmutz- und Flüssigkeitsteilchen durch Fliehkraft ausgeschieden. Die kleineren Partikel lassen sich durch den Filtereinsatz zurückhalten. Der Kondensatbehälter wird ohne Luftverlust entweder durch einen Handablass oder über einen automatischen Kondensatablass entleert.

Druckregler halten den Betriebsdruck weitgehend konstant auf dem eingestellten Wert, unabhängig von Schwankungen des Primärdrucks bzw. Luftbedarfs. Bei entspannter Feder ist der Druckregler über den Ventilschlitz geschlossen. Eingangs- und Ausgangsseite sind völlig getrennt. Mit der Regulierschraube wird nun die Feder entgegen der Membrane über einen Federteller gespannt, wodurch die Ventilspindel den Ventilsitz öffnet. Die Druckluft strömt solange von der Eingangs- zur Ausgangsseite, bis sich über die Verbindung zur Unterdruckseite der Membrane ein Druck aufgebaut hat, dessen Wirkung größer ist als der der Feder. Der Ventilsitz beginnt eine durch die Feder gestützte Schließbewegung, d. h., das System Feder und Membrane erreicht eine Gleichgewichtslage und hält so weitgehend den Ausgangsdruck konstant.

Der Ölvernebler erzeugt einen dosierten ununterbrochenen Ölnebel, der vom Luftstrom etwa 10 m bis 20 m in der Druckluftverteilung getragen wird. Von der über das Ansaugrohr mit Ölfilter transportierten und am Tropfrohr sichtbaren Ölmenge gelangt ein geringer Anteil in Abhängigkeit von der Einstellung der Ölmengen-Einstellschraube in den Luftstrom. Der Rest fällt am Düsen-Prallsystem ab und fließt in den Behälter zurück. Die im Hauptstrom angeordnete, automatisch wirkende Drosselmembrane hält das eingestellte Mischverhältnis Luft–Öl auch bei unterschiedlichem Luftstrom weitgehend konstant. Eventuell anfallendes Kondensat kann an der Schraube abgelassen werden.

5.2.2 Druckluftverteilung

Die Druckluftverteilung ist das Bindeglied zwischen Kompressor und Maschine bzw. Werkzeug (Druckluftmotor). Mit diesem Begriff definiert man den Weg der Druckluft vom Kompressionspunkt zum Verbraucherpunkt durch ein effektives System an Luftleitungen und Armaturen, wie **Bild 5.18** zeigt.

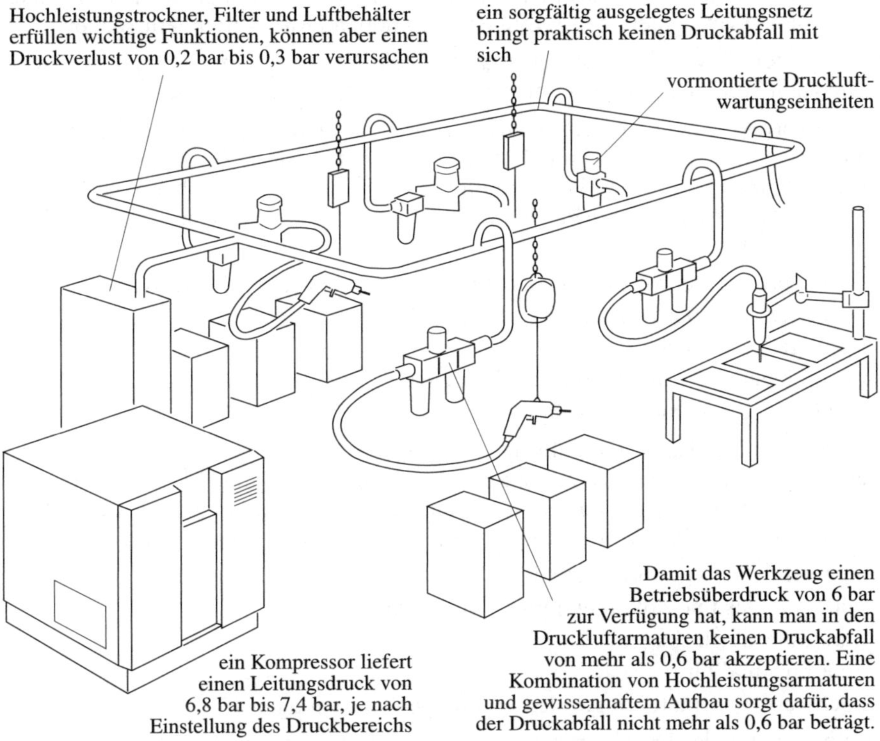

Bild 5.18 Druckluftverteilung vom Kompressor über die Leitungssysteme bis zu den Werkzeugen und Kolben

Damit Druckluftmaschinen ihre vorgesehene Leistung abgeben und produktiv arbeiten können, ist ein richtig ausgelegtes Druckluftnetz mit hochwertigen Druckluftarmaturen unerlässlich. Das Druckluftnetz hat die Aufgabe, Maschine und Kolben mit dem richtigen Luftdruck, der richtigen Luftmenge und der optimalen Luftqualität zu versorgen. Die Druckluftverteilung besteht prinzipiell aus

- Stammleitung: Die Stammleitung transportiert die Luft vom Kompressor zur Verteilungsleitung, d. h. zu dem Raum, in dem die Druckluft benötigt wird. Soll eine Kompressorzentrale mehrere Räume mit Luft versorgen, ist für jeden Raum eine gesonderte Stammleitung erforderlich.
- Verteilerleitung: Diese Leitung, die die Luft zu den einzelnen Verbrauchern im Raum zuführt, ist so zu verlegen, dass die Luft den jeweiligen Arbeitsplatz, d. h. die Maschine, ohne allzu lange Anschlussleitungen erreicht. In der Praxis wird die Verteilerleitung als Ringleitung im Raum verlegt.
- Anschlussleitung: Sie ist das letzte Stück der festen Installation und soll so nahe wie möglich an den Arbeitsplatz herangeführt werden. Lange Werkzeugschläuche sind zu vermeiden, da sie immer einen hohen Druckabfall verursachen.
- Armaturen: Als Teil des Systems, an dem die Anschlussleitung endet, sollen sie wie auch Werkzeug und Kompressor eine hohe Qualität aufweisen.

Für ein korrektes Druckluftnetz sind die Daten der Druckluftmaschinen zu berücksichtigen, d. h., es wird mit einem Druck von 6 bar am Eintritt der Maschine gerechnet. Das bedeutet, dass die Maschine für eine Leitung von 100 % bei 6 bar konstruiert ist. Jeder Druck unter 6 bar ist daher unzureichend. Zu niedriger Druck kann folgende Ursachen haben:

- falsch ausgelegtes Verteilungsnetz oder Kompressor mit geringer Kapazität
- zu dünne und/oder zu lange Werkzeugschläuche
- ständige Luftleckage
- unzureichende Instandhaltung, z. B. ungereinigte Filter
- zu kleine Kupplungen und Nippel

Ein korrekt ausgelegtes Druckluftnetz deckt den Luftmengenbedarf des Verbrauchers mit minimalem Druckverlust zwischen Kompressor und Verbraucher und hat eine ausreichende Kapazität für eine geplante künftige Erhöhung des Luftdurchsatzes. Ein korrektes Druckluftnetz muss folgende Voraussetzungen erfüllen:

- ausreichende Durchflusskapazität
- gut geplantes und dokumentiertes Druckluftnetz
- minimale Luftleckage
- gute Luftqualität
- hochwertige Armaturen mit den optimalen Abmessungen

Bei unzureichender Durchflusskapazität ist der Luftdruck am Maschineneintritt zu niedrig. Nicht selten erhöht man die Anzahl neuer Maschinen in einer bereits vorhandenen Druckluftinstallation, ohne vorher zu untersuchen, wie sich das auf das Leistungsvermögen der bereits vorhandenen Maschinen auswirkt. Mitunter installiert man auch eine größere Maschine, um mehr Leistung zu erreichen, obwohl der eigentliche Fehler unzureichende Durchflusskapazität ist. Die stärkere Maschine, die mehr Luft benötigt, funktioniert noch ungünstiger als die ursprüngliche. Ein korrekt ausgelegtes Druckluftnetz muss stets eine ausreichende Durchflusskapazität aufweisen, damit beim am weitesten entfernten Luftverbraucher noch ein Luftdruck von mindestens 6 bar zur Verfügung steht.

Die Leckage eines korrekt gewarteten Druckluftnetzes sollte nicht höher sein als 5 % der Installationskapazität, jedoch treten in der Praxis Werte bis 15 % auf. Leckagen verursachen Verluste in der Luftkapazität, die sich durch eine höhere Ausnutzung des Kompressors ausgleichen lassen, aber das führt zu höheren Energiekosten.

Folgende Faktoren haben einen Einfluss auf die Luftqualität:

- Verunreinigungen im Druckluftnetz in Form von festen Partikeln, z. B. Staub und Rost
- Wasser in der Druckluft
- Öl in der Druckluft

Für alle Druckluftmaschinen gibt es spezifizierte Anforderungen an die Luftqualität. Diese Anforderungen müssen erfüllt werden, damit die Maschine die angegebene Leistung abgibt. Gute Luftqualität ist auch eine Voraussetzung für wirtschaftliche Luftverteilung. Mangelhafte Luftqualität senkt das Leistungsvermögen, verkürzt die Lebensdauer und erhöht die Servicekosten.

An die Armaturen müssen die gleichen hohen Anforderungen gestellt werden wie an Kompressor und Druckluftmaschine. Die Armaturen müssen eine hohe Durchflusskapazität erreichen, damit der Druckabfall im Netz so klein wie möglich wird. Zur Verringerung der Leckage ist eine gute Dichtungsfunktion bei den einzelnen Komponenten erforderlich. Außerdem müssen die Armaturen unsanfte Behandlung vertragen, d. h., die einzelnen Komponenten müssen aus hochwertigen Werkstoffen hergestellt sein. Die für den Anschluss einer Druckluftmaschine an das Druckluftnetz erforderlichen Armaturen bestehen aus mehreren Komponenten:

- Ventil: Das Ventil ist von großer Bedeutung für die Effizienz der Druckluftmaschine. Empfehlenswert ist ein Kugelventil, das nicht nur einen unbedeutenden Druckabfall verursacht, sondern sich auch zur Vermeidung von abrupten Druckstößen langsam öffnen und schließen lässt.
- Druckfilter: Das Filter soll Verunreinigungen in Form von Wasser und Rost abscheiden. Nach Möglichkeit soll ein Filter mit halb- oder vollautomatischer Entleerung verwendet werden.
- Druckluftregler: Mit dem Regler wird der eingestellte Betriebsdruck nahezu konstant gehalten, unabhängig von Druckschwankungen in der Eingangsluft und kleineren Änderungen in der Luftmenge. Da der Druckluftregler unnötigen Luftverbrauch verhindert, verbessert er die Wirtschaftlichkeit. Beispiel: Ein um 2 bar höherer Druck als notwendig bedeutet 35 % höheren Luftverbrauch.
- Schmiergerät: Am gebräuchlichsten ist ein Nebelschmiergerät, das dem Luftschlauch tropfenweise Öl zuführt. Im Schlauch wird das Öl von der Druckluft zerstäubt, und der dabei entstehende Ölnebel wird an die Maschine weiterbefördert. Zur Druckluftmaschine, die mit kurzen Intervallen ein- und ausgeschaltet wird, ist ein Einpunkt-Schmiergerät zu empfehlen. In diesem Fall

erfolgt die Ölzufuhr tropfenweise durch ein Kapillarrohr im Schlauch direkt zur Maschine und wird von dessen Starthäufigkeit gesteuert.

- Schnellkupplung: Um die Flexibilität am Arbeitsplatz zu erhöhen, sollten beide Schlauchenden mit einer Schnellkupplung versehen werden. Eine falsch gewählte Kupplung kann einen zu hohen Druckabfall verursachen. Ratsam ist eine Schnellkupplung, deren Größe, Werkstoff und Konstruktion dazu beitragen, dass der Druckabfall bei einem Betriebsdruck von 6 bar nicht höher wird als 0,2 bar. Für Schlauchgrößen über 1/2 Zoll kommen vor allem feste Kupplungen und Klauenkupplungen in Frage.
- Schlauch: Die Schlauchlänge sollte zwischen 3 m und 5 m betragen, damit eine ausreichende Beweglichkeit am Arbeitsplatz gewährleistet ist. Für Druckluftmaschinen mit geringem Gewicht gibt es einen besonders leichten und weichen PVC-Schlauch.

5.2.3 Wartungseinheiten

Wartungseinheiten werden entweder komplett geliefert oder mit Montagesätzen entsprechend den Anforderungen vor Ort kombiniert. Sie bestehen aus Filtern, Reglern, Nebelölern und Filter-Regler-Einheiten.

Aus wirtschaftlichen Gründen sollte man kontrollieren, dass das Druckluftnetz die Maschine mit der korrekten Luftmenge versorgt. Bei regelmäßigen Kontrollen entdeckt man sichtbare Mängel im Luftnetz, die sich in der Regel einfach beheben lassen. Folgende Punkte sind in der Praxis zu kontrollieren:

- Regler/Manometer: Zur Funktionskontrolle ist der Regler zu schließen bzw. zu öffnen und die Manometerfunktion im Bereich zwischen 0 bar und 6,3 bar zu überprüfen.
- Luftfilter: Wasser und Verunreinigungen sind abzulassen. Nach einer gewissen Laufzeit ist der Filtereinsatz herauszunehmen und zu reinigen.
- Einbaufolge und -lage: Von der Anschlussleitung in Richtung Verbraucher sollten die Armaturen in der Folge Ventil, Luftfilter, Regler und Schmiergerät montiert sein. Der Pfeil auf Luftfilter, Regler und Schmiergerät muss immer in Luftstromrichtung zum Verbraucher zeigen.
- Schmiergerät: Es ist zu kontrollieren, dass das Gerät beim Betrieb der Maschine Öltropfen absondert.
- Luftschlauch: Man muss kontrollieren, dass der Schlauch nicht beschädigt oder abgenutzt ist. Hat der Schlauch nicht die richtige Größe (Durchmesser), tritt meist ein typischer Fehler auf.
- Kupplungen: Kontrollieren, dass die Kupplungen nicht beschädigt oder abgenutzt sind – zu kleine Kupplungen sind eine häufige Fehlerursache.

Für die Wartungseinheit gelten die Symbole von **Bild 5.19a** und **5.19b**. Die Kugelventile eignen sich aufgrund der verwendeten Werkstoffe für Luft, Wasser, Gase und viele Flüssigkeiten. Viele Kugelventiltypen werden mit silikonfreiem Fett

Symbol	Erklärung
	Kugelventil
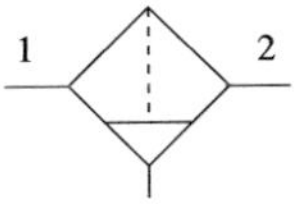	Filtereinheit mit manuellem Ablass
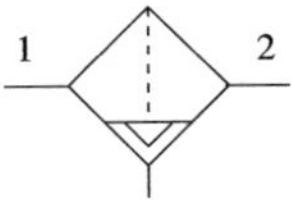	Filter mit halbautomatischem Ablass
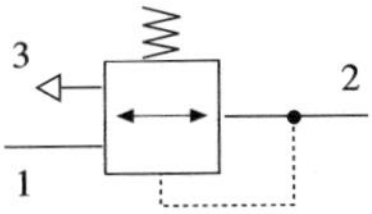	Regler mit Entlüftung für Sekundärdruck
	Manometer
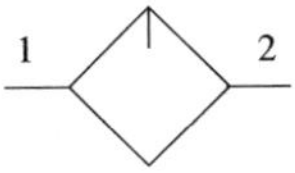	Öler
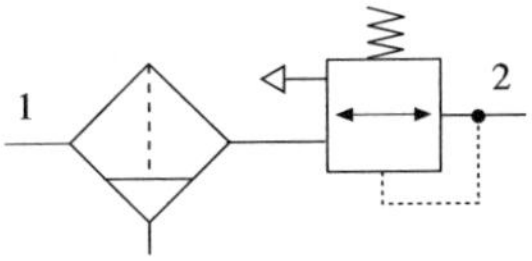	Filtereinheit mit manuellem Ablass und Regler mit Entlüftung für Sekundärdruck
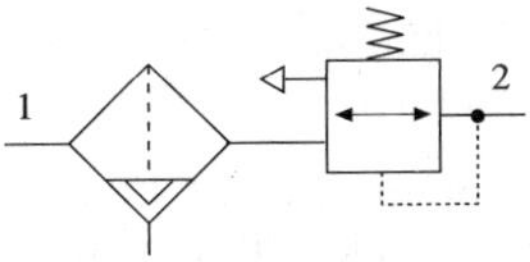	Filtereinheit mit halbautomatischem Ablass und Regler mit Entlüftung für Sekundärdruck

Bild 5.19a Symbole für Fluiddiagramme

geschmiert, ein wichtiger Faktor beim Farbspritzen. Die Ventile sind stufenlos zwischen ganz geöffnet bis ganz geschlossen einstellbar.

Symbol	Erklärung
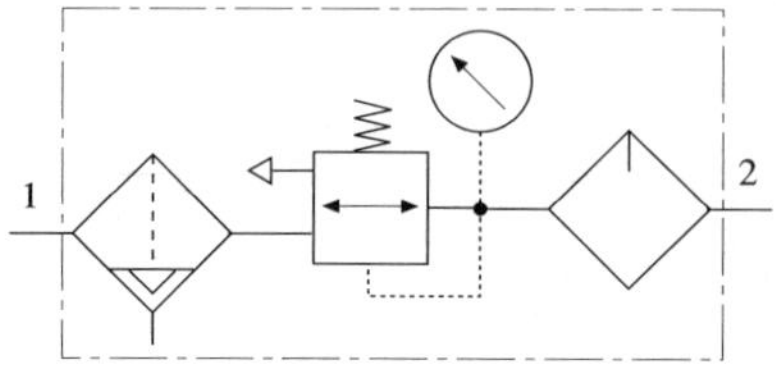	Wartungseinheit komplett (halbautomatischer Ablass) mit Manometer
	Wartungseinheit komplett mit Manometer
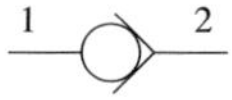	Schnellkupplung
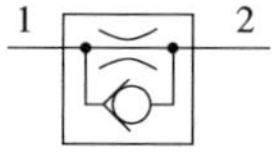	Schlauchtülle mit Entlüftungsrückschlagventil
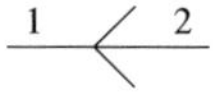	Schlauchtülle
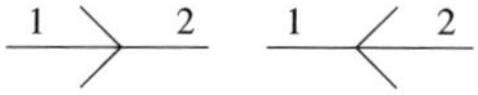	Klauenkupplungen

Bild 5.19b Symbole für Fluiddiagramme

Wichtig bei allen Systemen ist immer die Sicherheit:

- Kugelventile: Wenn nicht gearbeitet wird, sperren diese die Druckluft ab. Achtung: Öffnen Sie bei Arbeitsbeginn alle Kugelventile langsam, um fehlerhafte Schlauchverbindungen (Peitschenschlag) sofort zu erkennen.

- Wartungseinheiten: Seien Sie vorsichtig mit Lösungsmitteln, die die Struktur von PVC verändern (Werkstoff wird nach einiger Zeit spröde). Bei aggressiven Lösungsmitteln ist besondere Vorsicht geboten. Polykarbonate sind resistent gegen Lösungsmittel, außer Azeton, Benzin, Glyzerin, einige hydraulische und synthetische Öle, Chloroform, Methylalkohol, Kohlenstofftetrachlorid und ähnliche Lösungsmittel, Kohlenstoffdisulfid, Perchlorethylene, Toluene, Trichlorethylene, Xylene (Nitrozellulose-Verdünner) und Essigsäure. Eine einfache Methode, diese Risiken auszuschalten, ist die, einen metallischen Behälterschutz zu verwenden. Es ist wichtig zu überprüfen, dass die Behälter richtig verschraubt und alle Komponenten in der richtigen Reihenfolge zusammengebaut sind, bevor über das Kugelventil die Druckluft in die Maschinen einströmt.

- Schnellkupplungen: Schnellkupplungen sind normalerweise sehr sichere Verbindungen. Es sollte jedoch besondere Vorsicht gelten, wenn mit Schläuchen von mehr als 16 mm Durchmesser und Längen von über 3 m gearbeitet wird. In solchen Fällen wird ein Sicherheitsnippel empfohlen, der die Luft nach dem Entkuppeln kontrolliert aus dem Schlauch ablässt.
- Sicherheitsverschluss: Wenn sich eine Schlauchverbindung von einem unter Druck stehenden Schlauch löst, dann wird dieser unkontrolliert komprimierte Luft abgeben und um sich schlagen (Peitschenschlag). Dabei können Menschen verletzt, Werkstücke beschädigt und die Arbeitsumgebung zerstört werden.

Wichtig ist noch die Beziehung zwischen Fließdruck am Werkzeug und Luftverbrauch. **Tabelle 5.2** zeigt den Zusammenhang.

Fließdruck am Werkzeug (p_e in bar)	**Luftverbrauch (%)**	**Maßnahme**
8,0	125	Regler drosseln
7,0	111	Regler drosseln
6,3	100	optimale Leistung
6,0	96	Druck erhöhen; Zubehör wechseln
5,0	77	Druck erhöhen; Zubehör wechseln
4,0	61	Druck erhöhen; Zubehör wechseln
3,0	44	Druck erhöhen; Zubehör wechseln

Tabelle 5.2 Zusammenhang zwischen Fließdruck am Werkzeug und Luftverbrauch

Um den Fließdruck zu ermitteln, genügt es nicht, das Werkzeug nur im Leerlauf drehen bzw. schieben zu lassen. Erst wenn das Werkzeug unter Volllast arbeitet, kommen alle Engstellen, die den Fließdruck bzw. Luftdurchsatz leistungsmindernd hemmen, voll zur Wirkung. Hier zeigt sich beispielsweise am Stechmanometer, das kurz vor dem Anschlussnippel des Werkzeugs in den Luftschlauch gestochen wird, wie viel Arbeitsdruck wirklich ansteht. Doch Vorsicht, auch dieser Wert kann einen falschen Eindruck vermitteln, nämlich dann, wenn Nippel und Kupplung am Werkzeug nicht korrekt auf Anschluss-Nennwerte ausgelegt sind. Das ist in der Praxis häufiger der Fall, als man theoretisch annimmt. Um möglichst alle Werkzeuge am Arbeitsplatz mit derselben Schnellkupplung anschließen zu können, werden gern alle mit derselben Nippelgröße versehen, ungeachtet der wahren Anschlussgrößen, aber gerade das kostet den Fließdruck.

5.2.4 Pneumatische Instrumentierung

Die Instrumentierung von anzeigenden pneumatischen Reglern ist sehr umfangreich, wie **Bild 5.20a und 5.20b** zeigen. Diese Regler dienen zur Automatisierung verfahrenstechnischer Anlagen.

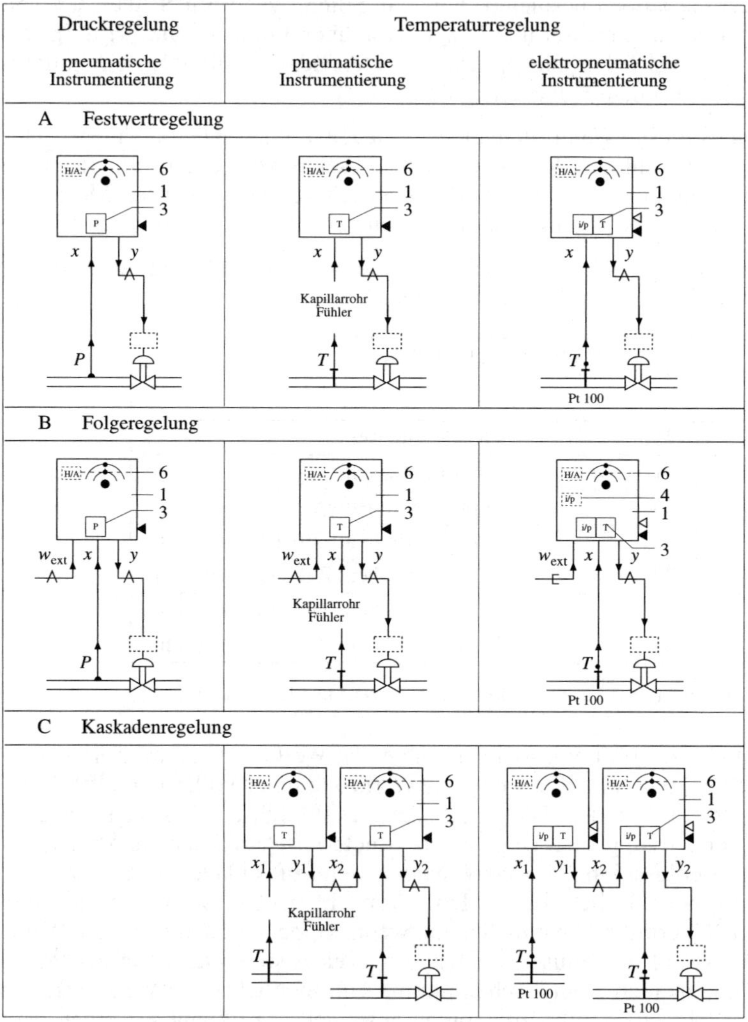

Bild 5.20a Instrumentierung innerhalb einer Wartungseinheit, bestehend aus anzeigenden pneumatischen Reglern

Die Geräte erfassen die Regelgröße – Druck, Temperatur, elektrisches oder pneumatisches Einheitssignal – direkt, zeigen den Betriebswert an, vergleichen die Messgröße mit dem Sollwert und geben ein pneumatisches Stellsignal von 0,2 bar bis 1 bar aus. Die benötigte Hilfsenergie ist ein Zuluftdruck von 1,4 bar oder ein Betriebsdruck zwischen 2 bar und 12 bar.

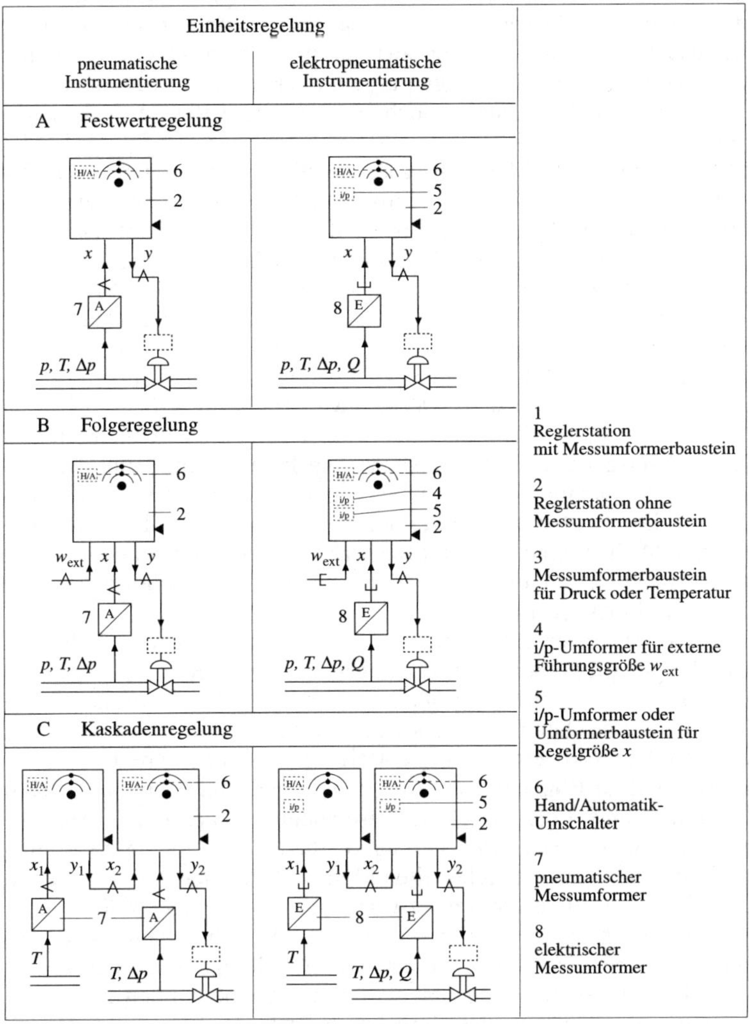

Bild 5.20b Instrumentierung innerhalb einer Wartungseinheit, bestehend aus anzeigenden pneumatischen Reglern

Die im Baukastensystem ausgeführten Regler bilden eine komplette Automationseinheit, bestehend aus einer Reglerstation, einem den örtlichen Verhältnissen entsprechenden Reglerbaustein und evtl. einem Messumformerbaustein sowie weiteren Zusatzeinheiten. So werden für die Instrumentierung eines Druck- oder Temperatur-Regelkreises nur ein Regler und ein Stellgerät benötigt. Die pneumatischen Regler sind ausrüstbar mit Messumformerbausteinen für Druck (Kapillarrohrfühler) oder Temperatur (Widerstandsthermometer Pt 100). Die Ansteuerung erfolgt entweder durch Druckluft zwischen 0,2 bar und 1 bar oder mit einer Stromschleife von 0 mA bis 20 mA bzw. 4 mA bis 20 mA. Die Regler arbeiten nach P-, PI-, PD- oder PID-Verhalten und sind über Zusatzbausteine auch für besondere Regelaufgaben wie Kaskadenregelung geeignet.

Der Messstoffdruck p wird dem Messumformer zugeführt und erzeugt am Rohrfeder-Messsystem einen Ausschlag. Dieser formt das Nachlaufsystem in ein dem Druck p proportionales pneumatisches Istwertsignal (Regelgröße x) um. Das hierdurch erzeugte Signal wird einem Balg-Messsystem, der Istwertanzeige und dem Reglerbaustein zugeführt. Die in Bild 5.20 dargestellten Reglerstationen (Festwertregler) enthalten eine Skala für die Istwertanzeige, einen Sollwerteinsteller und Steckverbindungen zur Aufnahme eines Reglerbausteins. Das Istwertsignal x erzeugt am Balg-Messsystem der Istwertanzeige einen Ausschlag, der über ein Zeigerwerk auf den Zeiger übertragen wird. Der Sollwert (Führungsgröße w) ist von vorn an der Skala einstellbar. Die Stellung des Sollwerteinstellers wird über ein Zeigerwerk auf den Sollwertgeber übertragen. Dieses Nachlaufsystem formt den eingestellten Sollwert in ein pneumatisches Sollwertsignal (w) um, das dem Reglerbaustein zugeführt wird. Der Reglerbaustein vergleicht Istwert- und Sollwertsignal (x und w) und erzeugt in Abhängigkeit von der Regelabweichung und dem eingestellten Regelparameter das Stellsignal y_A. Das Stellsignal ist mit der Stelldruckanzeige und dem Ausgangsanschluss y verbunden.

Die pneumatischen Messwertregler sind entweder als Festregler oder als Folgeregler erhältlich. Der Folgeregler arbeitet wie ein Festwertregler, jedoch ist ein zusätzlicher Eingang für die externe Führungsgröße w_{ext} vorhanden. Dieser Eingang wird entweder mit Druckluft zwischen 0,2 bar bis 1 bar oder mit Strom zwischen 4 mA und 20 mA betrieben. Der Sollwerteinsteller entfällt bei einem Folgeregler.

Die Reglerbausteine sind für Eingangs- und Ausgangssignale von 0,2 bar bis 1,0 bar und einem Zuluftdruck von 1,4 bar ausgelegt. Diese pneumatischen Reglerbausteine verwenden eine nach dem Wegevergleichsverfahren arbeitende Einheit mit vier quadratisch angeordneten, durch Federn gefesselten Metallbälgen. Der Proportionalbeiwert K_P ist mechanisch einstellbar für Werte zwischen $K_P = 0{,}2$ bis $K_P = 20$.

Regelgröße x und Führungsgröße w gelangen als pneumatische Überdrücke zwischen 0,2 bar und 1 bar über eine Wendeplatte an die Metallbälge. Wird x größer als w, neigt der Istwertbalg die spannbandgelagerte Taumelscheibe um den Drehpunkt in Richtung Sollwertbalg, damit sich eine Düse der als Prallplatte ausgebildeten Fläche nähern kann. Der Druck in der Düse steigt, ebenso der vom Verstärker ausgesteuerte Stelldruck y_A. Dieser wird unverzögert über eine Wendeplatte auf einen weiteren Balg gegeben, der verzögert über den äußeren Anschluss und eine T_n-Drossel (Verzögerungszeit) auf den Balg zurückgeführt wird. Die Lage der Taumelscheibe und der Stelldruck y_A ändern sich solange, bis der Abstand von Düse und Prallplatte den Ausgangswert erreicht hat und der Reglerstelldruck y_A einen Wert annimmt, der der Regelgröße x und dem eingestellten Proportionalbeiwert K_P zugeordnet ist, d. h., bis die Regelabweichung beseitigt ist.

5.2.5 Pneumatische Wegeventile

Wegeventile steuern Start- bzw. Stoppvorgänge und die Durchflussrichtung eines Luft- oder Flüssigkeitsstroms. Sitzventile zeichnen sich durch hohe Dichtungsqualität, geringes Bauvolumen und kurzen Schalthub aus. Nachteilig ist eine dem Betriebsdruck proportionale Betätigungskraft. Kolbenschieber ermöglichen mit wenigen Gerätevarianten eine Vielzahl von Steuerungsverknüpfungen. Der druckausgeglichene Kolben gewährleistet eine nahezu vom Betriebsdruck unabhängige Betätigungskraft. Darüber hinaus lässt diese Bauart einen überschneidungsfreien Schaltvorgang zu. Nachteilig sind die vergleichsweise hohen Anforderungen an die Reinheit des Durchflussmediums.

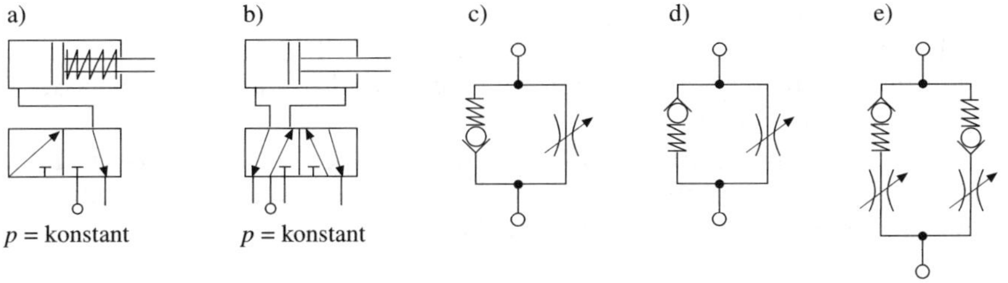

Bild 5.21 Grundschaltungen für pneumatische Arbeitszylinder mit Geschwindigkeitseinstellung: a) einseitige Ansteuerung mit Federrückstellung, b) beidseitige Ansteuerung, c) Ausgangsstromdrosselung d) Eingangsstromdrosselung, e) Drosselung des Eingangs- und Ausgangsstroms

Bild 5.21 zeigt fünf Grundschaltungen für pneumatische Arbeitszylinder mit unterschiedlichen Geschwindigkeitseinstellungen. Es ergeben sich folgende Anwendungen für die Praxis:

- Bild 5.21a und b: Diese Strukturen werden häufig in der Praxis eingesetzt. Besonders vielseitige Anwendungen hat man bei Arbeitszylindern mit Federrückstellung, bedingt durch den geringen Aufwand an Bauelementen und Verbindungsleitungen. Die unterschiedlichen Wegeventilfunktionen und Ansteuerungsmöglichkeiten der Wegeventile (elektrisch, pneumatisch, hydraulisch, mechanisch) gestatten eine große Variationsbreite der technologischen Anforderungen innerhalb eines mechatronischen Systems. Charakteristisch für die Belastung von Antrieben der Handhabungstechnik sind dabei Trägheitskräfte bei gleichen geschwindigkeitsproportionalen Dämpfungskräften, woraus sich in Verbindung mit der Kompressibilität der

Druckluft eine starke Neigung zu undefinierten Schwingungen beim Anfahren und Abbremsen ergibt. Zur Erzielung möglichst stetiger Geschwindigkeitsverläufe sind zusätzliche Dämpfungsmaßnahmen vorzusehen. Für Positioniervorgänge werden deshalb Arbeitszylinder mit innerer Endlagendämpfung gebraucht, bzw. für Zwischenpositionen sind stellbare Anschläge für die Vorabschaltung erforderlich, wie **Bild 5.22** zeigt.

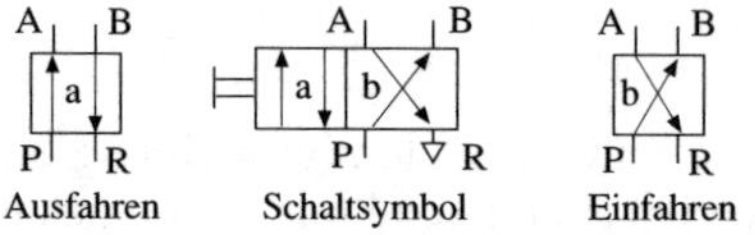

Bild 5.22 Schaltungsvarianten zur Positionierung eines pneumatischen Arbeitszylinders, von links nach rechts: Positionierung mit Vorabschaltung, Verriegelung des Luftstroms durch entsperrbare Rückschlagventile, Positionierung durch Formgehemme

- Bild 5.21c, d und e: Zum Beeinflussen der Verfahrungsgeschwindigkeit benutzt man einstellbare Drosselventile. Soll die Drosselung nur in einer Richtung wirken, kann sie durch ein parallel geschaltetes Rückschlagventil in Gegenrichtung kurzgeschlossen werden.
  Im Allgemeinen bestehen die Möglichkeiten der Eingangsstromdrosselung (Bild 5.21d), der Drosselung des Ausgangsstroms (Bild 5.21c) und eine Kombination mit jeweils einstellbarer Ein- und Ausgangsdrosselung für beide Bewegungsrichtungen (Bild 5.21e).

Beim 4/2-Wegeventil von Bild **5.23** lässt sich der Kolben des Zylinders nur in die Endlagen fahren, wobei der Kolben weiterhin druckbeaufschlagt bleibt. Die Arbeitsrichtung wird beim Umschalten des Wegeventils sofort umgekehrt.

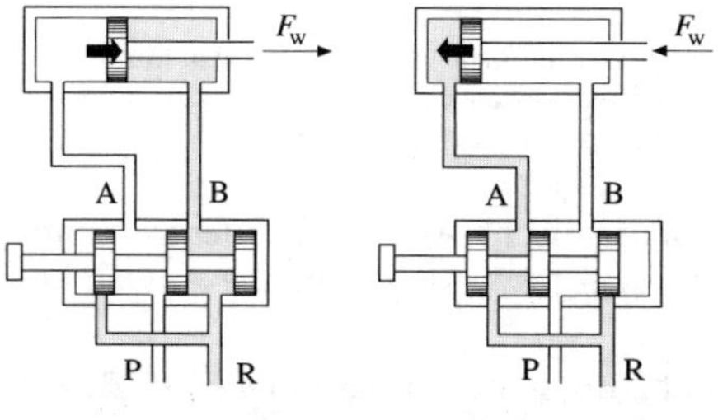

Bild 5.23 4/2-Wegeventile und Druckluftzylinder

Beim Vorfahren des Kolbens sind die Verbindungen P nach A und B nach R durchgeschaltet. Die Druckluft passiert die Verbindung P nach A und drückt den Kolben nach rechts. Die Luft kann über die Verbindung B nach R ausströmen und behindert dadurch nicht den Vorschub. Wird das 4/2-Wegeventil umgeschaltet, strömt die Druckluft von P nach B, und der Kolben bewegt sich nach links. Die Luft in der linken Kammer kann über die Verbindung A nach R entweichen.

5.2.6 Wahl eines Druckluftmotors

Der Druckluftmotor ist einer der robustesten und vielseitigsten Antriebe, die heute in der Mechatronik zur Verfügung stehen. Er lässt sich über einen weiten Drehzahlbereich steuern bzw. regeln und bringt sein größtes Drehmoment in dem Punkt, wo es am meisten benötigt wird, beim Anlauf. Die Leistungsfähigkeit eines Druckluftmotors ist vom Fließdruck abhängig und beträgt in der Praxis normalerweise 6,3 bar. Bei einem konstanten Eingangsdruck zeigen ungeregelte Motoren die charakteristisch lineare Beziehung zwischen Drehmoment und Drehzahl. Durch einfache Regelung der Luftzufuhr mit Hilfe eines Drosselventils oder Druckreglers lässt sich die Leistung eines Druckluftmotors einfach beeinflussen.

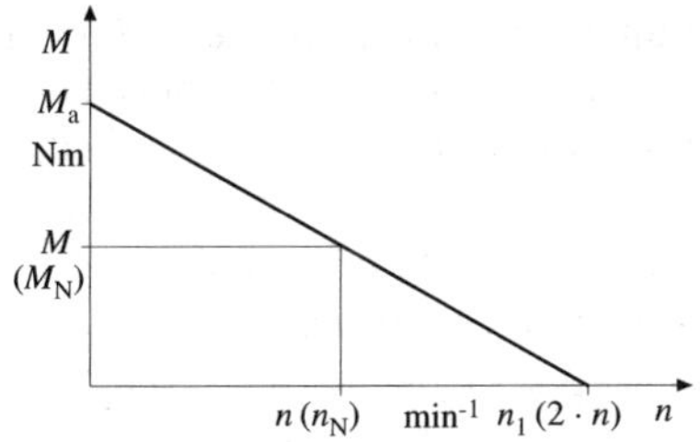

Bild 5.24 Beispiel für ein selbsterstelltes Drehmoment-Drehzahl-Diagramm für die Auswahl eines Druckluftmotors

Die Auswahl eines Druckluftmotors ist problemlos, da eine lineare Abhängigkeit von Drehmoment und Drehzahl besteht. Außerdem liegt die Nenndrehzahl n_N etwa bei der halben Leerlaufdrehzahl n_L, wie das Diagramm von **Bild 5.24** zeigt. Ist durch die Aufgabenstellung das erforderliche Drehmoment gegeben und die zugehörige Drehzahl bekannt, so werden diese Werte wie Nenndaten behandelt. Der diesen Daten entsprechende Druckluftmotor hat dann eine Leerlaufdrehzahl, die der doppelten Drehzahl n (die als n_N definiert wird) entspricht. In Verbindung mit dem Diagramm lässt sich das aufgabenbezogene Drehmoment-Drehzahl-Diagramm erstellen, das den passenden Motor in seinem Verhalten widerspiegelt. Mit den so ermittelten Grenzwerten M_N, n_N und n_L sucht man nun in den Katalogen nach einem geeigneten Druckluftmotor, dessen Grenzwerte gleich oder größer sind. Liegen die Istwerte des ausgewählten Motors über den Sollwerten, ist der Motor beim Probelauf über Druckregler und Drosselung auf die Sollwerte einzufahren.

Beispiel: Für den Antrieb eines Lüfters im Ex-Bereich wird ein Motor mit $M = 4{,}5$ Nm bei $n = 1000\ \text{min}^{-1}$ benötigt. In den Katalogen findet man anhand der Tabellenwerte einen Motor mit $M_N = 5$ Nm und einer Nenndrehzahl von $n_N = 1100\ \text{min}^{-1}$, wie die strichpunktierte Linie im Diagramm (**Bild 5.25**) zeigt. Man kann sich für diesen Motor entscheiden, denn die hier noch notwendige Anpassung lässt sich über den Druckregler und durch eine Drossel auf die erforderlichen Sollwerte reduzieren.

Normalerweise ist der Betriebszustand mit der Angabe des erforderlichen Drehmoments und der zugehörigen Drehzahl hinlänglich definiert. Sollen jedoch das erfor-

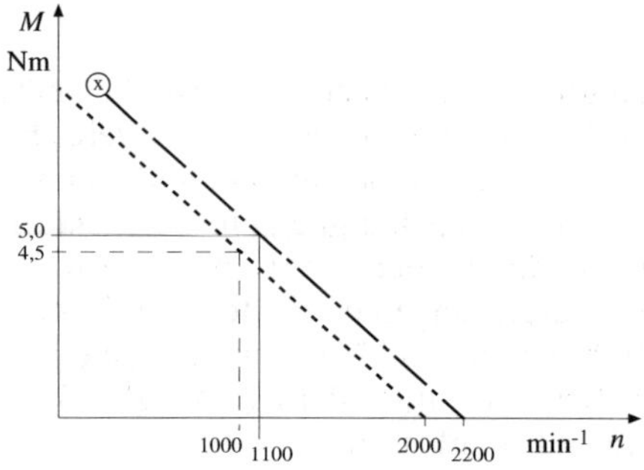

Bild 5.25 Drehmoment-Drehzahl-Diagramm über Soll- (gestrichelte Linie) und Istwerte (strichpunktierte Linie) eines ausgewählten Motors. Die strichpunktierte Linie wurde nicht ausgezogen (x), da sich das Anzugsmoment M_a je nach Lamellenstellung zwischen minimalen und maximalen Werten ändert

derliche Arbeitsmoment M oder die Arbeitsdrehzahl n zum Anzugsmoment M_a oder zur Leerlaufdrehzahl n_L in einem bestimmten Verhältnis zueinander stehen, kann man M und nicht n wie im Beispiel als Nennwert behandeln. Solche zusätzlichen Anforderungen liegen z. B. vor, wenn

- die Leerlaufdrehzahl n_L nur 50 % über dem Arbeitsmoment M liegen darf
- das Anzugsmoment M_a nur 20 % über dem Arbeitsmoment M liegen soll

Solche Zusatzforderungen wie etwa im Fall der Drehzahl (n_L = 50 % größer als Betriebsdrehzahl n), fließen in das Drehmoment-Drehzahl-Diagramm dann so ein, wie das Diagramm von **Bild 5.26** zeigt. Mit den nun ablesbaren Nennwerten für M_N, n_N und n_L lässt sich ein Motor aus den entsprechenden Unterlagen und Tabellen der Hersteller auswählen.

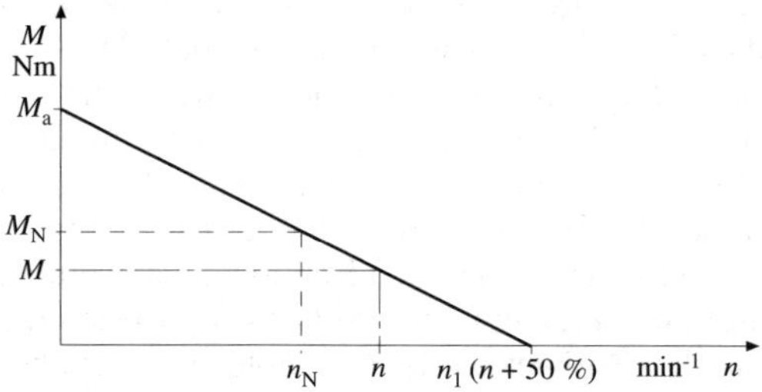

Bild 5.26 Drehmoment-Drehzahl-Diagramm mit einer zusätzlichen Beeinflussung. Die strichpunktierte Linie zeigt die Sollwerte; die gestrichelte die Sollnennwerte für die Auswahl laut Katalog

Beispiel: Für den Antrieb einer Pumpe soll ein Druckluftmotor mit den technischen Daten M = 7 Nm bei n = 4 000 min^{-1} eingesetzt werden. Zusätzlich wird gefordert, dass aufgrund der Dichtungen die Pumpe im Leerlauf nicht schneller als 5 600 min^{-1} drehen darf. Mit den 5 600 Umdrehungen ist also die höchstzulässige Leerlaufdrehzahl des Motors bekannt, und anhand der Werte kann man das Diagramm von **Bild 5.27** zeichnen.

Entsprechend werden bei Nenndrehzahl $n_N \approx 0{,}5 \cdot n_L$ die Nenndaten M_N und n_N ins Diagramm eingetragen (kurz gestrichelte Linie). Wieder lässt sich der Motor nach den Sollnennwerten M_N = 12 Nm bei n_N = 2 800 min^{-1} aus den Unterlagen entnehmen.

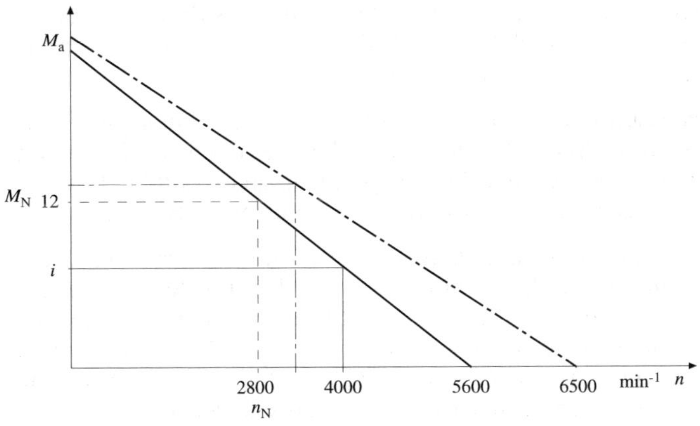

Bild 5.27 Drehmoment-Drehzahl-Diagramm zu Sollwerten (durchgezogene und gestrichelte Linien) und Istwerten des ausgewählten Motors

Wahrscheinlich findet man darin einen Typ, dessen Istnennwerte (strichpunktierte Linie) $M_N = 14$ Nm und $n_N = 3250$ min^{-1} dem gesuchten Motor am nächsten kommen. Die Anpassung an die Sollwerte erfolgt wiederum über Druckregler und Drosselung.

5.2.7 Drehmoment und Drehzahl

Was beispielsweise bei Elektromotoren nur mit größerem Aufwand möglich ist, lässt sich bei Druckluftmotoren einfach und preiswert erreichen, nämlich die Regelung von Drehmoment und Drehzahl im Sinn der Anpassung der Istwerte an die gewünschten Sollwerte.

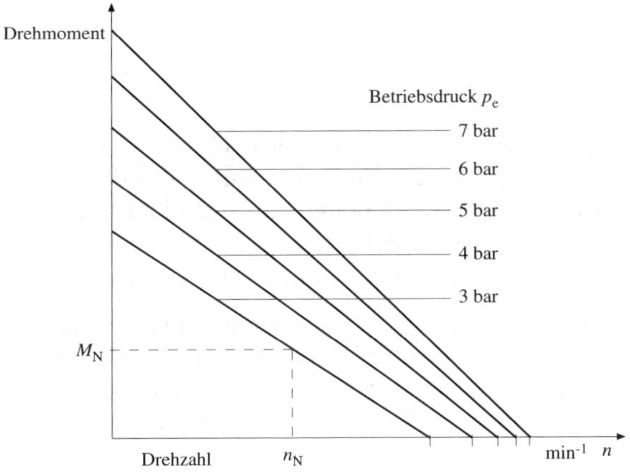

Bild 5.28 Drehmoment-Drehzahl-Diagramm bei unterschiedlichen Betriebsdrücken

Wie bereits erklärt, lassen sich Drehmoment und Drehzahl eines Druckluftmotors in weiten Bereichen über den Luftdruck bzw. die Luftmenge einstellen – ein wesentlicher Vorteil, der in der Mechatronik häufig übersehen wird.

Die Steuerung über den Luftdruck eignet sich vorwiegend zur Drehmoment-Einstellung, wie das Diagramm in **Bild 5.28** zeigt. Es erfolgt über die dem Motor vorgeschaltete, mit Druckreglern ausgerüstete Wartungseinheit, deren Luftdurchsatz größer sein kann, zumindest aber dem Luftbedarf der Motoren entsprechen muss.

Wie bereits erklärt wurde, lässt sich über Drosseln der Luftmenge der Füllgrad einer Luftmotorzelle und damit die Drehzahl stufenlos verstellen. Im Bereich von 50 % bis 100 % der Drehzahl wird dabei das Drehmoment kaum beeinflusst, da sich dann der Betriebsdruck (wenn auch zeitverschoben) auf der Lamellenfläche noch aufbauen kann. Hingegen fällt im Bereich zwischen 20 % und 50 % der Drehzahl auch das Drehmoment durch die Druckreduzierung ab, wie **Bild 5.29** zeigt.

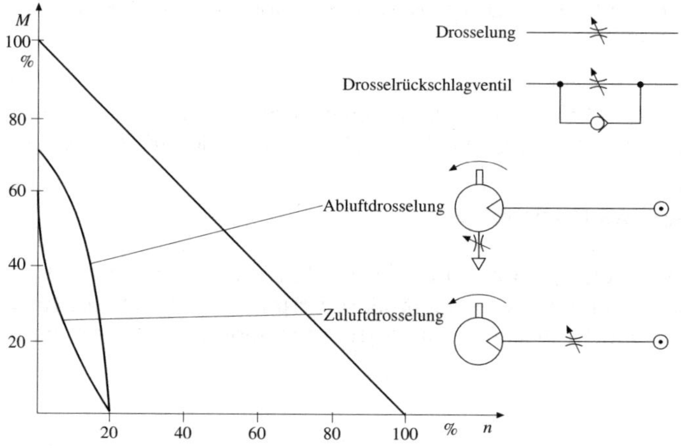

Bild 5.29 Drehmoment-Drehzahl-Verhalten bei unterschiedlicher Einbaulage der Drosseleinheit

Aus Luftbedarfs- und Steuerungsgründen ist die Zuluftdrosselung vorzuziehen, obwohl bei starker Drehzahlreduzierung das Drehmoment mit Zuluftdrosselung stärker abfällt als bei Abluftdrosselung. Drosseleinheiten sind für nicht umsteuerbare Druckluftmotoren bestimmt. Bei umsteuerbaren Motoren hingegen müssen Drosselrückschlagventile anstelle von Drosseleinheiten eingebaut werden.

Entspricht der verfügbare oder gewünschte Betriebsdruck nicht dem Bezugsdruck von $p_e = 6$ bar bzw. $p_e = 6{,}3$ bar, ist zur Nutzung der Diagramm- und Tabellenwerte eine entsprechende Umrechnung der technischen Daten erforderlich. Das ist mit ausreichender Genauigkeit über sogenannte Korrektur-Beiwerte möglich, wie **Tabelle 5.3** zeigt.

Betriebsdruck p_e (bar)	Drehzahl n	Leistung P	Drehmoment M	Luftbedarf
7	1,03	1,21	1,17	1,15
6	1,00	1,00	1,00	1,00
5	0,95	0,77	0,83	0,82
4	0,87	0,55	0,67	0,65
3	0,74	0,37	0,50	0,47

Tabelle 5.3 Korrektur-Beiwerte für verfügbare oder gewünschte Betriebsdrucksysteme

Mit diesen Umrechnungsbeiwerten ist die Auswahl eines Motors, der zwar die benötigten technischen Daten aufweist, aber vom gewünschten Betriebsdruck abweicht, ohne weiteres möglich.

Beispiel: Für den Antrieb eines Drehtisches wird ein Druckluftmotor mit einer Nennleistung von $P_N = 0{,}31$ kW, Nennmoment mit $M_N = 9{,}2$ Nm und Nenndrehzahl von $n_N = 350\ \text{min}^{-1}$ benötigt. Der zur Verfügung stehende Betriebsdruck liegt bei $p_e = 4$ bar. Anhand von Tabelle 5.3 lassen sich die technischen Daten berechnen:

$P_N = 0{,}31 : 0{,}55 = 0{,}56$ kW
$M_N = 9{,}2 : 0{,}67 = 13{,}7$ Nm
$n_N = 350 : 0{,}87 = 402\ \text{min}^{-1}$

Verwendet man diese Daten, erfüllt der ausgewählte Motor bei einem Betriebsdruck von 4 bar die gewünschten Werte. Muss man aufgrund des Typenangebots einen etwas überdimensionierten Motor wählen, ist der verfügbare Betriebsdruck über einen Druckregler abzusenken. In der Praxis sollte dazu eine Wartungseinheit eingesetzt werden, die neben dem Druckregler noch aus Filter und Öler besteht, da diese Einheit immer zum störungsarmen und langlebigen Betrieb eines Druckluftmotors beiträgt.

5.2.8 Aufbau von Druckluftmotoren

Wer sich für die Geschichte des Druckluftmotors interessiert, findet erste Hinweise in Schriften, die aus dem 1. Jahrhundert n. Chr. stammen. Darin werden „Druckwerke" beschrieben, die mit „Druck zusammengepresster oder erwärmter Luft oder aber Wasserdampf arbeiten und zusammen mit handwerklich vorzüglich gearbeiteten Hebeln, Ventilen, Zahnrädern, Zylindern und diversen Schrauben" betrieben werden. Erst Ende des 19.Jahrhunderts setzte eine umfassende Weiterentwicklung des Druckluftmotors ein, die bis in unsere Gegenwart reicht und längst noch nicht am Ende ist, wenn man an die Konstruktionsbemühungen schmierfrei laufender Motoren aus Kunststoffmaterialien denkt.

Auch in der Geschichte des Druckluftmotors ergaben sich bis zu den heutigen Konstruktionen zahlreiche Kuriositäten und konstruktive Umwege. Es handelte sich um verschiedene Rotationskolbenmotoren, bei denen Rotoren und Zylinder konstante

Durchmesser hatten und deren Arbeitsräume durch flache Stirnwände begrenzt wurden. Die meisten dieser antiquierten Funktionsprinzipien beruhen auf schwingenden oder planetarischen Bewegungen und leiden natürlich alle unter dem Problem der Bewältigung der auftretenden Massenkräfte. Im betrieblichen Alltag konnten sie sich auf Dauer ebensowenig durchsetzen wie andere Motorvarianten.
Obwohl man Verdrängungsmotoren in verschiedenen Ausführungen kennt, waren wiederum nur wenige Konstruktionen praxistauglich. Der Grund: Nur diese wenigen erfüllen die vom Hersteller und vom Anwender gestellten Forderungen wie

- wenige Bauteile, die sich angesichts der geringen Stückzahlen zudem relativ einfach fertigen lassen
- großes spezifisches Hubvolumen (Arbeitsvolumen im Verhältnis zum Gesamtvolumen des Motors)
- Dichtigkeit entweder durch Abdichtelemente wie Kolbenringe oder durch möglichst geringes Spiel zwischen den einzelnen Bauteilen, deren Abmessungen sich in der Fertigung und bei Reparaturen mit nur geringen Toleranzen exakt einhalten lassen
- Möglichkeit hoher Drehzahl durch geringe Anzahl reibender Elemente und durch Vermeidung großer dynamischer Kräfte, die durch oszillierende und schwingende Bauteile entstehen
- minimale Drehmomentschwankungen während der einzelnen Umdrehungen
- hohe Betriebszuverlässigkeit

Angesichts dieser Forderungen konnten sich nur wenige der Rotationskolben- und auch der Hubkolbenmotoren durchsetzen. Im Wesentlichen sind das Lamellen-, Zahnrad-, Scheiben- und Radial- bzw. Axialkolbenmotor. **Bild 5.30** zeigt eine Gegenüberstellung von unterschiedlichen Verdrängungsmotoren und dynamischen Motoren.
Einer der wichtigsten Druckluftmotoren ist der Lamellenmotor. Die Arbeitsdrehzahlen von Lamellenmotoren mit eingebautem Getriebe liegen zwischen 1 000 min^{-1} und 10 000 min^{-1}. Bei Motoren mit angebautem Getriebe sind Drehzahlen weit unter 200 min^{-1} möglich. Diese Motorbauart gilt unter den Druckluftmotoren als der kompakteste und variantenreichste Typ. Er wird als Einbaumotor und mit verschiedenen Flanscharten sowie unterschiedlichsten Befestigungsmöglichkeiten auch als Anbaumotor eingesetzt.
Über ein oder mehrere Getriebe lässt sich der Lamellenmotor sehr leicht den erforderlichen Drehmomenten und Drehzahlen anpassen. Seine Motorzelle ist im Prinzip einfach aufgebaut und setzt sich nur aus wenigen Bauteilen zusammen. In der durch Zylinder und Zylinderscheiben begrenzten Motorzelle wird der strahlenförmig geschlitzte Rotor exzentrisch gelagert. Da der Durchmesser des Rotors um die Exzentrizität kleiner ist als der Zylinderdurchmesser, entsteht ein sichelförmiger Freiraum. In den Rotorschlitzen liegen nach außen frei bewegliche Lamellen, die diesen Zellenraum in Druckräume mit unterschiedlichen Volumina unterteilen. Durch die Fliehkraft (oft unterstützt durch die Druckluft selbst) werden diese Lamellen an die Zylinderwandung gepresst und dichten die einzelnen Arbeitsräume ab. Wie gut oder wie schlecht diese Abdichtung tatsächlich funktioniert, darüber gibt die soge-

Verdrängungsmotoren		
Sternmotor	Kulissenmotor	Lamellenmotor
	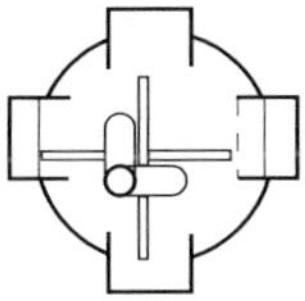	
max. Betriebsdruck P_e 10 bar	max. Betriebsdruck P_e 8 bar	max. Betriebsdruck P_e 8 bar
Leistung 1,5 kW bis 30 kW	Leistung 1 kW bis 6 kW	Leistung 0,1 kW bis 18 kW
max. Drehzahl 6000 min^{-1}	max. Drehzahl 5000 min^{-1}	max. Drehzahl 30 000 min^{-1}
spezifischer Luftverbrauch 15 l/kJ bis 23 l/kJ	spezifischer Luftverbrauch 20 l/kJ bis 25 l/kJ	spezifischer Luftverbrauch 20 l/kJ bis 50 l/kJ
max. Expansionsverhältnis 1:2	max. Expansionsverhältnis 1:1,5	max. Expansionsverhältnis 1:1,6
Anzahl der Zylinder oder Arbeitsräume je Umdrehung 4 bis 6	Anzahl der Zylinder oder Arbeitsräume je Umdrehung 4	Anzahl der Zylinder oder Arbeitsräume je Umdrehung 2 bis 10
Drehmomentschwankung während einer Umdrehung in % des mittleren Wertes 30 bis 15	Drehmomentschwankung während einer Umdrehung in % des mittleren Wertes 60 bis 40	Drehmomentschwankung während einer Umdrehung in % des mittleren Wertes 60 bis 2
Abdichtung Kolbenring/Ventilspiel	Abdichtung Kolbenring/Ventilspiel	Abdichtung Spalt
Schmierung Sumpf und/oder über Arbeitsluft	Schmierung Arbeitsluft	Schmierung Arbeitsluft
maximale innere relative Geschwindigkeit 25 m/s	maximale innere relative Geschwindigkeit 20 m/s	maximale innere relative Geschwindigkeit 30 m/s

Bild 5.30a Konstruktiver Aufbau der Mechanik und die wichtigsten Eigenschaften von Druckluftmotoren

nannte innere Leckage Auskunft. Es gibt aber auch LZL-Druckluftmotoren, bei denen die gegenüberliegenden Lamellen starr miteinander verbunden sind. Vorteil, ein größeres Startmoment. Der Flächenunterschied der in die sichelförmigen Arbeitsräume hineinragenden Lamellen bewirkt bei Auftreffen der einströmenden Druckluft eine Kraft in Richtung der größeren Lamellenfläche. Durch dieses einfache Prinzip wird das Arbeitsvermögen der Druckluft von Druckkammer zu Druckkammer in Rotation umgesetzt, d. h., der Motor dreht sich ähnlich wie eine Windmühle.

Beim Start eines Lamellenmotors und bei geringen Drehzahlen wird ein Teil der Druckluft unter die Lamellen geführt, damit sich diese gegen die Zylinderwandung pressen und die jeweilige Druckkammer abdichten. Bei Drehung des Rotors schlie-

Verdrängungsmotoren	dynamische Motoren
Zahnradmotor 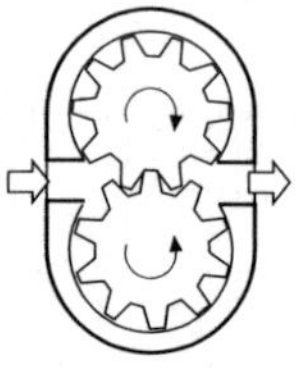	Turbinenmotor 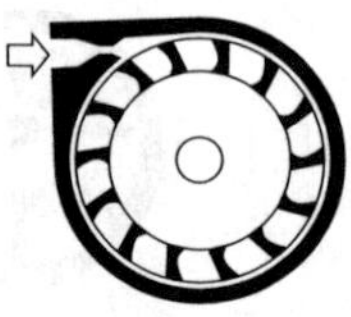
max. Betriebsdruck P_e 10 bar	max. Betriebsdruck P_e 8 bar
Leistung 0,5 kW bis 5 kW	Leistung 0,01 kW bis 100 kW
max. Drehzahl 15 000 min^{-1}	max. Drehzahl 120 000 min^{-1}
spezifischer Luftverbrauch 30 l/kJ bis 50 l/kJ	spezifischer Luftverbrauch 10 l/kJ bis 60 l/kJ
max. Expansionsverhältnis 1:1	
Anzahl der Zylinder oder Arbeitsräume je Umdrehung 10 bis 25	Anzahl der Zylinder oder Arbeitsräume je Umdrehung einstufig
Drehmomentschwankung während einer Umdrehung in % des mittleren Wertes 20 bis 10	
Abdichtung Spalt	Abdichtung Spalt
Schmierung Arbeitsluft	Schmierung nur Lagerschmierung
maximale innere relative Geschwindigkeit 30 m/s	maximale innere relative Geschwindigkeit 70 m/s

Bild 5.30b Konstruktiver Aufbau der Mechanik und die wichtigsten Eigenschaften von Druckluftmotoren

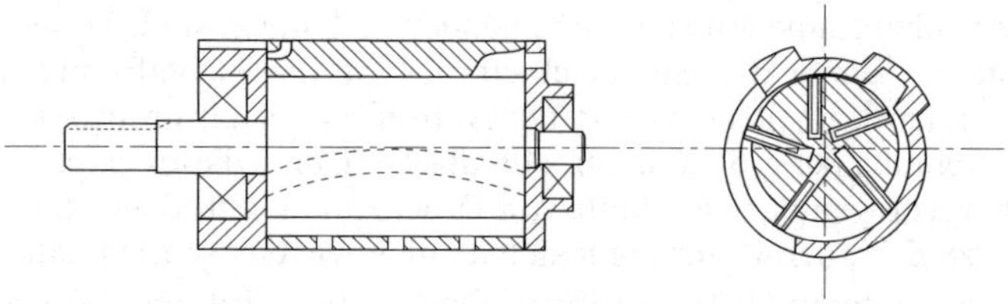

Bild 5.31 Längs- und Querschnitt eines hochtourigen, jedoch nicht umsteuerbaren Lamellenmotors für Werte bis 10 000 min^{-1} bei einer Leistungsabgabe von 350 W

ßen sich die Lamellen gegen die Zylinderwandung durch die Zentrifugalkraft ab. Bei hohen Drehzahlen muss jedoch die Andruckkraft der Lamellen begrenzt werden, damit ihre Abnutzung nicht zu groß wird. **Bild 5.31** zeigt Längs- und Querschnitt eines Lamellenmotors.

Um die Zentrifugalkraft niedrig zu halten, sind die hochtourigen Motoren, d. h. ihre Rotoren, länger und mit dünneren Lamellen bestückt. Bei einer Rotorumdrehung durchläuft eine Lamelle sieben markante Positionen.

Ein Bau- und gleichzeitig auch ein Qualitätsmerkmal ist die Anzahl der Lamellen im Rotor, die von drei bis zehn reichen kann. Im Allgemeinen geht man davon aus, dass eine niedrige Lamellenzahl zwar geringeren Reibungsverlust bringt, dafür aber ein etwas unsicheres Startverhalten hat. Eine höhere Lamellenzahl sichert ein gutes Startverhalten bei niedriger innerer Leckage, ist jedoch mit vermehrter Reibung verbunden. Wie gut die Lamellen gegen die Zylinderwand abschließen, entscheiden nicht zuletzt die Fertigungstoleranzen.

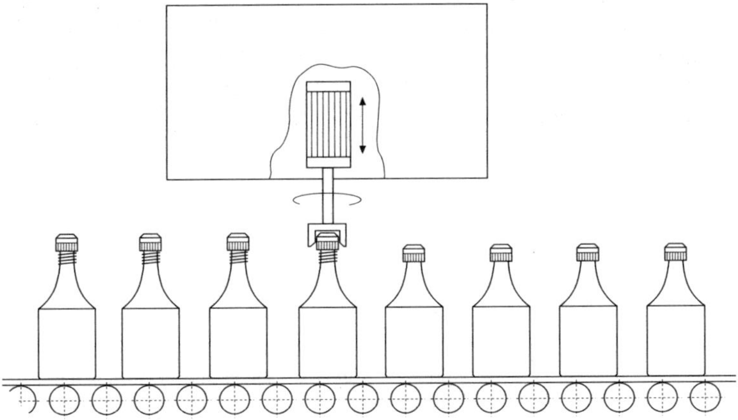

Bild 5.32 Anwendung eines nicht umsteuerbaren Lamellenmotors zum Aufschrauben von Behälterverschlüssen

Sollen Glas- oder Kunststoffflaschen mit Schraubverschlüssen verschlossen werden, ohne dass der Verschluss überdreht wird, ist das spezifische Abwürgemoment (Stillstand) des Lamellenmotors für die Anwendung (**Bild 5.32**) ideal. Das lässt sich so einrichten, dass das Abwürgemoment über dem zur Dichtigkeit erforderlichen Moment liegt, aber unterhalb des Überdrehungsmoments.

Die Anpassung geschieht über Druckregler. Ohne diese Vorrichtungen kann häufig beim Verschrauben weicher oder spröder Materialien das Gewinde ausreißen. Das über einen Druckregler eingestellte Abwürgemoment (Stillstand) liegt über dem Einziehmoment, aber unter dem Gewindereißmoment.

5.2.9 Wirkungsweise von Druckluftmotoren

Die Bauweise der Kolbenmotoren lässt in allen Drehzahlbereichen hohe Belastungen zu. Damit ist diese Motorbauart besonders in Anwendungen geeignet, in denen geringe Drehzahlen mit hohem Startmoment benötigt werden. Bei den in der Drucklufttechnik normalerweise verwendeten Kolbenmotoren handelt es sich meist um Radialkolben- bzw. Sternmotoren, in jüngster Zeit auch ergänzt durch sogenannte Kulissen- und Axialkolbenmotoren. Ihre Antriebsleistung reicht bis zu 25 kW, und die Leerlaufdrehzahlen liegen je nach Leistung zwischen 2000 min^{-1} und 5000 min^{-1}. Sie werden mit und ohne Getriebe angeboten.

Die Mechatroniker schätzen an einem Kolbenmotor zwei Eigenschaften: Zum einen sind sie sehr kompakt und zum anderen kann die Luft mit Hilfe eines Drehschiebers den Zylinder auf kürzestem Weg zugeführt werden. Der Kolbenmotor ist robust und dicht, d.h., bei ihm treten nur äußerst geringe innere Leckagen auf. Diese Dichtigkeit verleiht ihm ausgezeichnete Steuereigenschaften. Verglichen mit einem Lamellenmotor, ist der Kolbenmotor allerdings im Verhältnis zur Leistung groß und schwer. Das Umsetzen der oszillierenden Aufwärts- und Abwärtsbewegung des Kolbens in drehende Bewegung erfordert viele Bauteile und damit Platz. Die Motoren sind durch eine Umkehrung der Luftzufuhr im Steuerschieber umschaltbar, da sich das Drehfeld des Motors ebenfalls umkehrt, wie **Bild 5.33** zeigt.

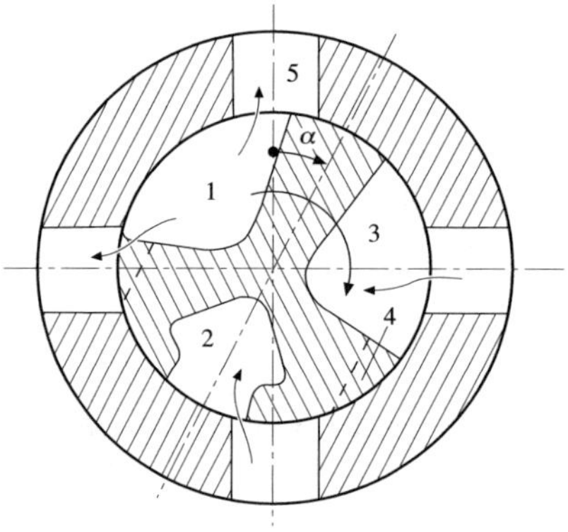

Bild 5.33 Aufbau des Drehschiebers in einem Radialkolbenmotor:
1 Lufteintritt, 2 Primärauslass, 3 Sekundärauslass,
4 Riegel (nur bei einigen Motortypen vorhanden),
5 Durchgang zum ersten Zylinder, α Drehwinkel der Kurbelwellen

Der Radialkolbenmotor wird in der Praxis häufig als Sternmotor bezeichnet. Je nachdem, ob das Steuerventil für Rechts- oder Linkslauf eingestellt ist, strömt die Druckluft durch den einen oder den anderen Kanal zum Drehschieber. Dieser hat, genau wie ein Steuerventil, zwei Kanäle, jeweils einen für Rechts- und einen für Linkslauf. Wenn sich der Drehschieber bewegt, wird die Druckluft durch die Luftkanäle in die Zylinder verteilt. Hier drückt sie bei ihrer Expansion den Kolben in seine untere Stellung. Anschließend strömt die Luft in zwei Stufen wieder aus dem Zylinder hinaus, d. h. durch Hauptluft- und Restluftauslass. Durch einen besonders dafür vorgesehenen Kanal des Drehschiebers gelangt die Hauptluft in das Motorgehäuse und durchströmt einen Raum (der gleichzeitig schalldämpfend wirkt) über einen Krümmer ins Freie. Wenn der Drehschieber den Hauptluftauslass schließt, bleibt immer noch ein geringes Druckluftvolumen im Zylinder zurück. Diese Restluftmenge wird durch die anschließende Aufwärtsbewegung des Kolbens ausgeschoben und entweicht durch das Motorgehäuse und über das Steuerventil ebenfalls ins Freie. Ist die Ausgangsstellung erreicht, wiederholt sich der Arbeitsvorgang. Sternmotoren arbeiten in Leistungsklassen zwischen 1,8 kW und 10 kW.

Der umsteuerbare Kulissenmotor ist eine vereinfachte Version des Radialkolbenmotors – nur, dass bei dieser Bauart die jeweils gegenüberliegenden Kolben durch eine Kulissenführung zu einer Art Doppelkolben zusammengefasst sind. In ihr läuft ein Kulissenstern, der auf dem Kurbelzapfen der Kurbelwelle über Nadellager gelagert ist. Der sich mitdrehende Verteilerschieber steuert und überwacht die Luftzufuhr zu den Zylindern, sodass sich der Kolben bewegen und die Kurbelwelle gleichmäßig drehen kann. Zur Schmierung dient ein Öler, in dem die Luft mit Öl angereichert wird, bevor dieser Ölfilm zum Motor fließt. Die Leistungsspanne der Kulissenmotoren reicht von 1 kW bis 5,5 kW.

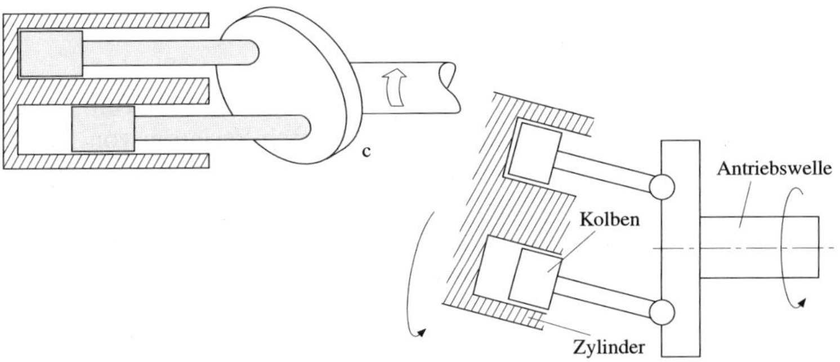

Bild 5.34 Aufbau eines Axialkolbenmotors (c Taumelscheibe)

Der Axialkolbenmotor von **Bild 5.34** wird dagegen kaum verwendet. In den meisten Fällen verfügt er über fünf Kolben, die axial angeordnet sind und auf die Taumelscheibe c wirken. Das Drehmoment wird bei dieser Motorenbauart durch die tangential wirkenden Kräfte der Kolben erzeugt. Aufgrund ihrer Bauanordnung sind Axialkolbenmotoren bei gleicher Leistung kleiner als ihre radialen Typen. Sie können deshalb vor allem für solche Antriebsaufgaben interessant sein, die mit einfachen und preiswerten Lamellenmotoren nicht zu lösen sind. Axialkolbenmotoren sind stufenlos regelbar. Charakteristisch ist das hohe Drehmoment, das bis zu 900 Nm reicht. Ebenso ist er wie der Lamellenmotor für Rechts- und Linkslauf umsteuerbar. Die Drehzahlen bis zu 3 000 min^{-1} lassen sich teilweise durch vorgeschaltete Reduktionsgetriebe bis auf 50 min^{-1} herabgesetzen.

Beim Zahnradmotor (**Bild 5.35**) wird zwischen Geradezahn- und Schrägzahn-Version unterschieden, wobei beide als Vollfüllungsmaschinen ohne Ausnutzung der

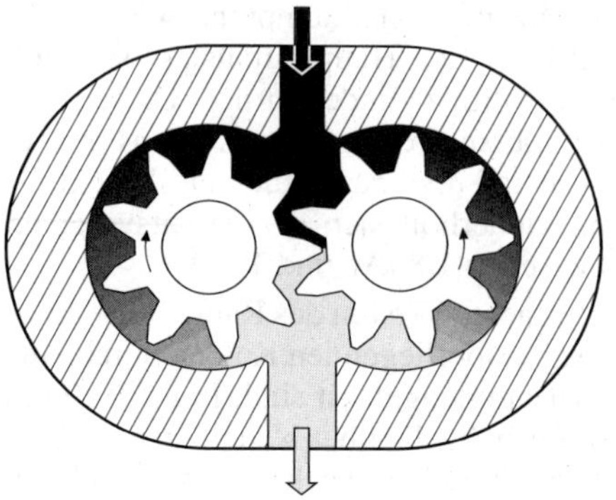

Bild 5.35 Querschnitt durch einen Zahnradmotor

Expansion arbeiten. Um die Antriebsarbeit zu verrichten, wird allein das Strömungsvolumen der Druckluft ausgenutzt. Deshalb geschieht die Drehzahlregelung bei diesem Motortyp ausschließlich über die Luftmenge. Zahnradmotoren werden für bis zu 59 kW bei 6 bar und für Drehmomente bis 540 Nm angeboten.

5.2.10 Betrieb von Druckluftmotoren

Damit ein Druckluftmotor seine Leistung bringt, benötigt er Druckluft einer bestimmten Menge und eines entsprechenden Drucks. Durch Variation von Druck und Menge lässt er sich in Drehzahl und Drehmoment steuern. Voraussetzung ist allerdings, dass die Zuluft- und Abluftleitungen richtig dimensioniert sind. Bei zu kleinen, d. h. zu knapp ausgelegten Zuluft- und Abluftleitungen wird der Motor bereits von vornherein in seiner Leistung beschnitten.

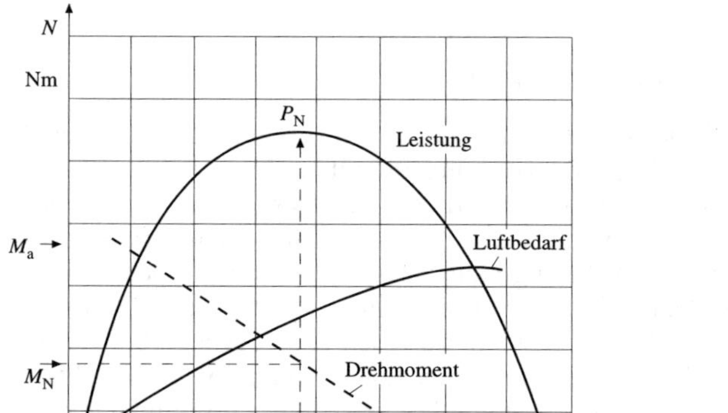

Bild 5.36 Diagramm für den Betrieb von Druckluftmotoren

In der Praxis verwendet man normalerweise die Kenndaten aus **Bild 5.36** über verfügbare Leistung, Drehmoment und Drehzahl sowie deren Verhalten bei unterschiedlichen Luftdrücken und Luftmengen. Der Anwender sollte immer davon ausgehen, dass sich alle Werte auf die Antriebswelle des Motors beziehen und dass man mit dem in der Industrie üblichen Betriebsdruck von $p_e = 6{,}3$ bar arbeitet.

Vernachlässigt man die Temperatureinflüsse der Druckluft, dann verhalten sich Volumen V und Druck p bei Nutzung ihres Arbeitsvermögens entsprechend nach

$V_{ein} \cdot p_{ein} = V_{aus} \cdot p_{aus}$

In diesem Fall ist allerdings der absolute Druck p und nicht der Überdruck p_e einzusetzen. **Bild 5.37** zeigt den Anschluss eines Motors, wobei die Druckluft immer in gespanntem Zustand zugeführt wird und in (fast) entspanntem Zustand aus dem Motor austritt. Daher ist die Abluftleitung in der Praxis immer größer zu dimensionieren als die Zuluftleitung.

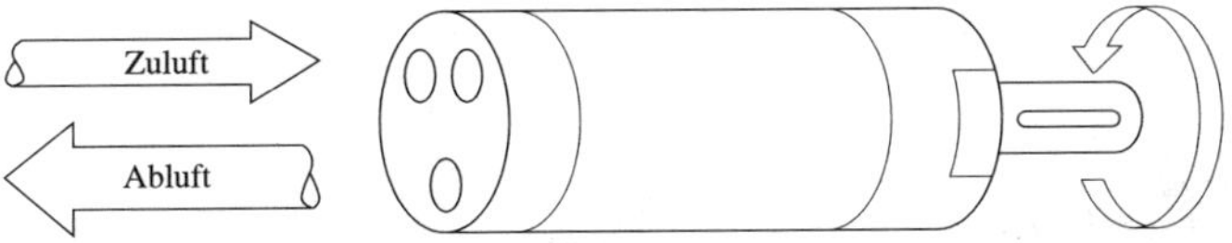

Bild 5.37 Anschluss eines Motors an das Druckleitungssystem

Das Volumen der Abluft ist immer größer als das Volumen der Zuluft. Bei einem Fließdruck von $p = 7$ bar ($p_e = 6$ bar) z. B. vergrößert sich das Volumen entsprechend um das Siebenfache:

$$\frac{V_{ein} \cdot p_{ein}}{p_{aus}} = V_{aus} \qquad \frac{V_{ein} \cdot 7}{1} = V_{aus}$$

Bei einem Fließdruck von 4 bar würde sich das Volumen natürlich auch nur um das Vierfache vergrößern. Was versteht man unter der Vergrößerung des Volumens in der Abluft? Sie kann zu einem leistungsmindernden Staudruck innerhalb des Motors führen, wenn der Querschnitt der Abluftleitung nicht größer als der der Zuleitung gewählt wurde. Aus diesem Grund sind bei der Dimensionierung der Luftleitungen und auch der Steuerorgane die Querschnitte der Abluftleitungen entsprechend größer als die der Zuluftleitungen zu wählen. Werden Leitungen und Steuerorgane gleichermaßen für Zuluft wie für Abluft genutzt, wie das bei umsteuerbaren Motoren häufig der Fall ist, sind die Querschnitte also „abluftmäßig" zu überprüfen. Je nach konstruktivem Aufbau des Motors und seiner Bauart sowie der genutzten Druckrichtung – umsteuerbar oder nicht umsteuerbar – nimmt die Abluft unterschiedliche Wege, d. h., sie kann an einer oder mehreren Öffnungen austreten. **Bild 5.38** zeigt vier Beispiele.

Da die nach Druck und Menge bestimmte Luft über längere Leitungen zu- bzw. abgeführt werden muss, sind die jeweiligen Volumen- und Druckänderungen entsprechend den Leitungslängen zu berücksichtigen. Der von Leitungsquerschnitt, Leitungslänge und Anzahl sowie Bauart der Steuerorgane abhängige Druckfall Δp sollte dabei nicht größer als 0,4 bar sein.

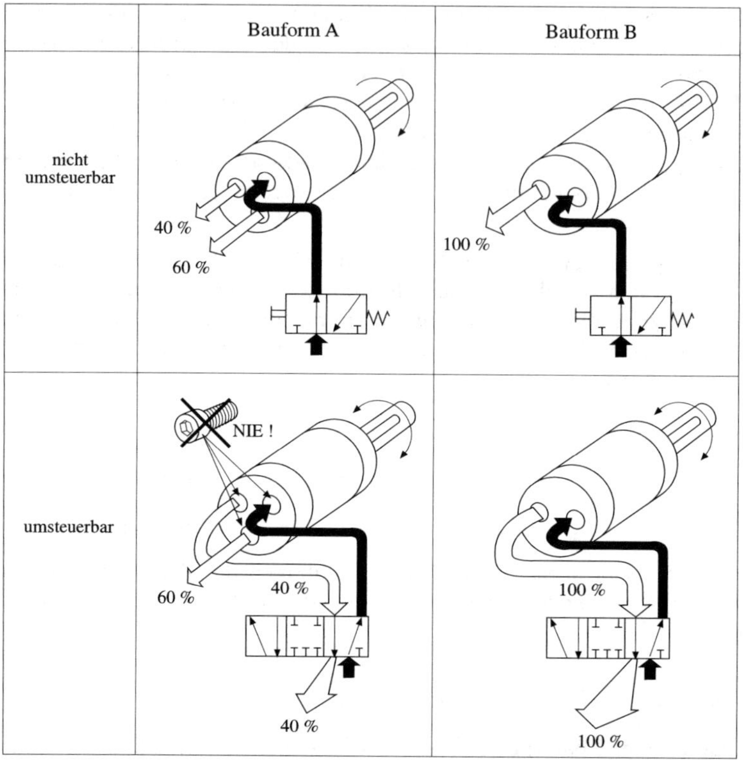

Bild 5.38 Dimensionsbeispiele der Zuluft- und Abluftwege bei zwei unterschiedlichen Bauformen von Druckluftmotoren. Bauform A bietet, konstruktiv bedingt, zwei unterschiedlich dimensionierte Abluftausgänge. Bei Bauform B handelt es sich um LZL-Motoren, bei denen nur ein Luftauslass vorhanden ist

5.2.11 Motorsteuerung und -regelung

Druckluftmotoren werden grundsätzlich von Arbeits- und Signalgliedern gesteuert. Die Arbeitsglieder legen dabei nach Menge, Druck und Fließrichtung die Luftversorgung des Motors fest, während die Signalglieder, eingebunden in die Gesamtsteuerung einer Maschine bzw. Anlage, über ihre Steuersignale die jeweils erforderlichen Stellungen der Arbeitsglieder bestimmen.
Im Gegensatz zur elektrischen bzw. elektronischen Signalverarbeitung, die sich entsprechend den unterschiedlichen Aufgabenstellungen sehr vielfältig gestaltet, lässt sich die Verknüpfung der pneumatischen Arbeitsglieder grundsätzlich schematisieren. Um den weiten Einstellbereich der Druckluftmotoren voll nutzen zu können, hat sich in der Praxis eine besondere Verknüpfung der Arbeitsglieder bewährt, wie **Bild 5.39** zeigt.

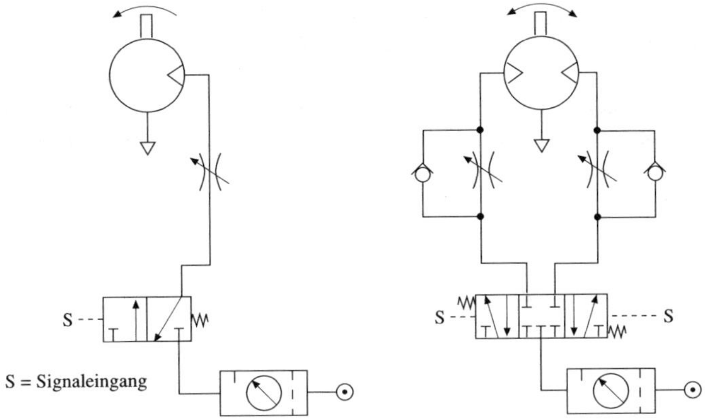

Bild 5.39 Grundsätzliche Schaltbeispiele, die die Möglichkeit des Druckluftmotors in seinem Drehmoment-Drehzahlverhalten voll ausnutzen – links für einen Motor mit nur einer Drehrichtung, rechts für einen umsteuerbaren Motor

Im Bild sind zwei Beispiele für eine Steuerung gezeigt, die die Möglichkeiten des Luftdruckmotors voll ausnutzen. Durch die Arbeitsventile werden Fließzustand „auf–zu" und Flussrichtung „Links-Rechts-Lauf" bestimmt. Durch Drosselrückschlagventile lässt sich die Drehzahl im Bereich von 20 % bis 100 % der Leerlaufdrehzahl beeinflussen. Durch den Druckregler, der fast immer in die Wartungseinheit integriert ist, wird das Drehmoment im Bereich von 50 % bis 100 % bestimmt. Ohne Signaleingabe befinden sich in diesen Beispielen die Arbeitsventile durch ihre Federfixierung in Nullstellung, d. h., der Motor steht still. Erst durch die Signaleingabe setzt er sich in Bewegung. Beide Beispiele entsprechen dabei der Laufdauer des Motors, die durch die Signaldauer des am Arbeitsventil anstehenden Signals bestimmt wird.

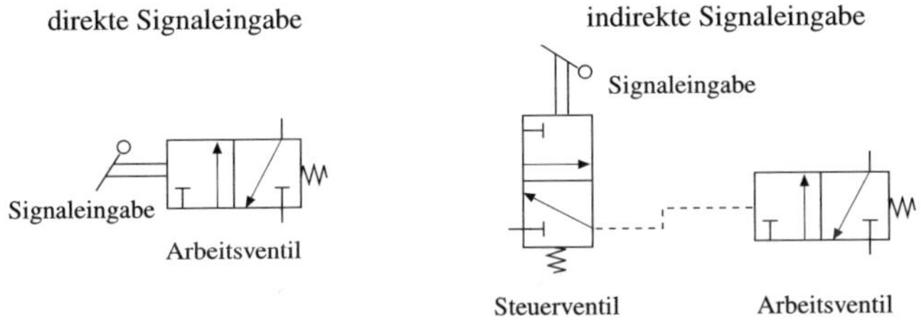

Bild 5.40: Direkte (links) und indirekte Signaleingabe (rechts) für Arbeitsventile

Die Signale können auf unterschiedliche Weise eingegeben werden. Die Arbeitsventile lassen sich manuell, mechanisch, über Druckluft oder durch elektrische Signale ansteuern. Die Vielfalt der Signaleingabe gilt uneingeschränkt nur für Arbeitsventile mit kleinen Querschnitten. Bei solchen mit größeren Querschnitten muss häufig auf diese Vielfalt verzichtet werden; sie sind dann über Steuerventile direkt oder indirekt anzusteuern, wie **Bild 5.40** zeigt.

Normalerweise muss die Signaldauer am Arbeitsventil der erforderlichen Laufdauer des Motors entsprechen. Bei manueller Ansteuerung gibt das meist kaum Probleme. Wird der Motor aber über die Gesamtsteuerung der Anlage betrieben, eignen sich die aus der Steuerung kommenden Signale für diese Anforderung kaum. Sie sind dann entweder zu kurz oder zu lang und müssen daher auf die gewünschte Laufzeit des Motors umgeformt werden.

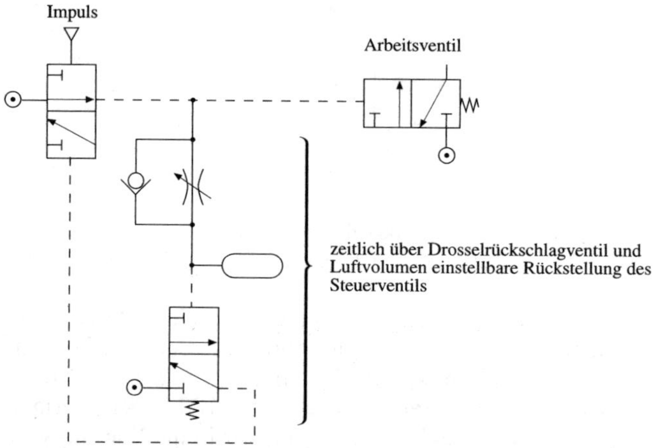

Bild 5.41 Pneumatische Steuerung, wenn das Impulssignal kurz und die Laufzeit des Motors lang ist. Der Impuls wird deshalb über eine Zeiteinheit verlängert

Die pneumatische Steuerung von **Bild 5.41** setzt man ein, wenn das Impulssignal gegenüber der Laufzeit des Motors kurz ist. Gleichzeitig muss darauf geachtet werden, dass der Verlängerungsimpuls nicht zu lang ist, damit das Ventil spätestens am Taktende der Gesamtsteuerung gelöst wird.

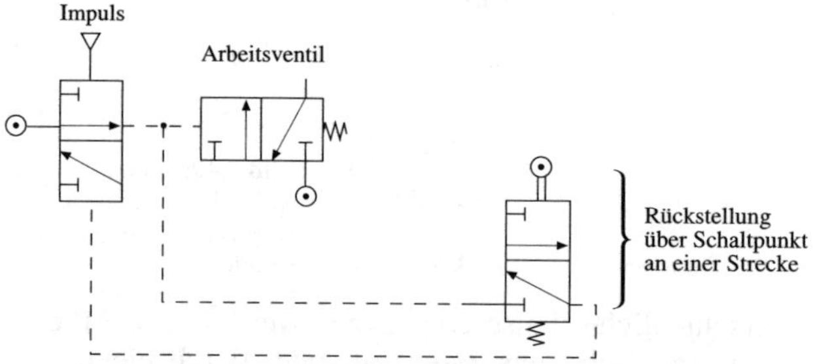

Bild 5.42 Pneumatische Steuerung für eine Impulsverlängerung über Schaltpunkt an einer Strecke

Die pneumatische Steuerung von **Bild 5.42** verwendet man, wenn eine Impulsverlängerung erforderlich ist. Eine Impulsverlängerung muss immer dann durchgeführt werden, wenn die Ansteuerung zu kurz ist, um eine entsprechende Zeitdauer zu ermöglichen, d. h., ein Steuerimpuls von 1 s wird auf 10 s verlängert.

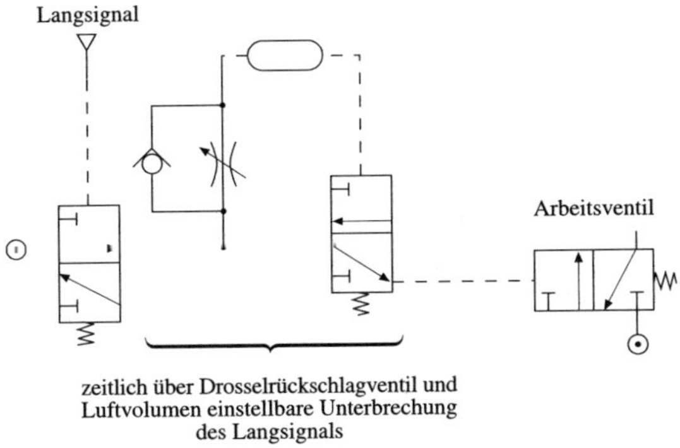

Bild 5.43 Pneumatische Steuerung, wenn das Eingangssignal länger vorhanden ist als die gewünschte Motorlaufzeit, d. h. durch die Steuerung kann das Signal zeitlich unterbrochen werden

Die pneumatische Steuerung von **Bild 5.43** ist erforderlich, wenn das Eingangssignal länger ist als die gewünschte Motorlaufzeit. Eine Impulsverkürzung muss immer dann durchgeführt werden, wenn die Ansteuerung zu lang ist, um eine entsprechende Zeitdauer zu ermöglichen, d. h., ein Steuerimpuls von 10 s wird auf 5 s verkürzt.

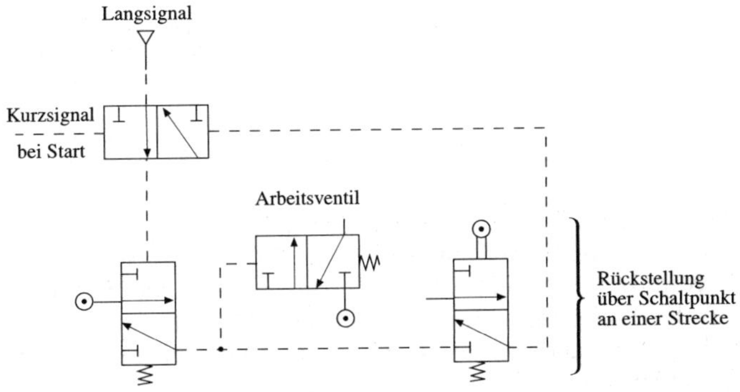

Bild 5.44 Pneumatische Steuerung (ähnlich Bild 5.43), nur wird hier das Signal nicht zeitlich, sondern streckenabhängig unterbrochen

Die pneumatische Steuerung von **Bild 5.44** setzt man ein, wenn das Signal nicht zeitlich, sondern streckenabhängig unterbrochen werden soll. Die pneumatischen Steuerungen der Bilder 5.41, 5.42, 5.43 und 5.44 können den Problemkreis „Steuerung von Druckluftmotoren" natürlich nur grob umfassen.

Entscheidend für die Auslegung einer Steuerung ist immer die jeweilige Aufgabenstellung, die exakt beschrieben sein muss, damit man die Steuerung genau auslegen kann, um später exakt arbeiten zu können. Dennoch sollte das nicht abschrecken, denn schließlich sind die meisten der vorkommenden Aufgabenstellungen ähnlich und damit auch ihre Steuerungen, sodass sich vergleichbare Steuerungen bei der Projektierung als Muster verwenden lassen.

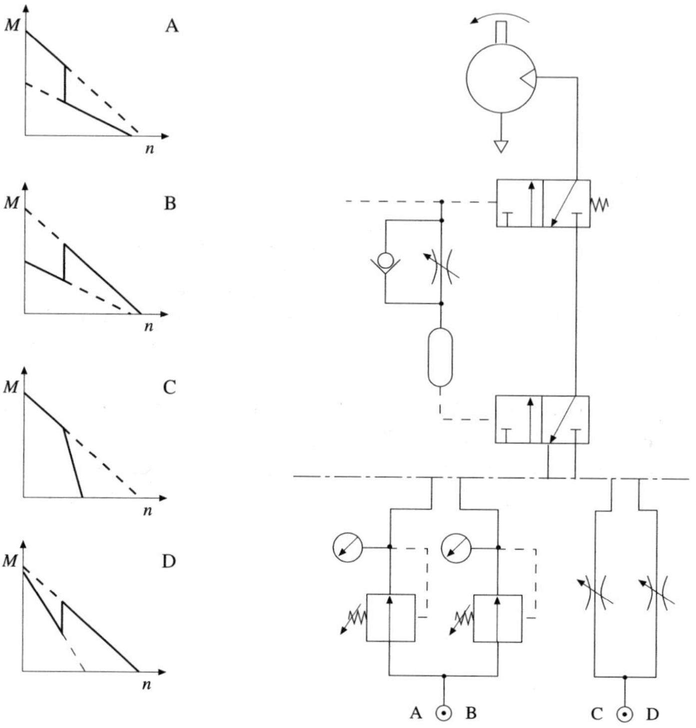

Bild 5.45 Möglichkeiten einer pneumatischen Regelung mit vier unterschiedlichen Charakteristiken

Die pneumatische Schaltung von **Bild 5.45** hat ein zeitlich gesteuertes, zweistufiges Motorverhalten, wobei die Wartungseinheiten nicht dargestellt sind, denn ihr Einsatz wird in jedem Fall vorausgesetzt. Dieses Steuerschema ermöglicht über wahlweises Zuschalten unterschiedlich eingestellter Drosseln oder Druckregler, die typische Motorcharakteristik so zu verändern, dass vier Variationsbereiche im Moment-Drehzahl-Verhalten vorhanden sind.

- Diagramm A: Wird der Motor für einen Antrieb mit unterschiedlichen Drücken betrieben, könnte beispielsweise so verfahren werden, dass, wenn ein hohes Moment zu Beginn der Motorarbeit erforderlich ist, es dann in ein geringeres Arbeitsmoment übergeht. So etwas kennt man bei einem Bewegungsgewinde mit „auf Block fahren" in den Endlagen (Schieber, Umsetzvorrichtungen usw.). Eine mit einer geringeren Gleitreibung gegen einen Festanschlag gefahrene Führungsmutter kann in einem solchen Fall nur mit einem höheren Moment gelöst werden, da sich hierdurch aus der größeren Haftreibung heraus eine Bewegung steuern lässt. Die Steuerung im Fall A bietet ein Anzugsmoment (voller Luftdruck), das um vieles höher ist als das Abwürgemoment (reduzierter Luftdruck), wodurch auch das sichere Herausfahren aus den Endlagen mit Haftreibung gewährleistet ist.

- Diagramm B: Bei den Charakteristiken A und B wird der Motor mit unterschiedlichen Drücken gefahren, um das Moment zu beeinflussen. Dabei fährt der Motor z. B. mit $p_e = 6$ bar an, um nach einer variablen Zeitspanne mit $p_e = 3$ bar weiterzulaufen. Soweit Fall A. Im Fall B läuft das Ganze umgekehrt, d. h., mit $p_e = 3$ bar wird angefahren, und mit $p_e = 6$ bar ist ein schnellerer Vortrieb möglich. Diese Ansteuerung eignet sich für den Antrieb eines Rührwerks, das nach einem langsamen Durchwalken einer Masse das Gut unter Steigerung von Moment und Drehzahl weiterverarbeitet.
- Diagramm C: Bei Pumpenantrieben steuert man häufig nach diesem Parameter. Wenn ein hohes Moment bei begrenzter Drehzahl gefordert ist, darf die Nenndrehzahl der Pumpe aufgrund der Lagerung nicht wesentlich überschritten werden. Diese Variante gewährleistet das dadurch, dass der Motor mit voller Anzugsleistung (Luft ungedrosselt) anfährt, um dann mit reduzierter Drehzahl (Luft gedrosselt) weiterzulaufen und die Pumpe so abzusichern.
- Diagramm D: Eine Zentrifuge soll langsam hochfahren, damit sich das Gut möglichst unwuchtfrei verteilen kann. Deshalb läuft bei dieser Steuerung der Motor mit reduziertem Drehzahlverlauf (Luft gedrosselt) an, um dann mit voller Leistung (Luft ungedrosselt) weiter zu drehen.

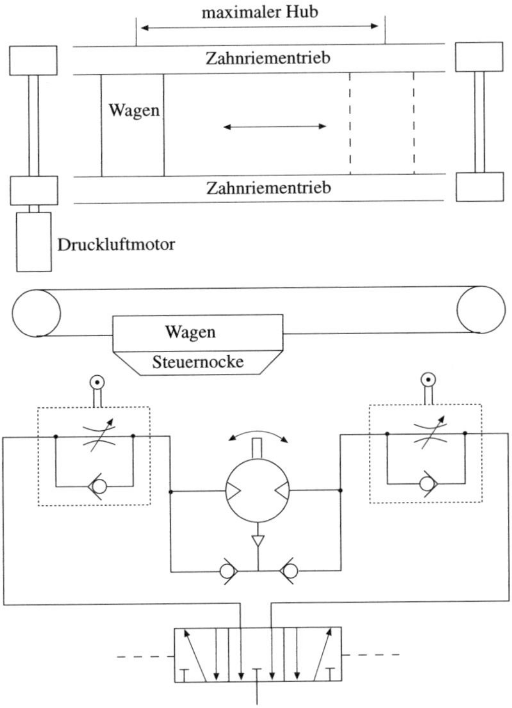

Bild 5.46 Beispiel eines Förderbands mit einer Endlagendämpfung

In **Bild 5.46** ist ein Beispiel für eine Endlagendämpfung in einem Druckluftantrieb gezeigt. Nimmt man an, ein Taktvorschubgerät für einstellbare Materiallängen führt einer Stanze Endlos-Material zu. Trotz hoher Taktfolge ist ein weiches Anfahren der Endlagen erforderlich. In der ersten Hälfte des Weges wird der Wagen auf Höchstgeschwindigkeit beschleunigt und speichert dabei kinetische Energie, die beim Durchlaufen der zweiten Weghälfte durch Bremsen gegen null reduziert werden muss. Dieses Bremsen erfolgt über die zunehmende Drosselung der Abluft, was über Drosselrückschlagventile besorgt wird, deren Rollen durch die Steuernocke des Wagens betätigt werden. In Bild 5.46 ist nur die Steuerung der Dämpfung, nicht aber die der oszillierenden Bewegung gezeigt.

6 Mechatronische Simulationsmodelle

Zur Simulation von Maschinenabläufen in mechatronischen Anlagen findet man seit einiger Zeit verschiedene Softwaretools. Ideal ist für den Unterricht, wenn neben der geeigneten Software noch entsprechende Hardwaremodelle zur Simulation zur Verfügung stehen. In diesem Buch sind folgende Simulationsmodelle beschrieben, die in Hard- und Software vorhanden sind:

- Stanzmaschine mit Transportband
- Taktstraße mit zwei Bearbeitungsstationen
- 3-D-Roboter

Die drei Simulationsmodelle werden über einen PC angesteuert, d. h., man benötigt eine geeignete Schnittstelle und ein Verbindungskabel zwischen PC und Modell. Die Verbindung zwischen PC und Schnittstelle erfolgt seriell nach dem Standard RS 232. Die Schnittstelle wandelt die einzelnen Steuerbefehle vom PC um und gibt diese dann an das Modell für die Verarbeitung weiter. Durch den Mikrocontroller in der Schnittstelle lassen sich auch analoge Signale vom Modell über einen Analog-Digital-Wandler für den PC umsetzen, damit sich auch Sensoren in die Steuerung bzw. digitale Regelung mit einbeziehen lassen. Die Schnittstelle enthält noch vier digitale Ausgänge zum Anschluss von Motoren, Lampen oder Elektromagneten, acht digitale und zwei analoge Eingänge zum Anschluss von Sensoren, wie etwa Taster, Fototransistoren, Reedrelais oder NTC-Widerstände. Alle erfassten Werte in analoger bzw. digitaler Form lassen sich durch den PC entsprechend für die Steuerungs- bzw. Regelungstechnik verarbeiten.

Programme, die auf dem PC erstellt wurden, können in den Mikrocontroller der Schnittstelle geladen werden und lassen sich dort unabhängig vom PC abarbeiten. In der Praxis spricht man vom „Download"-Modus. Beim Steuern mobiler Roboter schränkt in diesem Fall kein Verbindungskabel zum PC die Bewegungsfreiheit der Modelle ein. Betreibt man stationäre Modelle, z. B. einen Greifarm oder Plotter, lässt man die Verbindung zum Rechner bestehen, und der PC kann als Eingabe- und Ausgabemedium sowie als Anzeigeinstrument z. B. für Variablenwerte wirken. In der Praxis spricht man vom „Online"-Modus.

An den vier digitalen Ausgängen M1 bis M4 der Schnittstelle können vier Motoren (vorwärts bzw. Rechtslauf, rückwärts bzw. Linkslauf, aus- und einschalten), Elektromagnete oder Lampen angeschlossen werden. Die Treiber liefern einen Dauerausgangsstrom von 250 mA, die Strombegrenzung ist auf 1 A eingestellt, und die Ausgänge sind kurzschlussfest.

An die digitalen Eingänge E1 bis E8 der Schnittstelle lassen sich mechanische oder elektronische Taster bzw. Schalter, Fototransistoren, Reedkontakte usw. anschließen. Der Spannungsbereich der Eingänge liegt zwischen 6 V und 12 V, wobei die

Schaltschwelle für Ein- und Ausschaltvorgang ca. 2,8 V beträgt. Der Eingangswiderstand wird mit 9 kΩ angegeben. Durch das Vorschalten von Verstärkern lassen sich die Eingangswiderstände entsprechend anpassen. Das gilt auch für die digitalen Ausgänge, wenn man mit den Kleinrelais die unterschiedlichen Leistungsschalter ansteuert.

An den beiden analogen Eingängen EX und EY werden direkt Potentiometer, Wärme- (NTC, PTC, PT100, Ni100 usw.) oder Helligkeitssensoren (Fotowiderstände, Fotodioden, Fototransistoren usw.) angeschlossen, d. h., es sind meistens keine Anpassungsschaltungen erforderlich. Diese Eingänge sind für eine Widerstandsmessung zwischen 0 Ω bis 5 kΩ ausgelegt. Der analoge Spannungswert für den angeschlossenen Widerstand wird durch einen 10-Bit-Analog-Digital-Wandler in einen digitalen Zahlenwert zwischen 0 und 1023 umgesetzt. Die Abtastrate liegt bei 20 ms, und es ergibt sich eine Genauigkeit von ca. 0,2 %.

Die digitalen Eingänge und Ausgänge für eine Schnittstelle kann man vom 8-Bit-Format auf einen parallelen 16-Bit-Wert mit einem Erweiterungsmodul vergrößern, die beiden analogen Eingänge jedoch nicht.

Der Mikroprozessor CPU, der sich im Mikrocontroller MPU befindet, bildet innerhalb der Schnittstelle die Steuereinheit. Die Befehle und Werte lassen sich im RAM (Datenspeicher) und im EPROM (Befehlsspeicher) speichern. Der Prozessor arbeitet entweder im Online- oder im Download-Modus:

- Online-Modus: In dieser Betriebsart wird das Programm auf dem PC abgearbeitet, und das Verbindungskabel zum Computer muss immer vorhanden sein. Die Schnittstelle erfasst in jedem Programmzyklus die Werte an den Digital- und Analogeingängen und sendet sie zur Weiterverarbeitung zum PC. Umgekehrt sendet der Rechner die Werte für die digitalen Ausgänge an die Schnittstelle zurück. Die angeschlossenen Motoren, Lampen oder Elektromagnete werden vom Mikrocontroller an der Schnittstelle ein- und ausgeschaltet, wobei die Steuerinformationen direkt in der Peripherieeinheit zwischengespeichert werden. Nur im Online-Betrieb lässt sich der Bildschirm als Eingabe- und Ausgabemedium oder zur Anzeige des Programmzustands nutzen.
- Download-Modus: In dieser Betriebsart erfolgt die Abarbeitung des Programms direkt auf den Mikrocontroller innerhalb der Schnittstelle, d.h. das Simulationsmodell arbeitet unabhängig vom PC. Unterstützt eine Software den Download-Modus (z. B. LLWin ab Version 2.1, icon-L), können von dort Programme in den RAM-Speicher der Schnittstelle geladen werden. Danach bricht die Schnittstelle die Verbindung zum PC ab, und das Schnittstellenkabel lässt sich entfernen. Das Programm bleibt so lange im RAM erhalten, bis die Stromversorgung unterbrochen wird. Die Rechenleistung des Mikroprozessors in der Schnittstelle ist erheblich geringer als die eines PC. Bei umfangreichen Programmen, die schnelle Zählimpulse erfassen müssen, kann es deshalb vorkommen, dass nicht mehr alle Impulse erfasst und gezählt werden. Solche Programme lassen sich fehlerfrei nur im Online-Modus abarbeiten.

Um vom Download-Modus wieder in den Online-Modus zu gelangen, muss man die Stromversorgung der Schnittstelle kurzzeitig unterbrechen. Dadurch startet die auf dem EPROM der Schnittstelle enthaltene Betriebssoftware neu und wechselt automatisch in den Online-Modus. Diese Spannungsunterbrechung ist auch notwendig, wenn ein zuletzt im Download-Modus abgearbeitetes Programm durch den PC geändert wird. Anschließend muss das modifizierte Steuerungsprogramm erneut in die Schnittstelle übertragen werden.

Im EPROM (Festwertspeicher mit 64 KByte) ist die Betriebssoftware für den Mikroprozessor in der Schnittstelle gespeichert. Dieses Programm lässt sich vom Anwender nicht verändern. Bei Spannungsunterbrechung bleiben die im EPROM gespeicherten Daten erhalten. Im RAM (Arbeitsspeicher mit 32 KByte) wird das Anwenderprogramm gespeichert, das während des Download-Modus vom PC zur Schnittstelle übertragen wird. Bei Spannungsunterbrechung gehen die im RAM gespeicherten Informationen unweigerlich verloren und müssen neu geladen werden.

In der Schnittstelle ist ein UART (Universal Asynchronous Receiver Transmitter) mit einem Schieberegister für den Datenaustausch zwischen PC und Simulationsmodell vorhanden. Alle digitalen Eingänge werden gleichzeitig (parallel) eingelesen und zwischengespeichert. Diese Werte wandelt das Schieberegister in einen seriellen Datenstrom um, und über einen Ausgangstreiber erhält der PC die Werte vom Simulationsmodell. Wenn auf dem PC ein Programm für das Simulationsmodell erstellt worden ist, wird es vom PC in einen seriellen Datenstrom umgesetzt und an die Schnittstelle der Simulationsmodelle übertragen. Das Schieberegister wandelt den seriellen Datenstrom wieder in ein paralleles Format um. Auf diese Weise erhalten die digitalen Ausgänge ihre Steuerinformationen, die auch an dem jeweiligen Ausgang so lange gespeichert werden, bis das Programm den Zustand ändert.

Die Schnittstelle lässt sich mit dem grafischen Programmiersystem „Lucky Logic" für Windows (LLWin) ab Version 2.1 programmieren. Diese Software unterstützt sowohl den Online- als auch den Download-Modus. Darüber hinaus kann die Schnittstelle im Online-Modus aus jeder beliebigen Programmiersprache heraus über die serielle Schnittstelle angesteuert werden. Wie das funktioniert, ist auf der Website unter http://www.fischertechnik.de ausführlich beschrieben. Dort findet man auch einige Treiber für verschiedene Programmiersprachen sowie die entsprechenden Links zur Erstellung des Programms für die Schnittstelle.

6.1 Stanzmaschine mit Transportband

Für die Stanzmaschine mit Transportband benötigt man zwei Gleichstrommotoren, zwei Endschalter und zwei Lichtschranken. **Bild 6.1** zeigt die Stanzmaschine mit Transportband.

Der Motor M1 bewegt das Stanzwerkzeug von oben nach unten bzw. umgekehrt. Der Motor M2 bedient das Transportband, damit die Stanzmaschine die Werkstücke erhält. Gesteuert werden Stanzmaschine und Transportband durch mehrere Licht-

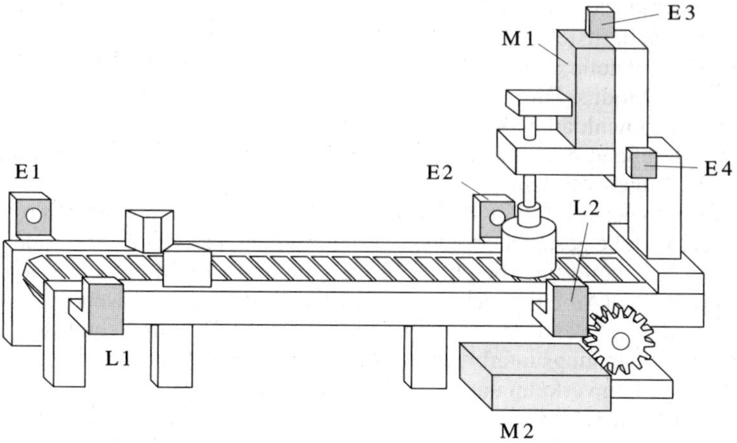

Bild 6.1 Mechanischer Aufbau der Stanzmaschine mit Transportband

schranken. Eine Lichtschranke besteht aus einer Lampe und einem gegenüberliegenden Fototransistor. Es gilt:

- E1: Lichtschranke für die Ein- und Auslegerstation am Transportband. Wird diese Lichtschranke unterbrochen, erhält der PC das entsprechende Steuersignal, und das Transportband bleibt stehen.
- E2: Lichtschranke am Ende des Transportbands. Bei Unterbrechen dieser Lichtschranke, wenn das Werkstück über das Transportband zur eigentlichen Stanzeinheit angeliefert wird, erhält die Steuerung die Meldung, dass das Werkstück sich in der richtigen Lage befindet. Erst jetzt kann der Motor M1 das Stanzwerkzeug von oben nach unten bewegen.
- E3: Über diesen mechanischen Taster wird die obere Endstellung an der Stanzmaschine überwacht. Erst dann, wenn dieser Taster unterbrochen ist, lässt sich das Transportband wieder in Betrieb nehmen.
- E4: Wird das Stanzwerkzeug über den Motor M1 nach unten bewegt, lässt sich über diesen Taster der Vortrieb steuern, d. h., wird dieser mechanische Taster betätigt, bleibt der Motor M1 stehen, denn das Stanzwerkzeug hat das Werkzeug erreicht.

Für den Betrieb der beiden Lichtschranken sind noch zwei Lampen (L1 und L2) erforderlich. Sie liegen – wie schon erwähnt – gegenüber den beiden Fototransistoren.

6.2 Taktstraße mit zwei Bearbeitungsstationen

Bei einer Taktstraße arbeitet man im Prinzip mit allen Techniken der Stückgutfördertechnik und zwar mit kleinen Transporteinheiten wie Behältern und Kästen als auch mit großen Einheiten wie Paletten und Containern. Dieses Simulationsmodell besteht aus zwei Bearbeitungsstationen und vier Transportbändern, die U-förmig um jede Bearbeitungsstation angeordnet sind. Für den Betrieb der Taktstraße sind acht Gleichstrommotoren, vier Endschalter und fünf Lichtschranken erforderlich. Die Lichtschranken bestehen aus jeweils einem Fototransistor und einer Linsenglühlampe. **Bild 6.2** zeigt die Taktstraße mit zwei Bearbeitungsstationen.

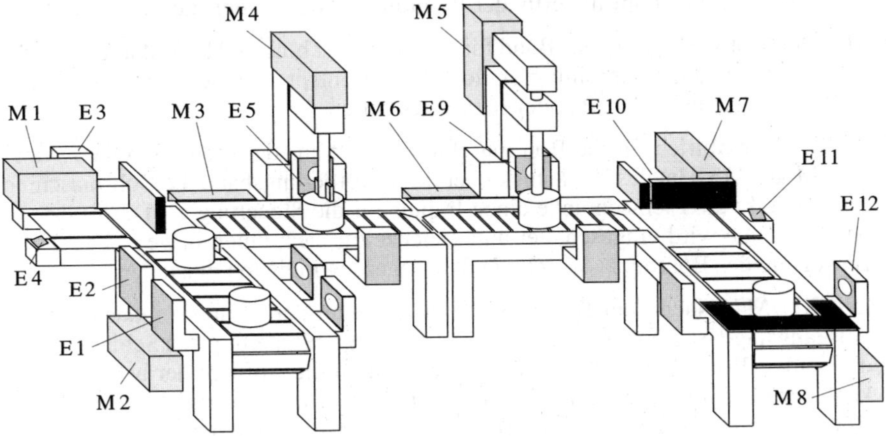

Bild 6.2 Mechanischer Aufbau einer U-förmig angeordneten Taktstraße mit zwei Bearbeitungsstationen

Die Taktstraße besteht aus zwei Einheiten, der Schnittstelle mit acht Ein- und Ausgängen und dem Erweiterungsmodul mit weiteren Ein- und Ausgängen. Für Sensorik und Antrieb gilt:

- E1: Fototransistor für die Einlegestation, dem Anfangspunkt der Bearbeitungsstation. Hier erfolgt die Aufnahme, und es wird überprüft, ob sich das Werkstück oder die Transporteinheit auf dem Förderband befindet. Hier kann z. B. der Roboter das Werkstück auflegen.
- E2: Über diesen Fototransistor wird der Schieber an der Einlegestation kontrolliert. Durch den Schieber kann ein Werkstück oder eine Transporteinheit auf das Zuführband der ersten Bearbeitungsstation geschoben werden.
- E3/E4/M1: Mit den beiden Tastern E3 und E4 wird der Motor M1 vom Schieber 1 gesteuert, wenn der Motor M2 im Vorwärts- oder im Rückwärtsbetrieb arbeitet. Da im Simulationsmodell mit Gleichstrommotoren gearbeitet wird, ist durch Umpolen Rechts- oder Linkslauf zu realisieren. Mit diesem Schieber lässt sich das Werkstück oder die Transporteinheit vom Förderband auf das Zuführband der ersten Bearbeitungsstation bewegen.
- M2: Der Motor M2 bedient das Zuführband für die erste Bearbeitungsstation. Das Band kann vorwärts bzw. rückwärts laufen und das Werkstück bzw. die Transporteinheit zur Fräsmaschine bewegen.

- M3: Hier befindet sich der Motor für die Fräsmaschine in der ersten Bearbeitungsstation. Mit Motor M3 wird das Werkstück auf dem Zuführband bewegt, damit der Fräskopf horizontale Bewegungen ausführen kann.
- M4/E5: Dieser Motor bewegt den Fräskopf nach unten bzw. nach oben, je nach angelegter Polarität. Die Lichtschranke E5 ist für den Betrieb des Motors vorgesehen, der den Fräskopf in vertikaler Richtung vorwärts oder rückwärts bewegt.
- M6: Der Motor M6 dreht das Band für die Bohrmaschine und befördert das Werkstück zur zweiten Bearbeitungsstation. Durch entsprechende Polung kann das Beförderungsband vorwärts oder rückwärts laufen.
- E9/M5: Der Antrieb für die Bohrmaschine besteht aus der Lichtschranke E9 und dem Motor M5. Hat das Werkstück über das Beförderungsband die Bohrmaschine erreicht, gibt die Lichtschranke einen Impuls für die Steuerung ab. Der Bohrer in der Maschine wird eingeschaltet und gleichzeitig nach unten bewegt. Durch die Bewegung des Bohrers lässt sich die Schnittgeschwindigkeit einstellen.
- E10/E11/M7: Nach dem Bohrvorgang, d. h., wenn der Bohrer wieder in seiner Ausgangslage ist, kann Schieber 2 arbeiten. Für die Steuerung des Schiebers sind die beiden Taster E10 und E11 vorhanden. Durch die Abfrage der beiden Taster kann der Rechner den Motor M7 steuern, entweder für den Vorwärts- oder für den Rückwärtsbetrieb. Die Betriebsart wird von der Polarität der an die Motoren angelegten Spannung bestimmt.
- E12/M8: Den Abschluss der Taktstraße bildet das Auslagerband mit der Lichtschranke E12. Nach Bearbeiten in der Bohrmaschine wird Motor M8 eingeschaltet, der das Werkstück aus der Taktstraße befördert. Der Motor bleibt stehen, wenn das Werkstück die Lichtschranke E12 passiert. Der Roboter kann das bearbeitete Werkstück aus der Bearbeitungsstation nehmen und es extern ablagern.

Durch dieses Simulationsmodell lässt sich die Situation bei technischen Systemen und Anlagen realisieren. Statt der Software von Fischer kann man auch eine klassische SPS-Steuerung oder eine SPS-PC-Simulation verwenden, wobei man für die Schnittstelle die Hard- und Software anpassen muss. Über den PC steuert man den Materialfluss oder führt die Berechnungen zur Lagersteuerung durch. Bei der klassischen SPS-Steuerung ist meistens ein Netzwerk zwischen PC und SPS-Anlage erforderlich.

Bei einer SPS-PC-Simulation ist das aber nicht unbedingt notwendig. Durch die SPS-Funktionen lässt sich die Steuerungsebene erreichen, und man kommt auf Sensoren-Aktoren-Ebene. Die Sensoren sind mechanische Schalter oder Lichtschranken. In der Praxis gibt es aber noch andere Sensoren.

Unter Aktoren versteht man unterschiedliche Antriebssysteme mit entsprechenden Motoren. Die Mechanik für das Simulationsmodell wird in der Praxis als „Stahl- und Eisen-Ebene“ definiert.

6.3 3-D-Roboter

Bei den Robotern hat man eine „kinematische“ Kette mehrerer Funktionseinheiten. Es wird zwischen Gelenken und Gliedern unterschieden. Die Gelenke unterteilt man in Schub- und Drehgelenke, die Glieder in bewegliche Glieder und Gestelle. Entsprechend den Vorgaben hat man dann eine kinematische Konzeption aus

- Industrie-Roboter mit drei translatorischen Achsen und zwei rotatorischen Achsen
- Industrie-Roboter mit fünf rotatorischen Achsen
- Industrie-Roboter mit drei translatorischen Achsen und drei rotatorischen Achsen
- Industrie-Roboter mit sechs rotatorischen Achsen
- Industrie-Roboter mit einer translatorischen Achse und fünf rotatorischen Achsen
- Handhabungstischgerät (Gestelle) mit drei translatorischen Achsen und zwei rotatorischen Achsen

Entsprechend den translatorischen und rotatorischen Achsen ergeben sich in einem bestimmten Arbeitsraum die gewünschten Bewegungsmöglichkeiten. **Bild 6.3** zeigt den mechanischen Aufbau eines 3-D-Roboters, der mit translatorischen und rotatorischen Achsen ausgestattet ist.

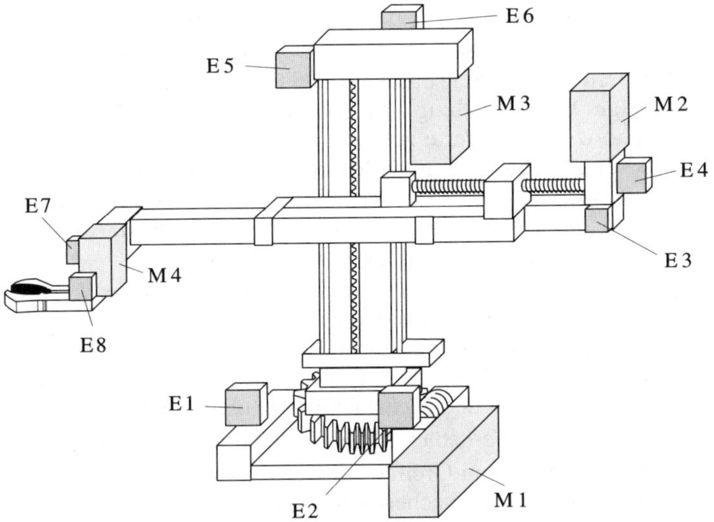

Bild 6.3 Mechanischer Aufbau eines 3-D-Roboters, der mit zwei translatorischen und zwei rotatorischen Achsen arbeitet

Zur Steuerung des 3-D-Roboters sind mehrere Sensoren und Aktoren erforderlich:

- E1/E2/M1: Auf dem Montagesockel des 3-D-Roboters befinden sich Referenztaster E1, Impulstaster E2 und Motor M1 vom Drehkranz. Aufgabe des Referenztasters ist die Erfassung der Winkelstellung des Drehkranzes. Durch den Impulstaster ergibt sich die erforderliche Rückmeldung, ob der momentane Istwert vom Drehwinkel mit dem vorgegebenen Sollwert im Steuerrechner identisch ist. Sind beide Werte gleich, erkennt die Steuerung, dass der gewünschte Referenzpunkt erreicht ist. Ergibt sich eine Differenz zwischen Istwert und Sollwert, läuft der Motor M1 entweder links oder rechts, je nach Auswertung der Steuerung. Durch diese Anordnung hat man eine typische rotatorische Achse.

- E3/E4/M2: Auf dem Montagesockel ist die Führungsschiene angebracht, und der Motor M2 bewegt den vertikalen Arm nach oben bzw. unten. Durch diese Anordnung ergibt sich eine typische translatorische Achsenbewegung. Zur Steuerung des Motors über die Elektronik benötigt man noch den Referenztaster E3 und den Impulstaster E4. Auch hier lässt sich eine entsprechende Differenz zwischen dem Istwert und dem Sollwert ermitteln, den die Steuerung auswerten kann. Wird eine Differenz erkannt, dreht der Motor entweder nach links (Uhrzeigersinn) und bewegt die Plattform nach unten, oder nach rechts, und die Plattform bewegt sich nach oben. Durch die Umpolung eines Gleichstrommotors lassen sich die Änderungen der Drehrichtung relativ einfach realisieren.
- E5/E6/M3: Die vom Motor M2 nach oben bzw. nach unten bewegte Plattform ist die Vertikalachse für den Roboter. Zur elektronischen Steuerung des Motors benötigt man noch den Referenztaster E5 und den Impulstaster E4. Durch diese Anordnung ergibt sich wieder eine typische translatorische Achsenbewegung für den Roboter.
- E7/E8/M4: Durch die drei Achsensteuerungen wird der Motor M4 des Greifarms auf die richtige Winkelstellung, auf die entsprechende Höhe und auf die gewünschten horizontalen Werte gebracht. Der Motor M4 betätigt nun den Greifer, wobei dieser geöffnet bzw. geschlossen wird. Charakteristischer Bestandteil eines Greifers sind seine Greiforgane, die in unmittelbarem Kontakt mit den Objekten stehen und damit auf die unterschiedlichen Formen, Abmessungen und Körpereigenschaften der Objekte abgestimmt sein müssen.

Beim Simulationsmodell steht nur ein relativ einfacher Greifer zur Verfügung. In der Praxis muss man den Greifer nach den unterschiedlichsten Gesichtspunkten konstruieren. So ergibt sich z. B. nach der Art des Ergreifens der Werkstücke eine Einteilung in Außengreifer und Innengreifer. Nach der Anzahl der gegriffenen Werkstücke wird zwischen Einzel- und Mehrfachgreifer unterschieden:

- Einzelgreifer fassen ein Werkstück mit einem Paar oder mehreren Greiforganen.
- Mehrfachgreifer werden zum Greifen mehrerer gleicher oder verschiedenartiger Werkstücke gleichzeitig oder nacheinander verwendet.

Wesentlicher Gesichtspunkt zur Ordnung der Greifer ist die Art ihrer Greiforgane, die aus dem physikalischen Prinzip des Greifens, Haltens und Abgebens resultiert. Danach ergibt sich folgende Ordnung der Bauformen:

- Fingergreifer
- Zangengreifer
- Saugergreifer
- Magnetgreifer

7 Hinweise zu den beiden CD-ROM

Was Ihr Rechner leisten sollte, damit die Programme optimal arbeiten können:

- Personalcomputer ab Pentium (>200 MHz)
- Arbeitsspeicher 64 MByte
- Grafikkarte nach VGA-Standard oder höher auflösende Karten mit entsprechenden MS-Windows-Treibern
- freier Festplattenspeicher von 600 MByte
- Betriebssystem ab MS-DOS 6.0
- grafische Benutzeroberfläche MS-Windows-Win 95/98/2000/NT/ME/XP

Achtung! Wenn die Treiber unter MS-Windows 95/98/2000/NT/ME/XP nicht ordnungsgemäß installiert sind, können während der Installation Fehlermeldungen auftauchen. Bitte kontrollieren Sie Ihr Betriebssystem.

Die auf den CD-ROM vorhandenen Programme sind nach deutschem und internationalem Recht urheberrechtlich geschützt. Sie dürfen nur für private Zwecke verwendet werden. Das illegale Kopieren und Vertreiben stellt einen Diebstahl geistigen Eigentums dar und wird urheberrechtlich verfolgt.

7.1 Bezugsadressen

Bei den Programmen handelt es sich um Voll- oder Studentenversionen. Die Studentenversionen sind gegenüber den Vollversionen entsprechend eingeschränkt.

7.1.1 Zur CD 1

Simulation
Electronics Workbench
Steiermärker Str. 3–5
70469 Stuttgart
Telefon 07 11/66 83 00 Telefax 07 11/62 77 60
(Herr Munzinger)
Web: www. Electronicsworkbench.de
E-Mail: info@ Electronicsworkbench.de

Soft-SPS
KW-Software GmbH
Lagesche Straße 32
32657 Lemgo
Telefon 0 52 61/93 73-0 Telefax 0 52 61/93 73-26
Web: www. kw-software.com
E-Mail: info@kw-software.com

7.1.2 Zur CD 2

Amapi	Softline AG Lange Straße 51 77652 Offenburg Telefon 07 81/92 93-2 22 Web: www.softline.de	 Telefax 07 81/92 93-2 40
Cymex	Alpha Getriebebau Herrenwiesenstr. 4 97999 Igersheim Telefon 0 79 31/4 93-0	 Telefax 0 79 31/4 93-2 00
E-Control	Planungsgesellschaft für Transport- und Lagersysteme Stockumer Str. 136–138 44225 Dortmund Telefon: 02 31/79 20 30-0 Web: www. ves-dortmund.de E-Mail: e-control@ves-dortmund.de	 Telefax 02 31/79 20 30-99
Hydraulik	Hänchen Hydraulik Brunnwiesenstr. 2 73760 Ostfiltern-Ruit Telefon 07 11/4 41 39-0	 Telefax 07 11/4 41 39-1 00
Smartdraw	Softline AG Lange Straße 51 77652 Offenburg Telefon 07 81/92 93-2 22 Web: www.softline.de	 Telefax 07 81/92 93-2 40
WS-CAD	WSCAD Kreisstr. 28 85232 Bergkirchen Telefon 0 81 31/36 27-0 Web: www. wscad.com E-Mail: info@wscad.com	 Telefax 0 81 31/36 27-50

7.2 Wichtiger Hinweis

Bitte beachten Sie, dass die beigelegten CD Demo-Versionen enthalten, die alle zum Einarbeiten und für Vorführ- und Unterrichtszwecke erforderlichen Funktionen bietet. Drucken und Speichern können Sie dagegen nur mit den Vollversionen, deren Preise verständlicherweise deutlich über dem dieses Buches liegen und die Sie daher bei Entscheid für das Programm getrennt erwerben müssen.

Stichwortverzeichnis

T

U

V

HRW

Wissen schafft Vorsprung!

Immer das richtige Fachbuch zur Hand

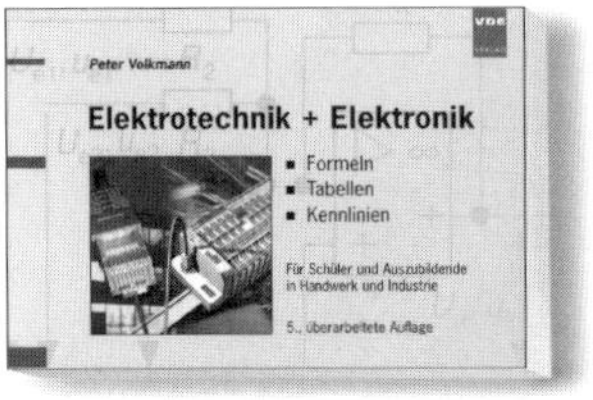

Volkmann, P.

Elektrotechnik + Elektronik
Formeln, Tabellen, Kennlinien
Für Schüler und Auszubildende in Handwerk und Industrie

5., überarb. Aufl. 2003
268 S., DIN A5 quer, kart.
ISBN 3-8007-2758-7
28,– € (D) /
28,70 € (A) / 47,10 sFr*

Volkmann, P.

Größen und Einheiten in Technik und fachbezogenen Naturwissenschaften
Festlegungen · Formelzeichen · Indizes

1998, 176 S., DIN A5, kart.
ISBN 3-8007-1986-X
14,30 € (D) /
14,70 € (A) / 25,10 sFr*

Bestellungen über den Buchhandel bzw. direkt beim Verlag. Preisänderungen und Irrtümer vorbehalten.
**= Persönliche VDE-Mitglieder erhalten bei Bestellung unter Angabe der Mitgliedsnummer 10 % Rabatt.*

VDE VERLAG

VDE VERLAG GMBH · Berlin · Offenbach
Postfach 12 01 43 · 10591 Berlin
Telefon: (030) 34 80 01-0 · Fax: (030) 341 70 93
E-Mail: vertrieb@vde-verlag.de · **www.vde-verlag.de**

Werb-Nr. 040109